数字图像处理技术及应用

孙　正　编著

机械工业出版社

本书从工程应用的角度出发，介绍了数字成像及其图像的计算机后处理的基础理论和实用技术，以及近年来该领域的最新研究成果，全书注重理论，突出实用，共分为六章，主要内容包括数字图像发展概况，研究内容及图像识别等；X 射线冠状动脉造影图像、超声图像及光学相干断层图像成像及后处理的主要方法和技术；虚拟冠状动脉内窥镜技术的原理和应用实例以及光声成像的原理和研究现状等。每章都包含多个工程应用实例，且各章的理论和技术具有一定的相关性和独立性。

本书结构紧凑，内容深入浅出，讲解图文并茂，可作为电子信息工程和生物医学工程等相关专业研究生的参考用书，也可供从事数字成像研究等相关领域的科技工作者、工程技术人员和学员等参考。

图书在版编目(CIP)数据

数字图像处理技术及应用/孙正编著.—北京：机械工业出版社，2015.11
ISBN 978-7-111-53688-8

Ⅰ. ①数… Ⅱ. ①孙… Ⅲ. ①数字图像处理 Ⅳ. ①TN911.73

中国版本图书馆 CIP 数据核字(2016)第 095596 号

机械工业出版社(北京市百万庄大街 22 号 邮政编码 100037)
责任编辑：尚 晨 责任校对：张艳霞
责任印制：李 洋
三河市国英印务有限公司印刷
2016 年 7 月第 1 版·第 1 次印刷
184mm×260mm·19 印张·470 千字
0001-2000 册
标准书号：ISBN 978-7-111-53688-8
定价：49.00 元

凡购本书，如有缺页、倒页、脱页，由本社发行部调换

电话服务
服务咨询热线：(010)88379833
读者购书热线：(010)88379649

网络服务
机 工 官 网：www.cmpbook.com
机 工 官 博：weibo.com/cmp1952
教育服务网：www.cmpedu.com
金 书 网：www.golden-book.com

前　言

随着计算机技术、微电子技术和图像处理技术的飞速发展，数字图像处理、分析与识别技术在生物医学工程和临床医学等应用领域受到广泛重视并取得了重大的开拓性成就。

由于数字心血管图像的数据量巨大，且图像通常受噪声污染严重，对比度低，存在多种影响视觉效果的伪像。若由医生手动完成对图像的分析和解读（包括找出存在病变的图像、提取血管壁内外膜（包含斑块）的边缘、对血管腔、血管壁和斑块组织的形态进行定量测量以及分析斑块成分等），将是一项非常烦琐的工作，而且结果易受操作者的专业知识和临床经验影响。利用先进的计算机技术和图像处理技术，对心血管图像进行自动分析和处理，可获得精确、客观、可重复性高的分析结果。

本书主要介绍数字图像（包括 X 射线造影、超声、OCT、光声成像等）的成像原理和计算机后处理技术的基础理论和实用算法，以及近年来该领域的相关最新研究成果。全书分为 6 章，每章都结合对临床图像的具体实例叙述其相关的理论和算法。

第 1 章介绍数字图像处理的概念与分类、发展概况、基本特点图像识别及医学图像处理的应用等。

第 2 章结合实例介绍 X 射线冠状动脉造影图像的成像及后处理，包括图像的滤波去噪、图像分割（分割血管区域和提取血管腔轮廓及骨架）、形态参数（腔径、长度和容积、曲率、挠率、分支夹角等）的定量测量、运动参数的定量估计、三维重建、最佳造影视角的估算等。介绍上述内容的基本技术、研究现状和目前的发展趋势等。

第 3 章结合实例介绍超声图像的成像及后处理，主要包括图像的滤波去噪、图像分割（提取血管壁内外膜的轮廓和斑块边缘）、形态参数的定量测量、斑块的自动识别和分类、伪影的去除、脱机门控、三维重建、血流动力学参数的定量测量、血管组织定征显像、与其他图像的融合等。介绍上述内容的基本技术、研究现状和目前的发展趋势等。

第 4 章结合实例介绍光学相干断层扫描图像的成像及后处理，主要包括图像分割（提取血管壁轮廓和斑块边缘）、抑制运动伪影、回顾性脱机门控以及与超声图像的配准和融合等。介绍上述内容的基本技术、研究现状和目前的发展趋势等。

第 5 章介绍融合多种成像方法的冠状动脉虚拟内窥镜技术，包括该技术的原理、典型方法和应用实例等。

第 6 章介绍新兴的内光声成像技术的原理、研究现状、主要的图像重建算法以及目前存在的问题等。

本书各章之间具有一定的相关性和独立性，每一章既相关邻域的研究综述，又提供了具体算法的原理和对临床数据的实验结果。可帮助读者了解数字成像技术的基本原理、图像后处理的典型方法和发展趋势，了解国内外相关领域的研究现状和一些最新研究成果与实用技术。

全书由孙正编写。徐智、黄家祥、胡春红和姜浩提供了第 2 章相关的图片资料。康元元、杨宇、郭晓帅、田美影、丁伟荣、韩少勤、刘存、刘冰茹、白桦、纪四稳、周雅、董艺、李梦婵、王立欣、胡宏伟、苑园和韩朵朵等硕士研究生完成了书中的图表制作、文字录入编排和实验程序的编写调试等工作。另外，本书的出版得到了国家自然科学基金资助项目（编号：61372042）和中央高校基本科研业务费专项资金（项目号：2014ZD31）的资助，在此一并表示衷心的感谢。

由于作者水平与能力有限，书中难免存在错误和不妥之处，敬请广大读者批评指正。

作　者

目　　录

第1章 绪 论

数字图像处理又称为计算机图像处理，它是指将图像信号转换成数字信号并利用计算机对其进行处理的过程。本章主要介绍数字图像处理的发展概况、研究内容以及与其他相关学科的关系，从而引出数字图像识别及数字图像处理在医学领域的研究内容。

1.1 数字图像处理

1.1.1 图像的概念及分类

图像是对客观对象的一种相似性的、生动的描述或表示。图像的种类很多，属性及分类方法也很多。从不同的视角看图像，其分类方法也不同。

（1）按人眼的视觉特点对图像分类

按人眼的视觉特点，可将图像分为可见图像和不可见图像。其中可见图像又包括生成图像（通常称为图形或图片，如图1–1所示）和光图像（如图1–2所示）两类。图形侧重于根据给定的物体描述模型、光照及想象中的摄像机的成像几何，生成一幅图或像的过程。光图像侧重于用透镜、光栅和全息技术产生的图像。我们通常所指的图像是后一类图像。不可见的图像包含不可见光（如X射线、红外线、紫外线、超声、磁共振等）成像和不可见量成像，如温度、压力及人口密度的分布图等。

图1–1 生成图像（图形）

（2）按波段分类

按波段可将图像分为单波段、多波段和超波段图像。单波段图像在每个像素点只有一个亮度值；多波段图像上的每一个像素点具有不止一个亮度值，例如红、绿、蓝三波段光谱图像或彩色图像在每个像素具有红、绿、蓝三个亮度值，这三个值表示在不同光波段上的强度，人眼看来就是不同的颜色；超波段图像上每个像素点具有几十或几百个亮度值，如遥感图像等。

（3）按空间坐标和明暗程度的连续性分类

按空间坐标和明暗程度的连续性，可将图像可分为模拟图像和数字图像。模拟图像的空间坐标和明暗程度都是连续变化的，计算机无法直接处理。数字图像是指其空间坐标和灰度均不连续、用离散的数字表示的图像，这样的图像才能被计算机处理。因此，数字图像可以理解为图像的数字表示，是时间和空间的非连续函数（信号），是由一系列离散单元经过量化后形成的灰度值的集合，即像素的集合。

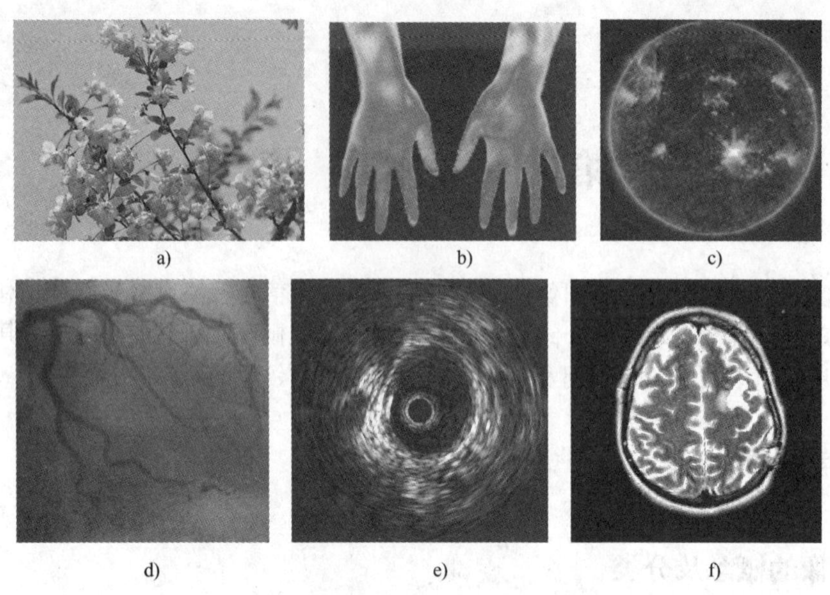

图 1-2　光图像
a）可见光图像　b）红外线图像　c）紫外线图像　d）X 射线血管造影图像
e）血管内超声图像　f）人脑磁共振图像

1.1.2　数字图像处理的发展概况

20 世纪 50 年代，人们开始利用电子计算机来处理图形和图像信息。数字图像处理作为一门学科大约形成于 20 世纪 60 年代初期。早期图像处理的目的是提高图像的质量，改善图像的视觉效果，输入的是质量较低的图像，输出的是质量改善后的图像，常用的方法有图像增强、复原、编码、压缩等。首次获得实际成功应用的是 1964 年美国宇航局喷气推进实验室（JPL）对航天探测器“徘徊者 7 号”发回的几千张月球照片使用了图像处理技术，如几何校正、灰度变换、去除噪声等，并考虑了太阳位置和月球环境的影响，由计算机成功地绘制出月球表面地图。随后又对探测飞船发回的近十万张照片进行了更为复杂的图像处理，获得了月球的地形图、彩色图以及全景镶嵌图，为人类登月壮举奠定了坚实的基础，也推动了数字图像处理这门学科的发展。

20 世纪 60 年代到 70 年代，由于离散数学的创立和完善，使数字图像处理技术得到迅猛发展，理论和方法进一步完善，应用范围更加广阔。这一时期，数字图像处理取得的另一个巨大成绩是在医学上获得的成果。1972 年英国 EMI 公司工程师 Housfield 发明了用于头颅诊断的 X 射线计算机断层摄影装置（Computer Tomography，CT），它根据人头部截面的 X 射线投影，经计算机处理来重建截面图像。1975 年 EMI 公司又成功研制出可扫描全身的 CT 装置，获得了人体各个部位鲜明清晰的断层图像，1979 年这项无损伤诊断技术获得了诺贝尔奖。

与此同时，图像处理技术还在许多应用领域受到广泛重视并取得了重大的开拓性成就，例如航空航天、生物医学工程、工业检测、机器人视觉、公安司法、武器制导、文化艺术等，使图像处理成为一门引人注目、前景远大的新兴学科。

从 20 世纪 70 年代中期开始，随着计算机技术和人工智能、思维科学研究的迅速发展，数字图像处理向更高、更深层次发展。人们已经开始研究如何用计算机系统解释图像，实现类似人类视觉系统的功能来理解外部世界，这被称为图像理解或计算机视觉。其中代表性的成果是 20 世纪 70 年代末 Marr 提出的视觉计算理论，该理论成为计算机视觉领域其后十多年的主导思想。

图像的计算机处理和理解虽然在理论方法研究上已取得不小的进展，但因人类本身对自身的视觉过程的了解还不完全，因此仍然是一个有待进一步探索的新领域。

1.1.3 数字图像处理的研究范畴

图像是人类获取信息、表达信息和传递信息的重要手段。因此，数字图像处理技术已经成为信息科学、计算机科学、工程科学、地球科学等诸多领域的学者研究图像的有效工具。

1. 图像处理

所谓数字图像处理，就是利用计算机对数字图像进行的一系列操作，从而获得某种预期结果的技术。数字图像处理离不开计算机，因此又称为计算机图像处理。

数字图像处理的内容相当丰富，包括狭义的图像处理、图像分析（识别）与图像理解。狭义的图像处理着重强调在图像之间进行的变换，如图 1-3 所示，它是一个从图像到图像的过程，属于底层的操作。它主要在像素级进行处理，处理的数据量非常大。虽然人们常用图像处理泛指各种图像技术，但狭义图像处理主要指对图像进行各种加工，以改善图像的视觉效果，并为自动识别打基础，或对图像进行压缩编码，以减少所需存储空间或传输时间。它以人为最终的信息接收者，主要目的是改善图像的质量。主要研究内容包括图像变换、编码压缩、增强和复原、分割等。

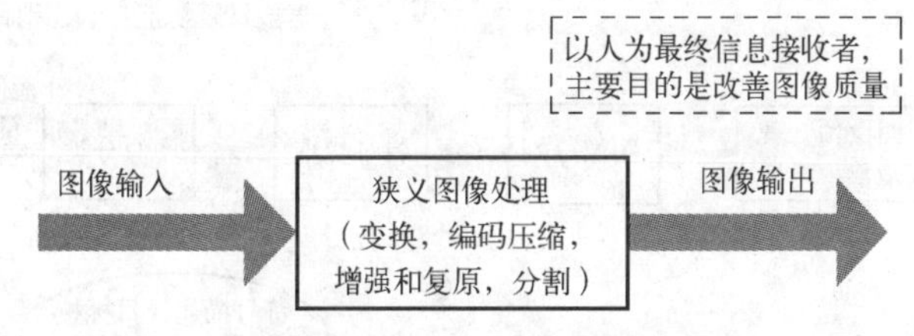

图 1-3 狭义图像处理

（1）图像变换

由于图像阵列很大，直接在空间域中进行处理涉及的计算量很大。因此，往往采用各种图像变换方法，如傅里叶变换、离散余弦变换、哈达玛变换、小波变换等间接处理技术，将空间域的处理转化为变换域的处理，不仅可以减少计算量，而且可获得更有效的处理。

（2）图像的压缩编码

图像压缩编码技术可减少用于描述图像的数据量（即比特数），以便节省图像传输和处理的时间，并减少存储容量。压缩可以在不失真的前提下获得，也可以在允许的失真条件下进行。编码是压缩技术中最重要的方法，它在图像处理技术中是发展最早且比较成熟的技术。

（3）图像的增强和复原

图像增强和复原技术的目的是为了提高图像的质量，如去除噪声，提高清晰度等。其中图像增强不考虑图像降质的原因，目的是突出图像中所感兴趣的部分。如果强化图像的高频分量，可使图像中物体的轮廓清晰，细节明显。强调低频分量则可减少图像中噪声的影响。图像复原要求对图像降质（或退化）的原因有一定的了解，建立降质模型，再采用某种方法，如去除噪声、干扰和模糊等，恢复或重建原来的图像。

（4）图像分割

图像分割是将图像中有意义的特征（如图像中物体的边缘、区域等）提取出来，是进一步进行图像识别、分析和理解的基础。虽然目前已研究出不少边缘提取、区域分割的方法，但还没有一种普遍适用于各种图像的有效方法。因此，对图像分割的研究还在不断深入之中，是目前图像处理研究的热点之一。

2. 图像分析

图像分析是对图像中感兴趣的目标进行检测和测量，从而建立对图像的描述。它以机器为对象，目的是使机器或计算机能自动识别目标。

图像分析是一个从图像到数值或符号的过程，主要研究用自动或半自动装置和系统，从图像中提取有用的测度、数据或信息，生成非图像的描述或者表示。它不仅给景物中的各个区域进行分类，还要对千变万化和难以预测的复杂景物加以描述。因此，常依靠某种知识来说明景物中物体与物体、物体与背景之间的关系。目前，人工智能技术正在被越来越普遍地应用于图像分析系统中，进行各层次控制和有效地访问知识库。

如图 1-4 所示，图像分析的内容包括特征提取、符号描述、目标检测、景物匹配和识别等。它是一个从图像到数据的过程，数据可以是对目标特征测量的结果，或是基于测量的符号表示，它们描述了图像中目标的特点和性质，因此图像分析可以看作是中层处理。

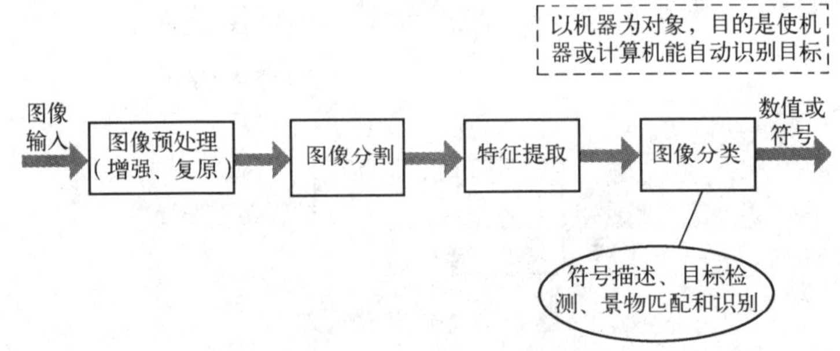

图 1-4　图像分析流程图

3. 图像理解

利用计算机系统解释图像，实现类似人类视觉系统的功能来理解外部世界，被称为图像理解或计算机视觉，有时也叫做景物理解。正确地理解要有知识的引导，因此图像理解与人工智能等学科有密切联系。

图像理解是由模式识别发展起来的，输入的是图像，输出的是一种描述，如图 1-5 所示。这种描述不仅仅是单纯的用符号做出详细的描述，而且要利用客观世界的知识使计算机进行联想、思考及推论，从而理解图像所表现出的内容。

图像理解的重点是在图像分析的基础上，进一步研究图像中各目标的性质和它们之间的相互联系，并得出对图像内容含义的理解以及对原来客观场景的解释，从而指导和规划行动。如果说图像分析主要是以观察者为中心研究客观世界，那么图像理解在一定程度上则是

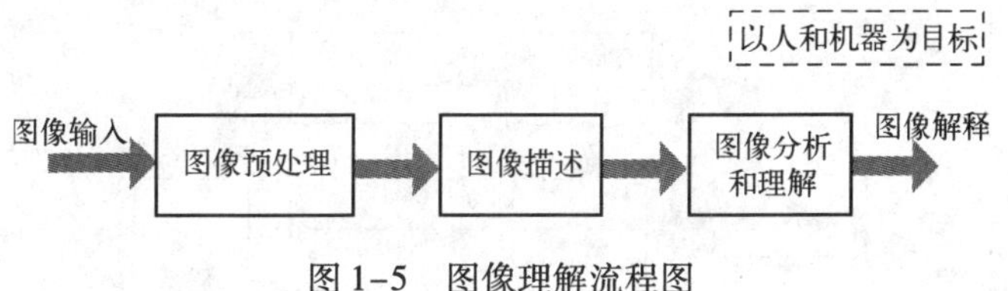

图 1-5　图像理解流程图

以客观世界为中心，并借助知识、经验来把握和解释整个客观世界。因此图像理解是高层操作，其处理过程和方法与人类的思维推理有许多类似之处。

1.1.4　数字图像处理的基本特点

数字图像处理具有如下的特点：

1）处理的信息量很大。如一幅 256×256 像素的低分辨率黑白（二值）图像，需要约 64 kbit 的数据量；对高分辨率彩色 512×512 像素的图像，则需要 768 kbit 数据量；如果要处理 30 帧/秒的电视图像序列，则每秒需要 500 kbit ~22.5 Mbit 数据量。因此对计算机的计算速度、存储容量等要求较高。

2）占用的频带较宽。与语言信息相比，图像占用的频带要大几个数量级。如电视图像的带宽约 5.6 MHz，而语音带宽仅为 4 kHz 左右。所以数字图像在成像、传输、存储、处理、显示等各个环节的实现上，技术难度较大，成本也高，这就对频带压缩技术提出了更高的要求。

3）数字图像中各个像素是不独立的，相关性较大。在图像画面上，常有多个像素有相同或接近的灰度或颜色。就电视画面而言，同一行中相邻两个像素或相邻两行间的像素，其相关系数可达 0.9 以上，而相邻两帧之间的相关性比帧内相关性一般来说还要更大些。因此，图像处理中信息压缩的潜力很大。

4）在理解三维景物时需要知识导引。由于图像是三维景物的二维投影，一幅图像本身不具备复现三维景物的全部几何信息的能力，很显然三维景物背后的部分信息在二维图像画面上是反映不出来的。因此，要分析和理解三维景物必须作适当的假设或附加新的测量，例如双目图像或多视点图像，这也是人工智能中正在致力解决的问题。

5）结果图像一般是由人来观察和评价的。对图像处理结果的评价受人的主观因素影响较大。由于人的视觉系统很复杂，受环境条件、视觉性能、人的情绪爱好以及知识状况影响很大，对图像质量的评价还有待进一步深入研究。另一方面，计算机视觉是模仿人的视觉，因而人的感知机理必然影响着计算机视觉的研究。例如，什么是感知的初始基元、基元是如何组成的、局部与全局感知的关系、优先敏感的结构、属性和时间特征等，这些都是心理学和神经心理学正在着力研究的课题。

1.1.5　数字图像处理与相关学科的关系

综上所述，数字图像处理技术包括三种基本范畴，如图 1-6 所示。低级处理：包括图像获取、预处理，不需要智能分析；中级处理：包括图像目标检测识别、表示与描述，需要智能分析；高级处理：包括图像解释，但缺少理论支持，为降低难度，常设计得更专一。

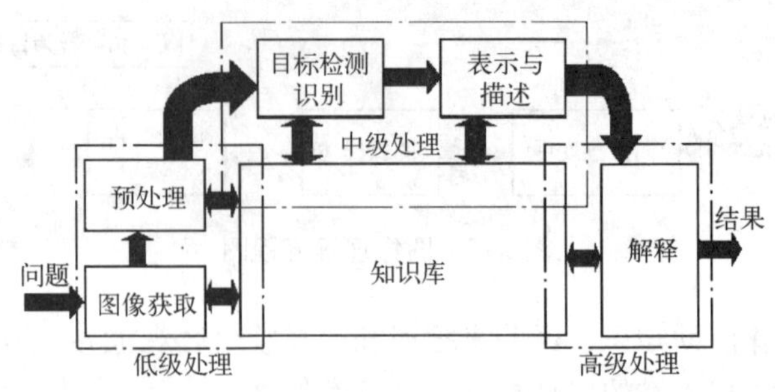

图 1-6　图像处理系统的三种基本范畴

数字图像处理是一门系统研究各种图像理论、技术和应用的新的交叉学科。从研究方法来看，它与数学、物理学、生理学、心理学、计算机科学等许多学科相关；从研究范围来看，它与模式识别、计算机视觉、计算机图形学等多个专业又互相交叉。

图 1-7 给出了数字图像处理与相关学科和研究领域的关系，可以看出数字图像处理的三个层次的输入输出内容，以及它们与计算机图形学、模式识别、计算机视觉等相关领域的关系。计算机图形学研究的是在计算机中表示图形、以及利用计算机进行图形的计算、处理和显示的相关原理与算法，是从非图像形式的数据描述生成图像，与图像分析相比，两者的处理对象和输出结果正好相反。另一方面，模式识别与图像分析则比较相似，只是前者把图像分解成符号等抽象地描述方式，二者有相同的输入，而不同的输出结果可以比较方便地进行转换。计算机视觉则主要强调用计算机实现人的视觉功能，这实际上用到了数字图像处理三个层次的许多技术，但目前研究的内容主要与图像理解相结合。

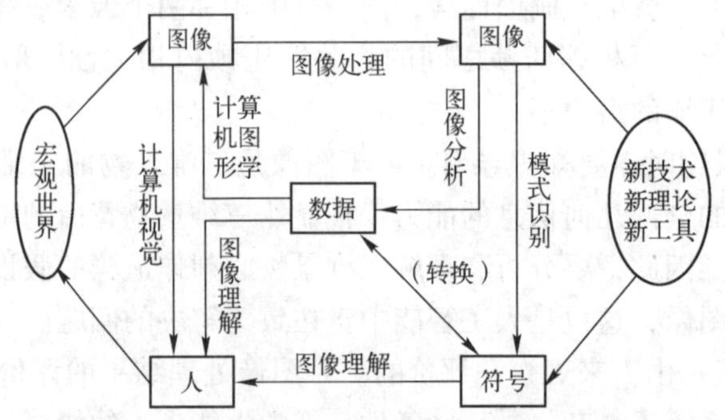

图 1-7　数字图像处理与相关学科和研究领域的关系

以上各学科都得到了包括人工智能、神经网络、遗传算法、模糊逻辑等新理论、新工具和新技术的支持，因此它们在近年得到了长足发展。另外，数字图像处理的研究进展与人工智能、神经网络、遗传算法、模糊逻辑等理论和技术都有密切的联系，它的发展应用与医学、遥感、通信、文档处理和工业自动化等许多领域也是不可分割的。

1.1.6　数字图像处理的应用

图像是人类获取和交换信息的主要来源，因此，图像处理的应用领域必然涉及到人类生活和工作的方方面面。随着人类活动范围的不断扩大，图像处理的应用领域也将随之不断扩大。数字图像处理的主要应用领域包括：

1. 航天和航空技术

数字图像处理技术在航天和航空技术方面的应用，除了上面提到的美国宇航局对月球和火星照片的处理之外，另一方面的应用是在飞机遥感和卫星遥感技术中。此外，在利用陆地卫星所获取的图像进行资源调查（如森林调查、海洋泥沙、渔业和水资源调查等）、灾害检测（如病虫害、水火灾害、环境污染等）、资源勘察（如石油勘查、矿产量探测、大型工程地理位置勘探分析等）、农业规划（如土壤营养、水分和农作物的生长、产量的估算等）、城市规划（如地质结构、水源及环境分析）、气象预报和对太空其他星球的研究等方面，数字图像处理技术也发挥了相当大的作用。

2. 生物医学工程

数字图像处理技术在生物医学工程方面的应用十分广泛，除了上面介绍的 CT 成像技术之外，还有对医学显微图像的处理分析，如红细胞、白细胞分类、染色体分析、癌细胞识别等。此外，在 X 射线图像、超声波图像、心电图分析、立体定向放射治疗、磁共振成像、光学相干断层扫描成像、红外热成像等医学诊断方面都广泛地应用了数字图像处理技术。

3. 通信工程

当前通信技术的主要发展方向是声音、文字、图像和数据结合的多媒体通信，也就是将电话、电视和计算机以三网合一的方式在数字通信网上进行传输。其中以图像通信最为复杂和困难，因为图像的数据量十分巨大，如传送彩色电视信号的速率达 100 Mbit/s 以上。要将这样高速率的数据实时传送出去，必须采用编码技术来压缩信息的比特量。因此从一定意义上讲，编码压缩是这些技术成败的关键。

4. 工业和工程

在工业和工程领域中图像处理技术有着广泛的应用，如自动装配线中检测零件的质量并对零件进行分类、印制电路板的瑕疵检查、弹性力学照片的应力分析、流体力学图片的阻力和升力分析、邮政信件的自动分拣、在有毒或放射性环境内识别工件及物体的形状和排列状态、先进设计和制造技术中采用的工业视觉等。

5. 军事和公安

在军事方面，图像处理和识别主要用于导弹的精确制导、各种侦察照片的判读、具有图像传输、存储和显示的军事自动化指挥系统、飞机、坦克和军舰模拟训练系统等；在公共安全方面，刑事图像的判读分析、指纹识别、人脸鉴别、不完整图片的复原，以及交通监控或事故分析等，都需利用图像处理技术。如目前已投入运行的高速公路不停车自动收费系统中的车辆和车牌照的自动识别就是图像处理技术成功应用的例子。

6. 文化艺术

目前这类应用包括电视或电影画面的数字编辑和处理、动画的制作、电子游戏的设计、纺织工艺品设计、服装设计与制作、发型设计、文物资料照片的复制和修复、运动员动作分析和评分等。

1.2 图像识别

图像识别研究的目的是赋予机器类似生物的某种信息处理能力，对图像中的物体进行分类，或者找出图像中有哪些物体，有些情况下还要描绘图像中目标的形态等。图像识别属于模式识别的范畴，其主要内容是图像经过某些预处理（如增强、复原、变换或者压缩）后，进行图像分割和特征提取，进而对特征向量进行判断与分类。从图像处理的角度来讲，图像识别又属于图像分析的范畴，它得到的结果是一幅由明确意义的数值或符号构成的图像或图形文件，而不再是一幅具有随机分布性质的图像。

图像识别技术是图像处理中的高难技术，是一门集数学、电子、物理、计算机软硬件及相关应用学科（如航空航天、医学、工业等）等多学科多门类的综合科学技术。因其具有较高的人工智能（专家知识）成分以及计算机特有的优势，可以快速、准确地捕获目标，进行自动分析处理，并得到有用的图像信息，因此实用价值非常高。

1.2.1 系统的基本构成

如图 1-8 所示，一个完整的数字图像识别系统通常包括四个组成部分：①规范：估计信息模型，压制噪声，即图像预处理；②标记和分组：判定每个像素属于哪一个空间对象或把属于同一对象的像素分组，即图像分割；③抽取：为每组像素计算特征，即图像特征提取；④匹配：解释图像对象，即判断匹配。

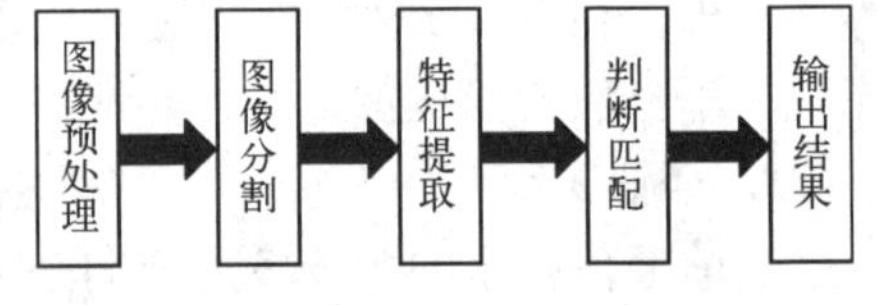

图 1-8　图像识别系统框图

图像分割将图像划分为多个有意义的区域，然后对每个区域的子图像进行特征提取，最后根据提取的图像特征，利用分类器对图像中的目标进行相应的分类。实际上，图像识别和图像分割并不存在严格的界限。从某种意义上讲，图像分割的过程就是图像识别的过程。图像分割着重于对象和背景的关系，研究的是对象在特定背景下所表现出来的整体属性。而图像识别则着重于对象本身属性的研究。

但是，并非所有的数字图像识别问题都是按照上述步骤进行的，根据具体图像的特征，有时可采用简单的方法实现对目标对象的识别。例如，图 1-9a 所示的图像是著名的华盛顿纪念碑，怎样自动检测出纪念碑在水平方向上的位置呢？仔细观察不难发现，纪念碑区域内像素的灰度值相差不大，而且与背景区域相差很大，因此可通过选取合适的阈值做削波处理，将该图像二值化，这里选 175 ~ 220（灰度值），结果如图 1-9b 所示。由于纪念碑所在的那几列中，白色像素比其他列多很多，如果把该图向垂直方向作投影，如图 1-9c 所示，

a)

b)

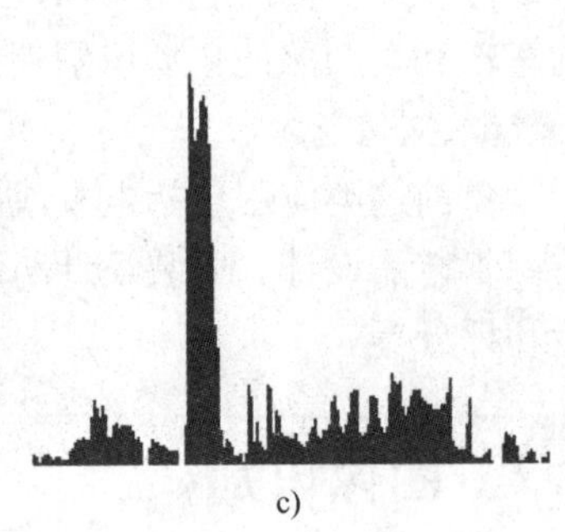
c)

图 1-9　投影法图像识别实例

a）华盛顿纪念碑图像　b）将图 a）二值化的结果　c）将图 b）做垂直投影

其中黑色线条的高度代表了该列上白色像素的个数。图中间的高峰部分就是我们要找的水平方向上纪念碑所在的位置，这就是投影法。为了得到更好的效果，投影法经常和阈值化一起使用。由于噪声点对投影有一定的影响，所以处理前最好先对原始图像进行平滑，去除噪声。

如果可以得到原始图像中除目标之外的背景图像，那么就可将原始图像和背景图像相减，得到的差作为结果图像，实现对图像中感兴趣目标的识别，即所谓的差影法。差影法就是图像的相减运算，又称为减影技术，是把同一景物在不同时间拍摄的图像或者同一景物在不同波段的图像相减，利用差影图像提供的图像之间的差异信息以达到动态监测、运动目标检测和识别等目的。例如，图 1-10a 是前景图（猫）加背景图（星球），图 1-10b 是背景图，图 1-10b 减去图 1-10a 的结果如图 1-10c 所示，这样就得到了前景。再如，在银行金库的监控系统中，摄像头每隔一小段时间，拍摄一帧图像，与上一帧图像做差影处理。如果差别超过了预先设置的阈值，说明金库中有人，这时就应拉响警报。此外数字电影特技中的“蓝幕”技术也包含了差影法的原理。

a) b) c)

图 1-10 差影法图像识别实例

a）原始图像（前景 + 背景） b）背景图像 c）图 a 和图 b 相减的结果

1.2.2 研究现状

图像的识别与分割是图像处理领域中研究最多的课题之一，但由于已经取得的成果远没有待解决的问题多，因而依然是图像处理领域的研究重点和热点。

图像识别的发展经历了三个阶段：文字识别、数字图像处理与识别、物体识别。文字识别的研究是从 1950 年开始的，一般是识别字母、数字和符号，从印刷文字识别到手写文字识别，应用非常广泛，并且已经研制了许多专用设备。数字图像处理和识别的研究开始于 1965 年，数字图像与模拟图像相比具有存储，传输方便可压缩、传输过程中不易失真、处理方便等诸多优势，这些都为图像识别技术的发展提供了强大的动力。物体的识别主要指对三维世界的客体及环境的感知和认识，属于高级的计算机视觉范畴。它以数字图像处理与识别为基础，结合人工智能和系统学等学科的研究方向，其研究成果被广泛应用在各种工业及探测机器人上。现代图像识别技术的主要不足就是自适应性能差，一旦目标图像被较强的噪声污染或是目标图像有较大残缺，往往就不能得出理想结果。

图像识别问题的数学本质属于模式空间到类别空间的映射问题。目前，主要有三种识别方法：统计模式识别、结构模式识别、模糊模式识别。

图像分割是图像处理和自动识别中的一项关键技术，自20世纪70年代起，其研究已经有几十年的历史，一直都受到人们的高度重视，至今借助于各种理论提出了数以千计的分割算法，而且这方面的研究仍然在积极地进行着。现有的图像分割方法包括阈值分割法、边缘检测法、区域提取法、结合特定理论工具的分割方法等。从图像的类型来分有灰度图像分割、彩色图像分割和纹理图像分割等。在近二十年间，随着基于直方图和小波变换的图像分割方法的研究以及超大规模集成电路（Very Large Scale Integration，VLSI）技术的迅速发展，图像分割的研究取得了很大进展，并结合了一些特定理论、方法和工具，如基于数学形态学的图像分割、基于小波变换的分割、基于遗传算法的分割等。

1.2.3 应用现状

图像识别的应用领域已从传统的遥感图像、医学图像处理、机器人视觉控制，发展到视觉监测、人机交互、基于内容的视频和图像信息检索、虚拟现实等。其中医学图像自动识别具有广泛的发展前景和重大意义，尤其在图像诊断检测过程中已有许多应用了计算机智能图像识别处理系统，如红血球自动分类计数、癌细胞自动识别系统等。

人类的视觉系统是非常发达的，它包含了双眼和大脑，可以从很复杂的景物中分开并识别每个物体。例如，图1-11中少了很多线条，人眼很容易看出来是英文单词“THE”，但让计算机来识别就很困难了。图1-12中尽管没有任何线条，但人眼还是可以很容易地看出中间存在一个白色矩形，而计算机却很难发现。由于人类在观察图像时使用了大量的知识，所以没有任何一台计算机在分割和检测图像时，能达到人类视觉系统的水平。正因为如此，图像的自动识别实际上是一项非常困难的工作，对于大部分图像应用来说，自动分割、检测与识别技术还不成熟。目前只有少数几个领域（如印刷体识别OCR、指纹识别、人脸识别等）达到了实用的水平。

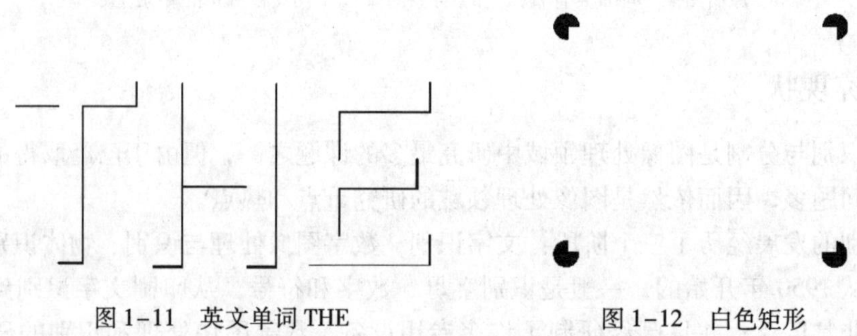

图1-11　英文单词THE　　　　图1-12　白色矩形

1.3 医学图像处理技术概述

医学图像处理技术是通过扫描人体组织获取相应位置的影像数据，然后通过分析数据或者观察图片进行病情诊断。但是医生根据传统的经验对成像结果进行定性或者定量的分析，分析结果难免会受到主观因素的影响，如医生的专业知识和临床经验等，结果的客观性和可重复性差，对于病情诊断会产生一定的误差。借助先进的计算技术和数字图像处理技术，对二维/三维医学图像数据进行处理和分析，可帮助医生对可能存在的病变进行多角度精确分析和测量，进而对病情作出准确诊断和制定治疗计划。

医学图像处理系统通常包含如下的标准程序：图像预处理、图像分割、图像配准、三维图像重构、图像特征提取、分类和识别等。其中图像预处理的主要目的是进行图像增强，使图像的各种特征更加清晰，改善图像的视觉效果，以便于医疗人员辨识或交由计算机来分析，提高可读性。图像分割的目的在于凸显出图像中的有用信息，如器官、肿瘤或者病变组织等，以便进一步的分析、测量或三维重建。

目前随着医学成像技术和医学图像处理技术的飞速发展，针对活体血管检测的技术亦蓬勃发展。本书将在后续章节中详细介绍几种主要的介入血管成像技术（包括 X 射线造影、超声和 OCT）的成像原理、临床应用现状和图像特点，并结合对临床图像的实例介绍对上述成像手段获取的图像进行计算机后处理的方法。同时，还对近年来发展起来的虚拟内窥镜技术和血管内光声成像技术的原理和发展现状进行简要介绍，并对未来的发展趋势进行展望。

第2章　X射线冠状动脉造影及图像的后处理

X射线冠状动脉造影（X－ray coronary angiography，CAG）是临床诊治冠心病的主要介入影像手段，被称为诊断冠心病的“金标准”。本章在介绍CAG的成像原理、图像特点和临床应用的基础上，对CAG图像的计算机后处理技术进行详细介绍，主要包括CAG图像的预处理、二维分割（提取血管腔轮廓和中心线）、血管的三维重建、血管形态参数的定量测量、感兴趣血管段最佳造影视角的选取、冠状动脉血管中心线的二维和三维运动跟踪和估计等。

2.1　X射线造影概述

自伦琴（Wilhelm Conrad Rontgen）1895年发现X射线以后不久，在医学上X射线就被用于对人体检查，进行疾病诊断，形成了放射诊断学（Diagnostic Radiology，DR）的新学科，并奠定了医学影像学的基础。至今放射诊断学仍是医学影像学中的主要内容，应用普遍。20世纪50年代到60年代开始应用超声与核素扫描进行人体检查，出现了超声成像（Ultrasonography，USG）和γ闪烁成像（γ－scintigraphy）。20世纪70年代和80年代又相继出现了X射线计算机体层成像（X－ray Computed Tomography，X－ray CT或CT）、磁共振成像（Magnetic Resonance Imaging，MRI）、发射体层成像（emission computed tomography，ECT）、单光子发射层析成像（Single Photon Emission Computed Tomography，SPECT）与正电子发射体层成像（Positron Emission Tomography，PET）等新的成像技术。虽然各种成像技术的成像原理与方法不同，诊断价值与限度亦各异，但都是使人体内部结构和器官形成影像，从而了解人体解剖与生理功能状况以及病理变化，达到诊断的目的，都属于活体器官的视诊范畴，是特殊的诊断方法。20世纪70年代迅速兴起的介入放射学，即在影像监视下采集标本或在影像诊断的基础上，对某些疾病进行治疗，使影像诊断学发展为医学影像学。医学影像学不仅扩大了人体的检查范围，提高了诊断水平，而且可以对某些疾病进行治疗，成为医疗工作中的重要支柱。

2.1.1　X射线成像的基本原理

X射线成像技术是目前临床应用中最传统、最广泛的医学影像技术之一。X射线之所以能使人体在荧屏上或胶片上形成影像，一方面是基于X射线的特性，即其穿透性、荧光效应和摄影效应；另一方面是基于人体组织有密度和厚度的差别。由于存在这种差别，当X射线透过人体各种不同组织结构时，它被吸收的程度不同，所以到达荧屏或胶片上的X射线量有差异。这样，在荧屏或胶片上就形成黑白对比不同的影像[1]。

人体组织结构由不同元素所组成，依各种组织单位体积内各元素量总和的大小而有不同的密度。人体组织结构的密度可归纳为三类：高密度组织，如骨组织和钙化灶等；中密度组织，如软骨、肌肉、神经、实质器官、结缔组织以及体内液体等；低密度组织，如脂肪组织以及存在于呼吸道、胃肠道、鼻窦和乳突内的气体等。当强度均匀的 X 射线穿透厚度相等密度不同的组织结构时，由于吸收程度不同，将出现如图 2-1 所示的情况。在 X 射线片上或荧屏上显出具有黑白（或明暗）对比、层次差异的 X 射线影像。X 射线穿透低密度组织时，被吸收少，剩余 X 射线多，使 X 射线胶片感光多，经光化学反应还原的金属银也多，故 X 射线胶片呈黑影；使荧光屏所生荧光多，故荧光屏上也就明亮。高密度组织则恰恰相反。在人体结构中，胸部的肋骨密度高，对 X 射线吸收多，照片上呈白影；肺部含有气体，其密度较低，X 射线吸收少，照片上呈黑影。

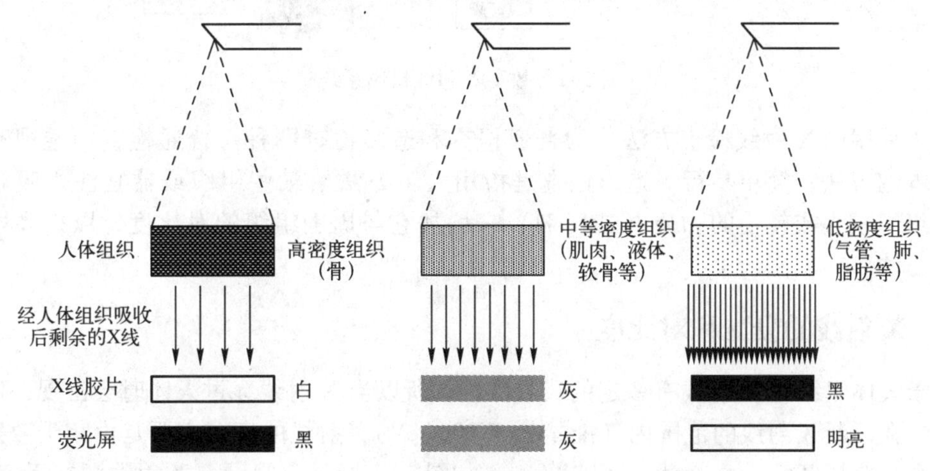

图 2-1　不同密度组织（厚度相同）与 X 射线成像的关系

人体组织结构和器官形态不同，厚度也不一致。其厚与薄的部分，或分界明确，或逐渐过渡。厚的部分吸收 X 射线多，透过的 X 射线少，薄的部分则相反，在 X 射线片和荧屏上显示出的黑白对比和明暗差别以及由黑到白和由明到暗，其界线呈比较分明或渐次过渡，都是与它们厚度间的差异相关的。

由此可见，密度和厚度的差别是产生影像对比的基础，是 X 射线成像的基本条件。应当指出，密度与厚度在成像中所起的作用取决于哪一个占优势。例如，在胸部，肋骨密度高但厚度小，而心脏大血管密度虽低，但厚度大，因而心脏大血管的影像反而比肋骨影像白。同样，胸腔大量积液的密度为中等，但因厚度大，所以其影像也比肋骨影像白。

传统 X 射线成像方法是将图像记录在胶片上，随着电子技术的发展，影像的数字化技术也已经比较成熟，目前常用的是影像增强管——电视系统，包含影像增强管、光学图像分配系统、一个包括摄像机及监视器的闭路视频系统和辅助电子设备。闭路视频系统采用导线或电缆传输图像，我们可以在正常光线下借助监视器进行观察，也可以用录像带作为 X 射线影像的永久记录。图 2-2 是一个比较有代表意义的数字 X 射线摄影系统。在该系统中，影像增强器输出图像由摄像机采集后送入对数放大器，之后经过模 - 数转换器，将模拟信号转换为数字信号，并送入图像存储器。所采集的数字图像经过各种处理后可以再经过数 - 模转换器送到监视器上显示，也可以用各种存储媒体将它们保存起来。整个系统在计算机的控制下协调工作。

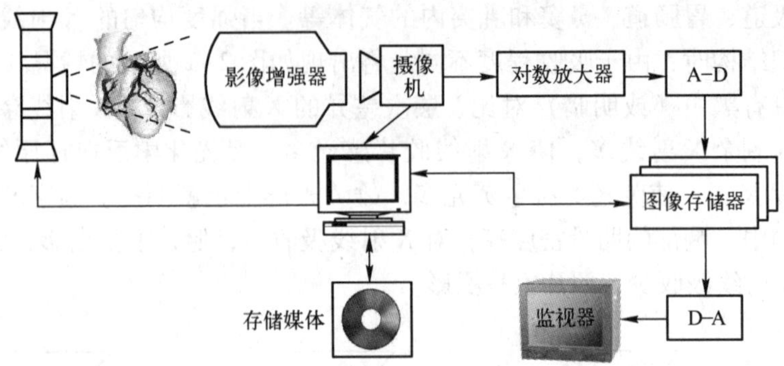

图 2-2　数字 X 射线摄影系统

临床采用的 X 射线检查方法分为普通检查和造影检查两种。普通检查中透视和摄影是最基本的方法，简单易行。造影检查是指用人工方法给某些组织或器官注入吸收系数比周围组织较大或较小的物质（造影剂）来增加它与周围组织的对比度，以提高影像分辨率的方法。

2.1.2　X 射线的衰减和对比度

由于人体组织对 X 射线有一定的吸收作用，所以当 X 射线穿过人体时会出现一定程度的衰减。在诊断 X 射线的范围内（能量低于 200 keV），射线的衰减主要是由相干散射、光电吸收和康普顿（Compton）散射引起的[2]，如图 2-3 所示。假设点 X 射线源在无穷远处，因此入射到人体的 X 射线可以认为是一束平行的射线。I_i和I_o分别表示入射及出射的 X 射线的强度，入射 X 射线中的一部分被人体吸收或者由于散射而离开了原来的射线束，其余部分沿直线穿过人体到达检测器。假设检测器平面离人体足够远，以致那些被散射的 X 射线不能撞击检测器。如果被探查的物体为均匀介质，入射到一个厚度为 Δz 的薄片上的光子数为 N，作用后减少的光子数为 ΔN，则可以得出如下公式：[2]

$$\Delta N = -\mu \cdot N \cdot \Delta z \tag{2-1}$$

式中，μ 是线性衰减系数；ΔN 表示丢失的光子数，是一个负值。

为了检测出正常组织中的病灶，不仅要求病灶组织结构在 X 射线照片中有较高的亮度，更重要的是要求它与周围组织间存在较大的反差，这就是对比度的概念。借助图 2-4 所示的简单模型来讨论投影 X 射线成像系统中图像的对比度。厚度为 l_1、线性衰减系数为 μ_1 的

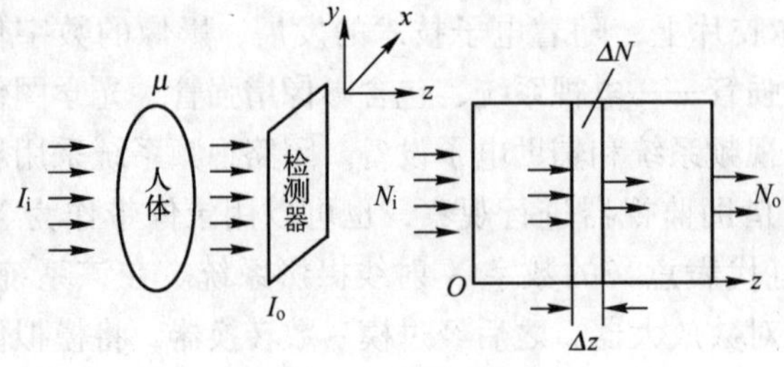

图 2-3　X 射线的衰减[2]

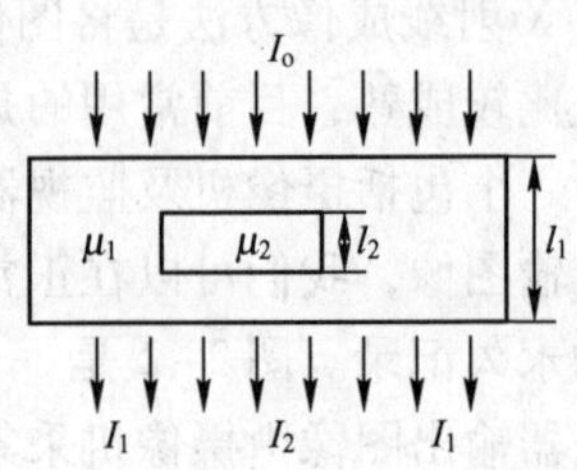

图 2-4　对比度分析的简单模型[2]

均匀人体组织中，有一块厚度为 l_2、线性衰减系数为 μ_2 的异性物体作为观察对象。假定入射 X 射线的强度为 I_0，经过均匀人体组织后的射线强度为 I_1，经过均匀组织与观察对象后的射线强度为 I_2。那么对观察目标而言，其对比度 C 的定义如下：

$$C = (I_1 - I_2)/I_1 = 1 - \exp[-(\mu_2 - \mu_1)l_2] \tag{2-2}$$

在一般意义下，上述关于对比度定义中的强度 I_2 是指被检测物体在图像中的强度，而 I_1 则是物体以外的背景在图像中的强度。只有在相邻区域间存在对比度，才有可能检测出两个物体之间的界面。式（2-2）说明，在投影 X 射线成像系统中，图像对比度仅仅与被探查物体的厚度 l_2 及被探查物与周围组织间的线性衰减系数之差有关，而与照射对象的总厚度 l_1 无关。

实践经验表明，对比度一般随着病灶总厚度的增加而减小。这是因为在式（2-2）的计算中，隐含着假定 X 射线是沿直线传播的，而不考虑射线与人体作用时的散射或二次放射所造成的影响，但实际上散射对图像对比度的影响是很大的。

投影 X 射线成像系统中，图像的形成大致分为两个阶段：第一阶段是 X 射线穿过人体，形成肉眼不可见的 X 射线图像；第二阶段是透射过来的 X 射线作用于记录器，最终形成可见的图像。在第一阶段中，图像对比度主要取决于被探查物本身对 X 射线衰减的差异，此外 X 射线散射对图像对比度的影响也是比较大的。在第二阶段中，胶片的性能以及在处理过程中各种参数的选择将直接影响图像的对比度。

为了提高图像的对比度，可在投影 X 射线成像系统中施加一些措施[3]，例如：采用一些高衰减系数的材料作为造影剂，将造影剂引入体内后，可获得较大对比度的图像。如利用口服钡化合物进行消化道疾病的检查，在血管中注入碘化合物可作血管造影检查；散射对图像对比度的影响与病人厚度、X 射线视野大小及射线光子能量等复杂因素有关。采用二次射线滤线栅或遮线器，可滤除那些对成像不利的散射线，克服或减小散射对图像对比度的影响。

2.1.3 X 射线图像的特点

X 射线图像是 X 射线束穿透某一部位的不同密度和厚度组织结构后的投影总和，是该穿透路径上各层投影相互叠加在一起的影像。正位 X 射线投影中，它既包括有前部，又有中部和后部的组织结构。重叠的结果，能使体内某些组织结构的投影因累积增益而得到很好的显示效果，也可使体内另一些组织结构的投影因减弱抵消而较难或不能显示。

由于 X 射线束是从 X 射线管向人体作锥形投射，因此，将使 X 射线影像有一定程度的放大并产生伴影，如图 2-5 所示，当荧屏或胶片（F）由 A 移至 B 时，投影将放大，伴影也增大。伴影使 X 射线影像的清晰度减低。锥形投射还可能对 X 射线影像产生如图 2-6 所示的影响，处于中心射线部位的 X 射线影像，虽有放大，但仍保持被照体原来的形状，并无图像歪曲或失真；而边缘射线部位的 X 射线影像，由于倾斜投射，对被照体则既有放大，又有歪曲。同样的球体，由于倾斜投射，使投影呈蛋形（S_2）；中心射线部分的投影（S_1）放大，但仍呈球形。

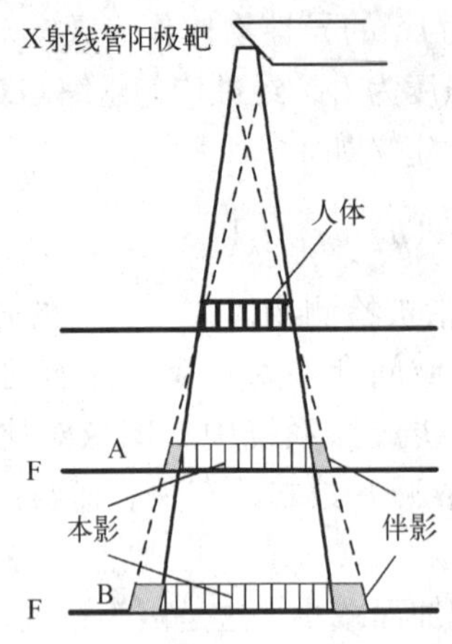

图 2-5　X 射线管阳极靶的锥形投射

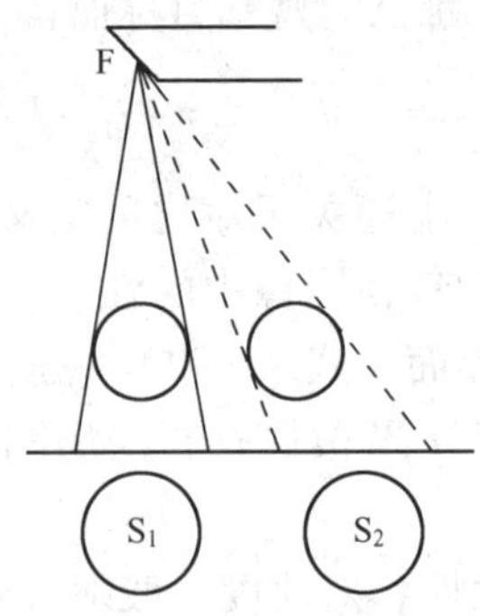

图 2-6　斜射投照对 X 射线投影的影响

2.1.4　X 射线血管造影

X 射线血管造影术的基本原理与传统 X 射线成像相同，它是将在 X 射线照射下不透明的含有机化合物的造影剂快速注入血流，使心脏和大血管腔在 X 射线照射下显影，同时使用快速摄片、电视摄影或磁带录像等方法，将心脏和大血管腔的显影过程拍摄下来，从显影的结果可以看到含有造影剂的血液流动顺序，以及心脏、大血管充盈情况，从而了解心脏和大血管的生理和解剖的变化及血液动力的改变。为诊断心脏、大血管疾病并为手术治疗提供有价值的资料，是一种很有价值的诊断心血管病的方法。

X 射线心血管造影检查可分为常规造影和选择性造影。前者包括右心室造影、左心室造影、主动脉造影，后者包括冠状动脉造影。

（1）常规造影

常规造影方法如下：

- 右心室造影：经股静脉行右心室插管，快速注射造影剂，显示右侧心腔和肺血管。用于观察右心、肺血管以及伴有紫绀的先天性心脏病。
- 左心室造影：导管经周围动脉插入至左心室，然后经导管注射造影剂。适用于二尖瓣闭锁不全、主动脉瓣口狭窄、心室间隔缺损、永存房室共通及左心室病变。
- 主动脉造影：导管经周围动脉插入，导管尖端一般置于主动脉瓣上 3 ~ 5 cm 处，能使升主动脉、主动脉弓和降主动脉上部显影。适用于显示主动脉本身的病变，主动脉瓣闭锁不全，主动脉与肺动脉或主动脉与右心间的异常沟通。

（2）选择性造影

选择性心血管造影术是借助于心导管将造影剂直接快速地注入选定的心腔或大血管，使该处能迅速达到最高浓度，获得很好的显影效果，可以较清楚地显示该部位的病变。目前已成为常用的心血管病诊断方法之一，尤其对复杂的心血管畸形或冠状动脉搭桥等手术前诊断更是必不可少的。通常使用的有选择性右心造影、左心造影、肺动脉造影、主动脉造影、冠状动脉造影等。其中冠状动脉造影是指从周围动脉插入特制塑型的导管先至升主动脉，然后分别进入左、右冠状动脉开口处，行选择性造影。选择性造影术主要用于冠状动脉粥样硬化性心脏病的检查，是冠状动脉搭桥术或血管成形术前必须的检查步骤。摄影时按需选用正、侧位或左、右斜位，以及近年来采用的轴位角度投照，使造影的解剖结构显示收到更好的效果。

2.1.5 数字减影血管造影

数字减影血管造影（Digital Subtraction Angiography，DSA）是数字 X 射线成像（Digital Radiography，DR）的一个组成部分，是一种在具有数字化成像和减影功能的心血管造影机上进行的心血管造影检查。在常规的血管造影中，因血管与骨骼及软组织影像重叠，使得血管显影不清。在血管疾病的诊断中，希望只突出血管的结构信息，而去除周围组织的影像。过去采用光学减影技术可消除骨骼和软组织影，使血管显影清晰。数字减影血管造影则是利用计算机处理数字化的影像信息，以消除骨骼和软组织影像的减影技术。Nudelman 于 1977 年获得了第一张 DSA 图像，目前这种技术在血管造影中的应用已很普遍[4]。由于 DSA 是综合影像增强—电视系统数据收集和计算机处理产生图像，因此可显著降低造影剂浓度和剂量，收到优良的诊断效果，从而减少以至避免高浓度、大剂量造影剂注射时的副作用，尤其对肾功能降低的病例较为适用。

数字减影血管造影的方法有几种，目前常用的是时间减影法。在注射造影剂之前，先摄取一幅目标图像（亦称为基像或掩膜像）$M(x, y)$。然后经导管快速注入衰减系数较大的有机碘水造影剂，在血管内造影剂浓度处于高峰和造影剂被廓清这段时间内，使检查部位连续成像。在这一系列的图像中，取一帧血管内含造影剂最多的图像，其强度公式如下：

$$I(x,y)=M(x,y)\exp[-\mu_2 T_2(x,y)] \tag{2-3}$$

式中，μ_2为造影剂的衰减系数；$T_2(x,y)$为注入造影剂处的血管厚度。对两幅图像取对数并相减，就可得到相减后的图像，公式如下：

$$D(x,y)=k[\ln M(x,y)-\ln I(x,y)]=k\mu_2 T_2(x,y) \tag{2-4}$$

式中，$D(x, y)$称为对数差图像；k 为常数。这幅图像中没有骨骼和软组织影像，而只有血管影像，达到了减影的目的。这两帧图像称为减影对，因属在不同时间所得，故称为时间减影法。时间减影法的各帧图像是在造影过程中所得，易因心脏运动而造成减影对不能精确重合，即配准不良，致使血管影像模糊。

DSA 图像中无血管以外的组织结构影像的干扰，可对图像进行多种后处理以改善影像质量，配合使用各种软件功能，可进行心脏大血管壁的形态、功能及腔内结构和血流动力学研究。数字减影血管造影系统已在血管疾病的诊断中发挥了很大的作用。在对大脑皮层、肾脏等部位进行血管造影时，这些部位只存在微弱的运动，将造影图与掩膜图进行适当地匹配减影就能得到清晰的减影图像，因而 DSA 技术在这些部位的疾病诊断中得到广泛运用。

冠状动脉的结构非常复杂，同时受心脏运动的影响，导致冠脉造影图像的对比度较差。心血管减影成像技术可以提供对比度较高的冠脉造影图像，因而具有很好的应用前景，目前国内外已经有很多相关的研究报告[5-8]。在对冠状动脉进行数字造影时，由于心脏的剧烈运动，并且是非刚性运动，造影图与掩膜图的匹配非常困难。文献［9］提出了一种基于图像配准的数字减影图像增强算法。在注入造影剂前，首先摄取一系列连续掩膜图像，然后选择差值图像直方图的能量作为相似测度，将造影图像与掩膜序列图像进行全局配准，找到其中匹配的掩膜图，这两幅图像就是心脏几乎位于同一相位摄取的图像，相对运动也就较小，最后再用块匹配方法对该造影图像和匹配的掩膜图像进行局部配准。

2.2 X 射线冠状动脉造影

冠状动脉（简称冠脉）造影术（CAG）是指经皮穿刺动脉后选择性的向左和右冠脉开口插入导管并注射造影剂，从而显示冠脉解剖结构和病变的一种心血管造影方法。通过冠状动脉造影检查，可以准确判断患者冠状动脉狭窄的情况，包括狭窄程度、部位等，从而评价患者冠心病的严重程度，根据检查结果制定最佳的治疗方案，并指导冠心病的介入性治疗。

2.2.1 成像原理

当 X 射线透过人体时，因为注入造影剂的冠状动脉和人体组织对 X 射线的吸收程度不同，所以在接收端可以得到不同强度的射线，利用胶片或数字化技术记录即可得到冠状动脉造影图像。冠脉造影系统的 X 射线源是一个接近于点，但又具有一定面积的射线源。由于 X 射线源的尺寸远小于 X 射线源和接收端之间的距离，同时为了方便研究，假设 X 射线源为一个理想的点源且 X 射线是单一能量的射线，并由它发射一个锥形的射线束，因此 X 射线造影可以看成简单的一点透视，X 射线源也就是透视投影的灭点。根据透视投影原理，建立 X 射线造影系统的透视投影模型，如图 2-7 所示。

X 射线透视投影原理图如图 2-8 所示，透过探查物后的 X 射线输出强度是由该射线通过路径上的衰减系数的线积分决定的。对于单一能量的 X 射线，在检测器平面上所测得的 X 射线强度可表示如下：

$$I_d(x_d,y_d)=I_i(x_d,y_d)\exp[-\int\mu_0(x,y,z)\,\mathrm{d}r] \tag{2-5}$$

式中，$\mu_0(x,y,z)$是在单一能量 ε_0 情况下的线性衰减系数；r 为射线源到检测点之间的斜线距离；$I_i(x_d, y_d)$是不存在任何探查物时入射到检测器平面上的 X 射线强度，其估计值示意图如图 2-9 所示。

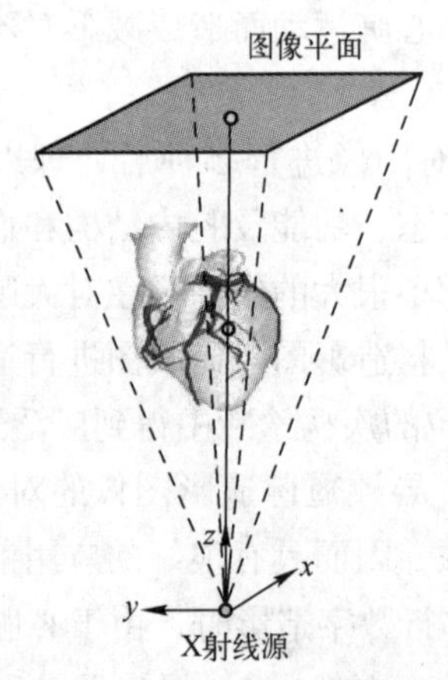

图 2-7 冠脉造影系统的透视模型

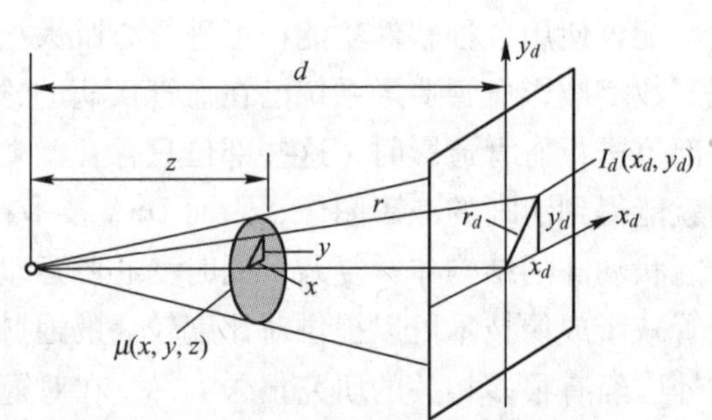

图 2-8 X 射线透视投影原理图[3]

假设一个点辐射源被激发时各向同性地放射出 N 个光子，而在检测器平面上某一点（x_d, y_d）的入射强度又与单位面积上的光子数成正比，因而可以得出如下公式：

$$I_i(x_d,y_d)=k(N\Omega/4\pi a) \tag{2-6}$$

式中，$N\Omega/4\pi$ 是在立方角 Ω 中所包含的光子数；a 是与 Ω 对应的检测器平面上的面积；k 是一个常数，它代表每个光子的能量。因为 Ω 是面积 a 所张的立体角，所以有如下公式：

$$\Omega = (a\cos\theta)/r^2 \tag{2-7}$$

式中，$r^2 = d^2 + r_d^2 = d^2 + x_d^2 + y_d^2$。把式（2-7）代入式（2-6）得：

$$I_i(x_d, y_d) = (kN\cos\theta)/4\pi r^2 \tag{2-8}$$

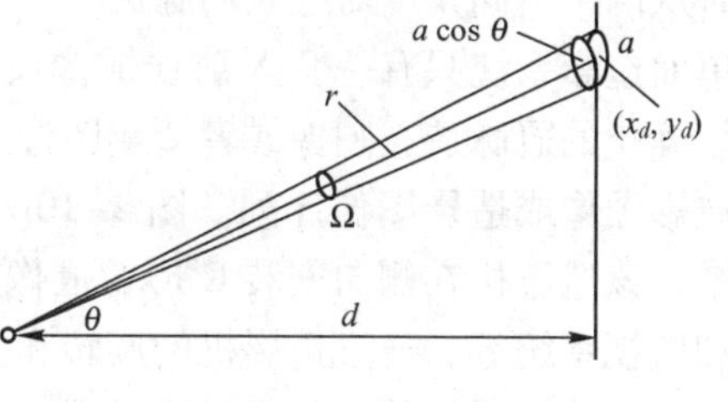

图 2-9　$I_i(x_d, y_d)$的估计示意图

假设 I_0 是当 $\theta=0$，即坐标原点处的检测强度，则有如下公式：

$$I_0 = (kN)/(4\pi d^2) \tag{2-9}$$

用 I_i 作为 $I_i(x_d, y_d)$的缩写，可得：

$$I_i/I_0 = (d^2/r^2)\cos\theta = \cos^3\theta \tag{2-10}$$

即：

$$I_i = I_0\cos^3\theta = I_0\left(1 + r_d^2/d^2\right)^{-\frac{3}{2}} \tag{2-11}$$

式中，$\cos^3\theta$ 可视为由$\cos^2\theta$ 与 $\cos\theta$ 两部分组成，$\cos\theta$ 是由于射线与检测器平面间的角度造成的，如图 2-9 所示。在图 2-9 中，与射线垂直的面积为 $a\cos\theta$，其中的 $\cos\theta$ 是一个倾斜因子。$\cos^2\theta$ 反映强度随距离的变化，它是与距离的平方成反比的，即垂直入射的距离与倾斜入射的距离 r 之比的平方。从式（2-11）中可以看到入射强度随检测平面上坐标的不同而变化。另外，从图 2-9 中还可以看出，位于 z 平面上的物体投影到检测器平面时都被放大了 d/z 倍。

2.2.2　冠脉造影系统的分类

目前临床应用的冠脉造影系统包括很多类型，主要是 PHILIPS、SIEMENS 和 GE 等公司的产品。根据系统的运动方式可将造影系统分为 Type Ⅰ 和 Type Ⅱ 两种类型。Type Ⅰ 造影机在侧向安装 C 形臂（L 形臂或平行臂）的成像系统；Type Ⅱ 造影机在顶部安装 C 形臂的成像系统。

根据所采用的 X 射线成像设备数目，可将冠脉造影系统分为两类：双面造影系统和单面造影系统，如图 2-10 所示。双面造影系统如图 2-10a 所示，有两套 X 射线成像设备，同

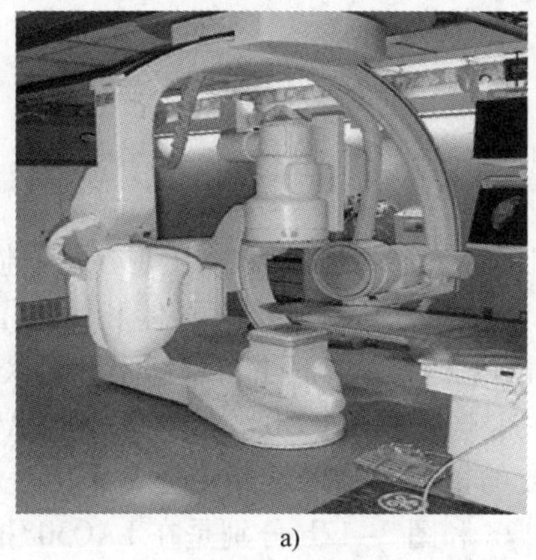

a)

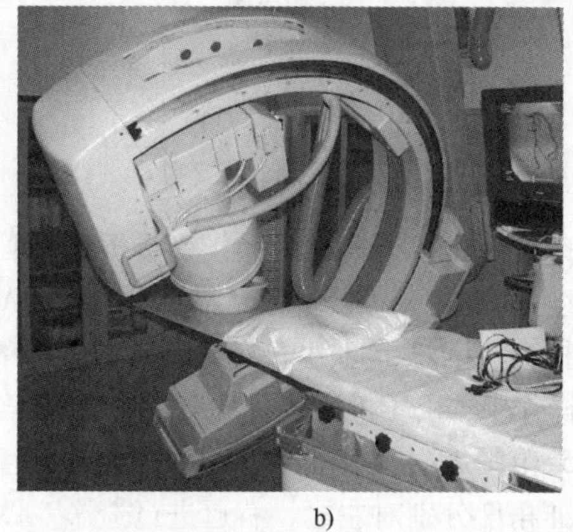

b)

图 2-10　X 射线冠脉造影成像系统实物照片

a）双面造影系统　b）单面造影系统

时从两个不同角度对冠状动脉成像，得到两幅静止的冠脉造影图像或者两个造影图像序列。单面造影系统只有一套X射线成像设备，在某一时刻从一个角度对冠状动脉成像，得到一幅静止的冠脉造影图像或者造影图像序列；然后从另一个角度成像，得到另一个静止的冠脉造影图像或造影图像序列。图2-10b是Philips公司生产的Integris CV单面血管造影成像系统，该造影机在侧向安装C形臂成像系统，主要包括X射线源、图像增强器、桶架、平台和监视系统等，通过造影机的旋转和平移运动可以选择一定角度进行造影。从双面造影系统和单面造影系统的工作过程可以看出，两者最大的区别在于前者得到的两个不同角度的造影图像是同时获取的，后者得到的两个不同角度的造影图像是在不同时刻获取的，这将给冠状动脉树的三维重建及运动分析带来很大困难。

2.2.3 造影角度

造影角度是X射线冠脉造影的重要参数。如果造影角度选择不当，在获得的图像中感兴趣的病变区域可能被其他血管或组织遮盖，从而影响定量分析的精度和诊断的准确性。

临床上采用造影时X射线成像设备相对于病人的“左右角度”和“前后角度”表示成像系统的方向，如图2-11所示。左右角度用LAO/RAO（Left Anterior Obique/Right Anterior Obique）表示，常用α记录，当$\alpha>0$时代表RAO角度，当$\alpha<0$时代表LAO角度；造影的前后角度用CRAN/CAUD（Cranial/Caudal）表示，常用β记录，当$\beta>0$时代表CRAN角度，当$\beta<0$时代表CAUD角度。

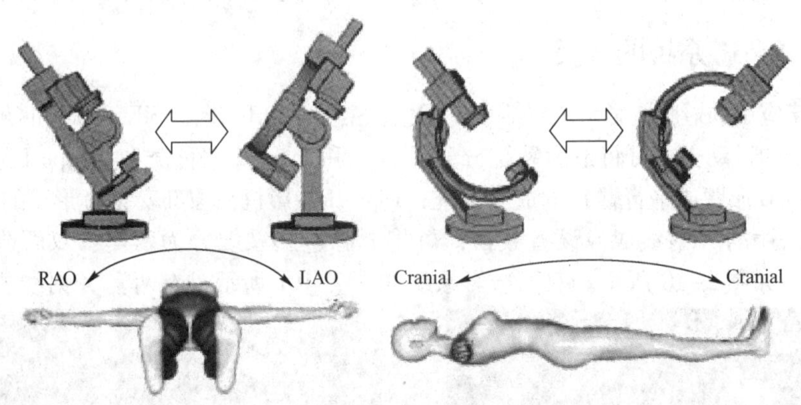

图2-11　冠状动脉造影角度示意图[10]

临床应用中，通常是由操作人员根据心脏的形态、病人的状态和医生观察的习惯等选择造影角度的大小。一般不用太大的CRAN/CAUD角度，否则对于病人身体和图像增强器的位置安排会有困难，且由于X射线穿过人体的路程增大，造影剂注入量增多，对人体有害。在实际操作中，由于机械装置的限制，造影角度一般选择在LAO90°~RAO90°和CAUD45°~CRAN45°范围之内。为了充分观察冠脉各血管分支的情况，临床诊断中通常采用表2-1所列的标准角度分别对左冠、右冠进行造影。图2-12a和图2-12b分别是在LAO30°拍摄到的右冠状动脉造影图像和在RAO30°CAUD24°拍摄到的左冠状动脉造影图像，可以看出冠状动脉分支在造影上走行自然，边缘光滑，逐渐变细。

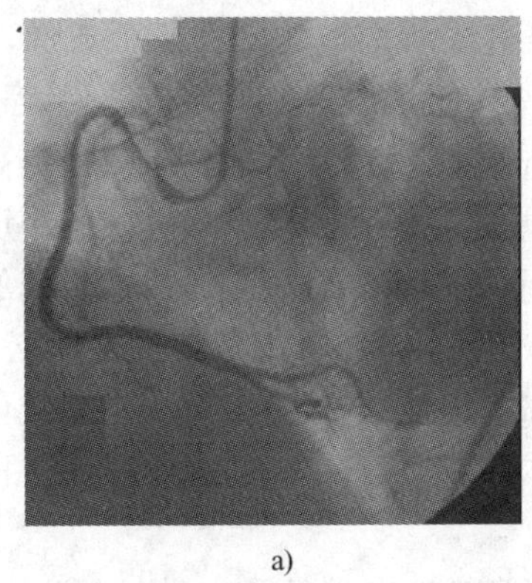

a)

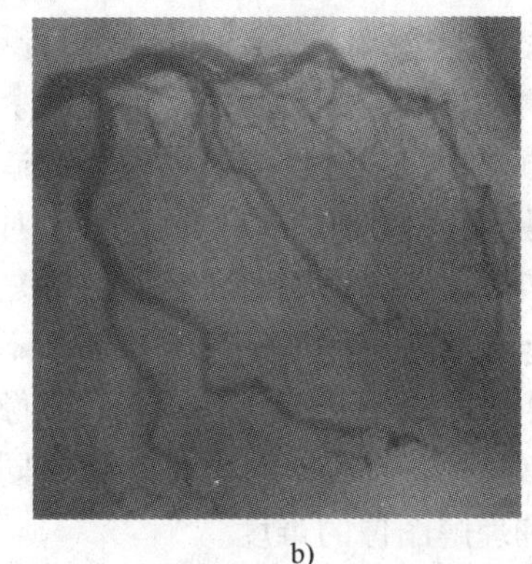

b)

图 2-12　两帧不同造影角度的 CAG 图像

a）在 LAO30°拍摄的右冠状动脉造影图像　b）在 RAO30°CAUD24°拍摄的左冠状动脉造影图像

表 2-1　冠状动脉造影的标准角度

造影角度		观察血管
左冠	RAO 30°	左主干，前降支中远段，对角支，左冠向右侧支循环
	RAO 30°，CRAN 30°（右肩位）	前降支 + 对角支
	RAO 30°，CAUD 30°（肝位）	左主干 + 前降支近段、左旋支全长 + 钝缘支，中间支
	LAO 50°，CRAN 30°（左肩位）	前降支/回旋支分叉对角支开口处
	LAO 50°，CAUD 30°（蜘蛛位）	左主干末端 + 前降支/左旋支分叉处 + 左旋支 + 钝缘支
	LAO 90°	前降支中段 + 远段，到前降支的冠状动脉桥
	RAO5°～10°，CRAN 30°	主干，前降支全长和对角支，前间隔支
右冠	LAO 50°～60°	右冠全长
	RAO 30°	右冠中段 + 右冠向左冠侧支循环 + 后降支、后侧支
	LAO 90°	右冠中段 + 后降支、后侧支
	LAO 50°，CRAN 30°	右冠近段 + 中段 + 后降支/后侧支分叉处

2.2.4　造影系统的标定

由于冠脉造影系统记录的造影角度和距离参数等不可避免地存在一定的误差，而且造影过程中需要移动病人躺卧的平台，所以系统参数不能准确地描述成像系统的几何关系，需要对造影系统进行标定。造影系统和照相系统的成像原理类似，因此可以借鉴计算机视觉中比较成熟的摄像机标定方法标定冠脉造影系统[11]。

传统标定方法需要设计一个高精度的几何物体（标定块），然后利用标定块的精确数据与其图像数据进行匹配，再求出成像系统的参数。Hashemi[12]采用一个按一定规律内嵌小刚球的丙烯酸圆柱体进行造影，经处理可得到将三维物体映射到二维平面的转换矩阵。Shechter[13]制做了一个 9.8×12.1×3.8 cm 的塑料立方体，嵌入 18 个金属珠状物，用于标定造影系统。近年来，很多学者提出了一些新的标定方法，例如采用精确定位的点阵模板代替传统定标块[14]；用一种由圆和通过圆心的若干条直线所构成的平面模板成像，然后利用圆环点图像来确定系统参数；对同一平面上两个非平行矩形成像的标定方法[11]等。

上述标定方法都是通过已知尺寸模型的造影成像标定系统参数，有效地提高了重建的精度，但此类方法存在一定的缺点：标定程序对误差比较敏感，模型尺寸的微小误差可能会导致标定参数的较大误差；由于冠状动脉造影是一个动态的成像过程，成像系统的运动、病人的呼吸和心脏运动给系统的准确标定增加了不少难度，而且造影角度改变时必须重新标定，不适合临床应用。将模型和冠状动脉同时成像于造影图像上，可以解决动态成像的问题。但三维血管的平面投影图已经十分复杂，如果同时对模型成像，势必会使造影图像更加复杂，增加医生阅读和理解图像的难度。

因此，采用模型标定系统的方法难以普遍应用于临床。Cherieta[15] 和 Chen[16] 先后提出造影系统的自标定方法，即根据血管分支点坐标等数据优化系统参数实现系统的自标定。此类自标定方法有效地利用造影图像自身的特点，不需要附加模型，不改变传统造影程序，简单易行，比较适用于临床，而且可以达到较高的标定精度。

2.2.5 冠状动脉造影的临床应用

冠脉造影具有以下重要的临床意义：

1）能较准确地判断冠脉病变的部位、性质、形态、范围、程度及远端血运情况，为冠心病的治疗提供准确的解剖学依据。

2）冠脉内介入治疗是在心脏正常搏动的情况下，在冠脉内病变的局部进行的，因此要求有高质量的冠脉造影图像。对临床上确诊的冠心病患者，在内科保守治疗效果不佳的情况下，需考虑行经皮冠状动脉腔内成形术（Percutaneous Transluminal Coronary Angioplasty，PTCA）或冠状动脉旁路移植术（Coronary Artery Bypass Grafting，CABG），术前不仅需了解病变所在，更重要的是要掌握病变的局部特征、病变近段和远段血运情况、有无侧支循环供血等每一个细节，方能决定手术的取舍、器械的选择、治疗方案的制定、成功的可能、并发症的术前预测和处理措施的准备等。总之，高质量的冠脉造影对于冠脉内介入治疗的成功，起着重要的导向作用。

3）当病人症状和查体所见与无创性检查结果不符时，通过这一检查，可以提高对病情的认识。

但是在临床应用中，冠脉造影术也有其不足之处，主要表现在以下五个方面：

1）观察者变异性与组织学的比较。造影术是通过显示造影剂充盈血管腔的二维平面轮廓来反映冠脉三维解剖结构，而冠脉病变常常是复杂的，管腔明显畸形或呈偏心性狭窄，故从任何角度获取平面图像都有可能错误地估计狭窄程度。

2）血管造影术的物理局限性。现代血管造影设备的最高分辨力为4～5对线/mm，故不能发现小于0.2 mm的冠脉内血栓和小钙化灶。

3）冠脉解剖的复杂性。理想的造影术应获得两个互相垂直并且与血管相垂直的“三垂直交平面”，但目前尚无法取得这种平面。

4）冠脉血流储备问题。研究发现冠脉病变的血管造影狭窄程度与其对生理学的影响明显不一致。中度与重度病变的血管造影管径差别可能仅为几个丝米（dmm，1 m = 10000 dmm），目前很难检验出这种微小差别。因此临床上同样程度的血管狭窄对某一例患者可能不产生症状，而对另一例患者则可能引起严重的功能受限。

5）定量血管造影（Quantiative Coronary Angiography，QCA）。尽管定量血管造影检测血管边界的重复性好，可作为评价溶栓治疗、冠脉内介入治疗以及动脉粥样硬化病变消退或进展的标准方法，但其在准确性方面存在着常规方法所具有的所有局限性。

2.2.6 冠状动脉狭窄的衡量

冠脉狭窄是指存在粥样硬化斑块的病变血管段直径与正常血管段直径的比值，代表病变的程度。冠脉狭窄严重程度的评价标准主要有以下几种[17]：

1）直径狭窄百分度，公式如下：

$$\%\text{LENGTH stenosis} = \left(1 - \frac{L_r}{L_m}\right) \times 100\% \tag{2-12}$$

2）面积狭窄百分度，公式如下：

$$\%\text{AREA stenosis} = \left(1 - \frac{A_r}{A_m}\right) \times 100\% = \left(1 - \frac{L_r^2}{L_m^2}\right) \times 100\% \tag{2-13}$$

3）密度狭窄百分度，公式如下：

$$\%\text{DENSITOMETRIC stenosis} = \left(1 - \frac{D_r}{D_m}\right) \times 100\% \tag{2-14}$$

式中，L_r、A_r和D_r分别表示狭窄血管的直径、截面积和X射线密度；L_m、A_m和D_m分别表示正常血管的直径、截面积和X射线密度。假定病变管腔呈圆形，面积减少百分比可由直径狭窄百分度推算出来。设直径狭窄百分比为x，经推导可得面积减少百分比为$x(2-x)$，例如直径狭窄50%相当于面积减少75%，直径狭窄88%相当于面积减少98%。另外，狭窄血管的截面形状，狭窄血管段的长度和流经冠状动脉的血流量都可以作为冠心病严重程度的评价标准。临床及实验研究表明，直径狭窄50%（面积减少75%）以上为有意义病变。临床通常将狭窄分为四种[18]：轻度，直径狭窄30%~49%；中度，直径狭窄50%~69%；重度，直径狭窄70%~99%；完全闭塞。

采用直径狭窄百分比作为衡量标准时，一般假定病变血管呈圆形狭窄，而实际上粥样硬化引起冠脉管腔形状的改变通常复杂多样，狭窄多呈偏心型和不规则型，因此采用直径狭窄百分比评价冠心病严重程度并不准确。

冠脉狭窄的确定有目测法和定量测量法[19]，目测法存在诸多不足之处，随着计算机技术在医学领域的广泛应用，使计算机化的定量冠脉造影（QCA）成为现实，减少了许多人为因素引起的误差，提高了分析结果的准确性和可靠性。

QCA包括二维QCA和三维QCA，二维QCA主要根据冠脉造影图像提取二维血管信息，分析冠脉狭窄的严重程度；三维QCA是由多幅不同角度的二维冠脉造影图像重构三维血管，然后定量分析血管的长度和曲率等，指导冠心病的诊断和治疗。因为投影成像把三维空间结构重叠到二维的图像上，大部分三维空间信息丢失，所以二维冠脉造影图像并不能准确反映冠状动脉树的特征。通过三维定量冠脉造影分析，可以准确地提供狭窄动脉的长度，从而指导冠脉内支架的选择，降低再狭窄的可能性。

2.3 CAG 图像的预处理

由于造影图像在获取、传输和存储过程中受到各种条件限制和噪声干扰，很难直接用于提取血管的二维信息。因此需要首先对造影图像进行预处理，目的是为了消除干扰噪声，保留并增强有用的图像信息。

利用造影图像对血管病变进行定量分析，可以避免医生判断的主观随意性。血管轮廓线和中心线的二维信息提取是血管定量分析的前提，它对辅助医生诊断冠心病有着重要的临床意义，而且它还能为血管的三维重建提供必要的二维信息。

2.3.1 CAG 图像的噪声及去噪

三维的人体组织结构沿 X 射线方向上进行累积，在造影图像平面上叠加得到二维投影图。通常的 X 射线造影图像中包含血管、软组织和骨骼等结构，但在血管疾病的诊断中希望能突出血管的结构，去除周围组织的影像。例如图 2-10a 所示的右冠造影图像，由于造影剂分布不均匀、脊柱等组织的投影使图像对比度较差，灰度分布也很不均匀，增加了临床观察和处理的难度。

冠脉造影图像属于强噪声图像，信噪比较低，主要有椒盐噪声、随机噪声和结构噪声等。图像在形成过程中受到 X 线源的固有噪声、量子涨落、电子光学系统成像噪声及在成像链中其他组合元件带入噪声的影响，特别是在 X 射线机透视状态下采集图像，X 射线的能量很低，产生图像的随机噪声较大[20]。造影图像的灰度值不仅沿血管的不同位置发生变化，而且和 X 射线源的距离以及造影剂密度有关。不同图像上同一血管的灰度值也会发生变化。另外，在造影图像视场中存在不同的组织，不同组织对 X 射线的衰减系数也不尽相同，从而形成造影图像背景灰度不均匀，人体软组织和骨骼的投影也可能改变血管投影区域的背景结构，例如肋骨的投影将会降低图像部分区域的对比度。有些组织（例如造影所用的导管）的形状与血管形状相近，形成结构噪声，增加了自动识别血管的难度。

由于噪声的存在使获得的图像不清晰，尤其是掩盖和降低了图像中某些特征细节的可见度，从而影响了血管的二维信息提取精度。为了从造影图像中准确地提取血管结构，需要尽量减少图像的噪声，并进行适当的图像处理。例如，采用中值滤波和高斯平滑来消除图像中的椒盐噪声和随机噪声；采用形态学 Top - Hat 变换消除造影图像背景的不均匀性，去除造影图像中结构尺寸较大的结构噪声；根据血管骨架垂线上的灰度呈高斯函数分布，采用旋转一维高斯模板法对造影图像进行匹配增强等，目的是消除干扰噪声，保留并突出所需的图像信息。

2.3.2 造影图像的畸变校正

造影图像的几何畸变改变了血管在投影图像上的位置和形状，直接影响临床的诊治和三维重建的精度，所以必须进行几何畸变的校正。造影图像产生几何畸变的主要原因包括以下三个方面：X 射线的倾斜投射会造成造影图像边缘的几何失真；X 射线受地磁场影响导致图像发生扭转的畸变属于动态的畸变，该畸变受造影方向和位置的影响比较大；探测器表面存在一定的曲率，由此引入的枕形畸变属于静态的畸变。

另外还存在一些其他因素导致的畸变，例如将传统的造影图像胶片进行数字化的非线性转换等。从产生几何畸变的原因可以看出，几何畸变是由静态和动态因素同时作用产生的，所以造影图像的畸变校正比较困难。传统的校正方法是通过规则网格（或规则分布的点）的图像对成像系统进行畸变校正，但由于造影系统的畸变包含动态畸变成分，随造影角度的改变而变化，所以校正比较麻烦，并不适合临床应用。国内外有很多学者对此进行了研究，并取得了一定的成果。例如：在图像增强器上安置四个标志点（位于正方形的四个角），根据两个极端的畸变校正参数集进行差值得到任意角度下系统的畸变校正参数[21]。或者采用点阵样板法校正造影图像的畸变[22]，即按矩阵排列方式在树脂玻璃平板上嵌入许多直径为1 mm的不透明球体，间隔为1 cm。每次获取冠脉造影图像后，将树脂玻璃平板附着在图像增强器上，然后在相同条件下对平板投影成像，得到样板的畸变图像。在样板的畸变图像上自动识别每个球体的重心，并在畸变图像和样板图像上选择对应点，然后拟合畸变图像和样板图像间的函数关系，计算出畸变校正的多项式系数，由此校正畸变的造影图像。文献［23］用多项式表示造影图像的畸变，并通过实验证明畸变校正的多项式系数随造影角度的变化而改变，且和造影系统的距离参数无关，并将多项式分为常量和造影角度函数两部分。

2.4 CAG图像中二维信息的提取

2.4.1 区域的分割

在诊断心血管狭窄时若采用人工或半人工来确定血管的内径及轮廓，不仅工作量大，耗时长，而且其结果的可重复性和精确性都较差，受人为因素影响较大。Detre[24]早在20世纪80年代中期就对肉眼识别造影图像中的心血管狭窄提出了质疑。CAG图像中有血管和背景两种成分，采用数字图像处理技术可将血管从背景中自动分割开来，提取出能够反映其空间拓扑结构的血管骨架（血管中心线、血管区域细化结果统称为骨架）。

物质对X射线的吸收满足朗伯定律公式如下：

$$I(x,y,z)=I_0(x,y,z)\exp(-\mu r) \tag{2-15}$$

式中，I为X射线的投射强度；I_0为X射线源发出的射线强度；r为X射线通过的距离；μ为X射线的衰减系数。于是造影图像上点(u,v)的灰度值可以表示如下：

$$i(u,v)=-\ln[I(x,y,z)/I_0(x,y,z)]=\int\mu(x,y,z)\mathrm{d}r \tag{2-16}$$

造影图像的灰度分布由三部分组成：软组织、胸骨和充满造影剂的血管，由下式表示：

$$i(u,v)=\mu_t l_t(u,v)+\mu_b l_b(u,v)+\mu_v l_v(u,v) \tag{2-17}$$

式中，μ_t、μ_b和μ_v分别表示X射线对软组织、骨头和血管的衰减系数；l_t、l_b和l_v分别表示对应的距离。式（2-17）可以简单地用前景和背景表示如下：

$$i(u,v)=b(u,v)+f(u,v) \tag{2-18}$$

式中，$f(u,v)=\mu_v l_v(u,v)$为前景；$b(u,v)=\mu_t l_t(u,v)+\mu_b l_b(u,v)$为背景。血管提取的目的就是从$f(u,v)$中将$i(u,v)$分割出来。

早在20世纪80年代中期人们就开始了造影图像中血管提取的研究，但直到1990年以后才得到广泛关注。至今已经提出了许多方法，比较典型的有：采用模式识别法来判断血管狭窄[25]；采用形态学法，利用八个分别代表不同方向血管区域的形态学算子进行血管分割[26]；自适应跟踪算法[27,28]；根据血管中心线垂线上的灰度呈高斯分布的特点，把中心线可以看做一个“灰度脊线”，采用八个分别代表不同方向的模板跟踪脊线[29]；Snake 模型方法[30-32]等。

现有的方法可以归纳成以下七类：

1）阈值运算法：主要包括固定阈值和选择性阈值（也称自动阈值），前者方法简单，但效果较差；后者略有改进，但容易引入伪边缘。

2）基于导数的方法：主要包括一阶导数法和二阶导数法，一般需要首先进行平滑处理。此类方法可以通过加权取平均值，得到较好的效果，但需要依靠一定的经验选择权值，而且提取的血管边缘往往不连续。

3）全自动提取方法：假设血管横截面为椭圆，截面灰度呈高斯分布，中心线可以看做脊线。对造影图像作傅里叶变换，计算“第一零交叉”。此类方法大都没有考虑背景模式，因此对结构噪声比较敏感。

4）参数模型方法：考虑了背景结构和成像系统的影响，用多项式表示组织或胸骨的投影背景，所以比基于导数的提取方法有所改进。

5）形态学和动态规划：利用代表不同方向血管的形态学算子进行血管分割。该方法提取血管交叉点的效果不好，可提取的血管直径范围有限。

6）滤波器方法：主要包括自适应滤波器的跟踪算法和可变形模型法等。

7）基于表面的提取方法：利用由相邻的一维剖面数据计算得到的二维剖面提取血管边缘，弥补了传统方法数据点不足的缺点，可以从质量较差的造影图像中准确提取血管。

实际应用过程中，应根据造影图像中血管与背景的对比度、血管树的复杂程度以及噪声大小等选择合理的血管提取方法。对左冠和右冠造影图像的血管区域分割结果分别如图 2-13 ~ 图 2-16 所示。

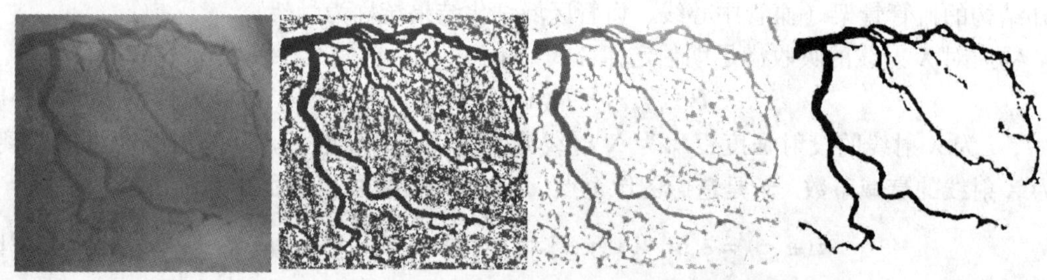

图 2-13　一帧左冠 CAG 图像的血管区域提取结果

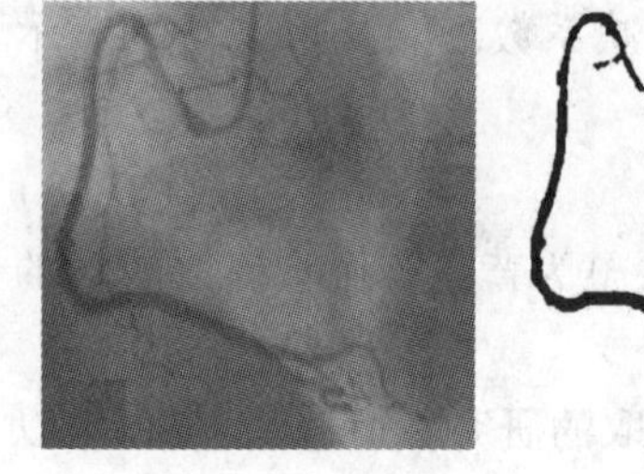

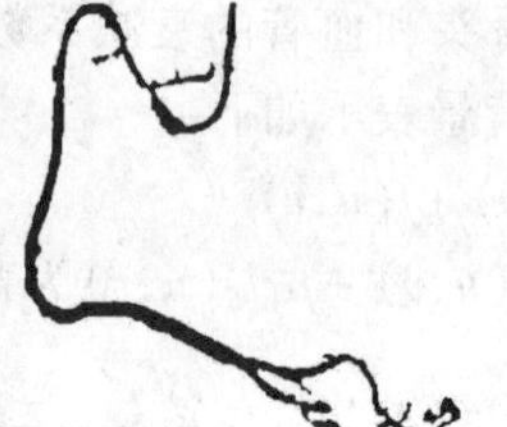

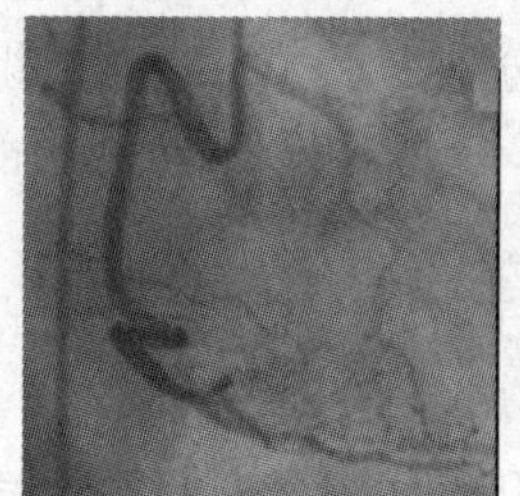

图 2-14　两帧右冠 CAG 图像的血管区域提取结果

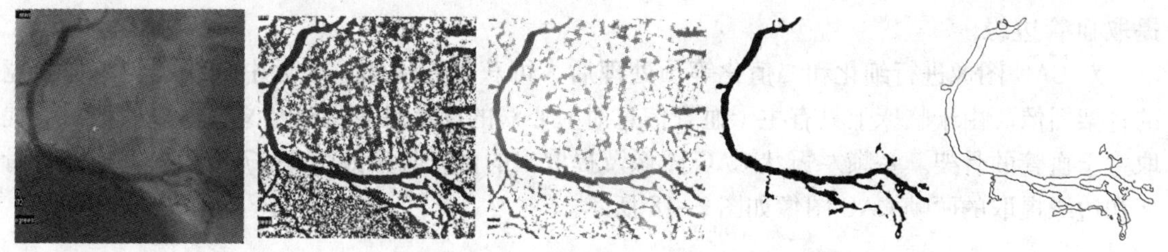
图 2-15　一帧右冠 CAG 图像的血管区域分割和边缘提取结果

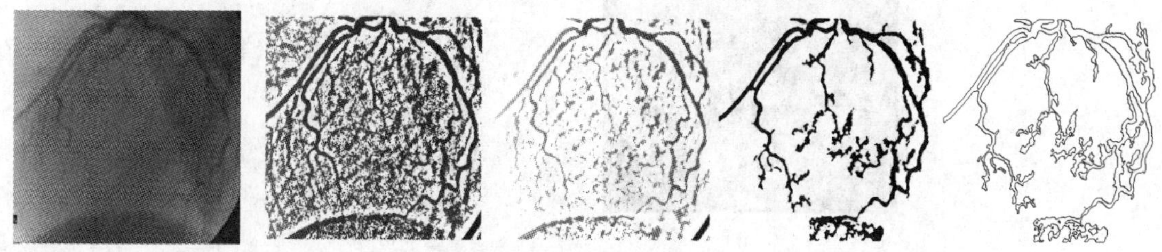
图 2-16　一帧左冠 CAG 图像的血管区域分割和边缘提取结果

2.4.2　骨架的提取

从整体上可以将冠状动脉血管看做一个弯曲的空间管状系统，因此非常适合用骨架来表达。骨架是图像变形技术中的概念，可以用少量数据表达物体的主要几何、拓扑特征，甚至可以不失真地恢复原图像[33]。一般要求血管骨架是连通的、单像素宽的、逼近血管中轴线的曲线。

目前血管骨架提取的方法可分为直接法和间接法，下面分别介绍。

(1) 直接法

基本思想是利用造影图像中血管的灰度特性直接提取血管中心线，并将提取出来的中心线作为血管骨架。比如最大灰度法、分水岭法和自动搜索法等，最为典型的是 Sun 算法和 Bolson 算法，这两种方法均需要人工参与，中心线为多段直线构成的折线，每次提取的步长系数对结果影响较大。现有的直接法提取的骨架结果均不理想，并且算法都比较复杂，实现起来比较困难。

(2) 间接法

基本思想是将血管骨架提取问题转换为图像处理中常见的细化问题，利用图像细化技术对血管区域进行细化得到血管骨架。其过程分为两步：首先是提取血管区域，然后利用细化技术对血管区域进行细化得到血管骨架。细化是一种常用的图像处理方法，目的是将图像分割成更易于理解的线条模式，保留图像的基本结构信息，便于图像的进一步分析和识别，常用的细化方法可分为逐层剥离法和距离变化法两类。

分叉血管的细化是血管骨架间接提取法的重要内容。文献［34］采用加权方法实现分叉点处血管骨架的平滑，每个像素的权值与其所在的子树拓扑层次相关，有效地校正了细化过程中分叉点处血管骨架偏移的误差。文献［35］提出了各向同性的连通数细化法和最大成本法，利用常规边缘提取方法建立成本空间，然后采用动态规划法提取血管边缘。

对 CAG 图像进行细化和二值化等预处理后，可获得连通的、逼近中轴线且为单像素宽的骨架图像。由于临床上只有主干血管信息对冠心病的诊治具有重要意义，所以一般只需提取主干血管的骨架。一帧左冠状 CAG 图像及提取出的血管骨架如图 2-17 所示，完成血管骨架和边缘提取的两帧 CAG 图像如图 2-18 所示。

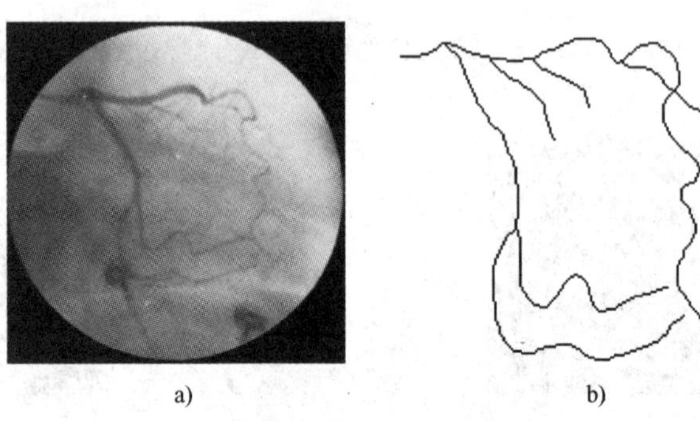

图 2-17　一帧左冠状 CAG 图像及提取出的血管骨架

a）原始图像；b）主要血管分支的骨架

血管腔的直径信息是临床诊断心血管狭窄的主要依据之一，也是血管树三维重建的必要信息。根据提取出的血管腔边缘和骨架，可以计算骨架上各点的血管直径。血管二维直径示意图如图 2-19 所示，图中垂直于骨架切线方向的直线和血管区域的两个边缘相交，两个交点之间的距离就是二维血管直径，图中阴影部分为血管区域，虚线表示血管骨架，线段 p_1p_2 垂直于骨架点 p 处的切矢量，则点 p 处的血管直径为 $|\overrightarrow{p_1p_2}|$。

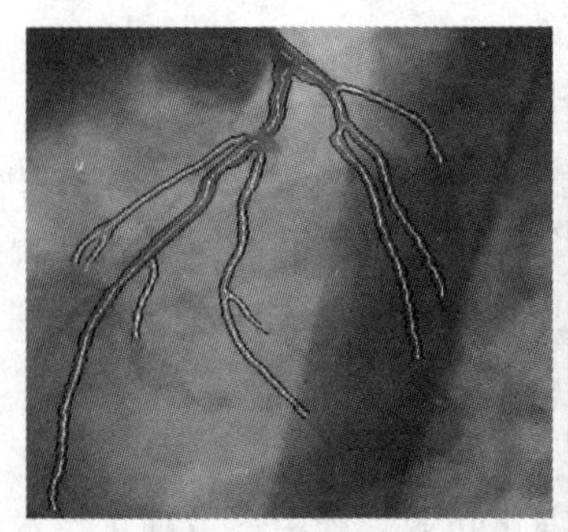

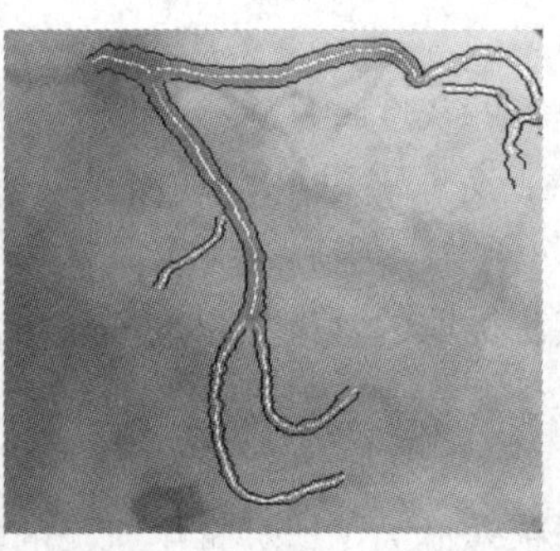

图 2-18　完成血管骨架和边缘提取的两帧 CAG 图像

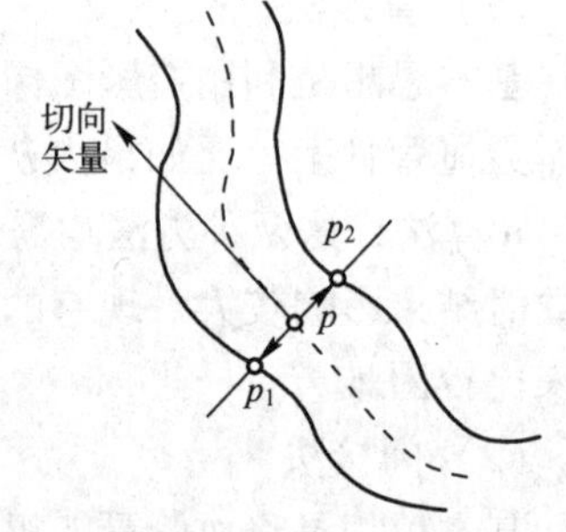

图 2-19　血管二维直径示意图

2.4.3　骨架特征点的识别

为了正确分割冠脉血管的骨架，进而对骨架进行描述，需要对骨架的特征点进行识别。冠状动脉血管骨架的特征点包括：分叉点、交叉点和端点。分叉点是指血管在该处出现分支，血管骨架出现交点。交叉点是指两条空间不相交的血管在 CAG 图像中投影的交叉点。端点即 CAG 图像中血管的终止点。

(1) 分叉点

冠状动脉主干血管在同一个分叉点处一般只有两个血管分支，所以可简单地认为骨架树上分叉点处有三个血管段。根据连通数的性质识别分叉点，分叉点的 3×3 邻域内有四个像素点（包括其自身），以此为判据遍历图像，可以自动识别分叉点。

需要说明的是，骨架线获取是通过图像细化技术对提取出来的血管区域进行细化得到的，现有的细化方法均存在细化节点畸变，如图 2-20 所示。图 2-20b 是图 2-20a 的骨架提取结果。虚线圆圈内部分可以看出，分叉点处的骨架沿箭头方向凹陷，导致分叉点位置发生偏移。由于分叉点的位置信息对冠脉树的运动估计具有非常重要的意义，因此细化处理引入的误差将会降低运动估计的精度。

(2) 交叉点

由于血管造影成像过程是一个投影成像过程，空间本不相交的血管经投影后可能出现部分重叠现象，导致血管骨架出现交点。以交叉点的 3×3 邻域内像素点数目等于 5（包括其自身）为判据遍历图像，可以自动识别交叉点。此外，由于交叉点是两条血管的投影点，因而在造影图像上交叉点的灰度值必然大于其他点，这一特性也可以作为自动识别交叉点的依据。

细化处理的误差也会影响交叉点的正确识别。在图 2-20 中的虚线圆圈内，交叉点处的骨架在箭头方向分裂产生两个分叉点 A 和 B。通过将连通的、相邻很近的分叉点合并为交叉点，可以修正图 2-20b 所示的错误识别结果。

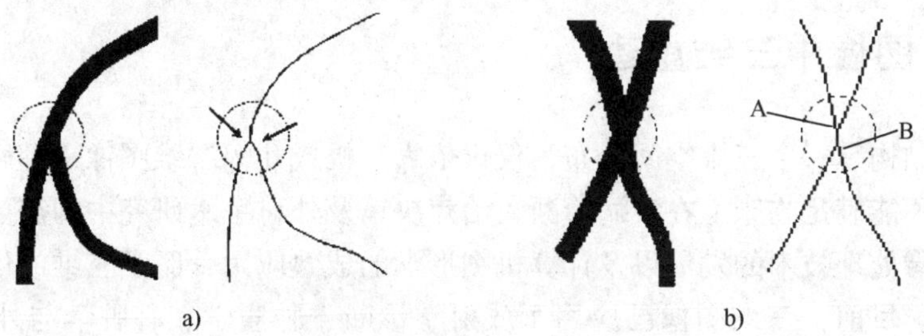

图 2-20　细化节点畸变示意图

a）细化引起的分叉点处骨架变形示意图　b）细化引起的交叉点处骨架变形示意图

(3) 端点

端点的 3×3 邻域内像素点的数目等于 2（包括端点本身），根据此连通数的性质可以自动识别血管分支的端点。

2.4.4　骨架树的拓扑结构描述

每个血管段都可以表示成一个连通点的有序序列，序列的首末两点（即血管段的起点和终点）都是冠脉树骨架的特征点，血管段上其他点的 3×3 邻域内像素点数目为 3（包括该点自身）。图 2-21 是图 2-17b 所示冠状动脉树骨架拓扑结构的描述，图中黑色方块表示分叉点，灰色方块表示端点，黑色圆圈表示交叉点，带箭头的虚线表示血管段之间的层次关系。该骨架树有 5 个分叉点（B_1、B_2、B_3、B_4、B_5），1 个交叉点（C_1）和 7 个端点（E_1、E_2、E_3、E_4、E_5、E_6、E_7）。

空间不相交的血管在 CAG 图像上的投影发生交叉时，同一个血管被分割成几个血管段，并产生回路，如图 2-21a 中 B_4和 C_1之间的回路，改变了血管树的拓扑结构，需要根据血管连续性和血管直径等信息将交叉点处的血管段合并，剔除交叉点。这样，血管树骨架的特征点只包括分叉点和端点。图 2-21a 中，将 B_4和 C_1之间的两条血管段分别和血管段 C_1E_7和 C_1E_6合并。交叉点剔除后，血管树骨架中没有回路，可以用有向二叉树正确地描述血管树的拓扑结构，如图 2-21b 所示，每个血管段可以由分叉点和端点确定，图中 LM 为左冠状动脉主干、LAD 为左前降支、D 为对角支、Cx 为左旋支、OM 为钝缘支。

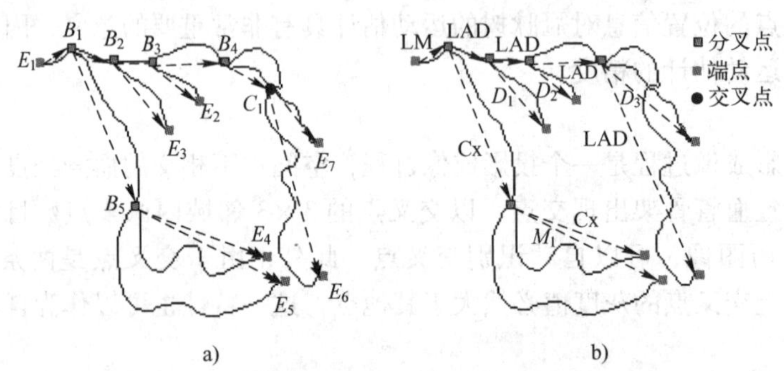

图 2-21　冠脉血管骨架的拓扑结构描述

a）拓扑结构的有向图描述　b）拓扑结构的有向二叉树描述

2.5　CAG 图像中三维重建

人体脏器结构是一个三维空间分布，仅仅依靠一幅或几幅二维图像来理解三维结构有一定的局限性，不能满足临床上在疾病诊断、治疗决策及外科手术研究中的需要。随着计算机技术和数字图像处理技术的发展以及计算机图形学的成熟应用，医学三维成像在近二十年中有了长足发展。目前，三维图像已应用于放射学诊断、肿瘤学、心脏学与外科手术的研究中，并已成为计算机辅助制定治疗方案的得力工具。

基于二维冠状动脉造影图像的血管三维重建具有很好的临床意义和很高的应用价值，它不仅能为医生提供形象、直观的三维（3D）血管形状图像，并对血管的有关参数（如直径大小、血管长度和截面积等）进行定量测量，更重要的是在放射治疗计划、放射介入治疗、放射外科、多设备图像融合和计算机辅助教学中有独特的应用。

冠状动脉造影图像中血管三维重建的流程图如图 2-22 所示，从在近似垂直角度采集的两帧造影图像中重建三维血管主要包括以下步骤：

1）图像预处理，主要包括畸变校正、图像平滑和对比度增强等。

2）从造影图像提取血管的二维骨架和直径信息。

3）将二维骨架树分割成多个血管段，并描述骨架树的拓扑结构。

4）根据骨架树的拓扑结构和外极线约束匹配两幅图像血管骨架树的特征点，实现血管段的匹配。

5）以 B 样条曲线为基元由两幅图像的二维血管骨架重建三维骨架。

6）由二维血管直径计算三维直径，并重构血管的三维表面。

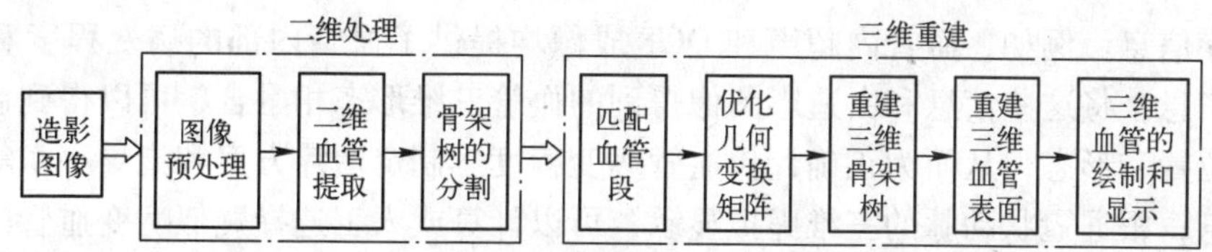

图 2-22　冠状动脉造影图像中血管三维重建的流程图

2.5.1　三维重建的目的和意义

X 射线造影成像的最大缺陷在于把三维空间结构重叠到二维的图像上，即投影成像，血管结构可能在图像中相互重叠而影响观察，如图 2-23 所示。更本质地是，二维造影图像丢失了大部分临床诊断中所需要的三维空间信息。即使是临床经验丰富的医生，也只能相当有限地估计血管的空间方向。例如，为了诊断并规划血管狭窄的治疗，医生希望对病灶精确定位并定量估计狭窄的程度。血管的空间行走方向和直径狭窄信息无疑是作出这些判断的重要依据。事实上，平面造影图像中隐含着血管的三维空间信息。医生可以利用解剖、病理等专业知识和临床经验，从血管在多个方向的投影想象血管的三维形态，从而作出更加准确的评价。但是人工分析的缺点是结果不够客观、难以重复且不能定量，分析结果密切依赖于医生的临床经验以及能否恰当地利用专业知识。

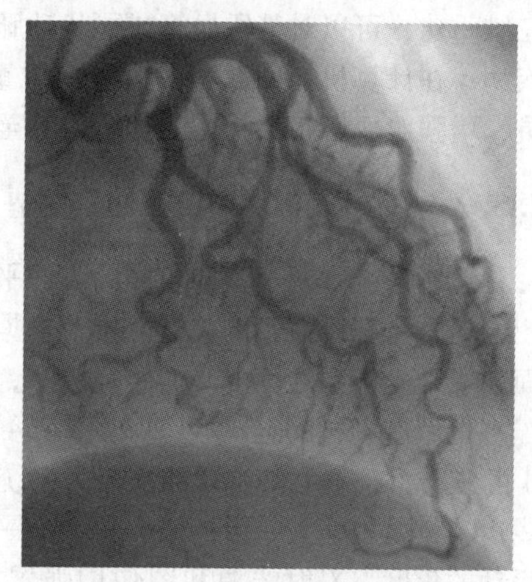

图 2-23　一帧左冠状动脉造影图像

冠状动脉血管的三维重建是指运用数字图像分析的方法从多个角度拍摄的 X 射线冠脉造影图像中重构除去实际血管的空间特征，并以恰当的方式表达出来，例如以图形的方式给出血管断面的形状、血管系统的三维形态、空间方向和曲率，甚至完整的三维血管几何模型。

目前冠心病的临床诊断中，医生一般选择多个角度进行冠脉造影，根据二维冠脉造影图像上动脉的直径狭窄百分比评价冠心病的存在及其严重程度。介入治疗过程中，通常根据狭窄动脉的二维长度测量值和临床经验选择球囊的大小或植入支架的长度。诊治的结果密切依赖于医生是否具有丰富的临床经验以及能否恰当地利用专业知识。另外，造影过程中血管的重叠和成像导致的长度缩短等因素都会影响冠脉造影的二维定量分析的精度，进而影响诊断的准确性和治疗的效果。

综上所述，根据两幅近似垂直角度的冠脉造影图像重建三维血管，其意义在于，可实现冠状动脉的三维可视化，增强图像信息的直观性和空间感，医生通过交互式操作（如旋转、缩放和剪切等）可以更好地检查血管的形状和尺寸等，增强对血管拓扑结构的理解，减少造影检查的次数，降低医疗成本和减轻病人的痛苦；在三维重建的基础上实现血管的三维定量分析，对血管长度、体积、直径和角度等参数进行准确地定量描述，有助于更准确地描述病情；通过多模态图像的融合，可以产生更高级、更容易理解的图像形式，得到更加直观、丰富的医疗信息。例如，血管内超声和 OCT 成像均提供了血管内部的病变程度和形态等重要的诊疗信息，将这些信息和由造影图像得到的血管三维形态相融合，可以得到血管病变的准确空间位置和形态，从而为正确评价血管病变程度、制定治疗方案和指导手术等提供更加可靠的信息；根据冠状动脉的三维虚拟显示，可以计算或人工选择疑似病变血管的最佳观察角度，然后指导造影系统在该角度获取新的造影图像，由此可以更好地检查该段血管，辅助医生进一步地准确诊治；通过纵向比较病例三维定量分析的结果，可以评价病症的发展趋势和状态，评价手术是否成功，提高冠心病诊治的准确性；根据心动周期内不同时刻的造影图像重建冠状动脉的三维形态，即实现四维（三维 + 时间）的冠状动脉重建，可以为描述心动周期中冠状动脉的动态特性及分析心脏的运动特征等工作提供良好的基础；通过血管树的三维重建，可以对某段血管或冠状动脉系统进行整体评价，从而很好地诊治弥漫性冠状动脉疾病；在计算机辅助教学中血管三维重建也具有独特的应用，可以用于训练、培养操作人员，增强对血管拓扑结构的理解，甚至可以作为虚拟手术治疗的平台。

2.5.2 造影成像系统的几何模型

造影系统在两个不同角度的成像平面之间存在着一定的立体几何关系，这是由二维造影图像是重建三维血管的关键。本节根据造影系统的运动特征建立简化模型，分析造影图像平面和三维坐标系之间的几何转换关系，以及两个造影图像之间的几何转换关系。

单面造影机的运动模型如图 2-24 所示，造影机的旋转运动包括绕轴 I 的旋转 I 和绕轴 II 的旋转 II，轴 I 和轴 II 的交点为系统中心；造影机的平移运动指图像增强器在桶架上的直线运动，另外病人躺卧的平台也会有平移运动。因此，造影系统具有五个自由度：两个旋转运动的角度、X 射线源和图像增强器相对于系统中心点的平移矢量以及桶架的平移矢量（即图中轴 I 和轴 II 方向的运动矢量）。造影机的 X 射线源是一个接近于点，但具有一定面积的射线源。由于 X 射线源的尺寸远小于其与接收端之间的距离，同时为了研究方便，因此假设 X 射线源为一个理想的点源，它发射一个锥形的射线束，X 射线投影轴垂直入射到成像平面，因此 X 射线造影可以看成简单的一点透视，X 射线源也就是透视投影的灭点。根据透视投影原理，建立 X 射线造影系统的投影模型，如图 2-24 中简化的成像模型所示。

以系统中心为原点 O，垂直于平台向上的方向为 Z 轴，X 轴指向病人右手方向，Y 轴指向病人脚的方向，建立如图 2-25 所示的右手三维笛卡尔坐标系（即世界坐标系），图 2-24 中造影机的旋转 I 和旋转 II 的旋转轴分别为 Y 轴和 X 轴。

造影角度记录了图像获取过程中造影机位置，是血管三维重建所需的重要参数，其定义详见 2.2.3 节。图 2-26 描述了造影机在两个不同角度投影时造影角度的表示方法，其中点 S_1 和 S_2 代表两次造影过程中 X 射线源的位置，坐标系 $XYZO$ 是按如图 2-25 所示方法建立的坐标系，坐标系 $X_1Y_1Z_1S_1$ 和 $X_2Y_2Z_2S_2$ 分别是以点 S_1 和 S_2 为原点的 X 射线源局部坐标系，S_1O_1 和 S_2O_2 分别是投影坐标系 $X_1Y_1Z_1S_1$ 和 $X_2Y_2Z_2S_2$ 的投影轴，分别垂直入射图像 A 和 B 于点 O_1 和点 O_2。两次造影角度分别记为(α_1,β_1)和(α_2,β_2)，α_1 和 α_2 在 XZO 平面内，表示 LAO/RAO 角度，当 $\alpha_i>0$ 时代表 RAO 角度，当 $\alpha_i<0$ 时代表 LAO 角度；β_1 和 β_2 分别在 OO_1A_1 和 OO_2A_2 平面内，表示 CRAN/CAUD 角度，当 $\beta_i>0$ 时代表 CRAN 角度，当 $\beta_i<0$ 时代表 CAUD 角度。所以图 2-26 中，$\alpha_1<0$、$\beta_1>0$、$\alpha_2>0$ 和 $\beta_2>0$。这样在不同体位对冠脉进行造影成像时，坐标系 $X_1Y_1Z_1S_1$ 和 $X_2Y_2Z_2S_2$ 相对于坐标系 $OXYZ$ 的旋转角度均可从造影机上得到。

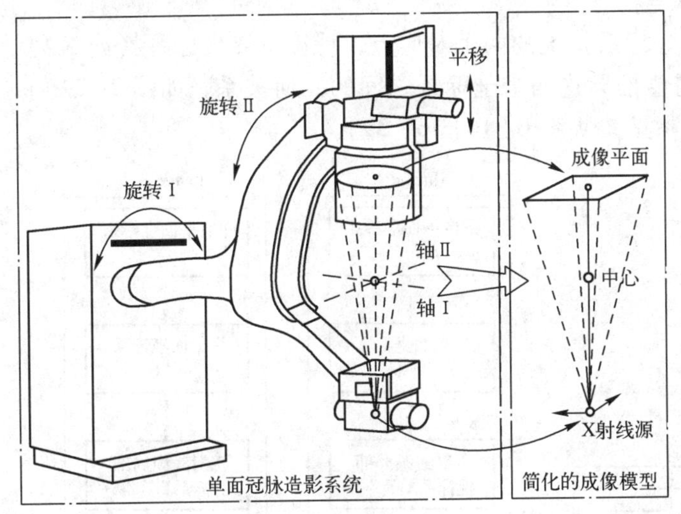

图 2-24　单面造影机运动模型[16]

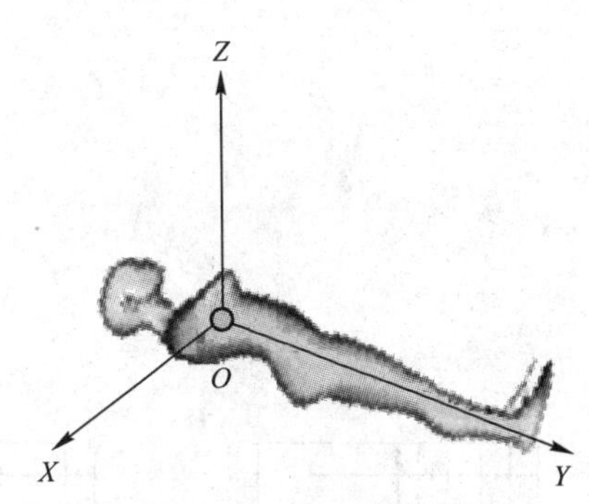

图 2-25　右手三维笛卡尔坐标系

血管造影系统在两个不同角度的成像示意图如图 2-27 所示，投影面坐标系 $U_1V_1O_1$ 和 $U_2V_2O_2$ 所在平面分别代表两次造影过程中的图像平面，即图像 A 和图像 B 平面。D_1和 D_2分别表示 X 射线源 S_1 和 S_2 到各自投影平面的垂直距离。坐标系 $U_1V_1O_1$ 中，空间点 P 在图像 A 上的投影点 p_1 的坐标为(u_1,v_1)；坐标系 $U_2V_2O_2$ 中，空间点 P 在图像 B 上的投影点 p_2 的坐标为(u_2,v_2)。利用两个不同角度的造影图像重建三维血管，也就是根据图像 A 和 B 上的对应点 p_1 和 p_2，计算出空间点 P 的三维坐标。

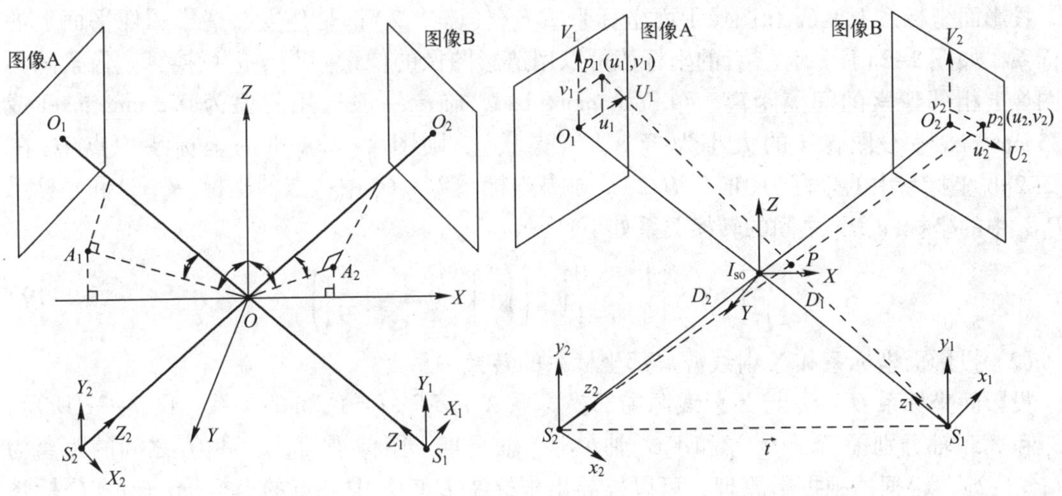

图 2-26　造影角度的表示方法　　　　图 2-27　造影系统在两个不同角度的成像示意图[16]

综上所述，定义四个坐标系，分别为以系统中心 O 为原点的世界坐标系 $XYZO$，如图 2-25 ~2-27 所示；以 X 射线源 $S_i(i=1,2)$ 为原点的 X 射线源局部坐标系 $X_iY_iZ_iS_i(i=1,2)$，如图 2-25 和图 2-26 所示；以图像中心 O_i 为原点的投影面坐标系 $U_iV_iO_i(i=1,2)$，如图 2-27 和图 2-28a 所示；以图像左上角 I 为原点的图像平面坐标系 $E_iF_iC_i$（$i=1,2$），如

图 2-28b 所示。其中，世界坐标系、X 射线源局部坐标系和投影面坐标系的坐标单位是 mm，图像平面坐标系的坐标单位是像素。

根据投影面坐标系（或图像平面坐标系）上的两个对应点，计算世界坐标系（或 X 射线源局部坐标系）的三维点坐标，需要推导这四个坐标系之间的几何关系，如图 2-29 所示。下面仅介绍结论，详细推导过程参见文献［10，16，36～39］。

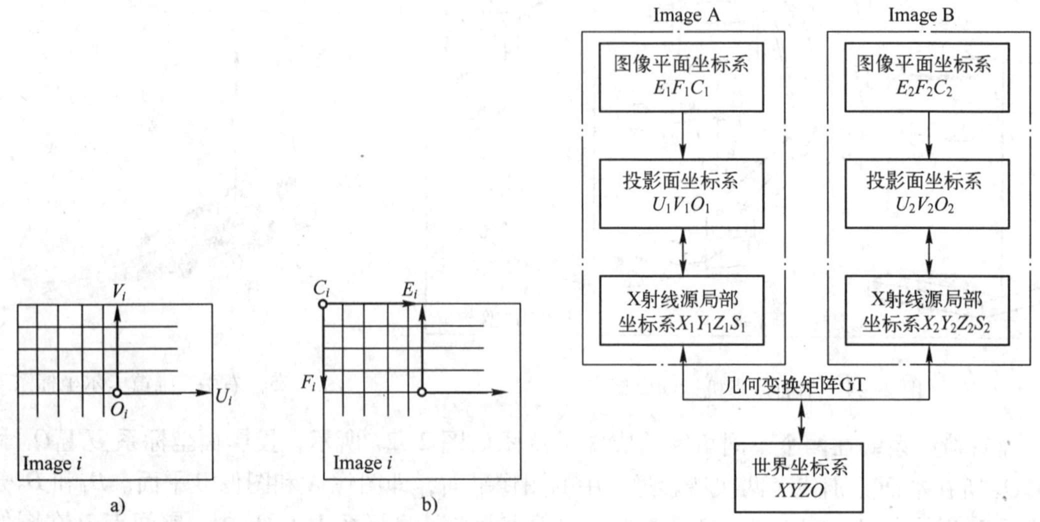

图2-28　以图像左上角 I 为原点的图像平面坐标系
a）投影面坐标系　b）图像平面坐标系

图 2-29　四个坐标系几何关系

（1）图像平面坐标系和投影面坐标系的转换关系

投影面坐标系 $U_iV_iO_i$ 和图像平面坐标系 $E_iF_iC_i(i=1,2)$ 都是建立在造影图像平面上的坐标系，如图 2-28 所示，二者的坐标值可以用造影图像的像素间距 q 进行换算。像素间距指图像上相邻像素的间隔距离，单位是 mm/pixel，临床一般选用的值为 0.3 mm/pixel 或 0.35 mm/pixel。设图像 i 的大小为 $W\times H$（像素），则图 2-28a 中的坐标系原点 O_i 在图 2-28b 坐标系中的坐标为$(W/2,H/2)$。于是坐标系 $U_iV_iO_i$ 中一点的坐标(u_i,v_i)和坐标系 $E_iF_iC_i$ 中的坐标(e_i,f_i)之间的转换关系如下：

$$\begin{bmatrix} u_i \\ v_i \end{bmatrix} = q \cdot \begin{bmatrix} 1 & 0 \\ 0 & -1 \end{bmatrix} \cdot \left(\begin{bmatrix} e_i \\ f_i \end{bmatrix} - 0.5 \cdot \begin{bmatrix} W \\ H \end{bmatrix} \right) \tag{2-19}$$

（2）投影面坐标系和 X 射线源局部坐标系的转换关系

投影面坐标系 $U_iV_iO_i$ 与 X 射线源局部坐标系 $X_iY_iZ_iS_i(i=1,2)$ 的关系如图 2-27 所示，X_iS_i 和 Y_iS_i 轴分别平行于 U_iO_i 和 V_iO_i 轴，S_iZ_i 轴垂直于图像平面，S_i 和 O_i 之间的距离为 $D_i(i=1,2)$。根据透视投影原理，可以推导出坐标系 $U_iV_iO_i$ 中一点的坐标(u_i,v_i)和坐标系 $X_iY_iZ_iS_i$ 中的坐标(x_i,y_i,z_i)之间的转换关系如下：

$$\begin{bmatrix} u_i \\ v_i \end{bmatrix} = \frac{D_i}{z_i} \cdot \begin{bmatrix} x_i \\ y_i \end{bmatrix} \tag{2-20}$$

（3）X 射线源局部坐标系和世界坐标系的转换关系

在图 2-26 中，从世界坐标系 $XYZO$ 到 X 射线源局部坐标系 $X_iY_iZ_iS_i(i=1,2)$ 的几何变换是三维空间的刚体运动，可以用旋转和平移运动描述。设点 S_i 和点 O 之间的距离为 L_i，可以通过两次旋转变换和一次平移变换实现由 $XYZO$ 到 $X_iY_iZ_iS_i$ 的转换具体为绕 Y 轴顺时针旋转 α_i 角度；绕 X 轴顺时针旋转 β_i 角度；从 O 点平移 L_i 距离到 S_i 点。推导可得坐标系 $XYZO$ 中一点的坐标（X, Y, Z）和坐标系 $X_iY_iZ_iS_i$ 中的坐标(x_i, y_i, z_i)之间的转换关系如下：

$$
\begin{aligned}
[x_i, y_i, z_i, 1] &= [X, Y, Z, 1]\cdot \boldsymbol{R}_Y(\alpha_i)\cdot \boldsymbol{R}_X(\beta_i)\cdot \boldsymbol{T}_i \\
&= [X, Y, Z, 1]\cdot\begin{bmatrix}\cos(\alpha_i) & 0 & -\sin(\alpha_i) & 0\\ 0 & 1 & 0 & 0\\ \sin(\alpha_i) & 0 & \cos(\alpha_i) & 0\\ 0 & 0 & 0 & 1\end{bmatrix}\cdot\begin{bmatrix}1 & 0 & 0 & 0\\ 0 & \cos(\beta_i) & \sin(\beta_i) & 0\\ 0 & -\sin(\beta_i) & \cos(\beta_i) & 0\\ 0 & 0 & 0 & 1\end{bmatrix} \\
&\quad\cdot\begin{bmatrix}1 & 0 & 0 & 0\\ 0 & 1 & 0 & 0\\ 0 & 0 & 1 & 0\\ 0 & 0 & L_i & 1\end{bmatrix}
\end{aligned}
\tag{2-21}
$$

式中，矩阵 $\boldsymbol{R}_X(\theta)$ 表示绕 X 轴顺时针旋转 θ 角度的旋转矩阵；$\boldsymbol{R}_Y(\theta)$ 表示绕 Y 轴顺时针旋转 θ 角度的旋转矩阵；$\boldsymbol{T}_i$表示沿 Z 轴平移 L_i 的平移矩阵。通过矩阵变换，可以将式(2-21)表示为

$$
\begin{aligned}
[X, Y, Z, 1] &= [x_i, y_i, z_i, 1]\cdot \boldsymbol{T}_i^{-1}\cdot \boldsymbol{R}_X^{-1}(\beta_i)\cdot \boldsymbol{R}_Y^{-1}(\alpha_i) = [x_i, y_i, z_i, 1]\cdot \boldsymbol{T}_i^{-1}\cdot \boldsymbol{R}_X(-\beta_i)\cdot \boldsymbol{R}_Y(-\alpha_i) \\
&= [x_i, y_i, z_i, 1]\cdot\begin{bmatrix}1 & 0 & 0 & 0\\ 0 & 1 & 0 & 0\\ 0 & 0 & 1 & 0\\ 0 & 0 & -L_i & 1\end{bmatrix}\cdot\begin{bmatrix}1 & 0 & 0 & 0\\ 0 & \cos(-\beta_i) & \sin(-\beta_i) & 0\\ 0 & -\sin(-\beta_i) & \cos(-\beta_i) & 0\\ 0 & 0 & 0 & 1\end{bmatrix} \\
&\quad\cdot\begin{bmatrix}\cos(-\alpha_i) & 0 & -\sin(-\alpha_i) & 0\\ 0 & 1 & 0 & 0\\ \sin(-\alpha_i) & 0 & \cos(-\alpha_i) & 0\\ 0 & 0 & 0 & 1\end{bmatrix}
\end{aligned}
\tag{2-22}
$$

式中，$\boldsymbol{T}^{-1}$和 $\boldsymbol{R}^{-1}$分别表示矩阵 $\boldsymbol{T}$ 和 $\boldsymbol{R}$ 的逆矩阵。

（4）两个 X 射线源局部坐标系之间的转换关系

坐标系 $X_1Y_1Z_1S_1$ 和 $X_2Y_2Z_2S_2$ 之间的转换关系可以通过中间坐标系 $XYZO$ 推导得到。坐标系 $X_1Y_1Z_1S_1$ 中一点的坐标（x_1, y_1, z_1）与坐标系 $XYZO$ 中的坐标（X, Y, Z）之间的转换关系如下：

$$
\begin{aligned}
[X, Y, Z, 1] &= [x_1, y_1, z_1, 1]\cdot \boldsymbol{T}_1 - 1\cdot \boldsymbol{R}_X(-\beta_1)\cdot \boldsymbol{R}_Y(-\alpha_1) \\
&= [x_1, y_1, z_1, 1]\cdot\begin{bmatrix}1 & 0 & 0 & 0\\ 0 & 1 & 0 & 0\\ 0 & 0 & 1 & 0\\ 0 & 0 & -L_1 & 1\end{bmatrix}\cdot\begin{bmatrix}1 & 0 & 0 & 0\\ 0 & \cos(-\beta_1) & \sin(-\beta_1) & 0\\ 0 & -\sin(-\beta_1) & \cos(-\beta_1) & 0\\ 0 & 0 & 0 & 1\end{bmatrix} \\
&\quad\cdot\begin{bmatrix}\cos(-\alpha_1) & 0 & -\sin(-\alpha_1) & 0\\ 0 & 1 & 0 & 0\\ \sin(-\alpha_1) & 0 & \cos(-\alpha_1) & 0\\ 0 & 0 & 0 & 1\end{bmatrix}
\end{aligned}
\tag{2-23}
$$

式中，L_1为 X 射线源 S_1和系统中心 O 之间的距离；T_1为沿 Z 轴平移 L_1的平移矩阵。为了方便描述矩阵变换，上式中采用齐次坐标$[x_1, y_1, z_1, 1]$和$[X, Y, Z, 1]$分别表示坐标(x_1, y_1, z_1)和(X, Y, Z)，下同。

坐标系 $X_2Y_2Z_2S_2$ 中一点的坐标(x_2, y_2, z_2)与坐标系 $XYZO$ 中的坐标(X, Y, Z)之间的转换关系如下

$$
\begin{aligned}
[X,Y,Z,1] &= [x_2,y_2,z_2,1]\cdot \boldsymbol{T}_2\ -1\cdot \boldsymbol{R}_X(-\beta_2)\cdot \boldsymbol{R}_Y(-\alpha_2)\\
&= [x_2,y_2,z_2,1]\cdot \begin{bmatrix} 1 & 0 & 0 & 0\\ 0 & 1 & 0 & 0\\ 0 & 0 & 1 & 0\\ 0 & 0 & -L_2 & 1 \end{bmatrix}\cdot \begin{bmatrix} 1 & 0 & 0 & 0\\ 0 & \cos(-\beta_2) & \sin(-\beta_2) & 0\\ 0 & -\sin(-\beta_2) & \cos(-\beta_2) & 0\\ 0 & 0 & 0 & 1 \end{bmatrix}\\
&\cdot \begin{bmatrix} \cos(-\alpha_2) & 0 & -\sin(-\alpha_2) & 0\\ 0 & 1 & 0 & 0\\ \sin(-\alpha_2) & 0 & \cos(-\alpha_2) & 0\\ 0 & 0 & 0 & 1 \end{bmatrix}
\end{aligned} \tag{2-24}
$$

式中，L_2为 X 射线源 S_2和系统中心 O 之间的距离；$\boldsymbol{T}_2$为沿 Z 轴平移 L_2的平移矩阵。

联立式（2-23）和式（2-24）可得坐标系 $X_1Y_1Z_1S_1$ 和 $X_2Y_2Z_2S_2$ 之间的几何变换关系，公式如下：

$$
\begin{cases}
[x_1,y_1,z_1,1] = [x_2,y_2,z_2,1]\cdot \boldsymbol{T}_2\ -1\cdot \boldsymbol{R}_Y(-\beta_2)\cdot \boldsymbol{R}_X(-\alpha_2)\cdot \boldsymbol{R}_Y(\alpha_1)\cdot \boldsymbol{R}_X(\beta_1)\cdot \boldsymbol{T}_1\\
[x_2,y_2,z_2,1] = [x_1,y_1,z_1,1]\cdot \boldsymbol{T}_1^{-1}\cdot \boldsymbol{R}_X(-\beta_1)\cdot \boldsymbol{R}_Y(-\alpha_1)\cdot \boldsymbol{R}_Y(\alpha_2)\cdot \boldsymbol{R}_X(\beta_2)\cdot \boldsymbol{T}_2
\end{cases} \tag{2-25}
$$

将式（2-25）用非齐次坐标表示为

$$
[x_2,y_2,z_2]^{\mathrm{T}} = \boldsymbol{R}\cdot([x_1,y_1,z_1]^{\mathrm{T}} - \boldsymbol{t}) \tag{2-26}
$$

其中 $\boldsymbol{R}$ 为 33 的旋转矩阵，其公式如下：

$$
\boldsymbol{R} = \boldsymbol{R}_X(\beta_2)\cdot \boldsymbol{R}_Y(\alpha_2)\cdot \boldsymbol{R}_Y(-\alpha_1)\cdot \boldsymbol{R}_X(-\beta_1) \tag{2-27}
$$

$\boldsymbol{t}$ 为 3×1 的平移矢量，其公式如下：

$$
\boldsymbol{t} = \boldsymbol{T}_1 - \boldsymbol{R}^{-1}\cdot \boldsymbol{T}_2 = \boldsymbol{T}_1 - \boldsymbol{R}_X(\beta_1)\cdot \boldsymbol{R}_Y(\alpha_1)\cdot \boldsymbol{R}_Y(-\alpha_2)\cdot \boldsymbol{R}_X(-\beta_2)\cdot \boldsymbol{T}_2 \tag{2-28}
$$

所以坐标系 $X_1Y_1Z_1S_1$ 和 $X_2Y_2Z_2S_2$ 之间的几何变换关系可以用旋转矩阵 $\boldsymbol{R}$ 和平移矢量 $\boldsymbol{t}$ 表示。定义 3×4 的矩阵如下：

$$
\boldsymbol{GT} = [\boldsymbol{R}\quad \boldsymbol{t}] \tag{2-29}
$$

称为几何变换矩阵，它记录了两次造影时成像系统的几何位置关系，是联系两个不同角度造影图像的纽带，也是三维重建血管的关键。

上述坐标变换仅考虑了坐标系本身的运动，忽略了图像获取过程中病人的位置变化，即病人的平移运动。为了获得更多的信息和观察方便，造影过程中操作人员常常会移动病人躺卧的平台，所以两次造影时平台一般不在同一位置。设 $\boldsymbol{r} = [r_x \quad r_y \quad r_z]^{\mathrm{T}}$为造影成像过程中病人的平移运动，当重建过程考虑运动 $\boldsymbol{r}$ 以后，式（2-26）变成：

$$
\begin{bmatrix} x_2\\ y_2\\ z_2 \end{bmatrix} = \boldsymbol{R}\cdot\left(\begin{bmatrix} x_1\\ y_1\\ z_1 \end{bmatrix} - \boldsymbol{t} - \boldsymbol{r}\right) = \begin{bmatrix} r_{11} & r_{12} & r_{13}\\ r_{21} & r_{22} & r_{23}\\ r_{31} & r_{32} & r_{33} \end{bmatrix}\cdot \begin{bmatrix} x_1 - t_x - r_x\\ y_1 - t_y - r_y\\ z_1 - t_z - r_z \end{bmatrix} \tag{2-30}
$$

坐标系 $X_1Y_1Z_1S_1$ 和 $X_2Y_2Z_2S_2$ 之间的几何变换关系可以用式（2-26）或（2-30）表示，这也是计算三维血管坐标的必要条件。根据 L_1、L_2 和造影角度可以计算几何变换矩阵 $\boldsymbol{GT}$，但由于在对成像系统进行标定，获得这些参数时不可避免地存在一定误差，所以 $\boldsymbol{GT}$ 不能很好地反映两幅造影图像之间的几何变换关系，从而影响血管三维重建的精度。一般选择两幅造影图像的特征点对（如分叉点等）优化 $\boldsymbol{GT}$，从而提高三维重建的精度，详见文献［10］。

2.5.3 骨架点的三维重建

通过以上四个坐标系相互转换关系的分析可以看出，基于造影图像中血管的三维重建问题可以简化为已知两个图像平面坐标系的坐标以及造影系统的有关几何参数，计算世界坐标系中对应的坐标值。这就需要通过上述四个坐标系的相互转换，由投影点的二维坐标计算出空间点的三维坐标。

假设血管骨架点 P_i 在坐标系 $X_1Y_1Z_1S_1$ 中的坐标为(x_{1i},y_{1i},z_{1i})，P_i 在图像 A 上的投影点坐标为(u_{1i},v_{1i})（基于坐标系 $U_1V_1O_1$）；P_i 在坐标系 $X_2Y_2Z_2S_2$ 中的坐标为(x_{2i},y_{2i},z_{2i})，它在图像 B 上的投影点坐标为(u_{2i},v_{2i})（基于坐标系 $U_2V_2O_2$）。若已知(u_{1i},v_{1i})和(u_{2i},v_{2i})，则可根据 GT 求解 P_i 的三维坐标(x_{1i},y_{1i},z_{1i})。

根据透视投影成像关系，即式（2-20）可知：

$$\frac{x_{1i}}{z_{1i}}=\frac{u_{1i}}{D_1}=\xi_{1i},\quad \frac{y_{1i}}{z_{1i}}=\frac{v_{1i}}{D_1}=\eta_{1i},\quad \frac{x_{2i}}{z_{2i}}=\frac{u_{2i}}{D_2}=\xi_{2i},\quad \frac{y_{2i}}{z_{2i}}=\frac{v_{2i}}{D_2}=\eta_{2i} \tag{2-31}$$

由式（2-26）可得：

$$\begin{bmatrix} x_{2i} \\ y_{2i} \\ z_{2i} \end{bmatrix}=\boldsymbol{R}\cdot\left(\begin{bmatrix} x_{1i} \\ y_{1i} \\ z_{1i} \end{bmatrix}-\boldsymbol{t}\right)=\begin{bmatrix} (r_{11}x_{1i}+r_{12}y_{1i}+r_{13}z_{1i})-(r_{11}t_1+r_{12}t_2+r_{13}t_3) \\ (r_{21}x_{1i}+r_{22}y_{1i}+r_{23}z_{1i})-(r_{21}t_1+r_{22}t_2+r_{23}t_3) \\ (r_{31}x_{1i}+r_{32}y_{1i}+r_{33}z_{1i})-(r_{31}t_1+r_{32}t_2+r_{33}t_3) \end{bmatrix} \tag{2-32}$$

联立式（2-31）和式（2-32）并化简，得到用矩阵形式表示的方程如下：

$$\begin{bmatrix} 1 & 0 & -\xi_{1i} \\ 0 & 1 & -\eta_{1i} \\ r_{11}-r_{31}\cdot\xi_{2i} & r_{12}-r_{32}\cdot\xi_{2i} & r_{13}-r_{33}\cdot\xi_{2i} \\ r_{21}-r_{31}\cdot\eta_{2i} & r_{22}-r_{32}\cdot\eta_{2i} & r_{23}-r_{33}\cdot\eta_{2i} \end{bmatrix}\cdot\begin{bmatrix} x_{1i} \\ y_{1i} \\ z_{1i} \end{bmatrix}=\begin{bmatrix} 0 \\ 0 \\ \boldsymbol{a}\cdot\boldsymbol{t} \\ \boldsymbol{b}\cdot\boldsymbol{t} \end{bmatrix} \tag{2-33}$$

其中

$$\begin{cases} \boldsymbol{a}=[\,r_{11}-r_{31}\cdot\xi_{2i} \quad r_{12}-r_{32}\cdot\xi_{2i} \quad r_{13}-r_{33}\cdot\xi_{2i}\,] \\ \boldsymbol{b}=[\,r_{21}-r_{31}\cdot\eta_{2i} \quad r_{22}-r_{32}\cdot\eta_{2i} \quad r_{23}-r_{33}\cdot\eta_{2i}\,] \end{cases} \tag{2-34}$$

$r_{ij}(i,\ j=1,2,3)$表示旋转矩阵 $\boldsymbol{R}$ 的第 i 行、第 j 列的元素，$\boldsymbol{t}$ 为平移矩阵。求解方程（2-34）即可得到(x_{1i},y_{1i},z_{1i})。该方程是一个超定方程，可采用最小二乘法求解。

2.5.4 两个视角之间对应点的匹配

由两个不同角度的造影图像重建三维空间点时，一个关键问题是如何确定两幅造影图像的对应点，即匹配两幅图像的对应点，这是计算机立体视觉中常见的匹配问题。为了从二维图像中获得更多的三维信息，两幅造影图像 A 和 B 之间的造影角度一般应相差 60°以上，因此两幅图像中几何结构的共性大大减少，无法使用常用的立体图像匹配技术

(如模板匹配、关系匹配和特征内容匹配等)。目前常用的方法是利用立体成像的外极线约束匹配对应点。

从两个不同视角获得的同一场景的两幅图像之间存在着一定的约束关系，这就是通常所说的外极几何关系。如图2-30 所示，空间点 P 与 X 射线源 S_1 和 S_2 构成一个平面，称为外极平面；外极平面与图像 A 和 B 相交形成左右两条外极线 L_1 和 L_2。点 P 在图像 A 和 B 上的投影点分别为 p_1 和 p_2，O_1 和 O_2 分别是图像 A 和 B 的中心。根据透视投影成像原理和外极约束原理，点 p_1 在图像 B 上的对应点 p_2 一定位于点 p_1 对应的外极线 L_2 上，点 p_2 在图像 A 上的对应点 p_1 一定位于点 p_2 对应的外极线 L_1 上，这一性质称为匹配的外极线约束。

外极线是立体成像空间几何关系的体现，下面根据造影系统的几何变换矩阵 GT 推导外极线的方程。对两个造影成像平面上的点进行立体匹配时，首先在其中一个投影平面上取血管骨架点 p，通过点 p、S_1 和 S_2 确定外极面，然后确定外极面与另一投影成像面的交线——外极线，最后在该外极线上寻找血管骨架点与 p 相匹配。如图 2-27 所示，空间点 P 在 X 射线源局部坐标系 $X_1Y_1Z_1S_1$ 和 $X_2Y_2Z_2S_2$ 中的坐标分别为 (x_1,y_1,z_1) 和 (x_2,y_2,z_2)，P 在图像 A 上的投影点 p_1 的坐标为 (u_1,v_1)（基于平面坐标系 $U_1V_1O_1$），在图像 B 上的投影点 p_2 的坐标为 (u_2,v_2)（基于坐标系 $U_2V_2O_2$）。由式（2-20）可知：

$$\xi_1=\frac{u_1}{D}=\frac{x_1}{z_1},\quad \eta_1=\frac{v_1}{D}=\frac{y_1}{z_1},\quad \xi_2=\frac{u_2}{D}=\frac{x_2}{z_2},\quad \eta_2=\frac{v_2}{D}=\frac{y_2}{z_2} \tag{2-35}$$

于是有如下公式:

$$x_1=z_1\xi_1,\quad y_1=z_1\eta_1,\quad x_2=z_2\xi_2,\quad y_2=z_2\eta_2 \tag{2-36}$$

即:

$$\begin{bmatrix}x_1\\y_1\\z_1\end{bmatrix}=\begin{bmatrix}z_1\xi_1\\z_1\eta_1\\z_1\end{bmatrix}=z_1\cdot\begin{bmatrix}\xi_1\\\eta_1\\1\end{bmatrix},\quad \begin{bmatrix}x_2\\y_2\\z_2\end{bmatrix}=\begin{bmatrix}z_2\xi_2\\z_2\eta_2\\z_2\end{bmatrix}=z_2\cdot\begin{bmatrix}\xi_2\\\eta_2\\1\end{bmatrix} \tag{2-37}$$

由式（2-26）有:

$$\begin{aligned}\begin{bmatrix}x_2\\y_2\\z_2\end{bmatrix}&=\boldsymbol{R}\cdot\left(\begin{bmatrix}x_1\\y_1\\z_1\end{bmatrix}-\boldsymbol{t}\right)=\begin{bmatrix}r_{11}&r_{12}&r_{13}\\r_{21}&r_{22}&r_{23}\\r_{31}&r_{32}&r_{33}\end{bmatrix}\cdot\left(z_1\cdot\begin{bmatrix}\xi_1\\\eta_1\\1\end{bmatrix}-\begin{bmatrix}t_1\\t_2\\t_3\end{bmatrix}\right)\\&=\begin{bmatrix}r_{11}(z_1\xi_1-t_1)+r_{12}(z_1\eta_1-t_2)+r_{13}(z_1-t_3)\\r_{21}(z_1\xi_1-t_1)+r_{22}(z_1\eta_1-t_2)+r_{23}(z_1-t_3)\\r_{31}(z_1\xi_1-t_1)+r_{32}(z_1\eta_1-t_2)+r_{33}(z_1-t_3)\end{bmatrix}\end{aligned} \tag{2-38}$$

即

$$\begin{bmatrix}x_2\\y_2\\z_2\end{bmatrix}=z_2\cdot\begin{bmatrix}\xi_2\\\eta_2\\1\end{bmatrix}=\begin{bmatrix}z_1(r_{11}\xi_1+r_{12}\eta_1+r_{13})-(r_{11}t_1+r_{12}t_2+r_{13}t_3)\\z_1(r_{21}\xi_1+r_{22}\eta_1+r_{23})-(r_{21}t_1+r_{22}t_2+r_{23}t_3)\\z_1(r_{31}\xi_1+r_{32}\eta_1+r_{33})-(r_{31}t_1+r_{32}t_2+r_{33}t_3)\end{bmatrix} \tag{2-39}$$

其中 $\boldsymbol{R}=\begin{bmatrix}r_{11}&r_{12}&r_{13}\\r_{21}&r_{22}&r_{23}\\r_{31}&r_{32}&r_{33}\end{bmatrix}$ 和 $\boldsymbol{t}=\begin{bmatrix}t_1\\t_2\\t_3\end{bmatrix}$ 分别是旋转矩阵和平移矢量。令:

$$
\begin{cases}
a_1 = r_{11}\xi_1 + r_{12}\eta_1 + r_{13} \\
b_1 = r_{11}t_1 + r_{12}t_2 + r_{13} \cdot t_3 \\
a_2 = r_{21}\xi_1 + r_{22}\eta_1 + r_{23} \\
b_2 = r_{21}t_1 + r_{22}t_2 + r_{23} \cdot t_3 \\
a_3 = r_{31}\xi_1 + r_{32}\eta_1 + r_{33} \\
b_3 = r_{31}t_1 + r_{32}t_2 + r_{33} \cdot t_3
\end{cases} \tag{2-40}
$$

则式（2-39）可以写成：

$$
\begin{cases}
x_2 = z_1 a_1 - b_1 \\
y_2 = z_1 a_2 - b_2 \\
z_2 = z_1 a_3 - b_3
\end{cases} \tag{2-41}
$$

所以：

$$
\begin{cases}
\xi_2 = \dfrac{u_2}{D_2} = \dfrac{x_2}{z_2} = \dfrac{z_1 a_1 - b_1}{z_1 a_3 - b_3} \\
\eta_2 = \dfrac{v_2}{D_2} = \dfrac{y_2}{z_2} = \dfrac{z_1 a_2 - b_2}{z_1 a_3 - b_3}
\end{cases} \tag{2-42}
$$

从上式中消去 z_1 并化简，则图 2-30 中图像 A 上的点 $p_1(u_1, v_1)$ 在图像 B 上对应的外极线 L_2 的方程可表示如下：

$$
u_2(a_2 b_3 - a_3 b_2) + v_2(a_3 b_1 - a_1 b_3) + D_2(a_1 b_2 - a_2 b_1) = 0 \tag{2-43}
$$

或

$$
\xi_2(a_3 b_2 - a_2 b_3) + \eta_2(a_1 b_3 - a_3 b_1) + (a_2 b_1 - a_1 b_2) = 0 \tag{2-44}
$$

同理，可推出外极线 L_1 的方程。

利用外极约束匹配血管骨架点如图 2-31 所示，图中三维血管 V 分别成像于图像 A 和图像 B，图像 A 中的点 p_1 在图像 B 上对应的外极线为 L_2。根据外极约束原理，点 p_1 在图像 B 上的对应点一定在外极线 L_2 上，且一定在图像 B 中的血管投影上。所以外极线 L_2 和图像 B 中血管投影的交点 p_2 就是点 p_1 的共轭点。

由于二维血管提取的误差以及几何变换矩阵的误差等，匹配点可能不会准确地出现在图像平面中对应的外极线上，而在外极线的邻域内。这种情况下，一般在该邻域内搜索和外极线距离最短的点作为匹配点。由解析几何知识以及式（2-44），可以计算图像 B 上的点(u_2, v_2)到外极线 L_2 的距离，公式如下：

$$
d = \frac{\left|(a_3 b_2 - a_2 b_3)\xi_2 + (a_1 b_3 - a_3 b_1)\eta_2 + (a_2 b_1 - a_1 b_2)\right|}{\sqrt{(a_3 b_2 - a_2 b_3)^2 + (a_1 b_3 - a_3 b_1)^2}} \tag{2-45}
$$

其中，a_i 和 $b_i(i=1,2,3)$的值和式（2-41）中的值相同。则 d 可以作为点 p_2 相对于 p_1 的匹配误差。

另外，由于冠脉血管骨架成树状结构，外极线上可能存在多个血管骨架点，例如图 2-30 中的骨架点 p_1'、p_2' 和 p_3'。如 2.4.4 节中所述，经过分割，可以用有向二叉树描述二维冠脉树骨架的拓扑结构，如图 2-31 所示，基于冠状动脉树骨架特有的树状拓扑结构，为提高匹配精度，可以利用血管树固定的层次关系作为匹配的主要特征，即仅允许具有相同拓扑特性的血管段进行匹配，从而缩小匹配的搜索范围，简化匹配过程，提高匹配精度。

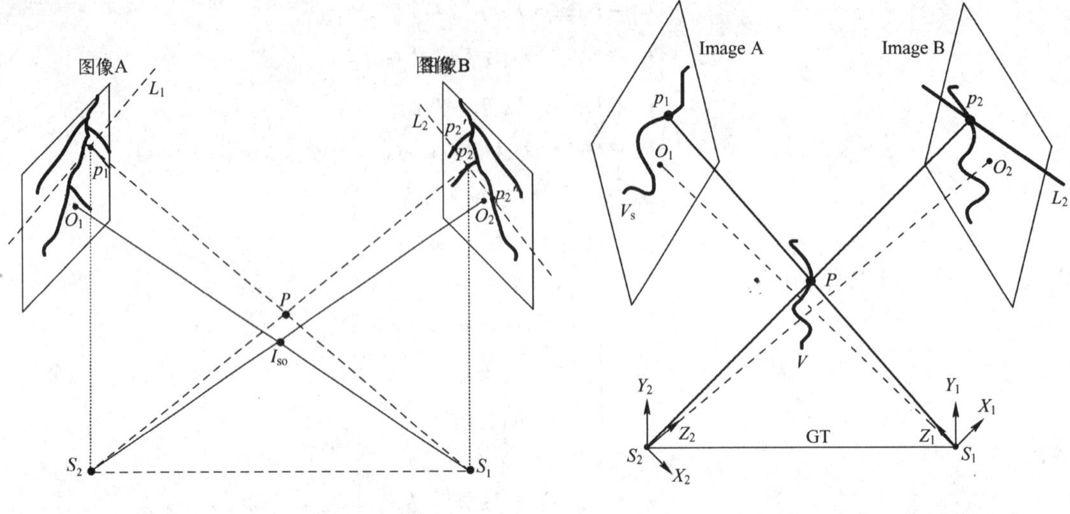

图 2-30　外极几何关系示意图　　　　图 2-31　利用外极约束匹配血管骨架点

2.5.5　骨架的三维重建

对冠脉造影图像进行细化、二值化等处理后，可获得连通的、逼近中轴线且为单像素宽的骨架，参见 2.4.2 节。由于临床上只有主干血管的信息具有诊治意义，所以只需从造影图像中提取主干血管的骨架。冠状动脉骨架呈复杂的树状结构，由许多小的血管段组成，于是冠状动脉树骨架的三维重建可以转化为分别对这些血管段进行三维重建。因此，为了正确重建三维骨架树，首先需要将二维骨架树分割成多个血管段，并分析其拓扑结构，参见 2.4.4 节；然后匹配两幅造影图像中的各个血管段，得到血管段的空间坐标。目前的方法可以分为两类：点基元方法和基于参数曲线的立体视觉方法。

(1) 点基元重建方法

造影图像中每个二维血管段都可以表示成一个连通的有序点序列，因此可采用点作为立体匹配和三维重建的基元，如图 2-32 所示。图像 A 的血管段 V_a 和图像 B 的血管段 V_b 分别表示为点序列$(p_{11},p_{12},\cdots,p_{1m})$和$(p_{21},p_{22},\cdots,p_{2n})$，点 p_{11}、p_{1m}、p_{21}和 p_{2n}是二维血管骨架树的分支点或端点。根据外极约束和血管直径可以匹配这两个点序列，图中带箭头的虚线表示两个血管段骨架点之间的对应关系，由此得到一系列的共轭点对。根据式（2-33）计算点的三维坐标，得到一个离散的三维点序列，即三维血管段的骨架。

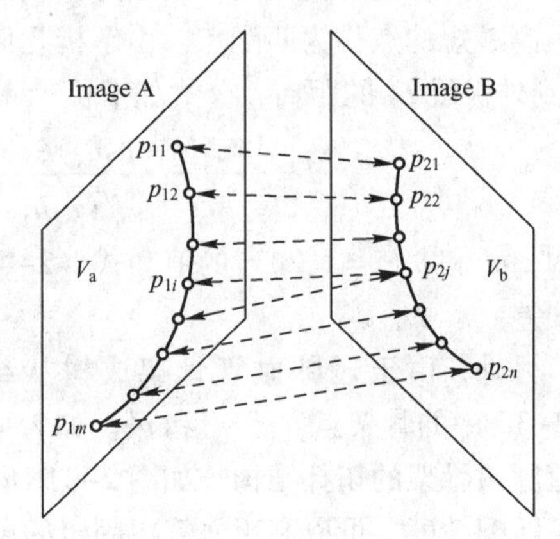

图 2-32　二维血管段点序列的匹配示意图

基于点的血管骨架方法需要逐点进行匹配、重建，所以计算量较大，可能引入较大的误差，而且最后得到的离散三维点序列不能很好地表达光滑的三维血管曲线。

(2) 基于参数曲线的立体视觉方法

和传统的点基元重建方法相比，以曲线为基元的重建方法可以减小误匹配的概率，提高重建算法的鲁棒性，常见的曲线基元包括二次曲线、Bezier 曲线和 B 样条曲线等。例如，以二次曲线为基元，采用可变形模型方法重建三维冠状动脉骨架，但需要给出骨架的初始值和标定造影系统[40]；或者利用 B 样条曲线重建三维曲线，直接由二维控制点计算三维控制点，但没有考虑二维控制点之间的匹配问题[41]。

冠状动脉可以看成一个空间弯曲的管状系统，其骨架是空间连续的光滑曲线。而 B 样条曲线具有良好的光顺性、仿射不变性和局部控制等优良特性[42]，所以 B 样条曲线非常适合表示冠状动脉骨架。有的学者首先逐点匹配得到离散的三维点序列，然后用 B 样条曲线拟合离散点，得到 B 样条曲线描述的三维血管骨架。虽然这种方法可以在一定程度上减小匹配误差，并且得到光滑的骨架曲线，但其本质上还是基于点的重建方法。文献［10］提出一种以 B 样条曲线为基元重建冠状动脉树三维骨架的方法，其主要思路是：采用 B 样条曲线拟合图像 A 和 B 的二维血管骨架，根据二维曲线的 B 样条控制点重建三维控制点，再由三维控制点计算出三维 B 样条曲线，即为三维血管骨架。另外，由于重建三维控制点的过程中，二维控制点的匹配存在一定的误差，因此需要对三维控制点进行优化，使得三维 B 样条曲线反投影后更接近于二维血管骨架。图 2-33 ~ 2-35 是对采用 Philips 公司的 Integris CV 单面造影系统采集到的临床 CAG 图像的实验结果。

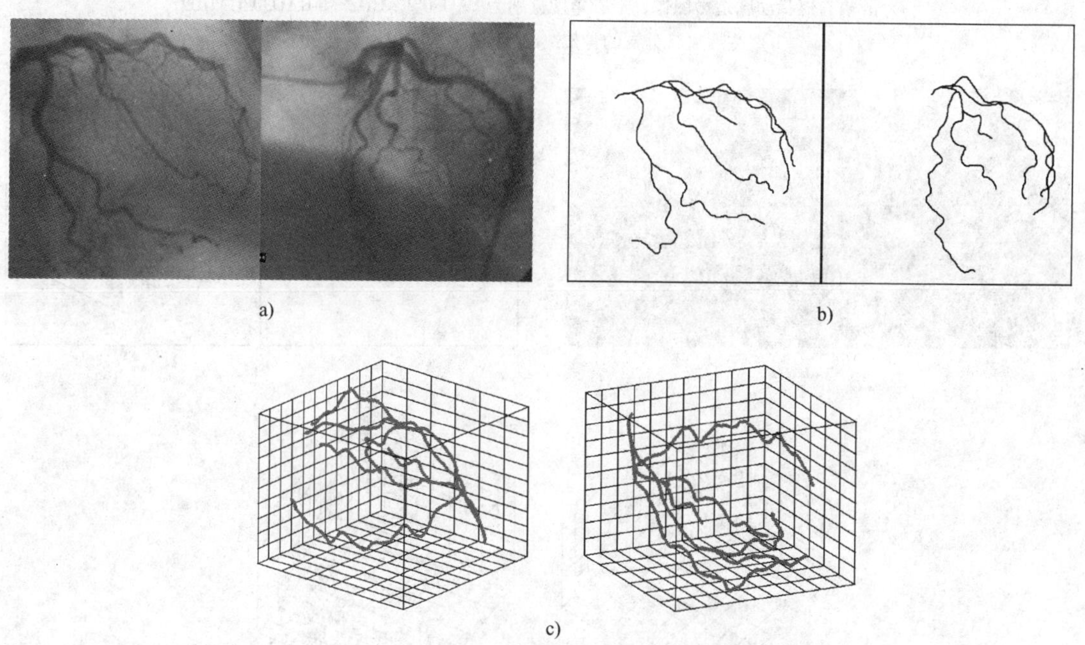

图 2-33　对近似正交的一对左冠 CAG 图像进行血管骨架三维重建的结果

a）两幅左冠状动脉造影图像，造影角度分别为 RAO30°CAUD24°和 LAO46°CRAN 21°

b）主要血管分支的骨架　c）重建出的三维血管骨架

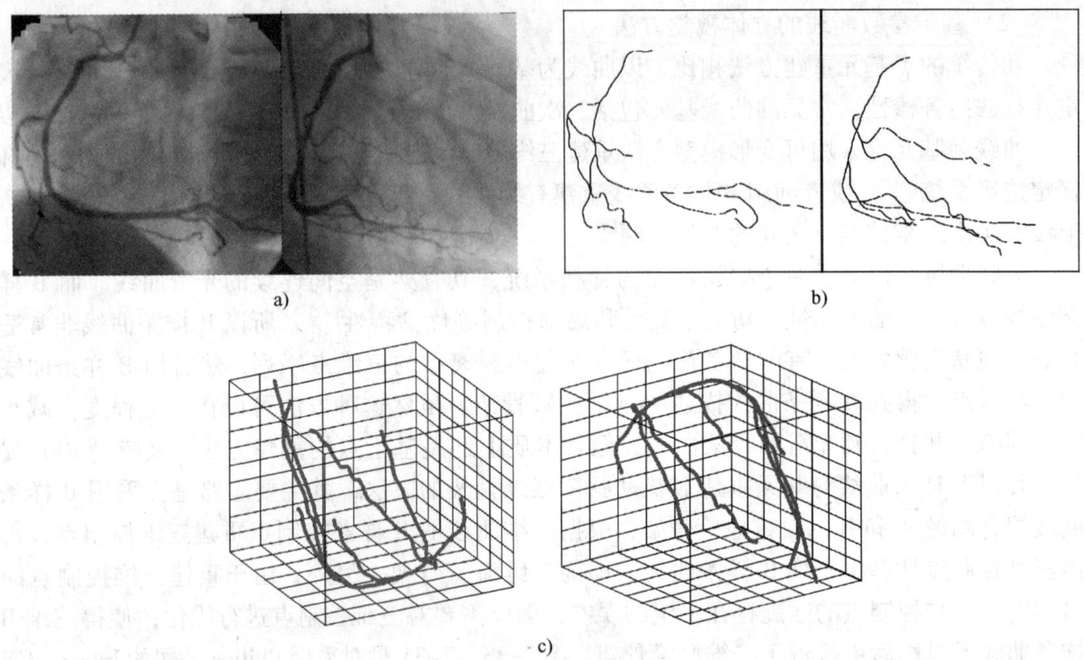

图 2-34　对近似正交的一对右冠 CAG 图像进行血管骨架三维重建的结果

a）两幅右冠状动脉造影图像，造影角度分别为 LAO50°CAUD2°和 RAO30°CAUD2°

b）主要血管分支的骨架　c）重建出的三维血管骨架

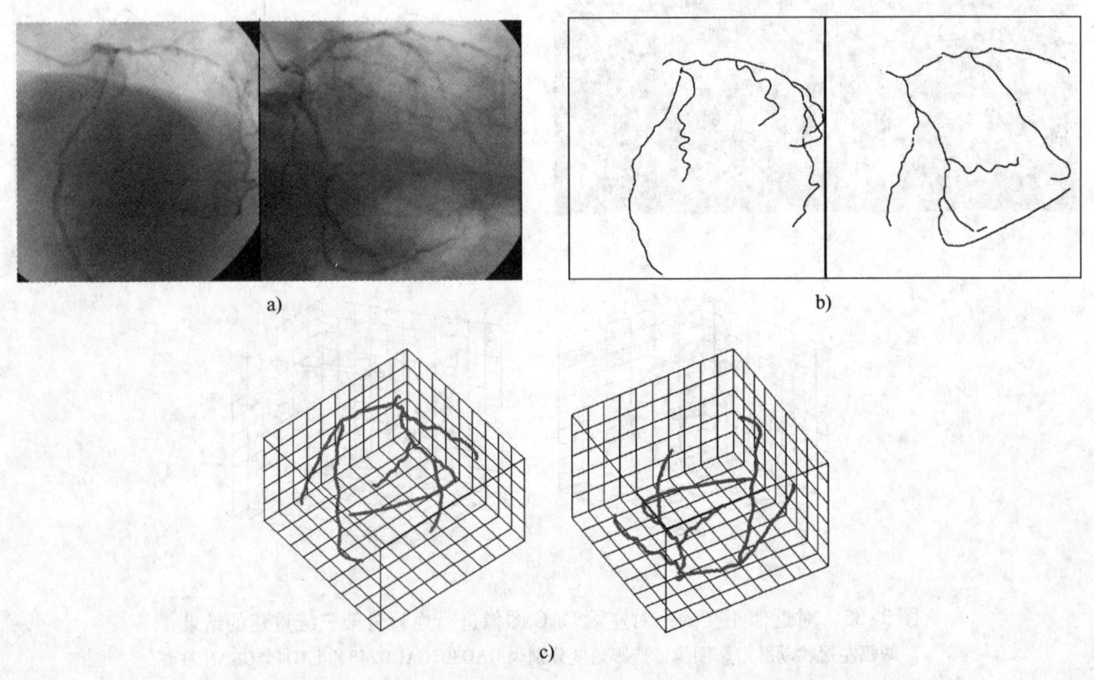

图 2-35　对近似正交的一对左冠 CAG 图像进行血管骨架三维重建的结果

a）两幅左冠状动脉造影图像，造影角度分别为 LAO50°CAUD8°和 RAO30°CAUD14°

b）主要血管分支的骨架　c）重建出的三维血管骨架

2.5.6 表面的三维重建

从二维投影图像重构血管三维形态的过程中，两个角度的造影图像所提供的数据非常有限，重构血管表面的难度相当大，因此必须简化目标，降低问题的复杂性和难度。理想状况下冠状动脉可以被看做一个弯曲的空间管状系统，并可假设为由二维圆盘（或椭圆盘）沿着三维曲线行走形成的“广义的圆柱体”（generalized cylinder，GC）[36,43]。

冠状动脉三维简化模型如图 2-36 所示，其中虚线表示血管的骨架（即中心线），血管骨架贯穿一系列圆盘（或椭圆盘）的中心，并且垂直于圆盘，于是冠状动脉的三维模型可以用图 2-36 中右图所示的三维骨架和圆盘描述。通过计算各骨架点处血管腔的三维直径，得到限制血管横截面的轮廓，然后根据血管横截面为椭圆的假设推导椭圆方程，同时解决相邻血管横截面相交的问题，即可重建血管腔的三维表面，并进行三维结果的绘制和显示。

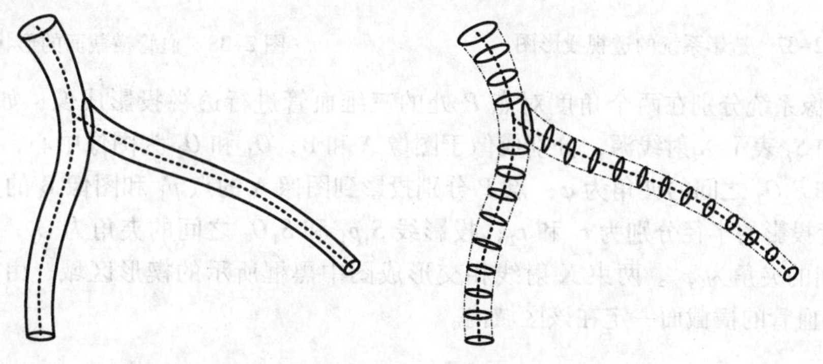

图 2-36　冠状动脉的三维简化模型

（1）计算血管腔的三维直径

造影系统的投影成像可以看成如图 2-37 所示的透视投影，其中 S_1 为 X 射线源，O_1 表示造影图像 A 的中心，P_1 为坐标系 $X_1Y_1Z_1S_1$ 中的三维空间点 P（其坐标为(x_1,y_1,z_1)）经透视投影到图像 A 上的点，p_1 在图像平面坐标系 $U_1V_1O_1$ 中的坐标为(u_1,v_1)。由于透视投影的放大成像原理，图像中血管投影的二维直径一般要大于血管的真实直径。设图像 A 中点 p_1 处的二维血管直径为 d_1，则可以根据图中的成像几何关系计算出 P 点处血管在该方向的三维直径 d，公式如下：

$$d = d_1 \cdot \frac{\sqrt{x_1^2 + y_1^2 + z_1^2}}{\sqrt{u_1^2 + v_1^2 + D_1^2}} \tag{2-46}$$

其中，$\sqrt{x_1^2 + y_1^2 + z_1^2}$表示坐标系 $X_1Y_1Z_1S_1$ 中点 P 到点 S_1 的距离，$\sqrt{u_1^2 + v_1^2 + D_1^2}$是坐标系 $X_1Y_1Z_1S_1$ 中点 p_1 到 S_1 的距离。

（2）血管横截面模型

正常冠状动脉血管腔的横截面呈圆形或椭圆形，但是当血管变得狭窄时管腔形状的改变通常是复杂多样的，狭窄多为偏心型或不规则型，常见的如月牙形和星形[44]，如图 2-38 所示。由于冠脉造影图像的本质是投影成像，无法准确表达狭窄血管横截面的具体形状，所以在重建血管腔表面时一般假设血管横截面为圆形或椭圆形，根据两个角度的二维管腔直径信息进行适当的近似描述。本节根据造影系统的投影模型研究血管横截面的椭圆模型，并在此基础上推导非正交造影图像情形下血管横截面的椭圆方程。

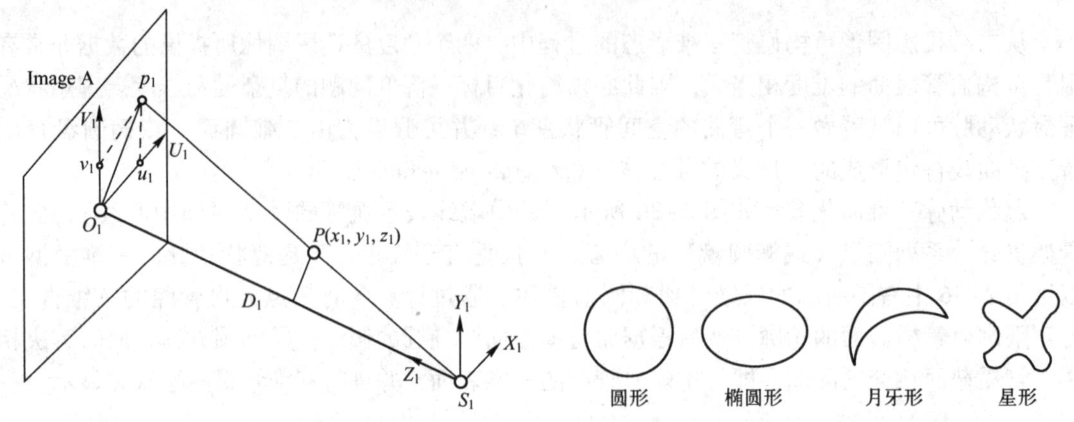

图 2-37 造影系统的透视投影图

图 2-38 血管横截面的形状[44]

造影成像系统分别在两个角度对点 P 处的三维血管进行透视投影成像，如图 2-39 所示，点 S_1 和 S_2 表示 X 射线源，分别成像于图像 A 和 B，O_1 和 O_2 为图像中心，两个中心投影轴 S_1O_1 和 S_2O_2 之间的夹角为 φ；点 P 分别投影到图像 A 的点 p_1 和图像 B 的点 p_2，p_1 和点 p_2 处血管投影的半径分别为 r_1 和 r_2；投影线 S_1p_1 和 S_1O_1 之间的夹角为 φ_1，投影线 S_2p_2 和 S_2O_2 之间的夹角为 φ_2。两束 X 射线相交形成图中黑框所示的楔形区域，由投影关系可知，点 P 处血管的横截面一定在该区域内。

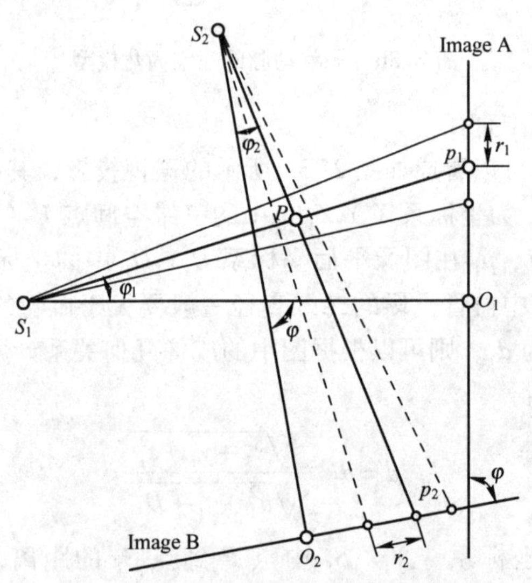

图 2-39 造影系统在两个角度的透视投影图

由于冠状动脉的直径远小于 X 射线成像距离，所以可以将图 2-39 中限制血管横截面的楔形区域简化为以点 P 为中心的平行四边形，如图 2-40 所示。其中实线表示经过点 P 的投影线 $\overrightarrow{S_1p_1}$ 和 $\overrightarrow{S_2p_2}$，并且分别平行于平行四边形的两对边；两条虚线分别平行于图像 A 的直线 $\overrightarrow{O_1p_1}$ 和图像 B 的直线 $\overrightarrow{O_2p_2}$，如图 2-39 所示。由图 2-39 中的角度容易推算出图 2-40 中平行

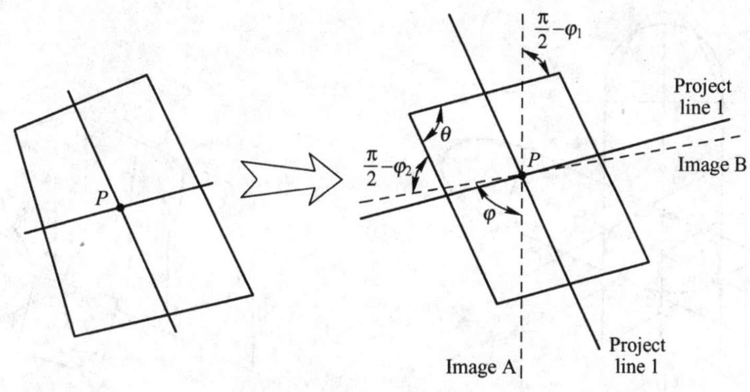

图 2-40　血管横截面的模型简化图

四边形的角度 θ，公式如下：

$$\theta = \varphi + \arctan \frac{|\overrightarrow{S_1O_1}|}{|\overrightarrow{S_1p_1}|} - \arctan \frac{|\overrightarrow{S_2O_2}|}{|\overrightarrow{S_2p_2}|} \tag{2-47}$$

根据式（2-47），可以由图 2-39 中的二维血管半径 r_1 和 r_2 计算点 P 处的血管在投影线$\overrightarrow{S_2p_2}$和$\overrightarrow{S_1p_1}$方向的直径分别如下：

$$2a = r_1 \cdot \frac{|\overrightarrow{S_1P}|}{|\overrightarrow{S_1p_1}|},\ 2b = r_2 \cdot \frac{|\overrightarrow{S_2P}|}{|\overrightarrow{S_2p_2}|} \tag{2-48}$$

控制血管横截面形状的平行四边形可以用图 2-41 的平行四边形 $ABCD$ 表示，边$\overrightarrow{AB}$和$\overrightarrow{AD}$的夹角 θ 由式（2-48）计算得到，边$\overrightarrow{AB}$和$\overrightarrow{CD}$之间的距离为 $2a$，边$\overrightarrow{AD}$和$\overrightarrow{BC}$之间的距离为 $2b$。由此确定椭圆形的血管横截面，并使得椭圆横截面内切于平行四边形 $ABCD$。

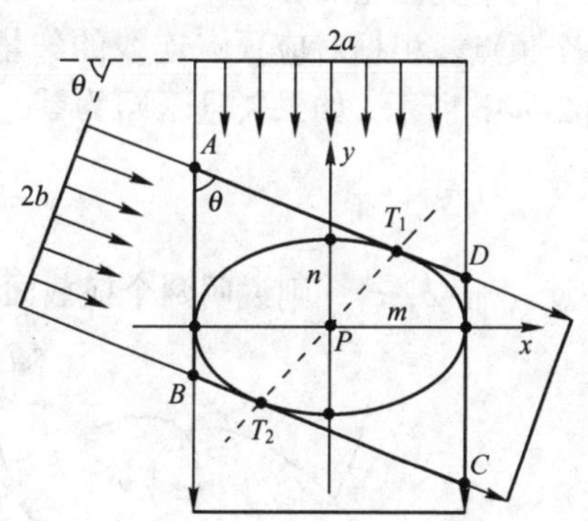

图 2-41　血管的椭圆横截面模型

但是，内切于平行四边形的椭圆并不唯一，也就是说由平行四边形 $ABCD$ 确定血管的椭圆横截面是多义性的问题。解决这一问题的方法主要有以下三种：第一，利用三个角度的血管直径信息得到唯一的椭圆形的血管横截面[45]，如图 2-42 所示。该方法要求三维血管骨架的重建精度较高，而且三个角度之间的几何变换关系也会影响椭圆横截面的计算精度，所以将该方法应用到基于单面造影图像的血管三维重建中比较困难；第二，根据二维血管边缘对椭圆方程进行优化，得到较理想的椭圆方程[46]，如图 2-43 所示，由三维血管骨架计算点 P 处的法向平面，分别将两幅图像的血管边缘反投影，反投影线和法向平面相交得到四条曲线，然后根据这四条曲线进行优化，使得曲线上的点到椭圆的距离之和最小，从而确定椭圆方程的参数。该方法的计算量较大，实现过程比较复杂；第三，因为用于重建血管横截面的数据有限，只能给出血管横截面的近似椭圆，所以可以使椭圆的一条轴和投影线平行，如图 2-41 所示，这样就可以计算出唯一的椭圆方程。和前两种方法相比，该方法比较简单，容易实现。

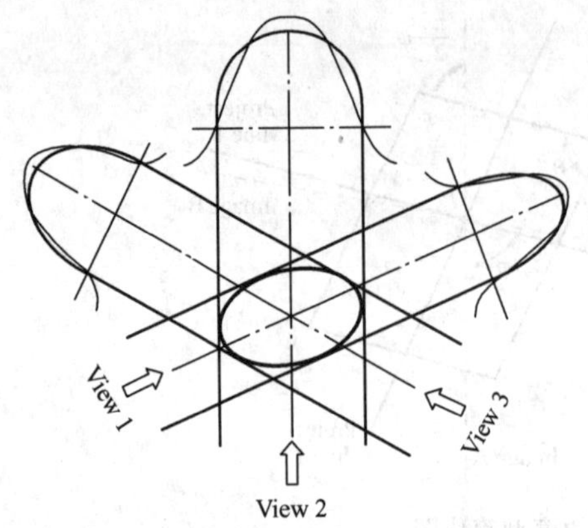

图 2-42　三个角度的血管椭圆横截面模型[45]

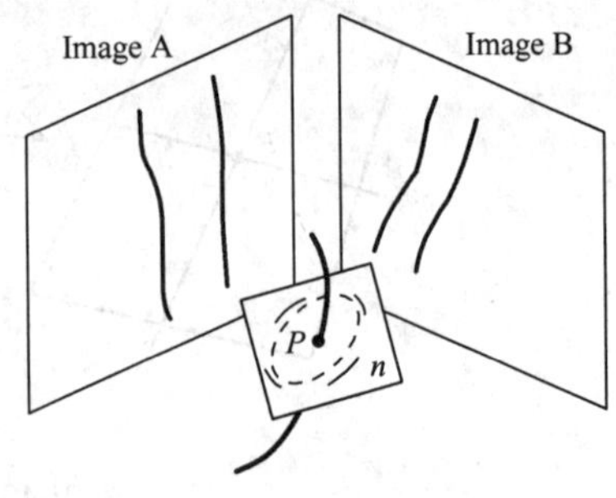

图 2-43　血管椭圆横截面的优化模型[46]

（3）相邻横截面的顶点融合

由于冠脉血管树的结构很复杂，血管分支处和弯曲程度较大的血管处通常会出现表面自相交的情形。目前现有的解决方法主要包括：

1）利用相互平行的椭圆横截面重建血管表面[47]，该方法比较简单，没有考虑相邻血管横截面相交的情况，仅适合描述弯曲程度不大的一段血管。

2）利用可变形模型重建三维血管表面[48]，可实现血管分支的重建，但实现过程比较复杂。

3）顶点融合方法[10]，根据矢量间的夹角判断是否相交，将两个相邻轮廓上相交的对应顶点融合为一个顶点，避免表面的自相交。

下面介绍顶点融合方法的基本原理，其示意图如图 2-44 所示，图 2-44a 中 a_1 和 a_2 是三维骨架点，v_{11} 和 v_{12} 是 a_1 点处椭圆轮廓的采样点，v_{21} 和 v_{22} 是 a_2 点处椭圆轮廓的采样点。由于两个椭圆轮廓在 v_{21} 和 v_{11} 点相交，所以为了正确地重建血管表面，需要将 v_{21} 和 v_{11} 融合为一个顶点。根据对应顶点连线的矢量可以判别椭圆轮廓是否相交，是否需要融合顶点，如图 2-44b 所示，如果矢量 $\overrightarrow{v_{11}v_{21}}$ 为零，则不必融合；反之，设 $\overrightarrow{v_{11}v_{21}}$ 与 $\overrightarrow{a_1a_2}$ 之间的夹角为

$$\gamma = \arccos \frac{\overrightarrow{v_{11}v_{21}} \cdot \overrightarrow{a_1a_2}}{|\overrightarrow{v_{11}v_{21}}| \cdot |\overrightarrow{a_1a_2}|} \tag{2-49}$$

若 $\gamma \in [\pi/2, \pi]$，则说明两个横截面相交，需要将顶点 v_{11} 和 v_{21} 融合。

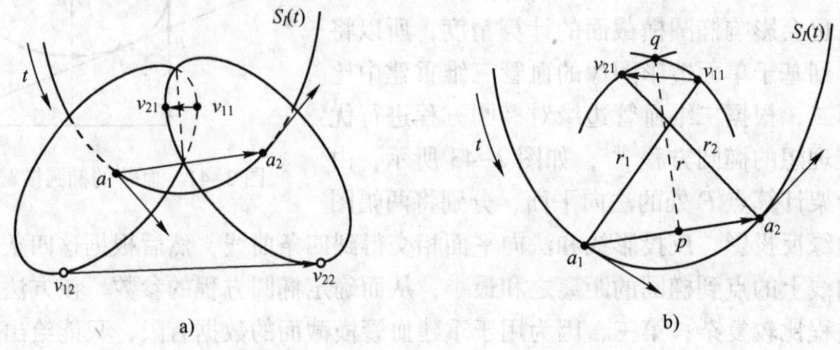

图 2-44　顶点融合示意图

a）横截面相交的判别；b）顶点融合示意图

（4）重建三维表面

至此，已经得到了血管的三维B样条骨架，以及骨架点处血管的椭圆横截面，如图2-45所示。重构三维血管表面也就是要将相邻的椭圆横截面连接起来，构成一个封闭的曲面，主要有三种方法：球包络方法、三角形拼接方法和NURBS曲面拟合法。

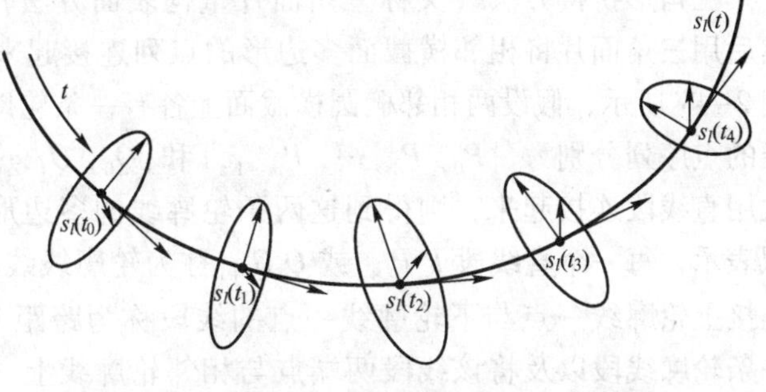

图2-45　B样条三维骨架和椭圆横截面示意图

球包络方法的基本原理是采用一系列椭球沿三维血管骨架行走，用一系列椭球的包络来表示血管的三维表面。该方法比较简单，易于绘制，重建出的管状结构过渡平滑，且拓扑结构保存完好。但是其重构效果与三维血管骨架点的采样率有很大关系，当采样率足够大时重构的血管表面比较平滑，相反则相邻椭球之间会出现凹陷，影响重构效果，如图2-46所示，左图为三维血管骨架，其后三幅图为椭球包络重构的血管表面，可见随着骨架点采样率的增大，表面重建的效果越来越好。另外，该方法只能表现两个角度的血管直径，灵活性较差。例如冠状动脉狭窄部位的形状很不规则，采用球包络方法就难以准确表达其形态。

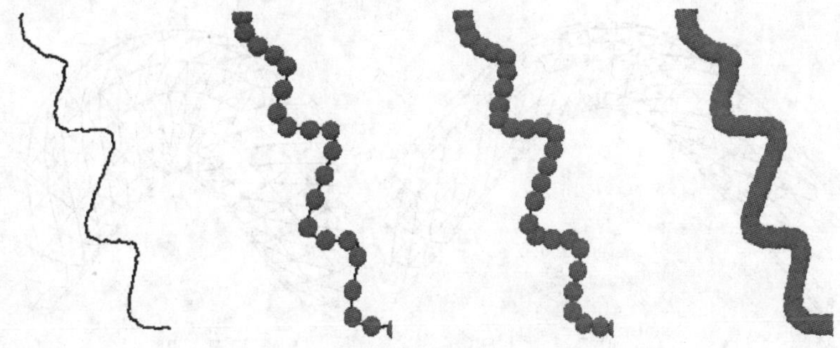

图2-46　不同采样率的球包络表面重建结果

对图2-47a所示的两幅近似垂直角度的左冠状动脉造影图像重建三维重建血管骨架，并采用球包络方法重构血管表面，结果如图2-47b所示。

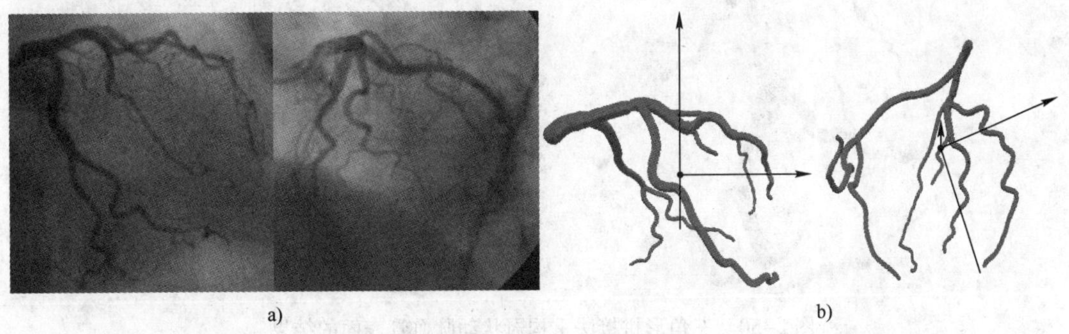

图2-47　对近似正交的一对左冠CAG图像进行血管三维重建的结果

a）两幅造影角度分别为RAO30°CAUD24°和LAO46°CRAN21°的左冠造影图像　b）采用球包络方法重建血管表面结果

三角形拼接方法（又称三角面片重构表面方法）即将椭圆横截面轮廓简化为多边形，然后用三角面片将相邻横截面多边形的点列连接起来，构成一个封闭的曲面。其示意图如图 2-48 所示，假设两相邻椭圆横截面上各有一条轮廓线，按逆时针方向排列的上、下轮廓线的点序列分别为 $\{P_0, P_1, \cdots, P_{m-1},\}$ 和 $\{Q_0, Q_1, \cdots, Q_{n-1},\}$。如果将上述点序列分别依次用直线段连接起来，则得到这两条轮廓线的多边形近似表示，每一个直线段 P_iP_{i+1} 或 Q_jQ_{j+1} 称为轮廓线线段，连接上轮廓线一点与下轮廓线一点的线段称为跨距[49]。一条轮廓线段以及将该线段两端点与相邻轮廓线上一点相连的两段跨距构成一个三角面，称为基本三角面，这两段跨距则分别称为左跨距和右跨距。相邻轮廓之间三维表面的重构就是用一系列相互连接的三角面片将上下轮廓线连接起来。图 2-49 是采用三角面片重构血管三维表面的网络图，图 2-49a 中血管曲率较小，所以不存在相邻血管横截面相交的情况，图 2-49b 中血管曲率较大，采用顶点融合方法能很好地处理血管横截面相交的问题。对图 2-47a 所示的两幅造影图像采用三角形拼接法重构血管表面的结果如图 2-50 所示。

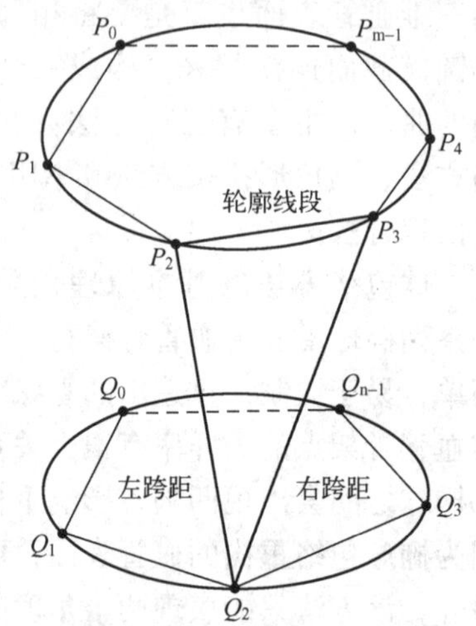

图 2-48　三角形拼接法示意图

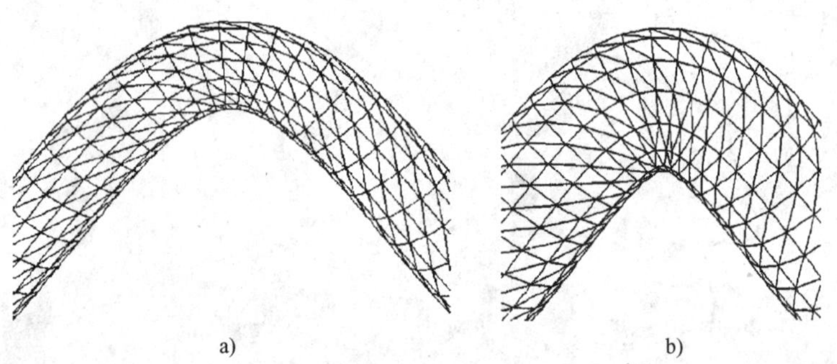

图 2-49　采用三角拼接法重构出的血管表面网络

a）无顶点融合　b）存在顶点融合

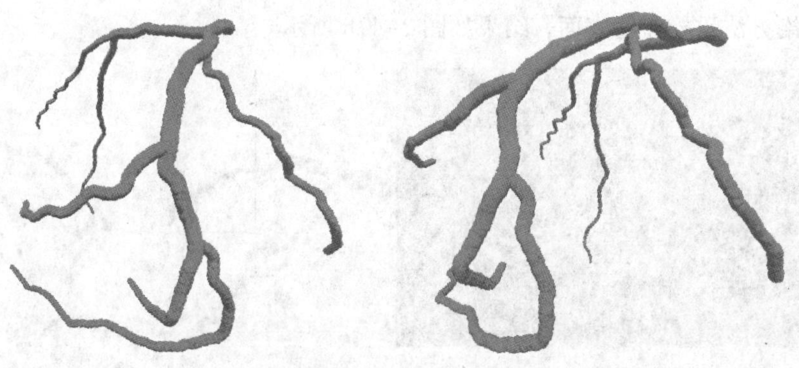

图 2-50　三角形拼接法重构冠状动脉血管表面的结果

三角形拼接法是比较成熟的表面重建技术，由于采用三角形为基元，因而重建速度快，重建结果也比较光滑。其不足之处在于重建效果与血管骨架点的采样率有关，且局部表达能力不强，尤其对狭窄的冠状动脉部分血管表面的表达效果不理想。

NURBS（非均匀有理 B 样条曲线）曲面拟合方法即采用 NURBS 曲面拟合椭圆横截面上的采样点，得到用 NURBS 曲面表示的三维血管表面。NURBS 是非均匀有理 B 样条（Non－Uniform Rational B－Splines）的缩写，NURBS 曲线和曲面是计算机图形学和计算机辅助设计中最受欢迎的几何建模方法之一。NURBS 曲面具有良好的连续性、光滑性、仿射不变性、透视不变性和局部控制等优良特性。

$p \times q$ 次 NURBS 曲面的表达式如下[42]

$$\boldsymbol{S}(u,v)=\frac{\sum_{i=0}^{m}\sum_{j=0}^{n}\omega_{i,j}d_{i,j}N_{i,p}(u)N_{j,q}(v)}{\sum_{i=0}^{m}\sum_{j=0}^{n}\omega_{i,j}N_{i,p}(u)N_{j,q}(v)} \tag{2-50}$$

式中，$d_{i,j}(i=0,1,\cdots,m;j=0,1,\cdots,n)$是控制顶点，呈拓扑矩形阵列，形成一个控制网络；$\omega_{i,j}$是与顶点 $d_{i,j}$联系的权值；$N_{i,p}(u)$和 $N_{j,q}(v)$分别是参数 u 方向 p 次和参数 v 方向 q 次的规范 B 样条基函数，它们分别由 u 向和 v 向的节点矢量 $\boldsymbol{U}=[u_0,u_1,\cdots,u_{m-p+1}]$ 与 $\boldsymbol{V}=[v_0,v_1,\cdots,v_{n-q+1}]$按 de Boor－Cox 递推公式决定。$N_{i,p}(u)$的递推公式定义如下：

$$\begin{cases} N_{i,0}(u)=\begin{cases}1, & 若\ u_i \leqslant u < u_{i+1} \\ 0, & 其他\end{cases} \\ N_{i,p}(u)=\dfrac{u-u_i}{u_{i+p}-u_i}N_{i,p-1}(u)+\dfrac{u_{i+p+1}-u}{u_{i+p+1}-u_{i+1}}N_{i+1,p-1}(u) \end{cases} \tag{2-51}$$

其中规定 0/0＝0，$N_{j,q}(v)$的递推公式类似。

由 NURBS 曲面方程可知，通过调整控制顶点和权值，可以灵活地改变曲面的形状，而且个别控制顶点和权值的调整只改变曲面的局部形状。冠状动脉可以看成一个空间连续、光滑、弯曲的管状系统，因此 NURBS 曲面非常适合表示冠状动脉血管表面，尤其是局部控制特性给冠状动脉狭窄部分的准确表示提供了方便。

NURBS 曲面拟合方法虽然比较复杂，计算量较大，但灵活性好，表现狭窄冠状动脉三维表面的能力比较强。对图 2-47a 所示的两幅造影图像采用 NUBRS 曲面拟合法重构血管表面的结果如图 2-51 所示，圆圈内的动脉存在中度狭窄。对图 2-52a 所示的两幅左冠状动脉造影图像，采用 NURBS 曲面拟合方法重建三维血管，结果如图 2-52b 所示，其中左旋支的分支点处存在明显狭窄。

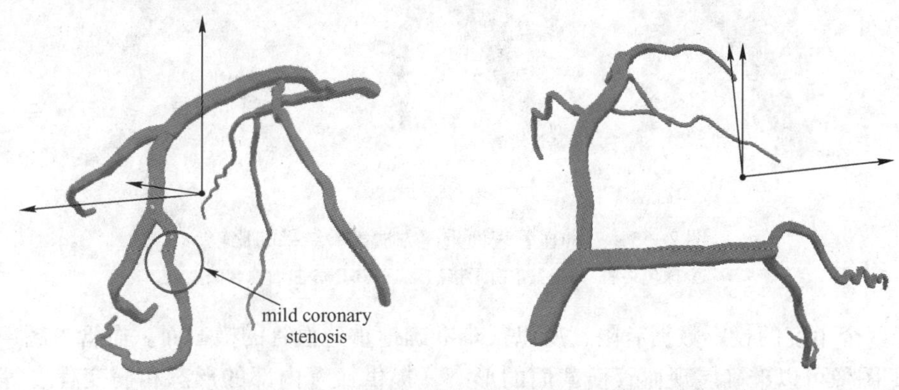

图 2-51　采用 NURBS 曲面拟合方法重构冠状动脉树表面的结果

分别采用球包络法、三角形拼接法和 NURBS 曲面拟合的方法进行血管表面的重建，将结果局部放大比较，如图 2-53 所示，可以看出，三种方法重建的血管形态相同，但图 2-53c 所示血管的光顺性明显好于图 2-53a 和图 2-53b。实际应用过程中，应根据具体要求选择合理的表面重建方法，例如重构狭窄动脉表面时可选择 NURBS 曲面拟合法；如果要求实时显示重建结果则可选择三角形拼接法。

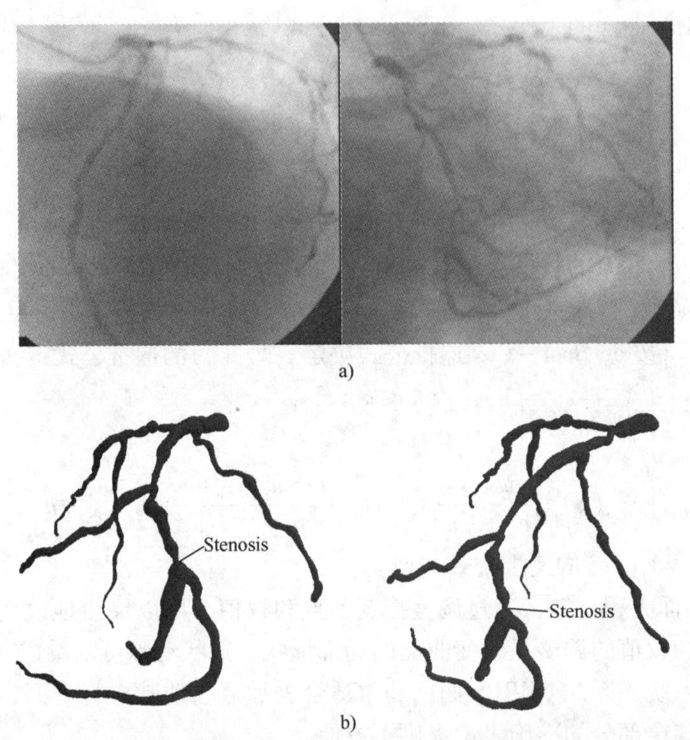

图 2-52　对近似正交的一对左冠 CAG 图像进行血管三维重建的结果

a）造影角度分别为 LAO50°CAUD8°和 RAO30°CAUD14°的两幅左冠 CAG 图像　b）血管三维重建结果

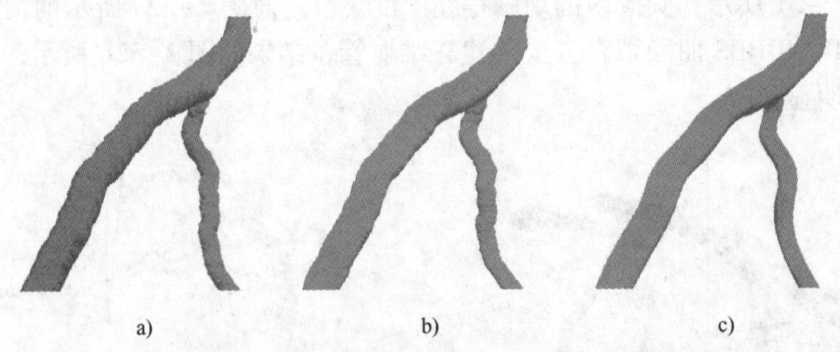

图 2-53　三种血管表面重建方法实验结果的比较

a）球包络法　b）三角拼形接法　c）NURBS 曲面拟合法

由于两个角度的投影数据有限，所以很难准确地重建血管的横截面。血管内超声或者血管内 OCT 图像可以准确展现血管横截面的形态，提供血管内部的形态和病变程度等重要诊疗信息，因此将重建得到的三维冠状动脉骨架和血管内超声或者血管内OCT图像提供的血管横截面信息相融合，可以得到病变血管的准确空间位置和形态，更好地辅助临床诊治，这也是冠状动脉三维重建技术的发展趋势。

2.5.7 三维重建的误差及评价方法

根据两幅冠脉造影图像三维重建血管所需的参数包括：X射线源到图像平面的距离，即D_1和D_2，如图2-27所示，单位为mm；图像A和B的造影角度，分别表示为(α_1,β_1)和(α_2,β_2)，单位为度；X射线源和系统中心之间的距离，即式（2-16）中的L_1和式（2-17）中的L_2，单位为mm；造影图像的像素间距q，即相邻像素的间隔距离，单位是mm。上述参数均可以在造影的过程中由成像系统记录获得。根据前三组参数可以由式（2-22）、(2-23)、(2-24）计算几何变换矩阵；根据像素间距可以将图像平面坐标系的坐标转换到投影面坐标系，参见式（2-14）。这些参数的准确程度直接影响血管三维重建的精度。

空间点三维坐标的误差如图2-54所示，由图像A的点p_1和图像B的对应点p_2重建得到三维点P，L_1是由X射线源S_1和点p_1确定的投影直线，L_2是由X射线源S_2和点p_2确定的投影直线，$\overrightarrow{PG}$垂直L_1于点G，$\overrightarrow{PH}$垂直L_2于点H，将点P分别投影到图像A和B得到新的投影点p_1'和p_2'。点P的三维重建误差可以通过以下两种方式进行评价：

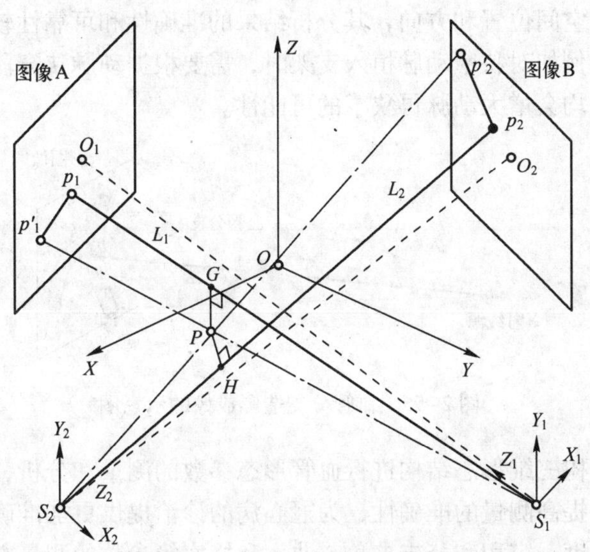

图2-54　空间点三维坐标的误差

1）三维空间重建误差。由共轭点对p_1和p_2重建点P的三维坐标，也就是根据两条投影直线L_1和L_2计算空间点P的位置，于是可以根据点P到两条投影直线的距离评价三维重建的误差，记为ε_1。如图2-54所示，设点P到直线L_1和L_2的距离（即线段$\overline{PG}$和$\overline{PH}$的长度）分别为d_1和d_2，则ε_1可以表示为

$$\varepsilon_1(p_1,p_2)=d_1+d_2 \tag{2-52}$$

2）二维空间重建误差。如图2-54所示，由二维图像平面的共轭点p_1和p_2计算点P的三维坐标，然后将点P分别投影到图像A和B上得到投影点p_1'和p_2'。如果重建的精度较

高，则图像 A 中的点 p_1 和 p_1' 应该比较接近，图像 B 中的点 p_2 和 p_2' 也应该比较接近。于是可以用二维图像平面上线段$\overrightarrow{p_1p_1'}$和$\overrightarrow{p_2p_2'}$的长度评价三维重建的误差，记为 ε_2，表示为

$$\varepsilon_2(p_1,p_2) = \|\overrightarrow{p_1p_1'}\| + \|\overrightarrow{p_2p_2'}\| \tag{2-53}$$

2.6 冠状动脉形态参数的定量测量

CAG 成像的本质就是将冠状动脉的三维空间结构重叠投影到二维图像上，因此二维图像丢失了大部分三维空间信息，而这些三维信息是临床诊断中十分需要的。医生一般根据解剖、病理等专业知识和临床经验，结合多个角度的造影图像想象血管树的三维形态，进而做出判断和评价，这种人工分析方法的结果密切依赖于医生的临床经验以及专业知识，不够客观，难以重复。随着计算机技术在医学领域的广泛应用，计算机辅助的冠脉造影图像定量分析（QCA）已经成为现实，从而减少了人为因素导致的误差，提高了分析结果的准确性和可靠性。

二维造影图像中血管投影的形态不仅和血管的真实形态有关，而且与血管的空间位置及方向有关。血管分支造影成像示意图如图 2-55 所示，图中将血管投影到造影图像平面，可以看出血管直径、长度和角度均发生了明显变化。因此，基于造影图像的二维定量分析没有考虑冠状动脉的三维空间位置和方向，其分析结果的准确性和可靠性较差，进而影响到临床诊治冠心病的质量。例如对狭窄动脉植入支架时，需要根据动脉狭窄段长度选择支撑架的长度，支架过长或过短均会增大动脉再狭窄的可能性。

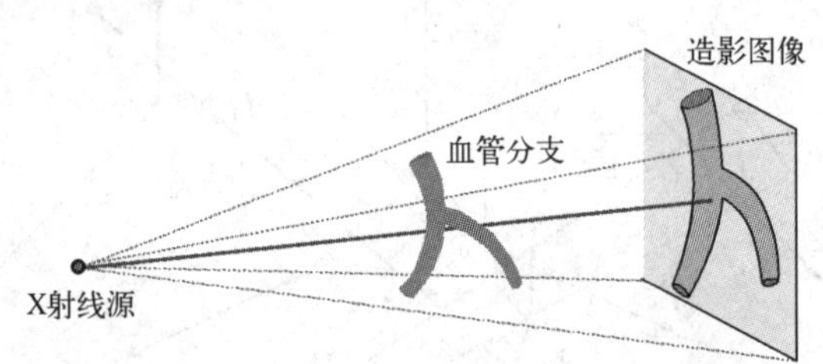

图 2-55　血管分支造影成像的示意图

根据重建的冠脉树三维形态结构进行血管形态参数的测量和分析，可以避免透视投影成像的局限性，有效地提高测量的准确性，为冠心病的诊治提供更加准确可靠的依据。本节主要介绍血管直径、长度、容积和分支夹角、曲率和挠率等参数的测量方法。

（1）血管直径

X 射线造影系统的透视投影具有放大成像的效果，因此三维血管直径不仅和图像中血管投影的直径有关，而且与血管在三维空间的位置也有关。式（2-54）给出了由二维直径 d_1 和点 P 的三维坐标(x_1, y_1, z_1)计算三维直径 d 的公式，具体如下：

$$d = d_1 \cdot \frac{\sqrt{x_1^2 + y_1^2 + z_1^2}}{\sqrt{u_1^2 + v_1^2 + D_1^2}} \tag{2-54}$$

式中，$\sqrt{x_1^2 + y_1^2 + z_1^2}$表示坐标系 $X_1Y_1Z_1S_1$ 中点 P 到 X 射线源的距离；$\sqrt{u_1^2 + v_1^2 + D_1^2}$表示点 P 在造影图像上的投影点 p_1 到 X 射线源的距离。

（2）血管段长度

血管段长度是临床诊治冠心病的重要参数，例如给某段狭窄动脉进行支架治疗时，需要测量动脉狭窄段的长度，由此选用一定长度的支架，支架过长或过短均会增大动脉再狭窄的可能性。目前的测量方法主要有以下三种：

1）二维测量方法，采用自适应的椭圆轮廓沿骨架行走，根据轮廓内的骨架点计算平均矢量，然后计算出该段中心线的长度[50]。该方法虽然有效地提高了血管段长度测量的精度，但由于造影系统的透视投影具有缩短效果，这种根据二维造影图像测量血管段长度的方法不可避免地存在较大的误差。

2）基于三维血管骨架点的离散方法，直接用三维血管骨架点之间的欧氏距离之和表示血管段长度，该方法存在较大误差，尤其是血管弯曲程度较大时误差更大。

3）曲线积分法，如 2.5.5 节所述，采用基于参数曲线的立体视觉方法完成血管骨架的三维重建，得到用参数曲线（如 B 样条曲线）表示的三维血管骨架，那么就可以利用曲线的积分计算血管段的三维长度。

（3）血管段的曲率和挠率

血管段曲率的变化也是重要的临床参数，例如近端血管的曲率是经皮冠脉介入手术成功的关键因素，曲率的变化可以反映是否存在动脉粥样硬化等。在得到用 B 样条曲线表示的三维管腔轴线之后，利用微分几何中的相关公式即可计算出轴线上各点处的曲率和挠率。

在图 2-56 中，设曲线方程为 $\boldsymbol{c}(s)=(x(s),y(s),z(s)),s\in[0,1]$，曲率 $\boldsymbol{\kappa}$ 刻画了曲线的弯曲程度，它等于曲线的切矢量 $\boldsymbol{t}(s)$ 相对于弧长 s 的转动率，计算公式如下：[51]

$$\boldsymbol{\kappa}=\sqrt{\frac{(y'z''-y''z')^2+(z'x''-z''x')^2+(x'y''-x''y')^2}{(x'^2+y'^2+z'^2)^3}} \tag{2-55}$$

挠率 $\boldsymbol{\tau}$ 表示曲线的扭曲程度，它等于曲线的副法矢量 $b(s)$ 相对于弧长 s 的转动率，计算公式如下：[51]

$$\boldsymbol{\tau}=\frac{\begin{vmatrix} x' & y' & z' \\ x'' & y'' & z'' \\ x''' & y''' & z''' \end{vmatrix}}{(y'z''-y''z')^2+(z'x''-z''x')^2+(x'y''-x''y')^2} \tag{2-56}$$

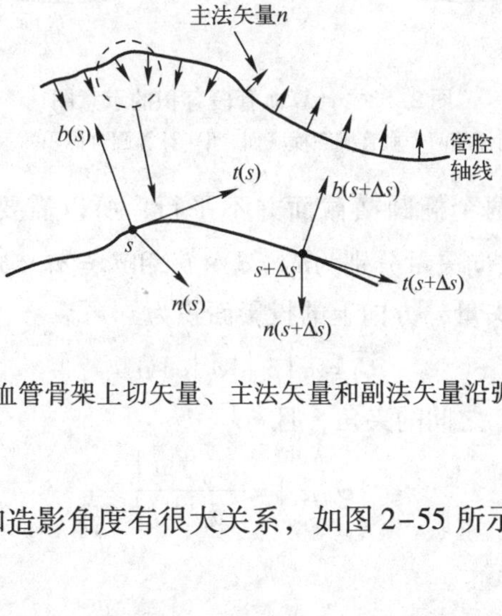

图 2-56　血管骨架上切矢量、主法矢量和副法矢量沿弧长的变化

（4）血管分支夹角

血管投影的分支夹角和造影角度有很大关系，如图 2-55 所示，所以直接由二维造影图

像测量血管分支夹角的准确性较差。为了提高测量精度，可在三维重建的基础上利用血管的方向矢量测量血管分支夹角。图 2-57 中，坐标系 $OXYZ$ 中血管分支点 p 处两个血管分支的单位方向矢量分别为 $\vec{v}_1(a_1, b_1, c_1)$ 和 $\vec{v}_2(a_2, b_2, c_2)$，矢量长度分别为 $d_1 = \sqrt{a_1^2 + b_1^2 + c_1^2} = 1$ 和 $d_2 = \sqrt{a_2^2 + b_2^2 + c_2^2} = 1$。图 2-57 的三角形中，点 p 对应的矢量长度为

$$d = \sqrt{(a_2-a_1)^2 + (b_2-b_1)^2 + (c_2-c_1)^2} \quad (2-57)$$

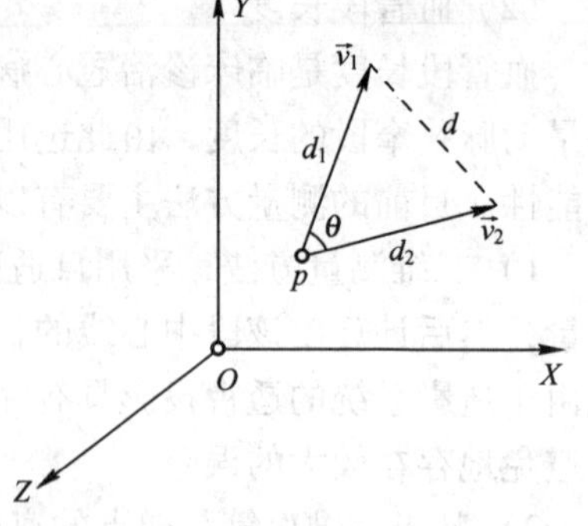

图 2-57　计算血管分支夹角的示意图

于是，点 p 处血管分支夹角 θ 为

$$\theta = \arccos\left(\frac{d_1^2 + d_2^2 - d^2}{2d_1 d_2}\right) = \arccos\left(\frac{2-d^2}{2}\right) = \arccos\left(1 - \frac{d^2}{2}\right) \quad (2-58)$$

（5）血管段体积

在由造影图像重建三维血管的过程中，将血管横截面假设为椭圆，如图 2-36 所示，且根据两个角度的二维直径信息限制椭圆轮廓的形状，那么可以根据相邻的椭圆横截面计算血管段的体积。图 2-58a 所示的两个相邻椭圆横截面中，下椭圆轮廓的长短轴分别为 a_1 和 b_1，上椭圆轮廓的长短轴分别为 a_2 和 b_2，两个骨架点之间的矢量为 $\vec{d}_1$。当两个椭圆轮廓平行时该血管段就可以简化为图 2-58b 所示的圆台，圆台上下底面的面积分别为 $G_1 = \pi a_1 b_1$ 和 $G_2 = \pi a_2 b_2$，则圆台的体积为

$$V = \frac{G_1 + \sqrt{G_1 G_2} + G_2}{3} |\vec{d}_1| \quad (2-59)$$

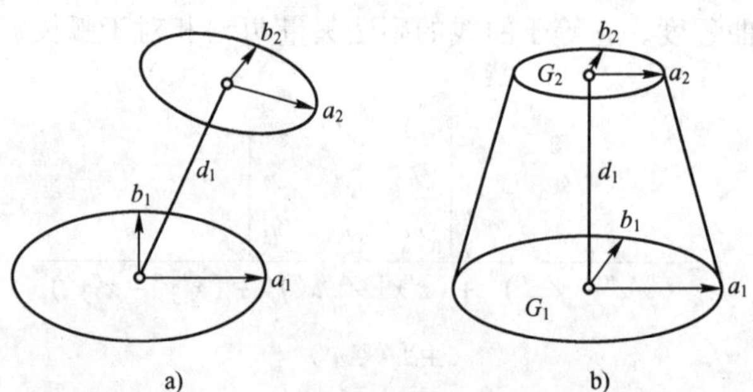

图 2-58　计算血管段容积的示意图

a）相邻的两个血管椭圆横截面　b）计算圆台体积的示意图

但通常情况下相邻的两个椭圆横截面并不平行，所以需要对式（2-59）进行修正。图 2-58a 中，上下轮廓的法向矢量分别为 $\vec{n}_1 = \vec{a}_1 \times \vec{b}_1$ 和 $\vec{n}_2 = \vec{a}_2 \times \vec{b}_2$，则该段血管的方向矢量为 $\vec{n}_0 = \vec{n}_1 + \vec{n}_2$。截面轮廓在矢量 $\vec{n}_0$ 方向上的投影面积为

$$G_i = \pi |\vec{a}_i| |\vec{b}_i| \cos\mu_i \quad (2-60)$$

其中，$i = 1, 2$，μ_i 是 $\vec{n}_0$ 和 $\vec{n}_i$ 之间的夹角，且

$$|\cos\mu_i| = \frac{|\vec{n}_0 \cdot \vec{n}_i|}{|\vec{n}_0||\vec{n}_i|} \quad (2-61)$$

截面间的距离为

$$h_i = |\vec{d}_i| \cdot \cos\phi_i \tag{2-62}$$

式中，$\vec{d}_2$ 是上轮廓和下一个轮廓的骨架点之间的矢量；ϕ_i 是$\vec{n}_0$ 和$\vec{d}_i$ 之间的夹角，且

$$|\cos\phi_i| = \frac{|\vec{n}_0 \cdot \vec{d}_i|}{|\vec{n}_0||\vec{d}_i|} \tag{2-63}$$

则该段血管的体积 V 的计算公式如下：

$$\begin{aligned} V &= h_1 \cdot \frac{G_1 + \sqrt{G_1 G_2} + G_2}{3} \\ &= \frac{\pi \cdot |\vec{d}_1| \cdot \cos\phi_1}{3} \cdot (|\vec{a}_1||\vec{b}_1|\cos\mu_1 + \sqrt{|\vec{a}_1||\vec{a}_2||\vec{b}_1||\vec{b}_2|\cos\mu_1\cos\mu_1} + |\vec{a}_2||\vec{b}_2|\cos\mu_2) \end{aligned} \tag{2-64}$$

2.7 感兴趣血管段最佳造影视角的选取

X 射线造影成像的最大缺陷在于把空间结构重叠到二维图像上，即投影成像。由于投影成像，血管结构可能在造影图像中相互重叠而影响医生观察图像。如果图像中感兴趣病变区域恰好被其他血管或组织遮盖，那它就几乎丧失了诊断价值。另外，在实际的造影过程中，由于造影角度选择不当还会导致在造影图像中感兴趣血管段的长度缩短，进而影响血管段长度、血管直径和血管狭窄百分比等参数的二维定量分析精度。

由于血管的重叠和投影缩短，目前在冠心病的临床诊断中，医生一般选择多个角度进行造影，从中选择最佳的造影图像，并测量血管狭窄百分比和狭窄长度等参数，根据测量结果和临床经验诊断冠心病和选择球囊的大小或植入支架的长度。这种方法在很大程度上取决于医生的临床经验和专业知识，而且由于需要进行多次造影会增加总的放射剂量和造影剂量。

在利用造影图像三维重建冠状动脉树的基础上，可对感兴趣血管段的最佳视角进行估算，而在最佳视角下对感兴趣血管段的定量分析能有效地提高其形态参数的测量精度，用于指导介入性治疗。此外，通过建立计算机辅助最佳视角确定系统，还可以辅助医生在计算机上更好地观察病灶部位[52]。

2.7.1 感兴趣血管段最佳视角的定义

血管段的视角即为其投影方向，由于可以用造影角度来表示，因此最佳视角又称为最佳造影角度。如 2.2.3 节中所述，由于造影成像系统的机械机构等因素的限制，在选取造影角度时一般不用太大的 CRAN/CAUD 角度，否则对于病人身体和图像增强器的位置安排会有困难，且由于 X 射线穿过人体的路程增大，造影剂的注入量会增多，对人体有害。在实际操作中，造影角度一般选择在 LAO90° ~ RAO90°和 CAUD45° ~ CRAN45°范围之内[16]。

感兴趣血管段最佳视角满足以下两个条件[16,17]：

1）最小血管遮盖：在造影图像中，感兴趣血管没有被其他血管遮盖。

2）最小投影缩短：投影方向垂直于感兴趣血管段，即血管段与图像增强器平面平行，与 X 射线束垂直。

由于血管投影缩短及其他血管的遮盖，投影方向对投影成像有着很大的影响。图 2-59 中，用具有狭窄段的圆柱模拟血管[17]，左图是单血管分支，右图是一个血管分支模型，在靠近分支处的主血管上有一处狭窄。左图说明了不同的投影方向对血管狭窄的影响，也即血管投影缩短对血管狭窄的影响。其中，第一幅图像是投影方向垂直圆柱时的图像，此时的投影方向为最佳投影方向，能够得到狭窄百分比的正确数值，其余图像分别为投影方向偏离最佳投影方向 10°、20°及 30°时的图像。可以看出，投影方向越偏离最佳投影方向，观察到的血管狭窄百分比也越来越小，导致对血管狭窄程度的低估。右图用血管分支模型说明了其他血管分支对血管狭窄的遮盖影响，四幅图像的投影方向都垂直于主血管，在第一幅图像上，投影方向同时垂直于主血管和分支血管，此时的投影方向为最佳投影方向；其余图像的投影方向分别为沿垂直主血管的方向旋转 40°、60°及 80°。可以看出，尽管投影方向一直垂直于有狭窄的主血管，但随着投影方向偏离最佳投影方向的增大，血管分支对主血管狭窄的遮盖也越来越严重。在实际情况中，由于可能同时存在血管投影缩短和血管遮盖，因此投影方向对投影成像的影响会更加复杂。

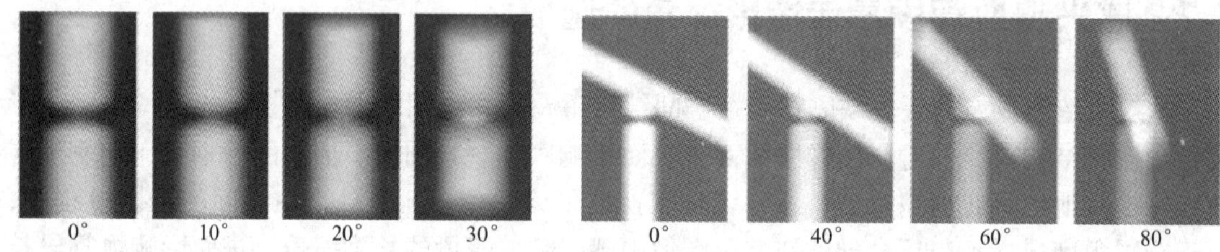

图 2-59　血管模型的投影图像[17]

同一时刻不同造影角度的造影图像[17]如图 2-60 所示，从图 2-60a 和图 2-60b 估算出的血管狭窄百分比分别为 50% 和 25%。图 2-60c 是最佳视角下的造影图像，据此估算出的血管狭窄百分比为 90%。可以看出，图 2-60a 和 2-60b 都低估了血管狭窄，因此投影方向的选择对获得临床参数的正确数值是至关重要的。

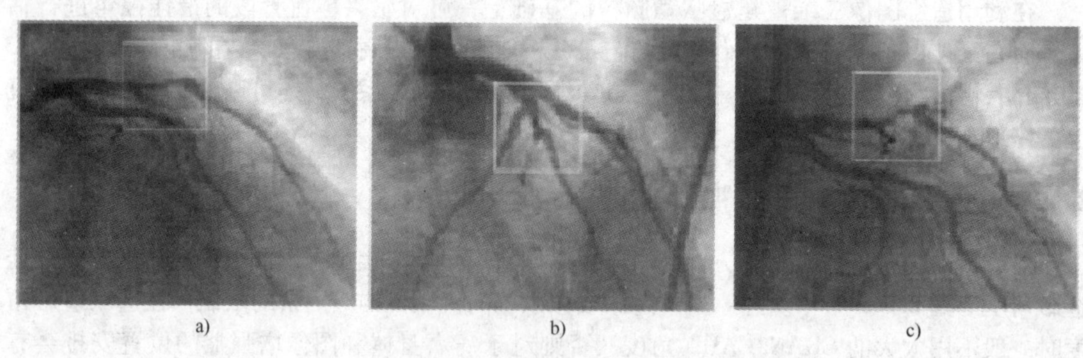

图 2-60　同一时刻不同造影角度的造影图像[17]

a）RAO 30°　b）LAO 43°CRAN 33°　c）最佳视角 RAO15°CAUD 30°

由于满足最小投影缩短的投影方向一般有很多，因此，在计算感兴趣血管段最佳视角的过程中，一般先计算出满足最小投影缩短的投影方向，然后再在这些投影方向中计算满足最小血管遮盖的投影方向，从而得到最佳投影方向，也就是感兴趣血管段的最佳视角。

2.7.2 感兴趣血管段的投影缩短百分比

在图 2-55 中，造影图像中血管投影的大小和形状不仅和血管的实际大小和形状有关，而且和 X 射线的方向有关。因此，这种基于造影图像的定量分析结果在很大程度上取决于医生的经验和专业知识，诊断结果具有很大的主观性和偏差。

在图 2-61 中，感兴趣血管段的中心在垂直投影平面的射线束方向（一般称为 X 射线投影方向）上。θ 是 X 射线投影方向与血管段方向之间的夹角，感兴趣血管段的三维长度为 L，其投影到造影图像上的血管长度为 l，此时 L 和 l 的关系式如下：

$$l = \lambda L\sin\theta \tag{2-65}$$

其中，λ 为透视放大系数，可由以下公式计算：

$$\lambda = \frac{\sqrt{u_1^2 + v_1^2 + D_1^2}}{\sqrt{x_1^2 + y_1^2 + z_1^2}} \tag{2-66}$$

其中各符号的含义如图 2-62 所示，点 S_1 为 X 射线源，点 O_1 是图像 A 的中心，P_1 为坐标系 $X_1Y_1Z_1S_1$ 中的三维空间点 $P(x_1, y_1, z_1)$（即感兴趣血管段的中心点）经透视投影到图像 A 上的点，p_1 在图像平面坐标系 $U_1V_1O_1$ 中的坐标为(u_1, v_1)，$\sqrt{x_1^2 + y_1^2 + z_1^2}$是坐标系 $X_1Y_1Z_1S_1$ 中点 P 到点 S_1 的距离，$\sqrt{u_1^2 + v_1^2 + D_1^2}$是坐标系 $U_1V_1O_1$ 中点 p_1 到点 S_1 的距离。

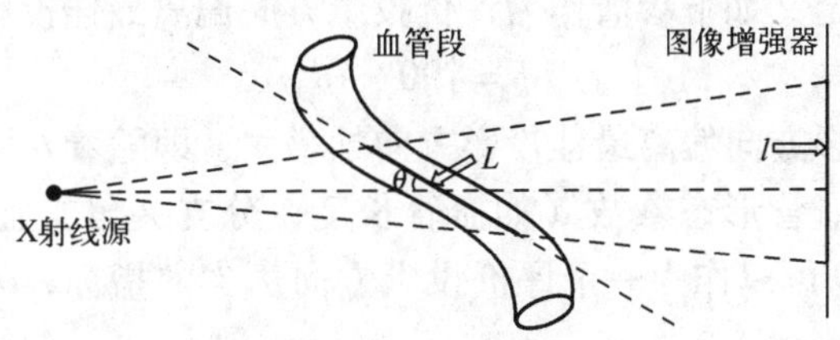

图 2-61　X 射线投影方向经过血管段中心时的血管投影缩短示意图

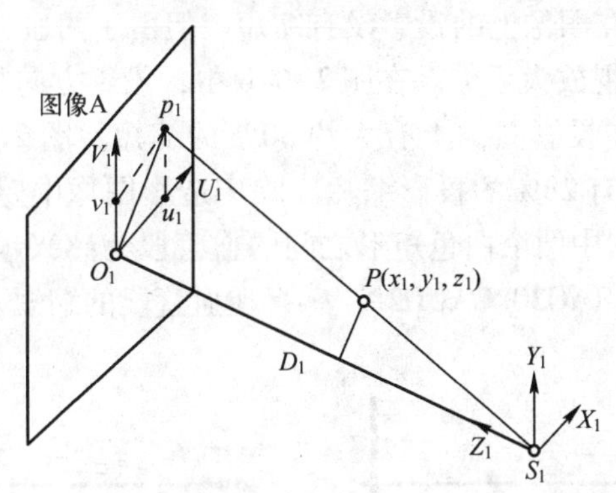

图 2-62　X 射线造影系统的透视投影放大系数示意图

在图 2-63 中，感兴趣血管段的中心不在垂直投影平面的射线束方向上，也就是不在 X 射线源的投影方向上，α 是通过感兴趣血管段中心点的射线与投影方向之间的夹角，此时 L 和 l 的关系如下：

$$L = \frac{l\cos\alpha}{\lambda\sin(\alpha + \theta)} \tag{2-67}$$

在实际造影中，X 射线源至造影平面的距离约为 100 cm，造影平面的半径约为 8.9 cm，因此最大的 α 约为 5.09°，在实际应用中一般不考虑 α 的影响。

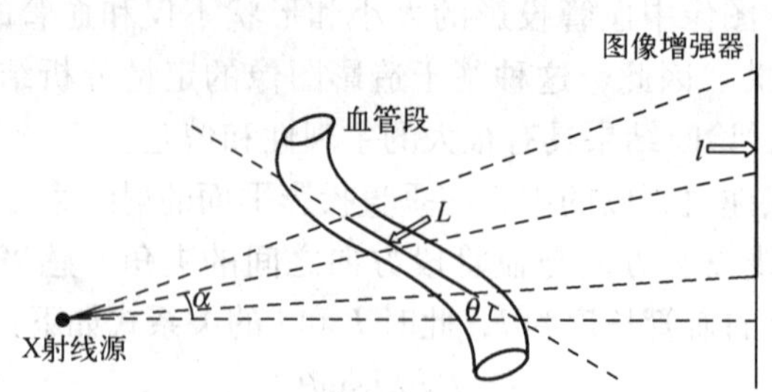

图 2-63　X 射线投影方向不经过血管段中心时的血管投影缩短示意图

由上面分析可知，计算血管投影缩短百分比的公式如下：

$$F_f = (1 - \sin\theta) \times 100\% \tag{2-68}$$

式中，θ 是 X 射线投影方向与血管段方向之间的夹角。当 $\theta = 0°$时有 100% 的投影缩短，此时投影方向和血管段垂直于投影平面；当 $\theta = 90°$时，也就是血管段平行于投影平面时，血管段在图像平面上的投影没有缩短，血管投影缩短百分比为零，此时的投影方向即为无投影缩短的最佳投影方向。显然，投影方向越偏离最佳投影方向，即 θ 越偏离 90°，血管投影缩短百分比就越大。可以定义如下参数作为评价投影方向偏离最佳投影方向的程度：

$$\phi = |90° - \theta| \tag{2-69}$$

可以看出，随着投影方向偏离最佳投影方向的增大，即随着 θ 增大，血管投影缩短百分比也随之增大，相应的血管形态参数（如血管长度、分支夹角、血管狭窄百分比等）的测量误差也越大。因此，θ 可以作为一个评价投影方向优劣的指标，θ 越小，则投影方向越接近最佳投影方向。

在图 2-64 中，用直线段表示感兴趣血管段，图 2-64a 中的投影方向垂直于血管段 I 和血管段 II，因此两血管段在图像上的投影没有缩短。但由于两血管段相对于图像增强器的位置不同，它们有不同的透视放大系数。在图 2-64b 中，投影方向与血管段 III 和血管段 IV 成 45°角，因此两个血管段在投影图像上有大约 30% 的缩短。图 2-65a 中血管段没有投影缩短，图 2-65b 中的血管段有 20% 的投影缩短。临床造影图像中感兴趣血管段投影缩短的典型例子如图 2-66 所示，图中两个白色矩形之间的血管段为感兴趣血管段，两图的造影角度分别为 LAO50°CAUD2°和 RAO30°CAUD2°，感兴趣血管段的缩短百分比分别为 3% 和 58%。

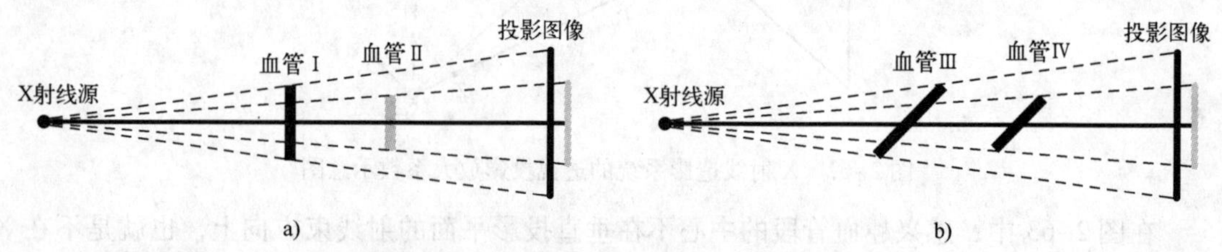

图 2-64　用直线段表示血管段的投影缩短示意图

a）血管投影缩短 0%　b）血管投影缩短 30%

满足感兴趣血管段最小投影缩短的投影方向示意图如图 2-67 所示。在图 2-67a 中，用

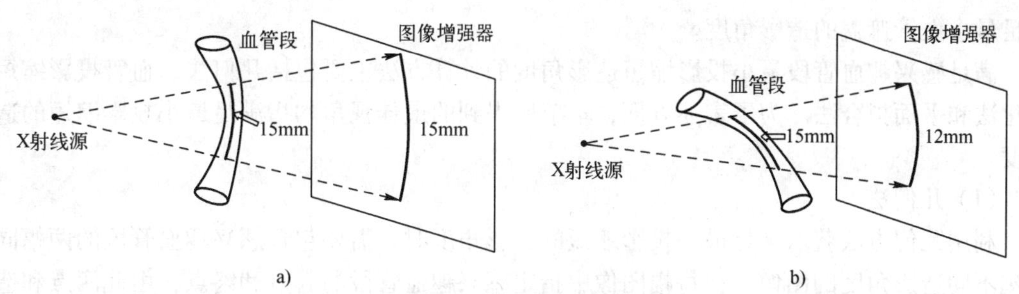

图 2-65　血管段投影缩短示意图

a）血管段投影缩短 0%　b）血管投影缩短 20%

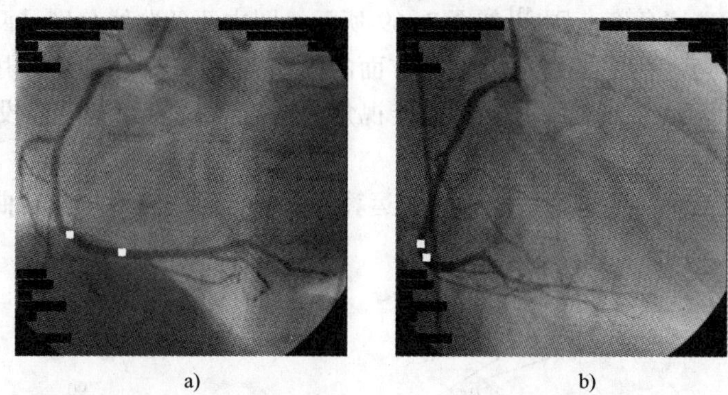

图 2-66　临床造影图像中感兴趣血管段投影缩短的典型例子

a）LAO50°CAUD2°　b）RAO30°CAUD2°

圆柱表示单分支血管段，圆柱垂直于平面，平面内的投影方向都满足最小投影缩短，由于造影成像系统的机械限制，只能选取在Ψ范围内的投影方向。在图 2-67b 中，血管分支处的两个方向矢量所决定的平面为Γ，因此在计算分支夹角时，只有垂直于平面Γ的投影方向才满足最小投影缩短。

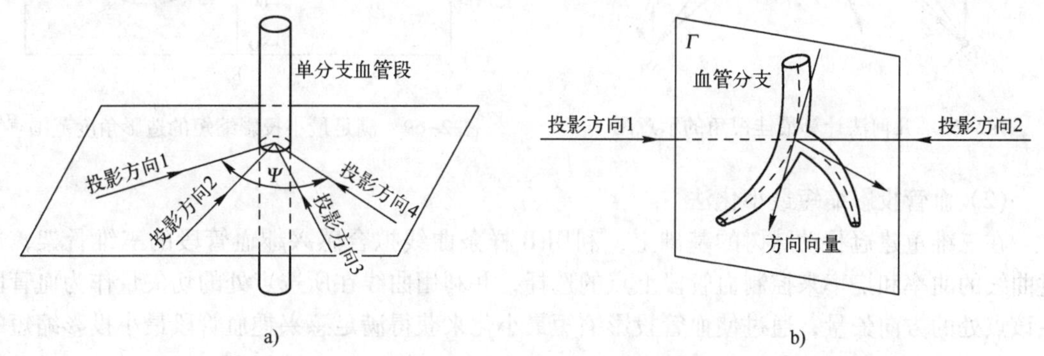

图 2-67　满足感兴趣血管段最小投影缩短的投影方向示意图

a）单分支血管段最小投影缩短方向示意图　b）血管分支最小投影缩短方向示意图

2.7.3　满足感兴趣血管段最小投影缩短造影角度的计算

由于可用造影角度来表示投影方向，因此获取感兴趣血管段的最佳投影方向也就是寻找最佳造影角度（最佳视角），一般是先获取满足最小投影缩短的造影角度范围，然后再寻找满足最小血管遮盖的造影角度。

满足感兴趣血管段最小投影缩短造影角度的计算方法主要包括几何法、血管投影缩短最小化法和平面拟合法。为了表述方便，本节所提到的最佳视角均指满足最小投影缩短的造影角度。

（1）几何法

利用几何方法获取满足最小投影缩短的造影角度时，需要包含感兴趣血管段的两幅同一时刻不同造影角度的图像，在每幅图像中指定感兴趣血管段的起点和终点，由此两点和造影图像对应的 X 射线源构成平面，即图 2-68 中的平面 $S_1p_{11}p_{12}$ 和 $S_2p_{21}p_{22}$，两个平面的交叉线 p_1p_2 即为感兴趣血管段的三维位置，垂直于该交叉线中心的投影方向即为最佳投影方向。满足最小投影缩短的造影角度范围[53]如图 2-69 所示，图中两条曲线分别是两段血管的满足最小投影缩短的造影角度范围，由于机械等方面的限制，一般只能取图中阴影部分的造影角度。当感兴趣血管段是分支血管时，其最佳视角为同时满足各分支最小投影缩短的造影角度，即图中两曲线的交点。

几何法的优点是不需要进行三维重建，运算速度快，但是它对于相对曲折的血管段误差较大。

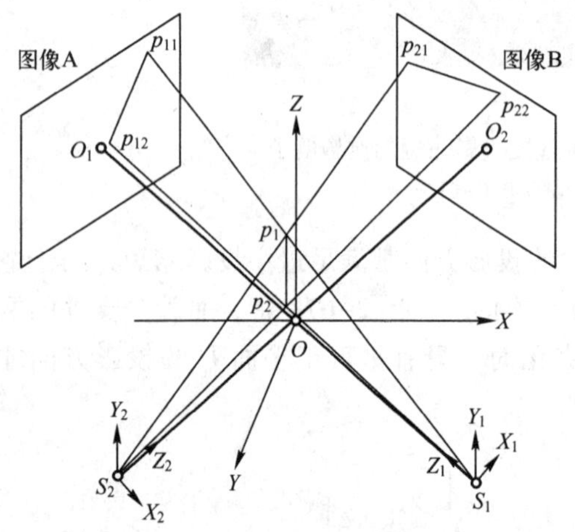

图 2-68　几何法计算最佳视角的示意图

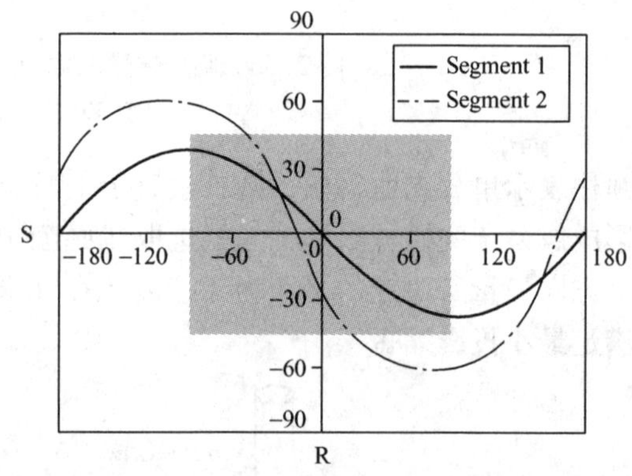

图 2-69　满足最小投影缩短的造影角度范围[53]

（2）血管投影缩短最小化法

在三维重建冠状动脉树的基础上，利用 B 样条曲线拟合感兴趣血管段的三维骨架，通过曲线的曲率和挠率来控制血管段上点的选择，并利用曲线在所选点处的切矢量作为血管段在该点处的方向矢量，通过使血管投影缩短最小化来获得满足感兴趣血管段最小投影缩短的造影角度。

设 $C(t)=(x(t),y(t),z(t))$ $(t\in[0,1])$ 为用 B 样条曲线表示的感兴趣血管段 L 的三维骨架，其形状变化可以用曲率和挠率来描述。设 $C(t_j)$ $(j=1,2,\cdots,m)$ 表示在 $C(t)$ 上选取的 m 个点。利用曲率和挠率来控制参数 t_j 的选取，公式如下：

$$\begin{cases} t_1=0 \\ t_j=t_{j-1}+k_{j-1}\Delta \quad j=2,\ 3,\ \cdots,\ m \end{cases} \tag{2-70}$$

即在曲率和挠率较大的地方多选点，反之则少选。式中，Δ为步长，m 的选取方法是：如果 $t_i<1$ 且 $t_{i+1}\geqslant 1$，则 $m=j+1$，$t_m=1$。k_{j-1}是步长权重参数，其计算公式如下：

$$k_{j-1}=1-\lambda\frac{\kappa_{j-1}}{\kappa_{\max}}-\eta\left|\frac{\tau_{j-1}}{\tau_{\max}}\right| \tag{2-71}$$

式中，κ_{i-1}和τ_{i-1}分别是$C(t)$在t_{j-1}点处的曲率和挠率；$\kappa_{\max}$和$\tau_{\max}$分别是$C(t)$的最大曲率和挠率；λ 和 η 是权重参数。

已知造影角度(α,β)，血管段 L 的投影缩短百分比 F_f为

$$F_f(\alpha,\beta)=\frac{\sum_{j=1}^{m}|\vec{v}_j|(1-\sin\theta_j)}{\sum_{j=1}^{m}|\vec{v}_j|}\times 100\% \tag{2-72}$$

式中，$\vec{v}_j$ 是曲线 $C(t)$在 t_j点处的切向量，$|\vec{v}_j|$表示$\vec{v}_j$ 的模；$0°\leqslant\theta_j\leqslant 90°$是$\vec{v}_j$ 和投影向量$\vec{z}_p$ 之间的夹角；$\vec{z}_p=(-\cos\beta\sin\alpha,-\sin\beta,\cos\beta\cos\alpha)$。通过使 F_f最小化即可获得满足血管段 L 最小投影缩短的造影角度(α,β)，公式如下：

$$\min_{\alpha,\beta}F_f(\alpha,\beta)=\frac{\sum_{j=1}^{m}|\vec{v}_j|(1-\sin\theta_j)}{\sum_{j=1}^{m}|\vec{v}_j|}\times 100\% \tag{2-73}$$

当感兴趣血管段是多分支血管段（例如血管分支）时，设 $L=\{L_1,L_2,\cdots,L_k\}$ 为选取的 k 支血管段，则可利用下式获得满足血管段 L 最小投影缩短的造影角度（α, β）：

$$\min_{\alpha,\beta}F_f(\alpha,\beta)=\frac{\sum_{i=1}^{k}\sum_{j=1}^{m_i}|\vec{v}_{ij}|(1-\sin\theta_{ij})}{\sum_{i=1}^{k}\sum_{j=1}^{m_i}|\vec{v}_{ij}|}\times 100\% \tag{2-74}$$

式（2-73）和（2-74）中，$-90°\leqslant\alpha\leqslant 90°$；$-45°\leqslant\beta\leqslant 45°$；$0°\leqslant\theta_{ij}\leqslant 90°$是$\vec{v}_{ij}$和投影向量$\vec{z}_p$ 之间的夹角；$\vec{v}_{ij}(j=1,2,\cdots,m_i)$是血管段 L_i上的切向量；m_i是在 L_i上均匀选取的点。

（3）平面拟合法

实际应用中，医生关心的仅是血管狭窄附近的病变状况。因此，可选取血管狭窄附近的血管段为感兴趣血管段，在对感兴趣血管段进行三维重建和 B 样条曲线拟合后，按照式（2-70）在感兴趣血管段上选取 m 个采样点，这些采样点可近似拟合到一个平面上，则平行于拟合平面的法向量方向就是满足感兴趣血管段最小投影缩短的投影方向。

利用平面拟合法来获取满足最小投影缩短的造影角度时，计算精度很大程度上取决于平面拟合的精度，可利用最小二乘法或者最佳平面拟合法来获得采样点的拟合平面。前者是令采样点与拟合平面之间的误差平方和最小得到拟合平面的参数，后者是使拟合平面尽可能逼近选取的采样点，即希望采样点与拟合平面间的最大偏差达到最小，满足这种要求的拟合平面即为最佳拟合平面。

本节介绍了三种满足感兴趣血管段最小投影缩短最佳造影角度的计算方法，这三种方法各有优缺点，具体见表 2-2。它们可应用于不同的场合，例如，在对精度要求不高且感兴趣血管段是近似直血管段的情况下，可以选用几何法；在精度要求较高且感兴趣血管段结构比

较复杂的情况下，可以选用血管投影缩短最小化法或平面拟合法。

表 2-2　三种满足感兴趣血管段最小投影缩短的最佳视角计算方法的比较

	几何法	血管投影缩短最小化法	平面拟合法
优点	不需要三维重建，运算量小，运算速度快，算法简单	计算精度高，运算速度较快	计算精度较高，运算速度较快
缺点	计算精度低，不适用于较弯曲和扭曲的血管段	算法相对复杂	不适用于挠率较大的血管段

2.7.4　满足感兴趣血管段最小遮盖造影角度的计算

造影角度选择的不当不仅会使血管投影的尺寸和形态与实际不一致，而且感兴趣血管段可能被其他血管段的投影遮盖从而影响观察。因此，正如 2.7.1 节中分析的，尽管图 2-59 右图中后面三幅图像的投影方向都满足最小投影缩短，但是由于遮盖的影响，同样无法获得血管狭窄的准确值。

(1) 血管遮盖的定义

投影图像中血管之间的重叠遮盖如图 2-70 所示，图中血管段 S_1 表示感兴趣血管段区域，S_2 表示其他血管段，图中阴影部分为两血管段的重叠部分，其面积的大小反映了两血管相互遮盖的程度，重叠部分的面积越大，相互遮盖也就越严重。可以用重叠部分的面积与感兴趣血管段的面积百分比作为评价血管遮盖的指标，其公式如下：

$$F_o = \frac{\text{Area}(S_1 \cap S_2)}{\text{Area}(S_1)} \times 100\% \tag{2-75}$$

式中，$\text{Area}(S_1)$表示感兴趣血管段的面积；$\text{Area}(S_1 \cap S_2)$表示感兴趣血管段与其他血管段相交部分的面积。常用区域内的像素数目作为区域面积的近似，即用下式近似计算血管遮盖百分比：

$$F_o = \frac{\Pi(S_1 \cap S_2)}{\Pi(S_1)} \times 100\% \tag{2-76}$$

式中，$\Pi(S_1)$和$\Pi(S_1 \cap S_2)$分别表示血管段 S_1 和 S_1 与 S_2 相交区域内的像素总数。

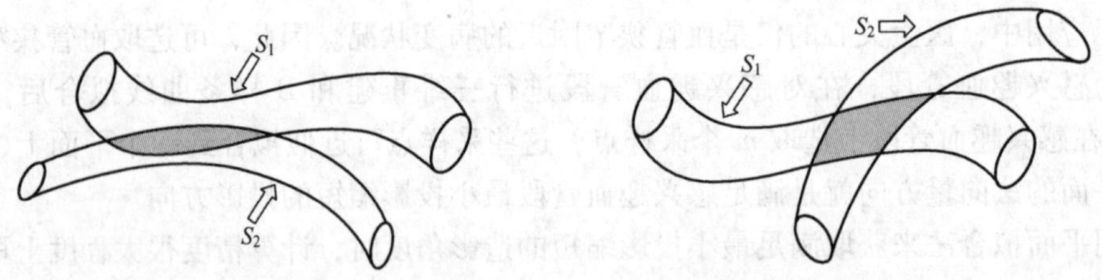

图 2-70　血管之间遮盖示意图

(2) 感兴趣血管段最小遮盖的计算

设 $C_i(t) = (x_i(t), y_i(t), z_i(t))$ $(t \in [0,1])$为用 B 样条曲线表示的各三维血管段的骨架，$L_i(i=1,2,\cdots,n)$是以 $C_i(t)$ 为中心线、完成表面重建的血管段，S_i 是 L_i 在造影角度(α, β)下的投影，n 为血管段的数目，L_k为感兴趣血管段，造影角度为(α, β)，其遮盖百分比可由下式计算：

$$F_o(\alpha,\beta)=\frac{\Pi_{\alpha,\beta}(S_k\cap(\bigcup_{i=1,i\neq k}^{n}S_i))}{\Pi_{\alpha,\beta}(S_k)}\times 100\% \tag{2-77}$$

式中，$\Pi_{\alpha,\beta}(S_i)$表示在造影角度(α,β)下L_i的投影S_i包括的像素数；$\bigcup_{i=1,i\neq k}^{n}S_i$表示其他血管段在投影图像上的像素。设$\Psi_1$为满足$L_k$最小投影缩短的造影角度（$\alpha$，$\beta$）的范围，则同时满足最小投影缩短和最小遮盖的造影角度（即最佳视角）可通过使F_o最小化获得，公式如下：

$$\min_{(\alpha,\beta)\subset\Psi_1} F_o(\alpha,\beta) \tag{2-78}$$

为了进一步降低计算量和算法复杂度，可以把血管间的遮盖分为如图2-71所示的两种情况。在计算满足最小遮盖的造影角度时，如果在角度（α，β）下的投影图像中S_k的中心线$c_k(t)$和S_i的中心线$c_i(t)$相交，则S_i必然会对S_k形成遮盖，即该造影角度不满足最小遮盖。设Ψ_1表示满足感兴趣血管段L_k最小投影缩短的角度范围，那么对于Ψ_1中的角度，可以通过计算在其相应的投影图像中感兴趣血管段中心线与其他血管段中心线的相交情况进一步缩小Ψ_1的范围。即如果在角度$(\alpha,\beta)\in\Psi_1$下的投影图像中存在与$c_k(t)$相交的其他血管段中心线$c_i(t)(i\neq k)$，则把该角度从Ψ_1中去除，得到角度集合Ψ_2，公式如下：

$$\Psi_2=\{(\alpha,\beta)\mid(\alpha,\beta)\subset\Psi_1,(c_i(t)\cap c_k(t))_{\alpha,\beta}=\varnothing\} \tag{2-79}$$

显然，对于Ψ_2中的造影角度，在其投影图像中，感兴趣血管段都满足最小投影缩短，且$c_k(t)$与$c_i(t)$没有交点，但是还可能存在如图2-71b所示的血管重叠，因此需要在Ψ_2中继续寻找最佳视角。

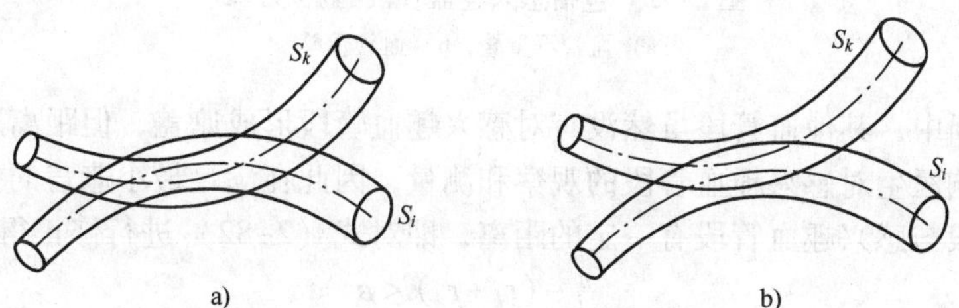

图2-71　血管间遮盖情况示意图

a）两血管段中心线相交　b）两血管段中心线不相交但区域重叠

对于图2-71b所示的血管重叠情况，首先在图像中定义一个包括感兴趣血管段的矩形区域，如图2-72所示，图中S_k为感兴趣血管段L_k的投影，S_i为血管段L_i的投影，图2-72a中S_i的中心线和矩形区域边界相交于两点A和B。矩形区域的大小$l\times h$为能够完全包括感兴趣血管段的区域，为了防止出现S_k与S_i重叠，但S_i的中心线与矩形区域不相交的情况，即如图2-72b所示的情况，将矩形区域放大为$(l+\delta)\times(h+\delta)$，其中：

$$\delta=\max_{1\leqslant i\leqslant n}\{\overline{d_i^{\max}}\} \tag{2-80}$$

$\overline{d_i^{\max}}$为S_i的最大直径。显然，矩形区域经过上述放大后，只有当S_i的中心线$c_i(t)$与矩形区域边界有交点时，S_i才有可能对S_k形成遮盖，并且只有两个交点（即图2-72a中的点A和B）之间的血管段会对S_k形成遮盖。用$l_i(i=1,2,\cdots,m_0)$表示点A和B之间的血管段中心线，在l_i上均匀选取m_{3i}个点$p_i^j\in\{p_i^1,p_i^2,\cdots,p_i^{m_{3i}}\}$，点$p_i^j$处的二维血管半径为$r_i^j(j=1,2,\cdots,m_{3i})$。

同样，在 $c_k(t)$ 上均匀选取 m_1 个点 $p_l(l=1,2,\cdots,m_1)$，r_l 为其对应的血管半径。在计算血管遮盖时，只需要考虑 l_i 所对应的血管段对 S_k 的遮盖情况。在图 2-72a 中，l_i 中的点 p_i^j 与 p_l 中各点的距离最小值为

$$l_i^j = \min_{1 \leqslant l \leqslant m_1} \| p_l p_i^j \| \tag{2-81}$$

设式（2-81）取最小值时对应 p_l 中的点为 p_u，如果满足下式：

$$l_i^j - (r_i^j + r_u) < 0 \tag{2-82}$$

则 S_i 会对 S_k 形成遮盖；如果 l_i 中的所有像素都不满足式（2-82），则在该造影角度下的投影图像中其他血管段都不会对感兴趣血管段形成遮盖，此时的造影角度同时满足最小投影缩短和最小血管遮盖，即为最佳视角。

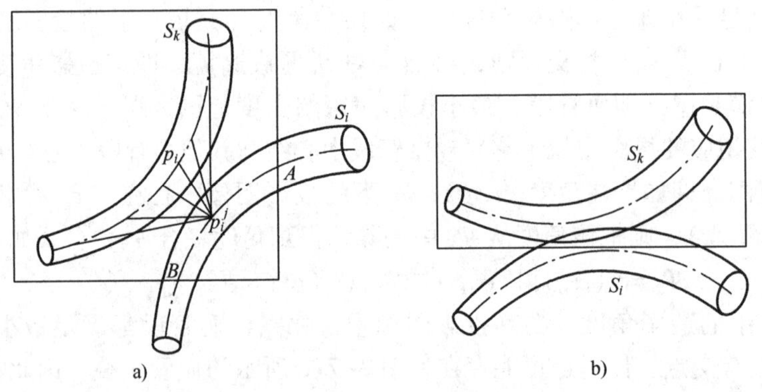

图 2-72　包括感兴趣血管段的矩形区域

a）血管不重叠　b）血管重叠

在临床诊断中，其他血管段虽然没有对感兴趣血管段形成遮盖，但距离感兴趣血管段过近，同样会影响医生对感兴趣血管段的观察和测量，因此在满足最小遮盖的投影图像中，需要使其他血管段与感兴趣血管段有一定的距离，即对式（2-82）进行修正得到如下公式：

$$l_i^j - (r_i^j + r_u) < \varepsilon \tag{2-83}$$

其中，ε 为大于 0 的常数。

前面介绍了两种计算血管最小遮盖的方法，式（2-78）的计算方法具有普遍意义，但是其计算量大，算法复杂；第二种计算方法不需要提取血管区域和计算具体的遮盖百分比，它首先利用其他血管段中心线与感兴趣血管段中心线的相交情况把血管遮盖分为两种情况，然后再利用其他血管段中心线与感兴趣血管段中心线的距离来进一步判断其他血管段对感兴趣血管段的遮盖情况，从而获得满足最小遮盖的造影角度，这种算法简单，计算量小。由于上述两种算法都是在满足最小投影缩短的造影角度范围内计算最小遮盖，因此获得的造影角度即为感兴趣血管段的最佳视角。

2.8　二维运动跟踪和估计

2.8.1　冠脉运动估计的目的和意义

临床实践证明，左心室的收缩异常是发生冠状动脉疾病的一个重要标志，而心室壁运动

异常可能由心肌缺血或心肌损伤引起，这表明动脉和其供血的局部心肌有直接的联系。由于现有的成像系统无法得到一个或多个心脏周期中有关心肌运动的实时空间/时间信息，因而一般只是估计病变部分的运动。这项复杂的工作通常由经验丰富的专家来完成，由左心室造影图像（Ventriculogram）进行定量测量（例如心室的体积和左心室的整体运动）和定性估计（例如腔室的形态和肌肉损伤的程度等）[54]。辅助医生诊断的自动心脏运动解释多数都是在二维空间中进行，即采用二维心室造影图像，比较左心室在舒张期和收缩期的轮廓。而实际的心脏运动是三维的，并且包括许多复杂的运动形式，因而其结果是不准确的。

心室并不是心脏运动信息的唯一来源。冠状动脉分布于心外膜的表面，在心动周期中随心脏有节律的运动，因此冠脉的运动可反映心脏本身的运动，通过研究冠脉的运动可辅助诊断相关的心脏疾病。在应用于临床的心脏成像技术中，X 射线冠脉造影是提取血管时间和空间运动信息的最佳手段，CAG 图像序列不仅可提供冠脉血管腔被造影剂重填后的投影轮廓，检测缺血性损伤的位置和程度，而且与同一场景的静态图像相比，图像序列记录了心脏搏动时的心室和冠状动脉的形态和运动，以及心脏的供血功能等动态信息。采用计算机辅助的方法，通过分析不同时刻造影图像中的冠脉树，可提取出血管的运动信息，获得以运动场、形状的变化和运动描述方式表达的丰富的整体/局部运动信息。根据冠脉的运动信息，还可进行潜在的病理性运动检测，提取出有临床参考价值的室壁运动参数。冠脉的中心线分布于心肌的表面，它们的位移与相关心外膜的位移是相同的，因此通过跟踪和考察冠脉的运动，可以分析相关心肌的局部/整体运动，探索冠状动脉粥样硬化的发病机理，辅助冠心病的诊治等。

另一方面，冠状动脉造影成像可提供快速、高质量的血管图像序列，方便诊断。可是心脏是运动的，在二维投影中，冠脉血管运动和变形的幅度很大，使得观察者很难仔细观察某一块区域，比如可能发生狭窄的部位。通过估计不同时刻之间血管的运动，对图像序列进行运动补偿，从而使兴趣点周围的区域看上去是静态的，可方便医生更加清晰地分辨冠状动脉及其分支有无狭窄、狭窄的部位和程度，以及侧支循环等。

为了使图像更加直观，实现心血管疾病的量化描述，指导心血管的介入性治疗，可利用两幅不同角度的冠脉造影图像三维重建静态的冠状动脉树。但是对于单面造影成像系统，因为两个角度的造影图像是在不同时刻获取的，而成像过程中冠状动脉随心脏的运动不断改变其空间位置，就无法保证两个角度的图像记录的是心脏和血管的同一状态。为了提高冠状动脉树三维重建的精度，必须消除心脏运动带来的影响，将血管恢复到运动前的状态。由两个角度的血管造影图像序列对心脏的血管网络进行三维动态重建一般需要完成如下工作：图像的采集；血管的提取（包括轮廓和中心线）；复杂结构的分析（交叉、重叠）；二维血管运动估计（消除跟踪中的多义性）；三维静态重建；三维图像序列的重建（三维运动估计）；形态学的表达（图像的重现）；功能性的解释（运动属性）。因此对冠状动脉的运动进行准确估计，是由冠脉造影图像序列重建动态三维动脉树的一个必不可少且十分关键的步骤。

此外，在很多情况下血管的运动估计都是必要的，例如：采用 X 射线血管造影图像序列进行血液动力学的研究时，由于心脏会发生复杂的运动，必须首先测量图像中帧与帧之间血管的运动，并且消除该运动带来的影响，以得到对血流更准确的测量。此外，对动脉流体场和相关的壁剪应力（Wall Shear Stress，WSS）分布的估计中大多都没有考虑血管的运动。这种近似对大多数的动脉而言是适当的，可是对于冠状动脉其可行性就不一定了。因为冠脉附着于心脏的表面，因此随着心肌的收缩，它会发生很大的运动和变形，并且有时其运动非常剧烈。一系列的研究证明，在确定 WSS 时，血管运动对管腔内血流模式的影响是非常重要的[55,56]。

同时血管运动速度的测量对于设计新的图像采集设备也十分重要。因为要确定采集设备的采样率，必须确定心脏周期中冠脉上各点的三维速度。

综上所述，由冠脉造影图像序列进行血管的运动跟踪、分析和估计具有重要意义和临床参考价值。

2.8.2 CAG 图像中的运动跟踪

早期的图像跟踪多数是采用模板匹配方法，通过对包含目标物体的窗口在图像中进行匹配实现对目标的跟踪。由于血管是狭长的结构，不管采用矩形窗口还是圆形窗口，血管都只占据窗口中很小的一部分，因此很难设定一个包含整个血管段的窗口。另一方面，如果选择一系列小窗口对血管段进行跟踪，由于窗口之间缺乏足够的约束，也很难得到满意的结果。

从 20 世纪 80 年代后期开始，变形模型在跟踪变形体的运动中开始广泛采用。例如，Kass 等[57]在 1988 年提出的活动轮廓模型（Active Contour Model，即 snake），可以在不需要更多的先验知识或高层处理结果指导的情况下，实现自动追迹，提取动态图像中欲处理目标的闭合、光滑、连续的轮廓，并且具有较强的抗噪声能力。snake 模型是一条可变形的参数曲线，对该曲线构造合适的变形能，并通过最小化该函数，使得曲线在内部力和外部约束力的作用下变形，最终精确收敛到目标的边缘，得到具有最小能量的目标轮廓。模型的能量函数采用积分运算，具有较好的抗噪性，对目标的局部模糊也不敏感。自出现以来，在原有模型的基础上又出现了许多改进的模型，已经被成功地应用于边缘提取、图像分割、运动跟踪等许多领域。

本节介绍应用活动轮廓模型对 CAG 图像序列中的冠脉血管骨架进行跟踪的方法，将序列中前一时刻的血管骨架作为下一时刻 snake 的初始位置，变形得到下一时刻的骨架。

（1）snake 模型原理

snake 模型实质上是一个能量最小化模型，snake 是定义在待分割图像上的一条任意闭合曲线，对该曲线构造合适的变形能。其形变过程就是 snake 在外部能量（外力）和内部能量（内力）的作用下向目标轮廓靠近的过程。外力的吸引使 snake 不停向着真实轮廓移动，而内力在保持 snake 拓扑性的同时随着 snake 的移动而变化，最终达到内外力之和等于零（对应于能量最小）。这时，snake 就停留在物体的真实轮廓上。这种动态逼近方法所求得的边界曲线具有封闭、光滑等优点。这个最小化过程一般由求解 Euler - Lagrangian 方程，用迭代算法得到。

经典的 snake 模型是一条参数曲线 $c(s)=(x(s),\ y(s)),s\in[0,1]$。模型的能量函数定义如下：

$$E=\int_0^1[E_{\text{int}}(c(s))+E_{\text{ext}}(c(s))]\mathrm{d}s \tag{2-84}$$

其中内部能量 E_{int} 定义如下：

$$E_{\text{int}}(c(s))=\frac{1}{2}(\alpha(s)\,|c'(s)|^2+\beta(s)\,|c''(s)|^2) \tag{2-85}$$

式中，$\alpha(s)$和$\beta(s)$为权重，其作用分别是调节 snake 的张力和刚性；$c'(s)$和$c''(s)$分别为$c(s)$的一阶和二阶导数。内部能量使得参数曲线保持平滑和收缩的性质，其中的一阶导数项代表参数曲线的弹性能量，控制轮廓的“应力”，使得曲线保持收缩，使曲线具有类似弹性绳的特性，在点数不变的情况下减小该项意味着参数曲线的不断收缩；二阶导数项是曲率，使曲线保持平滑，曲线具有一定的刚度，减小该项可以控制参数曲线趋于平滑。

外部能量函数E_{ext}是定义在整个图像平面$I(x, y)$上的标量函数，是保证活动轮廓收敛的外部力，反映了图像的某些特性，如边缘等。它决定着轮廓的移动方向，由于这些方向只能根据特定的问题而定义，因此E_{ext}没有统一的数学表达式，必须从问题本身的特征出发，利用灵活的图像处理技术得到。在 Kass 的 snake 模型中，外部能量由两部分组成，公式如下：

$$E_{ext} = E_{image} + E_{con} \tag{2-86}$$

式中，E_{con}表示外部限制作用力产生的能量，叫约束力；E_{image}表示图像作用力产生的能量，也叫图像力，是直线、边缘和界限能量的线性组合，其公式如下：

$$E_{image} = W_{line}E_{line} + W_{edge}E_{edge} + W_{term}E_{term} \tag{2-87}$$

式中各项均可以从图像$I(x, y)$计算得到，W_{line}、W_{edge}和W_{term}为特征系数，E_{line}是线能量，等于图像亮度（灰度），$E_{line} = I(x, y)$，通过线性特征系数W_{line}的正负，可以使 snake 靠近亮线或暗线。E_{edge}是边缘能量，也可由一个非常简单的函数表达为$E_{edge} = -|\nabla I(x,y)|^2$，边缘特征系数$W_{edge}$控制对轮廓所在区域的强度梯度的约束，$E_{term}$是用高斯函数平滑过处理的图像中各级轮廓线的曲率，由特征系数W_{term}决定其影响。

求解 snake 模型就是要使E最小化。将式（2-84）取极小值，满足 Euler 方程的具有最小能量的一阶偏微分方程为

$$\alpha c''(s) - \beta c''''(s) - \nabla E_{ext} = 0 \tag{2-88}$$

Kass 采用变分的迭代方法求解该方程。

snake 模型具有统一的、开放式的描述形式，为图像中变形体跟踪技术的研究和创新提供了理想的框架。在实现活动轮廓模型时，可以灵活地选择约束力、初始轮廓、作用域等，以得到更佳的分割效果。所以 snake 模型自其问世以来，一直是图像变形体跟踪研究中的一个热点。

（2）首帧图像中血管段骨架的提取

应用 snake 模型必须要解决两个问题：一是要选择合适的能量函数；二是要确定适当的初始轮廓位置，否则 snake 将收敛于错误的结果。在进行图像序列的跟踪时，对于序列中的首帧图像，传统的方法是通过人工取点提取初始血管中心线，作为 snake 的初始位置，然后利用 snake 模型方法得到第一幅图像的真实的中心线。对于其后的序列图像，根据血管形状不突变的特点，把第n幅图像中 snake 的停留位置作为第$n+1$幅图像中 snake 的初始位置，这样就能够实现序列图像的自动分割和跟踪，流程图如图 2-73 所示。

在目标轮廓上取n个点，snake 能量函数的离散形式如下：

$$E^* = \sum_{i=1}^{n}[E_{int}(i) + E_{ext}(i)] \tag{2-89}$$

其中E_{int}由式（2-85）确定，导数项可用离散点的差分近似表示。设活动轮廓上的各点为v_i $(i=1,2,\cdots,n)$，α和β取常数值，采用有限差分方法有

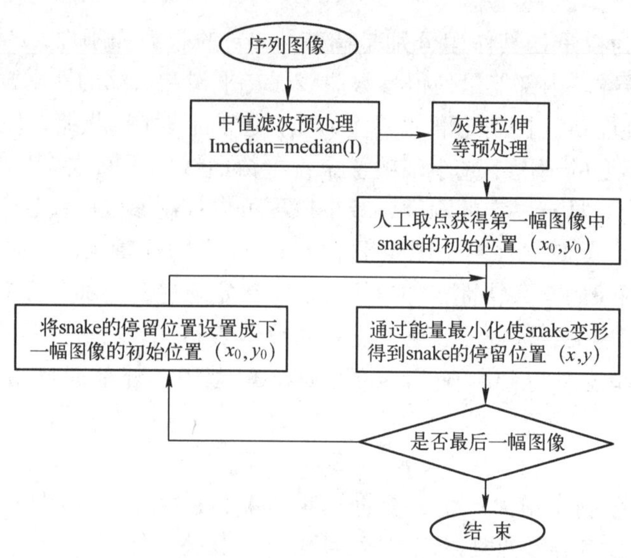

图 2-73　采用 snake 模型进行 CAG 图像中血管骨架的二维运动跟踪流程图

$$\left|\frac{dv_i}{ds}\right|^2 \approx |v_i - v_{i-1}|^2, \left|\frac{d^2 v_i}{ds^2}\right|^2 \approx |(v_{i+1}-v_i)-(v_i-v_{i-1})|^2 = |v_{i+1}-2v_i+v_{i-1}|^2 \quad (2\text{-}90)$$

那么 E_{int} 可以表示为

$$E_{\text{int}}(i) = \alpha |v_i - v_{i-1}|^2 + \beta |v_{i-1} - 2v_i + v_{i+1}|^2 \quad (2\text{-}91)$$

式中的第一项用于限制 snake 上点的距离，使两点不能相距过远（或过近），相当于张力，使其趋于最小则可保持曲线的连续；第二项是一点与相邻两点所成夹角的函数，即曲率，使其趋于最小则可保持曲线的平滑。连续项约束 $|v_i - v_{i-1}|^2$ 实质是 snake 上点间距离的缩小，在实际求解过程中会使曲线收缩，甚至收缩为图像中的一点。为此，可使用点之间的平均距离 $\bar{d}$ 与当前所处理的两点之间距离之差作为约束，即 $\bar{d} - |v_i - v_{i-1}|$，使点平均分布，与平均距离接近的点将具有较小的能量值。这样既能满足连续性的要求，又不会产生 snake 收缩的现象[58]。在每次迭代结束时，$\bar{d}$ 的值被更新。E_{int} 的第二项为对曲率的约束，即平滑性约束。由于连续项约束的作用是使 snake 上的点按等距离分布，因此，$|v_{i-1} - 2v_i + v_{i+1}|$ 乘以一个常数，即可得到对曲率的合理估计。综上所述，得到如下公式：

$$E_{\text{int}}(i) = \alpha \left| \bar{d} - |v_i - v_{i-1}| \right| + \beta |v_{i-1} - 2v_i + v_{i+1}| \quad (2\text{-}92)$$

其中

$$\bar{d} = \frac{1}{n-1}\sum_{i=0}^{n-2} |v_{i+1} - v_i| \quad (2\text{-}93)$$

snake 点间距与总点数是相互联系的两个参数。对于一个特定目标，点间距增大，则点数减少；点间距减小，则点数增多。事实上，点间距的大小取决于处理问题的性质。对于造影图像中血管的提取问题，当血管的轮廓比较简单时，可以选取较大的间距；而当目标的轮廓比较复杂时，为了能以较高的精度对目标进行拟合，则需要较小的间距。当间距较小时，snake 上的点数较多，则计算量增大。

在提取序列中第一幅图像的血管段中心线时，外部能量只包含图像力 E_{image} 分量，它由图像点的灰度和灰度梯度的组合构成，公式如下：

$$E_{\text{image}}=\gamma I(x,y)+\lambda\left|\nabla I(x,y)\right| \tag{2-94}$$

其中

$$\left|\nabla I(x,y)\right|=\sqrt{I_x^2+I_y^2} \tag{2-95}$$

式中，I_x和I_y分别是图像的灰度函数$I(x, y)$对横纵坐标的偏导数。对$I(x, y)$的每个像素，通过计算 2×2 邻域矩阵的平均有限差分来作为x和y方向的偏微分的一阶近似，公式如下：

$$\begin{cases}I_x(x,y)\approx\dfrac{I(x+1,y)-I(x,y)+I(x+1,y+1)-I(x,y+1)}{2}\\ I_y(x,y)\approx\dfrac{I(x,y+1)-I(x,y)+I(x+1,y+1)-I(x+1,y)}{2}\end{cases} \tag{2-96}$$

由于血管造影过程中，当造影剂的浓度达到峰值时，所拍摄的图像上血管的灰度值应比背景的灰度值小，所以这里权重系数γ取正值。而且由于提取的是血管中心线，不是边缘，所以λ也取正值。

通过迭代运算，使式（2-89）表达的 snake 能量函数最小，snake 在内力和外力的牵引下不断变形，最后停留在最优位置。对这些离散点进行三次 B 样条曲线拟合，得到一条连续曲线，采用较少的参数实现对血管中心线的子像素级精度描述。然后在曲线上再进行均匀采样，用这些采样点作为下一时刻 snake 的初始位置。

图 2-74 和图 2-75 是对两幅左冠 CAG 图像的血管段骨架跟踪结果，手动勾画出感兴趣血管段的初始位置，应用 snake 算法，使能量函数最小，迭代计算出该血管段中心线的真实位置。

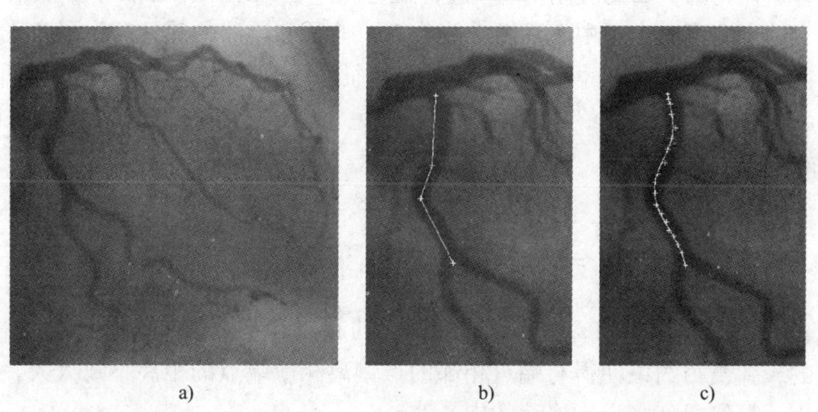

a)　　b)　　c)

图 2-74　RAO 角度的左冠造影图像及血管段骨架提取结果

a）原始图像　b）snake 模型的初始位置　c）血管段骨架提取结果

（3）整个图像序列中血管段骨架的运动跟踪

在提取出序列中第一幅图像的血管中心线之后，对于其后的序列图像，根据血管形状不突变的特点，把第n幅图像中 snake 的停留位置作为第$n+1$幅图像中 snake 的初始位置，这样就能够实现序列图像的分割和跟踪。

在对整个序列进行运动跟踪时，外部能量函数除了式（2-94）表示的图像力之外，还可增加相似度匹配，通过对相邻帧之间的目标进行配准实现对运动物体的跟踪。假设在足够短的时间间隔内，运动前后血管投影的灰度不发生变化，其公式如下：

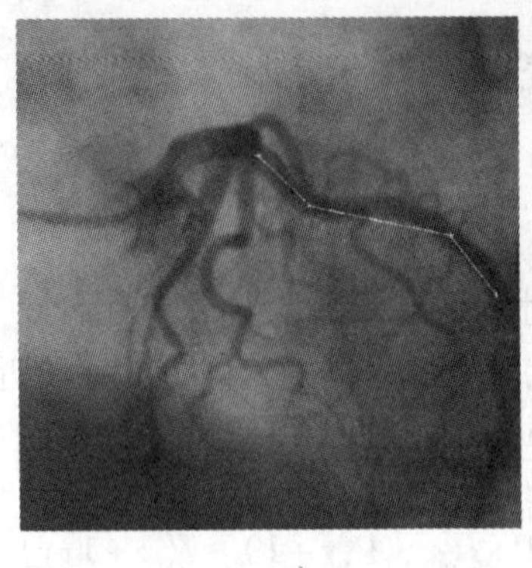

a)

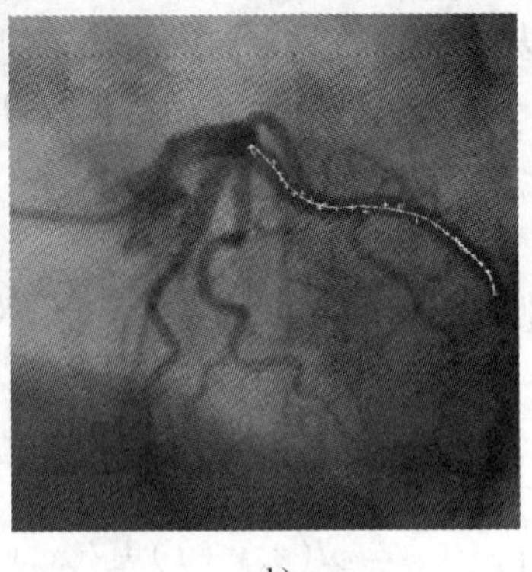

b)

图 2-75　LAO 角度的左冠造影图像及血管段骨架提取结果

a）snake 模型的初始位置　b）血管段骨架提取结果

$$I(x+\Delta x, y+\Delta y, t+\Delta t) = I(x, y, t) \tag{2-97}$$

那么得到序列中第一帧图像的血管中心线之后，在开始对序列中其他帧进行运动跟踪时，外部能量函数可采用如下的形式：

$$E_{\text{ext}}(v_i) = E_{\text{image}} + E_{\text{con}} = \gamma I(v_i) + \lambda \left| \nabla I(v_i) \right| + \eta \left| I(v_i) - I_0(p_i) \right| \tag{2-98}$$

式中，v_i 是当前 snake 上的第 i 个点；p_i 是前一帧图像中心线上的第 i 个点。这样，外部能量中除了包含图像力，即吸引曲线向着图像中灰度最小、灰度梯度变化最小的区域内移动之外，还包含外部约束，使得运动前后血管上对应点的灰度变化最小。

由于血管是开轮廓，因此应用 snake 进行血管跟踪，如果不对血管中心线的两个端点附加其他的外力约束，可能出现中心线沿血管收缩、伸长和漂移的现象。为了防止出现这些现象，操作者在选取血管段的时候，需选取两个特征点（即分叉点和端点）之间的血管段，那么在确定了血管段的起点和终点之后，为了避免 snake 收缩/伸长，需在外部能量中附加弹簧力，公式如下：

$$E_{\text{ext}}(v_i) = E_{\text{image}} + E_{\text{con}} + E_{\text{spring}} \tag{2-99}$$

$$E_{\text{spring}} = K_{\text{spring}} \frac{1}{2d} \left(\left| v_1 - v_0 \right| + \left| v_{n-1} - v_{n-2} \right| \right) \tag{2-100}$$

式中，K_{spring}是弹性系数；v_0 和 v_{n-1}分别是血管段的起点和终点。snake 在变形过程中，其两端点是固定的，弹簧力约束使得与端点相邻的点偏离相应端点的距离不致太大，结合连续性和平滑性约束，最终得到光滑、连续的中心线。

对一个左冠 CAG 图像序列进行血管段骨架运动跟踪的实验结果如图 2-76 所示，其中图 2-76a 是首帧原始图像，选择出旋支上感兴趣血管段的起点和终点，连接两点的线段作为 snake 模型的初始位置。通过使能量函数最小，迭代计算出该血管段中心线的真实位置，并对离散的 snake 点进行三次 B 样条曲线拟合，结果如图 2-76b 所示。从图像序列中任选了 10 个时刻的图像，对感兴趣血管段的骨架进行运动跟踪，结果如图 2-76c ~ 图 2-76e 所示，从图中可直观地了解该血管段在整个心动周期中的形状和位置变化。由图 2-76e 可见，从时刻 3 ~ 10 是一个心动周期，在周期结束时，血管段会回到其在周期开始时的位置。

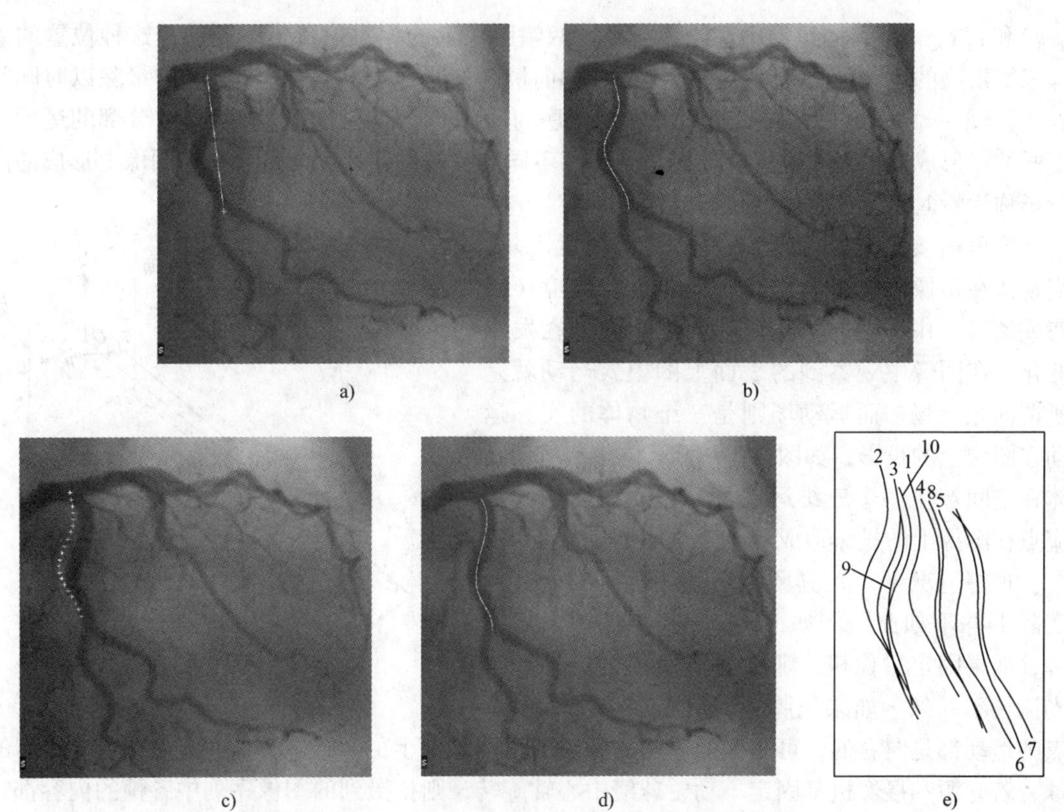

图 2-76　对一个左冠 CAG 图像序列进行血管段骨架运动跟踪的实验结果

a）首帧图像中 snake 模型的初始位置　b）血管段骨架提取结果　c）第二帧图像中 snake 模型的初始位置　d）第二帧图像中血管段骨架的提取结果　e）图像序列中 10 个时刻的血管段骨架

2.8.3　基于光流场的运动估计

利用 CAG 图像序列进行冠脉血管的二维运动分析，对于准确估计与解释心脏的运动，从而正确诊断心血管和心脏疾病十分关键，同时也是利用 CAG 图像进行冠状动脉树三维重建及三维运动估计的重要步骤。本节介绍三种运动估计方法：梯度光流法和特征光流法。

（1）光流基本理论

当人的眼睛观察运动物体（或物体不动，观察者运动，或两者都在运动）时，物体的景象在人眼的视网膜上形成一系列连续变化的图像，这一系列连续变化的信息不断“流过”视网膜，好像一种光的“流”，故称为光流（Optical Flow，OF）。当成像物体运动时，图像中的亮度图案也随之移动。光流是可见的亮度图案的运动，或称为表观运动。光流表达了图像的变化，由于它包含了图像运动的信息，因此可被观察者用来确定目标的运动情况。从光流的定义可以看出，由于光流有如下三个要素：一是运动（速度）场，这是光流形成的必要条件；二是带光学特性的部位（例如有灰度的像素点），它能携带信息；三是成像投影（从场景到图像平面），因而能被观察到。

如果同一个观测器，在相邻两时刻 t_{k-1} 和 t_k 获得的同一个三维景物图像分别为 $f(x,y,$

t_{k-1})和$f(x,y,t_k)$，而景物中某物体点在这两幅图像上的相对位置是不同的，这种位置的差是三维景物的运动反映在二维图像上的位移向量（包括大小和方向）。位移向量除以时间间隔 $\Delta t_k = t_k - t_{k-1}$就是瞬时位置速度。在图像序列反映的景物范围中，各物体或分部的运动是不同的，形成众多瞬时位置速度向量。这些不同的瞬时位置速度向量分布在图像上形成的向量场称为瞬时位置速度场，也即光流场。

这里需要区分两个概念：光流场和运动场。当物体在摄像机前运动，或者摄像机在环境（静态或动态）中移动时，我们就会发现图像在发生变化。在图像中观察到的表面上的模式运动就是所谓的光流场。而运动场则是三维物体的实际运动在图像上的投影，如图2-77所示，一个运动物体在空间产生一个三维运动场，运动前后空间对应点在图像上的投影形成一个二维运动场。

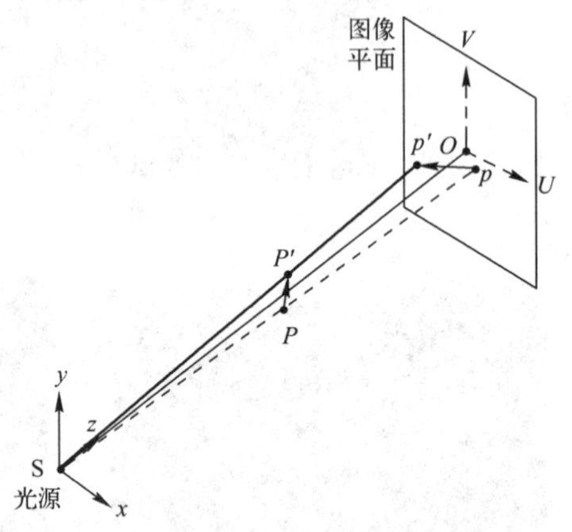

图2-77　运动场示意图

理想情况下，光流场和运动场互相吻合，但实际上并不如此。例如，图2-78中的理发店招牌，如果固定摄像机，那么显然所得的运动场和光流场不一致。如果招牌逆时针旋转，那么每个点的运动都是向右的，可是我们看到的条纹的运动是向上的。或者图2-79中的光滑均匀的球，若光源和摄像机都固定不动，球绕中心轴旋转，则拍摄到的图像序列中各帧的内容都是相同的，这时运动场不为零，光流场为零；若球和摄像机都固定不动，拍摄两帧图像时的光源位置不同，那么两帧图像的内容是不同的，这时运动场为零，光流场不为零。这两个例子是极端的情况，只是为了说明光流场和运动场并不总是一致的。但一般情况下，认为二者是一致的。

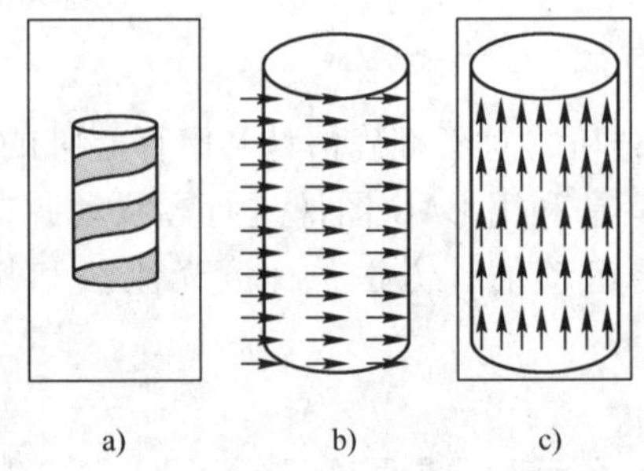

图2-78　理发店招牌
a）理发店招牌　b）运动场　c）光流场

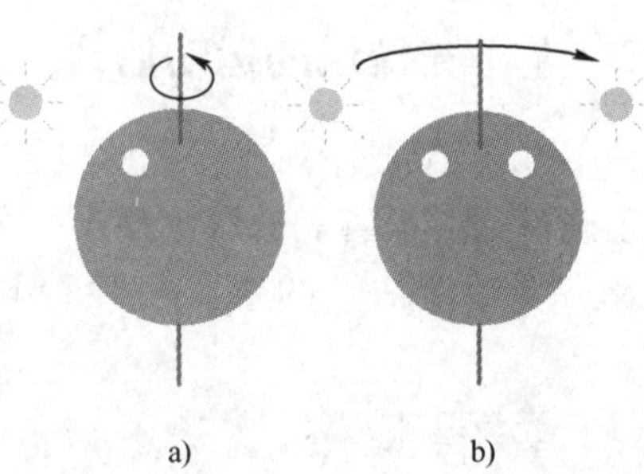

图2-79　绕轴旋转的光滑球
a）光源静止，球旋转　b）球静止，光源移动

光流场的计算最初是由 Horn 和 Schunk 提出的[59]，他们在图像序列中相邻图像之间的时间间隔很小，且图像中灰度变化很小的前提下，推导出基本的光流约束方程。设图像平面上有一点(x, y)，在时刻t的灰度值为$I(x, y, t)$，它是场景中物体上某一点(X, Y, Z)在图像平面上的投影。假定该点在$t+\delta t$时运动到$(x+\delta x, y+\delta y)$，灰度保持不变，其中$\delta x = u\delta t$，$\delta y = v\delta t$，$u(x, y)$和$v(x, y)$是该点光流的x和y分量，即：

$$I(x+u\delta t, y+v\delta t, t+\delta t) = I(x,y,t) \tag{2-101}$$

仅有这一个约束不足以唯一地确定 u 和 v。也可以利用各处的运动场是连续的这个事实，如果亮度随 x、y 和 t 平滑变化，可将等式的左边按泰勒级数展开，得到如下公式：

$$I(x,y,t)+\delta x\frac{\partial I}{\partial x}+\delta y\frac{\partial I}{\partial y}+\delta t\frac{\partial I}{\partial t}+e=I(x,y,t) \tag{2-102}$$

其中，e 包括在 δx、δy 和 δt 中的二次以上的项。上式中约去 $I(x, y, t)$，并用 δt 除等式两端和取 $\delta t\to 0$ 的极限后可求得如下公式：

$$\frac{\partial I}{\partial x}\frac{\mathrm{d}x}{\mathrm{d}t}+\frac{\partial I}{\partial y}\frac{\mathrm{d}y}{\mathrm{d}t}+\frac{\partial I}{\partial t}=0 \tag{2-103}$$

此式实际上是 $\mathrm{d}I/\mathrm{d}t=0$ 的展开式，简写为如下公式：

$$I_x u+I_y v+I_t=0 \tag{2-104}$$

其中

$$u=\frac{\mathrm{d}x}{\mathrm{d}t},v=\frac{\mathrm{d}y}{\mathrm{d}t},I_x=\frac{\partial I}{\partial x},I_y=\frac{\partial I}{\partial y},I_t=\frac{\partial I}{\partial t} \tag{2-105}$$

式（2-104）就是亮度变化约束方程（Brightness Change Constraint Equation，BCCE），或称光流约束方程（Optical Flow Constraint Equation，OFCE），其中 I 为图像平面上一点（x, y）在时刻 t 的灰度值；$\mathrm{d}I/\mathrm{d}t$ 为运动物体的灰度随时间的变化；$u=\mathrm{d}x/\mathrm{d}t$，$v=\mathrm{d}y/\mathrm{d}t$ 分别为物体的 x、y 速度分量；$I_x=\partial I/\partial x$、$I_y=\partial I/\partial y$、$I_t=\partial I/\partial t$ 分别是 I 对 x、y、t 的偏导数，它们可从图像序列中直接估计出来；$(I_x, I_y)^{\mathrm{T}}$ 为图像点灰度的空间梯度，即图像中空间的灰度变化；I_t 为图像的灰度随时间的变化率；（u, v）称为光流。

光流有两个分量 u 和 v，而 OFCE 只有一个方程，因而不能同时求出 u 和 v。如图 2-80 所示，可以把以 u 和 v 为轴的二维空间称为速度空间。满足约束方程的（u, v）值都在速度空间的直线上，但局部的测量无法辨别实际的（u, v）在约束线上的位置。也就是说由 OFCE 只能求出光流在亮度梯度 $(I_x, I_y)^{\mathrm{T}}$ 方向上的分量，公式如下：

$$V^{\perp}=-\frac{I_t}{\|\nabla I\|}=-\frac{I_t}{(I_x^{\ 2}+I_y^{\ 2})^{1/2}} \tag{2-106}$$

而无法确定与梯度垂直方向（即沿等亮度线）上的分量。因此，只使用一个点上的信息是不能确定光流的，这种不确定问题称为孔径问题。为了充分确定光流，需要附加一些新的约束条件。

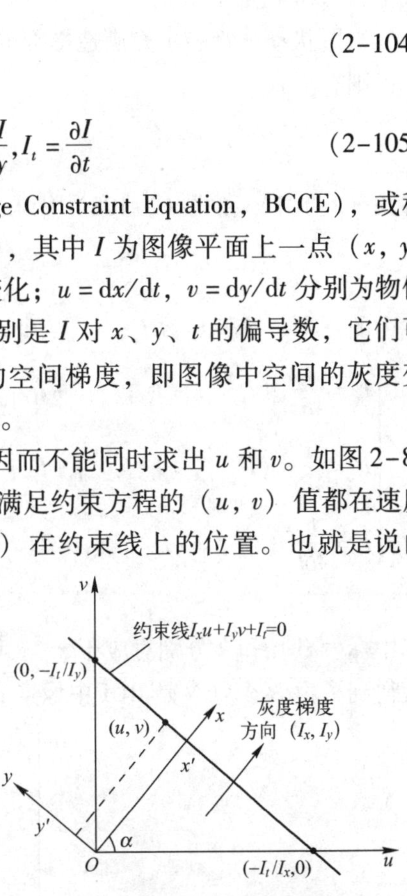

图 2-80　速度空间示意图

（2）梯度光流法

光流约束方程将物体在图像平面上投影的空间灰度变化（$\partial I/\partial x$, $\partial I/\partial y$）、图像点的灰度随时间的变化 $\partial I/\partial t$、以及物体的 x 和 y 速度分量（$\mathrm{d}x/\mathrm{d}t$, $\mathrm{d}y/\mathrm{d}t$）联系起来。为了充分确定光流，需要在 OFCE 的基础上附加一些新的约束条件，最著名的是整体平滑性约束。Horn 等[59]根据同一运动物体引起的光流场应该是连续、平滑的，即同一物体上相邻点的速度是相似的，那么其投影到图像上的光流变化也应该是平滑的这一特点，提出了一种加在光流场上的附加约束，即整体平滑约束，利用该约束将光流的计算问题转化为一个变分问题。这个关于变化率最小的假设在一个物体内部是合理的，因为在物体内部旋转和比例变化使像素间的速度变化很小，但这样的假设在物体边界处是不正确的。

假设对于图像平面中足够小的血管区域以及足够小的时间间隔内，两帧图像之间的运动可以用线性二维运动向量场描述。但这样图像上各点的运动就会和它们的坐标相关，导致计算出来的位移不准确。为了解决这个问题，需要寻找其他的约束条件，从而完全确定光流的两个分量（u, v）。对于图像平面中血管上足够小的感兴趣区域（Region Of Interest，ROI），在足够小的时间间隔内，两帧图像之间的运动可以认为是线性的，即：

$$\begin{cases} u = V_x \\ v = V_y \end{cases} \tag{2-107}$$

式中，V_x和 V_y是常量。

当冠状动脉管腔中充满造影剂的时候，假设两帧图像之间血管的亮度不会发生很大的变化，则有下式：

$$\frac{\mathrm{d}I}{\mathrm{d}t} = 0 \tag{2-108}$$

将式（2-107）和式（2-108）代入式（2-104）中，得到下式：

$$V_x \frac{\partial I}{\partial x} + V_y \frac{\partial I}{\partial y} = -\frac{\partial I}{\partial t} \tag{2-109}$$

式中的三个一阶偏导数 I_x、I_y、I_t可以从图像序列中估计出来，公式如下：

$$\begin{cases} I_x = \frac{1}{4\delta x}[(I_{i+1,j,k} + I_{i+1,j,k+1} + I_{i+1,j+1,k} + I_{i+1,j+1,k+1}) - (I_{i,j,k} + I_{i,j,k+1} + I_{i,j+1,k} + I_{i,j+1,k+1})] \\ I_y = \frac{1}{4\delta y}[(I_{i,j+1,k} + I_{i,j+1,k+1} + I_{i+1,j+1,k} + I_{i+1,j+1,k+1}) - (I_{i,j,k} + I_{i,j,k+1} + I_{i+1,j,k} + I_{i+1,j,k+1})] \\ I_t = \frac{1}{4\delta t}[(I_{i,j,k+1} + I_{i,j+1,k+1} + I_{i+1,j,k+1} + I_{i+1,j+1,k+1}) - (I_{i,j,k} + I_{i,j+1,k} + I_{i+1,j,k} + I_{i+1,j+1,k})] \end{cases} \tag{2-110}$$

其中标号 i、j 和 k 分别对应于 x、y 和 t。式（2-109）对于 ROI 中的每个像素都成立。这样就得到了由 N 个（N 是 ROI 中像素的个数）方程所组成的方程组，可用矩阵的形式表示为

$$\begin{bmatrix} I_{x1} & I_{y2} \\ \cdot & \cdot \\ \cdot & \cdot \\ \cdot & \cdot \\ \cdot & \cdot \\ \cdot & \cdot \\ I_{xN} & I_{yN} \end{bmatrix} \cdot \begin{bmatrix} V_x \\ V_y \end{bmatrix} = \begin{bmatrix} -I_{t1} \\ \cdot \\ \cdot \\ \cdot \\ \cdot \\ \cdot \\ -I_{tN} \end{bmatrix} \tag{2-111}$$

其中，第一个矩阵大小是 $N \times 2$ 的，包含像素灰度的空间导数。它与一个 2×1 的列向量相乘，该向量中包含运动参数（V_x, V_y）。等式右边是一个 $N \times 1$ 的列向量，它包含灰度的时间偏导数。这就产生了方程的超定问题：2 个未知数，N 个方程。采用最小二乘法可以很容易地求解该方程，且所花费的计算时间比常用的迭代法要少。

血管上的一点 P_i从时刻 t_{k-1}的位置$(X_i^{k-1}, Y_i^{k-1}, Z_i^{k-1})$运动到时刻 t_k的位置(X_i^k, Y_i^k, Z_i^k)，时间间隔为 $\Delta t = t_k - t_{k-1}$。在图像平面上表现为从位置 $p(x_i^{k-1}, y\,k-1_i)$移动到 $p'(x_i^k, y_i^k)$，其

位移量为$(\Delta x_i^k, \Delta y_i^k)$。计算出 ROI 的光流$(u^k, v^k)$之后，就可以得到 ROI 的位移，公式如下：

$$\begin{cases} \Delta x_i^k = u^k \Delta t \\ \Delta y_i^k = v^k \Delta t \end{cases} \tag{2-112}$$

式中，$i=1, 2, \cdots, N$；N 是 ROI 中的像素点数。也就是说，已知 ROI 中的一点在时刻 t_{k-1} 的位置(x_i^{k-1}, y_i^{k-1})就可以计算出它在时刻 t_k 的位置$(x_i^k, y_i^k) = (x^{k-1} + \Delta x_i^k, y^{k-1} + \Delta y_i^k)$。设 p 点的瞬时速度为 V_i^k，那么 V_i^k 的大小和方向分别为

$$\begin{cases} |V_i^k| = [(\Delta x_i^k)^2 + (\Delta y_i^k)^2]^{1/2} / \Delta t \\ \theta_i^k = \arctan(\Delta y_i^k / \Delta x_i^k) \end{cases} \tag{2-113}$$

根据亥姆霍兹（Helmholtz）理论，非刚体上任意一个有限微元的二维运动可以分解为两个正交方向上的平移、旋转和变形，微元内运动场的数学表达式如下：

$$\begin{bmatrix} x_i^k \\ y_i^k \end{bmatrix} = \boldsymbol{T} + \boldsymbol{R} \begin{bmatrix} x_i^{k-1} \\ y_i^{k-1} \end{bmatrix} + \boldsymbol{D} \begin{bmatrix} x_i^{k-1} \\ y_i^{k-1} \end{bmatrix} \tag{2-114}$$

该式表达了同一点在时刻 t_k 的位置(x_i^k, y_i^k)，与它在时刻 t_{k-1} 的位置(x_i^{k-1}, y_i^{k-1})的关系。其中：

$$\boldsymbol{T} = \begin{bmatrix} a \\ b \end{bmatrix}, \boldsymbol{R} = \begin{bmatrix} \cos\theta & -\sin\theta \\ \sin\theta & \cos\theta \end{bmatrix}, \boldsymbol{D} = \begin{bmatrix} \alpha & \gamma \\ \gamma & \beta \end{bmatrix} \tag{2-115}$$

$\boldsymbol{T}$ 是微元的刚性平移向量，$\boldsymbol{R}$ 是旋转矩阵，$\boldsymbol{D}$ 是变形矩阵。θ 为像素点绕坐标原点的旋转角。显然 $\boldsymbol{D}$ 是对称矩阵，它的两个特征值 λ_1 和 λ_2 分别表示微元膨胀和收缩变形的量，相应的特征向量表示变形的方向。$\boldsymbol{R}$ 是正交矩阵，由于是小角度的旋转，所以有 $\sin\theta \approx \theta$，$\cos\theta \approx 1$，于是有下式：

$$\boldsymbol{R} = \begin{bmatrix} 1 & -\theta \\ \theta & 1 \end{bmatrix} \tag{2-116}$$

代入式（2-114）中得到下式：

$$\begin{bmatrix} x_i^k \\ y_i^k \end{bmatrix} = \begin{bmatrix} a \\ b \end{bmatrix} + \begin{bmatrix} 1 & -\theta \\ \theta & 1 \end{bmatrix} \begin{bmatrix} x_i^{k-1} \\ y_i^{k-1} \end{bmatrix} + \begin{bmatrix} \alpha & \gamma \\ \gamma & \beta \end{bmatrix} \begin{bmatrix} x_i^{k-1} \\ y_i^{k-1} \end{bmatrix} \tag{2-117}$$

上述方程中包含 6 个未知数$(a, b, \theta, \alpha, \beta, \gamma)$，而对于每个像素可以得到如下两个方程：

$$\begin{cases} x_i^k = a + (1+\alpha) x_i^{k-1} + (\gamma - \theta) y_i^{k-1} \\ y_i^k = b + (\theta + \gamma) x_i^{k-1} + (1+\beta) y_i^{k-1} \end{cases} \tag{2-118}$$

因此需要 ROI 中至少三个点才能解出上述方程。对 ROI 中的 N 个点，分别求出它们在下一个时刻的位置，代入式（2-117）中得到用矩阵形式表达的方程组：

$$\begin{bmatrix} x_1^{k-1} & y_1^{k-1} & 1 \\ x_2^{k-1} & y_2^{k-1} & 1 \\ \cdot & \cdot & \cdot \\ \cdot & \cdot & \cdot \\ \cdot & \cdot & \cdot \\ x_N^{k-1} & y_N^{k-1} & 1 \end{bmatrix} \cdot \begin{bmatrix} 1+\alpha \\ \gamma - \theta \\ a \end{bmatrix} = \begin{bmatrix} x_1^k \\ x_2^k \\ \cdot \\ \cdot \\ \cdot \\ x_N^k \end{bmatrix} \tag{2-119}$$

$$
\begin{bmatrix} x_1^{k-1} & y_1^{k-1} & 1 \\ x_2^{k-1} & y_2^{k-1} & 1 \\ \cdot & \cdot & \cdot \\ \cdot & \cdot & \cdot \\ \cdot & \cdot & \cdot \\ x_N^{k-1} & y_N^{k-1} & 1 \end{bmatrix} \cdot \begin{bmatrix} \theta + \gamma \\ 1 + \beta \\ b \end{bmatrix} = \begin{bmatrix} y_1^k \\ y_2^k \\ \cdot \\ \cdot \\ \cdot \\ y_N^k \end{bmatrix} \tag{2-120}
$$

采用最小二乘法分别求解式（2-119）和式（2-120），即可得到$(a,b,\theta,\alpha,\beta,\gamma)$的值。

Hermite 矩阵$\boldsymbol{D}$的两个特征值λ_1和λ_2分别表示微元的膨胀/收缩变形的量，相应的特征向量表示变形的方向。如假设组织的变形是线性的，且心肌是不可压缩的，令$\lambda_1\lambda_2\lambda_3=1$，即$\lambda_3=1/\lambda_1\lambda_2$，$\lambda_3$是垂直于心外膜表面的变形，即心室壁的增厚。$\lambda_3$是一个重要的参数，因为它包含了两个特征值$\lambda_1$和$\lambda_2$，因此仅用一个值就可以表达心外膜的收缩性。

图 2-81 是对从一个左冠 CAG 图像序列中选取的相邻两帧图像进行实验的结果，图像的采集速率为 30 f/s。在图 2-81a 中手动选择三个血管分叉点之后，用三个以这些分叉点为圆心、直径为 9 个像素的圆作为跟踪窗口，跟踪它们的运动。在利用梯度光流法估计运动参数之后，跟踪窗口在图 2-81b 中会自动标记出分叉点及其相邻像素在运动之后的位置。图 2-81c、d、e 分别为图 2-81a 中的三个 ROI 被放大 2 倍之后的显示结果。

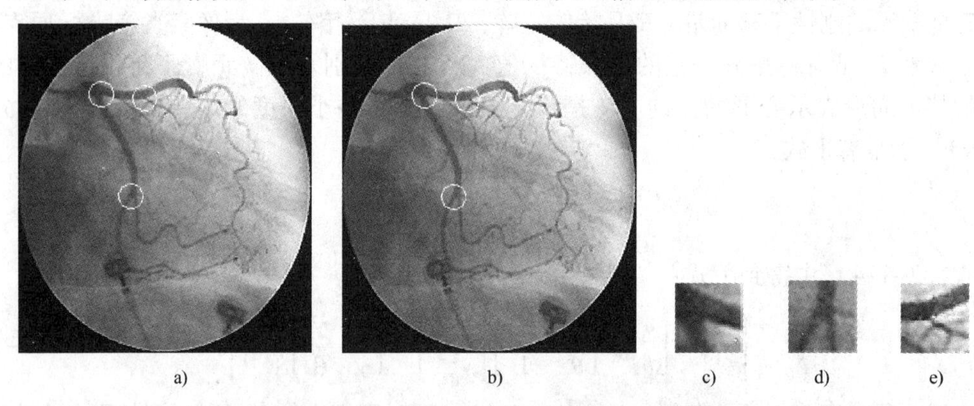

图 2-81　采用梯度光流法，用跟踪窗口对连续两帧图像进行运动估计的结果

a）第一帧图像　b）第二帧图像　c）d）e）图 a）中的三个 ROI 被放大 2 倍之后的显示结果

梯度光流法的优点是：算法简单直观，不需要事先对原始图像进行二维骨架提取，就可直接进行运动估算；由于采用了基于最小二乘拟合的计算方法，因此比迭代的光流法运算速度快；线性运动场可以很容易地分解成平移、旋转和变形（收缩/膨胀）等运动分量，这些运动场反映了 ROI 的整体运动、旋转以及二维膨胀/收缩的模式。该方法的缺点是只能得到对目标局部的运动参数估算，无法一次获得对目标整体的运动估算。并且算法不是全自动的，需要操作者在运算开始时选择 ROI。

（3）特征光流法

特征光流法即找到图像的特征（如边缘、拐角或其他位置确定的二维结构），然后跟踪它们的运动，计算特征点的光流，得到像素点的位移。包括以下两个步骤：

1）从两幅或多幅连续图像中提取出图像特征：由于特征提取会去掉图像中不重要的部分，所以会减少要处理的信息量（因而也会减少运算量），从而得到对场景更高层次的理解。

2）对各帧图像的特征进行匹配：最简单也是最常用的方法是采用两帧，对两个特征的集合进行匹配，得到一个运动向量的集合。

对于 CAG 图像序列，选择血管骨架作为目标特征，用二维图像点(x_i,y_i)，$(i=1,2,\cdots,N)$的有序集合表示，需要确定连续两帧图像之间目标血管段骨架的运动速度(u_i,v_i)。应用全局平滑约束，使光流变化的测度最小，这里选择的测度是沿骨架的速度变化，得到如下的最小化问题：

$$\Phi=\int\left(\left(\frac{\partial u}{\partial s}\right)^2+\left(\frac{\partial v}{\partial s}\right)^2\right)\mathrm{d}s+\beta\int(\boldsymbol{V}\cdot\boldsymbol{n}-V^{\perp})^2\mathrm{d}s \tag{2-121}$$

使 Φ 最小的(u_i,v_i)就是所要求解的速度集。式中，$\boldsymbol{V}=(u,v)$是要估计的光流；n 的计算公式如下：

$$\boldsymbol{n}=(n_x,n_y)^T=\frac{\nabla I}{\|\nabla I\|} \tag{2-122}$$

n 是垂直于边缘（即灰度梯度方向）的单位向量，即归一化的梯度向量；β 是权重因子，它决定式中两部分的相对重要性；$\cdot$ 是两向量的点积；$V^{\perp}$ 的计算公式如下：

$$V^{\perp}=-\frac{I_t}{\|\nabla I\|} \tag{2-123}$$

$V^{\perp}$ 是光流沿灰度梯度方向上的分量；$\nabla I=(I_x,I_y)^T$ 是图像点的空间灰度变化，$\|\nabla I\|=\sqrt{I_x^2+I_y^2}$。所以有下式：

$$\begin{cases}n_x=\dfrac{I_x}{\sqrt{{I_x}^2+{I_y}^2}}\\[2ex] n_y=\dfrac{I_y}{\sqrt{{I_x}^2+{I_y}^2}}\end{cases} \tag{2-124}$$

注意，在计算$\|\nabla I\|=\sqrt{I_x^2+I_y^2}$时，应使 I_x 和 I_y 不同时为零。

式（2-121）中第一部分是骨架上相邻点的光流变化，第二部分是估算出来的光流在灰度梯度方向上的分量与由光流约束方程直接求得的光流在亮度梯度方向上分量的相似程度，它被 β 加权。由于血管骨架是开轮廓，且骨架点均匀分布，那么式（2-121）的离散形式为

$$\begin{aligned}\Phi&=\sum_{i=2}^{N}[(u_i-u_{i-1})^2+(v_i-v_{i-1})^2]+\beta\sum_{i=1}^{N}(V_i\cdot n_i-V_i{}^{\perp})^2\\&=\sum_{i=2}^{N}[(u_i-u_{i-1})^2+(v_i-v_{i-1})^2+\beta(V_i\cdot n_i-V_i{}^{\perp})^2]+\beta(\overset{V}{_1}\cdot n_1-V_1^{\perp})2\end{aligned} \tag{2-125}$$

N 为骨架点的总数。使上式最小化，令：

$$\frac{\partial\Phi}{\partial u_i}=0,\qquad\frac{\partial\Phi}{\partial v_i}=0 \tag{2-126}$$

得到方程组，用矩阵的形式表示为

$$\begin{bmatrix}\boldsymbol{A}_1&\boldsymbol{A}_0\\\boldsymbol{A}_0&\boldsymbol{A}_2\end{bmatrix}\begin{bmatrix}\boldsymbol{u}\\\boldsymbol{v}\end{bmatrix}=\begin{bmatrix}\boldsymbol{b}_0\\\boldsymbol{b}_1\end{bmatrix} \tag{2-127}$$

式中，$\boldsymbol{u}=(u_1,u_2,\ldots,u_N)^T$；$\boldsymbol{v}=(v_1,v_2,\ldots,v_N)^T$；$\boldsymbol{A}_0=2\beta\cdot\mathrm{diag}\ (n_{x1}\cdot n_{y1},n_{x2}\cdot n_{y2},\cdots,n_{xN}\cdot n_{yN})^T$；$\boldsymbol{A}_1=2\beta\cdot\mathrm{diag}((n_{x1})^2,(n_{x2})^2,\cdots,(n_{xN})^2)+T$；$\boldsymbol{A}_2=2\beta\cdot\mathrm{diag}((n_{y1})^2,(n_{y2})^2,\cdots,(n_{yN})^2)+T$；

$$\boldsymbol{b}_0 = 2\beta \cdot (n_{x1} \cdot V_1^{\perp}, n_{x2} \cdot V_2^{\perp}, \cdots, n_{xN} \cdot V_N^{\perp})^T;\ \boldsymbol{b}_1 = 2\beta \cdot (n_{y1} \cdot V_1^{\perp}, n_{y2} \cdot V_2^{\perp}, \cdots, n_{yN} \cdot V_N^{\perp})^T;$$

$$\boldsymbol{T} = \begin{bmatrix} 2 & -2 & & & & \\ -2 & 4 & -2 & & & \\ & \cdot & \cdot & \cdot & & \\ & & \cdot & \cdot & \cdot & \\ & & & \cdot & \cdot & \cdot \\ & & & -2 & 4 & -2 \\ & & & & -2 & 2 \end{bmatrix} \tag{2-128}$$

其中，矩阵 $\boldsymbol{T}$ 中所有没标出的元素都是0。$(n_{xi},\ n_{yi})$由式（2-124）求出，中心线上各点灰度的时间和空间导数可由式（2-110）求出。

式（2-127）对于中心线上的每个像素都成立。$\boldsymbol{A}_0$、$\boldsymbol{A}_1$ 和 $\boldsymbol{A}_2$ 是 $N \times N$ 的方阵，$\boldsymbol{b}_0$和 $\boldsymbol{b}_1$ 是 $N \times 1$ 的列向量。这样就产生了$2N$个线性方程，$2N$个未知量。该方程为大型稀疏矩阵的线性代数方程组，而且 $\boldsymbol{A}_0$、$\boldsymbol{A}_1$ 和 $\boldsymbol{A}_2$ 组成的矩阵是正定的，可以采用共轭梯度（斜量）法求解。其优点是，作为迭代法不必像超松弛迭代法那样选取松弛因子，而且对矩阵的元素结构也没有特殊要求（例如相容次序等）。缺点是计算过程对舍入误差比较敏感。但总的来说，用它来求解上述线性方程组，无论从存储要求或计算工作量方面来看，都不失为一个有效的方法。

计算出轮廓上各像素的光流$(u_i,\ v_i)$之后，就可以由式（2-112）得到相应的位移，由式（2-113）和式（2-114）得到瞬时速度的大小和方向。图2-82是对采集速率为30 f/s的左冠状动脉造影图像序列进行特征光流法验证实验的结果，图像大小为256×256像素。图2-82a为连续两帧原始图像，图2-82b是从原始图像中提取出的主要血管分支的骨架，

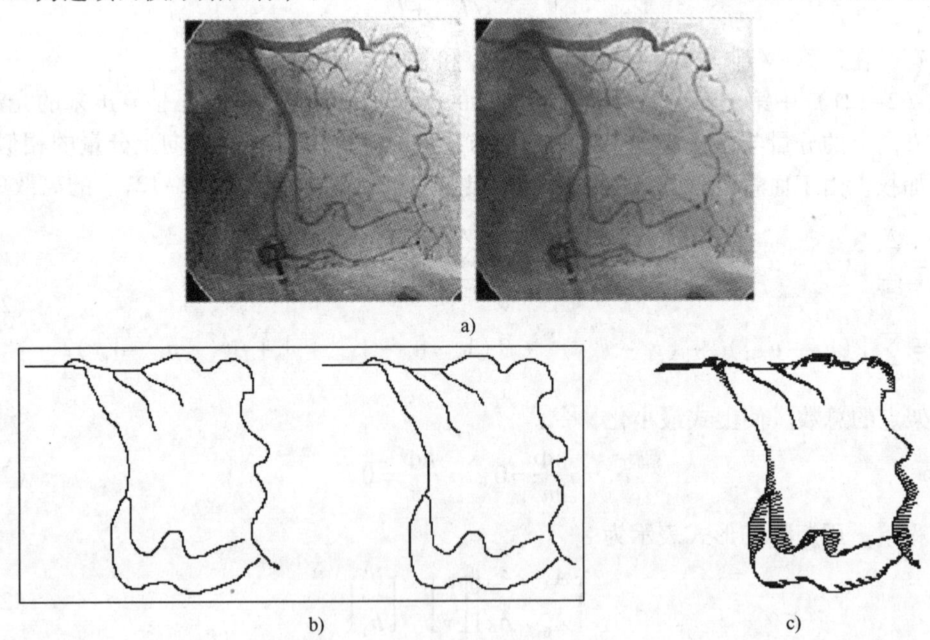

图2-82　采集速率为30 f/s的左冠状动脉造影图像序列进行特征光流法验证实验的结果

a）连续两帧原始图像　b）主要血管分支的骨架　c）采用特征光流法沿血管中心线进行运动估算的结果

图 2-82c 是采用特征光流法沿血管中心线进行运动估算的结果，其中 $\beta=0.001$，图中用线段表示各骨架点的二维运动向量，为了清晰起见，运动向量都被乘以 30 放大了。

与梯度光流法相比，采用特征光流法对运动图像序列中目标的运动进行估算，可以得到对目标整体的运动估算。而且除特征提取之外，其余步骤是全自动的，不需要操作者的参与。但是需事先对图像进行分割，提取出目标的特征，因此估算结果受特征提取质量的影响很大。

采用光流法进行血管骨架运动估计的优点是物理概念清晰，且不考虑特征匹配问题，在实际应用中可降低难度。其局限性在于，由于需要计算图像中像素的灰度值对 x、y 坐标和时间 t 的偏导数，因此估计结果受原图像的质量影响很大，对噪声很敏感，且抗噪性能较差；由于在光流场计算基本公式的导出过程中应用了泰勒级数展开，因此隐含着认为灰度变化以及速度场的变化都是连续的。但在实际情况中，图像中的灰度变化以及速度场都可能出现不连续，在出现这种不连续时 OFCE 是否仍然成立是一个值得讨论的问题；理论上只能求解灰度变化小于 1 个像素的连续两帧图像，而无法求得大位移情况下的光流场；要求较高的图像帧采样率；只能计算出骨架点或轮廓点的运动向量，无法得到两幅图像点之间的对应（匹配）关系。

2.8.4 基于弹性配准的运动估计

该方法的基本思想是将血管骨架的运动估算转化为对连续两帧图像中同一段血管的骨架进行匹配，选择适当的匹配误差函数（即运动前后物体的差异度），通过使其最小，得到两帧图像之间骨架点的对应关系，那么以对应点作为两个端点的向量就是运动向量。

假设已经从 CAG 图像序列中提取出了各时刻主要血管分支的单像素、8 连通的中心线（即骨架）。分别将两帧图像中某一血管分支的中心线表示为包含 M 个和 N 个像素的有序序列 s_1 和 s_2，其中 $\boldsymbol{s}_1(m)=[x_1(m),y_1(m)]\,(m=0,1,\cdots,M-1)$ 是骨架 s_1 中的第 m 个像素，为了简单起见，用 s_1^m 表示；$\boldsymbol{s}_2(n)=[x_2(n),y_2(n)]\,(n=0,1,\cdots,N-1)$ 是骨架 s_2 中的第 n 个像素，用 s_2^n 表示。由于心脏会发生膨胀或收缩变形，因此 M 与 N 不一定相等，这里设 $N\geqslant M$。用对应关系或运动向量表示像素的位置从这一帧到下一帧的变化，如图 2-83 所示，s_1^m 与 s_2^n 之间的运动向量为

$$\boldsymbol{d}(m,n)=\boldsymbol{s}_2(m)-\boldsymbol{s}_1(n)=(x_2(n)-x_1(m),y_2(n)-y_1(m)) \tag{2-129}$$

考虑到运动场的光滑性和血管的形状相似度，同时由于变形前后血管的长度可能不同，因而需考虑对无匹配部分的处理，以保证匹配的均匀性，设计如下的匹配误差函数：

$$C(m-1,n_p,m,n)=\sum_{m=1}^{M-1}\left[\,|\Delta\boldsymbol{d}(m)|+\lambda\,|\kappa_2(n)-\kappa_1(m)|+\eta\,(n-n_p)^2\right] \tag{2-130}$$

式中，n 是 s_2 中与 s_1^m 相匹配的点的序号；n_p是 s_2 中与 s_1^{m-1} 相匹配的点的序号；$\Delta\boldsymbol{d}(m)=\boldsymbol{d}(m,n)-\boldsymbol{d}(m-1,n_p)$为相邻点的运动向量之差，如图 2-83 所示；λ和 η 是权重参数；$\kappa_i(x)$ 是曲线 i 在点 x 处的曲率，其近似计算方法如下：

$$\kappa_1(m)\approx\theta_1(m)=\arccos\left[\frac{(\boldsymbol{s}_1(m)-\boldsymbol{s}_1(m-1))\cdot(\boldsymbol{s}_1(m+1)-\boldsymbol{s}_1(m))}{|\boldsymbol{s}_1(m)-\boldsymbol{s}_1(m-1)|\cdot|\boldsymbol{s}_1(m+1)-\boldsymbol{s}_1(m)|}\right] \tag{2-131}$$

式中，$\theta_1(m)$是向量 $\boldsymbol{s}_1(m)-\boldsymbol{s}_1(m-1)$和向量 $\boldsymbol{s}_1(m+1)-\boldsymbol{s}_1(m)$的夹角，如图 2-84 所示。

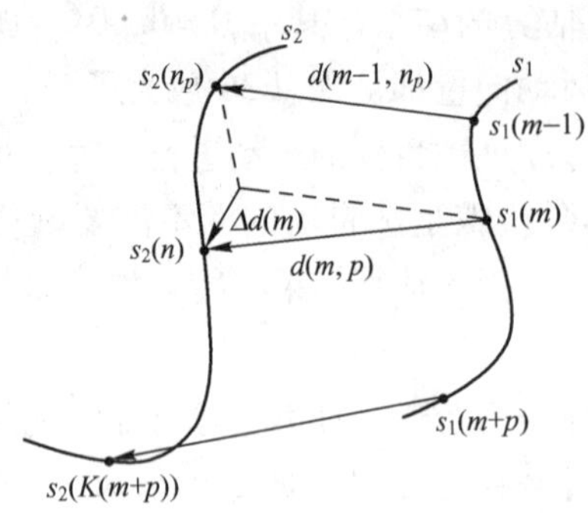

图 2-83　变形前后的血管骨架点的对应关系

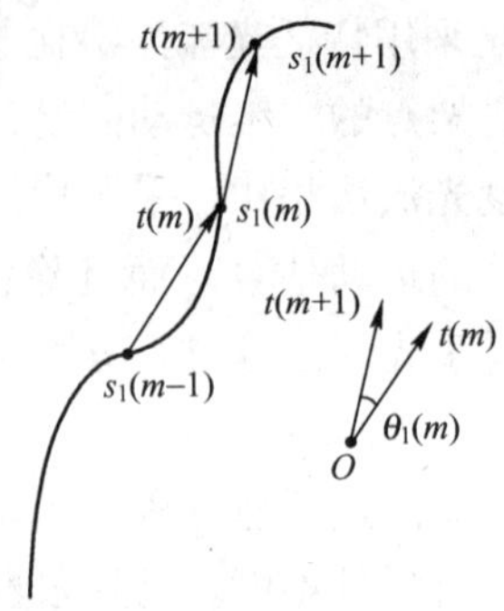

图 2-84　曲线上相邻两点的向量夹角

式(2-130)中的第一部分是 s_1 中相邻点的运动向量变化(包括大小和方向的改变)。考虑到同一物体上物理相连的两点的运动是相似的,因此为了保证运动场的光滑性,应使 s_1 中相邻点的运动向量变化最小。第二部分是变形前后的血管骨架上对应点的曲率变化,它表达了血管形状的改变。由于心脏的膨胀和收缩,通常情况下 $N \neq M$,若设 $N > M$,那么 s_2 中就有一部分点无匹配。式(2-130)中的第三部分 $\eta(n-n_p)^2$ 是为了保证相邻的匹配像素之间不会有大的跳跃，使无匹配的部分尽量小，从而得到均匀的匹配结果。

通过使匹配误差函数最小，从 s_2 中找出 M 个点，这些点是 s_1 中相应的 M 个点($s_1^0, s_1^1, \cdots, s_1^{M-1}$)的最优匹配。采用动态规划（Dynamic Programming，DP）完成对最优匹配的搜索，可大大减少计算量，节省计算时间，而且非常适合于编程。动态规划是运筹学的一个分支，是求解决策过程最优化的数学方法，其实质是分治思想和解决冗余。基本思想是在最优化的假设前提下，把一个 N 个变量的问题分解成 N 个阶段单变量的问题加以解决。动态规划示意图如图 2-85 所示，图中 s_1s_2 平面中的每个栅格点都表示一个数对$[s_1(m), s_2(n)]$，它是两幅图像中元素的一个可能的组合。两幅图像一个完整的配准可以看做是连接第一幅图像的元素与它在第二幅图像上的匹配元素的组合的一条路径。DP 的目的就是找到最佳路径，即使得 $m=M$ 时各数对的累计成本最小的路径，具体步骤为开始时，$m=1$，根据已知的成本函数计算出每个可能数对$[s_1(1), s_2(n)], n=1,2,\cdots,N$ 的成本值。在接下来的步骤 $m(m \geqslant 2)$ 中，确定终点为$[s_1(m), s_2(n)], n=1,2,\cdots,N$ 的具有最小累计成本值的路径（最佳路径）。方法是连接该点与前一步中的各点$[s_1(m-1), s_2(1)]$（$l=1,2,\cdots,N$），计算出各条路径的成本值，并且从中选择出具有最小累计成本值的路径。令 $c(m,n,m-1,u(m-1))$为连接点$[s_1(m), s_2(n)]$和上一步中的点$[s_1(m-1), s_2(u(m-1))]$的成本值，$C(m,n)$是终点为$[s_1(m), s_2(n)]$的路径的最小累计成本值。将成本值加在 $C(m-1,u(m-1))$上，得到累计成本值 $Q(m,n,m-1,u(m-1))$。对于步骤 m 中的每个节点$[s_1(m), s_2(n)]$，有 N 个累计成本值 $Q(m,n,m-1,u(m-1))$，$u(m-1)=1,2,\cdots,N$。$C(m,n)$由下式定义：

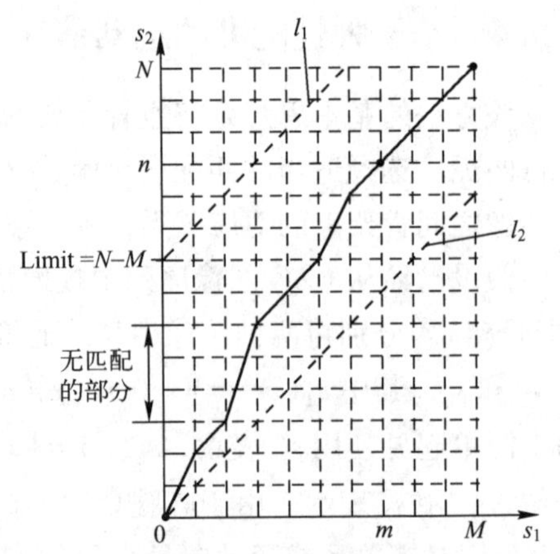

图 2-85　动态规划示意图

$$
\begin{aligned}
C(m,n) &= \min_{u(m-1)} \{ Q(m,n,m-1,u(m-1)) \} \\
&= \min_{u(m-1)} \{ C(m-1,u(m-1)) + c(m,n,m-1,u(m-1)) \}
\end{aligned} \tag{2-132}
$$

如前所述，有下式：

$$
c(m,n,m-1,u(m-1)) = |\Delta \boldsymbol{d}(m)| + \lambda |\kappa_2(n) - \kappa_1(m)| + \eta [n-u(m-1)]^2 \tag{2-133}
$$

且 $C(0,0)=0$。产生最小累计成本 $C(m,n)$ 的节点 $[s_1(m-1), s_2(u(m-1))]$ 就成为节点 $[s_1(m), s_2(n)]$ 的先趋。对于所有的 M 个像素重复上述过程，在最后一步即 $m=M$ 时得到的最佳路径也就是整个问题的最优路径。

最后，令 $\{s_2(u_n(m-1)), s_2(u_n(m-2)), \cdots, s_2(u_n(1))\}$ 为与终点 $[s_1(m), s_2(n)]$ 的路径相关的像素，这样属于路径 n 的全部节点就是 $\{[s_1(1), s_2(u_n(1))], [s_1(2), s_2(u_n(2))], \cdots, [s_1(m), s_2(n)]\}$。在每个节点 $[s_1(m), s_2(n)]$ 处，都需要计算连接该点与前一步的每个点 $[s_1(m-1), s_2(k)]$ ($k=1,2,\cdots,N$) 的成本值，因此 DP 的复杂度为 $O(MN^2)$。

为了避免逐个像素进行比较，减少计算量，缩短计算时间，考虑到冠脉血管运动的实际情况，可以附加一些约束条件限制可能解的搜索空间，具体条件如下：

1）唯一性约束：对于 s_1 中的每个像素，在 s_2 中都能找到一个元素与之相匹配，即 $\forall m, \exists n | \boldsymbol{s}_1(m) \to \boldsymbol{s}_2(n)$，该约束保证只考虑 s_1 中各元素的最佳匹配。

2）单调性约束：因为大多数的心脏变形并不改变冠脉血管骨架上元素的顺序，因而在匹配的过程中需保证骨架线上像素点的顺序不变，不允许交叉匹配，即如果 $\boldsymbol{s}_1(m) \to \boldsymbol{s}_2(n)$ 且 $\boldsymbol{s}_1(m-1) \to \boldsymbol{s}_2(n_p)$，那么 $n \geqslant m$ 且 $n > n_p$，该约束避免了“多对一”（即 s_1 中的多个元素与 s_2 中的一个元素相匹配）以及交叉匹配。

3）位移约束：如果 $\boldsymbol{s}_1(m) \to \boldsymbol{s}_2(n)$，那么 $n-m \leqslant N-M$。在考虑上述约束条件后，搜索就限制在直线 l_1 和 l_2 之间的区域中，如图 2-85 所示。

用采集速率为 15 f/s 的 CAG 图像序列来检验该运动估计算法，对两帧图像的结果如图 2-86 和图 2-87 所示（每隔 5 个像素显示一个运动向量）。由冠状动脉的解剖结构可知，

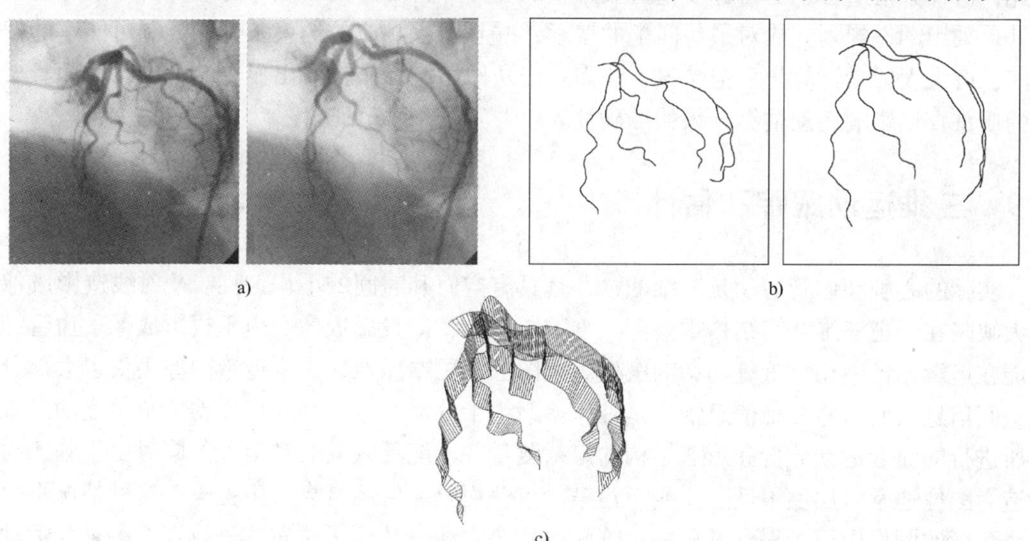

图 2-86　两个时刻的 LAO46° CRAN21°造影图像及血管骨架的运动估计结果

a）原始图像　b）主要血管分支骨架　c）血管骨架的运动估计结果

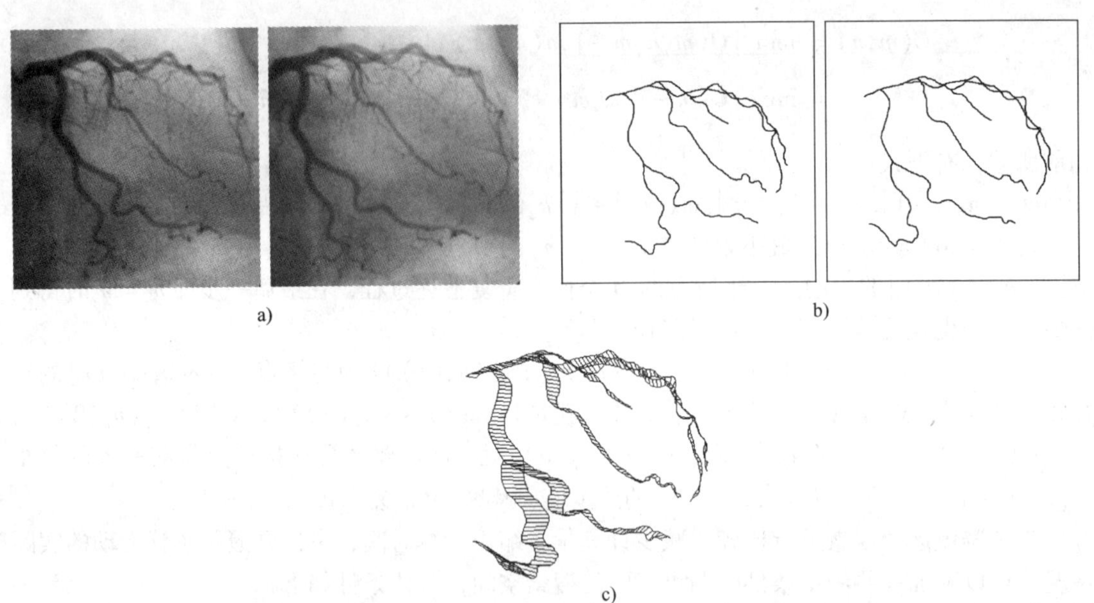

图 2-87　两个时刻的 RAO30° CAUD24°造影图像及血管骨架的运动估计结果

a）两帧原始图像　b）主要血管分支的骨架　c）血管骨架的运动估计结果

血管树的各个分叉点之间应该是互相匹配的，因此对于每个血管分支，可以该分支上的分叉点作为 DP 的起始点。

基于弹性配准的运动估计方法没有用到任何有关目标运动或变形的先验知识或者模型，可以利用同一个相似度测量、同一个成本函数来解决不同种类的变形。并且算法的复杂度不取决于变形的复杂性，不管几何变形的复杂性如何，算法的复杂度几乎是相同的。同时，该方法对所处理的两幅图像之间的时间间隔没有严格的约束，可以计算大位移的运动向量场。因此，这种方法适合于当目标发生比较严重的变形并且变形是未知的时候对目标的运动进行估计。采用动态规划完成对最优匹配的搜索，并且引入相应的约束条件，限制可能解的搜索空间，可大大减少计算量。但是该方法需首先从原始图像中提取出血管的骨架，因而骨架提取的质量直接影响运动估算结果的准确性。

2.9　三维运动跟踪和估计

实际的心脏和血管运动是三维的，并且具有空间和时间的不均匀性。X 射线造影成像的最大缺陷在于把三维空间结构重叠到二维的图像上，即投影成像。由于投影成像，血管结构可能在造影图像中相互重叠而影响医生观察图像。更本质地，二维造影图像丢失了大部分三维空间信息，而这些三维信息恰恰是临床诊断中十分需要的。因此仅根据一个角度的二维投影所进行的血管运动分析和形态结构的定量测量并不能反映其真实情况。同时由于临床得到的造影图像通常对比度很低，受噪声污染严重，而且血管经常会发生重叠，这种情况下仅从一个角度的图像中很难得到准确的血管轮廓和中心线，从而无法对其进行定量测量和运动估计。进一步而言，实际的心脏和血管运动是三维的，并且具有空间和时间的不均匀性，因此为了得到对心脏运动的正确描述，需要在三维空间中分析血管的形态结构和运动情况。

2.9.1 CAG 图像序列中三维运动跟踪

为了实现对冠脉在整个心动周期中的四维（三维＋时间）描述，现有的方法多是按照“自底向上”，即二维→三维的顺序，逐个时刻进行血管骨架的三维重建。具体方法是首先从同时拍摄的两个角度的图像中提取出主要血管分支的中心线（骨架），之后进行左右两个角度间骨架对应点的匹配，最后根据两个投影点的坐标，计算出空间点的三维坐标。由于需要首先从原始图像中提取出单像素、八连通的血管中心线，因此结果的精度在很大程度上取决于二维提取的准确度。而临床得到的造影图像通常受噪声污染严重，而且图像中经常会出现血管重叠，这种情况下仅从一个角度的图像很难得到准确的血管轮廓。同时两个角度之间的匹配直接影响到重建的精度。对于离散的二维中心线，一般是利用外极线约束逐点匹配，该方法很难达到较高的精度，重建结果的连续性不好，计算量也很大。

采用 snake 模型，按照“自顶向下”的方式，将前一时刻的血管骨架作为当前时刻 snake 模型的初始位置，通过使适当的能量函数最小化，表示血管骨架的曲线直接在三维空间中变形，可完成血管骨架的三维序列重建。三维血管骨架在成像平面上的投影就是二维血管中心线，因此该方法可将序列图像中血管的二维中心线提取、三维重建和相邻时刻间的三维运动跟踪集成到一个框架中完成，实现对动脉血管在整个心动周期中的四维（三维＋时间）描述。采用连续的曲线（如 B 样条曲线）表示血管骨架，通过调整控制点的位置就可以灵活控制曲线的位置。同时在三维重建的过程中，避免了两个角度间的逐点匹配过程，通过使 snake 曲线变形，求解最优化问题，直接获得血管段的三维坐标，可提高三维重建的精度。算法的流程如图 2-88 所示，主要步骤包括：

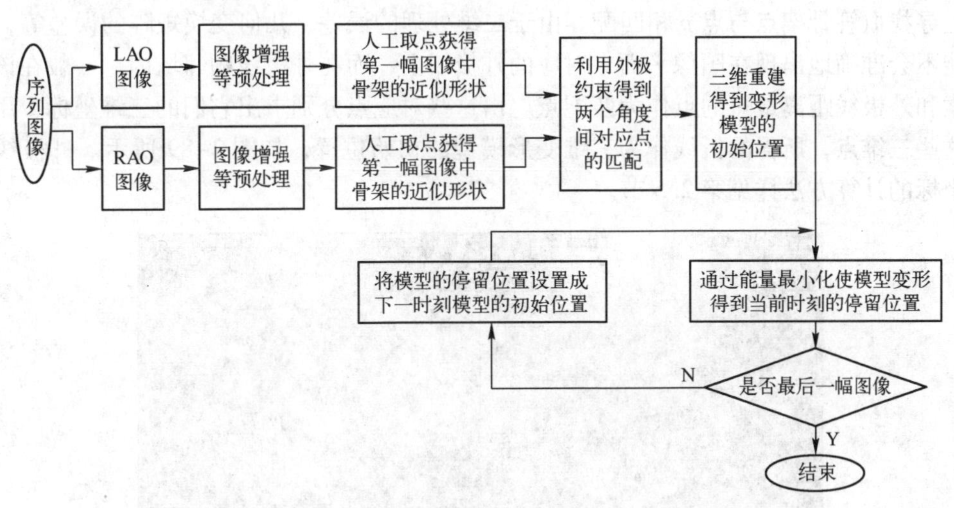

图 2-88　基于变形模型的血管三维运动跟踪算法流程图

1）对原始图像进行必要的预处理，主要包括均衡对比度、去除噪声和图像增强等。

2）对于第一时刻的图像，通过人工取点获得感兴趣血管段在左右投影中的近似中心线，用折线表示。

3）对手动获取的采样点进行三维重建，连接各三维点，所得折线作为 snake 的初始位置。

4）通过使预先设定的能量函数最小，snake 在空间中变形，最终得到具有最小能量的最优位置，就是第一时刻的三维血管中心线。

5）以前一时刻的三维血管骨架作为当前时刻 snake 的初始位置，完成整个序列中骨架的跟踪和重建。

（1）第一时刻血管骨架的三维重建

首先得到第一个时刻血管段的三维中心线，对于其后的序列图像，可将前一时刻的骨架作为 snake 模型的初始位置，通过模型变形得到当前时刻的三维骨架。

对于序列中的第一幅图像（包括左右两个角度），通过人工取点获得兴趣血管段在两个角度投影中的中心线的近似形状，采用外极线约束获得两个角度的采样点间的匹配关系，并计算出采样点的三维坐标，作为变形模型控制点的初始位置。使能量函数最小，模型在三维空间中变形，最终停留在总能量最小的位置，就是该时刻血管段的三维中心线，结果是用三次 B 样条曲线表示的一条连续曲线。

在跟踪过程开始前，需要已知变形模型的初始位置，可通过人工取点提取近似的血管中心线。方法是首先从一个角度的图像中手动选取感兴趣血管段上的 n 个控制点（n 的大小视情况而定），然后根据外极线约束得到各点在另一个角度图像上的对应点，最后由两个角度的点对，计算出各控制点的三维坐标。

三维重建的关键问题是如何确定两个角度造影图像上点的对应关系。寻找三维空间中的骨架点在两个不同角度造影成像面上的对应投影点的过程称为立体匹配。对两个成像面上的点进行立体匹配时，首先在其中一个投影面上取二维投影点 p，如图 2-30 所示，通过点 p、S_1 和 S_2 确定外极面，然后确定外极面与另一投影成像面的交线（即外极线），最后在该外极线上寻找血管骨架点与点 p 相匹配。由于二维处理的误差、几何变换矩阵的误差等，匹配点可能不会准确地出现在图像平面中对应的外极线上，而在外极线的邻域内。一般在该邻域内搜索和外极线距离最短的点作为匹配点。由这些对应点分别求出它们的三维坐标，用直线连接这些三维点，所得的折线作为三维变形模型的初始位置，如图 2-89 所示。外极线和三维点坐标的计算方法详见第 2.5 节。

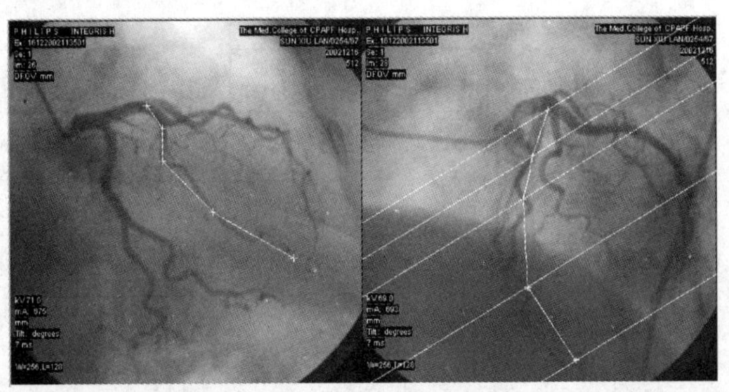

图 2-89　第一时刻两个角度图像中采样点的外极线匹配结果

snake 是一条可变形的参数曲线，$\vec{c}(s)=(x(s),y(s),z(s)),s\in[0,1]$。将该曲线离散化为 n 个点 $\vec{c}_i(x_i, y_i, z_i)$ $(i=1,2,\cdots,n)$，那么 snake 模型能量函数的离散形式如下：

$$E=\sum_{i=1}^{n}\left[E_{\text{int}}(i)+E_{\text{ext}}(i)\right] \tag{2-134}$$

内部能量 E_{int} 的表达式如下

$$E_{\text{int}}(i)=\alpha(\bar{d}-|\vec{c}_i-\vec{c}_{i-1}|)+\beta|\vec{c}_{i-1}-2\vec{c}_i+\vec{c}_{i+1}| \tag{2-135}$$

式中的第一项约束使点平均分布，既能满足连续性的要求，又不会产生曲线收缩的现象。在每次迭代结束时，点间的平均距离 $\bar{d}$ 的值被更新；第二项是曲率，使曲线保持平滑。α 和 β 是权值。

造影过程中，当造影剂的浓度达到峰值时，所拍摄的图像上血管的灰度值应比背景的灰度值小，所以外部能量应该吸引表示血管骨架的空间曲线移动到如下位置：三维曲线在两个图像平面和上的投影位于图像上灰度最小、且灰度梯度最小的区域，即血管的2D中心线。根据透视投影成像的几何关系和外极线约束关系可知，空间点在两个成像平面上的2D投影点的坐标都是空间点三维坐标的函数。下面具体介绍其推导过程。

如图2-27所示，设冠脉骨架点 P_i 在坐标系 $x_1y_1z_1s_1$ 和 $x_2y_2z_2s_2$ 中的坐标分别为 (x_{1i},y_{1i},z_{1i}) 和 (x_{2i},y_{2i},z_{2i})，P_i 在图像A和图像B上的投影点坐标分别为 (u_{1i},v_{1i}) 和 (u_{2i},v_{2i})。根据透视投影成像的几何关系可得出如下公式：

$$u_{1i}=D_1(x_{1i}/z_{1i}),\quad v_{1i}=D_1(y_{1i}/z_{1i}) \tag{2-136}$$

$$u_{2i}=D_2(x_{2i}/z_{2i}),\ v_{2i}=D_2(y_{2i}/z_{2i}) \tag{2-137}$$

两个角度的X射线源局部坐标之间的变换关系为：

$$\begin{bmatrix}\mathrm{x}_{2\mathrm{i}}\\ \mathrm{y}_{2\mathrm{i}}\\ \mathrm{z}_{2\mathrm{i}}\end{bmatrix}=\boldsymbol{R}\cdot\left(\begin{bmatrix}x_{1i}\\ y_{1i}\\ z_{1i}\end{bmatrix}-\boldsymbol{t}\right)=\begin{pmatrix}(r_{11}x_{1i}+r_{12}y_{1i}+r_{13}z_{1i})-(r_{11}t_1+r_{12}t_2+r_{13}t_3)\\ (r_{21}x_{1i}+r_{22}y_{1i}+r_{23}z_{1i})-(r_{21}t_1+r_{22}t_2+r_{23}t_3)\\ (r_{31}x_{1i}+r_{32}y_{1i}+r_{33}z_{1i})-(r_{31}t_1+r_{32}t_2+r_{33}t_3)\end{pmatrix} \tag{2-138}$$

式中，$r_{ij}(i,j=1,2,3)$ 为旋转矩阵 $\boldsymbol{R}$ 的第 i 行、第 j 列的元素；$\boldsymbol{t}=[t_1\quad t_2\quad t_3]^T$ 为平移矩阵。将式（2-138）代入式（2-137）得到如下公式：

$$\begin{aligned}u_{2i}&=D_2\cdot\frac{(r_{11}x_{1i}+r_{12}y_{1i}+r_{13}z_{1i})-(r_{11}t_1+r_{12}t_2+r_{13}t_3)}{(r_{31}x_{1i}+r_{32}y_{1i}+r_{33}z_{1i})-(r_{31}t_1+r_{32}t_2+r_{33}t_3)},\\ v_{2i}&=D_2\cdot\frac{(r_{21}x_{1i}+r_{22}y_{1i}+r_{23}z_{1i})-(r_{21}t_1+r_{22}t_2+r_{23}t_3)}{(r_{31}x_{1i}+r_{32}y_{1i}+r_{33}z_{1i})-(r_{31}t_1+r_{32}t_2+r_{33}t_3)}\end{aligned} \tag{2-139}$$

所以空间点在两个成像平面上的二维投影点的坐标 (u_{1i},v_{1i}) 和 (u_{2i},v_{2i}) 都可以用该点的三维坐标 $\vec{c}_i=(x_{1i},y_{1i},z_{1i})$ 来表示，公式如下：

$$\begin{bmatrix}u_{1i}\\ v_{1i}\end{bmatrix}=F_{\mathrm{L}}(\vec{c}_i),\ \begin{bmatrix}u_{2i}\\ v_{2i}\end{bmatrix}=F_{\mathrm{R}}(\vec{c}_i) \tag{2-140}$$

外部能量函数包含两部分，分别对应于两个角度的二维投影，公式如下：

$$\begin{aligned}E_{\text{ext}}&=\gamma(I_{\mathrm{L}}(u_{1i},v_{1i})+I_{\mathrm{R}}(u_{2i},v_{2i}))+\lambda(|\nabla I_{\mathrm{L}}(u_{1i},v_{1i})|+|\nabla I_{\mathrm{R}}(u_{2i},v_{2i})|)\\ &=\gamma(I_{\mathrm{L}}(F_{\mathrm{L}}(\vec{c}_i))+I_{\mathrm{R}}(F_{\mathrm{R}}(\vec{c}_i)))+\lambda(|\nabla I_{\mathrm{L}}(F_{\mathrm{L}}(\vec{c}_i))|+|\nabla I_{\mathrm{R}}(F_{\mathrm{R}}(\vec{c}_i))|)\end{aligned} \tag{2-141}$$

式中，$I_{\mathrm{L}}(u_{1i},v_{1i})$ 和 $I_{\mathrm{R}}(u_{2i},v_{2i})$ 分别是左、右图像点的灰度值；$\nabla I_{\mathrm{L}}(u_{1i},v_{1i})$ 和 $\nabla I_{\mathrm{R}}(u_{2i},v_{2i})$ 分别是左、右图像点的灰度梯度。由于血管造影图像中，血管的灰度值比背景小，所以这里系数 γ 取正值。而且我们感兴趣的是血管中心线，不是边缘，所以 λ 也取正值。

求解变形模型的最优位置就是要使 E 最小，$\vec{c}_i$ 的最终位置就确定了感兴趣血管段的三维中心线。求解能量函数最小化方程可采用动态规划或贪婪算法求解。

(2) 整个序列中三维血管中心线的跟踪

得到第一时刻血管段的三维中心线之后，对于其后的序列图像，根据血管形状不突变的特点，把时刻 t 的三维骨架作为时刻 $t+1$ 模型的初始位置，实现对整个图像序列中血管段的三维运动跟踪。

在进行相邻时刻间的血管跟踪时，如果使模型不断变形的外力仅仅是图像点的灰度和相邻点间的灰度梯度，那么由于兴趣血管段不一定是二维投影中灰度最小、灰度梯度变化最小的部分，因此很容易收敛于错误的结果。基于上述原因，为了得到对序列图像中血管段的准确跟踪，需要引入其他的外部约束。考虑到外部能量函数的灵活性，可在模型中嵌入相似度匹配，通过对相邻帧之间的目标进行配准实现对运动物体的跟踪。假设在足够短的时间间隔内，运动前后物体的灰度不发生变化，那么得到序列中第一时刻的血管中心线之后，在开始对后续图像进行运动跟踪时，外部能量的函数表达式采用如下形式：

$$
\begin{aligned}
E_{\text{ext}} = & \gamma(I_{\text{L}}^{t}(u_{1i},v_{1i}) + I_{\text{R}}^{t}(u_{2i},v_{2i})) + \lambda(|\nabla I_{\text{L}}^{t}(u_{1i},v_{1i})| + |\nabla I_{\text{R}}^{t}(u_{2i},v_{2i})|) \\
& + \eta\Big(\sum_{\Delta x=-w}^{w}\sum_{\Delta y=-w}^{w}|I_{\text{L}}^{t}(u_{1i}^{t}+\Delta x, v_{1i}^{t}+\Delta y) - I_{\text{L}}^{t-1}(u_{1i}^{t-1}+\Delta x, v_{1i}^{t-1}+\Delta y)| \\
& + \sum_{\Delta x=-w}^{w}\sum_{\Delta y=-w}^{w}|I_{\text{R}}^{t}(u_{2i}^{t}+\Delta x, v_{2i}^{t}+\Delta y) - I_{\text{R}}^{t-1}(u_{2i}^{t-1}+\Delta x, u_{2i}^{t-1}+\Delta y)|\Big) \\
= & \gamma(I_{\text{L}}^{t}(T_{\text{L}}(\vec{c}_i^{\,t})) + I_{\text{R}}^{t}(T_{\text{R}}(\vec{c}_i^{\,t}))) + \lambda(|\nabla I_{\text{L}}^{t}(T_{\text{L}}(\vec{c}_i^{\,t}))| + |\nabla I_{\text{R}}^{t}(T_{\text{R}}(\vec{c}_i^{\,t}))|) \\
& + \eta\Big(\sum_{\Delta\vec{d}}|I_{\text{L}}^{t}(T_{\text{L}}(\vec{c}_i^{\,t}) + \Delta\vec{d}) - I_{\text{L}}^{t-1}(T_{\text{L}}(\vec{c}_i^{\,t-1}) + \Delta\vec{d})| \\
& + \sum_{\Delta\vec{d}}|I_{\text{R}}^{t}(T_{\text{R}}(\vec{c}_i^{\,t}) + \Delta\vec{d}) - I_{\text{R}}^{t-1}(T_{\text{R}}(\vec{c}_i^{\,t-1}) + \Delta\vec{d})|\Big)
\end{aligned} \tag{2-142}
$$

其中下标 L 表示 LAO 投影，R 表示 RAO 投影。这样外部能量中除了包含图像力，即吸引曲线向着图像中灰度最小、灰度梯度变化最小的区域内移动之外，还包含外部约束，使运动前后血管上对应点的灰度变化最小。

同时引入一个新的运动模型，包含血管的整体运动和局部运动。假设在 $t-1$ 时刻的 3D 血管中心线用曲线$\vec{v}_{t-1}(s)=(x_{t-1}(s),y_{t-1}(s),z_{t-1}(s))$表示，若相邻帧之间血管不发生严重的变形，那么下一时刻 t 的血管 3D 骨架$\vec{v}_t(s)$与上一帧图像之间的运动可以分解为整体运动和局部运动，由于心脏及其相关的冠状动脉血管的运动是非刚性运动，因此整体运动包含整体平移、旋转和变形，那么$\vec{v}_t(s)$可用下式表达：

$$
\begin{aligned}
\vec{v}_t(s) &= \boldsymbol{T} + \boldsymbol{R}\,\vec{v}_{t-1}(s) + \boldsymbol{D}\,\vec{v}_{t-1}(s) + \vec{d}(s) \\
&= \begin{bmatrix} T_x \\ T_y \\ T_z \end{bmatrix} + \begin{bmatrix} r_{11} & r_{12} & r_{13} \\ r_{21} & r_{22} & r_{23} \\ r_{31} & r_{32} & r_{33} \end{bmatrix}\begin{bmatrix} x_{t-1}(s) \\ y_{t-1}(s) \\ z_{t-1}(s) \end{bmatrix} + \begin{bmatrix} d_{11} & d_{12} & d_{13} \\ d_{21} & d_{22} & d_{23} \\ d_{31} & d_{32} & d_{33} \end{bmatrix}\begin{bmatrix} x_{t-1}(s) \\ y_{t-1}(s) \\ z_{t-1}(s) \end{bmatrix} + \begin{bmatrix} d_x(s) \\ d_y(s) \\ d_z(s) \end{bmatrix}
\end{aligned} \tag{2-143}
$$

这样，血管在上一帧图像中的位置就不仅仅是它在下一帧图像中的位置的初始值了，同时它也是新位置的一个组成部分。式中，$\boldsymbol{T}$ 是整体平移向量；$\boldsymbol{R}$ 是整体旋转矩阵；$\boldsymbol{D}$ 是变形矩阵；$\vec{d}(s)$是血管上每个点的局部位移。将上式中的前三项合并，得到如下公式：

$$\vec{v}_t(s)=\begin{bmatrix} r_{11}+d_{11} & r_{12}+d_{12} & r_{13}+d_{13} & T_x \\ r_{21}+d_{21} & r_{22}+d_{22} & r_{23}+d_{23} & T_y \\ r_{31}+d_{31} & r_{32}+d_{32} & r_{33}+d_{33} & T_z \end{bmatrix}\begin{bmatrix} x_{t-1}(s) \\ y_{t-1}(s) \\ z_{t-1}(s) \\ 1 \end{bmatrix}+\begin{bmatrix} d_x(s) \\ d_y(s) \\ d_z(s) \end{bmatrix}=\boldsymbol{A}\cdot\begin{bmatrix} \vec{v}_{t-1}(s) \\ 1 \end{bmatrix}+\vec{d}(s) \tag{2-144}$$

其中，$\boldsymbol{A}$ 是一个 3×4 的矩阵，$\vec{d}(s)=[d_x(s) \quad d_y(s) \quad d_z(s)]^{\mathrm{T}}$，对于每个点来说是一个 3×1 的列向量，表示该点的局部位移。

能量函数中的内部能量是为了保证曲线的连续性和光滑性，在进行运动分析时，可用该光滑性约束来对血管的运动速度进行约束。基于此，引入整体运动模型，血管的运动可以看做包含两部分：一个是整体运动，它与血管在上一帧的位置有关；另一部分是局部运动。重新构造能量函数如下：

$$E=\int_0^1\left(E_{\text{int}}(\vec{d}(s))+E_{\text{ext}}\boldsymbol{A}\cdot\begin{bmatrix} \vec{v}_{t-1}(s) \\ 1 \end{bmatrix}\right)+\vec{d}(s)\Bigg]\mathrm{d}s \tag{2-145}$$

式中，$\vec{d}(s)$是血管上的点从上一帧到下一帧的局部位移（包括 x 和 y 方向的位移）；$\vec{v}_{t-1}(s)$ 是血管点在上一帧图像中的位置（坐标）。上述能量函数的离散形式如下：

$$E=\sum_{i=1}^{n}\left[E_{\text{int}}(\vec{d}_i)+E_{\text{ext}}\left(\boldsymbol{A}\cdot\begin{bmatrix} v_i^{t-1} \\ 1 \end{bmatrix}+\vec{d}_i\right)\right] \tag{2-146}$$

这样对血管的运动进行跟踪的问题就转化为求解矩阵 $\boldsymbol{A}$ 和$\vec{d}_i$。

采用动态规划或者 Williams 快速算法求解 snake 能量函数最优化问题时，每次迭代时，需在以当前点为中心的一个小体元内进行搜索，算法示意图如图 2-90 所示。

选择分别从 RAO30°CAUD24°角度和 LAO46°CRAN21°角度拍摄的两个左冠造影图像序列，图像采集速率为 15f/s，图像大小为 512×512 像素，灰阶为 256。图 2-91a 是该序列中第一个时刻的两个角度的图像对，在 RAO 图像的前降支上选择 8 个点，根据外极约束可找到其在 LAO 图像中的匹配点。根据这些点的两个二维投影可以计算出它们的三维坐标。用直线段连接这些 3D 点，得到用折线表示的 3D 骨架的初始形状。在折线上均匀采点，通过使能量函数（式（2-141））最小，得到第一时刻的 3D 血管骨架，它在两个成像平面上的投影就是前两幅图像中的二维骨架，如图 2-91b 所示。对于其后的序列图像，根据血管形状不突变的特点，把当前中帧图像中 snake 模型的停留位置作为前一帧图像中的初始位置，实现序列图像中血管中心线的三维重建和跟踪，图 2-92 是从序列中选取的 5 个时刻的三维血管骨架跟踪结果。直观判断，三维血管骨架与原投影图像吻合很好。而且当一个心动周期结束时，即第 10 时刻的血管形状与第 1 时刻的

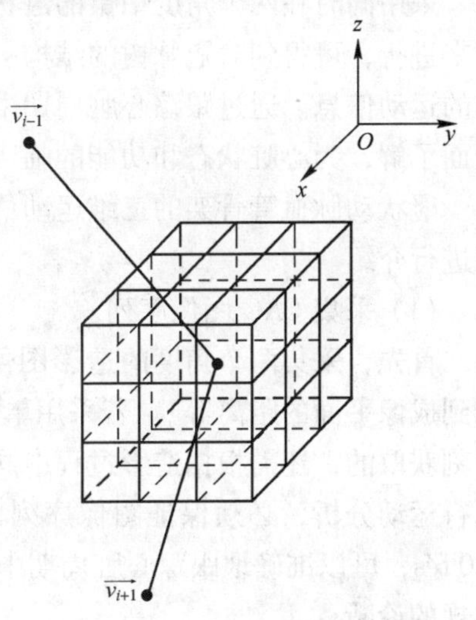

图 2-90　求解 3D snake 模型最优化问题的快速算法示意图

形状很相似，这也验证了“在心动周期结束时，冠状动脉血管会回到其在周期开始时的位置”这一结论。

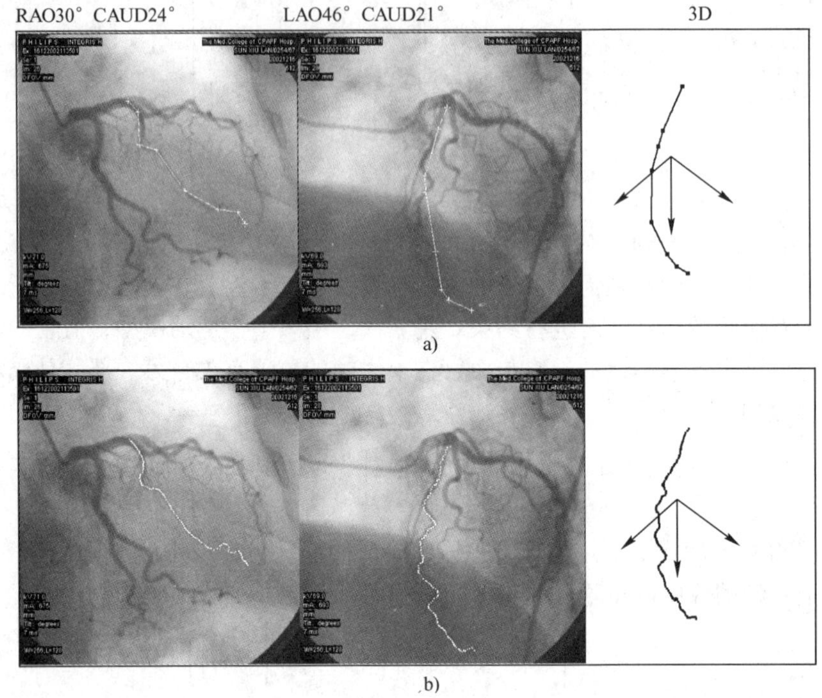

图 2-91　序列中第一个时刻的左前降支中心线的三维重建

a）snake 模型的初始形状　b）snake 模型的最终停留位置

2.9.2　三维运动估计

采用同时在两个角度拍摄的冠状动脉造影图像序列，将冠脉的三维重建和运动估计结合起来进行，可得到对冠脉树的结构、形态及运动的全面描述，提取出无空间偏差的局部和整体的运动信息。通过跟踪心脏周期中冠脉树的运动及变形，可获得对心脏整体和局部运动的全面了解，为心脏状态和功能的临床分析以及与其他成像技术的融合提供基础。

冠状动脉血管骨架的三维运动估计由四个步骤组成，如图 2-93 所示，下面分别对各步骤进行介绍。

（1）采集 CAG 图像序列

首先，采集两个角度的造影图像序列，并记录成像系统参数（包括造影角度、X 射线源到成像平面的距离等）。若采用单面造影系统，则为了保证两个角度的图像序列是在同一时刻获取的，还需根据造影过程中同步记录的心电信号选取两个角度的对应图像。同时为了进行运动分析，必须保证图像序列的时间分辨率足够高，CAG 图像采集速率通常为 15 ~ 120 f/s，可以准确地跟踪心脏周期中动脉的运动。还必须保证适当的空间分辨率，便于进行常规的诊断。

对成像系统进行标定的目的是为了得到三维空间和每个 X 射线成像设备的二维透视投影之间的几何关系（假设拍摄过程中 X 射线源的位置是已知的）。该几何关系由几何变换矩

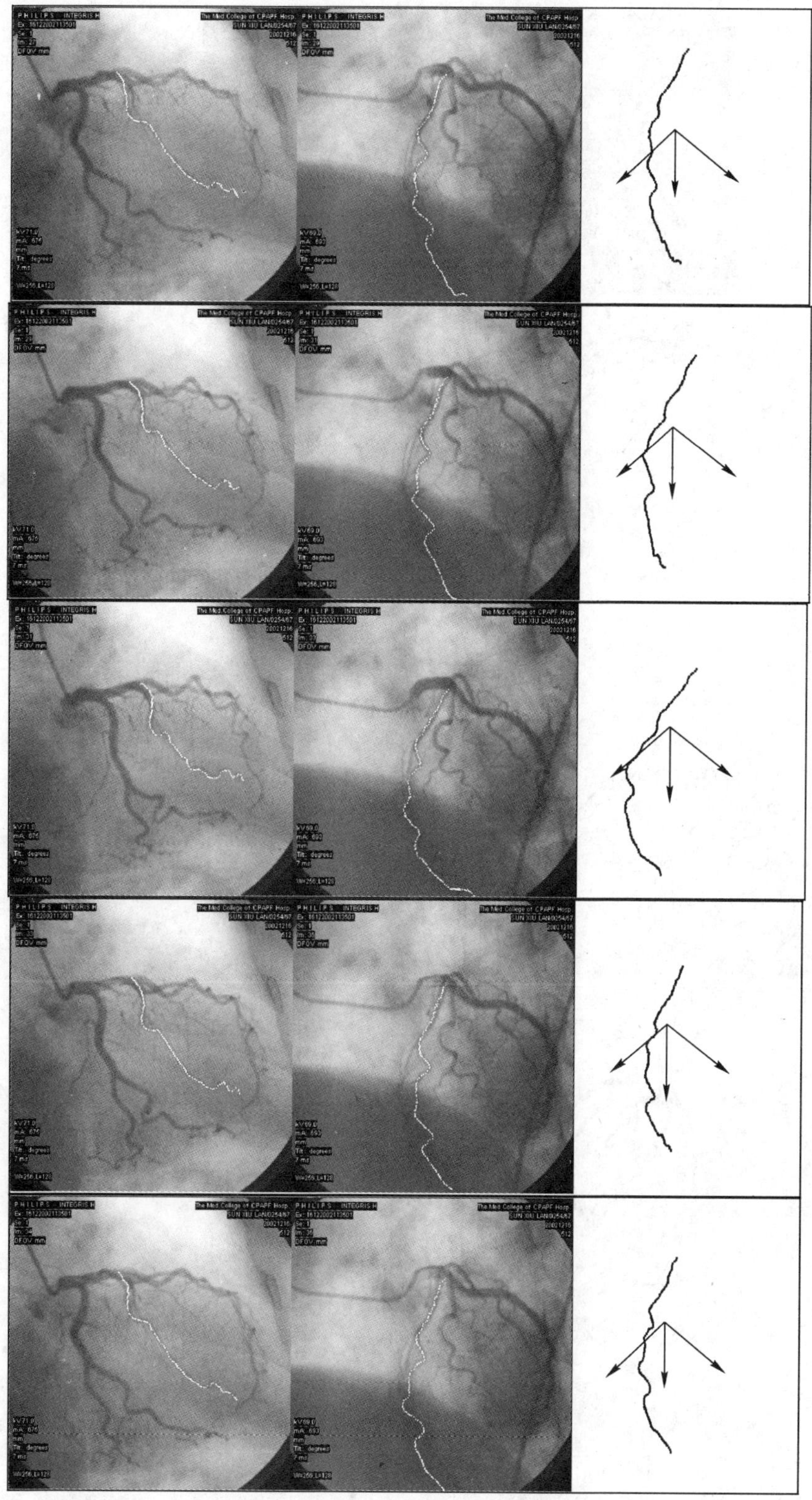

图 2-92　5 个时刻的三维血管骨架跟踪结果

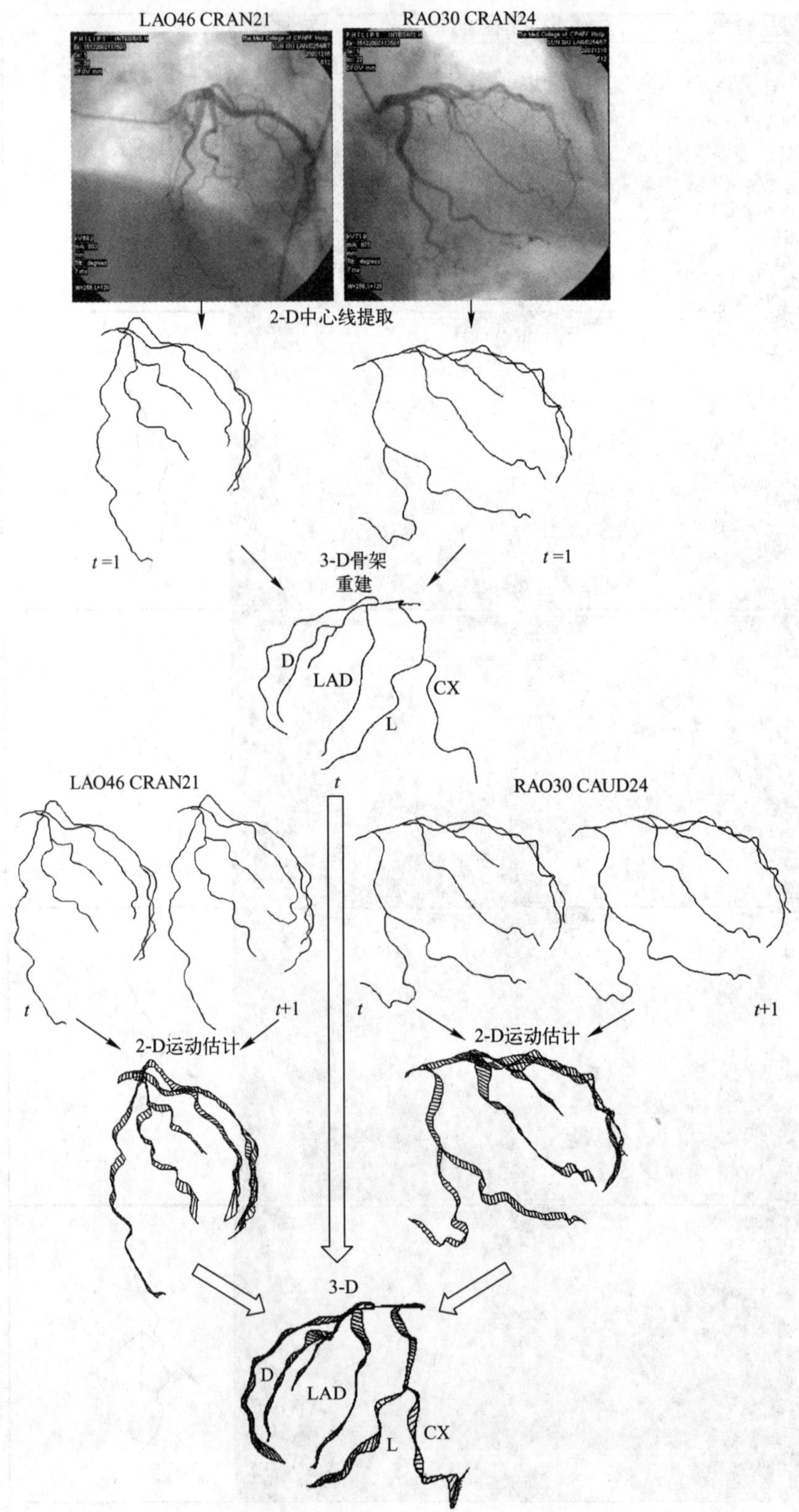

图 2–93　冠状动脉血管骨架树三维运动估计示意图

阵决定（详见第2.5节），矩阵的系数可由球管中标定的三维位置及其在图像平面上的坐标估计出来。

（2）提取CAG图像中的血管骨架

由于血管造影图像在获取、传输和存储过程中受到各种因素的限制和噪声干扰，因此首先要对图像进行预处理，如中值滤波、高斯平滑等，目的是消除干扰噪声，保留并突出所需的图像信息。之后，为了减少后续处理过程的数据量和便于模式特征的提取，需要对冠脉造影图像进行二维骨架提取，可获得连通的、逼近中轴线且为单像素宽的血管分支的骨架[5]。由于临床上只有主干血管信息对冠心病的诊治具有重要意义，所以只需从冠脉造影图像中提取主干血管的骨架。

为了正确分割冠脉树的骨架，需要对骨架的特征点进行识别，包括分叉点（血管在该处出现分支，血管骨架出现交点）、交叉点（指两条空间不相交的血管在造影图上投影的交叉点）和端点（造影图上血管的终止点）。最后，获得二维血管骨架树的拓扑结构描述，并将二维血管骨架树表示成像素点的有序序列，详见第2.4节。

（3）重建首时刻的三维血管骨架

血管造影图像序列中第一个时刻 $t=1$ 的血管骨架树进行三维重建的具体方法参见第2.5节。

（4）对整个图像序列进行血管骨架的三维重建和运动估计

首先，对时刻 t 和时刻 $t+1$ 的两个角度的图像分别进行沿血管中心线的二维运动估计，得到中心线上各点的二维运动向量。第2.8.3节中所述的光流法虽然是运动图像分析的重要方法，但是其在应用过程中存在抗噪性能较差、对图像的帧采样率要求很高等局限。而且采用光流法只能计算出骨架上点的运动向量，得不到两幅图像点之间的对应关系。基于弹性配准的二维运动估计方法对所处理的相邻图像的时间间隔没有严格的约束，可以计算大位移的运动向量场，得到血管骨架上各点的二维运动向量。

然后，采用外极约束优化二维运动估计结果。得到序列中时刻 $t=1$ 的三维冠脉骨架。在血管骨架的三维重建过程中，采用外极约束完成了两个视角间点的匹配，即冠状动脉骨架上的每个三维点在两个图像平面上各有一个投影点，而且这种对应关系在整个图像序列中是不变的。这也为二维运动估计引入了一个新的约束条件，即时刻 t 空间血管上的一点 P，在图像平面A和B上的投影点分别为 p_1 和 p_2。经过二维运动估计后，得到平面A上的 p_1 与时刻 $t+1$ 的点 p'_1 相对应，运动向量为 $\overrightarrow{p_1p'_1}$；平面B上的 p_2 与时刻 $t+1$ 的点 p_2'相对应，运动向量为 $\overrightarrow{p_2p'_2}$。那么 p'_1 与 p'_2 应该在彼此的外极线上，如图2-94所示。将上述约束条件应用到对造影图像序列的二维运动估计中，得到优化后的结果。

其次，由两个角度的二维运动向量重建出三维运动向量及 $t+1$ 时刻的三维血管骨架。由 p'_1 与 p'_2 的坐标可计算出空间点 P 在时刻 $t+1$ 的位置 P'的坐标，从而得到三维运动向量 $\overrightarrow{PP'}$，如图2-94所示。

最后，t 值增加1，即 $t \rightarrow t+1$，重复上述步骤，直至图像序列的末尾，就得到了对整个图像序列中相邻时刻间血管骨架的三维运动向量。

运用上述算法对图2-91和图2-92所示的左冠CAG图像序列进行血管骨架运动估计的结果如图2-95和图2-96所示。

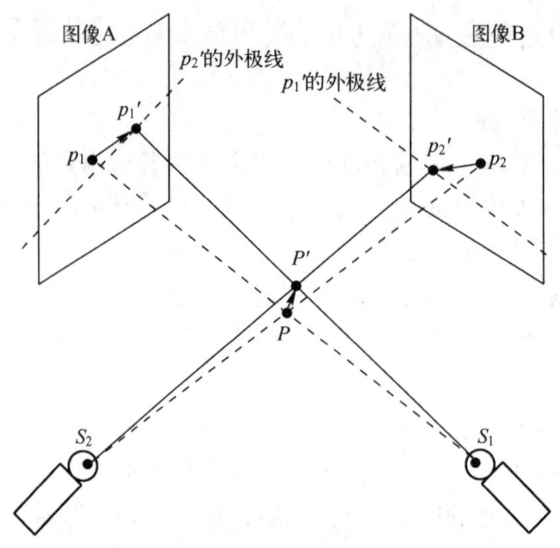

图 2-94 运动向量的三维重建示意图

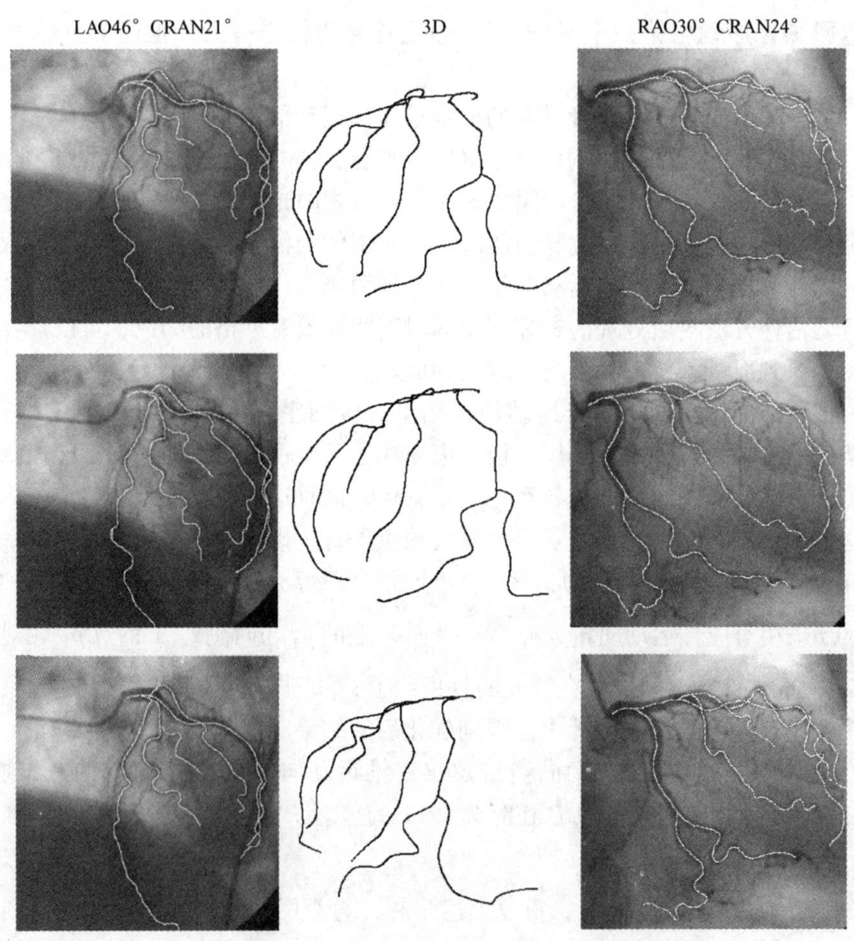

图 2-95 3 个时刻的 CAG 图像和重建出的左冠血管三维骨架

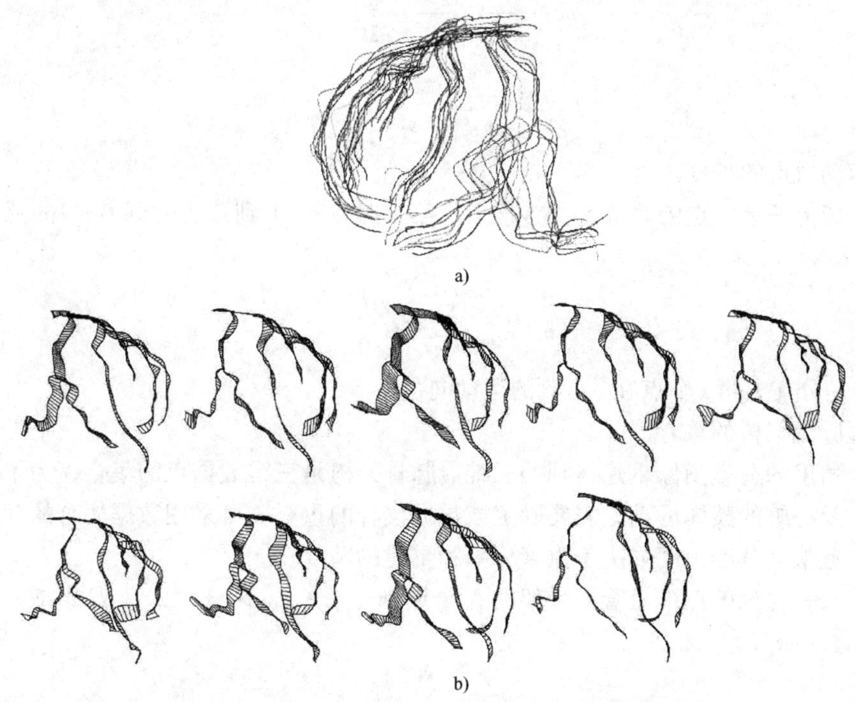

图 2-96　对在 RAO 30° CAUD24°和 LAO 46° CRAN21°角度拍摄的两个左冠造影图像序列进行主要血管分支骨架的运动估计结果

a）10 个时刻的三维血管骨架　b）相邻时刻间的三维运动场（十个时刻）

2.9.3　三维运动参数的计算和符号描述

计算出图像序列中的冠脉各分支在各时刻的运动向量之后，可提取出包含在每个三维点对（运动向量的起点和终点）中的信息，计算出相关的重要参数，目的是比较在二维和三维空间中血管运动的差别，获得对冠脉树运动的了解。包括整体运动参数（血管中心线的长度、位移的幅值、运动的轨迹和骨架树的重心）和局部运动参数（二维运动方向、三维运动方向和旋转方向）。

（1）血管中心线的长度

假设血管中心线上相邻点之间采用直线连接。在时刻 t，如果一个血管分支的三维中心线由 M 个点组成$(x_i^t, y_i^t, z_i^t)(i=1,2,\cdots,M)$，那么该分支的中心线长度为

$$L_t = \sum_{i=1}^{M} \sqrt{(x_{i+1}^t - x_i^t)^2 + (y_{i+1}^t - y_i^t)^2 + (z_{i+1}^t - z_i^t)^2} \tag{2-147}$$

令 $z=0$ 即可得到二维长度。

（2）位移的幅值、速度和加速度

两个时刻之间，血管段上第 i 个点的运动向量$\overrightarrow{D_t^{t+1}{}_i} = ((x_i^{t+1} - x_i^t), (y_i^{t+1} - y_i^t), (z_i^{t+1} - z_i^t))$表达了该点在时刻 t 的位置(x_i^t, y_i^t, z_i^t)与其在时刻 $t+1$ 的位置$(x_i^{t+1}, y_i^{t+1}, z_i^{t+1})$间的相对关系。运动向量的大小为

$$s_t^{t+1}{}_i = |\overrightarrow{D_t^{t+1}{}_i}| = \sqrt{(x_i^{t+1} - x_i^t)^2 + (y_i^{t+1} - y_i^t)^2 + (z_i^{t+1} - z_i^t)^2} \tag{2-148}$$

也就是该点在时刻 t 的位移幅值。Δt 时间内的平均速度为

$$\overrightarrow{v_{t\ \ i}^{t+1}} = \overrightarrow{D_{t\ \ i}^{t+1}} / \Delta t \tag{2-149}$$

加速度为

$$\overrightarrow{a_i^{t+1}} = (\overrightarrow{v_{t+1i}^{t+2}} - \overrightarrow{v_{t\ \ i}^{t+1}}) / \Delta t \tag{2-150}$$

(3) 运动轨迹的长度

血管骨架上任意一点的轨迹定义为该点从第一时刻 $t=1$ 到最后时刻 $t=T$ 的总位移，公式如下：

$$D_i = \sum_{t=1}^{T-1} \left| \overrightarrow{D_{t\ \ i}^{t+1}} \right| \tag{2-151}$$

式中，$\overrightarrow{D_{t\ \ i}^{t+1}}$是分支上第 i 个点在 t 时刻的运动向量。

(4) 冠脉骨架树的重心

由两个角度的造影图像重建得到的三维冠脉骨架树是三维数据点的集合，为了了解各时刻的动脉树及心脏的整体运动，需要确定该数据集合的重心。可采用数据集合的几何中心作为其重心的近似，其准确度取决于血管分割和重建的精度。

序列中某一时刻的三维血管树骨架由 N 个点(x_i, y_i, z_i)，$(i=1,2,\cdots,N)$组成，该三维点集的重心(x_c, y_c, z_c)为

$$x_c = \sum_{i=1}^{N} x_i, \quad y_c = \sum_{i=1}^{N} y_i, \quad z_c = \sum_{i=1}^{N} z_i \tag{2-152}$$

(5) 二维运动方向

用离散点的有序集合表示从 CAG 图像中提取出的二维血管骨架。一个血管分支在时刻 t 的二维骨架为 $\boldsymbol{P}^t = (x_i^t, y_i^t)$，$(i=1,2,\cdots,M)$，其在时刻 $t+1$ 的中心线为 $\boldsymbol{P}^{t+1} = (x_j^{t+1}, y_j^{t+1})$，$(j=1,2,\cdots,N)$。对于 $\boldsymbol{P}^t$ 上的任意一点 $\boldsymbol{P}_i^t(x_i^t, y_i^t)$，其在时刻 $t+1$ 的对应点为 $P_j^{t+1}(x_j^{t+1}, y_j^{t+1})$。如果能够将点的运动方向与中心线在该点的空间方向联系起来，就可以确定二维运动是膨胀还是收缩了。

以点 P_i^t 为中心建立二维笛卡尔坐标系，如图 2-97 所示，在图 2-97a 中该点运动向量的方向角 α_i 为

$$\alpha_i = \arctan \frac{y_j^{t+1} - y_i^t}{x_j^{t+1} - x_i^t} \tag{2-153}$$

在图 2-97b 和图 2-97c 中，t 时刻的血管骨架在该点的方向角 β_i^1 和 β_i^2 为

$$\beta_i^1 = \arctan \frac{y_{i-1}^t - y_i^t}{x_{i-1}^t - x_i^t} \tag{2-154}$$

$$\beta_i^2 = \arctan \frac{y_{i+1}^t - y_i^t}{x_{i+1}^t - x_i^t} \tag{2-155}$$

其中 $i=2, 3, \cdots, M-1$，该血管段骨架上点的总数为 M，并且 $0 \leqslant \alpha_i, \beta_i^1, \beta_i^2 < 2\pi$。

根据心脏运动先验知识得知，膨胀通常是指远离图像平面中心的运动；相反，收缩是向着图像平面中心的运动。根据点的运动向量与该点处血管段的相对方向（即 α_i 与 β_i^1 及 β_i^2 的相互关系），即可对运动向量进行归类，确定运动形式。

(6) 三维运动方向

第 2.9.2 节所述的三维血管骨架重建和运动及其上各点的运动向量是关于成像系统坐标

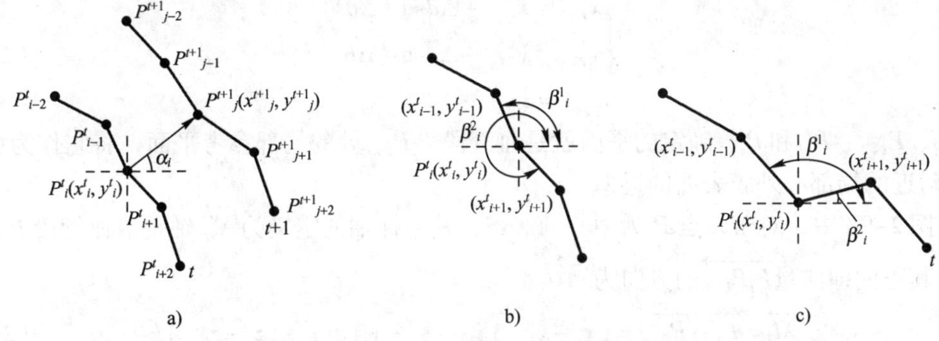

图 2-97　二维笛卡尔坐标系

a）t 时刻骨架点 P_i^t 的运动方向　b）t 时刻骨架点 P_i^t 处血管段的方向（$\beta_i^1 < \beta_i^2$）

c）t 时刻骨架点 P_i^t 处血管段的方向（$\beta_i^1 > \beta_i^2$）

系的，为了分析骨架点的局部运动，选择局部参考坐标系（Local Reference System，LRS）较为合适。LRS 是三维笛卡尔坐标系，以三维骨架点为中心，对骨架上的每个点都建立一个 LRS，如图 2-98 所示。下面具体介绍其过程。

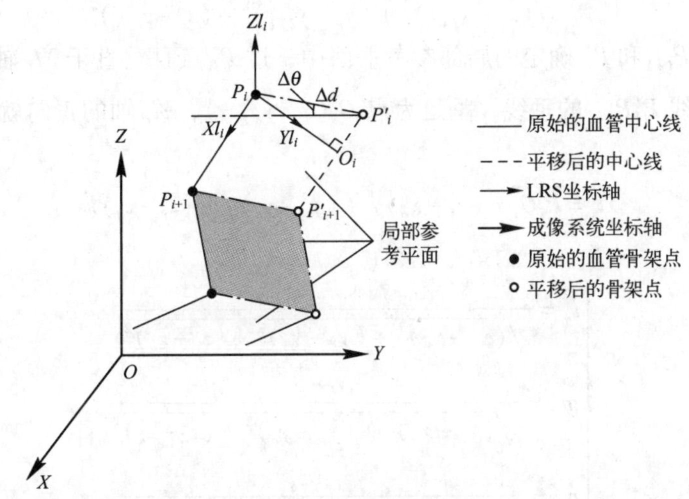

图 2-98　局部参考坐标系

设三维骨架点 P_i 的坐标为 (x_i, y_i, z_i)（基于成像系统坐标系），其相邻点为 $P_{i+1}(x_{i+1}, y_{i+1}, z_{i+1})$，$(i=1,2,\cdots,N-1)$，$N$ 为该分支上点的总数。假设两点间采用直线连接，得到血管段 P_iP_{i+1}。假设 3D 骨架点附近的心肌表面是连续的，并且 3D 血管骨架的运动与相关心肌表面的运动相同。将 P_iP_{i+1} 相对于其原来的位置平移 Δd（$0<\Delta d \ll 1$），得到与其平行的线段 $P'_iP'_{i+1}$，过点 P_i 和 P'_i 的直线与成像系统坐标系的 Y 轴正方向的夹角为 $\Delta\theta(0<\Delta\theta \ll \pi/10)$，且 $z_i = z'_i, z_{i+1} = z'_{i+1}$，那么点 P'_i 和 P'_{i+1} 的坐标 (x'_i, y'_i, z'_i) 和 $(x'_{i+1}, y'_{i+1}, z'_{i+1})$ 分别如下：

$$\begin{cases} x'_i = x_i + \Delta d\sin(\Delta\theta) \\ y'_i = y_i + \Delta d\cos(\Delta\theta) \\ z'_i = z_i \end{cases} \tag{2-156}$$

$$\begin{cases} x'_{i+1} = x_{i+1} + \Delta d\sin(\Delta\theta) \\ y'_{i+1} = y_{i+1} + \Delta d\cos(\Delta\theta) \\ z'_{i+1} = z_{i+1} \end{cases} \tag{2-157}$$

由点 P_i、P_{i+1}、P'_i 和 P'_{i+1} 确定的平面就是血管段 P_iP_{i+1} 处的局部参考平面，将它作为血管段 P_iP_{i+1} 附近的局部心外膜表面的近似。

在图 2–98 中，对于以点 P_i 为中心的 LRS，其坐标轴的定义为 Xl_i 轴是沿血管段 P_iP_{i+1} 的直线，其正向即向量 $\overrightarrow{P_iP_{i+1}}$ 的方向为

$$\overrightarrow{Xl_i} = \overrightarrow{P_i} - \overrightarrow{P_{i+1}} = (x_i - x_{i+1})\vec{i} + (y_i - y_{i+1})\vec{j} + (z_i - z_{i+1})\vec{k} \tag{2-158}$$

其方向余弦为

$$\begin{cases} l_x = \dfrac{x_i - x_{i+1}}{\sqrt{(x_i - x_{i+1})^2 + (y_i - y_{i+1})^2 + (z_i - z_{i+1})^2}} \\ m_x = \dfrac{y_i - y_{i+1}}{\sqrt{(x_i - x_{i+1})^2 + (y_i - y_{i+1})^2 + (z_i - z_{i+1})^2}} \\ n_x = \dfrac{z_i - z_{i+1}}{\sqrt{(x_i - x_{i+1})^2 + (y_i - y_{i+1})^2 + (z_i - z_{i+1})^2}} \end{cases} \tag{2-159}$$

Yl_i 轴在由点 P_i、P_{i+1} 和 P'_i 确定的局部参考平面中，过 P_i 点且垂直于 Xl_i 轴。如图 2–98 所示，过 P_i 点做直线 $P'_iP'_{i+1}$ 的垂线，垂足为点 $O_i(x_o, y_o, z_o)$，Yl_i 轴的正向就是向量 $\overrightarrow{P_iO_i}$ 的方向，公式如下：

$$\overrightarrow{Yl_i} = \overrightarrow{P_iO_i} = (x_i - x_o)\vec{i} + (y_i - y_o)\vec{j} + (z_i - z_o)\vec{k} \tag{2-160}$$

其方向余弦为

$$\begin{cases} l_y = \dfrac{x_i - x_o}{\sqrt{(x_i - x_o)^2 + (y_i - y_o)^2 + (z_i - z_o)^2}} \\ m_y = \dfrac{y_i - y_o}{\sqrt{(x_i - x_o)^2 + (y_i - y_o)^2 + (z_i - z_o)^2}} \\ n_y = \dfrac{z_i - z_o}{\sqrt{(x_i - x_o)^2 + (y_i - y_o)^2 + (z_i - z_o)^2}} \end{cases} \tag{2-161}$$

Zl_i 轴是 $\overrightarrow{Xl_i}$ 和 $\overrightarrow{Yl_i}$ 的向量积，公式如下：

$$\overrightarrow{Zl_i} = \overrightarrow{Xl_i} \times \overrightarrow{Yl_i} \tag{2-162}$$

其方向余弦为

$$\begin{cases} l_z = \begin{vmatrix} m_x & n_z \\ m_y & n_y \end{vmatrix} = m_xn_y - n_xm_y \\ m_z = \begin{vmatrix} n_x & l_x \\ n_y & l_y \end{vmatrix} = n_xl_y - l_xn_y \\ n_z = \begin{vmatrix} l_x & m_x \\ l_y & m_y \end{vmatrix} = l_xm_y - l_ym_x \end{cases} \tag{2-163}$$

上述式中 $\vec{i}$、$\vec{j}$、$\vec{k}$ 分别为沿 X、Y 和 Z 轴正向的单位向量。综上可知，LRS 的坐标变换矩阵为

$$\boldsymbol{T}_i=\begin{bmatrix} l_x & m_x & n_x \\ l_y & m_y & n_y \\ l_z & m_z & n_z \end{bmatrix} \tag{2-164}$$

设经过运动估计后，得到 P_i 点在下一时刻骨架上的对应点为 $Q(x,y,z)$（基于成像系统坐标系），将坐标(x,y,z)变换到以 P_i 点为原点的 LRS 中，得到如下公式：

$$\overrightarrow{Q'}=\boldsymbol{T}_i\ (\vec{Q}-\overrightarrow{P_i})\ \Rightarrow\begin{bmatrix} x' \\ y' \\ z' \end{bmatrix}=\begin{bmatrix} l_x & m_x & n_x \\ l_y & m_y & n_y \\ l_z & m_z & n_z \end{bmatrix}\cdot\begin{bmatrix} x-x_i \\ y-y_i \\ z-z_i \end{bmatrix} \tag{2-165}$$

由于 LRS 的 Zl 轴垂直于局部参考平面，也就是局部心外膜表面，且其正向指向远离心室收缩中心的方向，因此可以根据$\overrightarrow{Q_j'}$的 z'分量判断运动是收缩还是膨胀：$z'\geqslant 0\Rightarrow$ expansion；$z'<0\Rightarrow$ contraction。

（7）旋转方向

三维骨架点 P_i 在时刻 t、$t+1$ 和 $t+2$ 的坐标分别为(x_i^t,y_i^t,z_i^t)、$(x_i^{t+1},y_i^{t+1},z_i^{t+1})$和$(x_i^{t+2},y_i^{t+2},z_i^{t+2})$（基于成像系统坐标系），如图 2-99a 所示，它在这两个时间段的运动向量分别为

$$\overrightarrow{D_{t\ i}^{t+1}}=(x_i^{t+1}-x_i^t)\vec{i}+(y_i^{t+1}-y_i^t)\vec{j}+(z_i^{t+1}-z_i^t)\vec{k} \tag{2-166}$$

$$\overrightarrow{D_{t+1\ i}^{t+2}}=(x_i^{t+2}-x_i^{t+1})\vec{i}+(y_i^{t+2}-y_i^{t+1})\vec{j}+(z_i^{t+2}-z_i^{t+1})\vec{k} \tag{2-167}$$

式中，$\vec{i}$、$\vec{j}$ 和 $\vec{k}$ 分别表示沿 X、Y 和 Z 轴正向的单位向量。为了判断$\overrightarrow{D_{t+1\ i}^{t+2}}$相对于$\overrightarrow{D_{t\ i}^{t+1}}$的旋转方向，将它们投影到 $Z=0$ 平面上得到两个二维向量$\overrightarrow{d_1}=(x_i^{t+1}-x_i^t)\vec{i}+(y_i^{t+1}-y_i^t)\vec{j}$ 和$\overrightarrow{d_2}=(x_i^{t+2}-x_i^{t+1})\vec{i}+(y_i^{t+2}-y_i^{t+1})\vec{j}$，如图 2-99b 和图 2-99c 所示。$\overrightarrow{d_1}$和$\overrightarrow{d_2}$的向量积是一个沿 Z 轴的向量，公式如下：

$$\overrightarrow{d_1}\times\overrightarrow{d_2}=((x_i^{t+1}-x_i^t)(y_i^{t+2}-y_i^{t+1})-(y_i^{t+1}-y_i^t)(x_i^{t+2}-x_i^{t+1}))\vec{k}=z_k\vec{k} \tag{2-168}$$

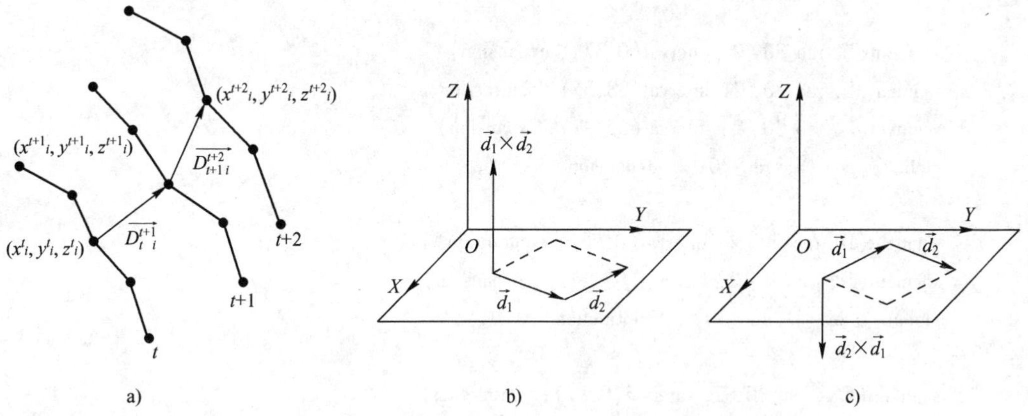

图 2-99　同一点的连续两时刻的运动向量之间的位置关系

a）同一点连续两时刻的运动向量　b）二维投影：$\overrightarrow{d_2}$相对于$\overrightarrow{d_1}$是逆时针旋转　c）二维投影：$\overrightarrow{d_2}$相对于$\overrightarrow{d_1}$是顺时针旋转

根据 z_k 的正负可判断$\overrightarrow{d_2}$相对于$\overrightarrow{d_1}$的旋转方向：如果 $z_k>0$ 那么$\overrightarrow{d_1}$、$\overrightarrow{d_2}$和$\overrightarrow{d_1}\times\overrightarrow{d_2}$构成右手系，$\overrightarrow{d_2}$相对于$\overrightarrow{d_1}$是逆时针旋转；反之，则是顺时针旋转。

（8）冠脉运动的符号描述

根据冠脉骨架的运动估计结果，即血管上每个点的二维/三维运动向量和运动参数，可分析冠状动脉树主要分支的运动形式，提取并解释运动信息，包括血管的位置、运动的幅值和方向等。同时，可将运动估计的数字结果转化成符号表示，即给每个血管分支都采用运动注释标签加以解释。标签的内容包括分支的名称、视角、时刻、血管段的长度（起点和终点像素的序号）以及运动形式等[60-63]。

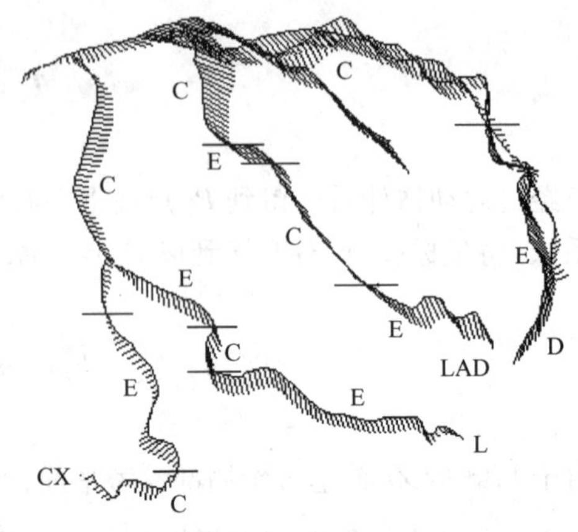

图 2-100　某一时刻的左冠血管骨架二维运动估计的结果

例如：在某一时刻（$t=2$），RAO30°的投影中冠脉骨架树的二维运动估计结果如图 2-100 所示，图中 E 表示膨胀，C 表示收缩。左前降支 LAD 的运动描述如下：

```
segment(LAD, rao_30, 2, interval(0,74), contraction)
segment(LAD, rao_30, 2, interval(75,90), expansion)
segment(LAD, rao_30, 2, interval(91,142), contraction)
segment(LAD, rao_30, 2, interval(143,176), expansion)
global _ mov (LAD, rao_30, 2, contraction)
```

上述描述表达了如下含义：分支名称：LAD；视角：RAO30°；时刻：$t=2$；血管段的长度：interval（起点像素的序号，终点像素的序号）；运动形式：膨胀/收缩。它表示 LAD 在时刻 $t=2$，视角为 RAO30°时的整体运动（global _ mov）形式是收缩。该分支由四段组成，其中两段发生局部膨胀，两段是局部收缩。

其他三个分支：旋支（CX）、侧支（L）和斜角支（D）的运动也可以用同样的方式来描述：

```
segment(L, rao_30, 2, interval(0,37), expansion)
segment(L, rao_30, 2, interval(38,55), contraction)
segment(L, rao_30, 2, interval(56,97), expansion)
global _ mov (L, rao_30, 2, expansion)

segment(D, rao_30, 2, interval(0,96), contraction)
segment(D, rao_30, 2, interval(97,148), expansion)
global _ mov (D, rao_30, 2, contraction)

segment(CX, rao_30, 2, interval(0,87), contraction)
segment(CX, rao_30, 2, interval(88,117), expansion)
segment(CX, rao_30, 2, interval(118,137), contraction)
global _ mov (CX, rao_30, 2, contraction)
```

再如，图 2-101 是时刻 $t=4$ 和 $t=5$ 的三维血管树骨架以及时间段 T_4^5 中（起始时刻 $t=4$，终止时刻 $t=5$）各点的运动向量；图 2-102a 是 T_4^5 中发生膨胀（运动方向为向外）的点的运动向量；2-102b 是发生收缩（运动方向为向内）的点的运动向量；图 2-103a 是发生顺时针旋转的点的运动向量；2-103b 是发生逆时针旋转的点的运动向量。描述时间段 T_4^5 中旋支 CX 的运动可采用如下形式：

```
local _ mov (CX, 4, interval(1,57),m_1(out))
local _ mov (CX, 4, interval(58,96),m_1(in))
local _ mov (CX, 4, interval(97,106),m_1(out))
local _ mov (CX, 4, interval(107,136),m_1(in))
local _ mov (CX, 4, interval(137,196),m_1(out))
global_ mov (CX, 4, m_1(out))
local _ mov (CX, 4, interval(1,34),m_2(counterclock))
local _ mov (CX, 4, interval(35,50),m_2(clock))
local _ mov (CX, 4, interval(51,74),m_2(counterclock))
local _ mov (CX, 4, interval(75,112),m_2(clock))
local _ mov (CX, 4, interval(113,196),m_2(counterclock))
global_ mov (CX, 4, m_2(counterclock))
```

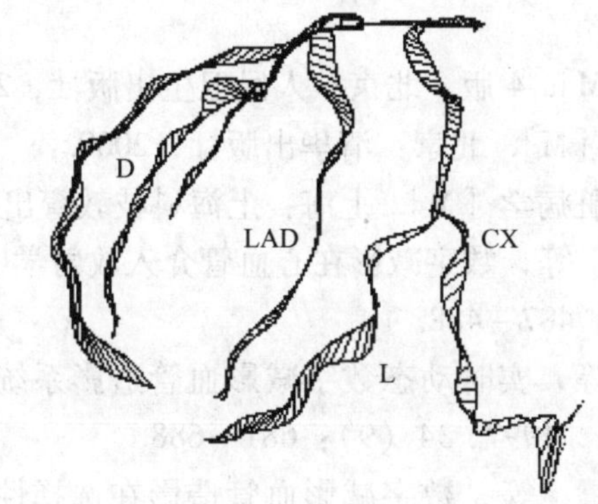

图 2-101　时刻 4 和时刻 5 的三维血管骨架及时间段 T_4^5 中各点的运动向量

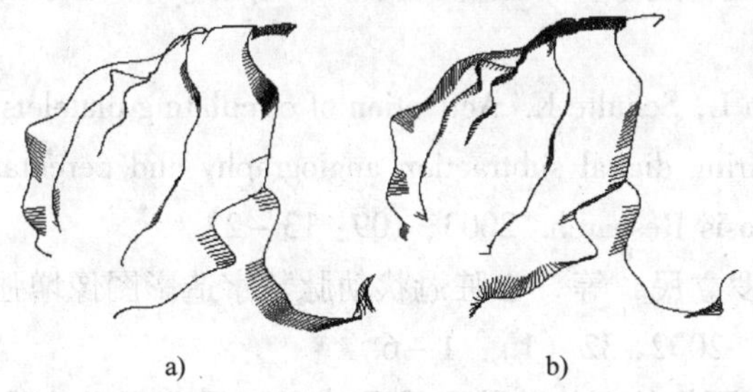

图 2-102　时间段 T_4^5 中发生膨胀和收缩的点的运动向量

a）膨胀　b）收缩

标签的名称由运动形式为整体运动 global_mov 或局部运动 local_mov 决定。标签表达的运动特征分别如下：分支名称：CX；时刻：$t=4$；血管段的长度：interval（起点的序号，

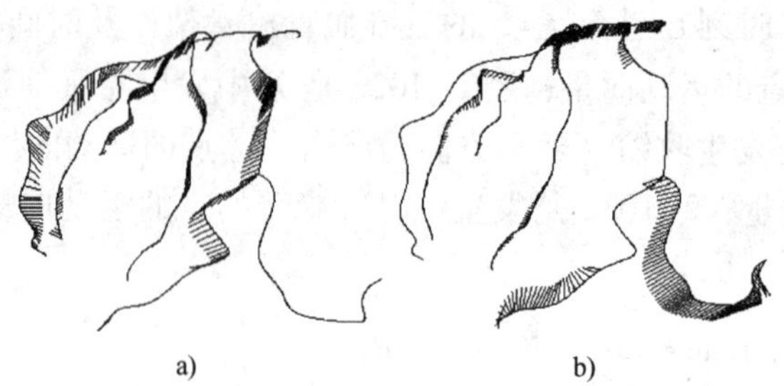

图 2-103　时间段 T_4^5 中发生顺时针旋转和逆时针旋转的点的运动向量

a）顺时针旋转　b）逆时针旋转

终点的序号)；运动参数。分别考察各运动参数如下：m_1（运动方向），指运动是向内(inwards）还是向外（outwards)；m_2（翻转方向），指顺时针（clockwise）还是逆时针(counterclockwise)。

采用这种符号表达形式，对血管的运动进行归类和描述，可以方便医生的观察和分析，为发现心脏的异常运动并确定其功能特性提供依据。

参考文献

[1] 吴恩惠．医学影像学［M]．4 版．北京：人民卫生出版社，2001.

[2] 高上凯．医学成像系统［M]．北京：清华出版社，2000.

[3] 沈卫峰．实用介入性心脏病学［M]．上海：上海科技教育出版社，1997：15 – 161

[4] 赵建基，马大庆，刘聪，等．数字减影在心血管介入放射学中的应用［J]．中国医学影像技术．2001，17（5)：487 – 488.

[5] 陈新，刘整，陈正挺，等．实时动态数字减影血管造影系统与心功能测量新方法探讨［J]．计算机研究与发展．1997，34（9)：681 – 688.

[6] 刘兴邦，周德庆，王克腾，等．数字减影血管造影在选择性冠状动脉造影中的应用价值［J]．临床心血管病杂志．1990，6（1)：25 – 27.

[7] 王志荃．数字减影血管造影在心血管疾病中的应用［J]．辽宁医学杂志．1992，6（1)：11 – 12.

[8] Buchholz AM, Bruch L, Schulte K. Activation of circulating platelets in patients with peripheral arterial disease during digital subtraction angiography and percutaneous transluminal angioplasty [J]. Thrombosis Research. 2003, 109: 13 – 22.

[9] 周正东，鲍旭东，罗立民，等．心脏冠状动脉数字造影图像增强研究［J]．东南大学学报（自然科学版)．2002，32（1)：1 – 6.

[10] 黄家祥．基于造影图像的冠状动脉三维重建和定量分析方法的研究［J]．天津：天津大学，2004.

[11] 吴福朝，王光辉，胡占义．由矩形确定摄像机内参数与位置的线性方法［J]．软件学报．2003，14（3)：703 – 712.

[12] Hashemi A, Navab N, Nadar M, *et al.* Interventional 3D – angiography: calibration, recon-

struction and visualization system [C]. Proceedings of IEEE International Conference on Computer in cardiology, 1998: 246 - 247.

[13] Shechter G, Ozturk G, Resar JR, *et al.* Respiratory motion of the heart: translation, rigid body, affine or more? [J]. SCMR 2004, 1.

[14] Kristiansen G, Wunderlich W, Fischer F, *et al.* Accuracy and precision of the analytic calibration method in quantitative coronary arteriography [C]. Proceedings of IEEE International Conference on Computer in cardiology, 1996, 23: 401 - 404.

[15] Cherieta F. Self - calibration of a biplane X - ray imaging system for an optimal three dimensional reconstruction [J]. Computerized Medical Imaging and Graphics. 1999, 23: 133 - 141.

[16] Chen SJ, Carroll JD. 3 - D reconstruction of coronary arterial tree to optimize angiographic visualization [C]. IEEE Transaction on Medical Imaging. 2000, 19 (4): 318 - 336.

[17] Sato Y, Araki T, Hanayama M. A viewpoint determination for stenosis diagnosis and quantification in coronary angiographic image acquisition [C]. IEEE Transaction on Medical Imaging. 1998, 17 (1): 121 - 137.

[18] 张玉顺，马淑坤．冠状动脉造影的现状 [C]. 医师进修杂志．2000, 23 (2): 4 - 5.

[19] Wellnhofer E, Wahle A, Mugaragu I, *et al.* Validation of an accurate method for three - dimensional reconstruction and quantitative assessment of volumes, lengths and diameters of coronary vascular branches and segments from biplane angiographic projections [J]. International Journal of Cardiac Imaging. 1999, 15: 339 - 353.

[20] 马振鹤，万柏坤，王瑞平，等．冠状动脉造影图像降噪处理的三种方法比较 [J]. 生物医学工程与临床．2002, 6 (3): 129 - 131.

[21] Wahle A. Image preprocessing for 3D reconstruction from biplane angiograms [C]. Proceedings of 18 th Annual International Conference of the IEEE Engineering in Medicine and Biology Society, Amsterdam 1996, 3. 1. 3: 3D Cardiovascular Imaging: 654 - 655.

[22] Ding ZH, Zhu H, Morton HF. Coronary artery dynamics in vivo [J]. Annals of Biomedical Engineering. 2002, 30: 419 - 429.

[23] Canero C, Vilarino F, Mauri J, *et al.* Predictive (un) distortion model and 3 - D reconstruction by biplane snakes [C]. IEEE Transactions on Medical Imaging. 2002, 21 (9): 1188 - 1201.

[24] Detre KM, Wright E, Murphu ML, *et al.* Observer agreement in evaluating coronary angiograms [J]. Circulation. 1975, 25: 979 - 986.

[25] Ritchings RT, Colchester ACF. Detection of abnormalities on carotid angiograms [J]. Patter Recognization Letter, 1986, 4: 367 - 374.

[26] Thackray BD, Nelson AC. Semi - automatic segmentation of vascular network images using a rotating structuring element (ROSE) with mathematical morphology and dual feature thresholding [C]. IEEE Transactions on Medical Imaging. 1993, 112: 385 - 392.

[27] Liu I, Sun Y. Recursive tracking of vascular networks in angiograms based on the detection - deletion scheme [C]. IEEE Transaction on medical imaging. 1993, 12: 334 - 341.

[28] Liu I, Sun Y. Recursive tracking of vascular trees in angiograms using a detection – deletion scheme [C]. Proceedings of the 12th Annual International Conference of the IEEE Engineering in Medicine and Biology Society, 1990: 169 – 170.
[29] Aylward S, Bullitt E, Pizer S, *et al.* Intensity ridge and widths for tabular object segmentation and description [J]. Proceedings of the Workshop on Mathematical Methods in Biomedical Image Analysis, 1996: 131 – 138.
[30] Klein AK, Lee F, Amini AA. Quantitative coronary angiography with deformable spline models [C]. IEEE Transactions on medical imaging. 1997, 16 (5): 468 – 482.
[31] Park H, Schoepflin T, Kim Y. Active contour model with gradient directional information: directional snake [C]. IEEE Transactions on Circuits and Systems for Video Technology. 2001, 11 (2): 252–256.
[32] Chakraborty A, Staib LH, Duncan JS. Deformable boundary finding in medical images by integrating gradient and region information [C]. IEEE Transactions on Medical Imaging. 1996, 15 (6): 859 – 870.
[33] 章毓晋. 图象工程（上册）[M]. 北京：清华大学出版社，2000：163 – 189.
[34] Hahn HK, Preim B, Selle D, *et al.* Visualization and interaction techniques for the exploration of vascular structures [J]. Proceedings of International Conference on Visualization (VIS '01), Oct. 21 – 26, 2001: 395 – 402.
[35] 徐智. 心血管造影图像的二维信息处理及其三维重建研究 [J]. 天津：天津大学，2003.
[36] Wahle A, Ernst W, Ignace M, *et al.* Assessment of diffuse coronary artery disease by quantitative analysis of coronary morphology based upon 3 – D reconstruction from biplane angiograms [C]. IEEE Transactions on Medical Imaging. 1995, 14 (2): 203 – 241.
[37] Chen SJ, Hoffmann KR, Carroll JD. Computer assisted coronary intervention: 3D reconstruction and determination of optimal views [C]. Proceedings of IEEE International Conference on Computer in Cardiology, 1996, 23: 117 – 120.
[38] Chen SJ, Carroll JD, Messenger JC. Quantitative analysis of reconstructed 3 – D coronary arterial tree and intracoronary devices [C]. IEEE Transactions on Medical Imaging. 2002, 21 (7): 724 – 740.
[39] Chen SJ, Carroll JD. Kinematic and deformation analysis of 4 – D coronary arterial trees reconstructed from cine angiograms [C]. IEEE Transactions on Medical Imaging. 2003, 22 (6): 710 – 721.
[40] Sbert C, Solé AF. 3D curves reconstruction based on deformable models [J]. Journal of Mathematical Imaging and Vision. 2003, 18: 211 – 223.
[41] Xiao YJ, Ding MY, Peng JX. B – spline based stereo for 3D reconstruction of line – like objects using affine camera model [J]. International Journal of Pattern Recognition and Artificial Intelligence. 2001, 15 (2): 347 – 358.
[42] 施法中. 计算机辅助几何设计与非均匀有理 B 样条（CAGD&NURBS）[J]. 北京：北京航空航天大学出版社，1994：27 – 280.

[43] Gugenheim N, Doriot PA, Dorsaz PA, *et al.* Spatial reconstruction of coronary arteries from angiographic images [J]. Phys. Med. Biol. 1991, 36 (1): 99 - 110.

[44] 洪伟，牟轩沁，王勇. 基于三维分叉模型的血管轴重建方法 [J]. 西安交通大学学报. 2002, 36 (6): 659 - 660.

[45] Temel K, Ali G, Mehmet T, *et al.* A surface - based method for diction of coronary vessel boundaries in poor quality X - ray angiogram images [J]. Pattern Recognition Letters. 2002, 23: 783 - 802.

[46] Bernhard Q, Hannes M. Generation of CFD meshes from biplane angiograms: an example of image - based mesh generation and simulation [J]. Applied Numerical Mathematics. 2003, 46: 379 - 397.

[47] Meyers D. Reconstruction of surfaces from planar contours [J]. University of Washington, 1994.

[48] Frangi AF, Niessen WJ, Hoogeveen RM, *et al.* Model - based quantification of 3d magnetic resonance angiographic images [C]. IEEE Transactions on Medical Imaging. 1999, 18 (10): 946 - 956.

[49] 唐泽圣. 三维数据场可视化 [M]. 北京：清华大学出版社，2000: 168 - 255.

[50] Wahle A, Wellnhofer E, Mugaragu I, *et al.* Quantitative volume analysis of coronary vessel systems by 3 - d reconstruction from biplane angiograms [C]. Proceedings of IEEE Conference on Nuclear Science Symposium and Medical Imaging. 1993, 1217 - 1221.

[51] 陈维桓. 微分几何初步 [M]. 北京：北京大学出版社，1990: 10 - 31.

[52] 胡春红. 感兴趣血管段最佳视角和血管内超声与冠脉造影融合研究 [J]. 天津：天津大学，2006.

[53] Christiaens J, Van de Walle R, Gheeraert P, *et al.* Determination of optimal angiographic viewing angles for QCA [J]. International Congress Series. 2001, 1230: 909 - 915.

[54] Puentes J, Roux C, Garreau M, *et al.* Three - dimensional movement analysis in digital subtraction angiography: symbol generation from 3 - D optical flow [C]. Proceedings of IEEE International Conference on Computers in Cardiology, Sep 25 - 28, 1994: 493 - 496.

[55] Gross MF, Friedman MH. Dynamics of coronary artery curvature obtained from biplane cineangiograms [J]. Journal of Biomechanics. 1998, 31: 479 - 484.

[56] Weydahl ES, Moore Jr JE. Dynamic curvature strongly affects wall shear rates in a coronary artery bifurcation model [J]. Journal of Biomechanics. 2001, 34: 1189 - 1196.

[57] Kass M, Witkin A, Terzopoulos D. Snakes: active contour models [J]. International Journal of Computer Vision. 1987, 1 (4): 321 - 331.

[58] Williams DJ, Shah M. A fast algorithm for active contours and curvature estimation [J]. Computer Vision, Graphics and Image Processing. 1992, 55 (1): 14 - 26.

[59] Horn BKP, Schunk BG. Determining optical flow [J]. Artificial Intelligence. 1981, 17: 185 - 203.

[60] Garreau M, Coatrieux JL, Collorec R, *et al.* A knowledge - based approach for 3 - D reconstruction and labeling of vascular networks from biplane angiographic projections [C]. IEEE

Transactions on Medical Imaging. 1991, 10 (2): 122–131.

[61] Puentes J, Roux C, Garreau M, *et al.* Dynamic feature extraction of coronary artery motion using DSA image sequences [C]. IEEE Transactions on Medical Imaging. 1998, 17 (6): 857 – 871.

[62] Puentes J, Garreau M, Lebreton H, *et al.* Understanding coronary artery movement: a knowledge – based approach [J]. Artificial Intelligent in Medicine. 1998, 13 (3): 207 – 237.

[63] Puentes J, Garreau M, Christian R, *et al.* Towards dynamic cardiac scenes interpretation based on spatial – temporal knowledge [J]. Artificial Intelligent in Medicine. 2000, 19 (2): 155 – 183.

第 3 章　超声成像及图像的后处理

血管内超声（IVUS）成像是目前临床常用的诊断血管病变，特别是冠状动脉粥样硬化性病变的微创介入影像手段，可在活体中观察血管壁和管腔的形态，以及斑块的形态和成分。除了评估管腔狭窄程度之外，还可进一步检测粥样硬化斑块的易损性和斑块负荷，在动脉粥样硬化的研究和临床评估中起着至关重要的作用。

由于 IVUS 图像序列的数据量巨大，且由于采用高频超声探头，图像受噪声污染严重，对比度低，存在多种影响视觉效果的伪影，若由医生手动完成对图像的分析和解读（包括找出存在病变的图像、提取血管壁内外膜（包含斑块）的边缘、对血管腔、血管壁和斑块组织的形态进行定量测量以及分析斑块成分等），则是一项非常烦琐的工作，而且结果易受操作者的专业知识和临床经验的影响。利用先进的计算机技术和数字图像处理技术，对 IVUS 图像进行自动或半自动地处理和分析，可获得精确、客观、可重复性高的分析结果，对于血管病变的计算机辅助诊断和制定最佳诊疗方案具有重要意义。

本章在介绍血管内超声成像原理、图像特点和临床应用现状的基础上，对 IVUS 图像的计算机后处理进行详细介绍，包括图像分割和组织标定、运动伪影的抑制、血管的三维重建、血管形态和血流动力学参数的测量、组织定征显像及与其他影像的融合等。

3.1　超声成像的原理

3.1.1　超声成像基础

超声波是超过正常人耳能听到的声波，是一种在弹性介质中传播的较高频率的机械振动（机械波），频率范围为 $2\times10^{4}\sim10^{10}$ Hz，其声源为超声换能器。超声在介质中以直线传播，有良好的指向性，这是可以用超声对人体器官进行探测的基础。超声在传播过程中会发生反射、折射、散射、衰减等，而反射回来的超声为回声。

超声成像是利用超声波的声成像。目前超声检查是利用超声的物理特性和人体器官组织声学性质上的差异，以波形、曲线或图像的形式显示和记录，借以进行疾病诊断的检查方法。人体各种器官与组织都有它特定的声阻抗和衰减特性，因而构成声阻抗上的差别和衰减上的差异。超声射入体内，由表面到内部，将经过不同声阻抗和不同衰减特性的器官与组织，从而产生不同的反射与衰减。这种不同的反射与衰减是构成超声图像的基础。将接收到的回声，根据回声强弱，用明暗不同的光点依次显示在影屏上，则可显示出人体的断面超声图像，称为声像图（Sonogram 或 Echogram）。

3.1.2　人体组织的回声类型

根据回声特征，可以把人体组织和器官概括为四种声学类型[1]，具体如下：

1）无反射型。血液、腹水、羊水、尿液、脓汁等液体物质，结构均匀，其内部没有明显声阻抗差异，反射系数近似为零，所以无反射回波，即使加大增益也探查不到反射回波。这种液体的声像图特点是无回声暗区或称之为液性暗区。由于无反射，吸收少，声能透射好，所以后壁回声增强。

2）少反射型。介质均匀的软组织声阻抗差异较少，反射系数小，回声幅度低，检查用低增益时，相应区域表现为暗区，增加增益时，呈密集反射光点，即少反射型或低回声区。

3）多反射型。结构复杂的实质组织，声阻抗差异较大，反射较多且强，探查用低增益时，即可呈现多个反射光点，增加增益时，回声光点更为密集明亮，称为多反射型或高回声区。

4）全反射型。软组织与含气组织的交界处，反射系数为99.9%，接近全反射，并在此界面与探头表面之间形成多次反射和杂乱的强反射，或称强回声，致使界面后的组织无法显示。

3.1.3 超声成像的种类

常用的超声成像方式主要包括A型、B型、M型和D型四种[1,2]，通常使用的多功能超声诊断仪常含有两种以上的成像显示方式。

（1）A型成像

A型（Amplitude modulated mode）不是通常意义上的超声成像，它是幅度调制式的。其工作原理比较简单，是通过一束超声波在人体不同界面上产生回波的强弱来得到一组不同振幅的一维扫描线波形。由于A型成像反映的信息量较小，且不直观，所以在实际应用中较为局限，主要应用于眼科的检查。

（2）B型成像

B型是超声成像中应用最广的一种，它是采用灰度调制的方式显示某个切面的二维图像，并可以形成动态的断层扫描，因此B型成像是一种真实、直观的显示方法。

B型成像的原理是在一个平面上的多束超声波进行快速扫描，通过辨别界面反射后得到的回波信号的强弱，用不同灰阶的光点在显示器上显示出来，如果光点越亮，则表示反射回来的声波强度越高，反之则越低。早期的B型成像多采用机械式扫描探头，即用发动机转动晶片的方法来实现一幅图像的扫描。随着电子技术的发展，现在多采用电子阵控式扫描。

（3）M型成像

M型（Time－motion mode）成像能够反映各运动界面随时间推移的运动变化情况，故主要应用于心脏的超声检查。首先，在B型超声图像的基础上选取一条声束取样线，然后将该取样线上得到的图像沿时间展开，即可获得该取样线上不同界面的运动变化情况。在M型超声图像上可以获得取样线上不同深度的界面回声特点，还可以获得各个界面随时间而发生的运动情况。因此，在进行心脏的扫描时，可以通过M型成像了解室壁的厚度变化及运动情况，并获得各瓣膜活动幅度的信息。

（4）D型成像

D型成像（Doppler mode）是利用多普勒效应原理，通过对多普勒信号的判断进一步评价界面运动情况的诊断方法。根据显示方式的不同，D型成像可以分为频谱多普勒和多普勒彩色扫描两种。

D 型成像目前应用最多的是对血流的评价，多普勒彩色扫描是用不同色调的颜色代表不同方向的血流，将其直接填充在二维图像血流位置上的一种显示方法。如用暖色调的红、黄、亮黄三种颜色代表背离探头的血流，由蓝到绿再到白代表由低到高的不同流速。

3.2 超声成像技术和设备

血管内超声是 20 世纪 80 年代后期问世的一种超声成像技术，是无创的超声技术和有创的心导管技术相结合而产生的一种心血管疾病超声诊断方法。该方法从血管腔内观察管腔和血管壁的形态及构造，不仅使冠脉粥样硬化病变的定性和定量诊断成为可能，而且对冠状动脉管腔狭窄及其严重程度的客观评价提供了可靠依据。

3.2.1 超声成像系统的主要构成

血管内超声成像系统主要包括超声探头、导管回撤装置和超声主机，如图 3-1 所示。

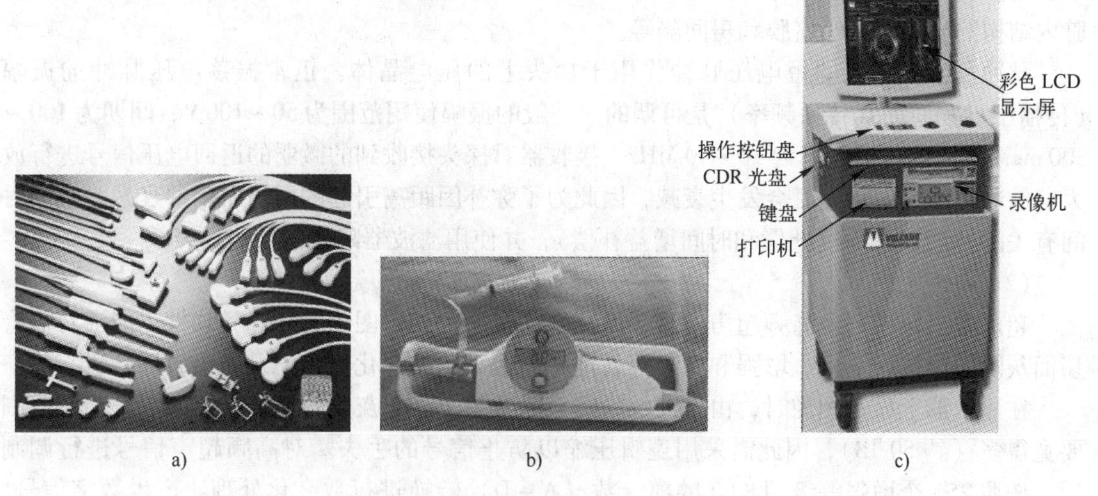

图 3-1 血管内超声成像系统实物图

a）各种血管内超声探头 b）导管回撤装置 c）Volcano IVG3 血管内超声主机

（1）超声探头

IVUS 导管的直径为 2.6 ~ 9F（即 0.86 mm ~ 2.97 mm），可适合于冠状动脉或周围血管（如腹主动脉）的成像。用于冠状动脉的超声导管直径多为 2.6 ~ 3.5F（即 0.96 mm ~ 1.17 mm）。一般来说，换能器发射的超声波频率越高，其分辨率就越高，但穿透力也越低。用于冠状动脉内显影的超声探头的频率一般为 20 ~ 50 MHz，轴向和侧向分辨率分别为 80 ~ 110 μm 和 200 μm。

超声探头的种类很多，一般可根据靶血管来选择不同外径和长度的导管，其核心部件是安装于导管顶端的微型超声晶体换能器（即超声探头）。超声换能器控制脉冲的重复频率和时相。需要大约 25f/s 横断面图像才能进行实时二维显像，如果每个血管横断面以 250 条扫描线进行扫描，脉冲重复频率至少需要 6250 Hz，就是说两个连续发射的脉冲之间的间隔为 80 μs。

超声探头分为机械旋转式和电子相控阵列式两种，机械旋转式导管如图 3-2 所示。前者又可分为单晶体旋转型和旋转反射镜型。单晶体旋转型探头安装在导管的顶端，以 1200 ~1800 转/分钟（rpm）的速度旋转，超声束环绕血管周径作 360 度扫描，以每秒 30 帧的速度获取血管横切面的超声图像，可实时显示血管横断面的二维图像，临床应用广泛。

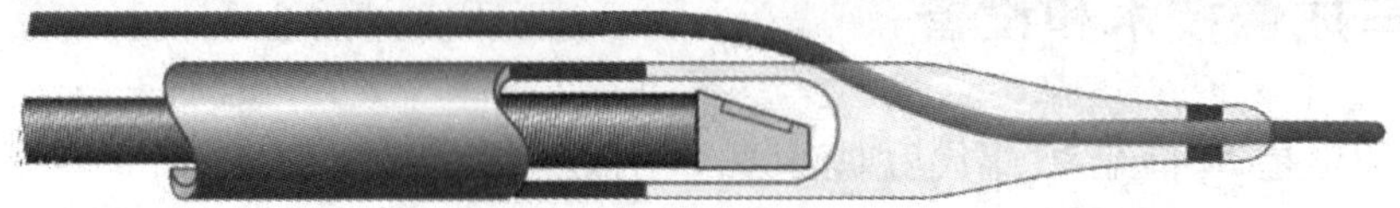

图 3-2　机械旋转式超声探头

电子相控阵列式导管有 32 ~ 64 个超声晶体，环状有序地排列于导管顶端，以一定的时间差由各晶体发射超声束获得血管横断面图像，具有管径小，柔软性好的优点。

目前市场上的超声探头频率通常为 20 ~ 50 MHz，对血管内膜等组织结构清晰可辨。若频率增加，轴向分辨率可增加，但探测深度会下降。此外，频率在 30 MHz 以上时血液中红细胞的散射可产生较多伪像，会过高估计斑块。相对低的频率（10 ~ 20 MHz）主要用于心脏内结构的显像，如心瓣膜和房间隔等。

脉冲发生器产生的短电压脉冲作用于探头上的压电晶体。正常振荡电压脉冲的振幅（传播压）和间期（传播频率）是可调的。一般的振幅使用范围为 50 ~ 100 V，间期为 100 ~ 300 ms，相应的传播频率为 10 ~ 40 MHz。接收器对探头接收到的微弱的返回电压信号进行放大。脉冲在组织中传播时会发生衰减，因此为了弥补因距离引起的回声振幅的衰减，采用时间有关的补偿（如深度补偿和时间增益补偿），并使用滤波器降低信号的噪声。

（2）超声主机

超声主机包括记录高频超声信号，以及将其转换为灰阶图像的硬件和软件，能够对血管切面灰阶图像进行显示、增强和测量等处理。图像采用数字化光盘记录，供事后分析。

在显示器上显示图像时，由于人的眼睛只能分辨 200 个灰阶，而接收到的信号动态范围要宽得多（约 50 dB），因此需采用逻辑压缩以防止信号的丢失。对高频超声信号进行调制后，按照 255 个增强等级用 8 bit 的模 - 数（A - D）转换进行数字化处理，产生数字信号，并将其转变成几何形式进行显示，如图 3-3 所示。

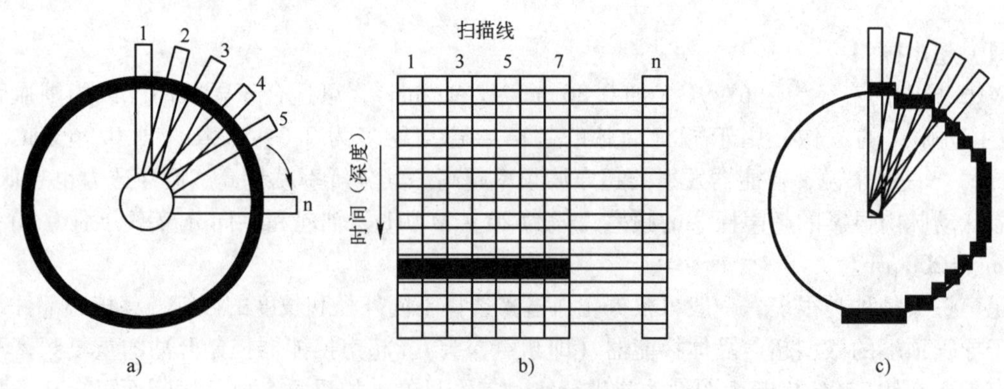

图 3-3　超声转换原理示意图

a）对血管的扫描　b）二维显像　c）扫描转换图像

目前在售的 IVUS 成像仪自带的图像处理系统可以对图像序列进行后处理，例如：对几帧连续的图像进行平滑处理，以降低噪声，增强图像质量；动态观察或静态冻结图像，冻结图像时可进行相应的定量测量；定时重建三维血管等。

3.2.2 超声成像原理

血管内超声导管的插入方法同 X 射线血管造影术，常规的冠状动脉 IVUS 的操作要求经右股动脉或上臂的桡动脉穿刺，插入引导导管至冠状动脉口，行选择性冠脉造影。然后在 X 射线透视下沿靶血管插入引导钢丝至血管远端，沿引导钢丝将超声探头导管插入靶血管远端，在透视下缓慢回撤探头导管。当探头导管以 1800 r/min 作 360°旋转时可连续获得 30 f/s 的高分辨率血管横轴实时切面图像 IVUS 成像原理示意图如图 3-4 所示。

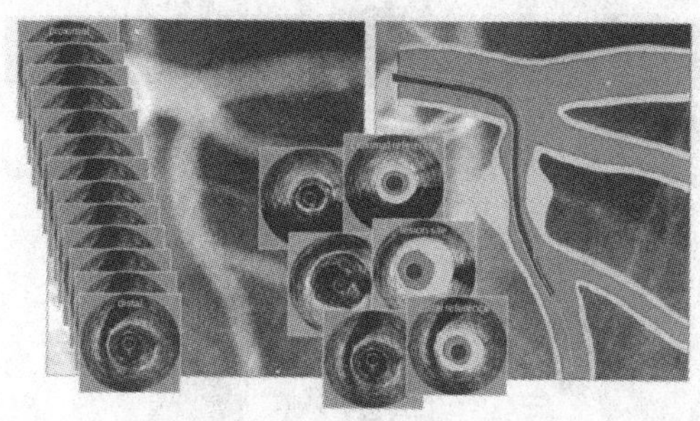

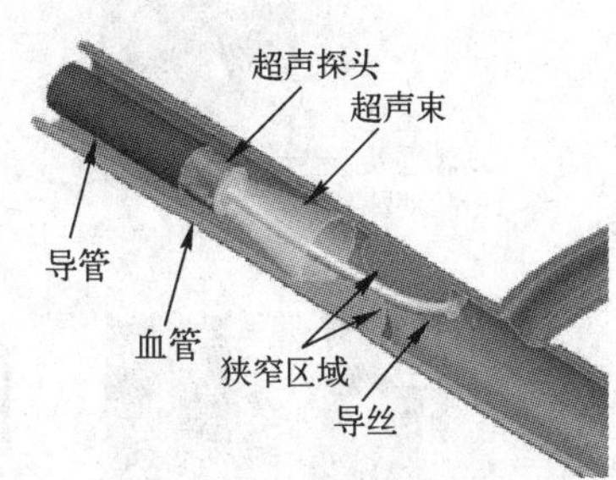

图 3-4　IVUS 成像原理示意图[3]

导管回撤的方法有手动和自动两种，手动回撤法。由经验丰富的医生匀速手动回撤导管，速度一般为 1 ~ 2 mm/s，每 2 ~ 3 mm 停顿一下，同时记录探头位置，必要时注射造影剂，显然这种方式会引入人为误差，影响数据分析和重建的精度；机械自动回撤法可实现自动匀速回撤，速度可调节为 0.5 ~ 1 mm/s。回撤时，超声导管近端固定于步进器上如图 3-1b 所示，在恒速电动机的控制下以已知速度沿靶血管段回撤导管。回撤也可在位移传感器的控制下进行，采集一系列固定间距的横断面图像。另外一种方法是采用心电门控的图像获取法，由于心脏的舒张与收缩影响获取图像的准确性，因而在每个心动周期的舒张末期（心电 R 波）采集图像，可克服心脏运动的影响。首先确定导管的位置和血管长度，起动驱动电动机，当 R 波触发后以 25 ~ 30 f/s 的速度摄取图像，数字化后存储。之后导管移动，再重复上述步骤。

在 IVUS 的操作过程中，造影和 IVUS 图像分别同步显示导管探头在管腔内的部位和相应血管壁的形态结构。对于造影图像，主要有两种采集方式，一种是在导管回撤的同时进行连续造影摄片，用以记录导管路径或超声换能器的位置。连续摄片虽能记录更多信息，但由于 X 射线的剂量大，因而对病人和操作人员均有很大伤害，并增加了临床操作的复杂性。另一种是在导管回撤路径的起始点记录一对造影图像。采用带有鞘管的超声导管，匀速回撤，可保证回撤路径的稳定性。

3.2.3 超声的临床应用

血管内超声对于血管疾病，特别是在冠脉疾病的诊治过程中起着举足轻重的作用，主要包括诊断冠状动脉综合症、指导介入性措施的选择、评价介入性手段的治疗效果、阐明再狭窄的机制等。它对冠状动脉腔内成形术（Percutaneous Transluminal Coronary Angioplasty，PTCA，示意图如图 3-5 所示）的术后疗效、并发症、有无血管再狭窄及愈后等方面比冠脉造影更敏感准确，被认为是诊断冠心病新的“金标准”。下面具体介绍目前血管内超声的临床应用的几个方面[3,4]。

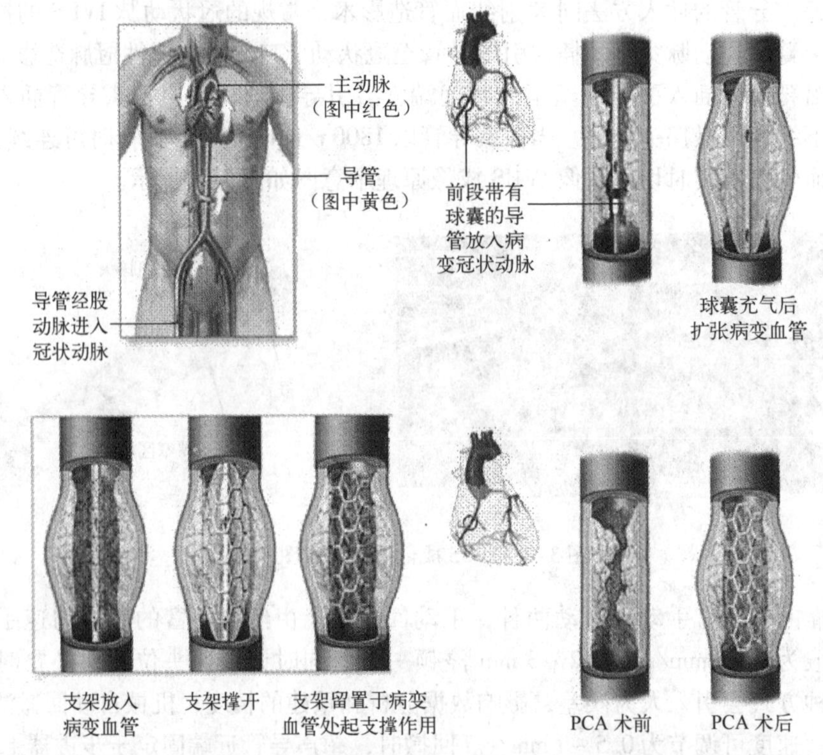

图 3-5 PTCA 示意图

（1）确定冠脉病变形态学特点及发现冠脉轻度的早期病变

由于冠脉造影只显示血管腔被造影剂充填后的投影轮廓，因此其难以诊断早期冠状动脉病变，而且在有广泛动脉粥样硬化病变，但其损伤未超过内膜弹力层圆周面积的 40% 时，管腔面积仍未减少，这时冠脉造影仍正常，而 IVUS 可发现异常并做出明确诊断。因为血管内超声能够清晰地显示动脉血管壁的三层结构，内膜层薄而光滑，管壁回声密度均匀，当动脉硬化时，因血管壁含有较多的弹力纤维和脂质，则超声显示内膜增厚，管壁的正常三层结构消失。同时，IVUS 也能显示冠脉造影不能发现的偏心性及表面不光滑的斑块。

（2）狭窄严重程度不清的中间病变

IVUS 可用于评估血管造影难以判断的病变，包括临界病变、开口病变、分叉病变、左主干病变等。对狭窄严重程度不清的中间病变，血管造影由于投射方位的不同而显示不同程度的狭窄，因此难以作出准确的诊断。血管内超声能够清晰地显示血管腔并精确测量管腔的直径和截面积，根据参照血管，对中间病变进行精确定量分析，提高狭窄程度定量测量的准确性。应用压力导丝还可测定冠脉血流储备分数。利用电子相控阵型的血管内超声导管进行成像时，还可利用多普勒效应进行血流染色。

(3) 协助选择合理的介入性治疗方法

IVUS 提供的动脉粥样硬化斑块成分和形态学改变，对选择合理的介入性治疗方法很有意义。粥样硬化斑块一般分为硬性斑块和软性斑块，前者由胶原组织和钙组织构成，超声显示为密度高于血管外膜的强回声，常伴有声影；而后者由纤维蛋白原和脂质成分构成，超声显示为均匀一致，密度低于血管外膜回声的低回声区。对于软斑块，可采用球囊扩张术，对于硬斑块，则多选用切割或旋磨治疗方法。

(4) 观察经皮冠状动脉腔内成形术（PTCA）术后的疗效及有无并发症

PTCA 疗法的近期成功率虽可达 90% 以上，但有高达 30% ~50% 的再狭窄的发生机率，影响其远期疗效，而 IVUS 可以预测 PTCA 术后是否发生再狭窄，并提供防治方法的选择。当 PTCA 术后如引起血管内膜撕裂，血管壁损伤较深，使血管壁的胶原组织暴露、血小板沉积并释放出生长因子，引起广泛的内膜增生而导致血管再狭窄。IVUS 很容易发现这类病变，并提示应予进一步地作斑块旋切术及支架植入术等介入性治疗，可有效地防止再狭窄的发生；PTCA 术后，如发生广泛血管中层撕裂可引起血管急性闭塞。IVUS 对这些严重的内膜撕裂和夹层分离，急性血栓形成造成的血管腔完全堵塞而引起急性闭塞等的严重并发症观察很敏感，并可提供进一步治疗的选择和预测其后果。

(5) 指导冠状动脉内支架置入术和评价支架置入的效果

PTCA 术后有夹层分离者，常需作冠脉内支架植入，以防止冠脉急性闭塞或再狭窄。在支架置入术前，由于造影不能显示血管壁的外膜，因此难以选择适当的支架。而根据血管内超声图像可以精确地测量血管的腔径和狭窄程度，根据斑块声学特征进行组织学分型，分析靶病变的性质，可辅助决定最佳的介入治疗方案，指导支架尺寸的选择。

在支架置入术后，如放置的支架扩张不全，术后仍可发生再狭窄，如支架与血管壁接触不紧密，支架与管壁间有空隙时易形成血栓。支架放置得当者，支架植入部位合适，支架扩张完全，支架撑杆与血管内膜表面之间无空隙，支架伸展均匀，支架的最小与最大直径比大于 0.8，支架内血管横切面积接近邻近血管。通过 IVUS 成像可以观察支架是否完全展开和对称，评价支架是否与血管壁紧密贴合，测量扩张支架的大小以及血管内膜腔增大值等判断介入治疗效果的重要参数，确定是否需要再次扩张支架。在定向斑块旋切术中，还可帮助旋切定位。

(6) 评价介入治疗后再狭窄的机制

冠脉造影难以显示支架内再狭窄，难以评价支架置入术后再狭窄的机制。而根据血管内超声，可评价介入治疗后夹层、壁内血肿和其他并发症，准确地判断支架内再狭窄是由支架回缩、内膜增生、还是支架内血栓形成所致，以及评估放射治疗技术和药物洗脱支架。

IVUS 能在活体中描述血管壁复杂的三维解剖结构，除了评估管腔狭窄程度之外，还可进一步检测动脉粥样硬化斑块的易损性和斑块负荷，在动脉粥样硬化的研究和临床评估中起着至关重要的作用，已成为 X 射线血管造影的弥补影像技术。但是，目前其主要不足之处包括[5]：

1) X 射线冠脉造影能同时显示冠脉系统的全貌，而 IVUS 一次只能对某一段血管进行观察。

2) 部分严重狭窄的管腔或支架术后，超声导管不能通过狭窄部位或支架。

3）钙化后方特征信号消失，因此无法看到深层血管的结构。

4）IVUS 提供的是管腔横截面图像，无法直接确定各截面的轴向位置和空间方向，在指导手术过程和评价手术效果时，要找回同一平面十分困难。

5）超声图像的对比度一般较低，受噪声污染严重。

6）与血管内 OCT 成像相比分辨率较低，轴向分辨率一般为 100 ~ 150 μm 左右，侧向分辨率为 150 ~ 300 μm，无法可靠分析纤维帽等动脉粥样硬化斑块的重要结构。

3.3 超声图像的特点

血管内超声成像技术是一种有创断层成像技术，在 X 射线透视下将导引钢丝推送至靶血管远端并固定，沿导引钢丝将顶端带有高频（20 ~ 50 MHz）超声探头的导管插入靶血管段远端，然后缓慢回撤导管至近端，同时对血管横截面进行 360°成像，以 30 f/s 的速率连续获得一系列血管腔横轴实时横断面图像，完整显示包括血管的组织形态、内膜下各层结构、横断面形态、血管腔径、动脉壁厚度，以及动脉粥样硬化斑块的形态、分布及其组织学特征等在内的血管横断面，可提供异常血管壁形态学特征的详细信息，如图 3-6 所示。血管内超声图像与其他医学图像相比有明显区别，例如，图像中的组织呈现为圆环形结构；图像噪声形式多样，有斑点噪声、回声失落、图像失真等；血管壁内、外膜边缘属于强噪声环境下的弹性体弱边缘；图像序列前后帧之间非常相似，具有很强的相关性等。本节分别对单帧图像和图像序列的特点进行介绍和分析。

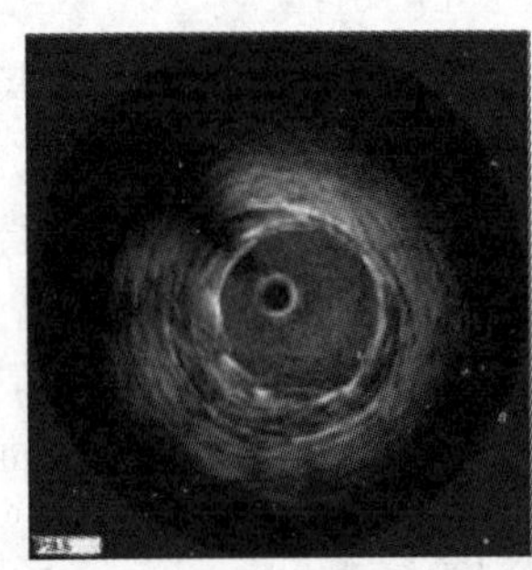
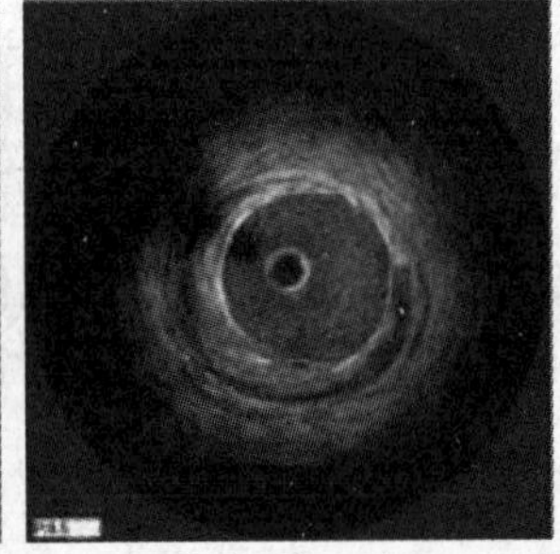
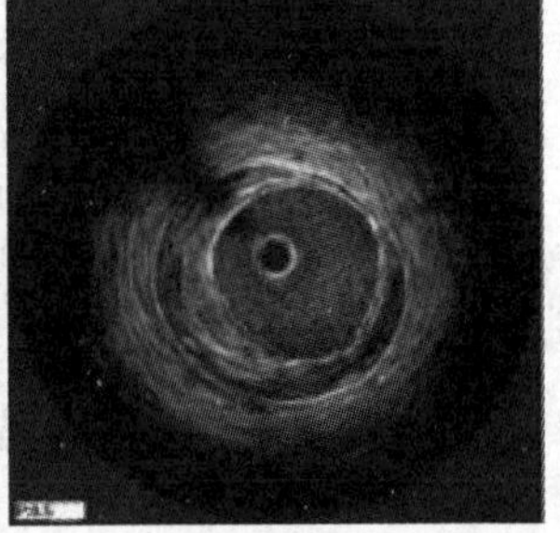

图 3-6　三帧典型的 IVUS 图像

3.3.1 单帧 IVUS 图像的特点

标准的 IVUS 成像系统获取的是单张横断面图像（B－模式）集合而成的图像序列，如图 3-7 所示。如图 3-8 和图 3-9 所示，在一帧 IVUS 横断面图像中，中心位置灰度值比较小的部分是超声导管（始终位于图像中心），血管壁在横向视图上呈现回声不同的三层环形结构：围绕超声导管由内而外依次为管腔、血管壁内膜及内弹性膜（强回声亮环）、中膜（由于回声较弱表现为低回声暗区）、外膜和外弹性膜（较亮的强回声带）和毗邻结构（包括动脉侧分支、心脏静脉和心包等）。当超声频率大于 20 MHz 时，管腔中流动的血液呈现出一种特征性回声，在录像序列中可以看到有微细纹理的回声以涡流方式移动。

根据不同斑块组织由于声阻抗差异而在 IVUS 图像中表现的不同，可以把动脉粥样硬化斑块分为以下几类：

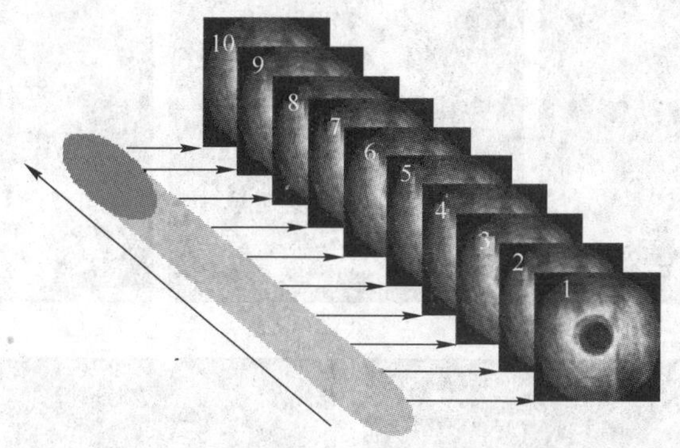

图 3-7　IVUS 横向视图序列

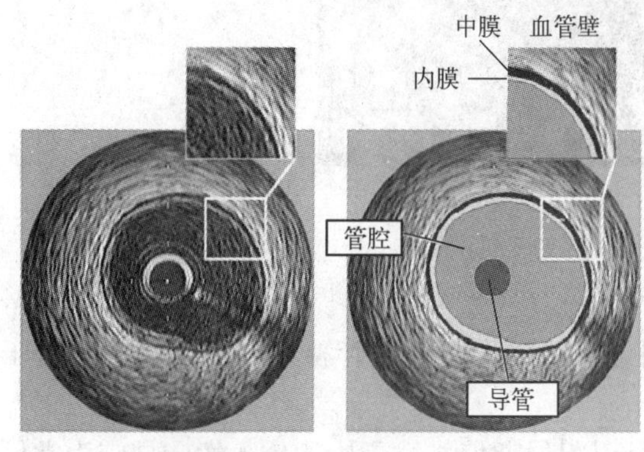

图 3-8　一帧典型的 IVUS 图像[3]

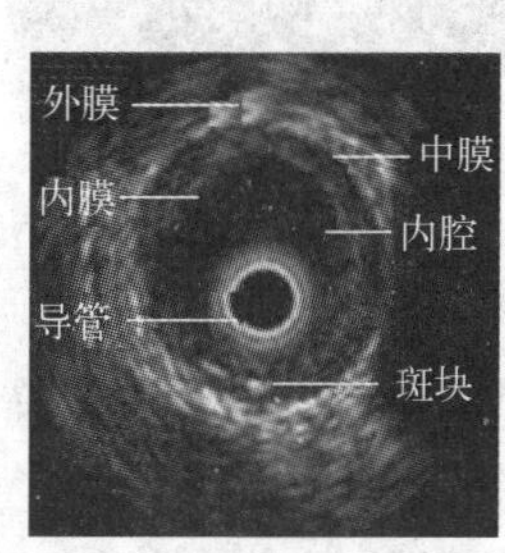

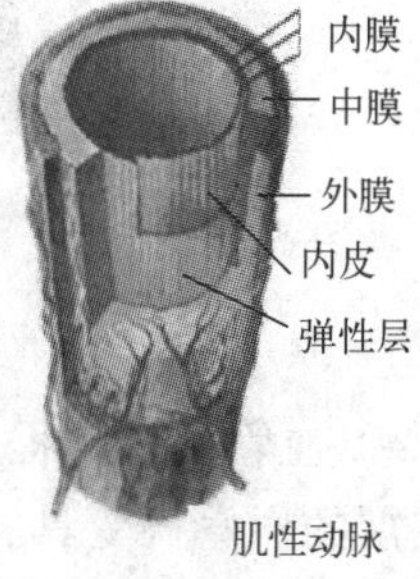

图 3-9　动脉血管的 IVUS 图像和组织结构示意图

1）脂质斑块（软斑块）：斑块回声信号比较弱，说明病变斑块处富含较多的脂质成分，也可能是斑块内的坏死组织，血管壁内出血或是血栓，如图 3-10a 所示。

2）纤维化斑块：回声密度中等且高于软斑块，密度等于或大于血管外膜的回声密度，无钙化回声，如图 3-10b 所示。

3）钙化斑块：回声密度最强。在 IVUS 图像上，钙化病变的标志是带有声影的强回声斑块，如图 3-10c 所示。但是，重度纤维化的斑块会产生较强声衰减和声影，容易被误认为钙化斑块，其与钙化斑块最重要的区别就在于纤维斑块回声后方组织很少伴随声影。

4）混合性斑块：包含有多种斑块类型，如图 3-10d 所示。在混合斑块内，每个横切面或者相邻的横切面可见形态学不同的区域，检测具有一定难度。

冠状动脉血管内超声可以明确粥样硬化斑块的结构成分，从更深层次作出诊断，提供更多有关斑块的信息，具体如下：

1）斑块的形态：识别斑块为对称型斑块或偏心型斑块，有助于选择和指导治疗。对偏心型斑块在进行血管扩张时，应注意防止发生弹性回缩或血管穿孔。

2）斑块的成分：能识别三种不同的斑块成分，低回声区为脂质，中度回声区为纤维，高度回声区为钙化。冠状动脉内血栓则表现为管腔内有边界明显的均匀低回声区。

3）斑块钙化部位：钙化的斑块往往影响血管成形术的效果，因而必须明确诊断钙化部位。在血管内超声图像中，钙化斑块具有特征性高回声，并具有声影。

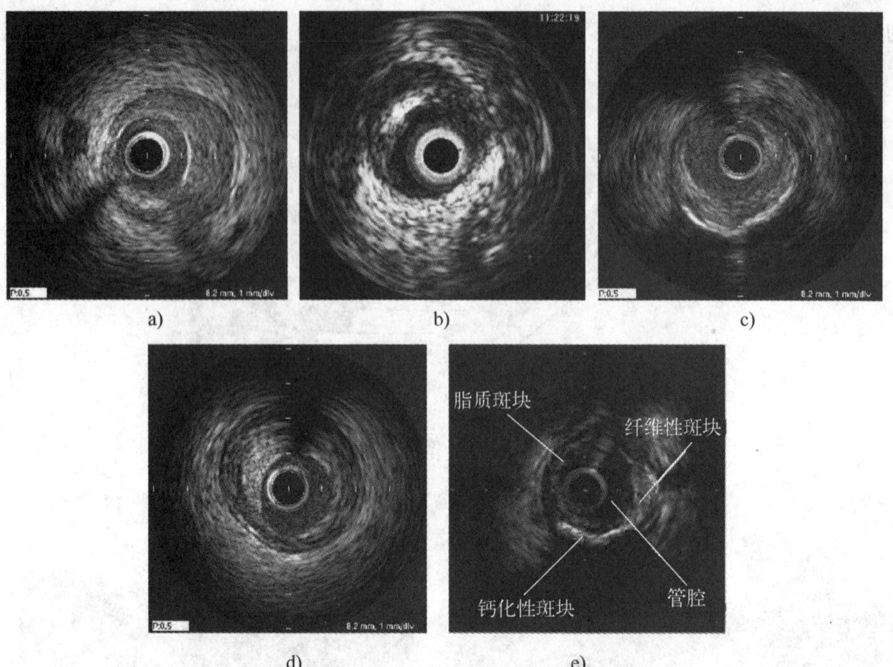

图 3-10　包含各种斑块的 IVUS 图像

a）软斑块　b）纤维化斑块　c）钙化斑块　d）混合性斑块　e）包含不同斑块组织的典型 IVUS 图像

4）血管狭窄的程度：血管内超声能准确测定斑块的大小及血管狭窄的程度，尤其对于有夹层的血管病变具有独特的特点。

由于独特的血流动力学特征，血管分叉容易引起早期偏心性斑块，分叉病变是较为常见和复杂的冠状动脉病变之一。在 IVUS 图像中，超声导管在主血管腔内回撤时可以看到侧支血管近端的部分，如图 3-11 所示。由于超声导管相对侧支血管的偏心位置，评估此类 IVUS 图像比较困难。

支架置入是冠状动脉狭窄性疾病治疗的主要方法，支架扩张不充分、支架最小面积偏小、斑块在支架内脱垂、支架边缘撕裂等是导致支架植入术后效果不佳的重要原因。IVUS 在指导冠心病的介入治疗方面具有重要参考价值，能够反映血管的各项指标，从而确定介入治疗方案及选择合适的支架尺寸。同时，IVUS 能够准确地反映支架扩张和贴壁情况，指导支架扩张策略的正确选择，达到最佳的介入治疗效果，如图 3-12 所示，黑色方框标注部分即为血管支架。

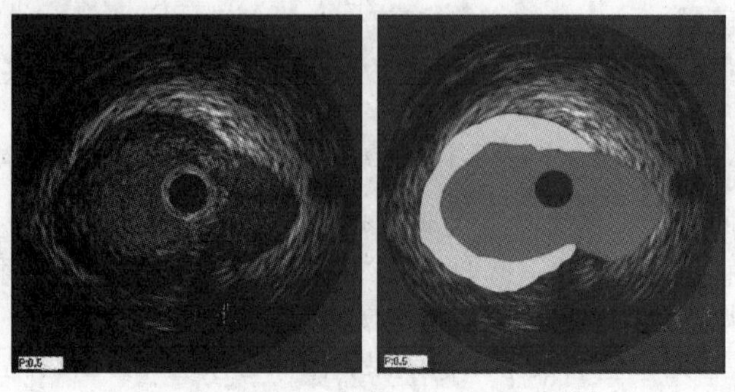

图 3-11　包含血管分叉的 IVUS 图像[3]

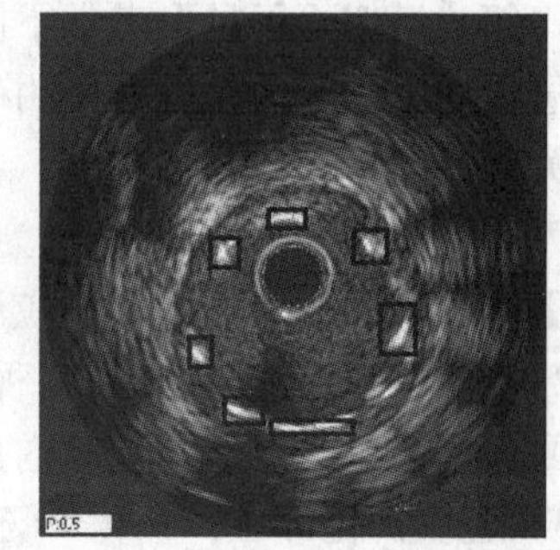

图 3-12　包含支架的 IVUS 图像

3.3.2 IVUS 图像序列的特点

临床常用的导管回撤速度是 0.5 mm/s，帧速率为 30 f/s，以此速率通过 1 mm 长的血管段可以得到 60 f 图像，因而图像序列中的前后帧之间非常相似，具有很强的相关性。检查一段长约 30 mm 左右的血管，一个 IVUS 记录序列包括约 2000 f 图像，因而 IVUS 图像序列的数据量巨大。使用电动机驱动的自动回撤系统回撤超声导管，可获得血管的纵向视图（L－模式）如图 3－13 所示。由于心脏运动等因素，纵向视图中会出现“锯齿样”特征性的伪像。

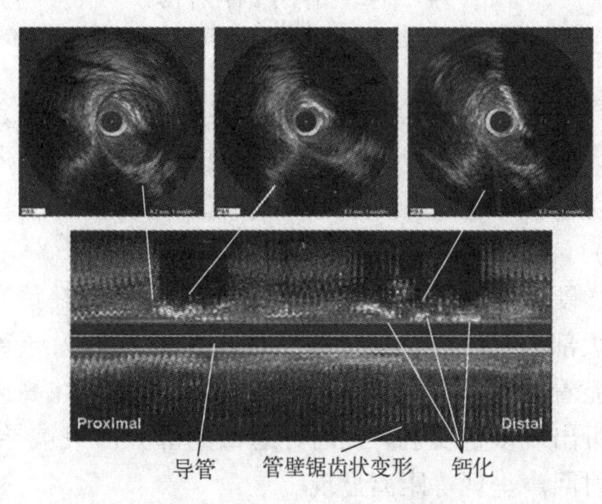

图 3－13 IVUS 纵向视图

3.3.3 IVUS 图像中的伪影

由于采用高频超声探头，图像受噪声污染严重，对比度低，图像噪声形式多样，有斑点噪声、回声失落、图像失真等。血管壁内、外膜边缘属于强噪声环境下的弹性体弱边缘。且可能存在多种影响视觉效果的伪影，如环晕伪影（ring－down artifact）、导丝伪影（guide－wire artifact）、钙化影（acoustic shadow）、不均匀旋转伪影（Non－Uniform Rotation Distortion，NURD）、导管位置相关伪影（catheter－related artifact）和运动伪影（motion artifact）等。这些伪影可能影响 IVUS 图像的视觉效果，降低血管形态参数的测量精度，给血管病变的诊治带来不便。有些伪影与超声导管的设计有关，而另一些伪影与应用的 IVUS 成像系统无关[3]。

（1）环晕伪影

超声波脉冲的传播期间，接收器的电路关闭以防止其电流超负荷，接收器打开时接收返回的信号，传播脉冲的轨迹将出现在中央空白区周围，呈现为围绕超声导管的厚薄不一的白色晕环，称为环晕伪影，如图 3－14a 所示。这种伪影的出现与换能器声波振荡引起的高振幅信号有关，常致使近邻导管的区域模糊，使近邻超声换能器表面的周边区域成为诊断盲区。虽然时间增益补偿可减少这种伪影，但过度的环晕抑制可能减少导管近场图像的显像。电子相控阵型导管利用数字减影方法可有效减少部分环晕伪影。

（2）导丝伪影

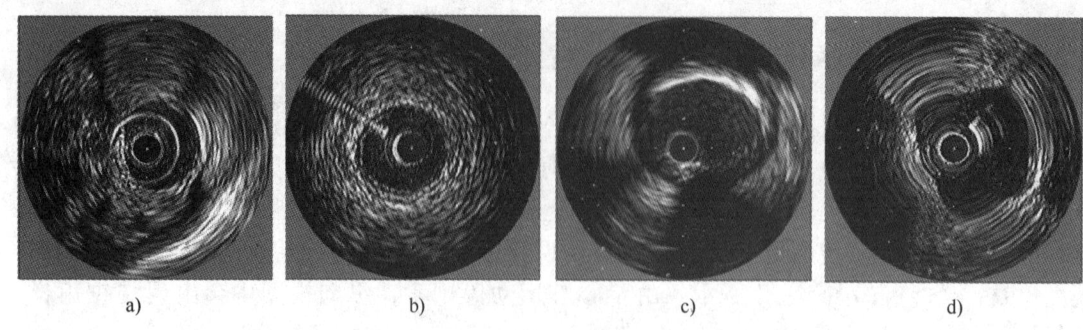

a)　　b)　　c)　　d)

图 3-14　IVUS 图像中的各种伪影[3]

a）环晕伪影　b）导丝伪影　c）钙化影　d）不均匀旋转伪影

使用单轨机械超声导管时，导丝位于超声换能器的外面，因此会产生一个特征性的伪影，即一个窄角的阴影，如图 3-14b 所示。目前新型的旋转探头已采用回撤导丝到导管近端的方法，可避免这种伪影。

（3）钙化影（声影）

钙化病变是动脉粥样硬化斑块的一个重要组成部分，IVUS 在诊断钙化病变方面具有很高的敏感度[3]。然而，大部分超声能量都可被钙化斑块所反射，导致特征性的信号消失现象，就是说钙化后方不能看见组织，如图 3-14c 所示。如果存在高声阻抗的组织，当声束与其反射界面垂直时即可出现多重反射。此时，返回的部分声束被导管再次反射回到界面，如此往复多次，多重反射回声呈现等距离显现。

（4）不均匀旋转伪影

当采用机械型的旋转探头时，由于驱动轴的摩擦而产生的不均匀转动可引起图像的变形，如图 3-14d 所示，使观察斑块的范围发生偏差。另外，机械型超声探头在冠状动脉急性转弯处亦可发生不均匀旋转伪影，此伪影多发生于用 Amplatz 引导管检查左回旋支时。

（5）导管位置相关伪影

理想的血管内超声显像需将导管顶端放置在管腔中央并与血管长轴平行，在实际应用时这点很难做到。导管在血管内非中心放置时，超声声束照射在血管壁上的入射角度发生变化。由于超声的角度依赖性，可能引起血管壁几何形态的改变，即使血管壁的几何形态没有变化，但血管内超声图像上血管壁的亮度和形态亦将发生改变，如图 3-15 所示。图中血管腔横截面因导管位置不同轴而显像成椭圆形，该图中还能看出导管的非中心位置导致管壁回声强弱的改变，即与声束垂直的管壁的回声要强些。

（6）运动伪影

冠状动脉覆盖在心脏表面上，而心脏的收缩和舒张运动常常引起超声导管顶端相对于血管腔的侧向移动。由于同一平面只能在同一超声束旋转时间内完成，因此这段时间内任何导管的移动将引起冠状动脉内超声横切面图像中管腔的变形，如图 3-16 所示，并且导致纵向视图中的血管壁呈现锯齿形，如图 3-13 所示。目前临床上常采用心电（Echocardiogram，ECG）门控的图像采集方式减小此种伪影的影响。

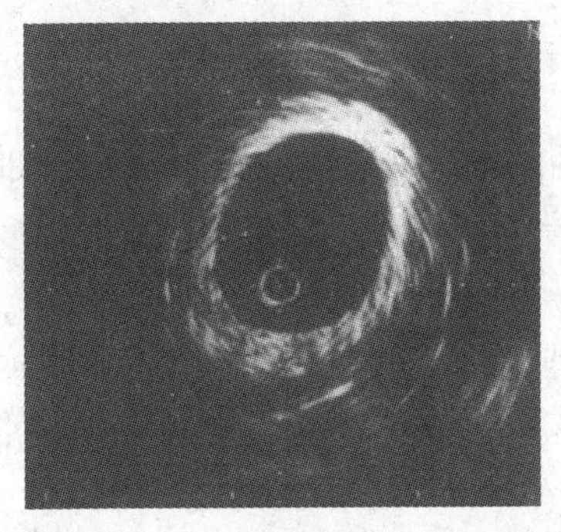

图 3-15　与导管位置相关的伪影

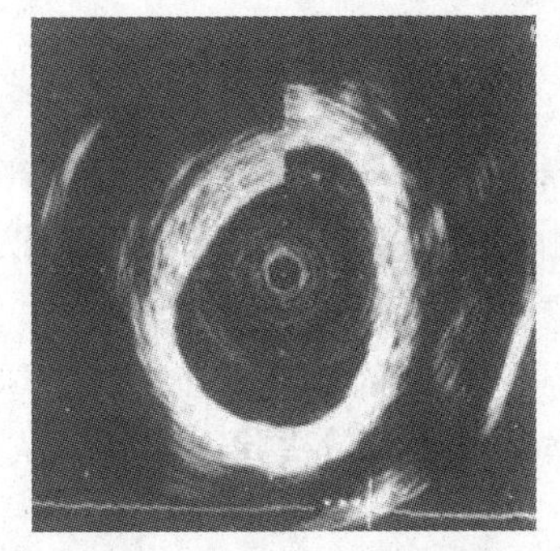

图 3-16　冠状动脉内超声图像中的运动伪影

3.4　超声图像的降噪

IVUS 图像的获取、传输和存贮过程中常常会受到各种噪声的干扰和影响而使图像降质，从而影响图像分割、目标识别、边缘提取等的效果。目前常用的降噪方法包括中值滤波、高斯滤波和各向异性扩散滤波等，目的是在消除图像噪声干扰的同时，保留并突出图像所需的特征。

3.4.1　中值滤波

中值滤波是一种非线性平滑技术，基本原理是将包含奇数个像素的模板遍历整个图像，在每个像素位置上都将模板内的像素点灰度值进行排序，将该像素点的灰度值设置为该点某邻域窗口内的所有像素点灰度值的中值。

采用大小为 5×5 的中值滤波模板对一幅 IVUS 图像进行滤波的结果如图 3-17 所示。可以看出，虽然去除了噪声，但是血管壁的轮廓也变得模糊不清。

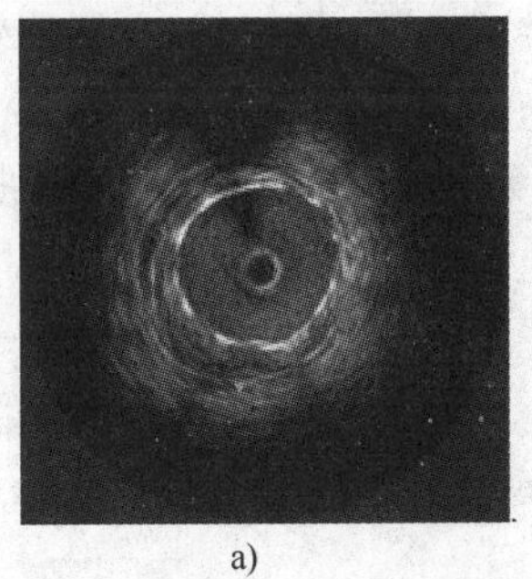

a)

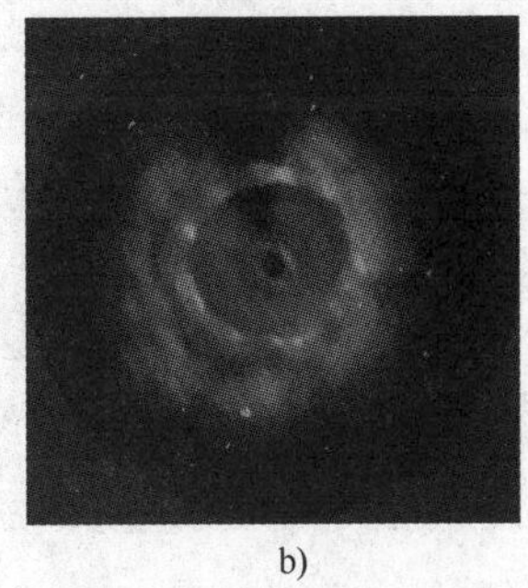

b)

图 3-17　采用 5×5 的中值滤波模板对一幅 IVUS 图像进行滤波的结果
a）原始图像　b）中值滤波后的图像

3.4.2　高斯滤波

高斯滤波器不同于中值滤波，它属于线性平滑滤波器，根据高斯函数的形状来选择权值。图像处理过程中常用二维零均值离散高斯函数做平滑滤波器，其函数表达式如下：

$$g[i,j]=e^{-(i^2+j^2)/2\sigma^2} \tag{3-1}$$

式中，$(i,\ j)$ 为像素点坐标；σ 是尺度。高斯滤波的特点包括：旋转对称性，即对各方向的平滑程度是相同的，避免了平滑后图像出现方向偏差；平滑尺度越大，平滑程度越大；可分离性，即二维的高斯滤波可以分为两个一维模板，使得计算复杂度变小。

采用 $\sigma=1$ 的 3×3 高斯模板对一帧 IVUS 图像进行滤波的结果如图 3-18 所示。可以看出，高斯滤波虽然能够有效去除图像中服从正态分布的随机噪声，但是血管壁的轮廓区域也变得模糊。

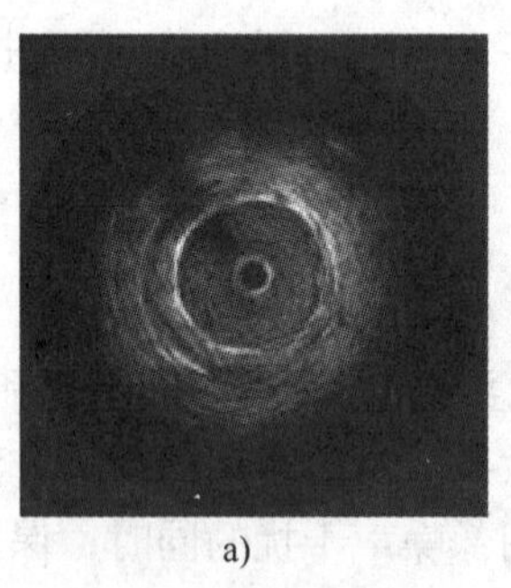

a)

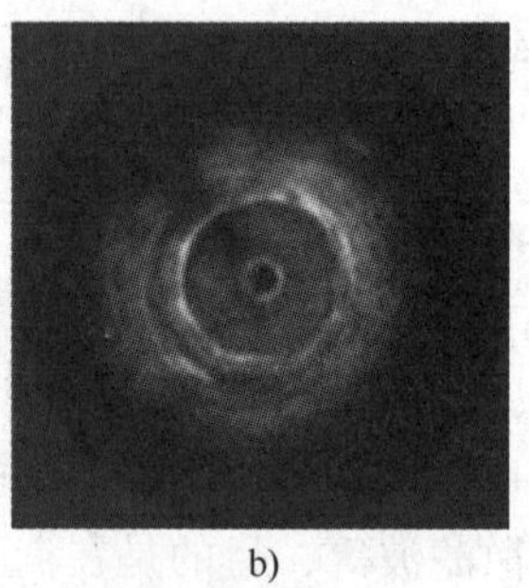

b)

图 3-18　高斯模板对一帧 IVUS 图像进行滤波的结果

a）原始图像　b）高斯滤波后的图像

3.4.3　各向异性扩散滤波

近年来，基于偏微分方程的各向异性扩散方法已广泛应用于图像降噪、边缘检测、分割等领域的研究，它将异质扩散和迭代平滑的概念引入到图像处理中，在去除图像噪声的同时，保留甚至增强了图像中的边缘信息。

各向异性扩散方法的基本原理是利用梯度算子来辨别由噪声引起的图像梯度变化和由边缘引起的图像梯度变化，然后用邻域加权平均去除由噪声引起的小梯度变化，同时保留由边缘引起的大梯度变化，这个过程迭代进行，直至图像中的噪声被去除。

将原始图像 $f_0(x,y)$ 作为滤波器零时刻的输入 $f(x,y;0)$，t 时刻滤波器对带噪图像 $f(x,y;t)$ 的调整取决于前一时刻的输出，并满足以下偏微分方程[6]：

$$\begin{cases}\dfrac{\partial}{\partial t}f(x,y;t)=\mathrm{div}[c(x,y;t)\nabla f(x,y;t)]\\ f(x,y;0)=f_0(x,y)\end{cases} \tag{3-2}$$

式中，div 是散度算子；∇是梯度算子；$c(x,y;t)$ 是扩散系数。如式（3-2）所示，当前像素在 t 时刻的调整量取决于扩散系数 $c(x,y;t)$ 和当前像素在邻域内梯度$\nabla f(x,y;t)$ 可被视为边缘强度的估计，而扩散系数的构造应该同时考虑边缘的强度和边缘幅值扩散门限。扩散系数构造可表示为如下扩散方程[6]：

$$c(x,y;t)=g[\,|\nabla f(x,y;t)|\,]=\frac{1}{1+\left[\dfrac{|\nabla f(x,y;t)|}{\lambda}\right]^2} \tag{3-3}$$

其中 λ 表示边缘幅值的门限参数。通过对上式的分析可知对于固定的 λ，在同质区域内部，邻域内的梯度小，则扩散系数大，可以有效平滑同质区域内的噪声；而在图像的边缘部分，邻域内梯度较大，扩散系数小，则能够保留图像的边缘信息。

对于 IVUS 图像的各向异性扩散滤波包括以下步骤：首先，计算图像中每个像素点八邻域方向上的灰度梯度，即∇_θ 的值如图 3-19b 所示；然后根据式（3-3）计算每个像素点在对应的八邻域方向上的扩散系数 c_θ；最后，求得图像在该方向上的滤波后图像，经过迭代得到最后的结果图像。

$$f(x,y;t) = f(x,y,t-1) + \sum_{\theta=1}^{8} c_\theta \nabla f_\theta \tag{3-4}$$

(x−1,y−1)	(x,y−1)	(x+1,y−1)
(x−1,y)	(x,y)	(x+1,y)
(x−1,y+1)	(x,y+1)	(x+1,y+1)

a)

−1	−1	−1
−1	−1	−1
−1	−1	−1

b)

图 3-19　像素点的邻域表示

a）八连通邻域　b）梯度计算

对临床 IVUS 图像的实验结果如图 3-20 所示。考虑改变各向异性扩散边缘幅值的门限参数 λ 与迭代次数 n，对图像的平滑滤波结果所造成的影响。其中图 3-20b ~ 图 3-20d 是各向异性扩散滤波的边缘幅值的门限参数 λ 分别设为 10、5、15 时的结果，可以看出，边缘幅值的门限参数越大，则可以突出的边缘特征越少，滤波后的结果图像越模糊。图 3-20e、图 3-20b和图 3-20f 是各向异性扩散滤波迭代次数 n 分别为 50、100、150 时的结果，可见随着迭代次数的增多，图像中边缘轮廓以外的区域越模糊。

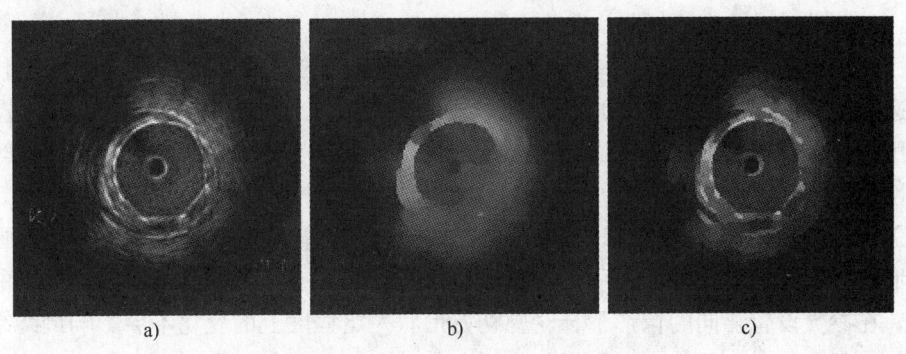

图 3-20　对临床 IVUS 图像的实验结果

a）原始图像　b）$n=100$，$\lambda=10$　c）$n=100$，$\lambda=5$

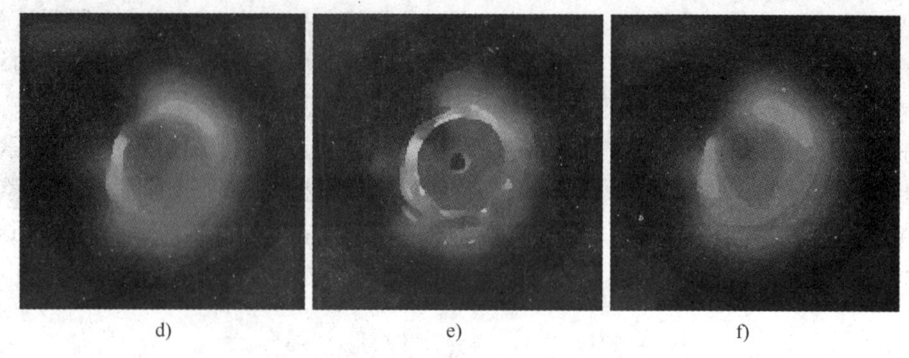

图 3-20　对临床 IVUS 图像的实验结果（续）
d）$n=100$，$\lambda=15$　e）$n=50$，$\lambda=10$　f）$n=150$，$\lambda=10$

3.5　超声图像的分割

临床应用中，为了对血管腔的直径、截面积、容积、狭窄百分比、血管壁厚以及斑块的大小等重要参数进行测量，需要首先提取出各帧 IVUS 图像中血管壁的内、外膜边缘和可能存在的斑块边缘，它同时也是三维重建血管和 IVUS 与其他冠脉影像融合等的重要步骤和保证其精度的关键。

3.5.1　现有方法分类

采用数字图像处理的方法，对 IVUS 图像进行自动或半自动的分割时，由于 IVUS 图像一般受噪声污染严重，包括斑点噪声、伪像和部分血管壁钙化阴影等的影响，常规的灰度图像轮廓提取方法，如微分法等，难以获得满意结果。

按照方法的自动化程度，可将现有的 IVUS 图像分割方法分为以下四类：

1）全手动：由富有经验的医生用鼠标驱动画笔逐一在每一幅图像上绘出目标轮廓线。由于 IVUS 图像序列常包括上千帧，因而这项工作不仅费时，工作量大，对操作人员的技术水平和专业知识要求较高，而且结果不可避免的受到操作者技术和主观因素的影响，可重复性差。

2）自动获取近似形状，再手动修正：首先采用简单的图像处理技术（如阈值化、区域生长、边缘提取、形态学操作等）获取血管壁轮廓的初始形状。在手动修正时，操作者不仅要利用图像本身的特征信息，而且还要结合局部的解剖和病理知识。该方法同样很耗时，可重复性差。

3）手动粗略勾画，再自动修正：这种方法减少了操作者的参与，仅需手动勾画出轮廓的粗糙形状，后续的自动提取过程会对其进行修正，因此操作者的参与对最终结果的影响是间接的。在参数设置相同的情形下，轮廓初始形状一定程度上的变化不会影响最终结果，因此可重复性很高。现有的 IVUS 图像分割方法中很大一部分都属于此类。例如图搜索法[7]、活动轮廓（snake）模型法及其相关改进算法[8]等。这些方法的分割效果较常规方法有很大提高，但仍需操作者一定程度的手动参与，从而可能延长处理时间或引入误差。

4）全自动：图像分割的整个过程完全由计算机自动完成，分割的初始化和分割结果的修正都不需要人机交互。因此，该方法可重复性好，不受主观因素影响。但对图像质量要求较高。

全自动的分割方法目前已成为该领域的研究热点，已提出的方法包括：基于统计活动轮廓模型的方法[9]、基于模糊聚类的方法[10]、自动获得初始轮廓的 snake 方法[11]、基于纹理分析的方法[12]、形状驱动方法[13]、多智能体方法[14]、基于 contourlet 变换的 snake 方法[15]、二值形态学重建方法[16]、基于对中膜层整体解释的方法[17]等。上述方法都是在二维空间中对横截面图像序列进行串行处理，即逐帧分割。

近年来，三维分割技术[18,19]成为该领域新的研究方向。与二维分割相比，三维分割的优势在于可以利用整个图像序列的信息，同时完成对各帧图像的分割，实现对整个序列的并行处理，从而提高处理效率。

按照方法的原理，现有的自动或半自动分割方法可以分为以下四类：

1）利用图像灰度统计信息的方法，典型的有一维直方图阈值化方法和二维直方图阈值化方法。

2）利用图像空间区域信息和光谱信息的分割方法，典型的包括区域分裂 - 合并、生长法和纹理分割等。

3）利用图像中灰度变化最强烈的区域信息方法（边缘检测方法），这一类方法是 Marr 理论中主要倡导的方法，它在 IVUS 图像分割研究领域中占的比例最大，其典型的有 Canny 算法、Marr – Hildreth 算法和基于多尺度的边缘检测方法。

4）利用图像分类技术的像素分类法，典型的有统计分类法、模糊分类方法、神经网络分类方法等。

3.5.2 基于 snake 模型的二维分割方法

Kass 于 1988 年提出了活动轮廓模型（active contour model）[20]，又称 snake 模型，是一种重要的图像处理技术。它将几何、物理和近似理论结合起来，使模型变形的约束力包括由图像数据获得的图像力和有关目标的位置、尺寸和形状的先验知识。它具有良好的可交互性，允许操作者在必要的时候将他们的专业知识应用到图像解释工作中。在此模型的基础上，研究者们又相继提出了一系列的改进模型。与其他不是基于模型的轮廓提取方法相比，此类方法的优点在于，它将轮廓看做是一条连续的曲线，因此保证了轮廓的连续性，即使在相应图像特征很弱甚至缺失的情形下，仍可获得连续的轮廓提取结果。目前，此类方法已被成功地应用于图像分割、匹配和运动跟踪领域中。

现有的 IVUS 半自动分割方法中很大一部分属于此类。例如，Sonka 等[21]提出了一种基于知识的半自动分割方法，他们在模型变形过程中引入了血管横截面的相关先验知识，例如目标形状、边缘的方向、双回声带和血管壁厚度等，来模仿临床专家手动提取的过程。该方法的不足之处在于，能量函数中的边缘强度项不包括斑点的统计数据。Takagi 等[22]采用了类似的模型，并且实验结果也相似。与 Sonka 方法的不同之处主要在于预处理阶段，他们在预先分割出的血液和组织区域进行了自适应的空间 - 时间斑点滤波。

序列中相邻两帧 IVUS 图像相减可以增强内腔区域的信噪比，比如增强图像中内腔和其他部分的对比度。Bouma 等[23]对结合了不同滤波技术（高斯滤波、中值滤波、各向异性滤波）的内腔分割方法（阈值法、区域增长法、离散活动轮廓法[24]）进行了比较。用对 20

帧相邻 IVUS 图像的同一位置相减取平均的方法得到的 15 幅图像进行实验。实验结果同四个专家的分割结果进行比较，当数据噪声较多时，与专家的分割结果相比不甚理想。

3.5.3 模式识别类方法

Pardo 等[25]提出将统计变形模型应用于 IVUS 图像的分割。他们利用衍生高斯滤波器在不同的方向和范围对边缘或非边缘以自适应的方式进行局部描述。此算法通过线性辨别分析来简化特征空间，并且通过参数归类器用最小化图像特征同先验知识之间的差异性来引导模型变形。统计学习法与统计灰度梯度法相比，前者具有更好的鲁棒性。

Cardinal 等[26]在 Sifakis 等[27]提出的贝叶斯水平集法的基础上提出了半自动的贝叶斯水平集法，利用瑞利分布来对灰度级的统计数据进行建模。他们评定了初始化的鲁棒性，并且用相同的模型对灰度梯度水平集法、灰度梯度 snake 法和概率密度函数 snake 法进行了比较。对在无 ECG 门控、20 MHz 超声条件下获得的 15 帧图像进行了三次不同的初始化，实验结果表明概率密度函数 snake 法更稳定。然而，快速推进法得到的 Hausdorff 距离（一个点集合到另一个点集合中，离它最近点的距离的最大值）最小，灰度梯度 snake 的初始化可变性最大。后来，该课题组又对先前的方法进行改进，提出了自动分割法[28]，即自动计算概率密度函数区域统计参数和水平集的初始轮廓。在新算法中，速度函数是基于区域统计数据和灰度梯度信息的，而不再只是依赖区域统计数据。他们对采用 20 MHz 超声探头获得的 600 帧有轻微病变的动脉图像和 84 幅模拟图像进行了测试。手动分割模拟图像得到的 Hausdorff 距离低于 0.66 mm，而手动分割病变动脉 IVUS 图像得到的 Hausdorff 距离低于 0.344 mm。近来，该课题组又提出了一种新的三维 IVUS 分割模型[29]，利用血管各层结构的灰度概率密度函数的多界面快速推进法完成分割，用混合瑞利概率密度函数对整个 IVUS 图像序列的灰度级分布进行建模，并且内腔、斑块和中膜的分割是同时完成的。他们采用 9 组有轻微病变的 IVUS 图像序列和一个模拟图像序列来验证其有效性，在模拟图像序列上得到了精准的分割，平均 Hausdorff 距离小于 0.072 mm。而对临床图像序列的分割，平均 Hausdorff 距离小于 0.16 mm。

文献［30］和［31］中分别提出了利用瑞利分布及马尔可夫过程和基于后验概率的全自动分割方法。这两种方法是在 Friedland [32]和 Dias [33]的研究基础上提出的，并且都利用了极坐标。Haas 等[31]认为血管壁的时间连续性可通过多轮廓和一阶马尔可夫过程对图像序列建模来解释。Bruseau 等[30]只提取内腔边缘，首先检测沿径向的第一个或者全局最大的“可靠点”，然后依据轮廓的先验能量从第一个和全局最大值中选择一个。从其实验结果来看，沿径向的内腔边缘并不总是对应后验概率密度函数的全局最大值，或者第一个最大值。

近来，在公开发表的文献中又公布了几种新方法。Olszewski 等[34]提出一种模仿人类视觉系统的机器学习法。Bovenkamp 等[35]利用多智能体（Multi - agent）技术来解决 IVUS 的分割问题。Filho 等[36]提出了一种利用回声阴影信息自适应阈值自动提取钙化斑块的方法。Bucher 等[37]首次提出了形状驱动的自动分割 IVUS 图像的方法。此方法对再次采样的矩形区域中的内腔和中外膜轮廓进行了建模分割，同时通过约束内腔和中外膜轮廓为平滑闭合的几何形状，使得分割结果有了足够的灵活性。在分割内腔时，他们利用了基于图像概率密度能量的非参数强度模型，并且在强度模型中改变了以前逐点测量的方法，而是结合总体图像的测量。而在中外膜分割中，他们定义了一个定向平滑梯度来克服 IVUS 图像中的噪声，并利用边缘信息，这大大提高了分割的有效性。此外，他们还提出了一种利用解剖学特性检测钙化物质和分支开口（即因斑块钙化等因素引起的无回声阴影区域，如图 3-21 所示）的方法。经过对大量数据进行测试，证明了其算法的有效性。此方法对不同情况的 IVUS 图像自动分割内腔和中外膜的结果，如图 3-22 所示。

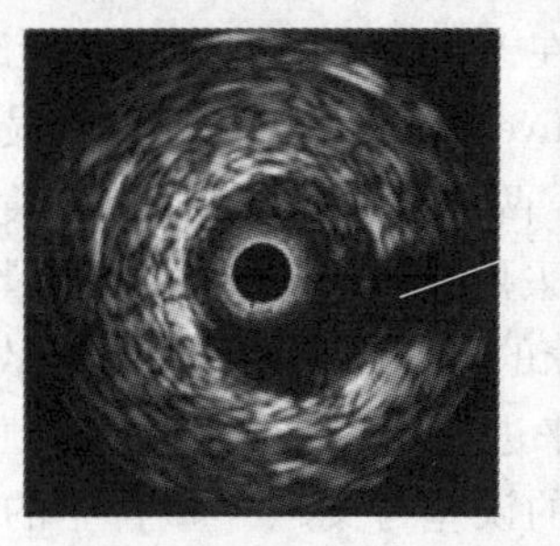

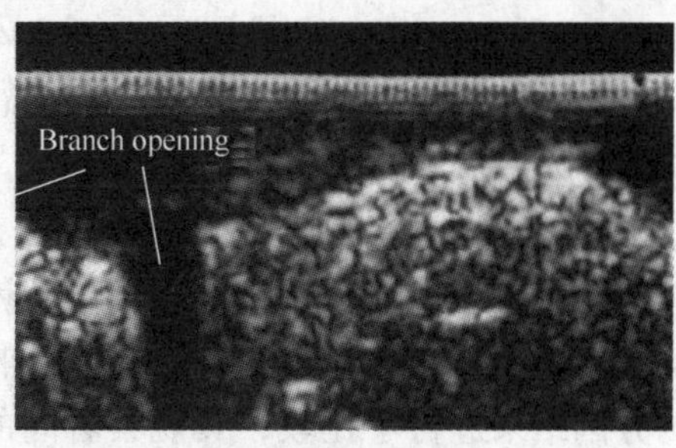

图 3-21　因斑块钙化等因素引起的无回声阴影区域

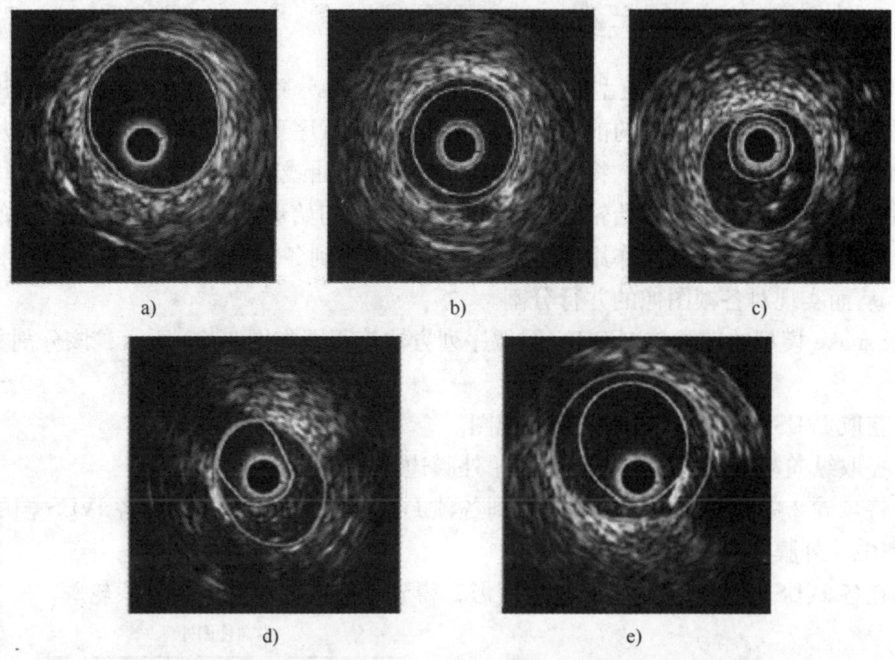

图 3-22　不同情况 IVUS 图像自动分割内腔和中外膜的结果[37]

a）正常的动脉　b）正常且导管居中　c）内腔小且与中外膜间有噪声

d）有阴影的 IVUS 图像　e）有阴影和钙化的 IVUS 图像

Ruiz 等[38]提出了一种半自动的概率统计分割内腔的方法，利用混合高斯函数对内腔轮廓进行参数化，并且此轮廓的变形是通过最小化由贝叶斯法的马尔可夫随机场模型构建的成本函数来实现的。其次，提出了一种新的优化算法，它结合了最陡下降法和 Broyden - Fletcher - Goldfarb - Shanno（BFGS）[39]优化算法。此外，多尺度的方法大大提高了分割速度和成本函数的收敛速度，并使分割结果更加精确。文献［40］提出改进的 T - snake，通过在内力微分近似计算中的归一化处理，避免了自交现象，同时改善了基本 T - snake[41]的数值计算精度，使 T - snake 更易于精确捕捉图像的细节信息；而改进的 T - snake 外力法线矢量方向的确定方法在不降低数值计算精度的前提下，更便于实现。

3.5.4 三维分割方法

Shekhar 等[42]对离散活动轮廓模型进行扩展，提出了半自动的三维 IVUS 图像序列分割方法，即活动面（Active Surface，AS）法。之后又在 Williams 的快速活动轮廓法[43]的基础上提出了一种快速算法，即快速活动面法（Fast Active Surface，FAS）[44]。最初的快速活动面法是一种加速的技术，后来又提出了邻域搜索法，两种方法都只利用了灰度梯度信息。相同实验条件下，FAS 的计算速度要比 AS 快 60 倍。采用文献［45］中的测量方法，用 FAS 对 529 帧有 ECG 门控的 IVUS 图像分割的结果与专家的分割结果相比更加有效[46]。

Kovalski 等[47]用简化的三维气球模型和极坐标来进行轮廓建模。对 88 帧图像的分割结果与两位专家的分割结果进行了比较，其观察者间的误差与文献［45］中的结果有相同的范围。然而，对于内腔和外膜边缘，半自动和手动之间的差别要比观察者之间的差别高。

3.5.5 基于 snake 模型的三维分割方法

本节介绍一种基于 snake 模型的 IVUS 图像序列三维分割方法。在对原始图像进行滤波去噪和去除环晕伪像的预处理的前提下，首先获取 IVUS 序列的四个纵向视图，并从中提取出内腔和中 - 外膜边界；然后，将各纵向视图中的边界曲线映射到各 IVUS 帧中，得到各横向视图中的初始轮廓；将此初始轮廓作为 snake 模型的初始形状，通过使预先设定的能量函数最小，模型在内外力的共同作用下不断变形，最终得到各 IVUS 帧中的内腔边界和中 - 外膜边界，从而实现对各帧图像的并行分割。

基于 snake 模型的三维分割 IVUS 图像序列方法流程图如图 3-23 所示，该分割方法的步骤如下：

1）获取 IVUS 图像序列的四个纵向视图。

2）提取纵向视图中的内腔边界和中 - 外膜边界。

3）将步骤 2 中获得的边界曲线映射到各帧 IVUS 切片图像中，得到各 IVUS 帧的初始内腔边界和中 - 外膜边界。

4）在各 IVUS 帧中，初始轮廓演化变形，得到最终的内腔和中 - 外膜轮廓。

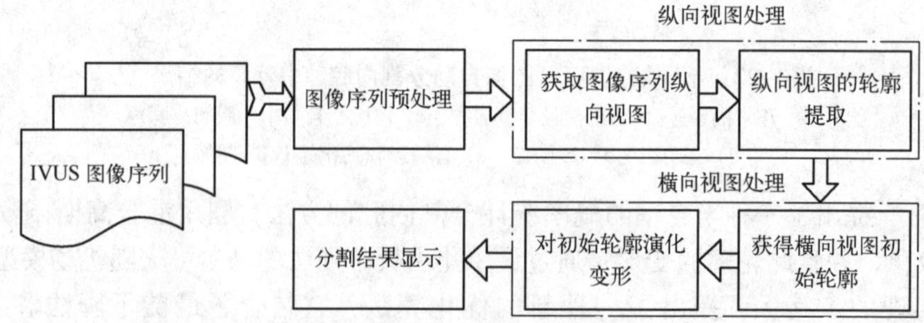

图 3-23 基于 snake 模型的三维分割 IVUS 图像序列方法的流程图

（1）原始图像的预处理

首先，采用中值滤波和高斯平滑两种通用预处理方法，减少 IVUS 图像中的椒盐噪声和随机噪声。在 IVUS 成像过程中，超声导管在图像中心区域产生一个无回声暗区，围绕导管黑色影像的厚薄不一的白色环状影像称为环晕伪影（参见 3.3.3 节），即图 3-24a 中箭头所指部位。它与传感器声波振荡引起的高振幅信号有关，不是导管本身的影像，应该在预处理阶段加以去除，否则会影响图像分割的准确度。根据环晕伪影在 IVUS 极坐标视图中的分布特性，采用极坐标变换法对其加以去除。

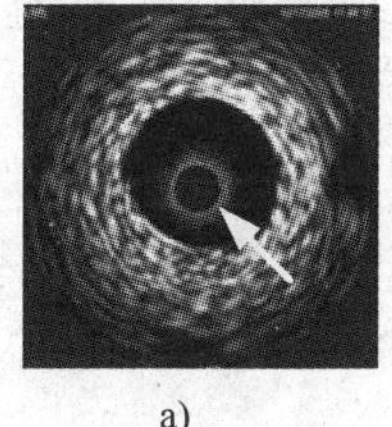

a)

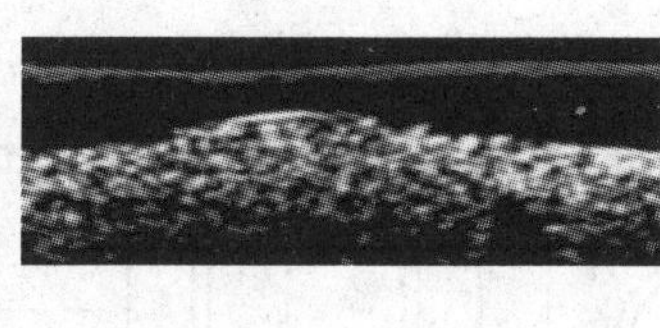

b)

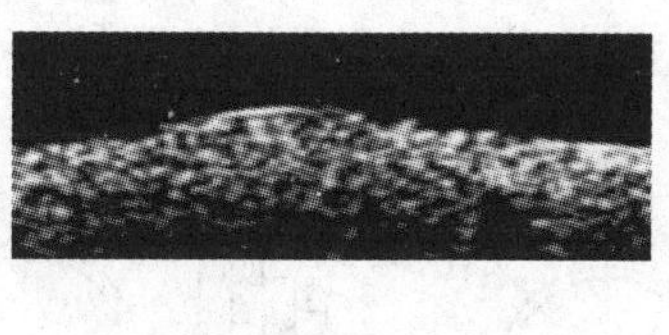

c)

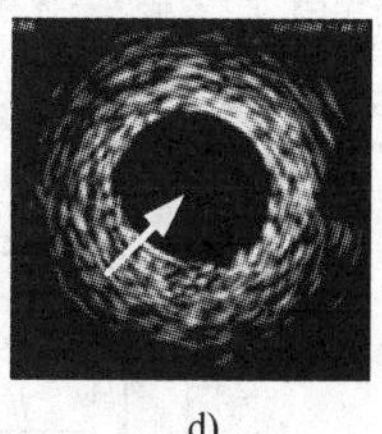

d)

图 3-24　一帧 IVUS 图像的环晕伪影去除结果（$\varepsilon=0.21$）

a）原始横向视图　b）极坐标视图　c）去除环晕伪影后的极坐标视图　d）去除环晕伪影后的横向视图

其次，对 IVUS 横向视图进行极坐标变换，得到其极坐标视图，如图 3-24b 所示。可见，环晕伪影位于极坐标视图的上部。采用阈值法，按照下式去除极坐标视图中的环晕伪影：

$$I'(r,\theta)=\begin{cases}I_{\text{catheter}}, & r\leqslant\varepsilon\cdot \text{ImageHeight}/2\\ I(r,\theta), & \text{else}\end{cases}\tag{3-5}$$

式中，$I(r,\theta)$ 和 $I'(r,\theta)$ 分别为原极坐标视图和去除环晕伪影后的极坐标视图中像素点 (r,θ) 处的灰度值；I_{catheter} 为原 IVUS 图像中导管区域的像素灰度值；r 为像素点的极径；ε 为权重参数，经实验确定其取值范围为［0.1，0.35］；ImageHeight 为以像素为单位的图像高度。

去除环晕伪影后的极坐标视图如图 3-24c 所示，在极坐标视图中消除环晕伪影后，再经过极坐标逆变换，即可得到直角坐标系下去除环晕伪影后的横向视图，如图 3-24d 所示。对 4 帧 IVUS 图像去除环晕伪影的结果如图 3-25 所示。

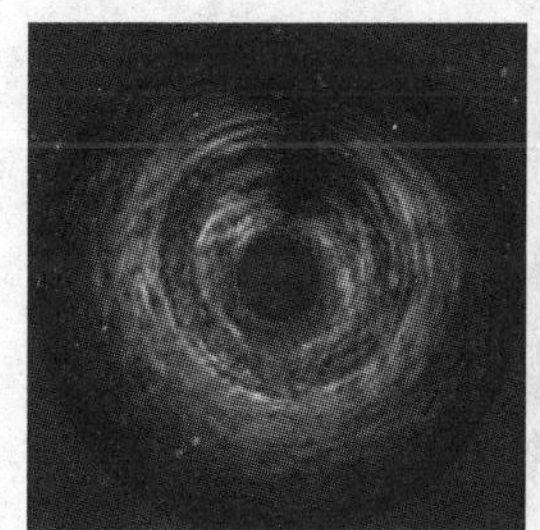
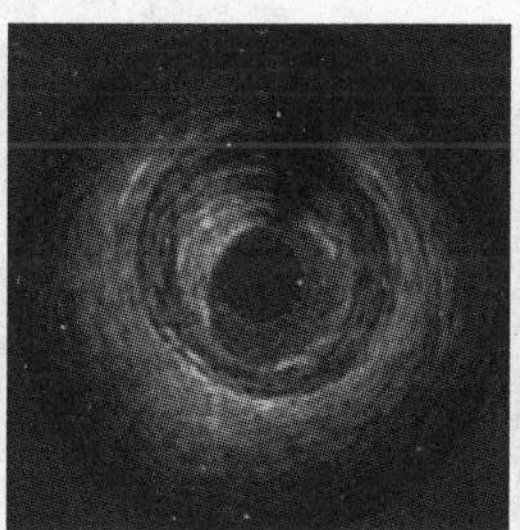
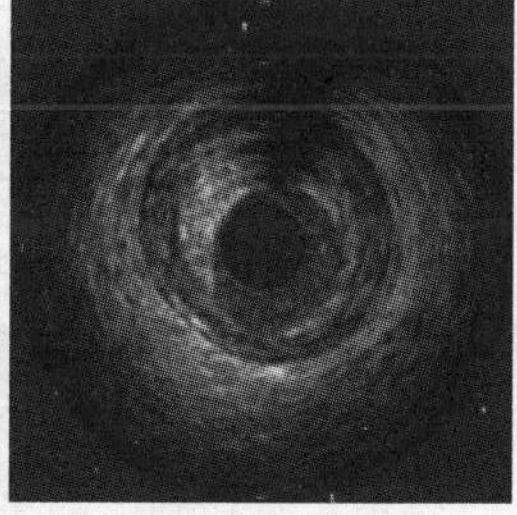
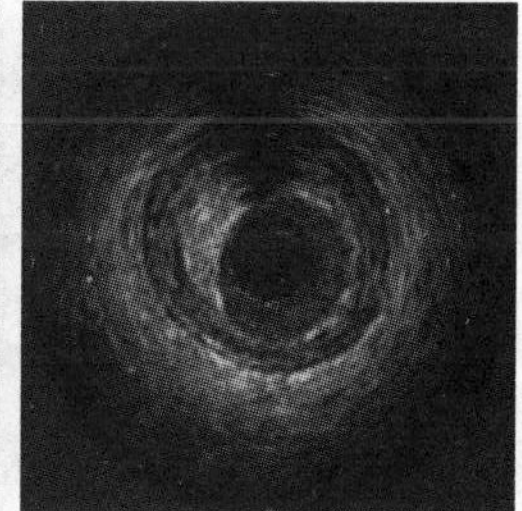

图 3-25　去除环晕伪影的 4 帧 IVUS 图像

（2）获得 IVUS 图像序列的纵向视图

采集 IVUS 图像时，随着超声导管的缓慢回撤，获得的是一系列血管横截面切片图像。IVUS 纵向视图是指 IVUS 图像序列沿平行于导管方向的纵向截面视图，如图 3-26 所示。沿血管长轴（纵向）方向取四个纵向视图，即垂直切面 A、水平切面 B、左对角线切面 C 和右对角线切面 D。

（3）提取纵向视图中的血管壁边缘

IVUS 纵向视图中的每一行像素即为一帧切片图像与该纵向视图的交线，其对应关系示意图如图 3-27 所示。根据纵向视图中的内腔边界和中－外膜边界的灰度同其周围像素灰度相差较大的特征，遍历纵向视图中的各像素，判断识别目标边界点。由于纵向视图中的目标边界分布于图像中部，所以从图像中轴线开始，分别向左和向右进行逐行遍历，如图 3-28 所示。对于当前像素(i,j)，其灰度值为$I(i,j)$，若$I(i,j+1)-I(i,j)\geqslant\eta$，$\eta$ 为阈值，则为目标边界点，否则不是。将每行左右两部分的像素中，第一个符合上述条件的像素记为内腔边界点，第二个记为中 - 外膜边界点。经实验确定 η 的取值区间为［10，20］。图 3-29 是对图 3-25 所示图像序列的四个纵向视图的血管壁边缘提取结果。

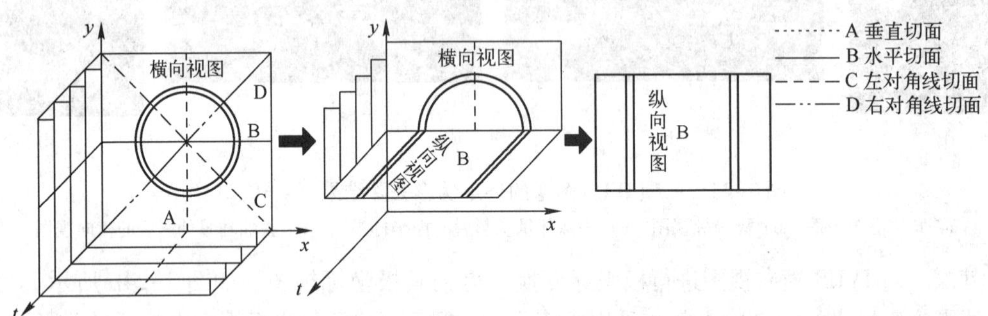

图 3-26　获取 IVUS 纵向视图的示意图

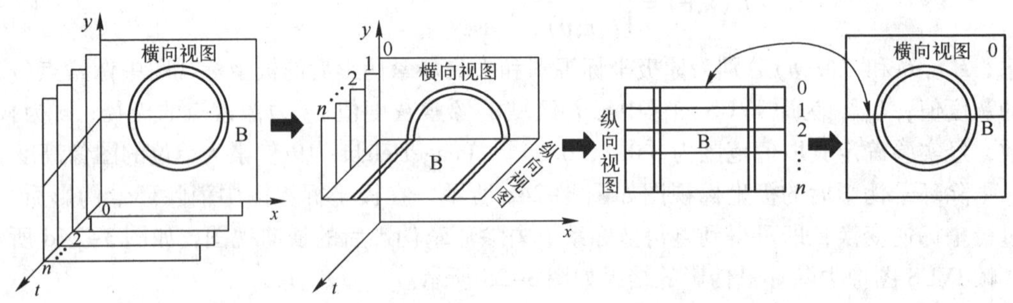

图 3-27　纵向与横向视图的对应关系示意图

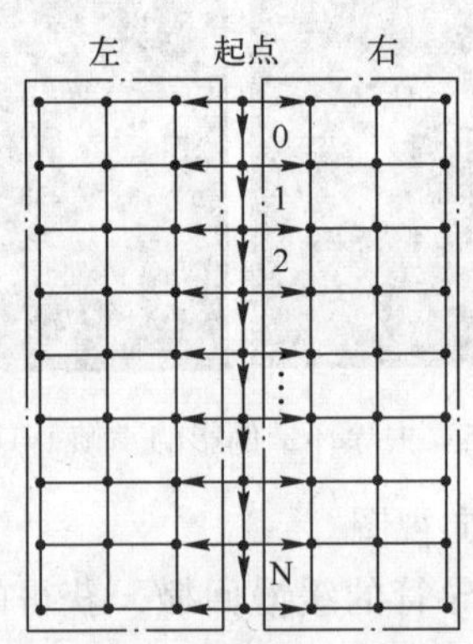

图 3-28　逐行遍历纵向视图像素

图 3-29　完成管腔轮廓提取的四个纵向视图

a）垂直切面图　b）水平切面图　c）左对角线切面图　d）右对角线切面图

（4）获取横向视图中的初始轮廓

纵向视图的轮廓线对应到横向视图中为轮廓点，四条纵向视图轮廓线映射到横向视图中为四个轮廓点，如图 3-30 所示。在得到各帧横向视图中的内腔和中 - 外膜初始边界点以后，依次连接各初始边界点，获取初始轮廓，如图 3-31 所示，同时获得各帧图像中的初始内腔边界和中 - 外膜边界。图 3-32 是对图 3-25 所示图像序列的横向视图中初始轮廓的提取结果。

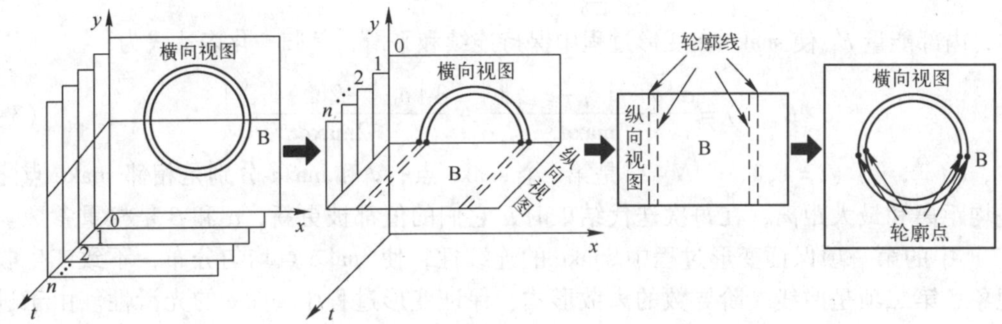

图 3-30　纵向与横向视图轮廓对应关系示意图

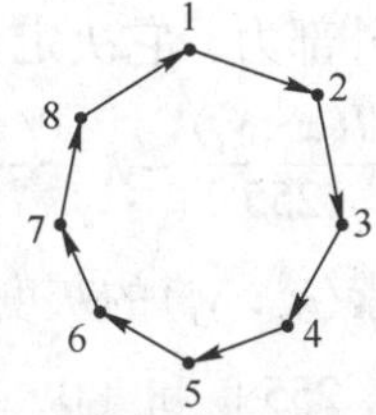

图 3-31　由初始点获取初始轮廓

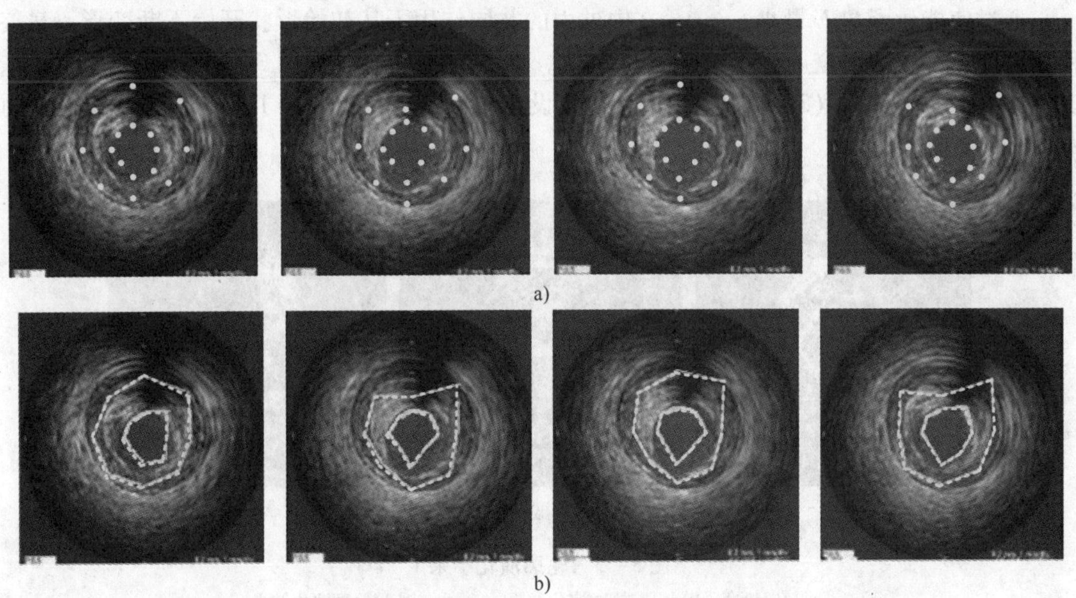

图 3-32　IVUS 横向视图中血管壁的初始轮廓

a）初始轮廓点　b）初始轮廓

（5）基于 snake 的初始轮廓演化

将各帧 IVUS 图像中血管壁的初始轮廓作为 snake 模型的初始形状，通过使预先设定的能量函数最小，snake 不断变形，当能量函数取得全局最小值时，snake 模型即停留在目标轮廓处，从而完成对各帧图像中内腔和中－外膜边界的并行提取。

将初始轮廓离散成由 N 个点组成的有序点集，则 snake 能量函数的离散表达式为

$$E = \sum_{i=0}^{N-1} [E_{\text{int}}(i) + E_{\text{ext}}(i)] \tag{3-6}$$

式中，内部能量 E_{int} 使 snake 在变形过程中保持连续和平滑，其归一化表达式为

$$E_{\text{int}}(i) = \frac{\alpha \left| \bar{d} - |c_i - c_{i-1}| \right|}{\max d} + \frac{\beta \left| c_{i-1} - 2c_i + c_{i+1} \right|}{2\max d} \tag{3-7}$$

式中，$c_i(x_i,\ y_i)$（$i=1,2,\cdots,N-2$）是第 i 个 snake 点；d 和 $\max d$ 分别是相邻 snake 点之间的平均距离和最大距离，在每次迭代结束时，它们的值都被更新；α 和 β 是权重参数。式（3-3）中的第一项保证变形过程中 snake 的连续性，使 snake 点均匀分布，不致产生收缩的现象；第二项是曲线二阶导数的离散形式，保证变形过程中 snake 的光滑性。由于进行了归一化，故式（3-7）中两项的取值范围都在［0，1］区间内，权重 α 和 β 的取值区间也是［0，1］。

外部能量 E_{ext} 是保证 snake 收敛的外部力，它决定 snake 的移动方向，其定义为

$$E_{ext}(i) = \gamma \frac{I(x_i, y_i)}{255} - \lambda \frac{|\nabla I(x_i, y_i)|}{255\sqrt{2}} \tag{3-8}$$

式中，$I(x_i,\ y_i)$和$\nabla I(x_i,\ y_i)$分别是像素$(x_i,\ y_i)$的灰度和灰度梯度值。由于 8 位灰度图像的灰度和灰度梯度的取值范围分别为［0，255］和［0，$255\sqrt{2}$］，故对 $I(x_i,\ y_i)$和$\nabla I(x_i,\ y_i)$分别进行归一化，使其取值范围为［0，1］。γ，$\lambda \in [0,1]$是权重参数。

通过使能量函数 E 最小，snake 在内外力的共同作用下从初始形状开始不断变形，最终停留在能量函数取得全局最小值的最优位置，即为目标轮廓，如图 3-33 和图 3-34 所示，其中式（3-3）和式（3-4）中的权重参数设定为 $\alpha=\beta=\gamma=\lambda=1$，即各能量项的权重相等。

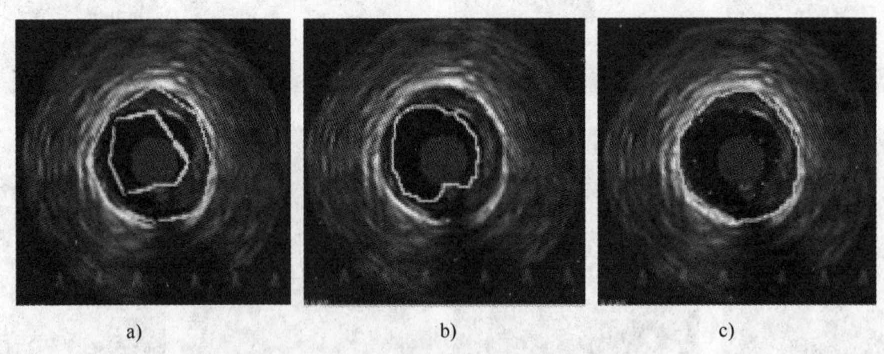

a) b) c)

图 3-33 轮廓演化结果 1

a）初始轮廓 b）内腔轮廓演化结果 c）中－外膜轮廓演化结果

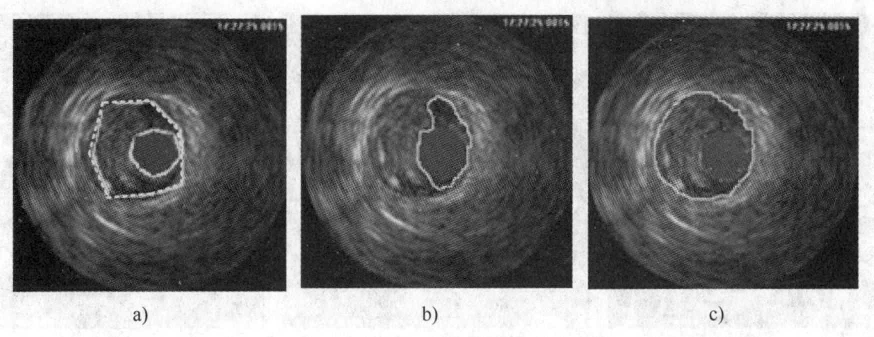

a) b) c)

图 3-34 轮廓演化结果 2

a）初始轮廓 b）内腔轮廓演化结果 c）中 - 外膜轮廓演化结果

3.5.6 问题与展望

对于血管内超声图像序列的分割问题，在下述方面仍有待进一步研究：

1）提高中 - 外膜边界的分割精度。通过对大量临床图像的实验发现，对血管内腔边界的提取结果通常均优于中 - 外膜边界，这是由于内腔与内膜的差异通常比较明显，只需合理地去除环晕伪影等干扰，便可较准确地提取出内腔边界，而中 - 外膜边界的精确提取依赖于中膜的形态及初始轮廓的位置，若中膜在图像中表现为较厚的低灰度带，且初始轮廓定位较接近真实轮廓，则分割结果较好，否则易被伪边缘吸引。如何进一步提高中 - 外膜边界的分割精度是今后研究的重点。

2）初始化的自动化。到目前为止，大多数分割方法是半自动的，轮廓的初始化需要人机交互完成，这样必然会使得实验结果的客观性、准确性和可重复性受到试验者之间可变性的影响。

3）图像的在线分割。在线分割是指在得到图像的同时实时完成图像的分割。目前，血管内超声图像的采集与分割大多是两个独立的操作过程，对在线分割的研究并不多见。

4）分割方法的软件化。目前的方法多数是处于研究阶段，并没有在临床上得到广泛的应用和认可，未来应提高分割方法的鲁棒性和灵活性，并开发适合于临床使用的软件产品，从而辅助血管疾病的诊断与治疗。

3.6 超声图像的组织标定

粥样硬化所致的心脑血管疾病是当今严重危害人类生命健康的疾病之一。它是一种影响血管壁的炎症过程，将发展成血管腔内的多种斑块，斑块有可能破裂或继续生长使管腔狭窄，最终导致心绞痛、心肌梗塞、缺血性心肌病或猝死。对粥样硬化斑块进行精确地检测和分型对于动脉硬化性疾病的诊断和治疗具有重要意义。

血管内超声成像可完整显示血管壁外膜和中膜边界、内膜即管腔以及两者之间的斑块负荷情况。不同性质的血管壁组织对超声的吸收和反射不同，因此可以根据接收超声信号的强弱以不同的灰阶形式显示出血管壁的组成结构，并据此判断病变的性质和程度典型的 IVUS 图像如图 3-35 所示。

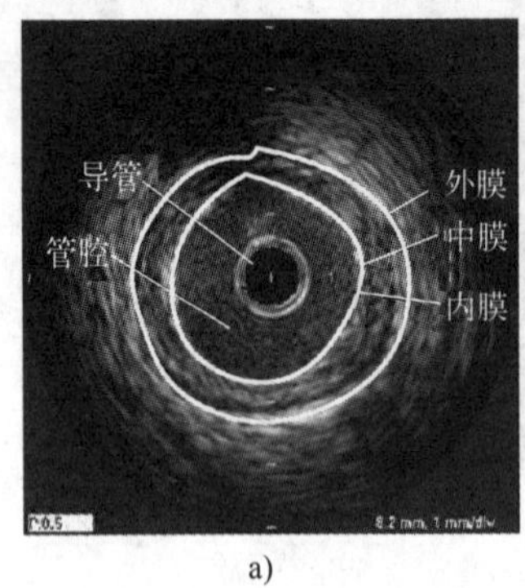

a)

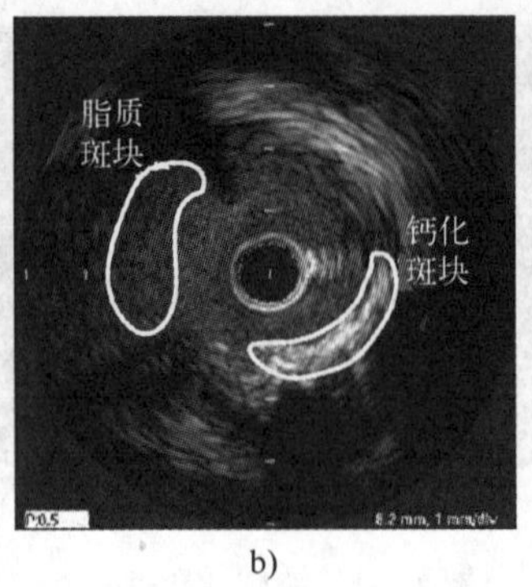

b)

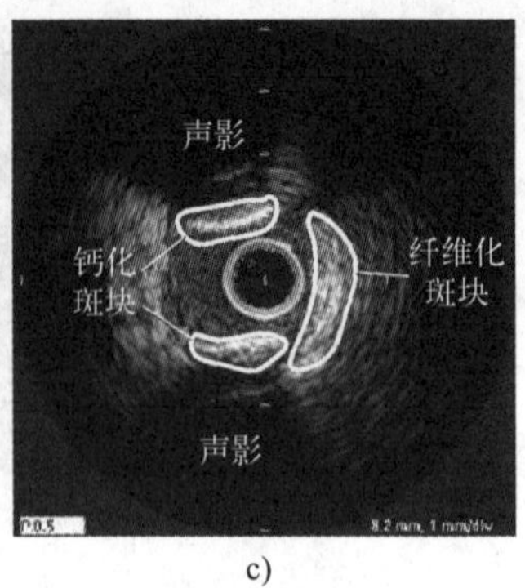

c)

图 3-35 典型的 IVUS 图像

a）正常血管壁；b）钙化和脂质斑块；c）钙化和纤维斑块

由于临床采集的 IVUS 图像序列数据量巨大，且图像受噪声污染比较严重，包含多种影响视觉效果的伪影，同时由于拍摄速度极快，会产生大量无诊断价值的图像。若由医生手动对 IVUS 图像中的斑块进行识别、描述和分型，则不仅工作量巨大，而且结果的主观性强，可重复性差，易受操作者的临床经验和专业知识的影响。利用数字图像处理技术，对异常 IVUS 灰度图像中的斑块组织进行正确的自动识别，并按照成分对其进行分类，对于评价斑块的易损性、预测其进展以及选择适当的治疗方案具有重要意义和临床应用价值。

与其他血管部位相比，冠状动脉分叉处的血流剪切应力波动较大，易形成涡流，是粥样硬化斑块的易发部位。分叉病变指的是狭窄程度大于 50% 的病变同时累及主要血管及其开支开口处。血管内超声在分叉病变的检测和介入治疗中发挥着重要的作用，通过 IVUS 对分叉病变进行详尽检查，有助于科学地选择治疗方案。对 IVUS 图像中的血管分叉进行自动检索和定位，可帮助医生迅速定位病变部位，辅助对血管分叉病变的治疗。

血管支架植入术是手术治疗冠状动脉粥样硬化性心脏病的重要方法之一，用来支撑血管壁、防止早期弹性回缩、血管堵塞和后期再狭窄等，同时支架植入也是完成球囊血管成形术的主要环节。但是术后六个月内动脉的再狭窄率仍然高达 20% ~30%。对 IVUS 图像中的支架进行自动识别和测量，对于有效跟踪和检查植入支架部位、评价介入治疗效果和为再狭窄制定及时有效的治疗方案等具有重要意义。目前临床常用的血管支架主要有金属支架和药物洗脱支架两种。与普通的金属支架相比较，药物洗脱支架成功解决了支架植入术后再狭窄的问题。但是，由于这些支架是由聚左旋乳酸制成的，会在 IVUS 图像中产生非常微小的声影，这也加大了 IVUS 图像中支架自动检测的困难。

3.6.1 现有方法的分类

根据所采用的数据类型的不同，现有的 IVUS 组织标定方法可分为两类，下面具体介绍。

（1）基于灰阶图像的方法

基于灰阶图像的方法即采用由超声信号重建出的灰度图像，通过分析图像纹理特征的变化，结合不同斑块特征的先验知识，完成对斑块组织的标定。一般首先采用灰度共生矩阵、局部二值模式等统计学相关的方法和基于核的特征提取方法对 IVUS 灰阶图像进行纹理特征提取，然后再运用模式识别中的分类技术，对纹理特征数据进行分类。

此类方法的局限性在于由超声信号重建出的灰度图像内容很大程度上取决于 IVUS 的系统参数设置，采用不同的系统参数重建同一病人的图像时，结果图像的内容可能存在很大差异，同时重建过程也可能会引入多种伪影。由于灰度图像较易获取，且其纹理描述较为简单，因此这种方法在实际应用中较为普遍。

（2）基于射频信号的方法

利用由超声导管采集的原始射频（Radio Frequency，RF）信号，进行特征提取，完成对不同斑块组织的识别和描述，或者在利用射频信号重建灰度图像的同时，通过分析纹理特征完成对血管壁组织的分类。例如，Korte 等[48]提出通过评估冠状动脉血管壁的局部应变来识别不同的斑块成分，被称为弹性成像技术。Nair 等[49]利用自回归模型从 RF 信号中获得一个信号窗的功率谱数据集（由 0 ~ 100 MHz 的 200 个样本频率组所组成），从中提取八个参数（如最大功率、梯度等）作为特征用来分类。Spencer[50]利用谱分析的方法，对不同的特征进行了比较，包括平均功率、最大功率、光谱斜率和 0 Hz 截取，其实验结果证明 0 Hz 光谱斜率是最佳分辨特征。Zhang 等[51]评估血管的整体形态，从而检测斑块和动脉外膜以及描述不同种类的组织，而组织标定是利用灰度共生矩阵和源于布朗运动的分形维数完成的。Pujol 等[52]通过局部二值模式和高性能的分类器来获得快速的分类。

此类方法避免了在图像重建过程中由于点差值所引入的运动伪影，而且由于原始数据的高清晰度，小区域斑块也可被分辨出来。但是，血管内超声基本的射频信号被转化为标准显示的常规灰度图像，虽然对于超声信号的高级分析（包括射频信号、背向散射信号以及弹性特征等），可进一步了解组织特征，但是并非所有临床使用的 IVUS 成像系统都允许采集原始射频信号，因而限制了此类方法的广泛应用。

3.6.2 斑块纹理特征的提取和描述

IVUS 灰阶图像不包含颜色信息，并且由于图像采集速度极快，导致前后帧之间非常相似，因而无法利用颜色特征和形状特征作为组织标定的量化特征。IVUS 灰阶图像中包含大量纹理信息，且正常组织与病灶组织的纹理差异明显，因此可利用纹理信息作为组织标定的重要依据。

纹理特征反映了图像中物体表面灰度的某种变化，目前主要的纹理特征提取方法可分为结构分析法、统计分析法、模型法和频域分析法四大类，具体介绍如下：

1）结构分析法是把复杂的纹理拆分成许多简单的纹理基元，并把这些简单基元按照某一规律重复排列组合成复杂纹理，它需要应用模式识别和编译原理中的句法理论，在人工纹理研究中得到广泛应用，在自然纹理研究中只作为一种辅助手段。

2）统计分析法是根据图像邻域像素灰度值的相互关系以及分布规律，找出部分统计量对图像纹理进行表示的方法，它利用纹理的统计特性和规律，主要用来描述细致但没有规则的自然纹理。

3）模型法是表示某一个像素的灰度与其邻域像素存在的相互依存关系，将模型参数作为特征来表达纹理，并把模型参数值赋给纹理图像，常用的参数估计模型有自回归模型、马尔可夫随机场模型和分形模型等。

4）频谱分析法是以傅里叶变换为基础，利用信号处理技术，计算出频谱峰值处的面积、峰值与原点的距离平方、峰值处的相位、两个峰值之间的相角差等来获得在空域不易获得的纹理特征，常用的频谱法主要包括傅里叶功率谱法、Gabor 变换、塔式小波变换、树式小波变换等。

IVUS 图像具有纹理复杂、变化多样、难以描述等特点，因此选取合适的纹理特征提取方法进行有效地纹理描述对于实现血管组织的自动标定具有重要意义。当对 IVUS 图像中的血管壁组织进行分类时，所提取的组织特征应具有旋转不变性和尺度不变性。本节结合采用临床图像的实验结果，重点介绍分别采用灰度共生矩阵、局部二值模式和 Gabor 滤波提取 IVUS 灰阶图像纹理特征的方法。

(1) 灰度共生矩阵

灰度共生矩阵（GrayLevel Co - occurrence Matrix，GLCM）是通过研究灰度的空间相关特性来描述纹理的常用方法。其主要思想是利用图像中一个特定方向和距离的两点的灰度级来创建一个共生直方图，可以看做是对灰度级对的联合概率密度函数的估计。在 IVUS 图像中，利用冠状动脉硬化斑块在图像中所表现出来的灰度空间相关性来提取图像特征。假设 IVUS 图像 I 的大小为 $M \times N$ 像素，灰度级为 G 级，则灰度共生矩阵 $\boldsymbol{P}$ 为

$$\boldsymbol{P}(i,j,D,\theta) = \boldsymbol{P}(I(l,m) = i \ and \ I(l + D\cos(\theta), m + D\sin(\theta)) = j) \tag{3-9}$$

式中，$I(l, m)$是点(l, m)的灰度；D 是两点之间的距离；θ 是角度。$\boldsymbol{P}$ 是一个 $\boldsymbol{G} \times \boldsymbol{G}$ 的矩阵，选定 $\boldsymbol{D}$ 和 $\boldsymbol{\theta}$，即可得到相应间距及角度的灰度共生矩阵。为了便于计算，一般在 $\theta = \{0°, 45°, 90°, 135°\}$ 四个方向选取不同的距离 D。

为了更直观地描述纹理状况，从灰度共生矩阵中可导出一些反映矩阵状况的参数（包括熵、能量、逆差矩、惯性矩、明暗度和相关性等）作为纹理特征值，进行后续的分类和识别工作。若用 $P(i, j)$ 表示灰度矩阵 $\boldsymbol{P}$ 中第 i 行第 j 列元素的值，则常用的参数包括：

1）能量，其公式如下：

$$f_{能量} = \sum_{i,j} P(i,j)^2 \tag{3-10}$$

能量反映了 IVUS 图像的均匀程度和纹理粗细度，了解斑块的分布情况。

2）熵，其公式如下：

$$f_{熵} = -\sum_{i,j} P(i,j) \lg P(i,j) \tag{3-11}$$

熵表示 IVUS 图像中纹理的非均匀程度或复杂程度。

3）逆差矩，其公式如下：

$$f_{逆差矩} = \sum_{i,j} \frac{1}{1 + (i - j)^2} P(i,j) \tag{3-12}$$

逆差矩表示 IVUS 图像的局部均匀性，即度量纹理局部变化的大小，该值较大表示图像纹理的不同区域之间缺少变化，局部非常均匀。

4）惯性矩，其公式如下：

$$f_{惯性矩} = \sum_{i,j} (i - j)^2 P(i,j) \tag{3-13}$$

惯性矩度量灰度共生矩阵值的分布和图像局部的变化，反映图像清晰度和纹理的沟纹深浅。

5）相关性，其公式如下：

$$f_{相关性} = \sum_{i,j} \frac{(i - \mu_x)(j - \mu_y) P(i,j)}{\sigma_x \sigma_y} \tag{3-14}$$

其中 $\mu_x = \sum_i i \sum_j P(i,j)$、$\mu_y = \sum_j j \sum_i P(i,j)$、$\sigma_x = \sum_i (i - \mu_x)^2 \sum_j P(i,j)$、$\sigma_y = \sum_j$

$(j-\mu_y)^2 \sum_i P(i,j)$分别是归一化灰度共生矩阵边缘分布的均值和标准差。相关性反映了图像中的局部灰度相关性。

异常 IVUS 图像库中截取典型的含有钙化、纤维和脂质斑块的图像作为实验对象，如图 3-36 所示，并设置不同的距离参数来测试 GLCM 在 IVUS 纹理特征提取方面的性能，进而确定最佳参数。由图 3-37 可以看出，若 GLCM 在某方向上的主对角线元素值较小，则说明该方向上的灰度变化较大，图像纹理较细；反之则该方向上灰度变化的频度低，纹理较粗；若偏离主对角线方向的元素值较大，则纹理较细。不同距离下灰度共生矩阵二次统计量的结果曲线如图 3-38 所示，当 $D=5$ 和 $D=8$ 时，各类斑块的二次统计量平稳，且特征值具有较好的分辨力，所获得的纹理特征最具代表性。为了减少特征空间的维数，将 $\theta=\{0°, 45°, 90°, 135°\}$ 四个方向的特征值进行平均，作为 GLCM 的均值。

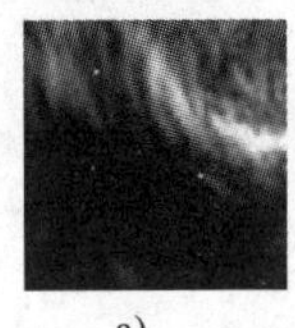
a)

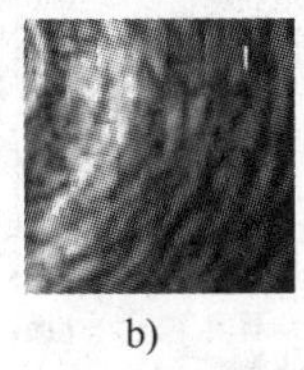
b)

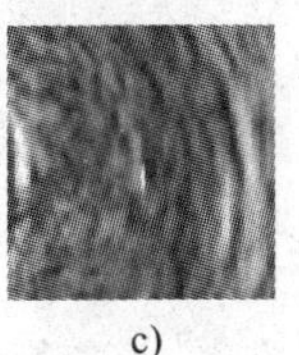
c)

图 3-36　含斑块的局部 IVUS 图像

a）钙化斑块　b）纤维化斑块　c）脂质斑块

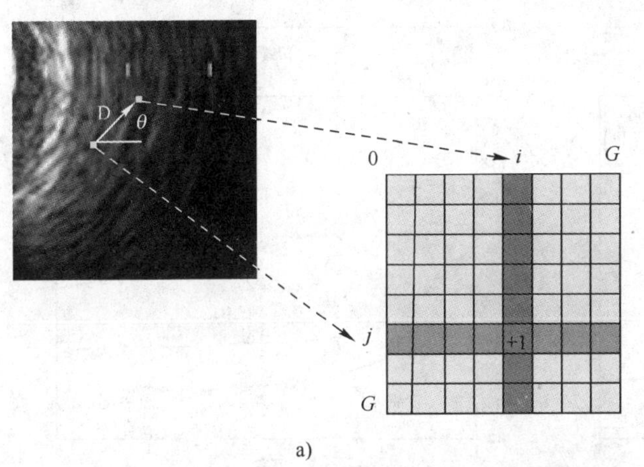

a)

0 G

924	294	213	192	138	99	75	66
294	168	72	119	87	72	54	51
213	72	60	90	56	74	44	53
192	119	90	82	72	58	27	24
138	87	56	72	70	38	44	46
99	72	74	58	38	30	38	38
75	54	44	27	44	38	80	67
66	51	53	24	46	38	67	92

G

$G=8$

b)

图 3-37　IVUS 图像的灰度共生矩阵

a）灰度共生矩阵原理示意图　b）一帧含钙化斑块 IVUS 图像的灰度共生矩阵

$D=5$ 和 $D=8$ 时各类斑块的 GLCM 二次统计量见表 3-1。表中可以看出，钙化斑块在明暗度上比其他类型的斑块表现都要突出，据此可以区分钙化和其他斑块；纤维斑块的能量相比于其他斑块较低；而脂质斑块的惯性矩相比于其他斑块较小，但不具有明显的可分性。

表 3-1　$D=5$ 和 $D=8$ 时各类斑块的 GLCM 二次统计量

	能量		熵		惯性矩		相关性		明暗度		逆差矩	
	$D=5$	$D=8$	$D=5$	$D=8$	$D=5$	$D=8$	$D=5$	$D=8$	$D=5$	$D=8$	$D=5$	$D=8$
钙化	0.1378	0.1288	3.7015	3.8265	5.2430	7.4502	0.0493	0.0456	531.32	483.96	0.6077	0.5616
纤维化	0.0139	0.0146	4.5233	4.4621	5.3552	5.9464	0.0836	0.0768	-2.6949	3.3978	0.4135	0.4051
脂质	0.0356	0.0413	3.7024	3.6915	3.4395	4.4424	0.1366	0.1043	5.5591	44.7528	0.4912	0.4727

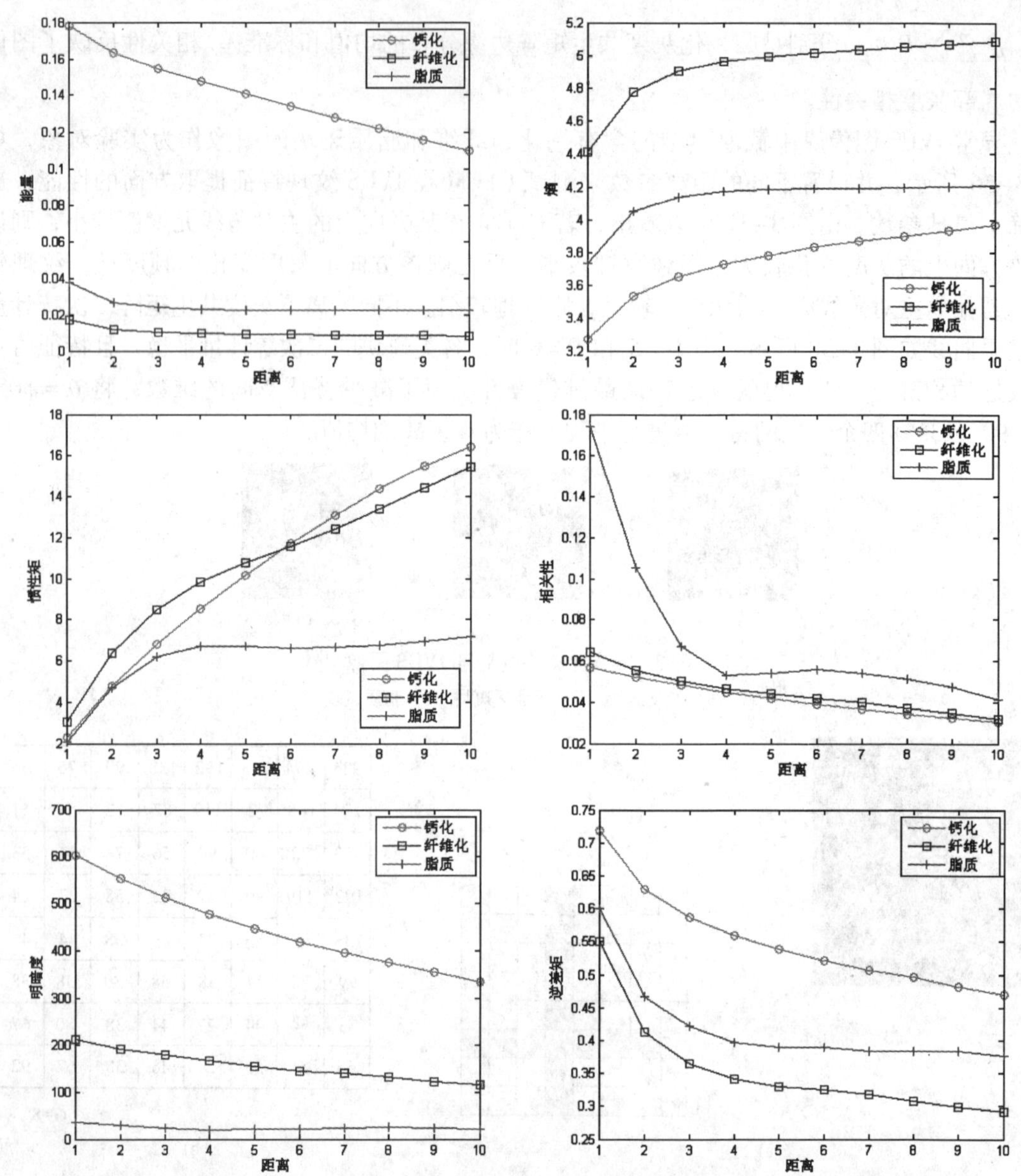

图 3-38　不同距离下灰度共生矩阵二次统计量的结果曲线

（2）局部二值模式

局部二值模式（Local Binary Patterns，LBP）是用来描述图像局部纹理特征的算子。LBP 最初定义于像素的 8 邻域中，以中心像素的灰度值为阈值，将周围 8 个像素的值与其比较，如果周围像素的灰度值小于中心像素的灰度值，该像素位置就被标记为 0，否则标记为 1。将阈值化后的值分别与对应位置像素的权重相乘，8 个乘积的和即为该邻域的 LBP 值。

为了改善原始 LBP 无法提取大尺寸结构纹理特征的局限性，Ojala 等[53]对 LBP 作了修改，并形成了系统的理论。在一幅灰度图像中，定义一个半径为 $R(R>0)$ 的圆环形邻域，$P(P>0)$ 个邻域像素均匀分布在圆周上，如图 3-39 所示。设邻域的局部纹理特征为 T，则 T 可以用该邻域内像素灰度的联合分布密度来定义，即

$$T = t(g_c, g_0, \dots, g_{p-1}) \tag{3-15}$$

式中，g_c为该邻域的中心像素的灰度值；$g_i(i=0,1,\dots P)$为P个邻域像素的灰度值。

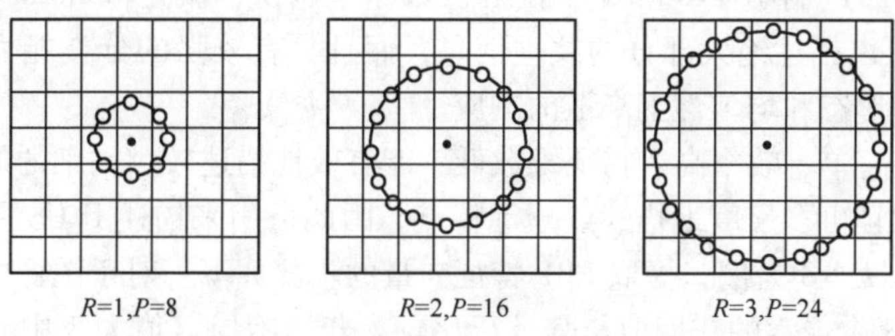

图 3-39　LBP 算子不同的圆环形邻域

随着邻域半径的增大，像素之间的相关性逐渐减小。因此，在较小的邻域中即可获得绝大部分纹理信息。在不丢失信息的前提下，如果将邻域像素的灰度值分别减去邻域中心像素的灰度值，则局部纹理特征可以表示为

$$T = t(g_c, g_0 - g_c, \dots, g_{p-1} - g_c) \tag{3-16}$$

假设各个差值与g_c相互独立，则上式可分解为

$$T \approx t(g_c)t(g_0 - g_c, \dots, g_{p-1} - g_c) \tag{3-17}$$

由于代表图像的亮度值，且与图像局部纹理特征无关，式（3-13）所描述的纹理特征可以直接表示为差值的函数，公式如下：

$$T \approx t(g_0 - g_c, \dots, g_{p-1} - g_c) \tag{3-18}$$

为了使纹理特征不受灰度值单调变化的影响，只考虑差值的符号，其公式如下：

$$T \approx t(s(g_0 - g_c), \dots, s(g_{p-1} - g_c)) \tag{3-19}$$

其中

$$s(g_i - g_c) = \begin{cases} 1, & \text{if} \quad g_i - g_c \geqslant 0 \\ 0, & \text{if} \quad g_i - g_c < 0 \end{cases} \tag{3-20}$$

式中，$s(\cdot)$是符号函数。中心点的灰度值与圆环邻域点灰度值之差不仅对灰度范围内的平移具有不变性，而且对局部纹理的描述具有对均匀亮度变化的不变性。那么，函数$s(g_i - g_c)$乘以因子2^i，则得到唯一表征局部纹理特征的 LBP 值，公式如下：

$$\text{LBP}_{R,N} = \sum_{i=0}^{N-1} s(g_i - g_c) \cdot 2^i \tag{3-21}$$

由式（3-17）可知，$\text{LBP}_{R,N}$可以产生2^N种不同输出，对应局部近邻集中N个像素形成的2^N个不同的二进制模式。若图像发生旋转，那么中心像素点的输出值发生变化，因此为了使 LBP 对于图像旋转表现得更为鲁棒，Ojala 等[53]引入了如下定义：

$$\text{LBP}_{N,R}^{ri} = \min\{\text{ROP}(\text{LBP}_{N,R}, i) \mid i = 0,1,\dots,N-1\} \tag{3-22}$$

其中 ROP(x, i)表示将x右移 i 位。但 Ojala 进一步研究发现$\text{LBP}_{N,R}^{ri}$输出值的频率差异太大，由此提出了“uniform（统一）”模式的 LBP 描述方式[53]如下：

$$\text{LBP}_{N,R}^{riu2} = \begin{cases} \text{LBP}_{N,R}^{ri}, \text{if } U(\text{LBP}_{N,R}) \leqslant 2 \\ N+1, \text{else} \end{cases} \tag{3-23}$$

其中

$$U(\mathrm{LBP}_{N,R}^{ri}) = |s(g_{N-1}-g_c)-s(g_0-g_c)| + \sum_{i=1}^{N-1}|s(g_i-g_c)-s(g_{i-1}-g_c)| \tag{3-24}$$

即如果模式对应的二进制串中 0 和 1 变换的次数小于两次，就是 uniform 模式；否则不是。uniform 模式不仅可以描述绝大部分的纹理信息，而且具有较强的分类能力，特征提取后的图像显示出在结构形态和均匀性上离散的响应。

LBP 具有运算简单、效率高、特征维数低、能有效地描述较为精细的局部纹理、对图像的旋转具有不变性且可多尺度地描述纹理等特点，因此可用来描述 IVUS 图像局部的细节纹理信息。以 $R=1$，$P=8$ 为例，提取 LBP 特征向量的步骤如下：对于图像中的每个像素，将其 3×3 邻域内的 8 个像素的灰度值与其进行比较，若周围像素值大于中心像素值，则该像素点的位置被标记为1，否则为0。这样，3×3 邻域内的 8 个点经比较可产生 8 位二进制数，根据式（3-19）即得到该中心像素的 LBP 值。当 LBP 的邻域半径和邻域点数取不同的值时，计算出图像中所有像素点的 LBP 值，即得到该图像的 LBP 纹理特征向量。

对 IVUS 图像进行 LBP 变换，为了使特征维数较低且具有较好的分辨率，将 LBP 变换后的图像中标记点像素的灰度值作为特征点，用于训练分类器，通过局部灰度的变化判断斑块的类型。可见随着半径 R 的增大和邻域点数 P 的增多，图像的纹理被不断加深，局部纹理被放大，细小的纹理被忽略，对于帧 IVUS 图像进行不同参数的 LBP 处理结果如图 3-40 所示。

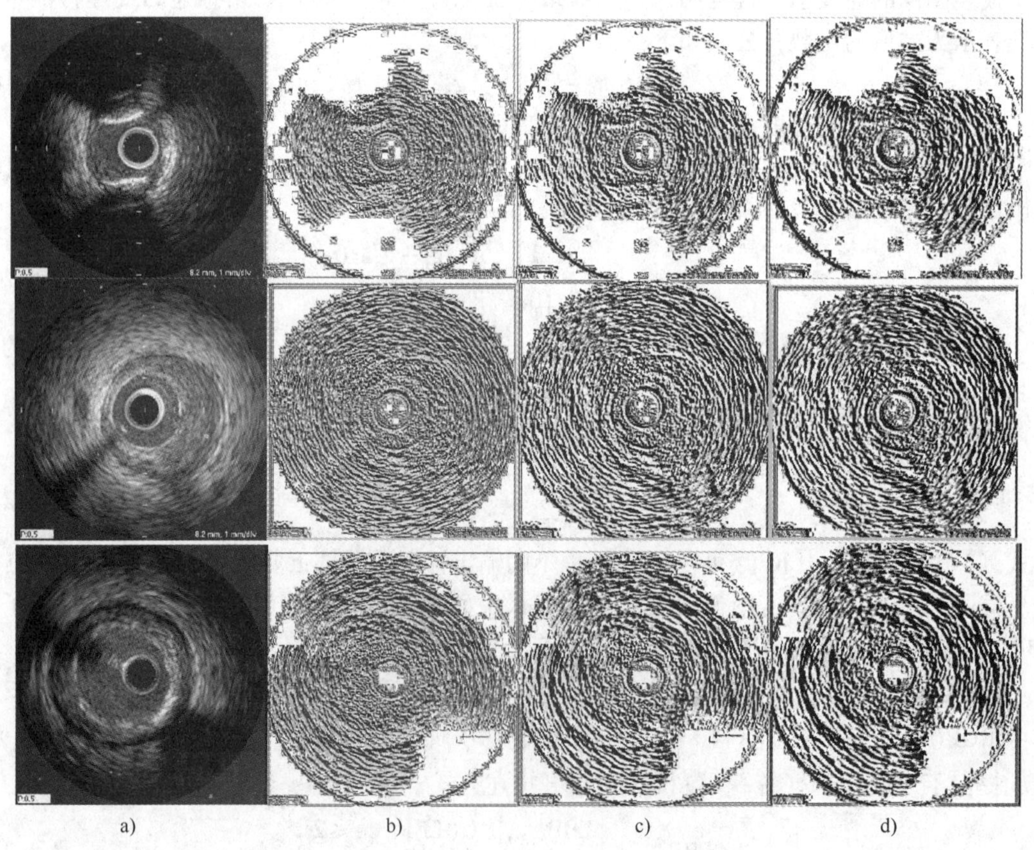

a)　　b)　　c)　　d)

图 3-40　对 3 帧 IVUS 图像的进行不同参数的 LBP 处理结果

a) 原始图像　b) $R=1$，$P=8$　c) $R=2$，$P=16$　d) $R=3$，$P=24$

LBP 在提取 IVUS 图像纹理特征方面的不足在于，通过单一映射反映局部纹理特征，无法反映各类斑块在方向上的变化；当选取的邻域点数量 P 值较大时，计算耗时长，且影响分类性能，需要选取合适的邻域点数量才能较好地提取纹理特征。

（3）分形分析

分形分析是描述图像纹理的常用工具，它是通过分形维数来进行描述的。分形维数是复杂形体不规则性的量度，因此可以用来描述 IVUS 图像的复杂度和斑块的差异性。对分形维数的计算是利用分形分析来描述纹理的主要问题，目前主要有以下两种方法：

1）计盒法，即分形结构的每一部分被放置在 N 个大小不同的方格中（边长为 r），r 和 N 存在以下相关性：

$$Nr^D = 1 \tag{3-25}$$

式中，$D = \lg N/\lg(1/r)$ 是自相似维数；N 是 r 的函数，可通过计算曲线 $N \sim r$ 的斜率，得到分形维数。

2）源于布朗运动的分形维数，即将分形维数看做是在不同尺度上点对 $\boldsymbol{p}_1 = (x_1, y_1)$ 和 $\boldsymbol{p}_2 = (x_2, y_2)$ 的绝对灰度值差，即 $I(\boldsymbol{p}_1) - I(\boldsymbol{p}_2)$。分形布朗表面满足以下关系：

$$E(|I(\boldsymbol{p}_1) - I(\boldsymbol{p}_2)|) = (\sqrt{(x_2 - x_1) + (y_2 - y_1)})^H \tag{3-26}$$

式中，E 是均值；H 是 Hurst 系数；$D = 3 - H$。可由 $\lg E(|I(\boldsymbol{p}_1) - I(\boldsymbol{p}_2)|)$ 和 $\lg \sqrt{(x_2 - x_1) + (y_2 - y_1)}$ 之间的回归直线的斜率算出 Hurst 系数。

（4）局部累积矩

将图像投影到一个二维多项式基函数上获得的参数集定义为矩[54]。若任何一组完整的组矩要升到给定的阶数，它可以利用任何其他组矩获得相同阶数。局部累积矩分为直接累积和反向累积两种。由于直接累积在输入数据时对舍入误差和小扰动较为敏感，所以一般选择反向累积。假设矩阵 I_{ab} 为 a 行 b 列的矩阵，反向累积矩的阶数为（$k-1$，$l-1$），k 是矩阵的行从底部向上累积的次数，l 是矩阵的列从最右列向左累积的次数，即

$$\begin{aligned} &\boldsymbol{I}_{ab}[a-i,j] \leftarrow \boldsymbol{I}_{ab}[a-i,j] + \boldsymbol{I}_{ab}[a-i+1,j] \quad \text{向上累积 } k \text{ 次} \\ &\boldsymbol{I}_{ab}[1,b-j] \leftarrow \boldsymbol{I}_{ab}[1,b-j] + \boldsymbol{I}_{ab}[1,b-j+1] \quad \text{向左累积 } l \text{ 次} \end{aligned} \tag{3-27}$$

此外，二阶的纹理特征可用来区分具有相同平均能量的有限区域。Caelli[55] 提出用一种非线性传感器来定位纹理特征矩集，利用累积矩图像 I_m 和一个基于双曲正切函数的非线性处理器 $|\mathrm{th}(\sigma(I_m - \bar{I}_m))|$ 对图像中的感兴趣区域进行平均处理，σ 是控制函数形状的参数。如果整幅图像计算了 $n = k - l$ 个矩，则图像特征向量的维数就是 n。这种方法会将 IVUS 图像映射到一个高维的特征空间，因此在进行组织分类之前需要对特征空间进行降维。

以上四种方法都和统计学相关，可对 IVUS 图像中的纹理特征进行详细描述，并可评价图像边缘。下面介绍基于核的特征提取技术，这种方法的基本思想是设计一组滤波器，每个滤波器只提取一个特定特征。

（5）高斯微分

尺度空间理论是用于处理图像在不同尺度的结构，相当于把图像作为一个单参数族的平滑后图像进行处理。尺度空间表达式是通过用于压制细小尺度的平滑核的大小将其参数化。

由于高斯核具有线性和空间平移不变性，并且可将大尺度结构以固定的方式与小尺度结构相关联，因此高斯核适用于定义尺度空间[56]。高斯核和其导数是一种尺度空间的平滑内

核，并且可将小尺度细节不断压制。

设$f:R^N \to R$表示任意给定的信号，尺度空间表示为$L:R^N \times R_+ \to R$。若定义$L(.;0)=f$，则有下式：

$$L(.;t)=g(.;t)\times f \tag{3-28}$$

式中，t是尺度参数；g是高斯核，在二维或多维空间中，g可写做如下形式：

$$g(x;t)=\frac{1}{(2\pi t)^{\frac{N}{2}}}\mathrm{e}^{-\frac{x^{\mathrm{T}}x}{2t}}=\frac{1}{(2\pi t)^{\frac{N}{2}}}\mathrm{e}^{-\sum_{i=1}^{N}\frac{x_i^2}{2t}} \tag{3-29}$$

尺度参数的平方根$\sigma=\sqrt{t}$是高斯核g的标准差。通过创建尺度空间，增大尺度参数可抑制小尺度信息。在不同方向对高斯核求导，可以提取 IVUS 图像中不同尺度的结构特征。

（6）小波变换

小波变换是一种多分辨率信号分析工具，具有良好的时频局部化、尺度变换和方向特征，是分析图像纹理的有力工具。它可通过伸缩和平移等运算功能对图像进行多尺度细化分析，为不同尺度上信号的分析和表征提供了精确和统一的框架。相比于傅里叶变换，小波变换可覆盖整个频域和时域。同时，小波变换可平衡时间和频率，利用多尺度变换对信号进行更好的表达。

利用小波变换可有效地对 IVUS 图像进行纹理分析。在文献［57］中，研究者利用小波变换和 K－均值聚类的方法生成了 IVUS 组织学彩色图，并有效地分辨出钙化、纤维化和脂质斑块。

（7）Gabor 滤波器

Gabor 滤波器是一种依赖于图像轮廓的尺度和方向的多分辨率分析工具，它是由一个被二维高斯包络调相的具有确定方向和频率的二维正弦平面波所构成。二维 Gabor 滤波器的表达式为

$$h(x,y)=\frac{1}{2\pi\sigma^2}\exp\left\{-\frac{1}{2}\left(\frac{x^2+y^2}{\sigma^2}\right)\right\}\cdot s(x,y) \tag{3-30}$$

其中

$$\begin{cases} s(x,y)=\exp[-i2\pi(Ux+Vy)] \\ \varphi=\arctan\dfrac{V}{U} \end{cases} \tag{3-31}$$

式中，σ是标准偏差；U和V表示的复正弦信号的二维频率，φ是频率的角度。二维 Gabor 滤波器具有在空间域和频率域同时取得最优局部化的特征，因此能够很好地描述对应于空间频率、空间位置及方向选择性的 IVUS 图像的局部结构信息。

Gabor 滤波器具有多尺度特性，且 IVUS 图像的内容较为复杂，因而分别选取 0°、45°、90°和 135°四个方向，同时设置四种尺度因数（0.4，0.4）、（0.45，0.45）、（0.5，0.5）和（0.55，0.55），一帧 IVUS 图像经过 Gabor 滤波得到 16 幅不同尺度和方向的对应图像，将每幅图像特征点的灰度值作为纹理特征值。图 3-42 是对图 3-41 所示的一帧 IVUS 图像的处理结果。可以看出，斑块组织对方向和尺度是较为敏感的，在 45°和 135°方向，斑块的表现更为突出，钙化斑块的灰度特征得到加强，随着尺度的增大，斑块表

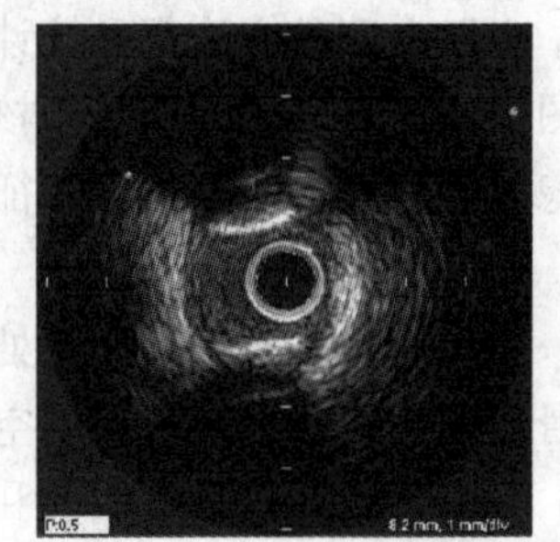

图 3-41　一帧 IVUS 图像

现逐渐减弱；0°和90°方向的Gabor滤波对IVUS图像的纹理特征有削弱功能，图像不再具有明显的纹理特征，且随着尺度的增大纹理特征削弱越严重；滤波尺度较小时特征提取的效果较为理想。

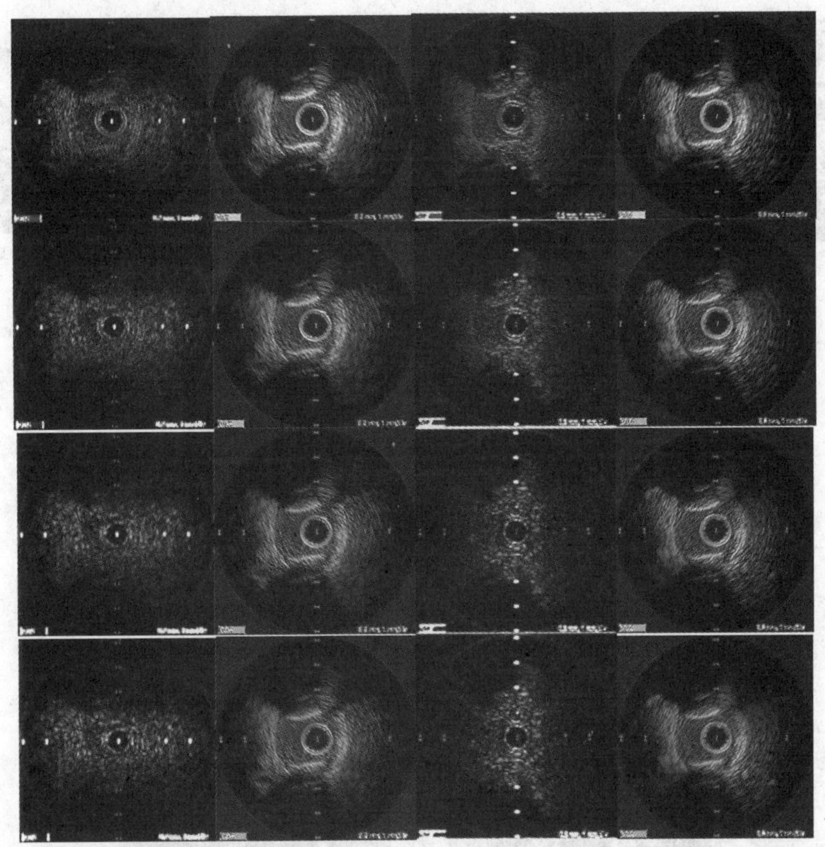

图3-42　采用不同尺度和方向的Gabor滤波器对图3-41中图像的处理结果。

3.6.3　分叉纹理特征的提取和描述

血管分叉的IVUS横向视图、极坐标视图和纵向视图如图3-43所示，在含血管分叉的IVUS横向视图中，血管分叉的形态特征跟偏心度有很大的关系，分叉部分的偏心度远高于无分叉部分。因此为了便于以角度为单位分析血管的径向纹理特征，可把含分叉IVUS横截面图像转换到极坐标系中，得到极坐标视图，如图3-43c所示。然后，以1°为单位，将极坐标视图分割成360个小区域，构成样本库，对是否为分叉部分进行人工标记，分叉的区域标记为1，否则为0。最后，采用LBP，当邻域半径和邻域点数取不同的值时，计算出图像中所有像素点的LBP值，即得到该图像的LBP纹理特征向量，组成样本库。

3.6.4　支架纹理特征的提取和描述

在IVUS图像中，支架完全扩张后位于管腔贴近血管壁内膜的位置，形成另一个边界，包含支架的两帧IVUS图像如图3-44所示。金属支架为超声的强反射体，超声图像呈现为沿血管周围走行的回声点或回声弧。由于设计和材料的不同，每种支架的表现略有差异。管型支架或网眼支架表现为局部的金属样点状回声，如图 3-44a 所示，缠绕型支架则表现为与血管壁小断面相对应的弧形回声，与钙化声影类似，支架柱后方也有回声信号失落区[3]，如图 3-44b 所示。

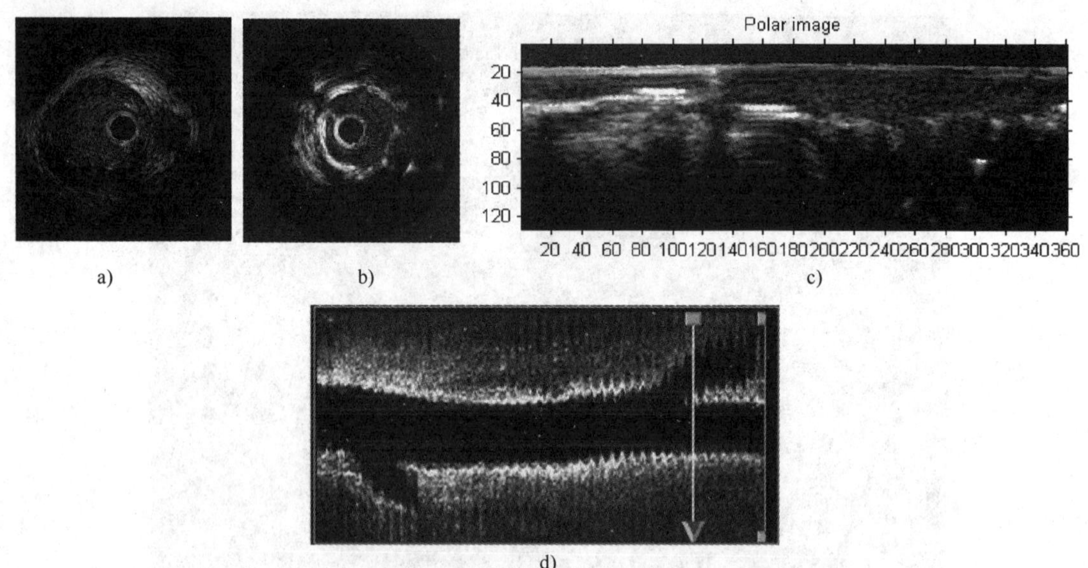

a)　　b)　　c)

d)

图 3-43　显示血管分叉的 IVUS 横向视图、极坐标视图和纵向视图

a）b）两帧横向视图　c）图 b）的极坐标视图　d）纵向视图

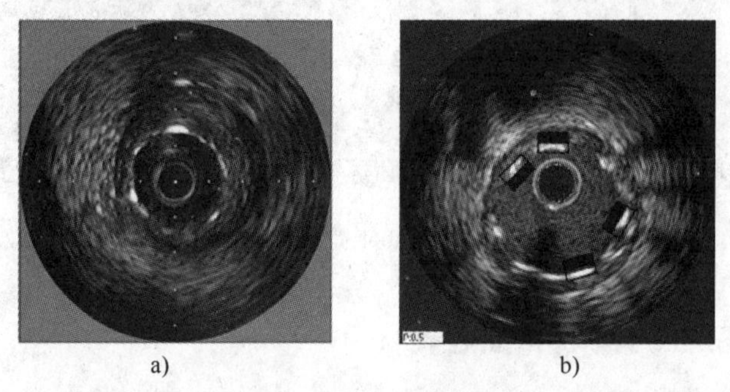

a)　　b)

图 3-44　包含支架的两帧 IVUS 图像

a）管型支架[3]；b）缠绕型支架

首先从 IVUS 图像序列中手动分割出相同大小、包含支架的矩形区域和不包含支架的矩形区域，构成支架样本库，其中含支架的样本标记为 1，不含支架的样本标记为 0。然后，如图 3-44b 所示，由于 IVUS 图像中支架支撑的平均灰度值要高于管腔内无支架区域的灰度值，因此可使用 14 种 Haar - like 矩形特征原型，即 4 个边缘特征，8 个线性特征和 2 个中心特征，分别对含支架和不含支架的样本图像提取纹理特征，并使用积分图实现特征数值的快速计算。

Haar - like 特征是计算机视觉领域一种常用的特征描述算子，它最早是由 Papageorigiou 等[58]提出并应用于人脸描述。常用的 Haar - like 特征可以分为三类：边缘特征、线性特征和中心环绕特征[59]，分别如图 3-45、图 3-46 和图 3-47 所示。可以看出，每个特征模板都由白色和黑色两个矩形区域组成，由于特征模板可以在图像区域内任意位置以任意大小放置，所以训练或检测图像越大，特征数目也会越大。

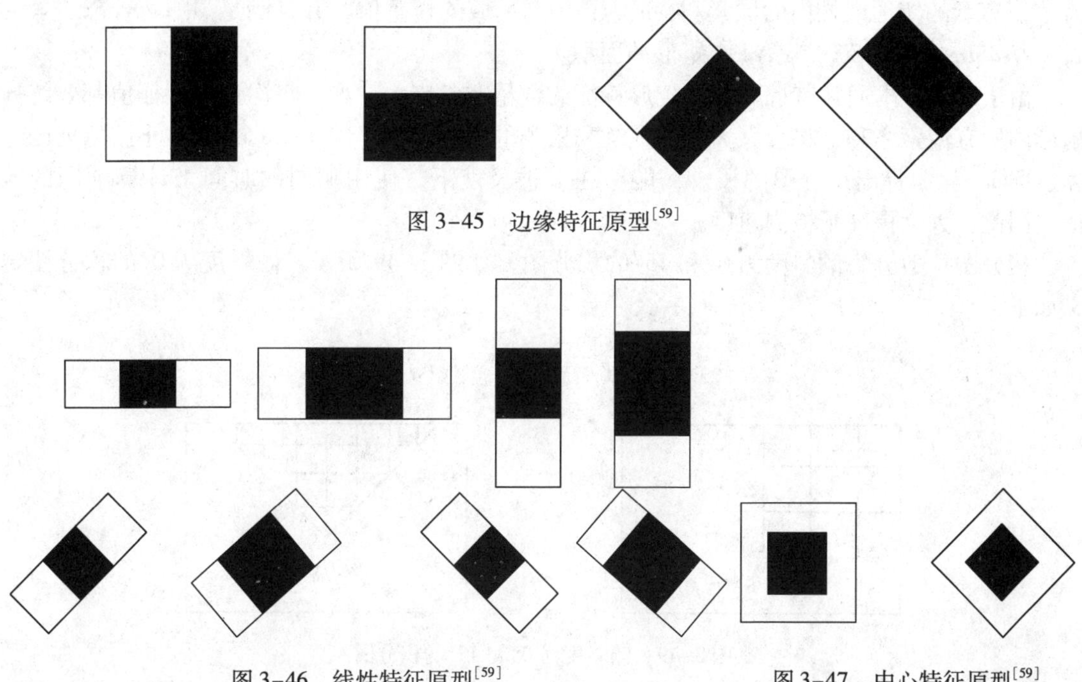

图 3-45　边缘特征原型[59]

图 3-46　线性特征原型[59]

图 3-47　中心特征原型[59]

倾斜角度为 0°和 45°的矩形特征原型在检测窗口中的表示如图 3-48 所示，假设训练或检测图像的大小为 $W\times H$ 个像素，w 和 h 分别为特征模板的长和宽。规定在不同尺度下矩形特征保持一定的宽高比，令 $X=\lfloor W/w \rfloor$，$Y=\lfloor H/h \rfloor$，其中$\lfloor\ \cdot \rfloor$ 表示向下取整。矩形特征的个数为

$$X \cdot Y \cdot \left(W+1-w\frac{X+1}{2}\right) \cdot \left(H+1-h\frac{Y+1}{2}\right) \tag{3-32}$$

图 3-48　倾斜角度为 0°和 45°的矩形特征原型在检测窗口中的表示[59]

倾斜角为 45°的矩形特征的个数为

$$X \cdot Y \cdot \left(W+1-z \cdot \frac{X+1}{2}\right) \cdot \left(H+1-z \cdot \frac{Y+1}{2}\right) \tag{3-33}$$

矩形特征的特征值定义为

$$\text{feature} = \sum\nolimits_{i=1}^{N} w_i \cdot \text{RecSum}(r_i) \tag{3-34}$$

式中，$N=2$，$i=1$ 和 $i=2$ 分别为黑色和白色两个矩形区域；$r_i=(x_i,y_i,w_i,h_i,\theta_i)$，$(x_i,y_i)$ 为第 i 个矩形的起点；w_i 和 h_i 为第 i 个矩形长和宽；θ_i 为第 i 个矩形的倾斜角；$\mathrm{RecSum}(r_i)$ 为 r_i 所表示的矩形区域内的像素和；w_i为第 i 个区域的权重值，并且满足 $w_1\cdot AreaSize_2=-w_2\cdot AreaSize_1$；$AreaSize_i$ 为第 i 个矩形的面积。

由于训练样本通常有近万个，矩形特征的数量非常庞大，如果每次计算特征值都要统计矩形内所有像素之和，将会大大降低训练和检测的速度。为了加快 Haar－like 小波特征的计算，Viola 等[60]提出积分图的概念，能够在多种尺度下，使用相同的时间来计算不同的特征，因此，大大提高了检测速度。

积分图一般分为倾斜度为 0°和 45°的积分图，如图 3-49 所示。倾斜度为 0°的积分图定义如下：

$$\mathrm{SAT}(x,y)=\sum_{i=0}^{x}\sum_{j=0}^{y}I(i,j) \tag{3-35}$$

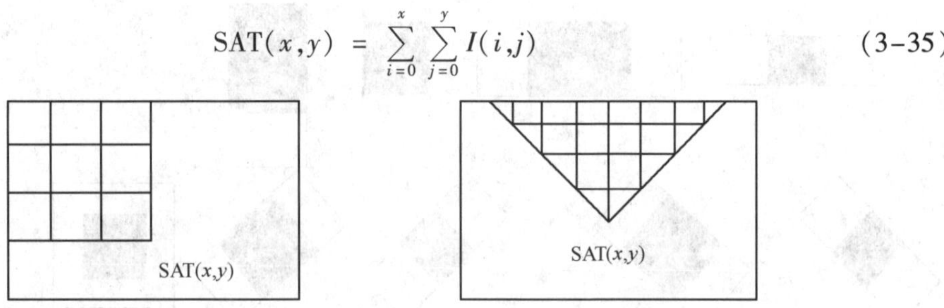

图 3-49　倾斜度为 0°和 45°的积分图

式中，$I(i,j)$为图像在点(i,j)处的灰度值，为[0,255]区间内的整数。在实际应用中，采用下式得到图像的积分图：

$$\mathrm{SAT}(x,y)=\mathrm{SAT}(x,y-1)+\mathrm{SAT}(x-1,y)+I(x,y)-\mathrm{SAT}(x-1,y-1) \tag{3-36}$$

式中，$\mathrm{SAT}(-1,y)=\mathrm{SAT}(x,-1)=\mathrm{SAT}(-1,-1)=0$。倾斜度为 0°的矩形区域的像素值和为

$$\begin{aligned}\mathrm{RecSum}(r_i)&=\mathrm{SAT}(x-1,y-1)+\mathrm{SAT}(x+w-1,y+h-1)\\&-\mathrm{SAT}(x-1,y+h-1)-\mathrm{SAT}(x+w-1,y-1)\end{aligned} \tag{3-37}$$

倾斜度为 45°的积分图定义如下：

$$\mathrm{RSAT}(x,y)=\sum_{i=0}^{x}\sum_{j=0}^{y-|x-i|}I(i,j) \tag{3-38}$$

并且

$$\begin{aligned}\mathrm{RSAT}(x,y)=&\mathrm{RSAT}(x-1,y-1)+\mathrm{RSAT}(x+1,y-1)\\&-\mathrm{RSAT}(x,y-2)+I(x,y)+I(x,y-1)\end{aligned} \tag{3-39}$$

倾斜度为 45°的矩形区域的像素值和为

$$\begin{aligned}\mathrm{RecSum}(r_i)=&\mathrm{RSAT}(x-h+w,y+w+h-1)+\mathrm{RSAT}(x,y-1)\\&-\mathrm{RSAT}(x-h,y+h-1)-\mathrm{RSAT}(x+w,y+w-1)\end{aligned} \tag{3-40}$$

由此可见，Haar－like 特征的计算仅与顶点的积分图有关，与特征的大小和形状无关，只需要进行简单的加减法即可。所以在引入积分图后，Haar－like 特征的计算速度有了明显提升。

3.6.5 组织纹理特征的分类

IVUS 图像中各类组织的纹理特性既有区别，也有相似之处，因而分类的复杂度较高。可使用模式识别中的分类器对从 IVUS 图像中提取出的纹理特征进行分类，实现斑块组织的识别和分类，以及血管分叉或支架的识别。

图像纹理特征的分类属于模式识别的范畴，按照不同的分类标准，模式分类方法可以分为以下几类[61]：

1）按照分类方法的监督程度（即分类时是否存在并使用先验知识）分为监督分类和非监督分类。监督分类是根据已知训练样本选择特征参数，建立判别函数和训练分类器对各对象进行分类，必须要已知分类区域的先验类别知识。非监督分类是指在缺乏先验知识的情况下，根据像素之间的相似度以及数据本身的统计特性进行分类，不通过训练集来确定判别函数集，以聚类分析方法为主要代表，常用的有 K－means 和 ISODATA 法。

2）根据分类算法的思想来源分为经验型和理论型。经验型涵盖了目前已有的大部分分类方法，如最近邻分类器、神经网络、RBF（Radial Basis Function）网络等。理论型的模式分类算法数量较少，包括贝叶斯分类器、支持向量机（Support Vector Machine，SVM）等。

3）根据分类算法的求解策略可分为基于结构风险最小化与基于经验风险最小化。早期的分类器求解算法，例如最近邻分类器的求解算法、神经网络的 BP 训练算法等，基本上都是基于经验风险最小化原则。这类分类器存在容易产生过拟合、陷入局部最小等缺点。基于结构风险最小化的求解策略（如 SVM、RBF 网络等）都是采取置信范围与经验风险的折中原则设计的。

4）根据分类器的表达形式可分为区分型和生成型。区分型是指根据训练样本的训练得到区分两类样本的分类函数，也就是在特征空间中寻找超平面或超曲面来对两类样本进行划分。SVM、线性区分函数、神经网络等都是区分型的模式分类方法。生成型是指根据概率依赖关系构造分类模型，如贝叶斯分类器、混合高斯模型、隐马尔可夫模型等。

下面以采用 Gentle Adaboost 分类器为例，介绍具体的分类方法。第一阶段采用学习算法，通过对训练集进行归纳学习得到分类模型；第二阶段将得到的分类模型用于测试集，对测试未知类别的实例进行分类。其中在识别三类斑块（钙化、纤维化和脂质斑块）时，可将三分类问题转化为二分类问题，即将训练集中的脂质斑块标记为第 1 类，纤维和钙化斑块标记为第 2 类。首先识别出脂质斑块，再将训练集中的钙化斑块标记为第 2 类，纤维斑块标记为第 3 类，用这两类样本训练分类器，并用得到的分类器模型对纤维和脂质斑块进行分类。

Gentle Adaboost 算法的具体过程描述如下：

1）假设共有 N 个训练样本，并且标记为$\{(x_1,y_1),...,(x_N,y_N)\}$，其中 $u_i\in[0,1)$；$y_i=1$ 表示为目标样本，否则为非目标样本。

2）样本的权重初始化为 $w_i=1/N$，其中 $i=1,...,N$。

3）for $j=1:M$（M 是训练的轮数），具体如下：

① 从所有特征值中，挑选第 j 轮中最佳的弱分类器 $h_j(x)$，使得在该样本权重的分布下，样本的均方误差最小。

② 对权重进行更新，公式如下：

$$w_i \leftarrow w_i \exp(-y_i \cdot h_j(x_i)) \tag{3-41}$$

其中 $i=1,\ldots,N$。

③ 归一化权重，使得：

$$\sum_{i=1}^{N} w_i = 1 \tag{3-42}$$

4）输出强分类器，公式如下：

$$H(x) = \text{sign}\left[\sum_{j=1}^{M} h_j(x)\right] \tag{3-43}$$

Gentle Adaboost 的弱分类器分类结果的绝对值是［0，1］区间中的实数，把分类器结果作为置信度来看待。

从 IVUS 图像库中截取 166 块斑块图像样本作为训练集，其中钙化斑块 46 个，脂质斑块 52 个，纤维斑块 35 个，如图 3-50 所示。对于图 3-41 所示的测试样本，在获取各点的纹理特征值之后，分别进行支持向量机、Gentle Adaboost 和随机森林的分类，结果如图 3-51 所示，图中白色、浅灰色和深灰色区域分别为钙化、纤维和脂质斑块。以医生的手动标定结果作为金标准，SVM 二分类和三分类的总体准确率分别为 92.4% 和 87.52%；Gentle Adaboost 迭代次数为 300，二分类的总体准确率为 94.54%；随机森林决策树数目为 600，二分类的总体准确率为 76.94%。

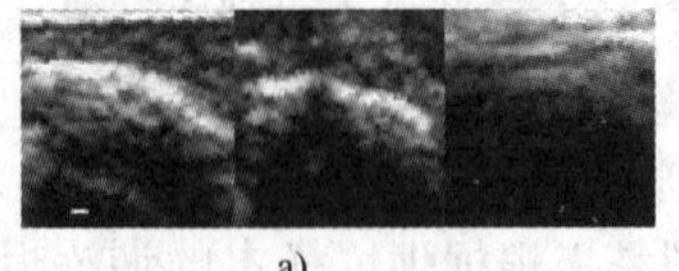
a)

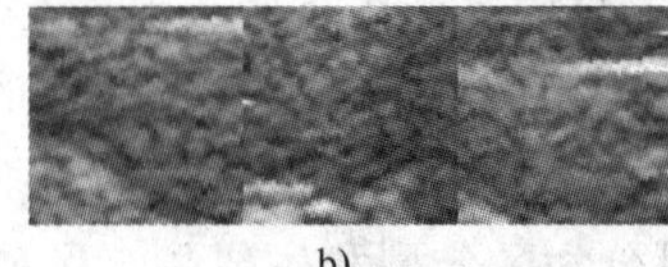
b)

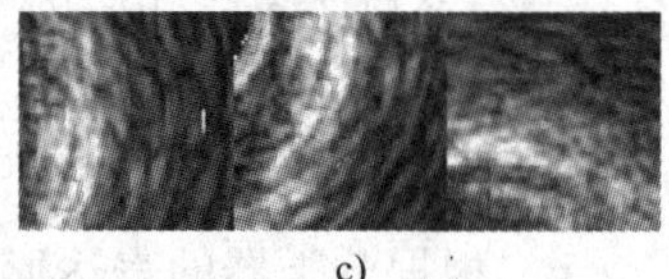
c)

图 3-50　三类斑块图像的训练集

a）钙化斑块　b）脂质斑块　c）纤维斑块

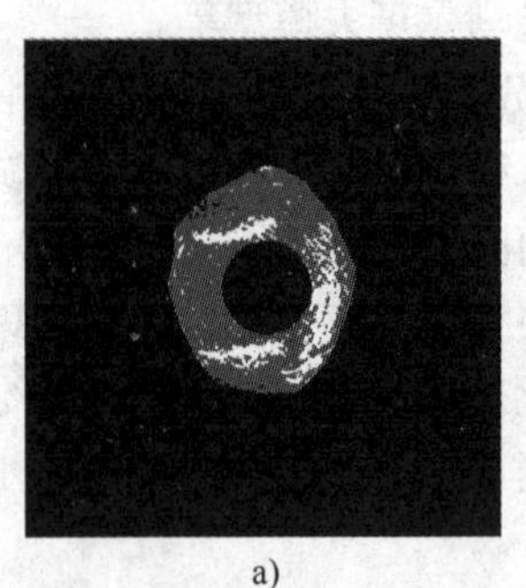
a)

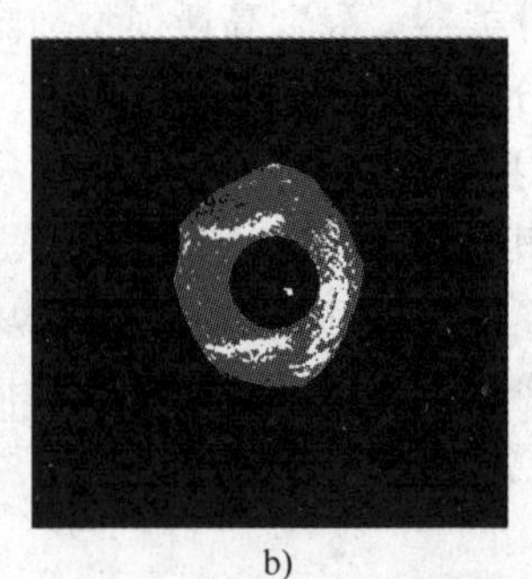
b)

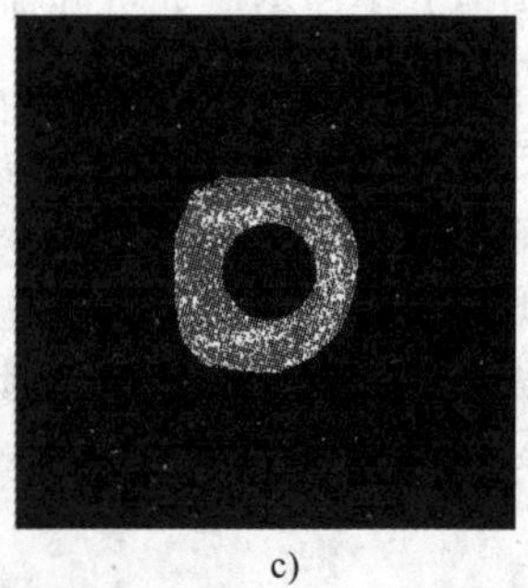
c)

图 3-51　三种二分类结果

a）SVM 二分类结果　b）Gentle Adaboost 二分类结果　c）随机森林二分类结果

当迭代次数不同时，Gentle Adaboost 分类准确率也存在较大差异，具体见表 3-2。可以看出随着迭代次数的增加，两个二分类问题的总体准确率是逐渐提高的。当迭代次数为 300 时，总体准确率达到一个拐点；当迭代次数为 350 时，虽然总体准确率有所下降，但第 1 类和第 2 类样本的准确率得到了均衡，二者之间的差别明显缩小；当迭代次数为 400 时，第 1 类和第 2 类样本的准确率差别变大，尤其是区分纤维与钙化斑块。

表 3-2　Gentle Adaboost 在区分钙化、纤维化和脂质斑块时的迭代次数与分类准确率关系统计结果

迭代次数	第一个二分类的准确率/%			第二个二分类的准确率/%		
	第 1 类样本（脂质斑块）	第 2 类样本（钙化/纤维斑块）	总体准确率	第 2 类样本（钙化斑块）	第 3 类样本（纤维斑块）	总体准确率
100	90.44	68.67	73.75	90.25	72.27	76.06
150	96.09	73.51	78.77	93.03	62.7	86.65
200	95.16	84.04	86.63	84.67	78.65	79.84
250	90.39	92.82	92.25	88.57	68.7	84.39
300	90.12	95.89	94.54	93.08	61.84	86.51
350	91.96	93.33	93.01	86.6	77.69	79.56
400	93.21	90.67	91.26	88.79	72.73	82.11

综合考虑分类器的性能和分类结果，可以看出 Gentle Adaboost 和 SVM 在分类准确率方面有较好表现，但是 SVM 将特征映射到高维空间，计算成本和计算复杂度较高。因此，Gentle Adaboost 分类器更适合进行 IVUS 图像中三种斑块组织的自动标定。

对实验图像序列分别采用 Real Adaboost、Modest Adaboost 和 Gentle Adaboost 三种分类器对支架和血管分叉的纹理特征进行分类，并统计分类准确度、错误率、查全率、查准率和 F1 等性能指标[62]，结果如图 3-52 和图 3-53 所示。由图 3-52 可见，对于支架的检测，与其他两个分类器相比，Gentle Adaboost 在分类准确率方面有很大优势，当迭代次数为 196 时，可达 93.5%。在查准率方面，Gentle Adaboost 也具有最优性能，迭代次数为 196 时，可达到 94.2%，其次是 Modest Adaboost，Real Adaboost 最差。查准率和查全率是相互制约的，Modest Adaboost 的查全率较好，F1 测度与 Gentle Adaboost 表现相当，Real Adaboost 表现最差。总的来说，在对支架的检测中，当迭代次数不同时，Real Adaboost 的准确率波动较大，稳定性差。

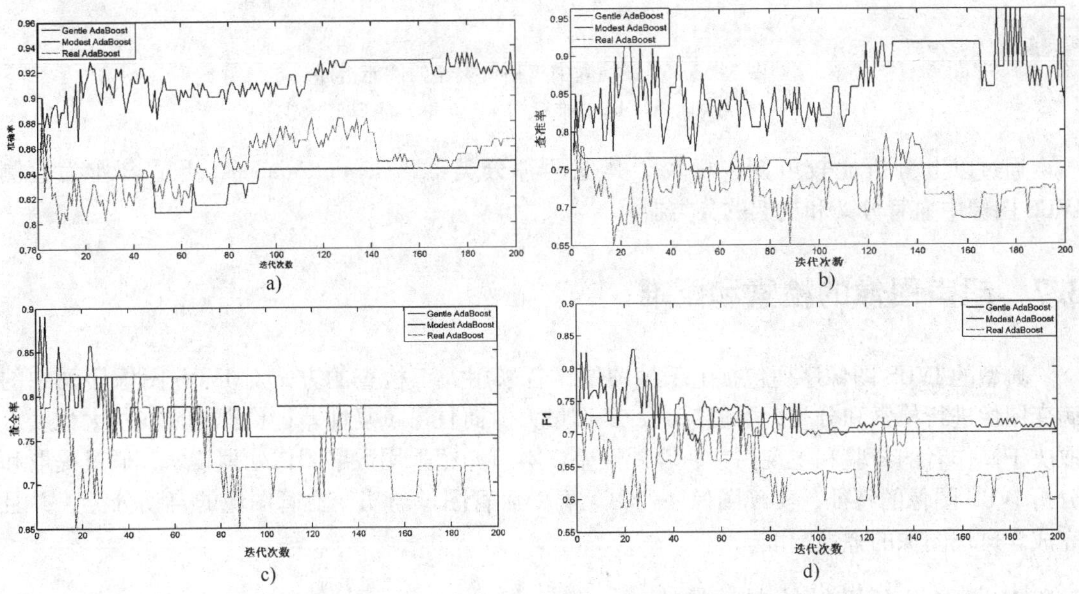

图 3-52　支架检测中三种分类器的性能指标

a）准确率　b）查准率　c）查全率　d）F1

在图 3-53 中，对于血管分叉的检测，当迭代次数为 187 时，Real Adaboost 的准确率最高，达到 93.2%，略高于同迭代次数下 Gentle Adaboost 的值。当迭代次数不同时，Real Adaboost 的查准率在多数情况下高于 Gentle Adaboost；但是迭代次数越高，Gentle Adaboost 的优势越明显，当迭代次数为 200 时，其查准率可达到 83.6%。在查全率方面三种分类器均表现不佳，当迭代次数为 200 时，最高值只有 68.8%，这是由于对 IVUS 图像中分叉的检测是在极坐标视图中以 1°为单位进行的，而某个小的角度内分叉处的灰度值可能变化不明显，使得分类器把正类错判为负类的情况较多。当迭代次数为 200 时，Gentle Adaboost 的 F1 准确率达到 74.9%，Modest Adaboost 则表现不佳。总体来说，在对血管分叉的检测中，Real Adaboost 和 Gentle Adaboost 性能良好，Modest Adaboost 的各项性能指标较低。

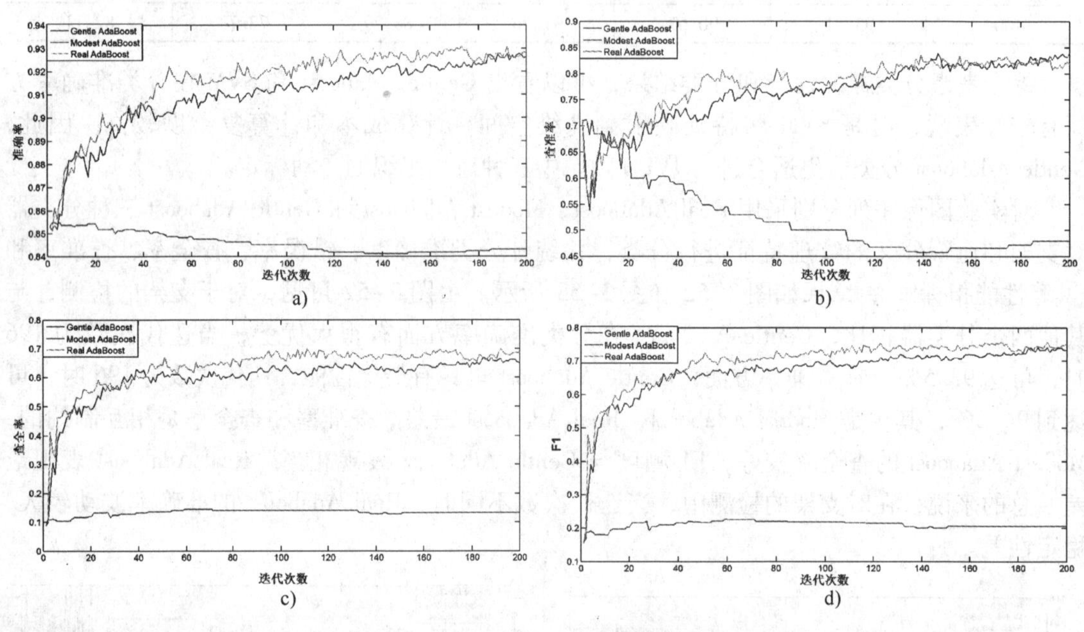

图 3-53　分叉检测中三种分类器的性能指标

a）准确率　b）查准率　c）查全率　d）F1

通过以上分析比较可知，相较于其他两种分类器，Gentle Adaboost 更适合作为检测 IVUS 图像中血管分叉和支架的分类器。

3.7　超声图像的检索和配准

典型的 IVUS 图像序列包括上千帧图像，若采用人工检查的方式对 IVUS 图像序列中的病变图像进行检索和分类，不但耗时，工作量大，而且可重复性差，检索结果在很大程度上取决于操作者的经验和主观因素，客观性差。本节介绍采用数字图像处理技术，通过提取和分析 IVUS 图像的特征，实现图像序列中无病变血管图像与病变血管图像的自动分类，并且完成含斑块图像的弹性配准。

3.7.1　IVUS 关键帧的自动检索

目前图像检索的方法主要分为基于文本的图像检索（Text - Based Image Retrieval,

TBIR）和基于内容的图像检索（Content－Based Image Retrieval，CBIR）两种。TBIR 的历史可以追溯到 20 世纪 70 年代末期，其基本思想是首先建立一个图像数据库，利用关键字或者自由文本对数据库图像进行人工标注或注释来描述图像特征，存储标注数据库并建立索引。对于要检索的图像，同样利用文本进行人工标注，然后检索图像的标注信息去数据库中查找匹配的索引，得到检索结果。该方法的缺点在于目前的图像分割和计算机视觉技术尚无法实现对图像语义的自动标注，使用人工标注工作量巨大，对于大型图像数据库实现困难；人工标注存在很大的主观性，同一幅图像在不同的心理条件或者环境下，标注信息可能会有很大的不同，而且不同标注者对同一幅图像的理解和认知也不尽相同；图像中包含的信息量大，难以用语言或者文本完整表述。

CBIR 不同于传统的基于文本和数字的图像检索手段，它是建立在计算机视觉和图像理解理论基础之上的，综合了人工智能、面向对象技术、认知心理学和数据库等多学科的知识。图像内容的描述不再依赖于手工标注，而是借助于从图像中自动提取的、反映图像内容并与图像储存在一起的各种量化视觉特征，检索过程也不再是关键字匹配，而是视觉特征之间的相似性匹配。其关键技术是图像的特征提取和基于特征的相似性度量。CBIR 具有客观、节省人力、可建立复杂描述、通用性好和应用前景广阔等诸多优点。但是 CBIR 是通过计算目标图像与查询图像之间在视觉特征上的相似度，然后按照相似度由大到小的排列返回检索结果，由于对于图像理解的强烈主观性，这种关于相似性的定义比较困难。典型的相似性度量方法有基本的几何距离度量方法和直方图距离计算法。

在 IVUS 图像序列中，关键帧是指记录血管中重大形态学改变位置的帧。对于 IVUS 图像序列关键帧的检测有两方面的作用：在回撤导管时，形态学发生重大改变的帧总数远远小于图像序列的总帧数，因此关键帧具有很强的代表性；使用关键帧作为标记，医生可以只关注血管的病变部分，避免检测整个图像序列，从而提高工作效率。

目前，临床常用的 IVUS 图像序列关键帧的检索方法是通过变换导管的角度和纵向位置，由粗到精地进行手工逐帧搜索，不仅耗时，效率低，而且结果的客观性和可重复性差。影响检索精度的因素主要包括：导管的持续旋转、心脏扭转引起的重复帧、导管在管腔内的复杂运动、血管的搏动和斑点噪声等，这些也是在自动检测关键帧时需要解决的问题。

冠状动脉血管在形态和位置上的多变性和特殊性给 IVUS 图像的自动检索带来了很大的困难，目前常用的方法是首先提取出各帧 IVUS 图像的纹理特征，再利用分类器对这些纹理特征进行分类。此类方法的缺点是计算复杂度较高，检索效率低。本节结合对临床图像的实验结果，简单介绍一种基于血管形态的关键帧检索方法，详细方法步骤参见文献［63］。

首先，提取各帧横向视图中的血管内腔边界和中－外膜边界，并计算血管内腔轮廓的面积 S_1 和中－外膜轮廓所包围区域的面积 S_2，如图 3-54 所示。

然后，计算各帧图像中血管壁内外膜轮廓所包围区域的面积。图像序列中所有帧的血管壁内膜轮廓包围区域的面积组成序列 X_1，外膜轮廓包围区域的面积组成序列 X_2。

其次，采用 SAX 方法分别对序列 X_1 和 X_2 进行量化编码，目的是对序列降维，并用符号表示数值序列，以便于利用欧氏距离计算相邻两帧之间的相似度。SAX 是一种将时间序列数据离散化的方法，其基本思想是采用逐段聚集近似对序列降维，在此基础上将序列离散化。SAX 表示具有计算简单高效的优点，并且允许降维支持下界函数。采用 SAX 的方法对序列 X_1 和 X_2 进行量化编码的具体步骤如下：

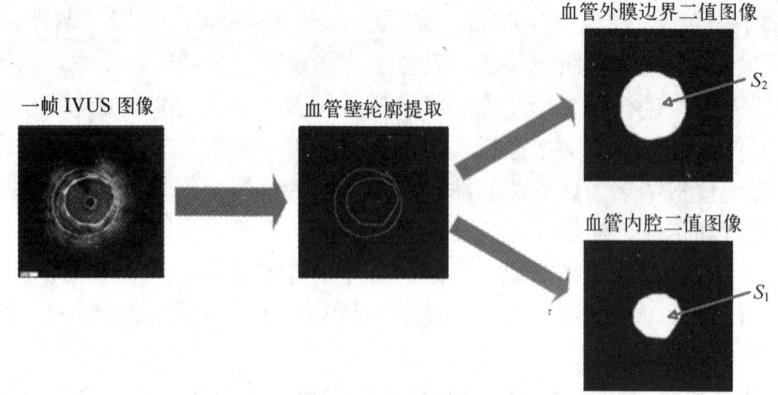

图 3-54　提取 IVUS 图像中的血管壁轮廓

1）将序列 X_1 和 X_2 标准化为均值为 0、标准差为 1 的标准序列 X_1' 和 X_2'。

2）计算一个滑动窗口中数据的均值作为整个窗口的数据表示，得到 X_1' 和 X'_2 的分段累积近似表示 X_1'' 和 X_2''。滑动窗口的大小 W 代表整个图像序列的解析度，因此将其设置为以帧为单位的心动周期长度，该值可从 IVUS 图像序列中估算得到。

3）由于序列 X_1'' 和 X_2'' 近似服从高斯分布，根据量化等级个数 H 在高斯分布表中查找区间的系列分裂点 β_i，将均值映射为对应的量化等级。

再次，采用标准化的欧氏距离，计算出管腔区域的面积序列 X_1'' 和外膜区域面积序列 X_2'' 的均值和方差，并对两个序列标准化。每帧图像标准化后的管腔包围区域面积和外膜包围区域面积组成一个二维特征向量 $I(i)(i=1,2,\cdots n$，n 为量化后图像序列的帧个数)，再计算出相邻两帧图像的二维特征向量 $\boldsymbol{I}(i)$ 和 $\boldsymbol{I}(i+1)$ 之间的欧氏距离 $D_E(i)$。设 IVUS 图像序列共有 N 帧图像，则相邻两帧的相似度序列为 $\boldsymbol{D}_M=\{D_M(1),D_M(2),\cdots,D_M(N-1)\}$。

最后，采用自适应的方法设置阈值完成关键帧的提取。若相邻两帧之间的欧氏距离大于阈值，则认为此帧为关键帧；否则认为不是。具体步骤如下：

1）对序列 $\boldsymbol{D}_M$ 中的元素按照由大到小的顺序排列，得到 $\boldsymbol{D}'_M=\{D'_M(1),D'_M(2),\cdots D'_M(T),...,D'_M(N-1)\}$。以 $D'_M(T)$ 为界，把 $\boldsymbol{D}'_M$ 分为 $\boldsymbol{D}'_{M1}=\{\boldsymbol{D}'_M(1),\boldsymbol{D}'_M(2),\cdots\boldsymbol{D}'_M(\boldsymbol{T})\}$ 和 $\boldsymbol{D}'_{M2}=\{\boldsymbol{D}'_M(\boldsymbol{T}+1),\boldsymbol{D}'_M(\boldsymbol{T}+2),\cdots\boldsymbol{D}'_M(\boldsymbol{N}-1)\}$ 两个子序列。

2）计算 $\boldsymbol{D}'_{M1}$ 和 $\boldsymbol{D}'_{M2}$ 两组数的方差之和，记为 σ_T^2。对于 $T=1\sim N-1$，分别计算出相应的 σ_T^2，得到 $\{\sigma_1^2,\sigma_2^2,\cdots\sigma_{N-1}^2\}$，找出使方差和最小的 T，则 $D'_M(T)$ 即为所求阈值 D_T。

3）若相邻两帧之间的 $D_M(i)>D_T$，则认为图像序列的第 i 帧为关键帧。

图 3-55 是对包含一个 2500 帧、帧间的时间间隔为 39.59 ms、每帧图像大小为 240×240 像素的 IVUS 图像序列进行关键帧检索的结果。

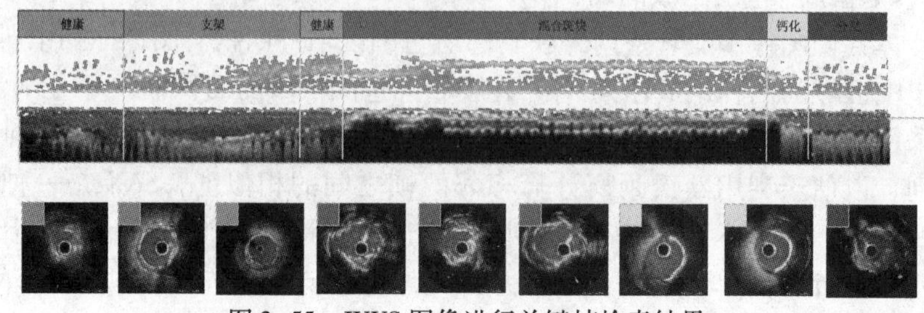

图 3-55　IVUS 图像进行关键帧检索结果

3.7.2 含钙化帧的弹性配准

冠状动脉附着在心外膜表面上，在冠状动脉内超声图像的采集过程中，由心脏运动引起的血管移位以及血管曲率和管腔直径的改变，都会导致各帧 IVUS 图像之间很难保持空间上的一致性。为了保证 IVUS 图像中血管壁边缘的检测、血管形态参数的定量测量以及血管三维重建等的准确性，必须对由心脏运动引起的图像错位进行纠正。本节介绍对含钙化斑块帧进行弹性配准的方法，以钙化点作为标志点，寻找血管壁之间的空间映射和对应关系，使 IVUS 图像序列实现空间上的一致性。

基于标志点的 IVUS 图像弹性配准流程图如图 3-56 所示，首先采用特征描述算子对标志点的特征进行描述，然后采用薄板样条插值法寻找两幅图像中标志点对之间的对应关系，进而计算血管区域之间的空间变换关系。

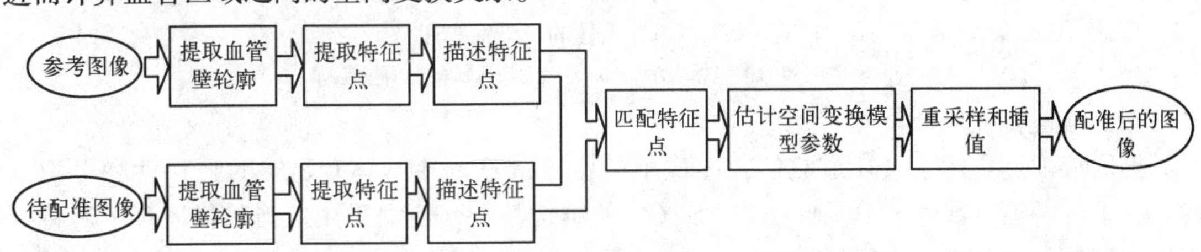

图 3-56　基于标志点的 IVUS 图像弹性配准流程图

（1）提取血管壁轮廓

从各帧 IVUS 图像中提取出血管壁的内、外轮廓。基本步骤包括：首先，对图像进行各向异性扩散滤波；然后，对滤波后的图像计算灰度梯度分布图，如图 3-57 所示；其次，根据 IVUS 图像的大小以及图像中血管壁所在的区域，将 snake 初始轮廓设置为以图像中心为圆心、半径为 25 个像素大小的圆；最后，根据滤波后图像反映的具体信息，对 snake 模型的初始轮廓进行平滑演变，最终得到血管壁的轮廓曲线。

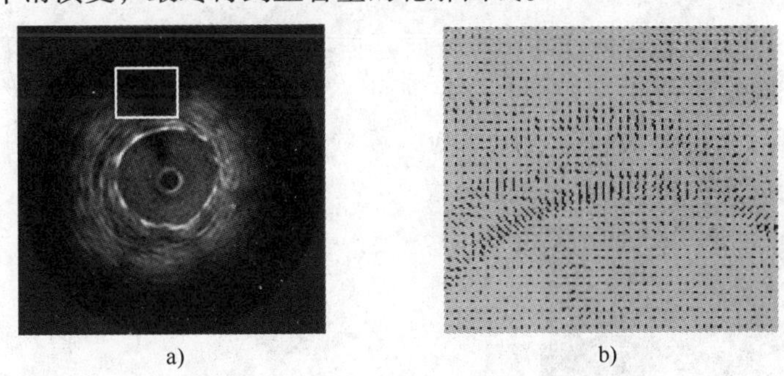

图 3-57　图像的灰度梯度分布

a）一帧典型的 IVUS 图像　b）图 a）中矩形区域的灰度梯度分布

（2）提取血管壁轮廓特征点

由于 IVUS 图像中钙化斑块的位置全部集中于血管腔附近，因此需从血管腔轮廓曲线上提取特征点。首先，将提取出血管壁轮廓的 IVUS 图像进行极坐标变换，如图 3-58a 所示，并标出血管壁轮廓线上钙化斑块区域所占的轮廓段，如图 3-58b 所示；然后，在斑块所在轮廓段上随机抽取若干不同点对，并存储其坐标，为下一步配准所用。

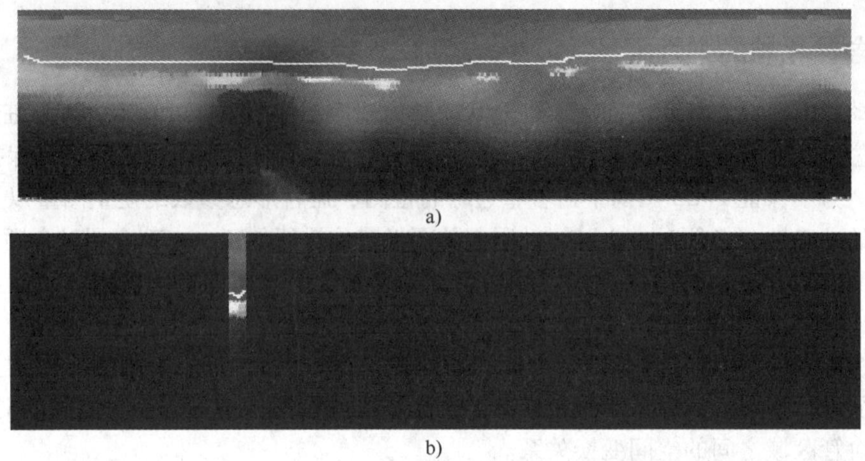

a)

b)

图 3-58　IVUS 图像的极坐标视图

a）轮廓图像的极坐标表示　b）钙化斑块区域的血管壁轮廓

（3）描述特征点

提取特征点之后，只知道它们在图像中的位置信息，并不具有足够的独特性和可识别性。为了使特征点能够充分反映出 IVUS 图像的结构特征，还需采用恰当的描述算子对特征点周边邻域的局部信息进行描述。

理想的特征点描述算子应该具有鲁棒性和独特性，即所采用的描述算子应该对于图像的几何形变和失真具有不变性，并且可以通过计算同类描述算子之间的差别对特征点之间的相似度进行定量测量。这里介绍两种特征点描述算子：二维描述算子和一维描述算子。

常用的特征描述算子主要包括灰度、形状、纹理以及空间约束关系等。其中空间约束关系是非常重要的视觉特征，最常见的空间约束关系特征是相关图。不同于灰度直方图，图像的相关图不但能够反映图像整体的统计信息，而且也能够反映图像中像素的空间组织信息，但忽略了像素的空间组织。

这里采用相关图法提取特征点的二维特征。基本步骤包括：首先，以轮廓上的各特征点为中心，对图像进行空间量化，如图 3-59a 所示；然后，根据量化空间计算该点与其他各特征点之间的距离与角度；最后，将距离与角度数据作为特征点相似度测量的二维特征向量，为下一步的配准作准备。

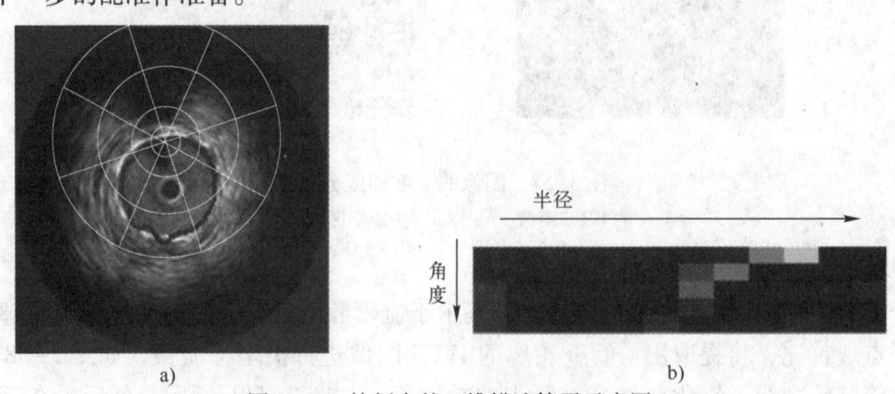

a)　b)

图 3-59　特征点的二维描述算子示意图

a）以轮廓上某特征点为中心对图像进行空间量化变换　b）该特征点的二维特征信息示意图

设 $\boldsymbol{C}$ 为特征点集，总点数为 n，其中 p_i 为点集 $\boldsymbol{C}$ 中一点。以 p_i 为中心将图像进行空间划分，设 h_i 为该点关于其他某一点的空间相关特征向量，则 h_i 的表达式如下[64]：

$$h_i(r,\theta)=\{p_j\in\boldsymbol{C},p_j\neq p_i:\|(p_j-p_i)\|\in\boldsymbol{D}_r,(p_j-p_i)\in\boldsymbol{A}_\theta\} \tag{3-44}$$

式中，$\boldsymbol{D}_r$ 是第 $r(r=1,\ldots,n_r)$ 级距离空间；$\boldsymbol{A}_\theta$ 是第 $\theta(\theta=1,\ldots,n_\theta)$ 级角度空间；$\{\boldsymbol{D}_r\}_{r=1}^{n_r}$ 和 $\{\boldsymbol{A}_\theta\}_{\theta=1}^{n_\theta}$ 分别是标志点距其他相关点距离与角度的集合。

随着心脏的搏动，冠状动脉管腔内的血液对于血管壁的压力不断变化，血管腔也会随之不断地产生各种形变。特征点均位于管腔轮廓之上，因此仅使用一种特征对形变严重的冠脉血管 IVUS 图像进行配准，不能达到理想的效果，因而增加一种对血管腔形变具有鲁棒性的一维特征，作为对相关图的弥补。具体方法是：首先，等距离划分血管壁轮廓曲线，并统计各个特征点所处的空间次序，如图 3-60 所示；然后，根据标志点所处空间的不同，计算各点之间的距离；最后，将各标志点与其他各点的一维空间距离作为标志点的一维特征向量。

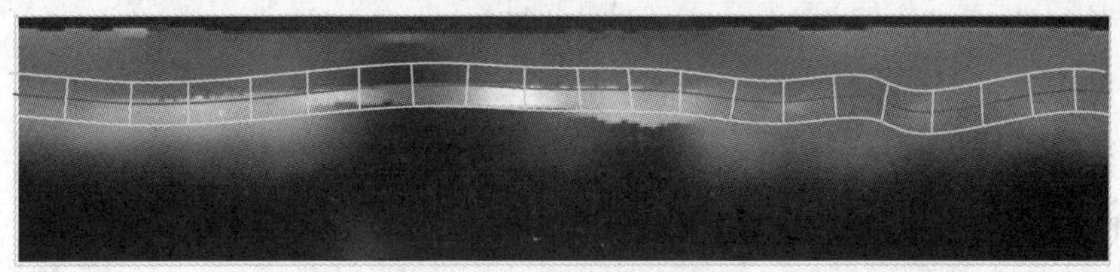

图 3-60　血管壁轮廓特征点一维描述算子示意图

设 p_i 为血管壁轮廓上的第 i 点，u_i 为 p_i 点的一维特征向量，因此 u_i 的大小等于该点在轮廓上所处长度空间的序号。设 $\Gamma:[0,1)\rightarrow R^2$ 为标志点的一维特征向量函数，p_i 点在一维特征向量函数中的参数为 u_i，且 $\Gamma(u_i)=p_i$，$u_i\in[0,1)$。因此对于图集 $\boldsymbol{C}$ 相对应的标志点的一维特征向量集为 $\boldsymbol{C}_\Gamma=\{u_i\}_{i=1}^{n}$。点 p_i 的一维特征向量如下[65]：

$$h_i(s,c)=\{u_j\in\boldsymbol{C}_\Gamma,u_j\neq u_i:(u_j-u_i)\in\boldsymbol{I}_s\} \tag{3-45}$$

式中，$\boldsymbol{I}_s$ 是第 s 个标志点与其他各点一维特征距离的集合，$s=1,\ldots,n_s$。

（4）配准图像

常用的图像配准方法有：基于形状匹配和 B 样条插值的配准法、基于光流场模型的配准方法、最近距离点迭代（Iterated Closest Point，ICP）算法以及薄板样条（Thin Plate Spline，TPS）插值算法等。其中 ICP 算法和 TPS 算法是最常见的基于点特征的图像配准方法，前者常用于刚性变换情况下特征点的配准，具有计算简便、复杂度低等优点，但对形变较大的物体进行配准则效果欠佳；后者是唯一能够清楚地将映射分解为刚性映射和非刚性映射的样条函数，在保证点集之间一一对应约束的条件下，通过最小化 TPS 的弯曲能，联合求解点集之间的匹配矩阵和映射参数实现点集之间的弹性配准。下面介绍分别采用 ICP 和 TPS 插值算法实现 IVUS 图像弹性配准的方法。

ICP 算法的原理是通过迭代计算特征点集的旋转和平移变换矩阵，使得来自两个点集的对应点之间的距离最小，具有计算简单、迭代速度快等优点。主要步骤包括：计算最近距离点；计算点集之间的配准变换关系；根据变换关系计算参考点集的坐标变换；计算新点集与参考点集之间特征集误差，如果小于预设的极限值，则配准结束，否则将通过变换得到的新点集作为参考点集，重复上述步骤。

假设有两个特征点集 $\boldsymbol{P}$ 和 $\boldsymbol{Q}$，包含点的个数都是 n，$\boldsymbol{p}_i$ 和 $\boldsymbol{q}_i$ 分别为点集 $\boldsymbol{P}$ 和 $\boldsymbol{Q}$ 中的一

点，则配准特征点的目标函数如下：

$$E = \sum_{i=1}^{n} | \boldsymbol{q}_i - (\boldsymbol{R} \cdot \boldsymbol{p}_i + \boldsymbol{T}) | \tag{3-46}$$

使式（3-46）最小的 $\boldsymbol{R}$ 和 $\boldsymbol{T}$ 就是代表两个点集之间转换关系的旋转矩阵和平移矢量。假设 $\boldsymbol{R}_1$ 为符合要求的旋转矩阵，$\boldsymbol{T}_1$ 为平移矢量，则理想情况下通过点 $\boldsymbol{p}_i$ 变换得到的对应点 $\boldsymbol{q}_i$ 应满足下式：

$$\boldsymbol{q}_i = \boldsymbol{R} \cdot \boldsymbol{p}_i + \boldsymbol{T} + \boldsymbol{N}_i \tag{3-47}$$

式中，$\boldsymbol{N}_i$ 表示两个点之间的转换误差。

ICP 算法配准过程就是求解式（3-46）的最优解的过程。为了简化点集的配准过程，降低配准的复杂度，首先要对式（3-46）进行简化，步骤如下：

1）计算参考点集与待配准点集的重心，公式如下：

$$\begin{cases} \boldsymbol{p} = \dfrac{1}{n}\sum_{i=1}^{n} \boldsymbol{p}_i \\ \boldsymbol{q} = \dfrac{1}{n}\sum_{i=1}^{n} \boldsymbol{q}_i \end{cases} \tag{3-48}$$

根据式（3-46），显然有 $\boldsymbol{p} = \boldsymbol{q} \cdot \boldsymbol{R} + \boldsymbol{T}$。

2）计算各点与重心之间的距离，公式如下：

$$\begin{cases} \boldsymbol{p}'_{\mathrm{i}} = \boldsymbol{p}_i - \boldsymbol{p} \\ \boldsymbol{q}'_i = \boldsymbol{q}_i - \boldsymbol{q} \end{cases} \tag{3-49}$$

3）将式（3-49）代入式（3-46）得出下式：

$$E^2 = \| \boldsymbol{q}'_i - \boldsymbol{R} \times \boldsymbol{p}'_i \|^2 \tag{3-50}$$

4）分解式（3-50）的右端，得到下式：

$$\begin{aligned} E^2 &= \sum_{i=1}^{n} (\boldsymbol{p}'_i - \boldsymbol{R}\boldsymbol{q}'_i)^{\mathrm{T}}(\boldsymbol{p}'_i - \boldsymbol{R}\boldsymbol{q}'_i) = \sum_{i=1}^{n} (\boldsymbol{p}'^{\mathrm{T}}_i \boldsymbol{p}'_i + \boldsymbol{q}'^{\mathrm{T}}_i \boldsymbol{R}^{\mathrm{T}}\boldsymbol{R}\boldsymbol{q}'_i - \boldsymbol{p}'^{\mathrm{T}}_i \boldsymbol{R}\boldsymbol{q}'_i - \boldsymbol{q}'^{\mathrm{T}}_i \boldsymbol{R}^{\mathrm{T}}\boldsymbol{p}'_i) \\ &= \sum_{i=1}^{n} (\boldsymbol{p}'^{\mathrm{T}}_i \boldsymbol{p}'_i + \boldsymbol{q}'^{\mathrm{T}}_i \boldsymbol{q}' - 2\boldsymbol{p}'^{\mathrm{T}}_i \boldsymbol{R}\boldsymbol{q}'_i) \end{aligned} \tag{3-51}$$

5）将求解 E^2 最小值的问题转变为求解 $2\boldsymbol{p}'^{\mathrm{T}}_i\boldsymbol{R}\boldsymbol{q}'_i$ 最大值的问题。即求下式中 F 的最大值：

$$F = \sum_{i=1}^{n} \boldsymbol{p}'^{\mathrm{T}}_i \boldsymbol{R}\boldsymbol{q}'_i = \mathrm{Trace}(\boldsymbol{RH}) \tag{3-52}$$

式中，$\boldsymbol{H} = \sum_{i=1}^{n} \boldsymbol{p}'^{\mathrm{T}}_i \boldsymbol{q}'_i$。

通过上述简化处理，最初的特征点配准问题演变为求 $\mathrm{Trace}(\boldsymbol{RH})$ 最大值的问题。对 $\boldsymbol{H}$ 进行奇异值分解得到 $\boldsymbol{H} = \boldsymbol{U\Lambda V}^{\mathrm{T}}$，其中 $\boldsymbol{U}$ 和 $\boldsymbol{V}$ 为正交矩阵，$\boldsymbol{\Lambda}$ 为非负的对角矩阵。令正交矩阵 $\boldsymbol{X} = \boldsymbol{VU}^{\mathrm{T}}$，则有下式：

$$\boldsymbol{XH} = \boldsymbol{VU}^{\mathrm{T}}\boldsymbol{U\Lambda V}^{\mathrm{T}} = \boldsymbol{V\Lambda V}^{\mathrm{T}} \tag{3-53}$$

$\boldsymbol{XH}$ 为对称正定矩阵，对于任意的正交矩阵 $\boldsymbol{B}$，有如下公式：

$$\mathrm{Trace}(\boldsymbol{XH}) \geqslant \mathrm{Trace}(\boldsymbol{BXH}) \tag{3-54}$$

因此可知，当 $\boldsymbol{R} = \boldsymbol{XH}$ 时，F 值将达到最大，此时的 E 为最小。

ICP 算法配准过程如图 3-60 所示。图 3-61a 中绿色圆圈为参考点集，红色星号代表待配准点集，分别标出了各自的初始位置；图 3-61b 为采用 ICP 算法对两个点集进行配准的过程中，迭代 25 次时的结果，其中点对之间的虚线代表对应关系；图 3-61c 为迭代 75 次时的配准结果；图 3-61d 为最终的配准结果，迭代次数为 100 次。由图 3-61 可以看出，当点集之间的空间关系为非刚性时，使用 ICP 算法的效果并不理想。根据 ICP 算法的原理可知它只是计算对应点之间的局部最小值，但并不约束点与点之间的一一映射关系，即配准的结果可能会出现奇异点的情况，图 3-61d中的点 1 在没有对应点的情况下成为奇异点。

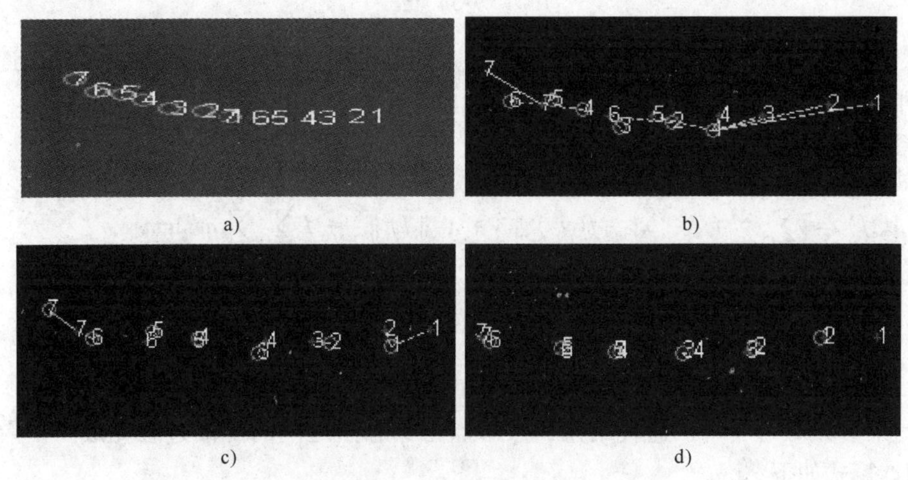

图 3-61　ICP 算法的配准过程

a）参考点集与待配准点集的初始位置　b）经过 25 次迭代后两点集的空间位置

c）经过 70 次迭代后两点集的空间位置　d）两点集最终的匹配结果

TPS 插值配准方法分为两部分：一是确定配准的迭代过程，二是确定每次迭代过程中待配准点集的坐标变换函数。

图像配准的目的是找到参考图像与待配准图像之间点与点的一一对应关系。假设参考图像与待配准图像分别用两个点集 $\boldsymbol{V}=\{v_a \in \boldsymbol{V}, a=1,2,...,K\}$ 和 $\boldsymbol{X}=\{x_i \in \boldsymbol{X}, i=1,2,...,N\}$ 表示，二者点与点之间的配准关系定义为 z，即当点 v_a 与 x_i 是对应点时，$z_{ai}=1$，如图 3-62 所示。

z	x1	x2	x3
v1	1	0	0
v2	0	1	0
v3	0	0	1

图 3-62　二维点对应关系

将两幅图像的弹性变换函数定义为 f，因此点 v_a 根据变换函数经过一次迭代之后的位置为 $u_a=f(v_a)$。同理，点集 $\boldsymbol{V}$ 经过单次迭代之后转变为 $\boldsymbol{U}$ 即 $\{u_a\}$。根据以上定义，图像配准的能量函数定义如下：

$$\begin{cases} E(\boldsymbol{Z},f) = \sum_{i=1}^{N}\sum_{a=1}^{K} z_{ai} \| x_i - f(v_a) \|^2 + \lambda \| Lf \|^2 - \zeta \sum_{i=1}^{N}\sum_{a=1}^{K} z_{ai} \\ \sum_{i=1}^{N} z_{ai} = 1, \sum_{a=1}^{K} z_{ai} = 1 \end{cases} \tag{3-55}$$

式中，L 为 f 的约束参数；λ 与 ζ 为权重参数。式（3-55）的第三项的作用是约束多余点的数量。矩阵 $\boldsymbol{Z}$ 为点集的二值对应矩阵，当点 $\boldsymbol{v}_a$ 与 $\boldsymbol{x}_i$ 是对应关系时 $z_{ai}=1$，其他为0，根据该二值矩阵可确定两个点集之间的一一对应关系。

但在实际的处理中，点对之间的匹配度往往不是理想的 0 和 1，而是处于 0 ~ 1 之间。可采用扩散对应关系的方法[66]，即将点集对应矩阵中的元素设置为 0 ~ 1 之间的小数，使根据对应矩阵的行与列判断两点之间的对应关系变得更具有鲁棒性。将下式加入到初始的配准能量公式中：

$$T\sum_{i=1}^{N}\sum_{a=1}^{K}m_{ai}\lg m_{ai} \tag{3-56}$$

式中，T 是温度系数，当 T 值较大时，约束点对之间的对应关系变得更加扩散化，逐渐减小 T 值的同时能量也会随之减小，点对之间的对应关系也会变得更加精确；m_{ai} 是点 v_a 与 x_i 的对应关系系数。因此，配准能量函数变为

$$\begin{cases}E(\boldsymbol{M},f)=\sum_{i=1}^{N}\sum_{a=1}^{K}m_{ai}\ \|\boldsymbol{x}_i-f(\boldsymbol{v}_a)\|^2+\boldsymbol{\lambda}\ \|Lf\|^2+T\sum_{i=1}^{N}\sum_{a=1}^{K}m_{ai}\lg m_{ai}-\boldsymbol{\zeta}\sum_{i=1}^{N}\sum_{a=1}^{K}m_{ai}\\ \sum_{i=1}^{N+1}\boldsymbol{m}_{ai}=1,\sum_{a=1}^{K+1}\boldsymbol{m}_{ai}=1\end{cases} \tag{3-57}$$

当转换约束参数 T 为零时，迭代结束，参考点与标志点之间的配准过程完成。扩散映射系数 m_{ai} 的计算式如下[66]：

$$\boldsymbol{m}_{ai}=\frac{1}{T}e^{-\frac{(x_i-f(v_a))^{\mathrm{T}}(x_i-f(v_a))}{2T}} \tag{3-58}$$

式中，温度系数 T 的初始值 T_0 是人为设定的，且满足 $T^{\mathrm{new}}=T^{\mathrm{old}}\cdot r$，$r$ 为 [0，1] 范围内的小数。随着逐次迭代 T 逐渐缩小，对应系数矩阵 $\boldsymbol{M}$ 和变换公式 f 也在不断更新，当能量函数值达到最小时，点与点之间的对应关系也随之确定。

TPS 插值配准方法在刚性配准中的应用已经很广泛，但是当应用于弹性配准时，必须考虑以下两个问题：

1）权重参数 ζ 控制着估计两个点集中奇异点数量的鲁棒性，但是并没有统一的方法能够计算出此系数的值。可将每个点集中奇异点的温度系数 T 设置为一个很大的值，使得奇异点形成一个集合。

2）平滑度控制系数 λ 的值越大对弹性变换函数的约束力越大。另一方面，减小 λ 的值，会使得变换更加松散、自由，同时转换关系也变得不稳定。可在迭代过程中逐次减小 λ 的值，即 $\lambda=\lambda_{\mathrm{init}}T$,其中初始值 λ_{init} 为常数。

在确定图像配准的迭代过程之后,还需进一步确定每一步迭代中特征点集的坐标变换函数,即式(3-57)中的 f,可采用薄板样条插值对待配准点集进行坐标变换。

薄板样条插值是一种基于点的非线性变换方法,最早由 Bookstein[67] 引入医学图像配准领域。基本思想是将插值问题模拟为一个金属板在点约束下的弯曲形变,再用形变的能量以简练的代数式表示。薄板样条定义如下:[68]

$$z(x,y)=-\boldsymbol{U}(r)=-r^2\lg r^2 \tag{3-59}$$

该方程的解为

$$\nabla^2 \boldsymbol{U} = \left(\frac{\partial^2}{\partial x^2} + \frac{\partial^2}{\partial y^2}\right)\boldsymbol{U} \tag{3-60}$$

式中，$\boldsymbol{r} = \sqrt{x^2 + y^2}$，函数 $\boldsymbol{U}(r)$ 是构建薄板样条的基函数。

如果用函数 $f(x,y)$ 描述薄板，点 (x_i,y_i) 为集合中的一点，要使金属板在该点处高度为 z_i，并且此时该板具有的最小弯曲能量，则 $f(x,y)$ 必须使与点约束相关的积分 I_f 值为最小，其中 I_f 的定义如下

$$I_f = \iint_{R^2}\left(\left(\frac{\partial^2 z}{\partial x^2}\right)^2 + 2\left(\frac{\partial^2 z}{\partial x \partial y}\right)^2 + \left(\frac{\partial^2 z}{\partial y^2}\right)^2\right)\mathrm{d}x\mathrm{d}y \tag{3-61}$$

令 $\boldsymbol{P}_i = (x_i,y_i)(i = 1,2,\ldots,n)$，定义三个矩阵。一个是 $n \times n$ 的矩阵 $\boldsymbol{K}$，公式如下：

$$\boldsymbol{K} = \begin{bmatrix} 0 & \boldsymbol{U}(r_{12}) & \cdots & \boldsymbol{U}(r_{1n}) \\ \boldsymbol{U}(r_{21}) & 0 & \cdots & \boldsymbol{U}(r_{2n}) \\ \cdots & \cdots & \cdots & \cdots \\ \boldsymbol{U}(r_{n1}) & \boldsymbol{U}(r_{n2}) & \cdots & 0 \end{bmatrix} \tag{3-62}$$

式中，$r_{i,j}$ 为点 $\boldsymbol{P}_i$ 和 $\boldsymbol{P}_j$ 的欧氏距离。第二个是 $3 \times n$ 的矩阵 $\boldsymbol{P}$，公式如下：

$$\boldsymbol{P} = \begin{bmatrix} 1 & x_1 & y_1 \\ 1 & x_2 & y_2 \\ \cdots & \cdots & \cdots \\ 1 & x_n & y_n \end{bmatrix} \tag{3-63}$$

第三个是（$n+3$）×（$n+3$）的矩阵 $\boldsymbol{L}$，公式如下：

$$\boldsymbol{L} = \begin{bmatrix} \boldsymbol{K} & \boldsymbol{P} \\ \boldsymbol{P}^{\mathrm{T}} & 0 \end{bmatrix} \tag{3-64}$$

式中，“0”为 3×3 的零矩阵；$\boldsymbol{P}^{\mathrm{T}}$ 为 $\boldsymbol{P}$ 的转置。

要使金属板在点（x_i，y_i）的高度为 z_i，需构建 n 维的行矢量 $\boldsymbol{V} = (z_1,z_2,\ldots,z_n)$ 和（$n+3$）维的列矢量 $\boldsymbol{Y} = (\boldsymbol{V},0,0,0)$。定义列向量 $\boldsymbol{W}$ 和系数 a_1、a_x 和 a_y 的公式如下：

$$\boldsymbol{L}^{-1}\boldsymbol{Y} = (\boldsymbol{W} \mid a_1 a_x a_y)^{\mathrm{T}} \tag{3-65}$$

得到要求的函数如下：

$$f(x,y) = a_1 + a_x x + a_y y + \sum_{i=1}^{n} w_i \boldsymbol{U}(\mid \boldsymbol{P}_i - (x_i - y_i) \mid) \tag{3-66}$$

该函数满足三个约束条件：对于所有的 i 有 $f(x_i,y_i) = z_i$；函数 f 的积分 I_f 最小；I_f 与 $\boldsymbol{WKW}^{\mathrm{T}} = \boldsymbol{V}(\boldsymbol{L}_a^{-1}k\boldsymbol{L}_a^{-1})\boldsymbol{V}^{\mathrm{T}}$ 成正比。只有在 $\boldsymbol{W}$ 的所有分量都为0时积分值才为0，这时样条函数 $f(x,y) = a_1 + a_i x + a_i y$。

薄板样条插值配准有效克服了通过ICP算法对特征点集进行配准时出现的奇异点现象，并且配准误差小，对应关系准确。TPS法的配准结果如图3-63所示。

（5）结果举例

两帧完成管腔轮廓提取的IVUS图像如图3-64所示，其中管腔轮廓上的钙化斑块区域段标注为黄色。根据二维特征描述算子对图像进行配准的结果如图3-65所示，可以看出，由于特定的距离和角度在不同的点对之间反复出现，因此造成匹配关系的紊乱。为了达到精确配准的目的，必须进一步丰富特征点的特征集，加强点特征的独特性和可识别性。

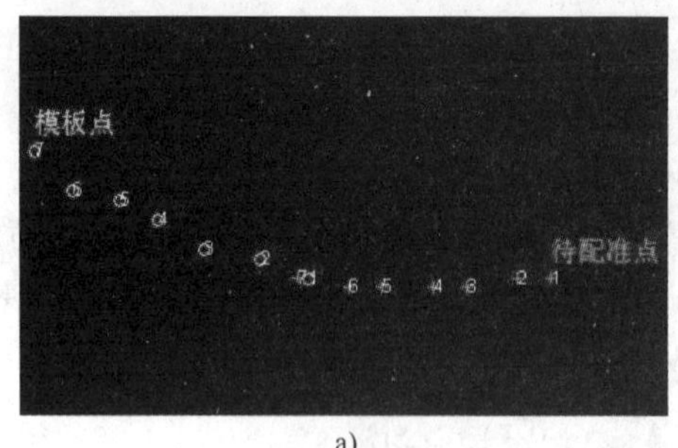

a)

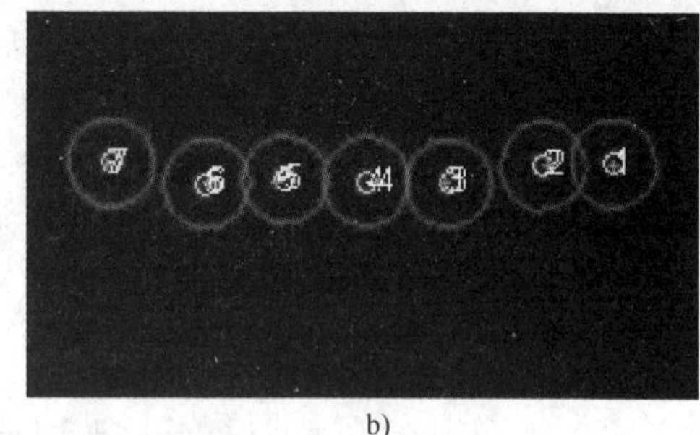

b)

图 3-63　TPS 法的配准结果

a）点集的初始位置　b）配准结果

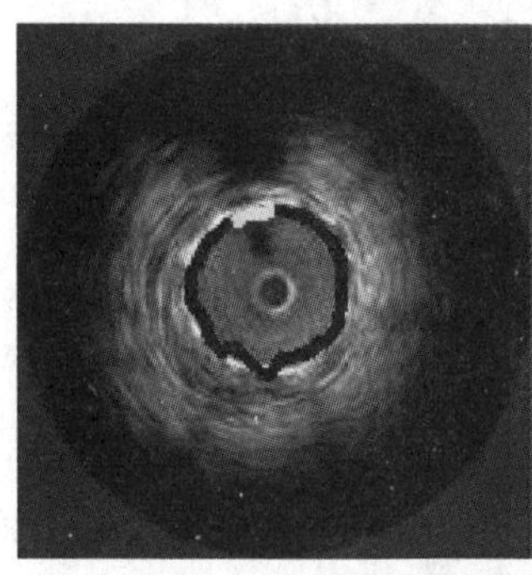

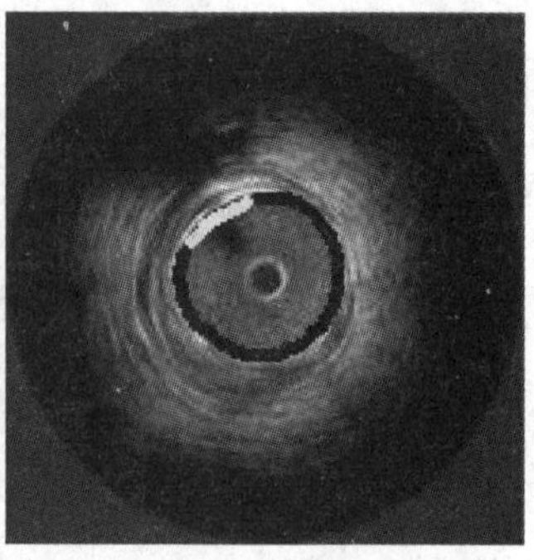

图 3-64　两帧完成管腔轮廓提取的 IVUS 图像

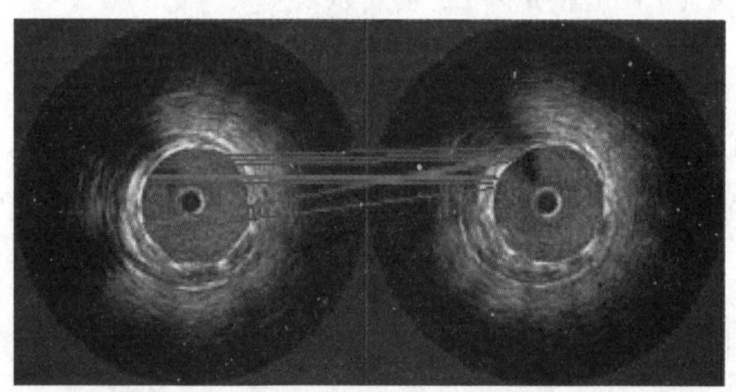

图 3-65　二维特征描述算子对图像配准结果

IVUS 图像的配准结果如图 3-66 所示，其中图 3-66a 是利用 ICP 算法进行配准的结果，可看出结果并不理想。图 3-66b 是将特征点的二维和一维算子融合在一起，根据综合特征采用 TPS 插值算法对图像进行配准的结果。通过比较两种方法的配准结果可得出以下结论：

1）ICP 算法根据标志点之间的最近距离进行配准，忽略了特征点之间的一一对应关系，因此在图像形变较大的情况下配准效果不理想，容易出现一对多映射关系和奇异点现象。

2）ICP 算法根据特征点的最近距离法则确定对应点之间的映射关系，且映射关系在 0 与 1 之间转换；而 TPS 插值算法通过扩散对应关系，使得特征点之间对应系数变为 0 ~ 1 之间的小数，使得对应关系变得更加平滑、连续，有效克服了对应关系的非 1 即 0 现象。

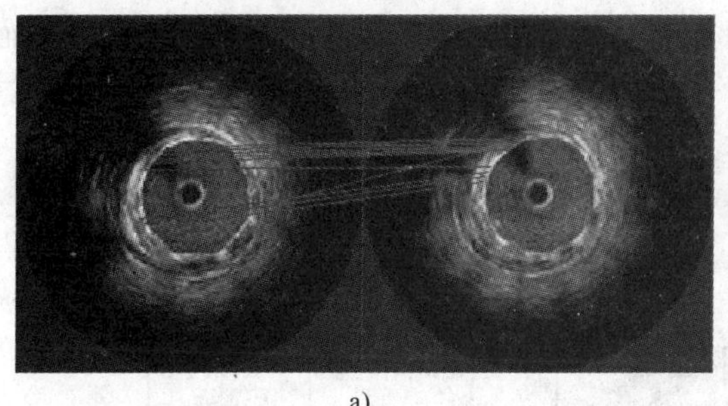
a)

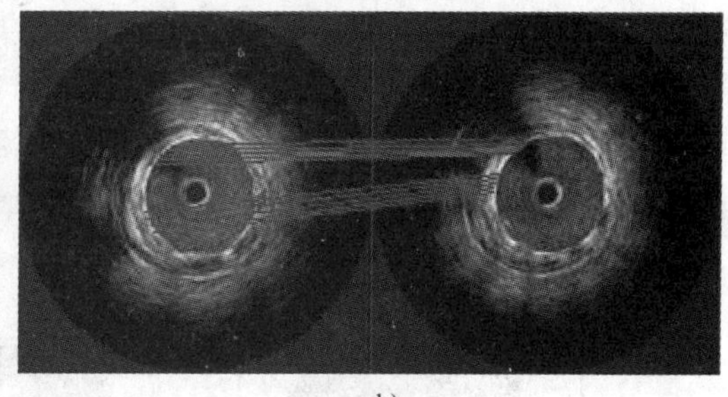
b)

图 3-66　IVUS 图像的配准结果
a）ICP 算法配准结果　b）TPS 配准结果

3）在 TPS 插值算法的配准过程中，对每一次迭代后的特征点集进行插值，将映射分解为刚性映射和非刚性映射，通过最小化弯曲能量，联合点集之间的变换矩阵以及映射参数最终实现点集之间的弹性配准；而 ICP 算法配准过程中，每次迭代时单纯地依据最小距离法则对特征点进行插值变换，缺乏对特征点弹性变换的考虑。

4）TPS 插值算法通过设置温度系数 T 控制对应关系，配准过程开始时 T 值较大，最小化能量公式中刚性映射部分比重较大，即配准过程更偏重于刚性映射；随着迭代过程的进行，T 值逐渐缩小，能量公式中弹性映射的比重加大，使得配准更加富有弹性；还可以通过控制 T 的变化速率控制配准的步长，与迭代次数进行权衡，最终达到精确的配准结果。

3.8　冠状动脉内超声图像序列中运动伪影的抑制

冠状动脉附着在心外膜表面上，随心脏有节律地运动，因此在进行冠状动脉内超声（Intracoronary Ultrasound，ICUS）成像的过程中，ICUS 图像序列中不可避免的会存在运动伪影，它是影响 ICUS 图像视觉效果的主要因素，给 ICUS 图像序列的准确定量分析（如测量腔径、截面积、容积等）、三维重建以及制定介入治疗方案和评价其效果带来很大困难。

3.8.1　ICUS 图像序列中运动伪影的产生机制和表现形式

心脏的周期性运动和冠脉管腔内搏动的血流会引起血管形态和位置的变化，以及血管腔相对于超声导管的侧向运动，且会导致位于导管顶端的超声传感器在血管腔的长轴方向上产生长达 5 mm 的纵向位移。此外，血压的变化还可能导致血管壁的膨胀/收缩，即血管的腔径在心动周期中亦呈现特征性变化。在这些因素的共同作用下，连续回撤超声导管采集的血管腔横断面超声图像序列的灰度特征存在周期性变化，因此 ICUS 图像序列中实际上隐含着心动周期的时相信息。同时，这种现象就是由心脏运动所致的运动伪影，其主要表现形式为帧间的错位，即横断面图像序列中相邻帧之间血管横截面的平移和旋转，如图 3-67a 所示；在沿管腔长轴方向的纵向视图中，血管壁边缘呈现锯齿形，如图 3-67b 所示。

运动伪影的产生机制如图 3-68 所示。假设对一段均匀直径的直血管段进行 IVUS 成像，在回撤超声导管的过程中，导管始终位于各帧断层图像的中心。若无运动伪像，且假设导管回撤路径与管腔轴线重合，则将各帧图像按照采集顺序依次排列得到的纵向视图中，血管壁的上下轮廓应近似为直线，如图 3-68a 所示。若血管处于周期性运动状态，则可能导致导管和管腔之间的相对运动。因而在回撤导管的过程中，采集到的各帧断层图像记录的并非血管的真实状态，在纵向视图中将出现“锯齿样”的血管壁上下轮廓，如图 3-68b 所示。这种伪像不仅会影响对血管腔和斑块形态的观察，同时也会给形态参数的准确测量和血管的三维重建带来很大困难。

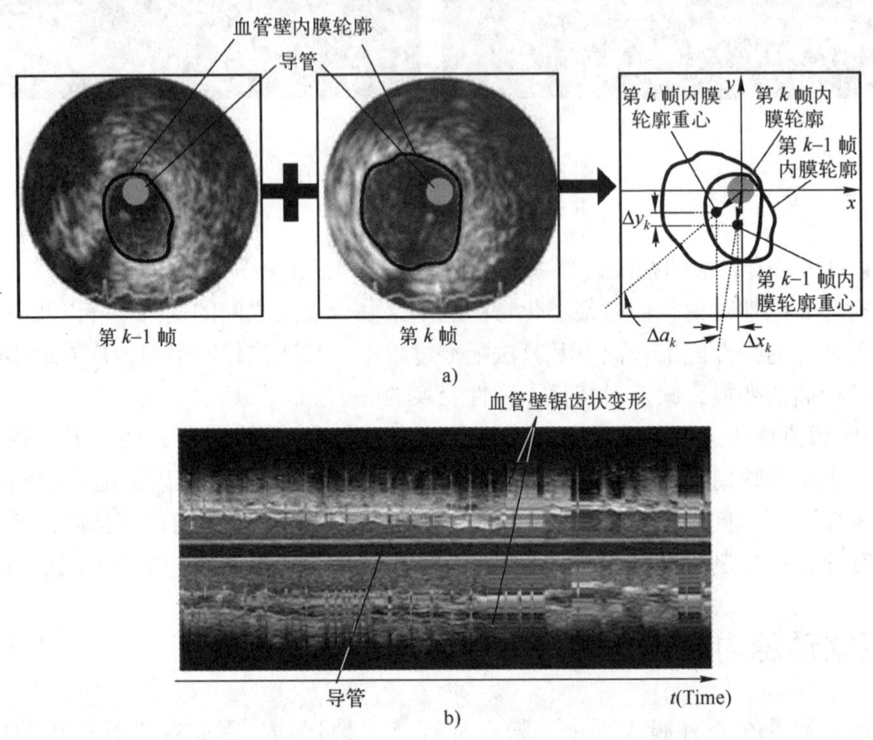

图 3-67　ICUS 图像序列中的运动伪影

a）横向视图[69]　b）纵向视图

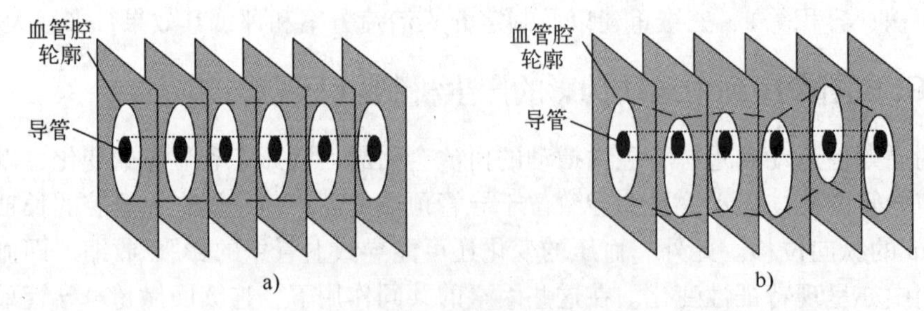

图 3-68　运动伪影产生机制

a）无运动伪影　b）有运动伪影

3.8.2　心电门控方法

心脏在机械收缩之前先有电激动，心脏的电激动产生动作电流。人体是一个很好的容积导体，心脏正是处在这一导体之中，可以将心脏的动作电流传到身体各部分。因此，在两个适当的体表部位放置电极板，用导线连接至心电图机，就可以产生描述心电活动的曲线，称为心动电流图，简称心电图（Electrocardiogram，ECG），反映了心脏激动的电学活动。

一个常规的心电波形由 P 波、QRS 波群和 T 波组成，如图 3-69 所示，它们的交替出现构成了整个心动周期，其中特征最显著的是 R 波。ECG 信号表现出的特性与心脏运动，心动周期的变化与心电活动相对应，心动周期可简单分为收缩期和舒张期。收缩期一般从 R 波的波峰开始，到 T 波末结束；舒张期一般从 T 波开始到 R 波的波峰结束。

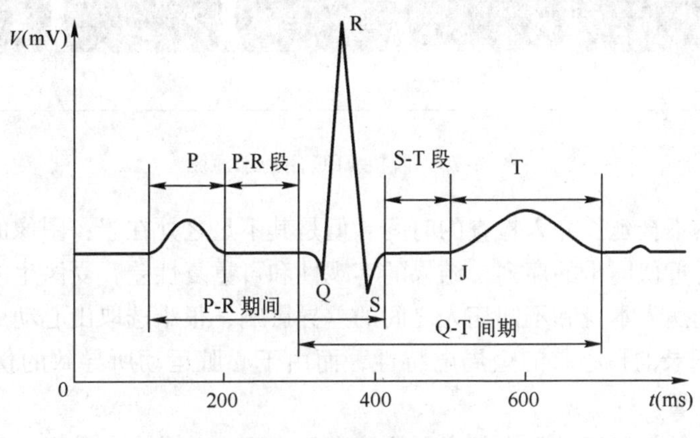

图 3-69　常规心电图波形

对于 ICUS 图像序列中由周期性心脏运动引起的运动伪影，可采用心电门控的方法减小其影响。目前，临床主要采用联机和脱机两种 ECG 门控方式。

（1）联机 ECG 门控

根据 ECG 信号只在每个心动周期中的相同相位处采集一帧图像。在 ECG 信号中，特征最显著的是 R 波，通常一个心脏周期指的是相邻两个 R 波之间的间隔。只要在相邻的 R 波之间选择一个合适的位置，就可以在每个心动周期中采集与此位置最为接近的图像。在每个心动周期中，心脏在对应于 R 波的点上大致都处于相同状态。因此一般采用心电 R 波门控，即回撤导管的电动机与心电门控装置相连，人体表心电信号经过传感放大后，进行 R 整形放大，然后将整形后的 R 波（方波）信号送入计算机接口电路，由 R 波的上升沿作为触发源启动图像采集装置。

这种方法通过只在每个心动周期的 R 波处采集图像，改善心脏运动所致的伪影，并能识别心动周期（R－R 间期）和心率。该方法原理简单，但是它的缺点在于：需要专门的 ECG 门控图像采集装置，而目前临床采用的多数 IVUS 成像系统不包含此功能；与连续回撤导管采集图像相比，这种方式需要更长的图像采集时间（每个心动周期只采集一帧），从而延长了介入检查的时间；门控时间点的选择没有统一标准，尤其对于心律失常的病人则更困难。

（2）脱机 ECG 门控

脱机 ECG 门控示意图如图 3-70 所示，不采用心电门控采集装置，而是匀速连续回撤超声导管采集覆盖多个心动周期的 ICUS 图像序列，同时记录 ECG 信号。待介入检查过程结束后，由医生将所得的 ICUS 图像和心电信号进行对照、分析，根据 ECG 信号从图像序列中选取出在各心动周期中的相同相位（一般是 R 波）处采集的一帧图像，组成门控后的序列。

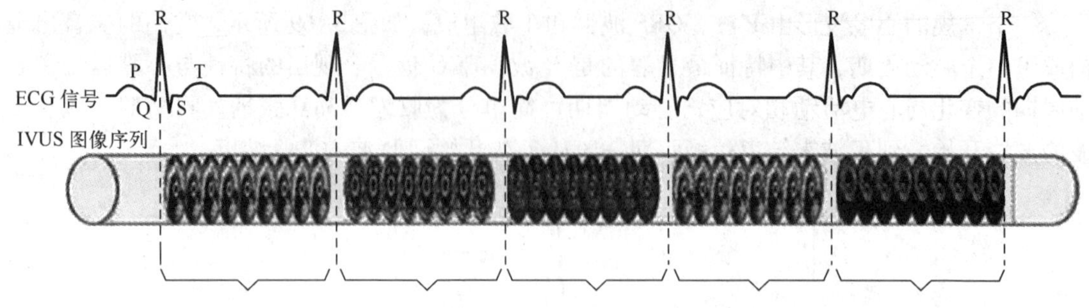

图 3-70　脱机 ECG 门控示意图

这种方式虽然不会延长介入检查的时间，但是其不足之处在于：图像的帧采样率是固定的，因此只能获得近似同步的序列；结果的客观性和可重复性差，受医生的临床经验和主观因素影响较大；受病人本身和不同病人之间的差异影响，很难选取出心动周期中的最佳采样时刻；ECG 信号记录的是心脏的全局电特性，而由于心脏运动所导致的伪影常取决于导管在管腔内的局部位置。

心电门控法能够抑制运动伪影的主要原因有两方面：一是在心脏运动到近似相同位置处采集图像，能够保证各帧图像之间具有更多的一致性。二是在心脏运动相对较慢时采集图像，可以减小运动伪影的产生。但是，该方法的缺点是较难选择最佳门控点，一般是凭医生的临床经验决定，当病人发生心律不齐等情况时，很难保证门控结果的精确性。

3.8.3　基于图像的回顾性脱机门控方法

考虑到 ECG 门控方法的缺点，可采用数字图像处理和分析技术，直接从连续回撤导管获取的 ICUS 图像序列中提取出隐含的心脏时相信息，然后根据该信息选择门控帧，即基于图像的回顾性脱机门控技术。该技术无需专用的门控图像采集装置，也无需利用心电信号，可解决没有同步记录 ECG 信号的 ICUS 图像序列的门控问题。

（1）方法概述

其示意图如图 3-71 所示，该技术包括以下步骤：首先，从图像序列中提取出反映心动周期的信号；然后，对该信号进行滤波，去除由非心脏运动因素引起的成分；最后，根据滤波之后的信号提取出特定心脏时相，并据此完成对门控帧的选择。选取门控帧的原则是：每个心动周期选择一帧；选择在每个心动周期（R－R 间期）的舒张末期采集的图像。

对于第三个步骤，目前各方法均采用信号的极值作为各心动周期的采样点。因此各方法之间的主要差别在于前两个步骤，即隐含心动周期信息信号的提取，以及进一步的滤波方法。

针对第一个步骤，目前主要有两类方法下面具体介绍：

1）分析图像序列中血管结构或管腔尺寸的变化，具体如下：

例如，Nadkarni 等[70]首先对各帧图像进行手动分割，提取出管腔和血管壁的轮廓线，然后通过计算各帧图像中管腔轮廓线所包围区域的面积，分析血管腔横截面积的变化，从 ICUS 序列中选择出在近似相同相位处采集的各帧图像。该方法的应用前提是需要对各帧图像进行准确的分割，而由于目前还没有一种全自动的、鲁棒的血管内超声图像分割方法，因而限制了其应用。Zhu 等[71]通过计算各帧图像中一个手动设定的圆形感兴趣区域内的图像灰度变化，来分析管腔尺寸的变化。Rosales 等[69]根据管腔轮廓的椭圆近似，计算相邻帧图像中管腔轮廓之间的旋转角和重心之间的位移。Barajas 等[72]在由原始射频信号重建图像的过程中，通过分析管壁边界的变化，提取反映心脏运动的信号。此类方法的应用前提是需要对各帧图像进行准确的分割，分析结果的精度很大程度上取决于图像分割的精度。

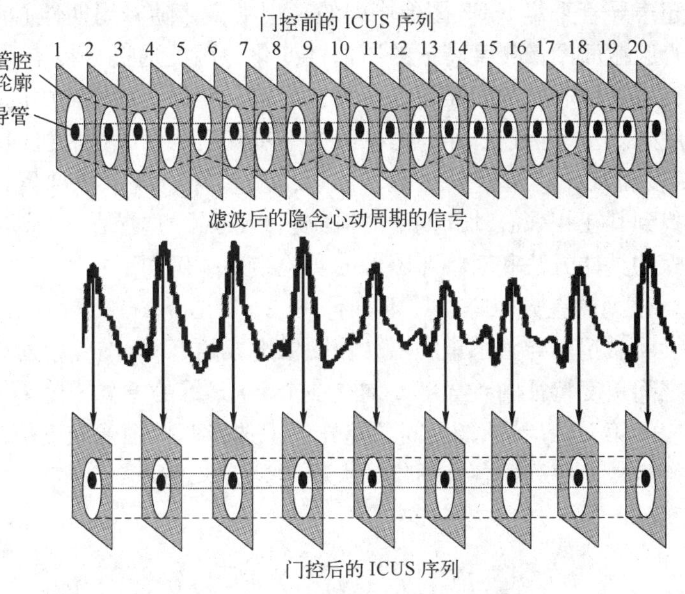

图 3-71　ICUS 图像序列的回顾性脱机门控示意图

2）分析图像灰度的变化情况，具体如下：

通过分析图像灰度变化，完成对心脏时相的提取或门控帧的选择，无须对图像进行预先的分割、特征提取和跟踪等高层次的图像分析。此类方法的关键是选择适当的相似度（或差异度）测量标准，衡量不同图像之间的相似度或差异度。目前的方法都是采用涉及图像中所有像素的全局相似性测量。例如，Winter 等[73]提出的“Intelligate”方法降低了应用前提，即无须对 ICUS 图像进行预先的分割、特征提取和跟踪等高层次的图像分析，而是将两帧图像灰度特征的归一化互相关（Normalized Cross - Correlation，NCC）作为对 ICUS 序列中各帧图像之间相似度的衡量，然后将对门控帧的选择问题转化为对序列中各帧的归类，从而搜索出在各心动周期的舒张末期采集的图像。Malley 等[74]采用文献［73］的衡量各帧图像差异度的方法，构建整个图像序列的差异矩阵，并通过分析差异矩阵的周期性结构，估计出病人心动周期长度的近似值，再通过在差异矩阵中搜索具有最小累积差异值的路径，寻找在各心动周期的心脏运动最慢点处采集的一帧图像，组成门控序列。其不足之处在于，当病人的心率发生变化时可能得到错误的结果。文献［75］和［76］对［74］的方法进行了改进，前者为了构建更为精确的差异矩阵，首先对每帧 ICUS 图像进行特征提取，得到其图像描述子，然后采用图像描述子之间的距离作为对两帧图像差异度的衡量。这种方法虽然提高了差异矩阵的精度，但同时也提高了方法的复杂度。后者保证了算法在病人的心率发生变化时也能得到满意的结果。此类方法的主要不足在于采用全局相似性度量的分析结果极易受到图像中的噪声、纹理变化和背景区域的影响。

第二个步骤的关键在于滤波器的设计。文献［70］、［71］和［72］分别采用 Butterworth、Gabor 和 Daubechies 滤波器来对反映心脏运动的信号进行滤波。文献［73］分别采用 Butterworth 和 Gabor 滤波器对信号进行滤波，并通过实验证明采用 Gabor 滤波器的滤波结果更满意。文献［77］探讨了带通滤波器的形状对采样精度的影响，并讨论了 Gauss 和 Butterworth 滤波器的性能。

（2）方法举例

在连续回撤超声导管采集 ICUS 图像序列的过程中，伴随着周期性心脏运动的管腔形状变化会导致各帧管腔截面图像灰度特征的周期性变化，因此通过分析不同帧 ICUS 图像之间的灰度变化规律，可获得心脏的时相信息，并选取出在相邻心动周期中的相同相位处采集的图像，组成新的序列。基于上述思路，可按照如下步骤完成回顾性脱机门控：首先，分析各帧 ICUS 图像的灰度特征，构造差异矩阵；然后，从差异矩阵中找到累计差异值最小的路径，从而为各帧找到其在相邻心动周期中的对应帧；最后，选择在各心动周期的舒张末期采集的图像。各步骤的具体方法和对临床图像的实验结果举例如下：

1）构造 ICUS 序列的差异矩阵，具体如下：

对于匀速连续回撤超声导管采集的由 n 帧图像组成的 ICUS 图像序列 $\{I_1, I_2, ..., I_n\}$，首先分析各帧图像之间灰度特征的差异度，构造一个 $n \times n$ 维的差异矩阵 $\boldsymbol{D} = (d_{i,j})(i,j = 1,2,..,n)$，其中 $d_{i,j}$ 表示第 i 和 j 帧图像之间的差异值。选择两帧图像灰度值的归一化互相关作为对其差异度的衡量。设序列中各帧图像的大小均为 $M \times N$ 像素，对于 I_i 和 $I_j(i,j = 1,2,..,n)$，差异度 $d_{i,j}$ 定义如下：

$$d_{i,j} = 1 - \frac{\sum_{x=0}^{N_1-1}\sum_{y=0}^{N_2-1} |I_i(x,y) - \mu_i| \cdot |I_j(x,y) - \mu_j|}{\sqrt{\left[\sum_{x=0}^{N_1-1}\sum_{y=0}^{N_2-1}[I_i(x,y) - \mu_i]^2\right]\left[\sum_{x=0}^{N_1-1}\sum_{y=0}^{N_2-1}[I_j(x,y) - \mu_j]^2\right]}} \tag{3-67}$$

式中，μ_i 和 μ_j 分别是 I_i 和 I_j 的平均灰度值。$d_{i,j}$越大，则 I_i 和 I_j 的差异越大。如此构成的差异矩阵具有如下特点：所有元素均为非负值，即 $d_{i,j} \in [0,1]$；主对角线上的所有元素都是 0，即 $d_{i,i} = 0$；矩阵关于主对角线对称，即 $d_{i,j} = d_{j,i}$。

将 $\boldsymbol{D}$ 中的每个元素 $d_{i,j}$ 用灰度值为 $255 \cdot d_{i,j}$ 的像素点来表示可得到一幅 $n \times n$ 像素的灰度图像，其中像素越亮则表示对应的两帧图像的差异越大，反之则越小。图 3-72 是一个由 248 f 组成的 ICUS 灰阶图像序列的差异矩阵，可以看出该矩阵具有明显的周期性结构，这是由于心脏的周期性运动所造成的 ICUS 图像内容的变化比其他因素引起的变化（包括血管本身的几何形态、搏动的血流引起的血管壁变形等）要快得多。

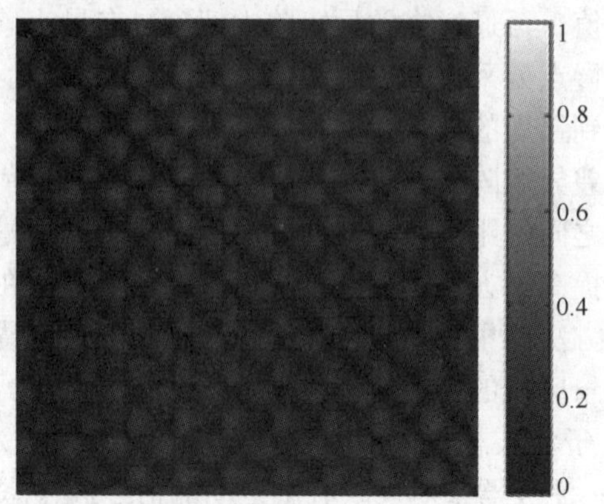

图 3-72　包含 248 f 图像的 ICUS 图像序列的差异矩阵

2）确定相邻心动周期中的对应帧，具体如下：

由于在相邻心动周期的近似相同相位处采集的图像应十分相似，它们之间的差异度也应呈现局部最小值。因此，通过在差异矩阵中寻找一条累计差异度最小的最优路径，可为ICUS序列中的各帧图像找到其在相邻心动周期中的对应帧。

为了找到满足要求的最优路径，首先须解决以下两个问题：确定最优路径的起点和确定搜索范围。第一个问题即确定序列的首帧 I_1 与第二个心动周期中的第几帧是对应帧。差异矩阵 D 中第一行的各元素 $\{d_{1,1},d_{1,2},d_{1,3},\ldots,d_{1,n}\}$ 表示 I_1 与序列中各帧之间的差异度，且 $d_{1,1}=0$。曲线 $d_{1,i}\sim i, i=1,2,\ldots,n$ 具有近似周期性的形状，各个谷点（局部极小值）所对应的 i 值间距近似相等，这是由心脏的周期性运动所造成的。随着 i 的增大，各局部极小值呈递增的趋势。也就是说，随着导管的回撤，在后续心动周期的相同相位处采集的图像与 I_1 的差别将越来越大。图3-73是对图3-72中的差异矩阵计算出的 $d_{1,i}\sim i$ 曲线，显然第一个谷点（也是该曲线除 $d_{1,1}=0$ 之外的全局最小值）所对应的 i 值就是第二个心动周期中与 I_1 相对应的帧的序号，记为 F。那么最优路径的起点即为 $d_{1,F}$。由图3-73可知，$F=25$ f，表示该序列中第1和25 f是在相邻心动周期的相同相位处采集的。

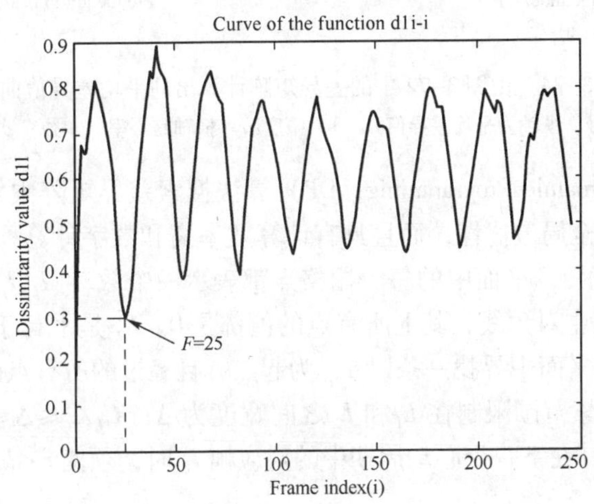

图3-73　由图3-72中的差异矩阵计算出的 $d_{1,i}\sim i$ 曲线

第二个问题即确定相邻心动周期的对应帧之间，其序号之差的范围。由于在采集图像的过程中，是以匀速回撤超声导管，且图像的帧采样率也是固定的，因此在病人心率恒定的情况下，相邻心动周期中对应帧序号之差应等于以帧为单位的心动周期的长度。但是，考虑到病人心率可能发生变化的情形，可首先估计以帧为单位的心动周期长度的近似值 C_C；然后，对于ICUS序列中的各帧，将对其在相邻心动周期中对应帧的搜索范围 Δ 设定为 $C_C/2\leqslant\Delta\leqslant 2C_C$。

ICUS序列中间隔为 if 的两帧图像 I_m 和 $I_{m+i}(m=1,2,\cdots,n-i)$ 的平均差异度值 $\overline{D}(i)$ 如下：

$$\overline{D}(i)=\frac{1}{n-i}\sum_{m=1}^{n-i}d_{m,m+i} \tag{3-68}$$

得到函数 $\overline{D}(i)\sim i, i=0,1,2,\ldots,n-1$，且 $\overline{D}(0)=0$。图3-74a是对图3-72中的差异矩阵计

算出的$\overline{D}(i) \sim i$曲线，与曲线$d_{1,i} \sim i$类似，该曲线同样具有近似周期性的形状，且心率的近似值R（单位：次/min）应等于该曲线的重复频率。若图像采集速率为30 f/s，则心动周期长度的近似值$C_C=(60\times30)/R$（f）。由图3-73b可知，$R=65$（次/min），则$C_C\approx27$（f）。

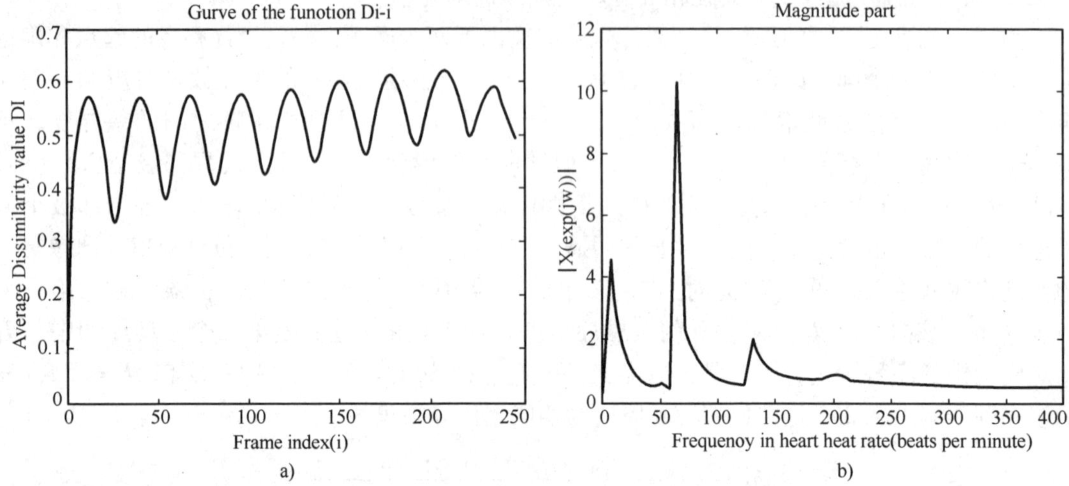

图3-74　由图3-72中的差异矩阵计算出的平均差异值曲线

a）时域波形（横轴为帧序号，纵轴为平均差异值）　b）幅度谱（横轴是心率（单位：次/分钟），纵轴是频谱幅度）

采用动态规划（Dynamic Programming，DP）算法搜索差异矩阵中累计差异度最小的最优路径，不仅可保证解的全局最优性，而且具有计算效率高和数字计算稳定的优点。图3-75是$n\times n$维的差异矩阵示意图，平面中的每个栅格点都表示一个数对$[I_i,I_j]$，对应两帧图像I_i和I_j，差异值为$d_{i,j}$。L_1是主对角线，其上所有点的值都是0。L_2是平行于L_1并且与其水平距离为Δ的直线。需要在该平面中寻找一条以$d_{1,F}$为起点、且经过的所有点的差异度累计值最小的路径。如前所述，将搜索范围限制在L_1和L_2之间宽度为Δ（$C_C/2\leqslant\Delta\leqslant2C_C$）的条带区域内，即对于第$r$帧$I_r$，寻找其在下一个心动周期中的对应帧$I_k$时，须使$r<k\leqslant r+\Delta$。具体搜索步骤如下：

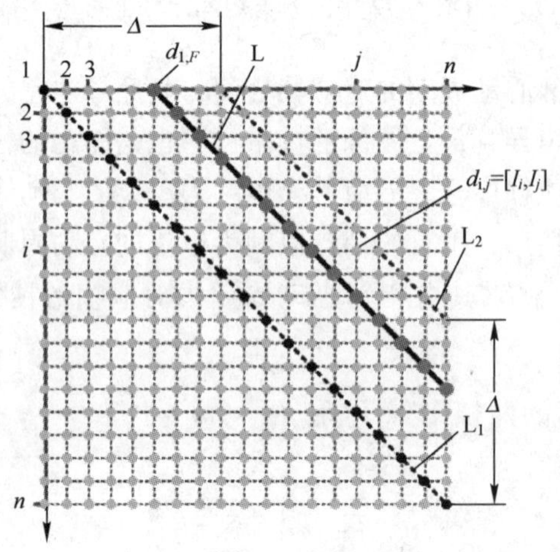

图3-75　$n\times n$维差异矩阵示意图

在第 r 步（$r \geqslant 3$）中，确定终点为$[I_r, I_k](r<k \leqslant r+\Delta)$、具有最小累计差异值的路径。方法是连接该点与前一步中的各点$[I_{r-1}, I_l]$（$r-1<l \leqslant r-1+\Delta$），计算出各条路径的累计差异值，并选择出具有最小累计差异值的路径。令 $c(r,k,r-1,l)$为连接点$[I_r,I_k]$和$[I_{r-1},I_l]$的路径的累计差异值，其公式如下：

$$c(r,k,r-1,l)=d_{r,k}+d_{r-1,l} \tag{3-69}$$

$C(r,k)$是终点为$[I_r,I_k]$的路径的最小累计差异值。将 $c(r,k,r-1,l)$加在 $C(r-1,l)$上，得到累计差异值 $Q(r,k,r-1,l)$。对于步骤 r 中的每个节点$[I_r,I_k](r<k \leqslant r+\Delta)$，共有 Δ 个累计差异值。$C(r,k)$定义如下：

$$C(r,k)=\min_{l=r-1}^{r-1+\Delta}\{Q(r,k,r-1,l)\}=\min_{l=r-1}^{r-1+\Delta}\{C(r-1,l)+c(r,k,r-1,l)\} \tag{3-70}$$

式中，$C(2,l)=d_{2,l}+d_{1,F}$；$l=3,4,\cdots,2+\Delta$。产生 $C(r,k)$的节点$[I_{r-1},I_{u(r-1)}]$成为$[I_r,I_k]$的前趋，这样属于终点为$[I_r,I_k]$的、具有最小累计差异值的路径的全部节点就是$\{[I_1,I_F],[I_2,I_{u(2)}],...,[I_r,I_k]\}$。重复上述过程，直到 $r=n-\Delta$ 时得到的具有最小累计差异值的路径也就是整个问题的最优路径$\{[I_1,I_F],[I_2,I_{u(2)}],...,[I_{n-\Delta},I_{u(n-\Delta)}]\}$，在图 3-74 中用 L 表示，它表示 ICUS 序列中，第 1 帧与第 F 帧、第 2 帧与第 $u(2)$帧、…、第 $n-\Delta$ 帧与第 $u(n-\Delta)$帧是对应帧，其中 $u(\cdot)$是匹配函数。

为了减少计算量，还可对搜索过程附加约束条件，例如：唯一性约束，$\forall \boldsymbol{r}, \exists \boldsymbol{k} \mid I_r \to I_k$，保证只考虑各帧在相邻心动周期中的最佳对应帧；单调性约束，如果 $I_r \to I_k$ 并且 $I_{r+1} \to I_{k'}$，那么 $k'>k$，限制可能解的搜索空间，避免“多对一”，即一帧与其相邻心动周期中的多帧相对应。

3）选择在舒张末期采集的图像，具体如下：

目前临床采用的 ECG 门控图像采集方法通常采用 R 波作为门控帧的标志，由于心脏在 R 波出现时处于一个心动周期中运动最缓慢的阶段，因此为了得到与 ECG 门控相似的结果序列，还需在最优路径 L 上找到表示在相邻心动周期的心脏运动最慢点处采集的图像对的点。若最优路径 L 经过 $d_{i,j}$，则表示心脏在 i 和 j 两个时刻处于近似相同的状态，差异矩阵在点(i,j)呈现局部最小值；若第 i 和 j 帧同时又是在心脏运动最慢点采集的，那么在过点(i,j)、垂直于主对角线的方向上还应存在差异值很小的点。

首先采用 45°高斯模板对差异矩阵进行滤波，强化具有上述特点的结构，得到滤波之后的差异矩阵 $\boldsymbol{D}'$。然后，在 $\boldsymbol{D}'$中，找到路径 L 上的最大值点(p_0, q_0)（在图 3-76 中用“★”表示），它表示第 p_0 和 q_0 帧是在相邻心动周期的心脏运动最慢点处采集的。以该点为起点，在 L 上找到表示其他对应帧的点，包括向下和向上搜索两个阶段，流程如图 3-77 所示，其中步骤 2 中的交点(q_i,j)和(j,p_i)在图 3-76 中都用“▲”表示。

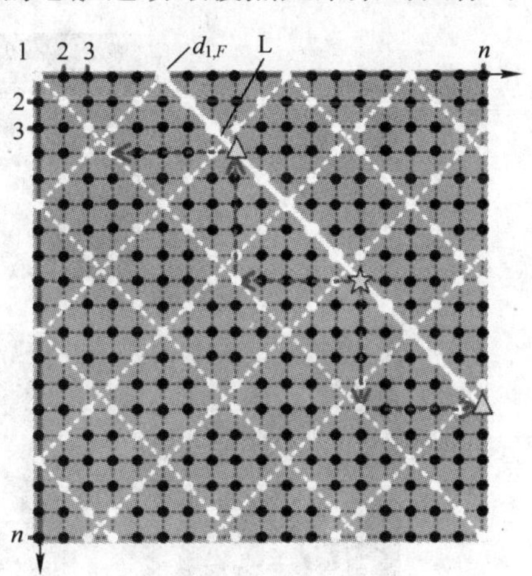

图 3-76　在滤波后的差异矩阵中搜索在舒张末期采集的各对应帧

临床采集的 ICUS 图像序列的门控结果如图 3-78 所示，从图中可以直观地看出，脱机门控序列较 ECG 门控结果更为平滑。

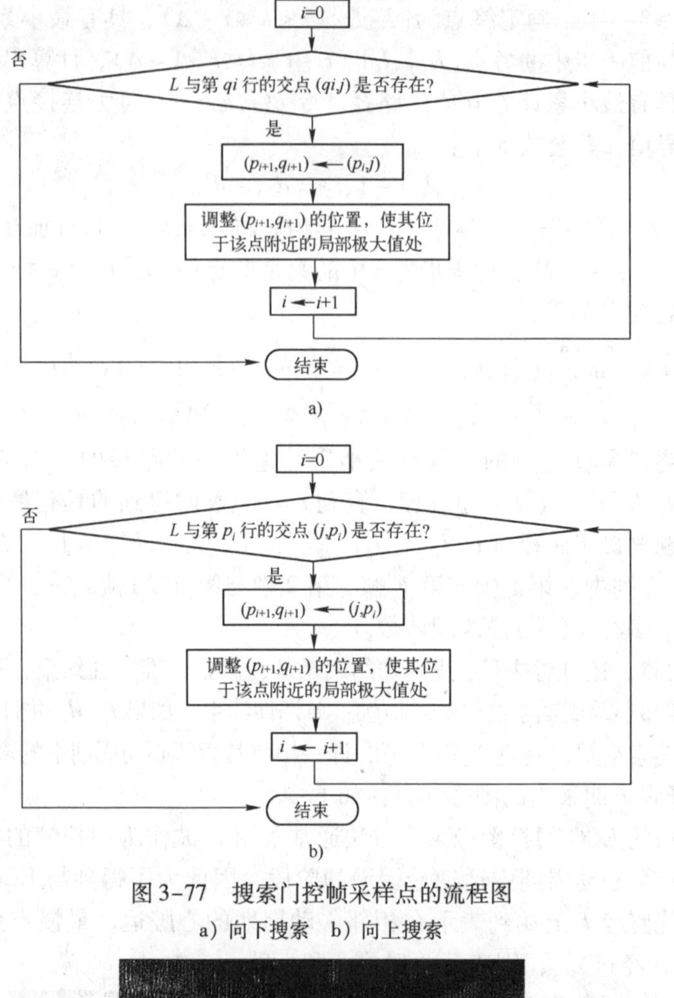

图 3-77　搜索门控帧采样点的流程图

a）向下搜索　b）向上搜索

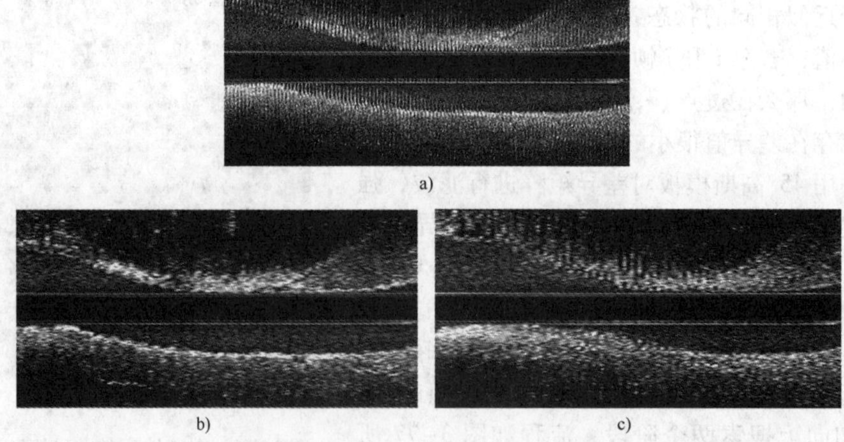

图 3-78　ICUS 序列的门控结果

a）原始 ICUS 序列纵向视图　b）基于图像的脱机门控结果　c）离线 ECG 门控结果

上述回顾性脱机门控方法不需要专门的心电门控图像采集装置，也无需利用 ECG 信号，同时亦无需操作者的手动参与，因而结果的客观性和可重复性高。由于采用了动态规划等高效算法，还可保证较低的运算量和较高的运算效率。

3.8.4 直接抑制运动伪影的方法

基于图像的回顾性脱机门控方法虽然可以避免 ECG 门控方法的缺点，但是在获得的门控序列中，各帧可能在 R－R 间期的任意位置获取，同时当病人的心率发生变化时，也可能得到错误的结果。同时由于每个心动周期只选择一帧，需要抛弃大量帧，因而可能会丢失很多有诊断价值的信息。

目前，对非门控 IVUS 图像序列直接进行运动估计的方法包括光流法（Optical Flow，OF）和块匹配法（Block Matching，BM）。此类方法既不需要门控图像采集装置，无需记录 ECG 信号，也不需要抛弃有用帧，可保证图像数据集合的完整性。但是光流法的估计结果极易受到血流随机运动的干扰，且对噪声十分敏感；块匹配法需要明显的标志物（例如钙化，血管分叉等），而此类标志并非在每帧中都存在。

在综合分析 ICUS 图像序列中由周期性心脏运动所致运动伪影的产生机制和表现形式的基础上，可对覆盖多个心动周期的非门控 IVUS 图像序列直接进行运动伪影的定量估计和补偿，改善 ICUS 纵向视图的视觉效果，提高对 ICUS 图像的定量分析和三维重建等的精度。该技术无需利用 ECG 信号，也不需要抛弃任何一帧图像，在抑制运动伪影的同时可保证图像数据集合的完整性。下面介绍方法的主要步骤。

首先，提取各帧图像中的血管壁内膜轮廓，并定量估计相邻帧间的血管横断面刚性运动参数，如图 3-79 所示。相邻帧血管横截面之间的平移和旋转可分别用管腔边界曲线重心的位移和边界曲线之间的旋转角来表示。在图 3-79 中，假设相邻两帧中的管腔边界曲线分别为 γ_1 和 γ_2，其重心分别为 $C_1(x_{c1},y_{c1})$ 和 $C_2(x_{c2},y_{c2})$，γ_1 和 γ_2 之间的位移为 $(\Delta x,\Delta y)=(x_{c2}-x_{c1},y_{c2}-y_{c1})$，$\gamma_1$ 和 γ_2 之间的旋转角为 $\Delta\alpha$，旋转中心为导管 (x_0,y_0)，即：

$$\begin{bmatrix} x_2 \\ y_2 \end{bmatrix} = \begin{bmatrix} \cos\Delta\alpha & \sin\Delta\alpha \\ -\sin\Delta\alpha & \cos\Delta \end{bmatrix} \begin{bmatrix} x_1+\Delta \\ y_1+\Delta y \end{bmatrix} \tag{3-71}$$

其中

$$\Delta\alpha = \arctan(y_{c2}/x_{c2}) - \arctan(y_{c1}/x_{c1}) \tag{3-72}$$

ICUS 断层图像序列中相邻切片之间管腔横截面重心的位移和空间方向的改变主要由运动和几何两方面的因素造成：运动因素即外部因素，指由周期性心脏运动和搏动的血流造成的超声导管相对于管腔的运动和血管形态的变化；几何因素即内部因素，指血管腔本身不规则的几何形状。因此，管腔边界曲线重心的位移 $(\Delta x,\Delta y)$ 和边界曲线之间的旋转角 $\Delta\alpha$ 分别由如下两部分组成：

$$\begin{cases} \Delta x = \Delta x_{\mathrm{d}} + \Delta x_{\mathrm{g}} \\ \Delta y = \Delta y_{\mathrm{d}} + \Delta y_{\mathrm{g}} \\ \Delta\alpha = \Delta\alpha_{\mathrm{d}} + \Delta\alpha_{\mathrm{g}} \end{cases} \tag{3-73}$$

其中，脚标 d 和 g 分别表示运动分量和几何分量。

对于图像序列中的各相邻帧，例如第 $k-1$ 和 k 帧（$k=2，3，\cdots，M$，M 是图像序列的总帧数），计算血管内腔边界曲线的几何中心作为对其重心的近似，并计算出重心之间的刚性运动参数 $\{\Delta x_k \mid k=2,3,...,M\}$、$\{\Delta y_k \mid k=2,3,...,M\}$ 和 $\{\Delta\alpha_k \mid k=2,3,...,M\}$。由于由血管本身的不规则几何形状所引起的相邻帧之间管腔横截面空间方向和重心位置的变

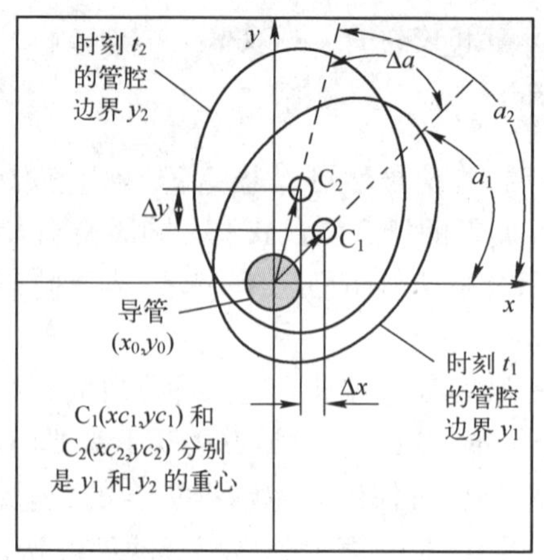

图 3-79　相邻帧血管内超声图像的血管壁刚性运动参数示意图

化速度，远小于由周期性心脏运动所致的变化速度，因此在刚性运动参数的高频分量对应于运动分量($\Delta x_{k,d}$，$\Delta y_{k,d}$，$\Delta\alpha_{k,d}$)，且其变化频率应等于心率，而低频分量对应于几何分量($\Delta x_{k,g}$，$\Delta y_{k,g}$，$\Delta\alpha_{k,g}$)。分别对$\{\Delta x_k \mid k=2, 3, ..., M\}$、$\{\Delta y_k \mid k=2, 3, ..., M\}$和$\{\Delta\alpha_k \mid k=2, 3, ..., M\}$进行高通滤波，则滤波器的输出即是运动分量($\Delta x_{k,d}$，$\Delta y_{k,d}$，$\Delta\alpha_{k,d}$)的估计值。高通滤波器的通带截止频率设定为病人的心率值。

最后，对于第 k 帧图像 $I_k(x, y)(k=2, 3, \cdots, M)$，将其血管区域（血管壁中－外膜轮廓和管腔轮廓之间的区域）内各像素的坐标（基于以导管中心为坐标原点的坐标系）先平移$\left(-\sum_{i=2}^{k}\Delta x_{i,d}, -\sum_{i=2}^{k}\Delta y_{i,d}\right)$,再旋转 $-\sum_{i=2}^{k}\Delta\alpha_{i,d}$，即得到消除刚性运动伪影后的图像 I'_k（x'，y'）：

$$[x' \quad y'] = \begin{bmatrix} \cos\left(-\sum_{i=2}^{k}\Delta\alpha_{i,d}\right) & \sin\left(-\sum_{i=2}^{k}\Delta\alpha_{i,d}\right) \\ -\sin\left(-\sum_{i=2}^{k}\Delta\alpha_{i,d}\right) & \cos\left(-\sum_{i=2}^{k}\Delta\alpha_{i,d}\right) \end{bmatrix} \begin{pmatrix} x-\sum_{i=2}^{k}\Delta x_{i,d} \\ y-\sum_{i=2}^{k}\Delta y_{i,d} \end{pmatrix} \tag{3-74}$$

图 3-80 和图 3-81 分别是对 62 帧和 80 帧临床图像序列补偿运动伪影前后的横向视图（血管腔边界曲线）及纵向视图。可以看出，完成抑制运动伪影后的横截面视图中相邻帧管腔轮廓之间的扭动大大减小，在纵向视图中体现为外膜轮廓的锯齿形边缘变的相对平滑。

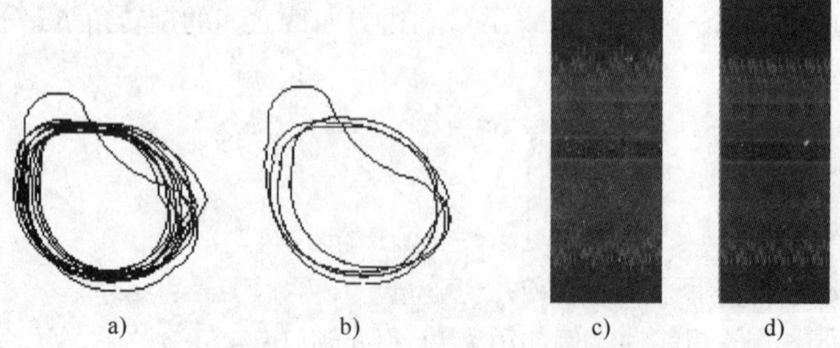

图 3-80　62 帧临床图像实验结果

a）补偿前横向视图中的管腔边界　b）补偿后横向视图中的管腔边界　c）补偿前的纵向视图　d）补偿后的纵向视图

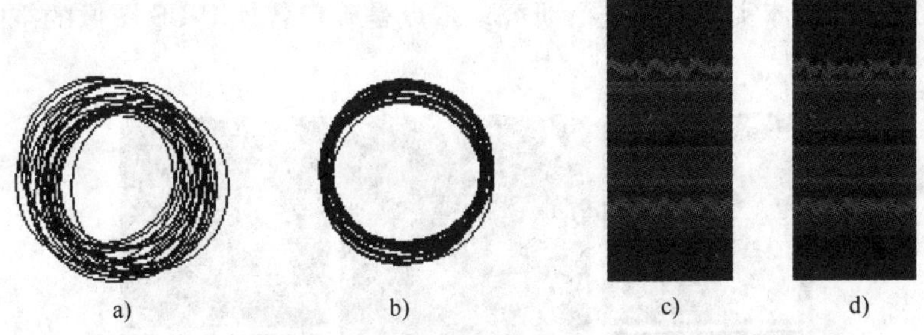

图 3-81　80 帧临床图像实验结果

a）补偿前横向视图中的管腔边界　b）补偿后横向视图中的管腔边界　c）补偿前的纵向视图　d）补偿后的纵向视图

3.9　三维重建

早期的血管三维重建方法是把一系列的 IVUS 图像按照采集顺序等间距叠加起来形成三维直血管段，如图 3-82 所示，不考虑血管本身的弯曲和扭曲、超声导管在回撤过程中的扭曲和滑动所造成的图像旋转和信息丢失，以及由于心脏运动所导致的运动伪影等。由于 IVUS 本身不能提供每一帧切片图像的空间信息（如轴向位置和空间方向，采集点处导管的曲率和挠率等）和定位导管回撤路径，因而此类方法往往将弯曲的血管重建成直的血管，其结果是不准确的。

图 3-82　早期的血管三维重建方法

由于在进行 IVUS 检查的过程中，X 射线血管造影和 IVUS 分别同步显示导管探头在管腔内的部位和相应血管壁的结构形态，因而可采用一对近似正交的造影图像对导管的回撤路径进行精确定位，将由造影图像获得的超声导管和管腔长轴方向的三维几何信息与由 IVUS 图像获得的管腔横截面信息相融合后三维重建血管，充分发挥两种成像手段的优势，克服分别独立采用二者重建血管时的不足，如图 3-83 所示。

该领域的研究开始于 20 世纪 90 年代中后期[80]，流程图如图 3-84 所示，基本思路是在完成 ECG 门控的 IVUS 和 CAG 图像采集后，首先分别对原始造影和 IVUS 图像进行增强、去噪、畸变校正以及二维分割等预处理，然后从双面造影图像中三维重建出目标血管的中心线或导管回撤路径。之后，确定各帧 IVUS 图像沿血管中心线或导管路径的轴向位置和空间方向。最后，采用曲面拟合技术和表面绘制技术完成整段血管的重建。目前国内外各研究组主要对上述基本思路的具体实现方法进行研究，重点是确定各帧 IVUS 图像的空间方位，文献［81－89］是代表性方法。

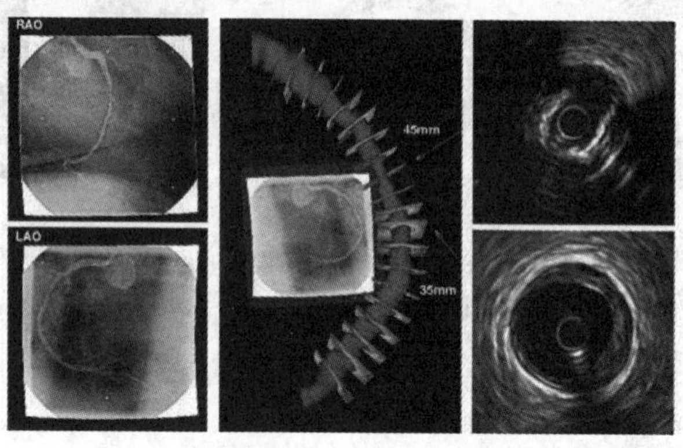

图 3-83　基于血管造影和 IVUS 图像融合的重建结果[79]

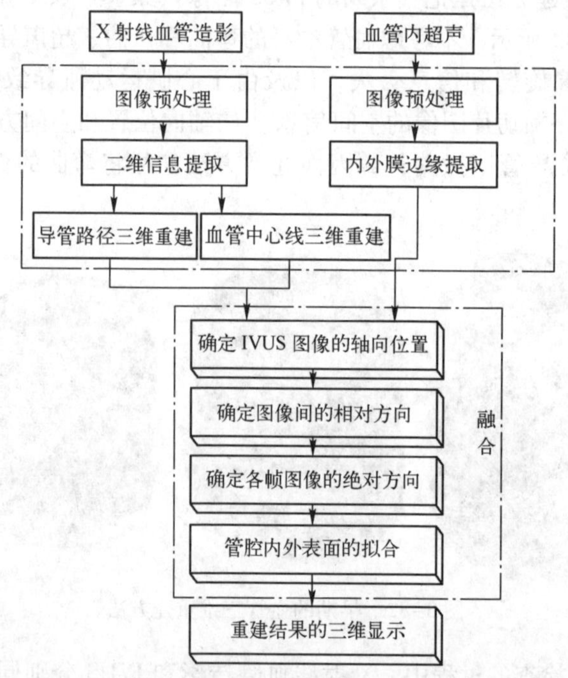

图 3-84　基于 IVUS 和 CAG 图像融合的血管三维重建流程图

对于冠状动脉内超声图像序列，若只重建某一个时相（通常是舒张末期）的血管，则由于研究冠脉血管组织的生物力学特性、分析血管壁受到的由搏动血流引入的应力应变分布情况、建立血管弹性图等，都需要分析动脉血管在心动周期中不同时刻的变形，而限制了血管内超声在这些方面的应用。利用同步采集的、覆盖多个心动周期的冠状动脉内超声图像序列和一对近似正交的血管造影图像序列对靶血管段进行动态三维（四维，即三维＋时间）重建[79]，再现冠状动脉血管（包含可能存在的斑块）在心动周期中各时相的真实形态，是未来的主要发展方向。

对重建结果精度的定量评价也是需要解决的关键问题，目前一般采用仿体实验或动物

（如猪）心脏的体外实验，但是制做可真实模拟人体搏动状态下的血管仿体是非常困难的，动物体外实验同样存在不能模拟搏动的动脉血管的问题。

3.9.1 X 射线造影图像中导管路径的三维重建

如 2.5 节所述，根据两幅近似垂直的 CAG 图像之间的几何变换关系，可以三维重建出超声导管的回撤路径。或者采用“自顶向下”的方法，运用 snake 模型技术，表示导管的 snake 曲线在约束力的作用下直接在三维空间中变形，如图 3-85 所示。

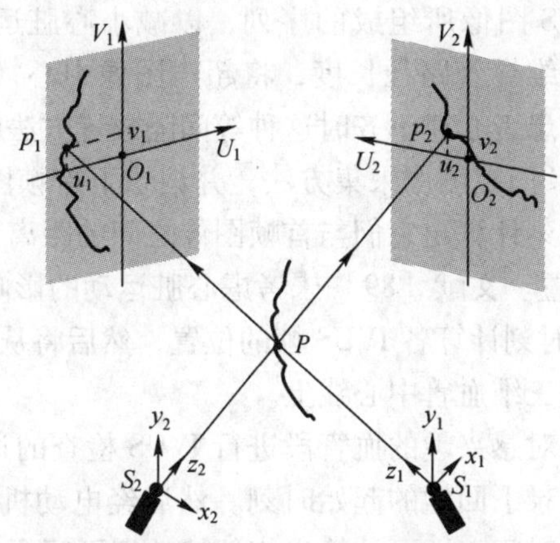

图 3-85 导管 snake 曲线在约束力的作用下直接在三维空间中变形

snake 模型的初始位置采用手动取点获得，即在导管路径的一个投影上手动选取若干采样点，然后根据外极约束得到这些点在另一角度投影上的对应点。由这几组对应点分别求出它们的三维坐标，用直线段连接这些三维点，所得折线作为 snake 模型的初始位置。采用三次 B 样条曲线作为 snake 模型的表示方式，将曲线离散化为 N 个点 $c_i(x_i, y_i, z_i)(i=1, 2, \cdots, N)$，模型能量函数的离散表达式如下：

$$E = \sum_{i=1}^{N} [E_{\text{int}}(i) + E_{\text{ext}}(i)] \tag{3-75}$$

内部能量 E_{int} 保证变形过程中曲线的连续和光滑，公式如下：

$$E_{\text{int}}(i) = (\bar{d} - |c_i - c_{i-1}|) + |c_{i-1} - 2c_i + c_{i+1}| \tag{3-76}$$

外部能量函数 E_{ext} 是保证模型收敛的外部力，保证曲线在左右成像平面上的投影位于相应的导管投影，其公式如下：

$$E_{\text{ext}} = [I_{\text{L}}(\boldsymbol{T}_{\text{L}}(\boldsymbol{c}_i)) + I_{\text{R}}(\boldsymbol{T}_{\text{R}}(\boldsymbol{c}_i))] + [|\nabla I_{\text{L}}(\boldsymbol{T}_{\text{L}}(\boldsymbol{c}_i))| + |\nabla I_{\text{R}}(\boldsymbol{T}_{\text{R}}(\boldsymbol{c}_i))|] \tag{3-77}$$

式中，$I_{\text{L}}(\boldsymbol{T}_{\text{L}}(c_i)) = I_{\text{L}}(u_{1i}, v_{1i})$ 和 $I_{\text{R}}(\boldsymbol{T}_{\text{R}}(c_i)) = I_{\text{R}}(u_{2i}, v_{2i})$ 分别是左右图像点的灰度值；$\nabla I_{\text{L}}(\boldsymbol{T}_{\text{L}}(\boldsymbol{c}_i)) = \nabla I_{\text{L}}(u_{1i}, v_{1i})$ 和 $\nabla I_{\text{R}}(\boldsymbol{T}_{\text{R}}(\boldsymbol{c}_i)) = \nabla I_{\text{R}}(u_{2i}, v_{2i})$ 分别是左右图像点的灰度梯度。$\boldsymbol{T}_{\text{L}}$ 和 $\boldsymbol{T}_{\text{R}}$ 都是以 c 为自变量的函数，根据透视投影几何关系和 CAG 系统几何变换矩阵可知，空间点在两个成像平面上的投影点坐标 (u_1, v_1) 和 (u_2, v_2) 都可用该点的三维坐标 $\boldsymbol{c} = (x_1, y_1, z_1)$ 表示，具体如下：

$$\begin{cases} [u_1 \quad v_1]^{\text{T}} = \boldsymbol{T}_{\text{L}}(\boldsymbol{c}) \\ [u_2 \quad v_2]^{T} = \boldsymbol{T}_{\text{R}}(\boldsymbol{c}) \end{cases} \tag{3-78}$$

在使能量函数最小化的过程中，snake 曲线在内外力的共同作用下不断变形，最终停留在能量函数取得最小值的位置，即为三维导管路径。

3.9.2 确定各帧 IVUS 图像的轴向位置

将 IVUS 切片映射到三维导管回撤路径的正确位置处，即确定各帧超声图像的三维轴向位置，主要依据由造影图像中三维重建出的导管回撤路径以及导管回撤的方式和速度。例如，文献［87］采用在 ECG 门控下的基于鞘管的导管恒速回撤方式，得到由在各心动周期的心脏舒张末期采集的 IVUS 图像所组成的序列，以减小心脏运动和呼吸所造成的运动伪影，提高重建精度。依据三维导管路径长度，将超声图像中心（即导管中心）等间隔垂直映射到导管路径上。但是当患者心律不齐时这种等间隔放置方法就存在较大偏差。此后，文献［88］也采用类似的 ECG 门控图像采集方法，并记录下首帧图像的采集时刻，然后依据各后续帧超声图像的采集时刻计算出它们与首帧图像之间的距离，从而得到沿超声导管路径排列的各 IVUS 帧的轴向位置。文献［89］未考虑心脏运动的影响，而是根据导管的回撤速度和各帧 IVUS 图像的采集时刻计算各 IVUS 帧的位置，然后将从 IVUS 图像中分割出的内腔轮廓质心垂直映射到相应的三维血管中心线上。

目前常用的方法是，在对感兴趣的血管段进行 IVUS 检查的过程中，将超声导管插入管腔内之后，推送至远端，记录下回撤的起始时刻。然后经电动机驱动匀速连续地拉出导管，根据采集每帧图像时经过的时间，即可计算出相邻帧的切面间距，从而确定导管路径上各帧图像的采集点。在回撤过程中，超声导管始终位于各帧截面图像的中心，并且截面图像应垂直于导管回撤路径，如图 3-86a 所示，设 $c(s)\,(0\leqslant s\leqslant 1)$ 是表示三维导管路径的 B 样条曲线，为了沿 $c(s)$ 准确排列各帧 IVUS 图像，计算 $c(s)$ 上各帧图像采集点处的单位切矢量 $t=c'(s)/|c'(s)|$，在沿导管路径按照采集顺序依次排列各帧 IVUS 图像时，令各帧图像平面垂直于其采集点处的单位切矢即可，如图 3-86b 所示。

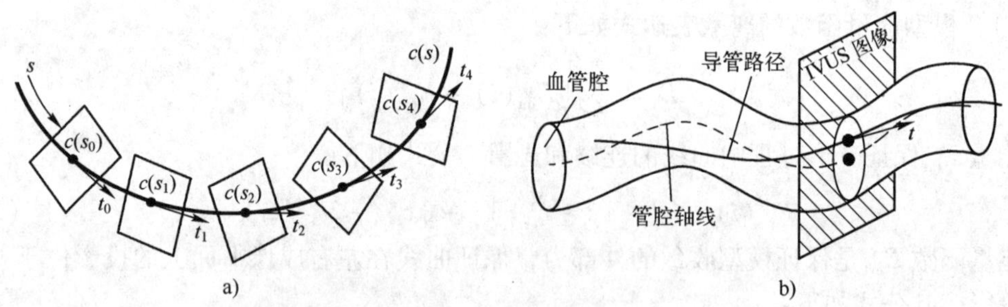

图 3-86　IVUS 图像的轴向位置示意图

a）回撤路径上各帧图像采集点处的单位切矢　b）超声图像平面垂直于其采集点处的单位切矢[88]

3.9.3 确定各帧 IVUS 图像的空间方向

确定各帧 IVUS 图像的轴向位置后，需解决两个问题：一是确定相邻帧 IVUS 图像之间的相对方向；二是确定各帧 IVUS 图像的绝对方向。

确定相邻帧 IVUS 图像之间的相对方向，也就是考虑导管在回撤过程中的扭转问题[90]。当导管的 3-D 回撤路径不是平面曲线时，例如，图 3-87 所示为沿着一个立方体边沿的回撤轨迹，A 和 B 点分别表示回撤路径的起点和终点，路径上的箭头表示在该点采集到的超声图像的方向，也即导管在该点所在平面的法线方向。显然当导管从一个平面进入另一个平面时，超声图像的方向就会发生变化。而且，当导管分别沿实线和虚线表示的两条路径回撤时，尽管起点和终点相同，但所采集的超声图像的方向是不同的。对于实线轨迹，在 A 和 B 处的方向正好相差 180°；而虚线轨迹的起点和终点处的方向是相同的。如果在重建过程中没有考虑此问题，则可能造成实际的斑块在血管弯曲处的外侧，而重建出的斑块位于弯曲处内侧的现象，这两种情况下的血液动力学特性是完全不同的。

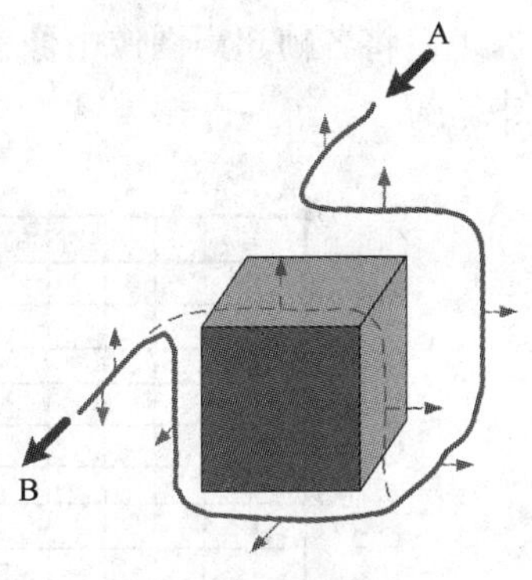

图 3-87　沿着一个立方体边沿回撤轨迹

计算导管路径上各帧 IVUS 图像采集点处的切矢、主法矢和副法矢，建立该点处的局部坐标系。设曲线 $\boldsymbol{R}(s)(0\leqslant s\leqslant 1)$ 是用三次 B 样条曲线表示的三维导管路径，由曲线方程可求出曲线上任意一点 $\boldsymbol{R}(s_i)$ 处的单位切矢 $\boldsymbol{t}$、单位主法矢 $\boldsymbol{n}$ 和单位副法矢 $\boldsymbol{b}$，三个矢量构成该点处的 Frenet - Serret 标架，即局部坐标系，如图 3-88 所示。沿三维导管路径，在各帧 IVUS 图像采集点处均建立局部坐标系，即可确定各帧 IVUS 图像的初始方位。

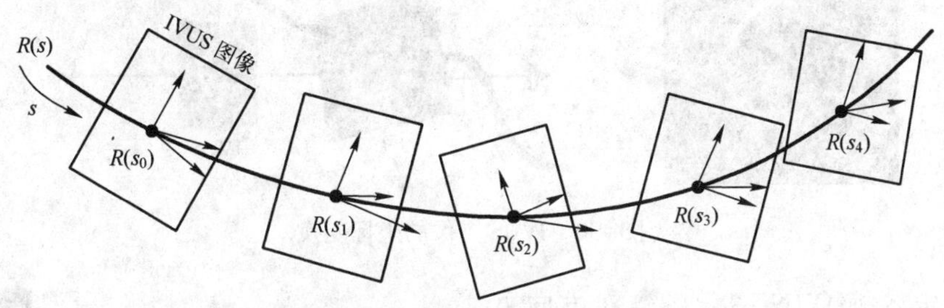

图 3-88　三维导管路径上各帧 IVUS 图像采集点处的局部坐标系

图 3-89a 所示为屏幕坐标系，它以左上角为坐标原点，X' 轴正向向右，Y' 轴正向向下；图 3-89b 所示的投影平面坐标系以图像中心为坐标原点，X 轴正向向右，Y 轴正向向上。设图像的大小为 $W\times H$（单位：像素），则图像平面坐标系中任一点的坐标值（x'_i，y'_i）转换到投影平面坐标系中为（x_i，y_i），其公式如下：

$$[x_i \quad y_i]=\begin{bmatrix}1 & 0\\ 0 & -1\end{bmatrix}\cdot\left(\begin{bmatrix}x'_i\\ y'_i\end{bmatrix}-\begin{bmatrix}W/2\\ H/2\end{bmatrix}\right) \tag{3-79}$$

临床采集的 IVUS 图像是按照图像平面坐标系存储的，各帧超声图像均以导管为中心，且垂直于导管路径在该帧图像采集点处的切矢量，因此对于各帧超声图像，需先由式(3-79)的坐标转换关系，将图像中像素点的坐标转换到投影平面坐标系中，然后再映射到在导管路径相应位置处建立的局部坐标系，即 Frenet - Serret 标架中，如图 3-90 所示。由于各帧 IVUS 图像均垂直于导管路径，即垂直于导管路径在该帧图像采集点处的切矢量，因此应将 IVUS 切片映射到导管路径在该点处的法平面（即由单位主法矢和单位副法矢构成的平面）上。基于此原因，对于在导管路径上各帧图像采集点处建立的 Frenet - Serret 标架（局部坐标系），以单位主法矢为 X 轴，单位副法矢为 Y 轴，单位切矢为 Z 轴，然后根据坐标变换原理，将各帧超声图像中像素点的坐标（基于投影平面坐标系）变换到相应的局部坐标系中。

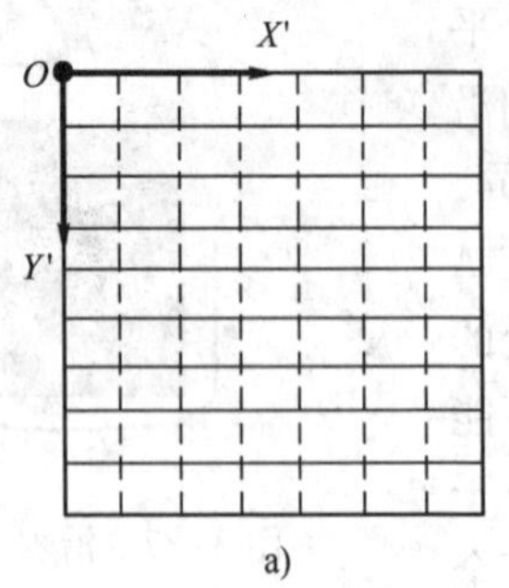

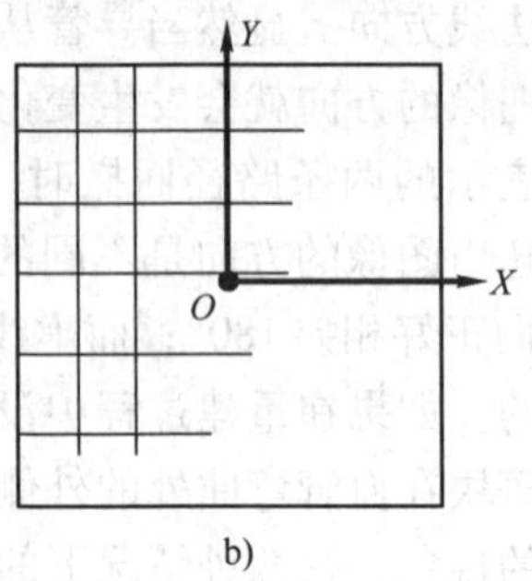

图 3-89 图像平面和投影平面坐标系示意图

a）图像平面坐标系 b）投影平面坐标系

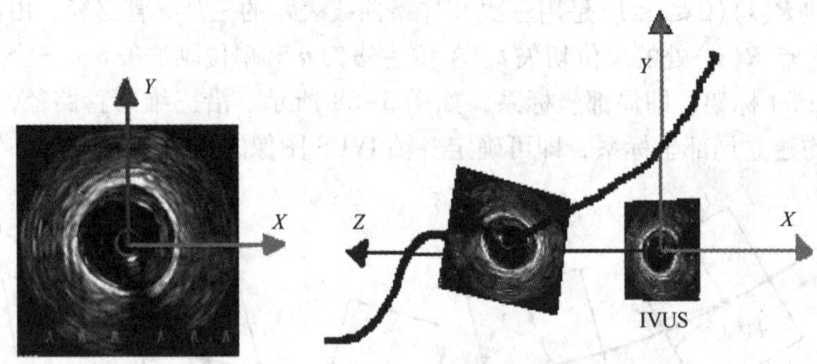

图 3-90 IVUS 图像的坐标变换

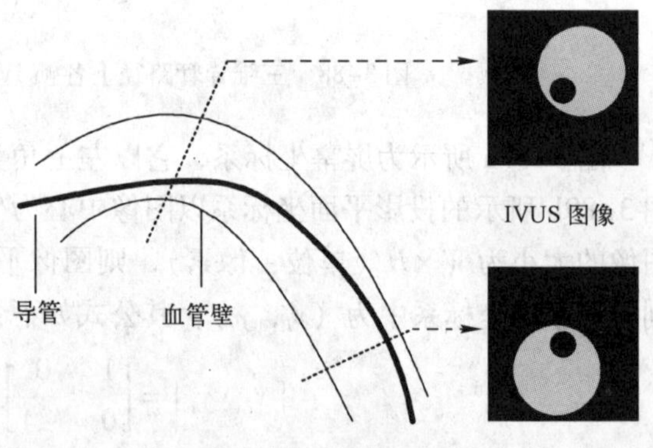

图 3-91 导管的偏心示意图[91]

对于确定各帧 IVUS 图像的绝对方向，在研究早期，文献［80］提出采用解剖学标志（如血管分叉点）确定各帧图像旋转角的方法，显然有时很难在造影中清晰地识别出此类标志点。在 IVUS 图像中，导管位于图像的中心，并且一般不与管腔轮廓的重心重合，二者之间存在一定的偏移量[91]，如图 3-91 所示。导管路径、血管中心线和超声图像轴向位置示意图如图 3-92 所示，从造影图像中三维重建出的血管腔轴线与 IVUS 图像平面的交点也不与 IVUS 图像中的管腔轮廓重心重合。各帧超声图像在垂直于导管的平面内可自由旋转。文献［81，88］利用上述两种偏心信息，以 IVUS 图像中心作为参考点，分别计算图像中的管腔轮廓重心和从造影中重建出的管腔椭圆轮廓中心与参考点之间的偏心向量，以及两个偏心向量之间的夹角，即偏心角，如图 3-93 所示；然后，通过对全部 ICUS 图像的偏心角加权和进行优化，计算出一个校正偏心角，并将其应用于各帧 IVUS 图像，得到沿超声导管路径准确排列的各帧 IVUS 图像，如图 3-94 所示。

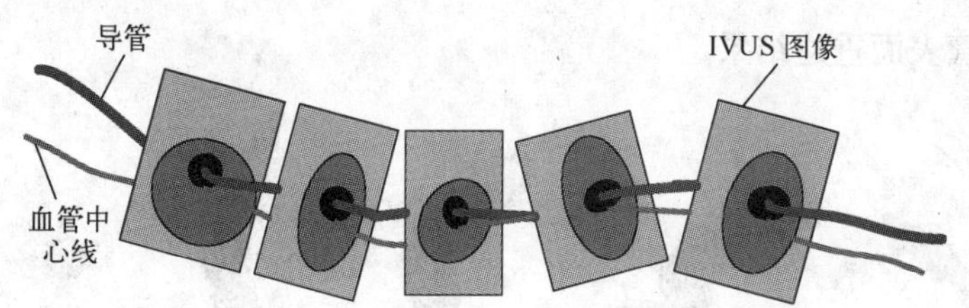

图 3-92　导管路径、血管中心线和超声图像轴向位置示意图

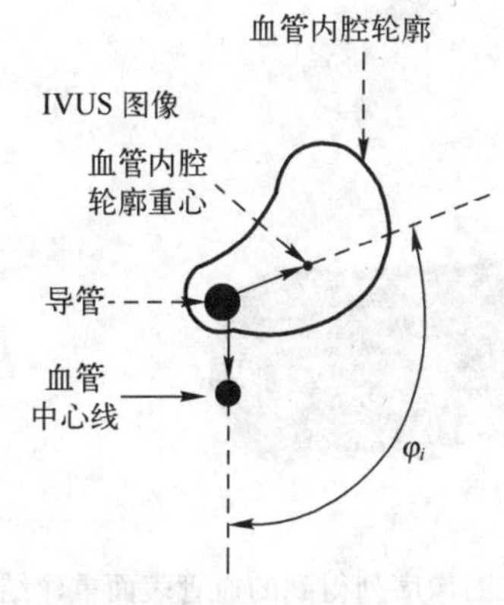

图 3-93　IVUS 图像平面内的偏心向量与偏心夹角[88]

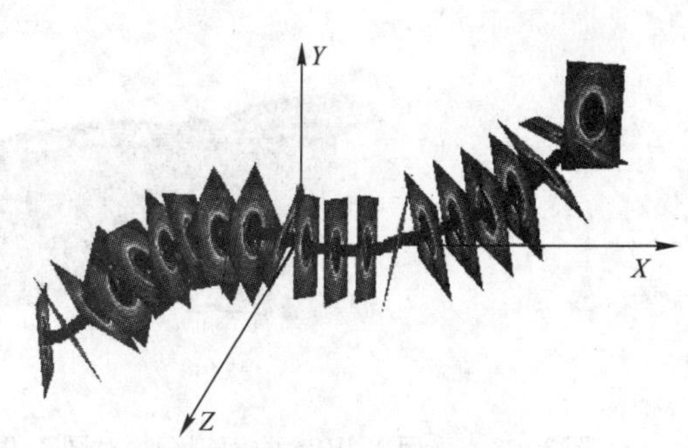

图 3-94　沿三维导管路径准确排列的各帧 IVUS 图像

文献［82］采用投影法确定 IVUS 图像的绝对方向，即计算重建出的内腔表面的投影轮廓，与造影图像进行定量比较，在不同初始角度时测量投影轮廓采样点处导管与管腔边界之间的距离，并分别与从造影中测得的距离进行对比，利用线性回归分析法得到最大正相关的最优旋转角。文献［92］将三维管腔投影到二维造影图像上，并与造影中的管腔投影进行对比。每旋转一度，对投影边界点与对应造影边界点之间的距离求和，距离和最小时的角度即为各帧超声图像的最佳旋转角。文献［93］将采用三维弹性配准法，即将完成血管壁轮廓提取的 ICUS 切片垂直置于一个直导管路径上；然后采用三次 B 样条曲面对管腔轮廓点进行拟合，得到一个管状模型；最后将管状模型向左右造影平面反投影，将投影轮廓与造影中的管腔轮廓进行配准，通过对控制曲线的反复迭代得到全局最优解。

上述方法的主要不足在于确定各帧 IVUS 图像的空间方向时，以从造影图像中重建出的三维血管腔模型或造影中的管腔轮廓或轴线作为基准，采用优化的方法求得各帧 IVUS 图像的最优空间方向。而基于造影图像的三维重建本身就存在误差（例如，重建时一般假设管腔横截面为椭圆，而事实上当发生狭窄时管腔的形状通常复杂多样），且在反投影的过程中，可能再次引入成像系统参数的误差。

3.9.4　腔内外表面的拟合

至此，已经得到了导管的三维回撤路径，以及沿导管轴向排列的管腔横截面，需要选择适当的曲面拟合方法，将各帧图像的轮廓连接起来，形成连续、封闭的血管腔内外表面，为后续的量化测量和可视化所用。如 2.5.6 节所述，常用的曲面拟合方法有球包络法、三角形拼接法和 NURBS 曲面拟合法。图 3-95 是采用 NURBS 曲面拟合法对图 3-94 所示的临床图像序列得到的血管表面重建结果。

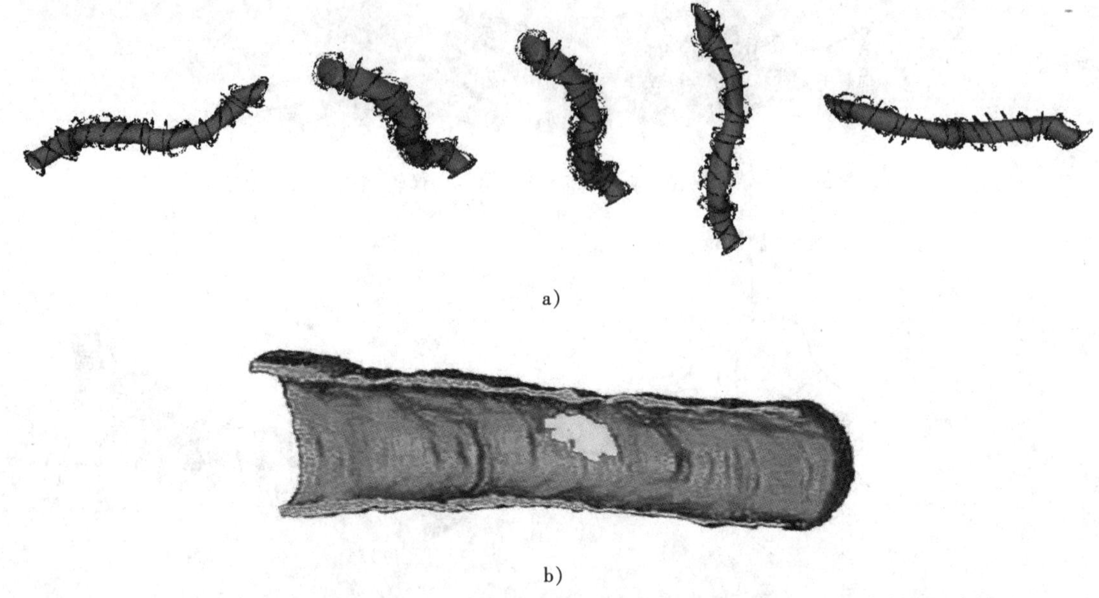

a)

b)

图 3-95　采用 NURBS 曲面拟合法对图 3-94 所示的临床图像序列得到的血管表面重建结果

a）多个视角的三维血管段的整体外观　b）三维血管段的纵向剖面图

3.10　形态参数的定量测量

在完成 IVUS 图像的分割和血管三维重建的基础上，采用几何方法，可对具有临床参考价值的血管形态参数（包括最大和最小管腔直径、管腔横截面积、管腔偏心率、管腔容积、血管壁厚、斑块体积、血管段长度等）进行定量测量，辅助血管病变的诊断和指导介入治疗。

3.10.1　长度和局部曲率

血管段长度是临床诊治冠心病的重要参数，例如进行支架治疗时，需要测量狭窄段长度，选用长度合适的支架。按照采集顺序，对各帧 ICUS 图像中管腔截面轮廓重心进行 B 样条曲线拟合，即可得到管腔轴线，利用 B 样条曲线的积分计算管腔轴线的长度，即得到血管段的长度。

血管段曲率的变化对于冠心病的诊治而言也是重要的参数，例如近端血管的曲率是经皮冠脉介入手术成功的关键因素；曲率的变化可以反映是否存在动脉粥样硬化等。对每帧 IVUS/OCT 图像建立 Frenet - Serret 标架，根据微分几何中的曲率公式，即可求得血管壁管腔 - 斑块界面上每个点的曲率。设三维导管路径用曲线 $\boldsymbol{c}(s)$ 表示，曲率 $\boldsymbol{\kappa}$ 等于曲线的切向量 $\boldsymbol{t}(s)$ 相对于弧长的转动率如下：

$$\boldsymbol{\kappa}(s) = \| \boldsymbol{t}'(s) \| = \| c''(s) \| \tag{3-80}$$

曲线在该点的切向量 $\boldsymbol{t}(s)$ 和主法向量 $\boldsymbol{n}(s)$ 的关系如下：

$$\vec{n}(s) = \boldsymbol{t}'(s) / \| \boldsymbol{t}'(s) \| = \boldsymbol{t}'(s) / \kappa(s) \tag{3-81}$$

$\boldsymbol{\kappa}$ 随点在曲线上的移动而变化，如果 $\boldsymbol{\kappa} \equiv 0$ 那么该曲线是一条直线。

为了区分横截面中管腔-斑块界面上的点是“内弯曲”还是“外弯曲”点，文献［94］提出可采用该点相对于主法向量的圆周位置对其曲率值进行加权处理，得到曲率指针值 κ_{index}，根据 κ_{index} 的正负确定该点的“内弯曲/外弯曲”性质。设在三维导管路径上的点 $\boldsymbol{c}(s)$ 处拍摄的超声图像为第 s 帧，其上的第 i 个轮廓点为 $\boldsymbol{f}(s, i)$，它与轮廓重心 $\boldsymbol{c}(s)$ 之间的向量为 $\boldsymbol{v}(s, i) = \boldsymbol{f}(s, i) - \boldsymbol{c}(s)$。点 $\boldsymbol{c}(s)$ 处的单位主法向量为 $\boldsymbol{n}(s)$，将其映射到第 s 帧超声图像平面所在的二维坐标系中，如图 3-23b 所示。定义点 $\boldsymbol{f}(s, i)$ 的曲率指针如下[94]

$$\kappa_{index} = \kappa(s)\frac{\boldsymbol{n}(s) \cdot v(s,i)}{\| \boldsymbol{v}(s,i) \|} \tag{3-82}$$

其中，“·”表示两个向量的点积。即采用导管路径在该点的主法向量 $\boldsymbol{n}(s)$ 和向量 $\boldsymbol{v}(s, i)$ 的夹角的余弦值对曲率值进行加权。由于 $\boldsymbol{n}(s)$ 总是指向曲率圆的圆心，因此它也表明了圆周上的内弯曲区域。若 $\kappa_{\text{index}} > 0$，则点 $\boldsymbol{f}(s, i)$ 为内弯曲点；若 $\kappa_{\text{index}} < 0$，则 $\boldsymbol{f}(s, i)$ 为外弯曲点；在垂直于法向量的方向上 $\kappa_{\text{index}} = 0$。这样就将曲率值与管腔-斑块界面上点的圆周位置联系了起来，为后续分析斑块的分布与血管几何形态间的关系奠定基础。

3.10.2 横截面积

血管腔横截面积的大小可直接反映该区域血管狭窄的程度，即病变的程度。IVUS 图像中血管壁内膜轮廓曲线所包围的面积即为管腔在该帧图像采集点处的横截面积，如图 3-96 所示。

下面介绍两种计算管腔横截面积的方法：

1）对从 IVUS 图像中提取出的血管壁内膜轮廓点进行 B 样条曲线拟合，得到用参数曲线表示的轮廓线，然后对该曲线积分，即得到其所包围区域的面积。

2）通过对属于血管壁内膜轮廓曲线所包围区域内的像素进行计数得到其面积。如果内膜轮廓的像素点总数为 N，像素的尺寸为 L_{pixel}，那么该区域的面积为

$$S = L_{pixel}^2 \cdot N \tag{3-83}$$

按此方法，图 3-97 中区域 R 的面积 $S = 41$（其中 $L_{\text{pixel}} = 1$）。

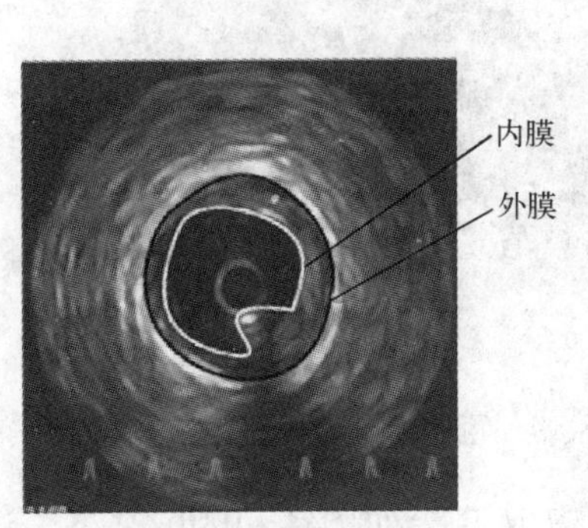

图 3-96　完成血管壁轮廓提取的一帧 IVUS 图像

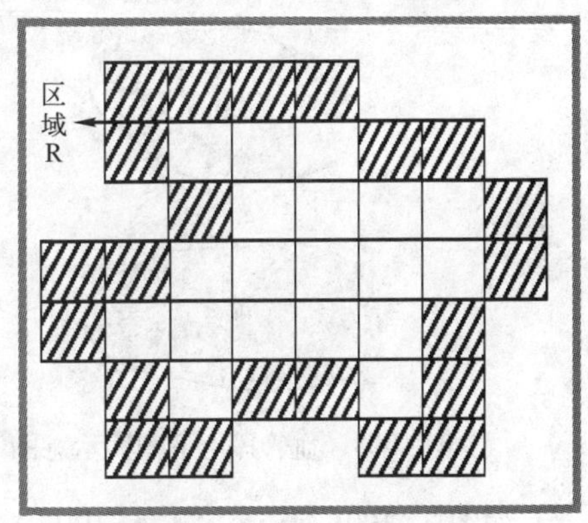

图 3-97　区域 R 的面积

3.10.3 容积

如 2.6 节所述，从 X 射线血管造影图像中估计血管段容积时，通常是将血管横截面假设为椭圆，并根据两个角度的二维直径信息限制椭圆轮廓的形状，然后根据相邻的血管椭圆

横截面计算血管段的容积。但是血管横截面的形状通常是复杂多样的，尤其是发生病变时，因此这种测量是不准确的。

血管内超声可以清晰显示血管横截面的形态，对从 IVUS 图像中提取出的血管内膜离散轮廓点进行 B 样条曲线拟合，得到封闭的、用连续参数曲线表示的内膜轮廓。以该封闭曲线的重心作为坐标原点建立局部坐标系，通过在该坐标系中进行曲线积分求出该曲线所包围的面积，即血管内膜横截面积 G_i。血管段上下截面示意图如图 3-98 所示，图中设血管段上下截面（即两帧 IVUS 图像）的法向矢量分别为 n_1 和 n_2，则该段血管的方向矢量近似为

$$\boldsymbol{n}_0 = \boldsymbol{n}_1 + \boldsymbol{n}_2 \tag{3-84}$$

截面轮廓在矢量 $\boldsymbol{n}_0$ 方向上的投影面积为

$$G_i' = G_i \cos\mu_i \tag{3-85}$$

式中，μ_i 是 $\boldsymbol{n}_0$ 和 $\boldsymbol{n}_i$ 之间的夹角。截面间距离为

$$h = |\boldsymbol{d}_1| \cos\phi \tag{3-86}$$

式中，ϕ 是 $\boldsymbol{n}_0$ 和 $\boldsymbol{d}_1$ 之间的夹角。则该段血管的体积可用圆台体积公式近似计算得到，公式如下：

$$V_i = h(G_i' + \sqrt{G_i' G_{i+1}'} + G_{i+1}')/3 \tag{3-87}$$

3.10.4 斑块的体积和厚度

斑块的体积反映了病变的程度，可作为评价病变进展和消退情况的重要指标。粥样硬化斑块的形状是不规则的，如图 3-99 所示，所以可采用体积微元的思想通过划分体积网格求解该不规则区域的体积。血管壁网格化示意图如图 3-100 所示，在图 3-100a 中，先计算内腔 - 斑块边界与外膜边界之间的各个网格体元的体积 V_k，那么目标区域的体积 V 就是这些网格体元的体积之和，公式如下：

$$V = \sum_{k=0}^{N-1} V_k \tag{3-88}$$

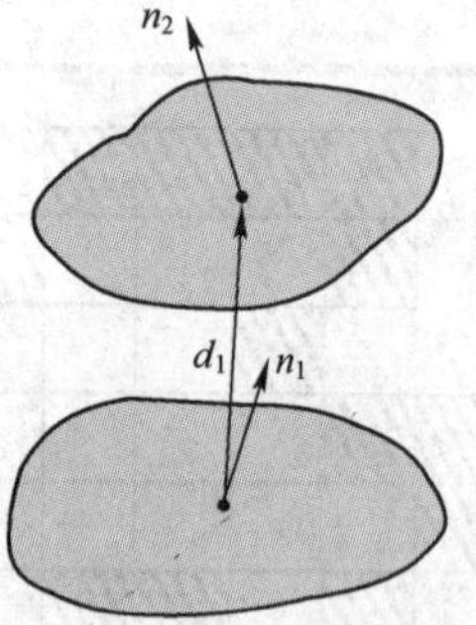

图 3-98　血管段上下截面示意图

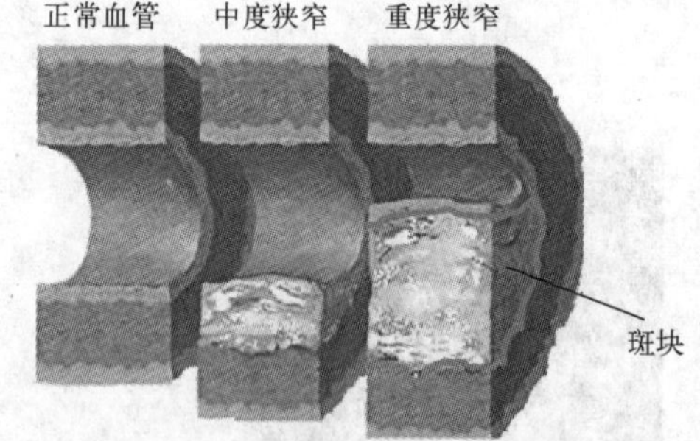

图 3-99　冠状动脉粥样硬化斑块示意图

如图 3-100b 所示，图 3-100a 中网格体元的构成方法如图 3-100b 所示，具体过程如下：

1）以管腔轮廓的几何中心作为对其重心的近似，得到血管段上下截面（即相邻两帧 IVUS 图像）中血管内腔轮廓的重心 C_{L2} 和 C_{L1}。

2）在前一帧图像的管腔轮廓上任取一点 A 作为起始点，使其与重心 C_{L1} 的延长线与外膜相交于点 B。由两条直线可确定一个平面，可知 $C_{L1}B$ 与 $C_{L1}C_{L2}$ 两条直线确定的平面与第二帧

超声图像内、外膜轮廓分别相交于点 E 和 F，则 $ABCDEFGH$ 就构成了一个六面体网格体元。

3）若要划分的体元数为 n，则以 A 为起始点在内膜轮廓等间隔地取 n 个点 $A_i(i=1, 2, \cdots, n)$，以 A_i 代替 A 重复步骤 2，求这些点在其外膜轮廓和下一帧超声图像上对应的点 B_i、E_i 和 $F_i(i=1, 2, \cdots, n)$。

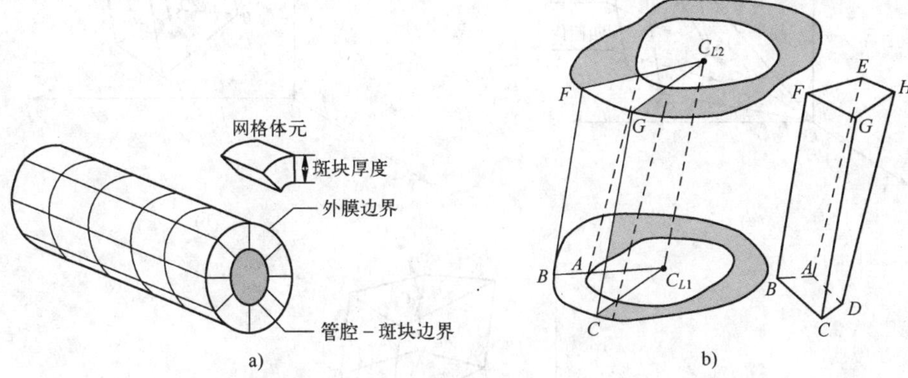

图 3-100　血管壁网格化示意图[95]

a）网格化的三维血管段　b）体元的构造方法

目前计算体元体积的常用方法有三种：多胞（polytope）法、Watanabe 法和 Simpson 规则法[95]示意图如图 3-101 所示。

（1）多胞（polytope）法

在图 3-101a 中，每个体元是由 8 个顶点构成的多面体，该多面体有 6 个面，每个面包含 4 个顶点。绕顶点逆时针转动时，其法向量指向外。从任意顶点 V_0 开始可以获得一个顶点的有序序列 $\{V_0, V_1, V_2, V_3\}$，构成两个三角形 $V_0V_1V_2$ 和 $V_0V_2V_3$，每个三角形和坐标原点 O 都构成一个四面体。对于体元的每个表面，都计算出各四面体的体积，然后相加即可求出体元的体积，其公式如下：

$$V_k = \left| \sum_{j=1}^{6} \sum_{i=1}^{2} \frac{1}{6} [\boldsymbol{V}_{j,0} \cdot (\boldsymbol{V}_{j,i} \times \boldsymbol{V}_{j,i+1})] \right| \tag{3-89}$$

式中，$\boldsymbol{V}_{j,i}$ 表示坐标原点 O 与第 j 个表面上的第 i 个三角形的顶点之间的向量。

（2）Watanabe 法

在图 3-101b 中，首先分别计算出多面体的下表面 $ABCD$ 和上表面 $EFGH$ 的重心 $\boldsymbol{C}_{\text{bottom}}$ 和 $\boldsymbol{C}_{\text{top}}$，及其法向量 $\boldsymbol{n}_{\text{t}}$ 和 $\boldsymbol{n}_{\text{b}}$，两重心之间的向量为 $\boldsymbol{d}=\boldsymbol{C}_{\text{top}}-\boldsymbol{C}_{\text{bottom}}$，则多面体的体积为

$$V_k = \frac{(\boldsymbol{n}_t + \boldsymbol{n}_b) \cdot \boldsymbol{d}}{2} \tag{3-90}$$

（3）Simpson 规则法

按照图 3-101c 构造由连续三个切片构成的体元，其上、中、下表面的重心分别为 $\boldsymbol{C}_{\text{top}}$、$\boldsymbol{C}_{\text{mid}}$ 和 $\boldsymbol{C}_{\text{bottom}}$，法向量分别为 $\boldsymbol{n}_{\text{t}}$、$\boldsymbol{n}_{\text{m}}$ 和 $\boldsymbol{n}_{\text{b}}$，定义向量 $\boldsymbol{d}_1=\boldsymbol{C}_{\text{mid}}-\boldsymbol{C}_{\text{bottom}}$ 和 $\boldsymbol{d}_2=\boldsymbol{C}_{\text{top}}-\boldsymbol{C}_{\text{mid}}$，$\boldsymbol{d}=\boldsymbol{d}_1+\boldsymbol{d}_2$。则多面体的体积为

$$V_k = \frac{(\boldsymbol{n}_t + 4\boldsymbol{n}_m + \boldsymbol{n}_b) \cdot \boldsymbol{d}}{6} \tag{3-91}$$

与 Watanabe 法相比，该方法采用的体元扩大了一倍。

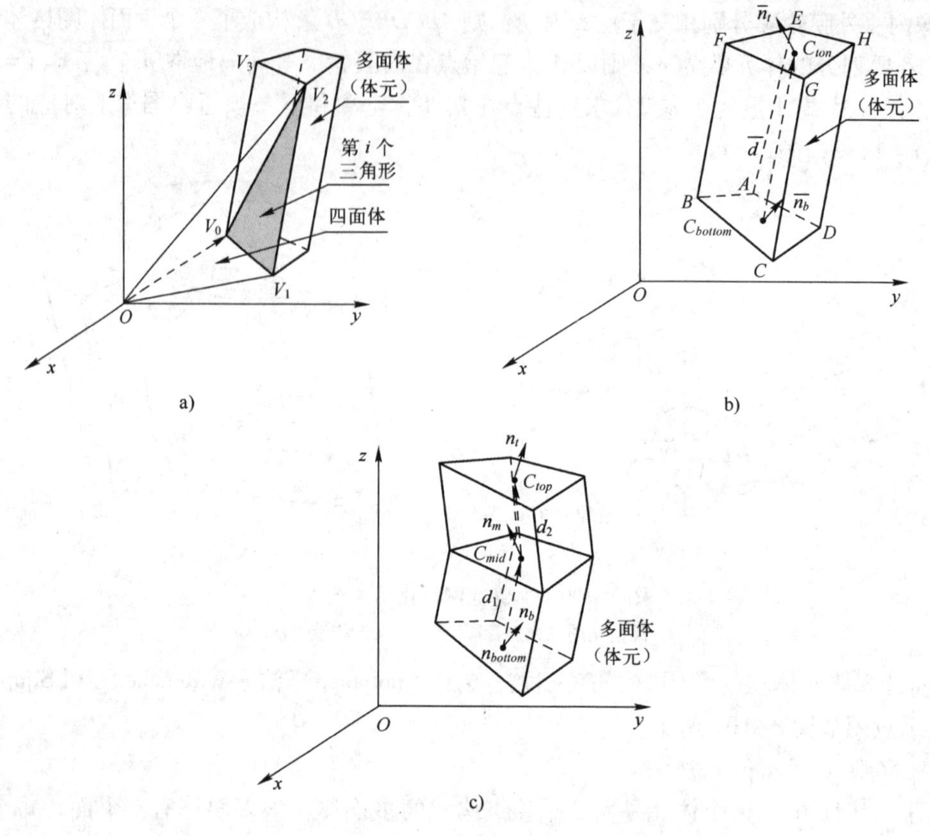

图 3-101　体元体积计算示意图[95]

a）多胞法示意图　b）Watanabe 法示意图　c）Simpson 规则法示意图

对于每帧 IVUS 图像，利用分割出的斑块－内腔和斑块－中膜边界，连接管腔横截面的重心和斑块－中膜边界上的一点 A，所得线段与斑块－内腔边界交于一点 B，线段 AB 的长度即为点 A（或 B）处斑块的厚度。相对于斑块的绝对厚度值而言，斑块的分布对于临床诊断的意义更大。

3.11　流动规律参数的估算

血流动力学是应用流体力学的理论和方法研究血液在血管中的流动规律，并探讨血液流动规律与血管生理和病理之间关系的一门边缘性学科。从 20 世纪 90 年代开始，血流动力学因素与血管生长和细胞微结构之间的关系的研究逐渐成为血管生物学的热点课题。粥样硬化性病变常发生于大血管分叉或弯曲处，这些区域的血流动力学特性复杂，并且因此所造成的血管壁细胞力学性质的改变是粥样硬化斑块生成的重要原因。血流动力学因素对粥样硬化的局灶性起着非常重要的作用，而由管腔内的搏动血流产生的血管壁剪切应力（Wall Shear Stress，WSS）是其中的关键因素，也是造成易损斑块破裂的主要原因。

血管内超声能够提供血管腔和管壁的横截面图像和纵向视图，可据此分辨出斑块的位置、大小、组成成分和分布，并观察病变处血管的重构情况，从而根据斑块的不同性质辅助指导介入治疗，以及对介入治疗的效果进行有效评估。根据 IVUS 图像来评估冠状动脉血管的血流动力参数，对于识别易损斑块，辅助冠心病的诊断和制定最佳诊疗方案，评价介入治疗效果等都具有重要意义和临床应用价值。

血流动力学参数是研究动脉粥样硬化性病变的产生机理，辅助冠心病的正确诊断，指导介入治疗并评价其效果的重要参数。其中血管壁受到由血流引入的应力应变的分布情况是反映斑块的易损性，以及预测斑块的发生和发展趋势的重要指标，血管壁的弹性模量可用来描述管壁组织的复杂机械性质。采用血管内超声这一临床广泛采用的诊断血管病变的微创介入成像手段，可对具有重要临床参考价值的血流动力学参数进行定量测量。目前，利用血管内超声测量冠状动脉血流动力学参数的主要方法包括：血管内超声弹性图、基于三维血管重建的测量方法以及基于 IVUS 图像配准的测量方法。其中血管内超声弹性图将在 3. 13. 2 节中介绍。下面介绍后两种方法的基本原理，并分析和比较其优缺点。

3. 11. 1 基于三维血管模型的血管壁局部应力应变的估算

利用重建出的三维血管模型，采用基于计算流体动力学（Computational Fluid Dynamics, CFD）的数值模拟技术，可对由血流引入的冠状动脉血管壁剪切应力的分布情况进行估算。其基本原理是：首先对冠状动脉管腔内的血液流动建立数学模型，通常是用 Navier - Stokes 方程来模拟血液在血管腔中的流动，并且不考虑动脉血管中的热量和其他能量形式的交换问题；然后使用 CFD 商用软件（例如基于有限体积法的 FLUENT）对由于血流引入的 WSS 分布进行数值模拟，求解控制方程，求解过程主要包括构建物理模型并划分网格、设置求解参数、计算模型初始化、计算求解、结果收敛性、正确性检查等步骤。

(1) 建立动脉血管的流固耦合数学模型

考虑到血液流场与动脉血管壁耦合的过程非常复杂，一般在以下假设前提下进行三维流固耦合计算：

1）所研究的动脉血管的直径都大于 1mm，这类血管中的血液可以看做是均匀的连续介质，即可近似认为是不可压缩的牛顿流体。

2）血液的流动为定常层流。

3）动脉血管壁是线弹性的且不可压缩。

4）忽略血液的重力。

5）忽略温度的影响，即不研究温度和流动以及应力的耦合，不考虑血管中的热量和其他能量形式的交换问题。

采用 Navier - Stokes 方程

$$\rho\left(\frac{\partial u}{\partial t}+\left(\left(u-u_{g}\right)\cdot\nabla\right)u\right)=-\nabla P+\mu\nabla u \tag{3-92}$$

和速度散度为零的连续方程（即不可压缩方程）

$$\nabla\cdot\boldsymbol{u}=0 \tag{3-93}$$

来描述粘性不可压缩的血液流体的流动。式中，ρ 和 μ 分别是血液的密度和粘度；$\boldsymbol{u}$ 和 $\boldsymbol{P}$ 是流体的速度和压力；$\boldsymbol{u}_g$是网格点速度；t 是时间。

定义分析区域即血液流体部分具有光滑边界，血流的进、出口速度边界条件如下：

$$\begin{cases}\boldsymbol{u}\big|_{\text{interface}}=\dfrac{\partial x}{\partial t}\\[2ex]\left.\dfrac{\partial\boldsymbol{u}}{\partial\boldsymbol{n}}\right|_{\text{inlet}}=\left.\dfrac{\partial\boldsymbol{u}}{\partial\boldsymbol{n}}\right|_{\text{outlet}}=0\end{cases} \tag{3-94}$$

式中，interface 为血管壁内表面；inlet 和 outlet 分别为入口和出口；$\boldsymbol{n}$ 为边界上的单位外法线向量。入口的速度矢量沿血管轴线方向，径向和周向速度均为零。

设置血流的进/出口的压力边界条件为压力随时间变化的函数如下：

$$\begin{cases} \boldsymbol{P}\big|_{\text{inlet}} = \boldsymbol{P}_{\text{in}}(t) \\ \boldsymbol{P}\big|_{\text{outlet}} = \boldsymbol{P}_{\text{out}}(t) \end{cases} \tag{3-95}$$

采用独立的拉格朗日—欧拉方程作为血管壁的运动方程，公式如下：

$$\rho_s \frac{\partial^2 v_i}{\partial t^2} = \sum_{j=1}^{3} \frac{\partial \sigma_{ij}}{\partial x_j} + \rho_s f_i \tag{3-96}$$

血管壁的应变—位移关系为

$$\boldsymbol{\varepsilon}_{ij} = \frac{1}{2}\left(\frac{\partial v_i}{\partial x_j} + \frac{\partial v_j}{\partial x_i}\right) \tag{3-97}$$

式中，i，$j=1$，2，3；ρ_s、$v(v_i,\ v_j)$、$\boldsymbol{\sigma}_{ij}$和 $\boldsymbol{\varepsilon}_{ij}$分别是血管壁的密度、位移向量、应力张量和应变张量；$\boldsymbol{f}_i$是作用在血管壁上的体力分量；x_j是三维直角坐标系中三个坐标轴的正方向。

血管壁的内表面为流固相互作用的界面，即耦合面，公式如下：

$$\boldsymbol{\sigma}_{ij}^{\text{f}} \cdot \boldsymbol{n}_j \big|_{\text{interface}} = \boldsymbol{\sigma}_{ij}^{\text{w}} \cdot \boldsymbol{n}_j \big|_{\text{interface}} \tag{3-98}$$

式中，$\boldsymbol{\sigma}_{ij}^{\text{f}}$和 $\boldsymbol{\sigma}_{ij}^{\text{w}}$分别是血液和血管壁的应力张量。

血管壁的外表面是自由面，公式如下：

$$\boldsymbol{\sigma}_{ij} \cdot \boldsymbol{n}_{ij} \big|_{\text{outwall}} = 0 \tag{3-99}$$

（2）CFD 数值模拟

在 ANSYS Workbench 工作平台上，采用 ANSYS + FLUENT 单向流固耦合模块，对心动周期中各时刻的三维血管及血液模型进行血液和血管壁的流固耦合数值模拟，估算血管壁的应力/应变张量。基本步骤如下：

1）划分有限元网格。三维血管和血液模型是非对称的，且几何形状非常复杂，因此在网格划分过程中很难划分出特别规范的均匀网格。同时，对于狭窄段，也很难保持原有规范的网格形状。因此本书采用智能型的网格划分模式，将血液与血管的三维几何模型离散化，在遇到形状突变时，能按照合理的划分方法自动加密，以获得更加理想的网格单元。

2）建立三维血管有限元模型。设定初始条件，即定义血管和血液的物理属性，典型参数见表 3-3，其中各参数均取人体正常生理条件下的平均值。考虑到粘弹性材料可能使流固耦合的迭代计算不收敛，因此可不考虑血管的粘弹性。设置温度为 37°C。设定边界条件，即对血管模型的入口和出口设置为固定约束，限制血管内血液的流动范围。对于固体部分，血管外壁面只设置一个自由壁面条件，不加其他约束限制；血管内壁面（即血流与血管接触的内表面）设定为流固耦合界面，并假定无滑移边界条件（对于定常层流，假设管壁上流体质点的流速为零；对于不定常层流，假设管壁上流体质点的速度和管壁速度相同）。对于流体部分，将边界条件设定在血流进出口界面上，出口压力设定为零。设定血液流动的载荷，就是血管入口处给定的流体速度。为了实现流固耦合中数据的传输，将血液对血管壁的压力作为加载流，将血管腔内表面上所有的流体动力都加载到血管壁内表面上。定义时间步长、设定求解开始的时间、选择迭代求解方法、设置收敛准则、误差要求、输出信息控制等。

表 3-3　人体血管、血液和脉搏参数

血管壁密度（g/cm^3）	1.150	血管壁杨氏模量（Pa）	$5e^5$	血管壁泊松比	0.45
血液密度（g/cm^3）	1.056	血液粘度（$dyn \cdot s/cm^2$）	0.04	脉动流循环周期（s）	0.8
进口平均速度谷值（cm/s）	8.0	谷值雷诺数	148	Womersley 数	0.54
进口平均速度峰值（cm/s）	51	峰值雷诺数	942	Dean 数	421

3）对计算结果进行后处理。为了提高计算结果的可视化效果，用伪彩编码显示估算出的血管壁应变张量分布以及瞬态的流场变化，直观展示由于搏动的血液及周期性心脏运动引起的血管壁应变的三维分布。

此类方法可直观地展示血管的三维形态结构和应力应变分布情况。但其不足之处在于，WSS 测量结果的精度很大程度上取决于血管三维重建的精度。重建过程中，图像采集、二维分割、确定各帧 IVUS 图像的轴向位置和空间方向等步骤中存在的误差都会累积在最终的重建结果中，进而影响对血流动力学参数的测量精度。由于无法得到人体冠脉血管的真实形态，因此很难定量评价三维重建结果的精度。同时由于需采用 CFD 软件进行数值模拟分析，因而提高了方法的应用前提，限制了其适用范围。

3.11.2　基于 IVUS 图像的血管壁局部应力应变的估算

基于上述方法的不足，研究者正在努力寻找一种根据 IVUS 灰度图像序列直接测量冠状动脉管腔横截面应力应变分布的可行方法。其中最有代表性的是美国 Duke 大学 M. H. Friedman 教授领导的心血管仿真实验室提出的基于 IVUS 图像配准的 WSS 估计方法[96-99]。他们采用连续回撤超声导管（即非门控）的图像采集方式获得对应于不同心脏时相的 IVUS 图像，通过分析图像序列中灰度特征的周期性变化，提取出隐含的心脏时相信息，并据此对原始图像序列进行分组，获得分别在心脏舒张末期以及收缩末期采集的子序列。然后，利用图像中的血管分叉或斑块作为标志物，对两个图像子序列进行对齐调整定位。最后，对两个子序列中的各对图像分别进行配准，测量血管壁横截面上的圆周以及径向方向的位移，再根据相关的力学知识，得到管壁横截面各点处的二维应力应变分布图。该方法可以利用临床获得的 IVUS 灰度图像序列，直接评估计算每帧图像中血管壁横截面上各点处所受的应力，得到血管壁组织在任何方向上产生的应变（包括两个主应变和一个切应变）估计值，该方法不需要开发新的硬件或者其他图像采集程序，可以有效克服由非均匀组织变形导致的超声导管平面运动，并检测出更大的组织变形。并且由于 IVUS 图像中血管壁上应变较大的部位通常对应于产生斑块的部分，从而可以直观的对比分析出斑块和正常血管组织之间的差异，确定斑块的具体位置。但是该方法的不足之处在于，血管壁应力应变的估计结果受 IVUS 图像质量的影响较大，估计精度对图像中可能存在的噪声很敏感。当斑块相对短小时，配准后的图像对之间的距离不满足绝对临近的条件，而且斑块的性质沿轴向的变化也会增大。同时，该方法采用的图像数据是在两个不同管腔压力下的相同位置处获得的血管壁横截面图像，而心脏运动和管腔内搏动的血流会导致超声导管在管腔内产生复杂运动，所以获取满足该要求的图像比较困难。

血流动力学参数的精确测量，对冠心病临床治疗介入方案的选择和对治疗效果的评价等具有重要的参考价值。由于实际中动脉血管内部的血液流场是高度复杂的，而且心脏的周期性运动也会导致动脉血管一定程度的变形，因而目前亟待解决的主要难题是对测量结果精度的定量、客观评价。

3.12 形态参数与流动规律及参数的关系

血管的几何形态会影响局部血流动力学参数，而血管壁所受到的剪应力变化又会影响斑块的发展和分布。临床观察证实，在血管横截面上，粥样硬化斑块通常并不是均匀分布在管腔内的，而呈不对称分布。血管弯曲与斑块累积情况示意图如图 3-102 所示，对于弯曲的动脉血管而言，斑块倾向于累积在弯曲段的内侧，而非外侧，这是因为在内弯侧管壁受到的应力与外侧相比较小。通过对一定数量的临床图像数据进行分析和统计，可研究粥样硬化斑块的分布规律与血管的局部曲率和由血流引入的管壁剪应力之间的关系，预测斑块的发展趋势，探讨冠状动脉粥样硬化的发病机理，辅助医生制定合理有效的治疗计划和评价介入治疗效果[100]。

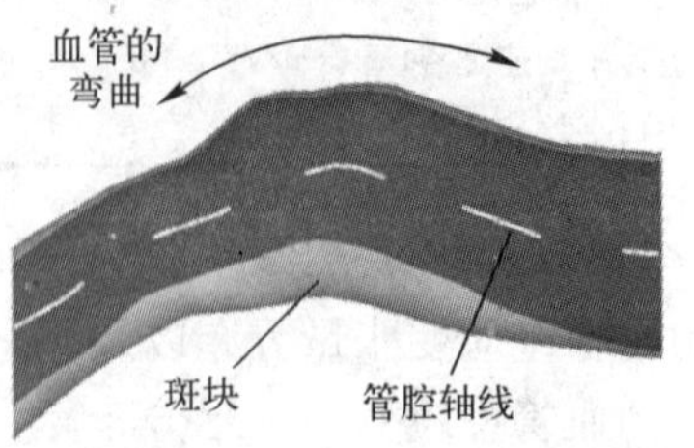

图 3-102 血管弯曲与斑块累积情况的示意图[100]

3.12.1 斑块分布与血管曲率之间的关系

根据斑块厚度和曲率指针值对血管壁区域进行划分，计算高斑块累积区域与内弯曲区域的吻合程度，以及低斑块累积区域与外弯曲区域的吻合程度，可据此预测斑块的发展趋势。

对于血管段的每个横截面，按照第 3.10.4 节中所述方法计算出各体元 $P_i(i=1, 2, \cdots, N)$ 处的斑块厚度 T_i，然后求出该截面上所有体元的斑块厚度的平均值 $\overline{T}$。将绝对厚度值转化为相对厚度值 $T^i_{\text{relative}}=T_i/\overline{T}$。如第 3.10.1 节所述，求出各体元处的局部曲率 κ 和曲率指针 κ_{index}，并判断该点是内弯曲点还是外弯曲点。选择感兴趣区域，定义比值 r_{pc} 为

$$r_{\text{pc}}=\frac{R_{\text{ai}}+R_{\text{bo}}}{R_{\text{ai}}+R_{\text{bo}}+R_{\text{ao}}+R_{\text{bi}}} \tag{3-100}$$

用来描述斑块分布与曲率之间的关系。式中，R_{ai}是区域中 $T^i_{\text{relative}}>1$ 并且 $\kappa_{\text{index}}>0$（内弯曲点）的体元数；R_{bo}是 $T^i_{\text{relative}}<1$ 并且 $\kappa_{\text{index}}<0$（外弯曲点）的体元数；R_{ao}是 $T^i_{\text{relative}}>1$ 并且 $\kappa_{\text{index}}<0$ 的体元数；R_{bi}是 $T^i_{\text{relative}}<1$ 并且 $\kappa_{\text{index}}>0$ 的体元数。当 $r_{\text{pc}}>0.5$ 时，即 $R_{\text{ai}}+R_{\text{bo}}>R_{\text{ao}}+R_{\text{bi}}$，表示更多斑块累积在血管段的内弯侧。

3.12.2 斑块分布与血管壁剪应力之间的关系

仿照 r_{pc}的定义，在分析感兴趣区域中的斑块分布与血管壁剪应力之间的关系时，定义另一个比值 r_{ps}为

$$r_{\text{ps}}=\frac{R_{\text{al}}+R_{\text{bh}}}{R_{\text{al}}+R_{\text{bh}}+R_{\text{ah}}+R_{\text{bl}}} \tag{3-101}$$

式中，R_{al}是区域中 $T^i_{\text{relative}}>1$ 并且剪应力低于平均值的体元数；R_{bh}是 $T^i_{\text{relative}}<1$ 并且剪应力高于平均值的体元数；R_{ah}是 $T^i_{\text{relative}}>1$ 并且剪应力高于平均值的体元数；R_{bl}是 $T^i_{\text{relative}}<1$ 并且剪应力低于平均值的体元数。当 $r_{\text{ps}}>0.5$ 时，表示更多斑块累积在血管段的低应力区域。

3.13 组织定征显像

为了准确获取斑块信息，在 IVUS 的基础上出现了虚拟组织成像（Virtual Histology,

VH）和血管弹性图（Vascular Elastography，VE）两种技术，由于均以获取斑块的组织信息为目的，故统称为组织定征显像[101]。

3.13.1 虚拟组织成像

作为新的冠状动脉病变影像手段，IVUS 除了可显示管腔形态外，还可清晰显示血管壁和粥样硬化斑块的组织形态学特征。同时，通过准确分析，测量血管直径、横截面积和狭窄程度，还可协助制定介入治疗方案。但是传统的灰阶 IVUS 显像主要是根据不同灰度的渐变显示血管和粥样硬化斑块图像，而在灰阶 IVUS 图像上不同粥样硬化组织的回声特征有时候是相近的，很难区分，导致 IVUS 成像对粥样硬化斑块成分的准确解读有一定的局限性，在与病理组织学对比的研究中，IVUS 并不能完全准确预测粥样硬化斑块的组织成分。例如，有时很难区分富含脂质或是纤维的斑块；血管腔内的低回声信号有可能是血栓或斑块内出血，也有可能是脂质含量较高的软斑块；高回声信号而伴有声影的也不一定是钙化组织，也有可能是致密纤维，因为非常致密的纤维斑块甚至可以阻挡超声透过，而被误认为是钙化病变。此外，因为钙化后声影的存在，灰阶 IVUS 图像无法识别钙化病变的厚度，也无法确定钙化后斑块的成分和血管深层结构。

由于灰阶 IVUS 显像存在的局限性，对 IVUS 回声中的射频（Radio Frequency，RF）信号进行更深入的频谱处理有可能对不同的粥样硬化斑块组织进行更加详细的分析，从而对斑块进行更加准确的评估。VH 是美国 Volcano 公司（Volcano Therapeutics，Rancho Cordova，CA，USA）开发的一项新型的斑块分析技术，它以血管内超声为基础，计算超声回波射频信号的背向散射积分，并在体外病理组织学研究的基础上将获得的射频信号与相应的病理组织学结果进行比对和相关性分析，计算出不同组织的光谱曲线和频率区信号特征参数，将斑块成分区分为四种不同类型，并加以彩色编码形成类似组织学切片的图像，如图 3-103 所示，使得 IVUS 能够更加直观和准确地对粥样硬化斑块进行定性和定量分析。

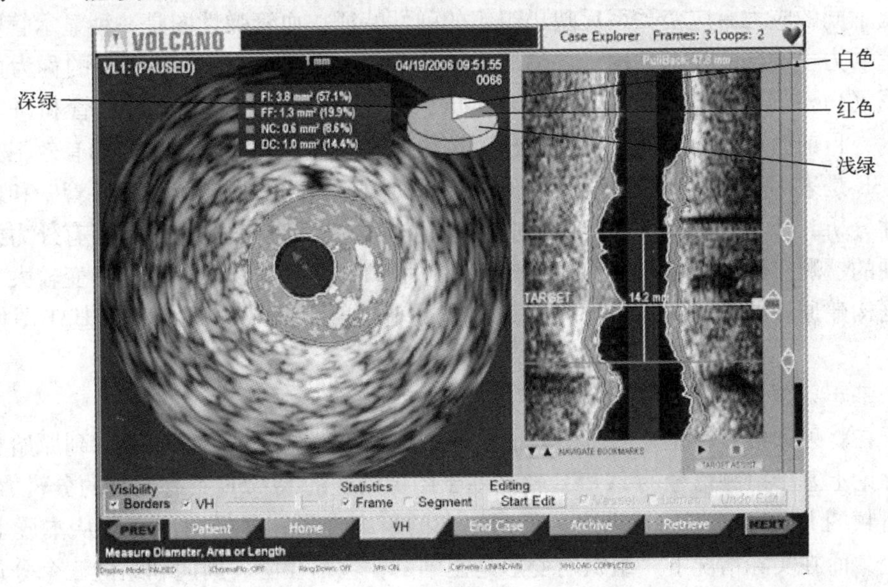

图 3-103　最新一代的 Volcano 血管内超声仪可提供实时的 IVUS - VH 显像[104]

目前 VH－IVUS 可以识别出四种主要的冠状动脉内粥样硬化斑块组织成分，分别是纤维斑块、纤维脂肪斑块、坏死核心和钙化。一帧 IVUS－VH 图像如图 3-104 所示，在 VH－IVUS 图像上，纤维斑块定义为深绿色区域；纤维脂肪斑块定义为浅绿色区域；坏死核心组织定义为红色区域，主要是由大量的死亡细胞和脂质所构成；钙化定义为白色区域，这种组织是由大量钙盐晶体沉积而成。VH－IVUS 对这四种斑块组织的预测准确度分别是：纤维斑块为 93.4%；纤维脂肪斑块为 94.6%；坏死核心为 95.1%；钙化斑块为 96.8%[102,103]。

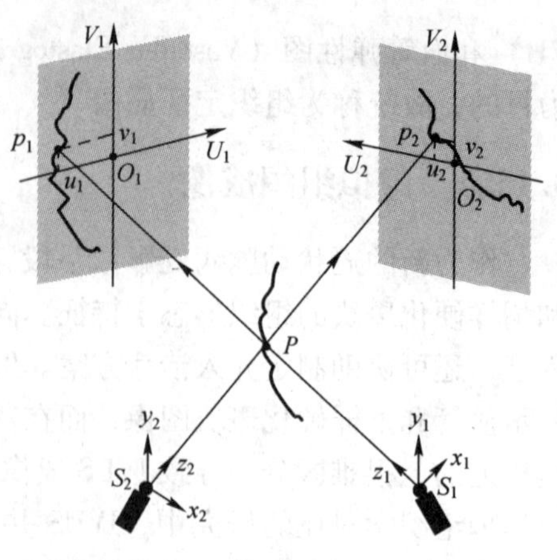

图 3-104　一帧 IVUS－VH 图像

目前来讲，VH－IVUS 是唯一一个可以在活体准确评估和分析冠状动脉内斑块的成分，并对斑块进行分类的技术。但是，目前只有美国 Volcano 公司生产的 IVUS 设备具有 VH－IVUS 的分析功能，也只有在它们的固态数字化技术的 Eagle－eye 20 MHz IVUS 导管上才可以作 VH－IVUS 的信息采集。同时，VH－IVUS 的图像采集是通过 ECG 门控采集射频数据的，也就是说在回撤 Eagle－eye 20 MHz IVUS 导管时，通过 IVUS 机器的控制台和病人的 ECG 信号 R－R 波的波幅去采集射频数据，然后再通过 IVUS 机器上的 VH－IVUS 软件对采集到的射频信号进行 VH－IVUS 图像分析，从而虚拟出粥样硬化斑块的组织成分图像。因此如果没有接上病人的 ECG 信号，或者病人 ECG 信号的 R 波波幅太低就不可能作 VH－IVUS 的图像分析。

3.13.2　弹性图

弹性显像是将组织在应力场中的应变情况以灰度或伪彩图像表示出来，亦即弹性图，并进而根据不同的应力－应变关系反映出组织的弹性特征。血管弹性图是一种显示管壁和斑块组织的生物力学特征的技术，用于评估斑块的易损性。建立在 IVUS 基础上的称为血管内超声弹性图（Intravascular Ultrasound Elastography，IVUSE），它是一种评价血管和斑块机械属性的技术，目前已成为检测易损斑块、预测斑块破裂、评价斑块发展趋势的有效工具。

IVUSE 是采用高频超声信号记录在不同管腔压力下得到的径向应变，对管壁和斑块组织进行弹性分析，计算管壁和斑块组织的应变值而构建的。其构建原理是：当有外力施加作用时，僵硬的、顺应性低的物质发生的形变较小，而顺应性高的物质发生的形变较大。

依据构建原理的不同，IVUSE 可分为两类：基于射频信号的 IVUSE 和基于图像处理的 IVUSE。

（1）基于射频信号的 IVUSE

由于在将射频信号转化为灰阶图像的过程中损失了部分信息，所以考虑到原始数据的高精度，理论上基于射频信号的 IVUSE 较之基于图像处理的 IVUSE 具有更高的分辨力和精度。但基于射频的 IVUSE 计算的是沿血管径向方向的组织变形，即径向应变，从本质上讲属于一维应变，而在实际情况下，组织的变形是三维的，包括径向、周向和纵向三个分量，所以 IVUSE 无法全面显示管壁和斑块组织的弹性信息，这种限制性是该技术难以克服的。此外，只有在组织运动方向与射频信号方向一致时才能获得可靠的应变估计。并且由于射频信号低信噪比的影响，很难获得对较短舒张末期区间中的较小应变的估计。同时并非所有的IVUS成像系统都允许对原始射频信号进行采集，因而限制了此类方法的临床应用。

（2）基于图像处理的IVUSE

虽然对于射频信号和背向散射信号的高级分析有助于更好地了解组织特征，是测量血流动力学参数的更客观的方法，但是目前临床采用的多数血管内超声成像设备的标准输出是常规灰度图像，不允许采集原始射频信号，因而限制了RF方法的广泛应用。

基于图像处理的IVUSE无需获取IVUS设备的原始射频信号，而是通过对灰阶图像的处理和分析构建血管弹性图。这种方法可计算斑块横截面上任意方向上的正应变和剪应变，其构建的是二维弹性图，所以较基于射频的IVUSE能更全面地反映斑块组织的弹性特征。但是该方法的前提是必须确保在两个不同管腔压力下的相同位置处获得对应的一组血管壁横截面图像。由于心脏运动和动脉管腔内搏动的血流会导致超声导管在管腔内产生复杂运动，所以图像的获取较困难。

国内医学和工科的科研人员围绕该问题开展了一系列的研究工作。例如，复旦大学汪源源教授领导的项目组在结合血流多普勒信号和血管内压力测量的冠脉弹性参数和等效阻抗的计算[105]方面开展了一系列的研究工作。山东大学齐鲁医院张运院士[106,107]和西安交通大学万明习教授[108]领导的项目组分别独立地对IVUS动脉血管壁弹性显像问题进行了深入研究。

未来的发展方向是降低方法的应用前提，在从IVUS灰阶图像序列中获取血管壁组织随血流施压变化产生的运动场的基础上，根据力学理论得到各帧血管壁横截面图像上各点的应力和应变值。

参考文献

［1］郭兴明．医学成像技术［M］．重庆：重庆大学出版社．2005.

［2］夏国园．超声诊断技术［M］．北京：高等教育出版社．2005.

［3］Schoenhagen P（著），胡大一，等（译）．轻松掌握血管内超声［M］．北京：人民军医出版社，2009.

［4］Hetterich H，Redel T，Lauritsch G，*et al.* New X－ray imaging modalities and their integration with intravascular imaging and interventions［J］. International Journal of Cardiovascular Imaging. 2010，26（7）：797–808.

［5］侯江涛．血管内超声技术目前的发展方向［J］. 9th Annual Scientific Congress of China Interventional Therapeutics 2011（CIT2011）. Beijing，China，Mar. 16–19，2011.

［6］Perona P，Malik J. Scale space and edge detection using anisotropic diffusion［C］. IEEE Transactions on Pattern Analysis and Machine Intelligence. 1990，12（7）：629–639.

［7］Olszewski ME，Wahle A，Vigmostad SC，*et al.* Multidimensional segmentation of coronary intravascular ultrasound images using knowledge－based methods［J］. Proceedings of SPIE Conference on Medical Imaging and Image Processing. San Diego，USA，Feb. 13–17，2005，5747：496–504.

［8］Zhu X，Zhang P，Shao J，*et al.* A snake－based method for segmentation of intravascular ultrasound images and its in vivo validation［J］. Ultrasonics. 2011，51（2）：181–189.

[9] Brusseau E, de Korte CL, Mastik F, *et al.* Fully automatic luminal contour segmentation in intracoronary ultrasound imaging –a statistical approach [C]. IEEE Transactions on Medical Imaging. 2004, 23 (5): 554 –566.

[10] Filho ES, Yoshizawa M, Tanaka A, *et al.* Detection of luminal contour using fuzzy clustering and mathematical morphology in intravascular ultrasound images [C]. Proceedings of 27th Annual International Conference of the IEEE EMBS, Shanghai, China, Sep. 1 –4, 2005, 4: 3471 –3474.

[11] Giannoglou GD, Chatzizisis YS, Koutkias V, *et al.* A novel active contour model for fully automated segmentation of intravascular ultrasound images: in vivo validation in human coronary arteries [M]. Computers in Biology and Medicine. 2007, 37 (9): 1292 –1302.

[12] Papadogiorgaki M, Mezaris V, Chatzizisis YS, *et al.* Image analysis techniques for automated IVUS contour detection [M]. Ultrasound in Medicine and Biology. 2008, 34 (9): 1482 –1498.

[13] Bucher S, Carlier S, Slabaugh G, *et al.* Shape – driven segmentation of the arterial wall in intravascular ultrasound images [C]. IEEE Transactions on Information Technology in Biomedicine. 2008, 12 (5): 335 –347.

[14] Bovenkamp EGP, Dijkstra J, Bosch JG, *et al.* User – agent cooperation in multiagent IVUS image segmentation [C]. IEEE Transactions on Medical Imaging. 2009, 28 (1): 94 –105.

[15] Zhang Q, Wang Y, Wang W, *et al.* Automatic segmentation of calcifications in intravascular ultrasound images using snakes and the contourlet transform [M]. Ultrasound in Medicine and Biology. 2010, 36 (1): 111 –129.

[16] Moraes M, Furuie S. Automatic coronary wall segmentation in intravascular ultrasound images using binary morphological reconstruction [M]. Ultrasound in Medicine and Biology. 2011, 37 (9): 1486 –1499.

[17] Ciompi F, Pujol O, Gatta C, *et al.* HoliMAb: a holistic approach for media – adventitia border detection in intravascular ultrasound [M]. Medical Image Analysis. 2012, 16 (6): 1085 –1100.

[18] Cardinal M, Soulez G, Tardif J, *et al.* Fast – marching segmentation of three – dimensional intravascular ultrasound images: a pre – and post – intervention study [J]. Medical Physics. 2010, 37 (7): 3633 –3647.

[19] 孙正，杨宇．基于 snake 模型的 IVUS 图像序列三维分割方法 [J]．工程图学学报．2011, 22 (6): 25 –32.

[20] Kass M, Witkin A, Terzopoulos D. Snakes: active contour models [J]. International Journal of Computer Vision. 1987, 1 (4): 321 –331.

[21] Sonka M, Zhang XM, Siebes M, *et al.* Segmentation of intravascular ultrasound images: a knowledge – based approach [C]. IEEE Transactions on Medical Imaging. 1995, 114 (4): 119 –732.

[22] Takagi A, Hibi K, Zhang X, *et al.* Automated contour detection for high frequency intravascular ultrasound imaging: a technique with blood noise reduction for edge enhancement

[J]. Ultrasound in Medicine and Biology. 2000, 26 (1): 1033 -1041.

[23] Bouma CJ, Niessen WJ, Zuiderveld KJ, *et al.* Automated lumen definition from 30MHz intravascular ultrasound images [M]. Medical Image Analysis. 1997, 1: 363 -377.

[24] Lobregt S and Viergever MA. A discrete dynamic contour model [C]. IEEE Transactions on Medical Imaging. 1995, 14 (1): 12 -24.

[25] Pardo XM, Radeva P, Cabello D. Discriminant snakes for 3-D reconstruction of anatomical organs [M]. Medical Image Analysis. 2003, 7 (3): 293 -310.

[26] Cardinal MHR, Meunier J, Soulez G, *et al.* Intravascular ultrasound images segmentation: a fast marching method [J]. Medical Image Computing and Computer Assisted Intervention. 2003, 432 -439.

[27] Sifakis E, Garcia C, Tziritas G. Bayesian level set for image segmentation [J]. Image Representation. 2002, 13 (1 -2): 44 -64.

[28] Cardinal MHR, Meunier J, Soulez G, *et al.* Automatic 3-D segmentation of intravascular ultrasound images using region and contour information [J]. Medical Image Computing and Computer Assisted Intervention. 2005, 3749: 319 -326.

[29] Cardinal MHR, Meunier J, Soulez G, *et al.* Intravascular ultrasound image segmentation: a three - dimensional fast - marching method based on gray level distributions [C]. IEEE Transactions on Medical Imaging. 2006, 25 (5): 590 -602.

[30] Brusseau E, de Korte CL, Mastik F, *et al.* Fully automatic luminal contour segmentation in intracoronary ultrasound imaging: a statistical approach [C]. IEEE Transactions on Medical Imaging. 2004, 23 (5): 554 -566.

[31] Haas C, Ermert H, Holt S, *et al.* Segmentation of 3 - D intravascular ultrasonic images based on a random field model [M]. Ultrasound in Medicine and Biology. 2000, 26 (2): 297 -306.

[32] Friedland N, Adam D. Automatic ventricular cavity boundary detection from sequential ultrasound images using simulated anneal [C]. IEEE Transactions on Medical Imaging. 1989, 8 (4): 344 -353.

[33] Dias J, Leitao J. Wall position and thickness estimation from sequences of echocardiograms images [C]. IEEE Transactions on Medical Imaging. 1996, 15 (1): 25 -38.

[34] Olszewski ME, Wahle A, Mitchell SC, *et al.* Segmentation of intravascular ultrasound images: A machine learning approach mimicking human vision [J]. International Congress Series, 2004, 1268: 1045 -1049.

[35] Bovenkamp EGP, Dijkstra J, Bosch JG, *et al.* Multi - agent segmentation of IVUS images [J]. Pattern Recognition. 2004, 37 (4): 647 -663.

[36] Yoshifumi Saijo, Tomoyuki Yambe. Segmentation of calcification regions in intravascular ultrasound images by adaptive thresholding [C]. Proceedings of19th IEEE Symposium on Computer - Based Medical Systems, 2006: 446 -454.

[37] Bucher S, Carlier S, Slabaugh G, *et al.* Shape - driven segmentation of the arterial wall in intravascular ultrasound images [C]. IEEE Transactions on Information Technology in Bio-

medicine. 2008, 12 (5): 335 -347.

[38] Mendizabal - Ruiz G, Rivera M, Kakadiaris IA. A probabilistic segmentation method for the identification of luminal borders in intravascular ultrasound images [C]. Proceedings of IEEE Conference on Computer Vision and Pattern Recognition, 23-28, June 2008: 1 -8.

[39] Nocedal J, Wright S. Numerical optimization [M]. Springer Press, 1999.

[40] 孙丰荣，刘泽，李艳玲，等. 一种改进的自适应形变模型及其血管内超声图像边缘提取应用 [J]. 中国生物医学工程学报. 2008, 27 (2): 276 -281.

[41] McInemey T, Terzopoluos D. T - snakes: topology adaptive snakes [J]. Medical Image Analysis. 2000, 4 (2): 73-91.

[42] Shekhar R, Cothren RM, Vince DG, *et al.* Three - dimensional segmentation of luminal and adventitial borders in serial intravascular ultrasound images [J]. Computerized Medical Imaging and Graphics. 1999, 23: 299 -309.

[43] Williams DJ, Shah M. Fast algorithm for active contours and curvature estimation [J]. Image Understanding. 1992, 55 (1): 14 -26.

[44] Klingensmith JD, Shekhar R, Vince DG. Evaluation of three dimensional segmentation algorithms for the identification of luminal and medial - adventitial borders in intravascular ultrasound images [C]. IEEE Transactions on Medical Imaging. 2000, 19 (10): 996 -1011.

[45] Chalana V, Kim Y. A methodology for evaluation of boundary detection algorithms on medical images [C]. IEEE Transactions on Medical Imaging. 2000, 16 (5): 1211 -1219.

[46] Klingensmith JD, Tuzcu EM, Nissen SE, *et al.* Validation of an automated system for luminal and medial - adventitial border detection in three - dimensional intravascular ultrasound [J]. International Journal of Cardiovascular Imaging. 2003, 19 (1): 93 -104.

[47] Kovalski G, Beyar R, Shofti R, *et al.* Three - dimensional automatic quantitative analysis of intravascular ultrasound images [J]. Ultrasound in Medicine and Biology. 2000, 26 (4): 527 -537.

[48] de Korte CL, Sierevogel MJ, Mastik F, *et al.* Identification of atherosclerotic plaque components with intravascular ultrasound elastography in vivo [J]. Circulation. 2002, 105 (14): 1627 -1630.

[49] Nair A, Kuban BD, Obuchowski N, *et al.* Assessing spectral algorithms to predict atherosclerotic plaque composition with normalized and raw intravascular ultrasound data [J]. Ultrasound in Medicine & Biology. 2001, 27 (10): 1319 -1331.

[50] Spencer T. Characterization of atherosclerotic plaque by spectral analysis of 30 MHz intravascular ultrasound radio frequency data [C]. IEEE Ultrasonics symposium. 1996: 1073 -1076.

[51] Zhang X, McKay CR, Sonka M. Tissue characterization in intravascular ultrasound images [C]. IEEE Transactions on Medical Imaging. 1998, 17 (6): 889 -899.

[52] Pujol O, Rosales M, Radeva P, *et al.* Intravascular ultrasound images vessel characterization using adaboost. Functional Imaging and Modeling of the Heart: Lecture Notes in Computer Science [M]. Springer Berlin Heidelberg. 2003: 242 -251.

[53] Ojala T, Pietikainen M, Maenpaa T. Multiresolution gray - scale and rotation invariant tex-

ture classification with local binary patterns [J]. IEEE Transactions on Pattern Analysis and Machine Intelligence. 2002, 24 (7): 971 -987.

[54] Tuceryan M. Moment based texture segmentation [M]. Pattern Recognition Letters. 1994, 15: 659 -668.

[55] Caelli T, Oguztoreli MN. Some tasks and signal dependent rules for spatial vision [M]. Spatial Vision. 1987, 2 (4): 295 -315.

[56] Lindeberg T. Scale - space theory: a basic tool for analyzing structures at different scales [J]. Journal of Applied Statistics. 1994, 21 (2): 225 -270.

[57] Katouzian A, Elisa EK. Texture - driven coronary artery plaque characterization using wavelet packet signatures [C]. IEEE International Symposium on Biomedical Imaging. 2008, 5: 14 -17.

[58] Papagcorgiou C, Oren M, Poggio T. A general framework for object detection [C]. Proceedings of 6th IEEE International Conference on Computer Vision. Bombay, Jan 4-7, 1998: 555 -562.

[59] Viola P, Jones M. Rapid object detection using a boosted cascade of simple features [C]. Proceedings of the IEEE Conference on Computer Vision and Pattern Recognition, 2001, 1: 1511 - 1517.

[60] Viola P, Jones M. Robust real - time object detection [J]. International Journal of Computer Vision. 2002, 57 (2): 137 -154.

[61] 谢菲. 图像纹理特征的提取和图像分类系统研究与实现 [J]. 成都: 电子科技大学, 2009.

[62] 秦锋, 杨波, 程泽凯. 分类器性能评价标准研究 [J]. 计算机技术与发展. 2006, 16 (10): 85 -88.

[63] Ciompi F, Pujol O, Balocco S, *et al.* Automatic key frames detection in intravascular ultrasound sequences [J]. Proceedings of MICCAI Workshop in Computing and Visualization for (Intra) Vascular Imaging (CVII). Toronto Canada, Sep 18 - 22, 2011.

[64] Amores J, Radeva P. Registration and retrieval of highly elastic bodies using contextual information [J]. Computer Vision Center. 2005, 26: 1720 -1731.

[65] Amores J, Radeva P. Non - rigid Registration of Vessel Structures in IVUS Images [J]. Lecture Notes in Computer Science. 2003: 45 -52.

[66] Gold S, Rangarajan A, Lu CP, *et al.* New algorithms for 2 - D and 3-D point matching: pose estimation and correspondence [J]. Pattern Recognition. 1998, 31 (8): 1019 -1031.

[67] Bookstein FL. Principal warps: thin - plate splines and the decomposition of deformations [C]. IEEE Transactions on Pattern Analysis and Machine Intelligence. 1989, 11 (6): 567 -585.

[68] Rohr K, Stiehl HS, Sprengel R, *et al.* Landmark - based elastic registration using approximating thin - plate splines [C]. IEEE Transactions on Medical Imaging. 2000, 20 (6): 526 -534.

[69] Rosales M, Radeva P, Rodriguez - Leor O, *et al.* Modeling of image - catheter motion for 3-D IVUS [J]. Medical Image Analysis. 2009, 13 (1): 91 -104.

[70] Nadkarni SK, Boughner DR, Fenster A. Image - based cardiac gating for three - dimensional intravascular ultrasound [J]. Ultrasound in Medicine and Biology. 2005, 31 (1): 53 –63.

[71] Zhu H, Oakeso KD, Friedman MH. Retrieval of cardiac phase from IVUS sequences [J]. Proceedings of SPIE Conference on Medical Imaging 2003: Ultrasonic Imaging and Signal Processing, 2003, 5035: 135 –146.

[72] Barajas J, Caballero KL, Rodriguez - Leor O, *et al.* Cardiac phase extraction in IVUS sequences using 1 - D gabor filters [C]. Proceedings of 29th Annual International Conference of the IEEE Engineering in Medicine and Biology Society (EMBS 2007) . Los Alamitos, Aug. 22 - 26, 2007: 343 –346.

[73] Winter SA, Hamers R, Degertekin M, *et al.* Retrospective image - based gating of intracoronary ultrasound images for improved quantitative analysis: The intelligate method [J]. Catheterization and Cardiovascular Interventions. 2004, 61 (1): 84 –94.

[74] O' Malley SM, Granada JF, Carlier S, *et al.* Image - based gating of intravascular ultrasound pullback sequences [C]. IEEE Transactions on Information Technology in Biomedicine. 2008, 12 (3): 299 –306.

[75] Gatta C, Pujol O, Leor OR, *et al.* Robust image based IVUS pullbacks gating [J]. Proceedings of 11th International Conference on Medical Image Computing and Computer - Assisted Intervention Part II (MICCAI 2008). 2008, 5242: 518 –525.

[76] Sun Z, Yan Q. An off - line gating method for suppressing motion artifacts in ICUS sequence [J]. Computers in Biology and Medicine. 2010, 40 (11): 860 –868.

[77] Hernàndez - Sabaté A, Gil D, Garcia - Barnés J, *et al.* Image - based cardiac phase retrieval in intravascular ultrasound sequences [C]. IEEE Transactions on Ultrasonics, Ferroelectrics, and Frequency Control. 2011, 58 (1): 60 –72.

[78] Sanz - Requena R, Moratal D, Garcia - Sanchez D R, *et al.* Automatic segmentation and 3D reconstruction of intravascular ultrasound images for a fast preliminar evaluation of vessel pathologies [J]. Computerized Medical Imaging and Graphics. 2007, 31 (2): 71 –80.

[79] Andreas W, Steven C M, Mark E O, *et al.* Accurate visualization and quantification of coronary vasculature by 3-D/4-D fusion from biplane angiography and intravascular ultrasound [J]. Proceedings of SPIE Conference on Biomonitoring and Endoscopy Technologies, Jan. 19, 2001, 4158: 144 –155.

[80] Prause GPM, DeJong SC, McKay CR, *et al.* Towards a geometrically correct 3D reconstruction of tortuous coronary arteries based on biplane angiography and intravascular ultrasound [J]. International Journal of Cardiac Imaging. 1997, 13 (6): 451 –462.

[81] Wahle A, Prause GPM, DeJong SC, *et al.* Geometrically correct 3-D reconstruction of intravascular ultrasound images by fusion with biplane angiography—methods and validation [C]. IEEE Transactions on Medical Imaging. 1999, 18 (8): 686 –699.

[82] Slager CJ, Wentzel JJ, Schuurbiers JC, *et al.* True 3-dimensional reconstruction of coronary arteries in patients by fusion of angiography and IVUS (ANGUS) and its quantitative validation [J]. Circulation. 2000, 102 (5): 511 –516.

[83] Bourantas CV, Kourtis IC, Plissiti ME, *et al.* A method for 3D reconstruction of coronary arteries using biplane angiography and intravascular ultrasound images [J]. Computerized Medical Imaging and Graphics. 2005, 29 (8): 597 –606.

[84] Sun Z, Li M. Reconstruction of coronary vessels from intravascular ultrasound image sequence [J]. Computerized Medical Imaging and Graphics. 2013, 37 (7 – 8): 618 - 627.

[85] Yonghoon R, McPherson DD, Hyunggun K. Volumetric three – dimensional intravascular ultrasound visualization using shape – based nonlinear interpolation [J]. BioMedical Engineering OnLine. 2013, 12 (1): 39.

[86] Stéphane C, Rich D, Tristan S, *et al.* A new method for real – time co – registration of 3D coronary angiography and intravascular ultrasound or optical coherence tomography [J]. Cardiovascular Revascularization Medicine. 2014, 15 (3): 226 –232.

[87] Laban M, Oomen JA, Slager CJ, *et al.* ANGUS: a new approach to three dimensional reconstruction of coronary vessels by combined use of angiography and intravascular ultrasound [C]. Proceedings of IEEE International Conference on Computers in Cardiology. 1995: 325 –328.

[88] WhaleA, Prause GPM, DeJong SC, *et al.* Fusion of angiography and intravascular ultrasound in vivo: establishing the absolute 3 – D frame orientation [C]. IEEE Transactions on Biomedical Engineering. 1999, 46 (10): 1176 –1180.

[89] PrauseGPM, DeJong SC, McKay CR, *et al.* Geometrically correct 3 – D reconstruction of coronary wall and plaque: combining biplane angiographiy and intravascular ultrasound [C]. Proceedings of IEEE Conference on Computers in Cardiology. 1996: 325 –328.

[90] Hoffmann KR, Wahle A, Pellot – Barakat C, *et al.* Biplane X – ray angiograms, intravascular ultrasound, and 3D visualization of coronary vessels [J]. International Journal of Cardiac Imaging. 1999, 15: 495 –512.

[91] Wahle A, Prause GPM, von Birgelen C, *et al.* Automated calculation of the axial orientation of intravascular ultrasound images by fusion with biplane angiography [J]. Proceedings of SPIE Conference on Medical Imaging 1999: Image Processing, San Diego CA, February 22 – 25, 1999: 1094 –1104.

[92] Cothren RM, Shekhar R, Tuzcu EM, *et al.* Three – dimensional reconstruction of the coronary artery wall by image fusion of intravascular ultrasound and bi – plane angiography [J]. International Journal of Cardiac Imaging. 2000, 16: 69 –85.

[93] Godbout B, Ing M, de Guise JA, *et al.* 3D elastic registration of vessel structures from ICUS data on biplane angiography [J]. Academic Radiology. 2005, 12 (1): 10 –16.

[94] Wahle A, Lopez JJ, Olszewski ME, *et al.* Plaque development, vessel curvature, and wall shear stress in coronary arteries assessed by X – ray angiography and intravascular ultrasound [J]. Medical Image Analysis—Functional Imaging and Modeling of the Heart. 2006, 10 (4): 615 –631.

[95] Medina R, Wahle A, Olszewski ME, *et al.* Three methods for accurate quantification of plaque volume in coronary arteries [J]. The International Journal of Cardiovascular Imaging, 2003, 19: 301 –311.

[96] Liang Y, Zhu H, Friedman MH. Estimation of the transverse strain tensor in the arterial wall using IVUS image registration [J]. Ultrasound in Medicine and Biology. 2008, 34 (11): 1832 - 1845.

[97] Liang Y, Zhu H, Gehrig T, *et al.* Measurement of the transverse strain tensor in the coronary arterial wall from clinical intravascular ultrasound images [J]. Journal of Biomechanics, 2008, 41: 2906 -2911.

[98] Liang Y, Zhu H, Friedman MH. The correspondence between coronary arterial wall strain and histology in a porcine model of atherosclerosis [J]. Physics in Medicine and Biology. 2009, 54 (18): 5625 - 5641.

[99] Liang Y, Zhu H, Friedman MH. Measurement of the 3D arterial wall strain tensor using intravascular B - mode ultrasound images: a feasibility study [J]. Physics in Medicine and Biology. 2010, 55 (21): 6377 - 6394.

[100] Wahle A, Medina R, Braddy KC, *et al.* Impact of local vessel curvature on the circumferential plaque distribution in coronary arteries [J]. Proceedings of SPIE International Conference on Medical Imaging 2003: Physiology and Function; A. V. Clough and A. A. Amini, eds. 2003: 204 -213.

[101] 胡晓波，张梅. 血管内超声组织定征显像的研究现状 [J]. 中华超声影像学杂志. 2010, 19 (1): 77 -79.

[102] Garcìa - Garcìa HM, Gogas BD, Serruys PW, *et al.* IVUS - based imaging modalities for tissue characterization: similarities and differences [J]. International Journal of Cardiovascular Imaging. 2011, 27 (2): 215 -224.

[103] Sonka M, Downe RW, Garvin JW, *et al.* IVUS - based assessment of 3D morphology and virtual histology: prediction of atherosclerotic plaque status and changes [C]. Proceedings of 33rd Annual International Conference of the IEEE EMBS. Boston, Massachusetts USA: IEEE, 2011: 6647 -6650.

[104] Volcano. IVUS IMAGING: VH ® IVUS Imaging [EB/OL]. 2015. 01. 25. http: // www. volcanocorp. com/ products/ivus - imaging/vh - ivus. php

[105] Zhang Q, Steinman DA, Friedman MH. Use of factor analysis to characterize arterial geometry and predict hemodynamic risk: application to the human carotid bifurcation [J]. Journal of Biomechanical Engineering. 2010, 132 (11): 114505.

[106] 张鹏飞. 血管内超声弹性显像技术和弹性力学的基础和临床研究 [J]. 山东大学, 2005.

[107] Zhang P, Su H, Zhang M, *et al.* Atherosclerotic plaque components characterization and macrophage infiltration identification by intravascular ultrasound elastography based on B - mode analysis: validation in vivo [J]. The International Journal of Cardiovascular Imaging. 2011, 27 (1): 39 -49.

[108] Wan M, Li Y, Li J, *et al.* Strain imaging and elasticity reconstruction of arteries based on intravascular ultrasound video images [C]. IEEE Transactions on Biomedical Engineering. 2001, 48 (1): 116 -120.

第4章　光学相干断层成像及其图像的后处理

X 射线冠脉造影技术对于诊断冠脉粥样硬化已经很成熟，但是其二维投影成像以及相对较低的分辨率对于鉴别诊断正相重构和弥漫性病变有一定的困难，而且也无法判断粥样斑块的性质。虽然血管内超声是现阶段常与造影联合使用的成像技术，但较低的分辨率导致其应用受到一定限制。血管内光学相干断层（IntraVascular Optical Coherence Tomography，IV－OCT）成像系统是诊断血管病变，特别是冠状动脉疾病的新型介入影像技术，它通过使用近红外光，可以提供达到显微水平的血管内断层影像。这种成像技术具有卓越的高分辨率，可精确显示血管内的结构和斑块成分，还可以对斑块内巨噬细胞进行定量分析，这些能力提供了常见易损斑块－薄纤维帽脂质粥样斑块的精确识别。但是它仅仅是一种成像方法，仍需要采用数字图像处理技术对得到的血管腔光学断层扫描图像进行一系列的处理才能得到准确的血管轮廓、组织的具体成分或者病变的位置信息等。

本章在介绍 IV－OCT 的成像原理、图像特点和临床应用现状的基础上，对 IV－OCT 图像的计算机后处理进行详细介绍，主要包括图像分割、抑制运动伪影、三维重建血管以及与 IVUS 图像的融合等。

4.1　光学相干断层成像

光学相干断层成像（Optical Coherence Tomography，OCT）是 20 世纪 90 年代初期问世的一种影像手段，利用对人体无害的近红外线做光源，采用干涉技术实现断层成像，具有极高的分辨率（约为 10μm）。由于利用光导纤维（直径 100μm 左右）传输信号，可以制成很细的导管，并且可以即时成像，获得生物组织内部微观结构的高清晰图像，被誉为“体内的组织学显微镜”。

2002 年 OCT 技术开始应用于心血管疾病的诊断，Jang 等[1]首次同时应用 OCT 与 IVUS 对人体冠状动脉内的斑块特征进行比较研究，他们选择 10 例冠状动脉造影显示轻～中度狭窄的患者，同时获取 OCT 和 IVUS 图像，比较纤维斑块、钙化斑块、富含脂质斑块等方面，结果表明 OCT 比 IVUS 更加优越，分辨率更高，认为这种新成像技术可能在改善冠状动脉介入效果和识别易损斑块方面发挥重要作用。

近年来，血管内 OCT 成像技术在心血管疾病的影像诊断中的应用得到了很大的发展。美国 Lightlab Imaging 公司生产的 IV－OCT 成像仪如图 4-1 所示，2007 年在日本和欧洲获得批准上市，至今已积累了不少有价值的资料。我国从 2008 年起也陆续在不少医院开展该项技术诊断。

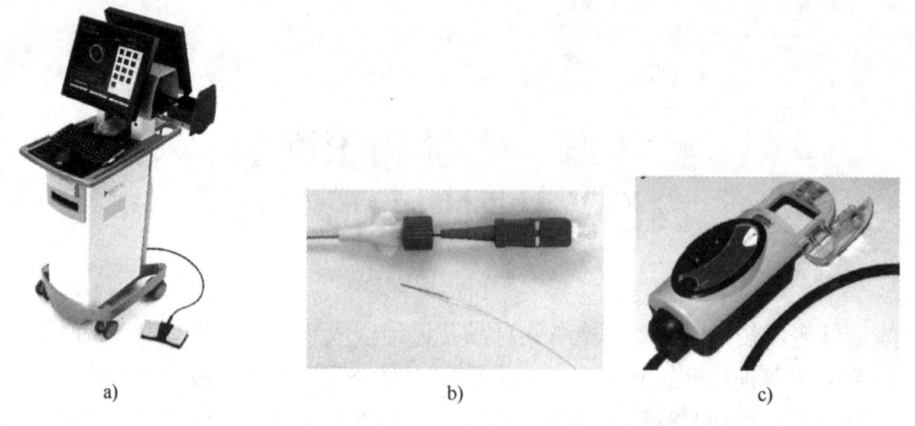
a)　b)　c)

图 4-1　美国 Lightlab Imaging 公司生产的 IV - OCT 成像仪实物照片
a）LightLab OCT 成像系统主机　b）IV - OCT 成像导丝　c）旋转探头接口单元

4.1.1　OCT 的成像原理

OCT 基于低相干光干涉测量法，从靶组织中散射的光波的时延对应于组织的不同深度，因此通过测量光在组织中的后向散射光的时延实现分层成像。这类似于超声成像的原理，由于光波的传播速度是声波的 10^6 倍，无法直接用电学方法测量光波的时延，因此采用迈克尔逊干涉仪测量时间延迟。

OCT 技术是采用 830 nm 的红外光等弱相干光作为光源的低相干干涉仪，通过接收背向散射光来产生干扰信号分析出不同的组织结构，经计算机处理后进行成像。OCT 成像系统的核心是迈克尔逊干涉仪（Michelson interferometer），添加相关增强效果的器件，如利用光纤作为传输介质，用自聚焦透镜代替普通光学透镜成像等，其成像原理如图 4-2 所示。低相干光源发出的光耦合进入迈克尔逊干涉仪，通过一个光纤耦合器使光分别进入干涉仪的两个臂。光经过一个共焦系统再经散射介质的背向散射后沿原路返回，在光纤耦合器中与参考光臂返回的参考光干涉。由于采用的是低相干光，相干长度很短，所以只有从散射介质中很薄一层中反射回来的光才会和参考光发生干涉。通过光电探测器探测干涉信号，经过信号处理后送入计算机进行图像重建，得到活体生物组织的二维图像[2]。OCT 具有很高的空间解析度，约为 1 ~ 15 μm，但是由于组织内的光散射现象，OCT 的穿透深度约在 2 mm。

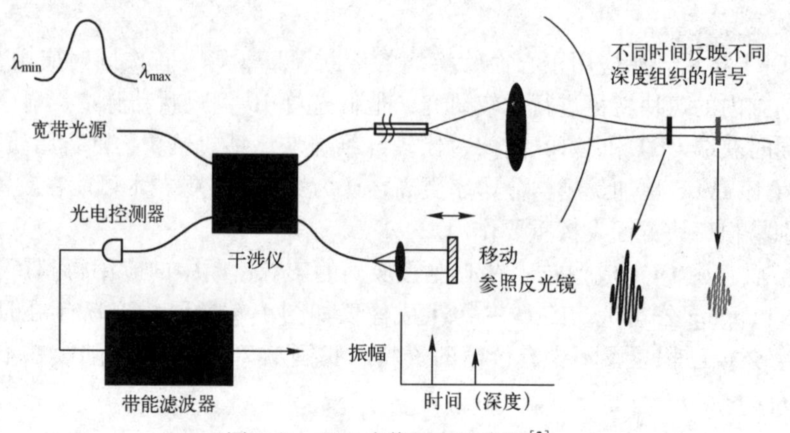

图 4-2　OCT 成像原理示意图[2]

按照信号处理方式的不同可将传统的 OCT 成像系统分为时域 OCT（Time Domain OCT，TD－OCT）和频域 OCT（Fourier Domain OCT，FD－OCT）。TD－OCT 是利用不同时间从组织反射回来的光信号与参考端反射回来的光信号发生干涉形成影像。由于需借助于参考端的相位延迟来取得样品的不同深度信息，所以成像速度比较慢。但是 TD－OCT 的性价比较高，足以完成大多数眼底及青光眼疾病的检查，技术比较成熟。FD－OCT 是将参考端的反光镜固定，改变光源的频率实现信号的干涉，在改善系统灵敏度的同时提高了采样速度，所以 FD－OCT 可以测得较深或较弱的背向散射信号，且二维成像时间大大缩短，目前许多 OCT 技术的开发研究均采用 FD－OCT。

FD－OCT 分为两种：频域式 OCT（Spectral Domain OCT，SD－OCT）和扫频式 OCT（Swept Source OCT，SS－OCT）。SD－OCT 是利用低相干光源、干涉仪和光谱仪组成高解析度的分光光度仪，得到不同波长的光干涉频谱，借由光栅将干涉信号进行波段发散，然后经过透镜聚光到 CCD 上，测得样品的深度信息。SS－OCT 是利用波长可变的扫频式光源发射不同波长的窄频频谱，在波长由短到长的快速变化过程中，此频谱经过干涉仪，平衡式检测器接收不同深度的干涉信号。它是在同一时间接收所有样本的所有回波，不需要参考臂的来回移动来检测和接收回波，也不需要 CCD 来探测信号，而是采用光探测器滤除干涉信号中的低频和直流信号，对散射造成的噪声的敏感度比较低。

4.1.2 OCT 的成像技术

IV－OCT 成像利用近红外光来探查血管内的微米级结构，分辨率远高于任何现有的成像技术。IV－OCT 与血管内超声的成像原理类似，都是用能量束在血管腔内进行 360°周向扫描，获得管腔横断面图像，区别只是用远红外光波代替了声波来测量反射光波的强度。

目前，IV－OCT 技术包括时域和频域两类，下面分别介绍。

（1）时域 IV－OCT

时域 IV－OCT 是最早应用的 OCT 成像技术，分光器将一半光线传输到测量导丝，另一半传输到参照臂，通过整合测量导丝和参考臂的信号，得到组织深度和信号强度的结果，再经过伪彩处理得到 OCT 图像。由于参考镜移动的延迟和分辨率的限制，时域 IV－OCT 扫描速度只有 20 f/s，导丝回撤速度为 2 mm/s。

由于血液（主要是红细胞）是一种非透明组织，近红外光不能透过血液，如果未对血液进行处置，光学的散射作用会造成信号衰减，OCT 成像就无法清晰地显示血管壁的结构。因此，在进行时域 IV－OCT 成像时，需要对管腔内的血液进行必要的处置。临床上应用的方法主要包括两种：不阻断血流的间断或连续冲洗下的 IV－OCT 成像和应用球囊导管阻断血流的 IV－OCT 成像，如图 4-3 所示。

（2）频域 IV－OCT

频域 IV－OCT 是新一代 OCT 技术，光源改进为不同频率的近红外光，不需要移动参考镜就可得到组织深度和信号强度，扫描速度提高到 100 f/s，导丝回撤速度提高到 20 mm/s，检查时间明显缩短，扫描一段 4～6 cm 的靶血管只需几秒钟[3]。频域 IV－OCT 不需要阻断球囊，成像时只需一次快速注射造影剂（约 4 ml/s）就可以排除血液干扰，减少了时域 IV－OCT因为球囊扩张和阻断血流引起的血管壁损伤和一过性的胸痛、心动过速或心动过缓等副作用。

随着成像技术的发展，目前IV－OCT技术能够以更高的帧频率成像，扫描成像速度可达20 mm/s，对一段长度为50 mm的血管进行扫描成像只需2.5 s，那么只要用少量的生理盐水或造影剂冲洗即可。一帧典型的IV－OCT图像如图4-4所示。

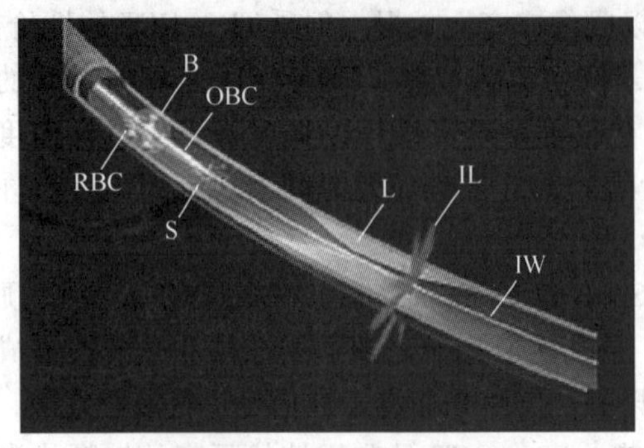

图4-3　应用球囊导管阻断血流的IV－OCT工作过程示意图
IW—OCT成像导丝　IL—远端探头发出近红外光
L—管腔内病变部位　OBC—管腔内近端的
阻断球囊导管　B—导管远端的球囊
RBC—管腔内血流　S—置换液

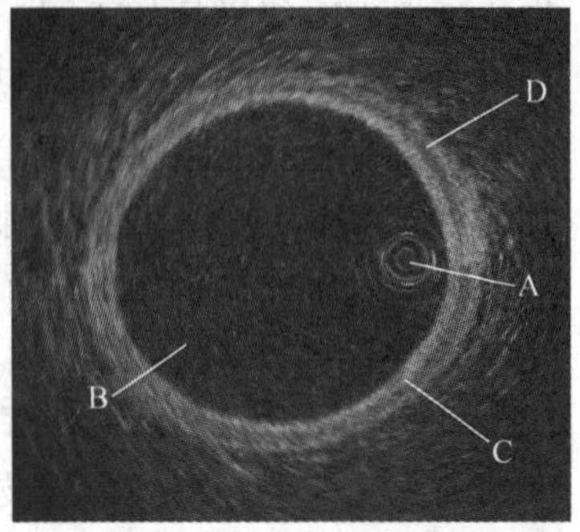

图4-4　一帧IV－OCT图像
A—导管　B—血管腔
C—内膜　D—中膜

4.1.3　OCT的临床应用

IV－OCT成像技术在心血管疾病的临床诊断和介入治疗中的应用主要包括：判断斑块形态及性质；检出易损斑块；协助识别血管内血栓（包括红血栓与白血栓）；观察支架置入术后的即刻效果；支架术后随访，观察支架内皮修复及内膜增生等[4]。

（1）判断斑块形态及性质

IV－OCT可以分辨出三种不同组织类型的斑块，分别为纤维、纤维钙化及富含脂质的斑块。纤维成分为主的斑块主要表现为均匀的高信号区，钙化主要表现为边界清晰的、均一的低信号带，而脂质斑块表现为边界不清晰的低信号区。通过与组织标本的病理学检查结果比较，IV－OCT对诊断钙化及富含脂质的斑块均有较高的敏感性和特异性。

（2）检出易损斑块

临床病理研究表明，冠状动脉粥样硬化斑块破裂、继而血栓形成，是造成急性冠状动脉综合征的主要原因。因此，及早发现那些易于破裂的斑块即易损斑块是十分关键的。病理研究显示，易损斑块表现为薄的纤维帽（小于65 μm）、较大的坏死脂质核心及靠近纤维帽的巨噬细胞聚集。迄今为止，各种常规应用的影像学检查手段均不能可靠地识别易损斑块。血管造影仅能观察血管腔的变化，不能识别斑块内的性质；IVUS分辨率有限（100 μm），不能清晰显示低于100 μm的纤维帽厚度（易损斑块纤维帽厚度通常小于60 μm）。

目前IV－OCT是唯一可准确检测体内易损斑块的手段，可以发现和量化粥样斑块中的巨噬细胞成分，检出薄纤维帽斑块、破裂斑块及病变内巨噬细胞的聚集情况，准确界定易损斑块的组织特点，准确测量纤维帽厚度，发现斑块破损处。斑块中所含的巨噬细胞成分有高的光折射率，表现为强的光散射，OCT影像特征为高亮度、高衰减和背向阴影；粥样斑块的薄纤维帽IV－OCT成像表现为大片低信号区域之上的薄高信号条带。

（3）协助识别血管内血栓

体外血栓模型研究显示红血栓对 OCT 信号呈高衰减，而白血栓呈低衰减，此点有助于 IV - OCT 对血管内血栓性质的鉴别。

(4) 观察支架置入术后的即刻效果

IV - OCT 作为 PCI 术的辅助诊断工具有很高的可行性，置入支架后即刻进行 IV - OCT 检查可以清晰显示支架是否完全贴壁、是否完全扩张和支架支撑杆是否分布均匀等，可以精确识别球囊扩张引起的内膜撕裂、管腔内血栓、切割球囊切口数和组织脱垂和支架贴壁不良，通常切口位置的确定可使非顺应性斑块的扩张更加容易，而支架贴壁不良则是再狭窄和亚急性血栓的主要诱因[5]。这些原因都是冠脉造影发现不了的，由于分辨率的限制，IVUS 通常也不能很好地显示切割球囊切口和支架贴壁不良，IV - OCT 的这些优势是冠状动脉造影和血管内超声无法比拟的。

IV - OCT 技术使支架置入术后的冠脉血管、斑块和支架的关系清晰可见，有利于对支架术后的效果进行评价，指导术者确定治疗策略，如是否需要进行后扩张、是否需要抗凝治疗等。

(5) 支架术后随访

IVUS 成像通常用于评估冠脉支架术后效果，但是支架的金属结构使图像的质量降低，以至于 IVUS 不能提供更多的细节。而因为 IV - OCT 比 IVUS 具有更高分辨率和更少的边缘伪像，因此 IV - OCT 可以稳定地显示出内膜撕裂、组织脱垂以及支架贴壁不良，计算内膜覆盖的百分比[6]。

为克服金属裸支架术后内膜过度增殖而导致的再狭窄，药物洗脱支架（DES）逐渐应用于临床。但是置入药物洗脱支架后，支架表面内膜覆盖不全引起晚期血栓的案例却逐渐增多，因此如何检测药物洗脱支架术后内膜的覆盖情况也是必须关注的。药物洗脱支架内膜增生的程度不一，对于包含较薄的几层细胞的新生内膜组织，血管内超声通常难以成像，而具有较高分辨率的 IV - OCT 不但可以成像，而且还能评价支架扩张以及支架对血管壁的影响。IV - OCT 对于观察不同药物洗脱支架置入后对内皮愈合的影响有重要价值，并可精确测量内膜增生厚度，观察有无获得性晚期支架贴壁不良的现象发生。

4.1.4 OCT 与超声的比较

IV - OCT 和 IVUS 均为血管腔内成像技术，成像原理类似，二者的区别主要表现在下面几个方面。

(1) 成像分辨率

IVUS 成像的分辨率只有 100 μm，而 IV - OCT 可以达到 10 ~ 20 μm，是 IVUS 的 10 倍，接近组织学分辨率，是目前分辨率最高、成像最清晰的血管内成像技术。因此，有人将 IV - OCT 称为“光活检”。

与 IVUS 比较，IV - OCT 能更好地显示血管壁的各层，伪影较少，对斑块及内膜的成像更精确，对比度更高。IV - OCT 除了可检测出 IVUS 能检测出的大多数结构特征，还能提供另外的、更详细的形态结构信息，如能识别血管壁和管腔的形态学改变，包括管腔大小、斑块情况、血管夹层、血栓、组织裂片、支架几何形状、支架贴壁情况和支架扩张后的对称性等，从而改善对斑块的特征认识，有利于早期识别高危破裂斑块，指导临床治疗。IV - OCT 对评价冠状动脉节段的内膜 - 中膜厚度比 IVUS 更准确，与组织学有良好相关性。

（2）组织穿透深度

IV－OCT 的组织穿透深度小，一般为 1～3 mm，使得血管壁的可见细节较少，当血管壁过度增厚时，难以清楚地分辨血管壁结构，这是 IV－OCT 的主要缺陷之一；而 IVUS 的组织穿透能力较强，可达到 4～8 mm，能在活体中描述血管壁复杂的解剖结构。

（3）是否需阻断血流

在 IV－OCT 成像过程中需要阻断血流，可能增加患者心肌缺血并发症的发病几率，无法常规用于左主动脉；而 IVUS 不需要阻断血流，可以较长时间及重复检查，可用于分叉病变和左主动脉病变的诊断。

（4）成像系统

与 IVUS 相比，IV－OCT 成像系统的结构简单，光导纤维的价格较低廉。IV－OCT 系统中没有传感器，只有光导纤维，使得其导管直径可以做得很小，达到 0.014 in（约为 0.36mm），而用于冠脉内显像的超声导管直径为 0.96～1.17 mm，约为 IV－OCT 的 3 倍。

4.1.5 OCT 技术存在的不足[7]

目前 IV－OCT 技术也有一定的不足，主要包括如下几方面：

1）IV－OCT 所用的近红外光穿透性不强，光束在组织中有多重反射，当透过血液和组织成像时会发生血液干扰，图像质量明显下降。

2）成像导管处于血液环境中，单位体积血液内的大量红细胞对 OCT 光源可产生广泛的散射，从而导致血管壁局部图像失真。第一代 OCT 导管主要采用两种手段克服这种情况：在成像部位注射生理盐水以阻止红细胞的进入，或者应用低压阻断球囊导管（小于 0.5 atm）在病变近端阻止血液流动，再利用生理盐水代替局部血液来进行成像，方能获得较清晰的图像。因此对左主干病变、开口病变和心功能较差患者不适宜 OCT 检查，这是临床应用的最大限制。第二代 OCT 导管已克服该缺点，不再用球囊导管阻塞血流，大大增加了技术的安全性并方便了临床应用。

3）组织穿透深度小（仅 1～1.5 mm，而 IVUS 为 4～8 mm），扫描范围小（7 mm，IVUS 为 10～15 mm），对血管内有大量斑块及血栓的病变，IV－OCT 对整体图像的显示较为困难。

4）IV－OCT 成像导管由光导纤维组成，容易折断损害，操作时需格外小心，今后需对成像导丝作进一步改善。

目前，研究人员正在研发新一代的 IV－OCT 成像系统，用于成像的光源也在不断改进，新的 IV－OCT 成像系统有望在穿透性上有所改进，并且无须阻断冠脉血流，如 OFDI 可进一步增强图像分辨率和清晰度；虚拟组织 OCT（OCT－VH）用颜色标定对光束的后向散射与衰减，显示组织特征；内膜面沿长轴展开显示可直观地以平面方式显示血管病变；三维重建技术则可在三维空间显示血管结构。随着技术的不断进步，更加清晰、安全、准确的成像技术将用于诊断冠状动脉病变及评价介入治疗的效果。不久的将来，OCT 将不仅仅可以提供长血管壁的详细结构信息，也将可以提供血管内的血流动力学及显微动力学的完整信息。通过与 OCT 荧光技术及纳米颗粒标记的结合使用，将可以进一步扩大 OCT 的使用范围。

4.2 OCT 图像的特点

IV – OCT 图像为 RGB 格式的伪彩色图像，其中并不包含可用于区分不同血管壁组织和斑块组织的颜色信息。本节详细介绍 IV – OCT 图像的特点及可能存在的伪影。

4.2.1 OCT 图像的特点

IV – OCT 是到目前为止分辨率最高的血管内成像技术，其轴向分辨率大约为 10 ~ 20 μm，是 IVUS 的 10 倍；侧向分辨率为 25 ~ 40 μm，接近组织水平[8]，穿透深度为 1 ~ 1.5 mm，成像帧数 15 f/s，可实现数字化存储。

IV – OCT 图像可以清晰地显示冠状动脉管腔及内膜下的病变或斑块等，具体包括如下：

1）血管信息。图 4–5 为正常血管的 IV – OCT 图像，清晰显示了管腔、内膜、中膜和外膜结构。内膜很薄，明亮并且细密，中膜较暗淡，外膜明亮略显疏松。通过 IV – OCT 图像还能够看到血管壁的细微结构改变、夹层、内膜裂片、内膜缺损、中层血管壁破裂等，而 IVUS 不能清晰地显示血管内膜和中膜破裂。

2）内膜增厚。IV – OCT 图像中内膜增厚的特征与健康血管类似，内膜明亮并且细密，但是显得厚实一些，如图 4–6 所示。

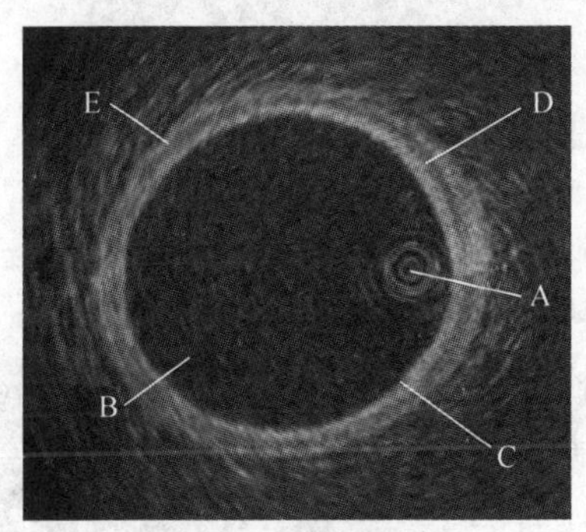

图 4–5 正常血管的 IV – OCT 图像

A—导管 B—血管腔 C—内膜 D—中膜 E—外膜

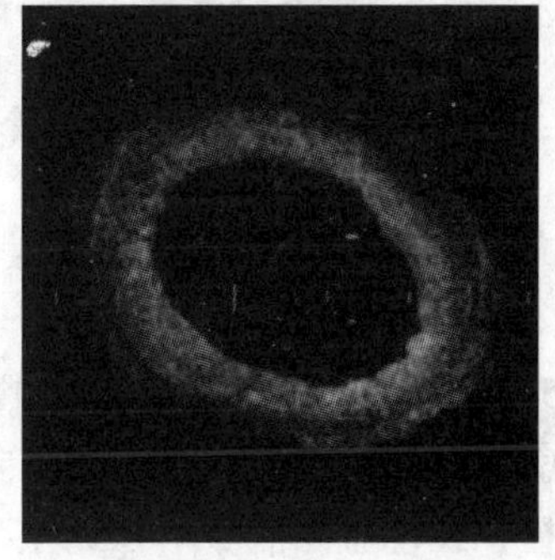

图 4–6 内膜增厚的血管 IV – OCT 图像

3）粥样硬化斑块。图 4–7 为各种病变斑块的 IV – OCT 图像，纤维斑块的特征是均一、无衰减的强信号区；纤维钙化斑块是边界清晰、质地不均一的弱信号区；富含脂质斑块是边界模糊、质地均匀，但有信号衰减的弱信号区。IV – OCT 成像对这三种类型的斑块具有非常高的敏感性和特异性。

4）支架。由于 IV – OCT 所采用的光源为近红外线，不能透过含有金属的支架支撑杆，IV – OCT 图像上支架支撑杆表现为支架内壁反射产生的高亮度散乱光，支架背面有反射阴影，如图 4–8a所示。IV – OCT 作为高分辨率成像可用于评价冠状动脉支架置入后即刻支架及支架周围组织结构改变情况，是其他手段无法比拟的，此外，IV – OCT 图像还能够清晰显示支架脱垂、支架贴壁、支架对称性等方面的信息，如图 4–8b 所示。

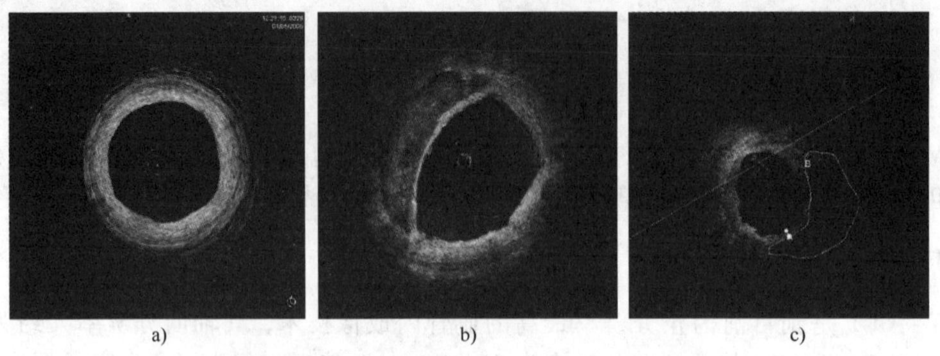

a)　　　　b)　　　　c)

图 4-7　含粥样硬化斑块血管 IV - OCT 图像

a）纤维斑块　b）纤维钙化斑块　c）富含脂质斑块

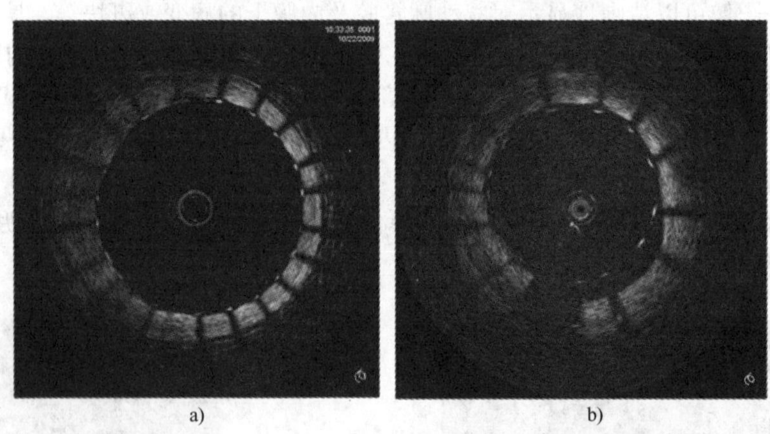

a)　　　　b)

图 4-8　支架置入术后的血管 IV - OCT 图像

a）置入支架后的血管 IV - OCT 图像　b）支架贴壁不良

5）血栓。IVUS 图像无法判断是否存在血栓。在 IV - OCT图像中，强信号区域但向后方递减的突出物即为血栓，红色血栓信号不强，呈现为高背反射并伴有阴影的图像；白色血栓信号强，呈现为阴影较少的低背反射图像[9]。血栓鉴别图像如图 4-9 所示，图中箭头所示为红色血栓，“＊”所指为白色血栓。但是 IV - OCT 的组织穿透深度小，一般为 1～3mm，使得图像中血管壁的可见细节较少，当血管壁过度增厚时，难以清楚地分辨血管结构，这是 IV - OCT 的主要缺陷之一。

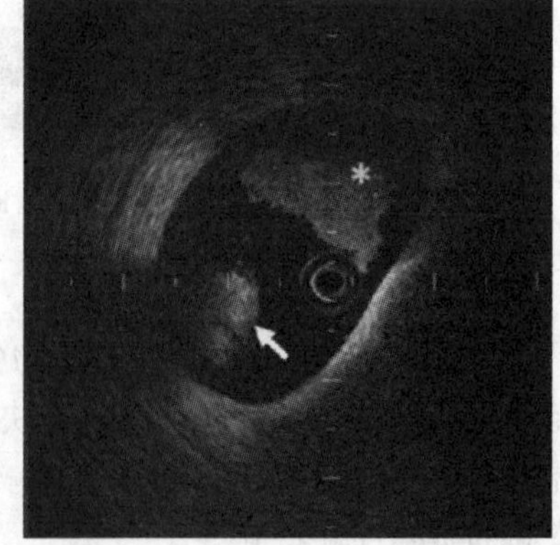

图 4-9　血栓鉴别 IV - OCT 图像

4.2.2　OCT 图像中的伪影[10]

IV - OCT 技术利用了光学技术、半导体激光技术、光学纤维传导技术、计算机图像处理技术等，采用干涉技术实现断层成像，具有极高的分辨率，可实现即时成像。但是，在图像采集和处理的过程中，受血管条件和部位影响等，可能产生一些人为假象或伪影，进而影响病变的判断。主要分为图像失真和图像显示不清两种情况。

（1）图像失真

图像失真的具体情况如下：

1）锯齿状伪影（Sew－up）。由于心脏跳动，造成在单个信号采集时冠状动脉或成像导管快速移动。在图像上表现为血管截面略呈椭圆形的扭曲变形，局部可见血管错层，呈明显“裂隙”状，如图4–10所示。

2）不均匀旋转失真（NURD）。在明显弯曲的血管部位检测时，由于成像导丝的张力使血管产生局部变形。图像显示的血管局部不连续，光信号强度不均匀，如图4–11所示。

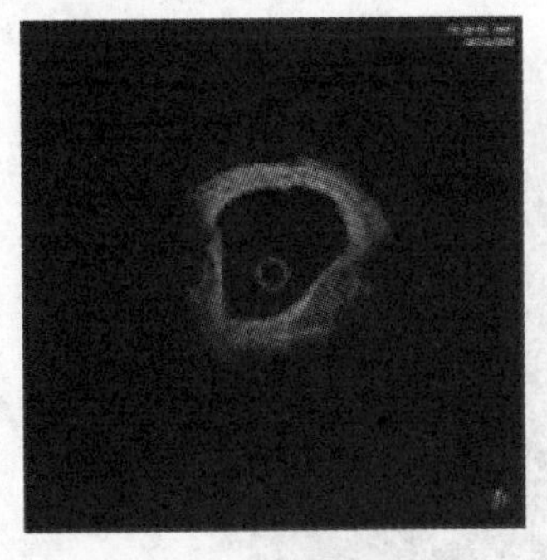

图4–10　锯齿状伪影（Sew－up）

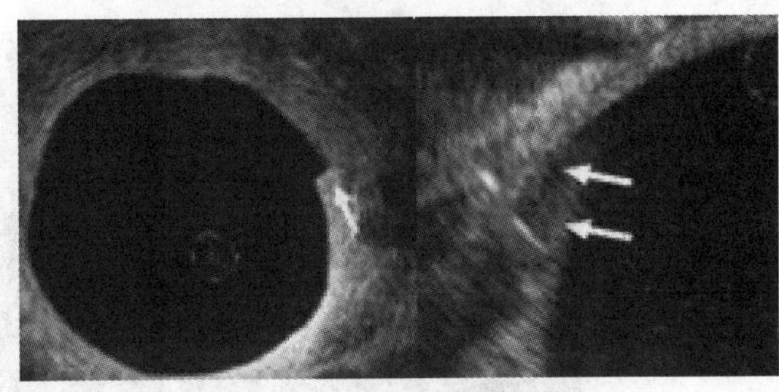

图4–11　不均匀旋转失真（NURD）

3）校准漂移（Z－offset）。受旋转力的作用，光纤的长度产生轻微增加或减少，进而造成图像径向位置的轻微变化，产成小的直径误差。为保证精确性，必须在开始检测之前的储存图像中调整校准Z－offset，如图4–12所示。

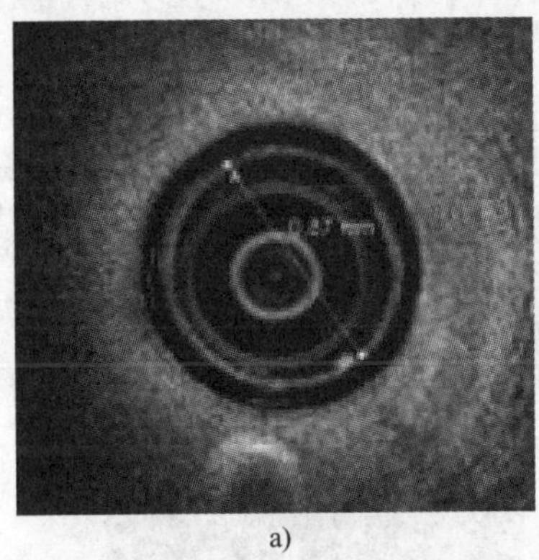

a)

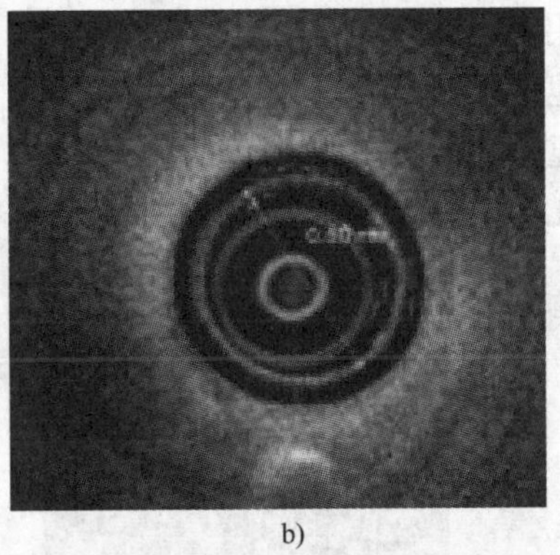

b)

图4–12　校准漂移Z－offset

a）开始回撤之前　b）刚开始回撤之后

4）色饱合现象。产生原因是来自一个或多个高镜像反射光（通常来自支架结构）的信号超过了数据采集系统的输入动态范围。干扰造成信号的传输超越了宽频范围，导致图像中带有强光带的条索样伪影，如图4–13所示。

（2）图像不清

图像不清的具体情况如下：

1）因冲洗致图像不清。主要原因为残余血液，少数为血栓。因为光信号不能通过红细胞，稀释的血液使血管腔内的OCT光信号衰减，从而使血管壁亮度降低，

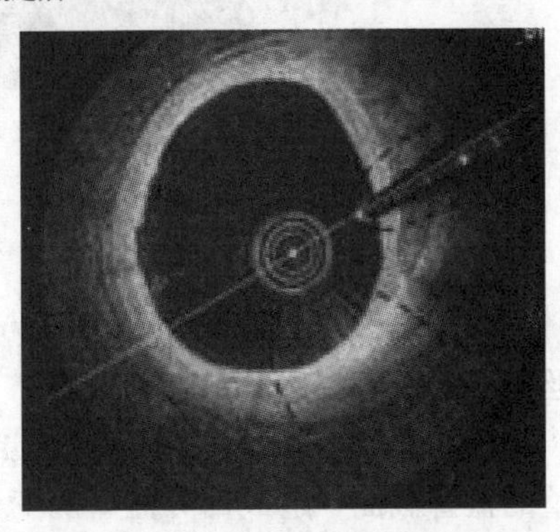

图4–13　色饱合现象

特别是在距成像导丝的半径距离较大时；如存在血栓，则红细胞密度高可导致栓子后部成像不清的阴影。早期 IV - OCT 检测采用不阻断血流的间断或连续冲洗下的成像方式（直接指引导管或特殊冲洗导管），均未能在临床广泛使用。目前 M3 型 IV - OCT 成像主要应用低压球囊导管阻断血流，从中心腔冲洗，多可获得较理想的图像。因此，在 OCT 检查中良好的冲洗灌注是获取最佳图像的关键。另外，部分图像不清晰的原因是硅润滑剂中的气泡，也可造成血管壁部分或大部分成像不清，如图 4-14所示。

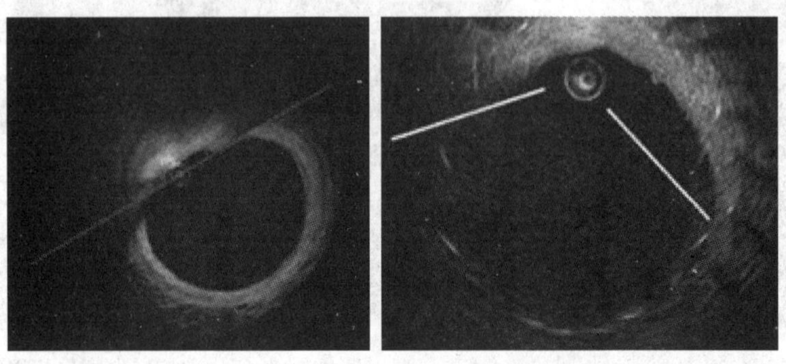

图 4-14　硅润滑剂气泡致图像不清

2）支架或血管节段记录不全。支架节段记录不全是常见误差之一，其主要原因是阻断球囊使部分支架节段不能检测，也有部分是因为血管过大。最新一代 IV - OCT 设备 M4FD - OCT 系统使用专用的 RX 型高速成像导管，不需阻断球囊，可以避免这种情况发生。

（3）其他伪影

其他情况的伪影具体如下：

1）OFDI 图像失真。在 OFDI 中，由于被扫描血管过大或在分叉处会出现图像失真，如图 4-15所示。

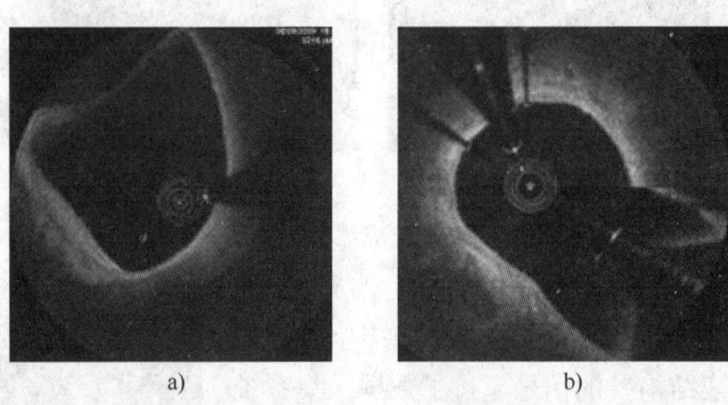

a)　　　　　　　　　　b)

图 4-15　OFDI 图像失真

a）血管直径过大　b）血管分叉

2）旋转木马（Merry - GoRound）和向日葵（SunFlower）现象。二者都是由于成像导丝偏心或血管扭曲所致图像失真，如图 4-16 所示。

3）图像超出屏幕。图像超出屏幕多由于血管过大或过于弯曲，IV - OCT 不能扫描出完整的血管截面，造成部分血管病变不能观察或丢失。

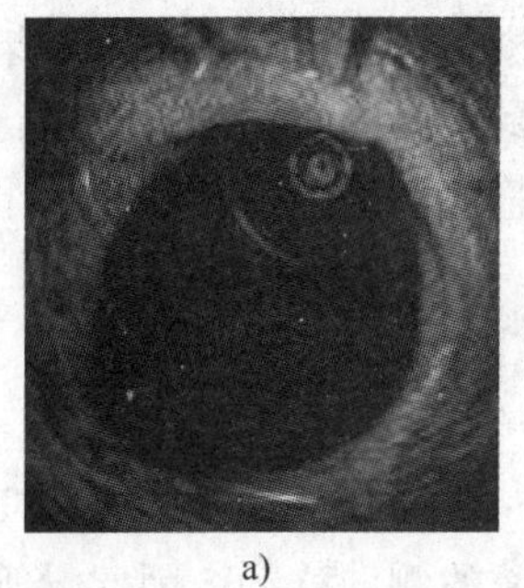

a)

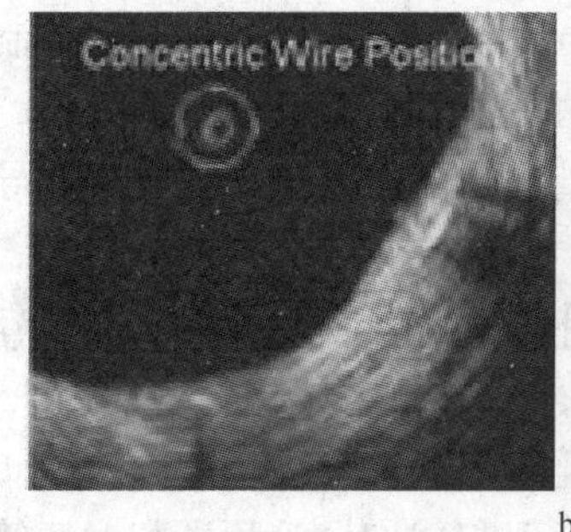

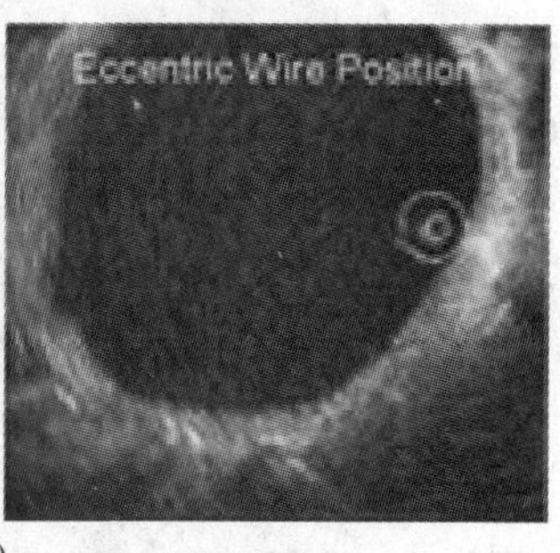

b)

图 4-16　旋转木马和向日葵现象

a）旋转木马现象　b）向日葵现象

4.3　OCT 图像的分割

IV - OCT 图像可清晰显示血管腔内膜的轮廓，对 IV - OCT 图像进行分割，提取出血管腔内膜的轮廓，是对血管形态参数进行定量测量、三维重建血管和确定管腔狭窄程度等的重要步骤。在临床上常由经验丰富的医生在计算机屏幕上逐帧手动勾画，不仅工作量大，而且可重复性差，提取结果在很大程度上取决于操作者的经验，对操作人员的技术水平要求较高。半自动的提取方法是借助人机交互技术提取血管腔边缘，如美国 LightLab 公司生产的 IV - OCT 成像系统自带的软件工具需要手动选图和手动修正，且只能在软件中实现，不能够对图像进行批量处理。文献［11］采用分析血管内超声图像的软件系统（CURAD vessel analysis，Netherlands）来处理 IV - OCT 图像，虽然同样需要人工交互，但其在所需的交互量、分析时间、成本、稳定性和可重复性方面均优于 LightLab 自带的软件系统。文献［12］采用经典的 Canny 算子检测血管壁轮廓，利用迭代的方法使检测结果与先验约束条件匹配，对于无法获取的轮廓部分，采用限定圆心和半径渐变的圆弧拟合方法予以弥补，但同样需要人工审核修正。

全自动的 IV - OCT 图像分割方法是目前该领域的研究热点，整个分割过程完全自动进行，不需要操作者的手动参与，可重复性好。例如，文献［13］采用期望最大化（Expectation Maximization，EM）和图像分割（Graph Cut，GC）相结合的方法提取血管壁轮廓，可以去除导丝带来的伪影，但处理时间较长。文献［14］采用马尔科夫随机场（Markov Random Field，MRF）模型来描述血管区域，并利用局部强度分布和连续小波变换提取血管壁轮廓，由于需要估算概率密度函数，该方法的时间开销较大。文献［15］提出一种基于小波变换和数学形态学的自动管腔分割方法，首先利用小波分析识别管腔，然后用一个移动窗口对图像进行最大类间方差二值化，最后用数学形态学方法对得到的管腔轮廓进行校正得到精确的二值化管腔轮廓视图。文献［16］提出一种利用极坐标变换提取管腔轮廓的方法，其原理是：首先，利用相邻帧 IV - OCT 图像之间的相关性去除导管伪影；其次，采用射线发射法（ray shooting method）估计管腔中心，并以其作为极点对去除导管伪影的图像进行极坐标变换；再次，采用分块阈值滤波去除变换后图像的噪声并提取上边缘；最后，做逆极坐标变换得到血管壁的内轮廓。该方法能够处理包含血管分叉或导管伪影较严重的图像，而且计算效率高，在鲁棒性和处理速度上具有一定优势。文献［17］利用形态滤波器将灰度图像转换成二值图像，并提取出候选轮廓点，再应用启发式规则和控制机制对可能影响分割结果的特殊区域进行处理，应用直接推断法对血管分叉部分进行处理，最后对提取出的轮廓进行平滑得到最终提取结果。该方法能够处理包含血管分叉、支架和导管伪影的各种 IV - OCT 图像。

4.4 冠状动脉内 OCT 图像序列中运动伪影的抑制

冠状动脉附着在心外膜表面上，在进行冠脉内 OCT（Intracoronary OCT，IC - OCT）成像的过程中，心脏的收缩与舒张会引起成像导管顶端相对于管腔的侧向移动，因此导管的回撤轨迹并不是随时保持与血管轴线平行，这会导致图像序列中前后帧之间的错位。而且，由于冠状动脉血管具有弹性以及心脏的不间断运动，加之导管的快速移动，采集到的图像中显示的血管会发生变形。心脏周期性的搏动还会引起成像导管的纵向振荡，造成在血管的某一位置被多次采样。以上这些现象均称为运动伪影[18]，在横截面视图中表现为相邻帧的管腔横截面之间发生旋转和平移，如图 4-17a 所示，在纵向视图中表现为血管壁呈现“锯齿状”边缘，如图 4-17b 所示。运动伪影严重影响 IC - OCT 图像序列纵向视图的视觉效果，降低血管形态结构参数的准确测量、斑块的识别和分析，以及血管三维重建等的精度。

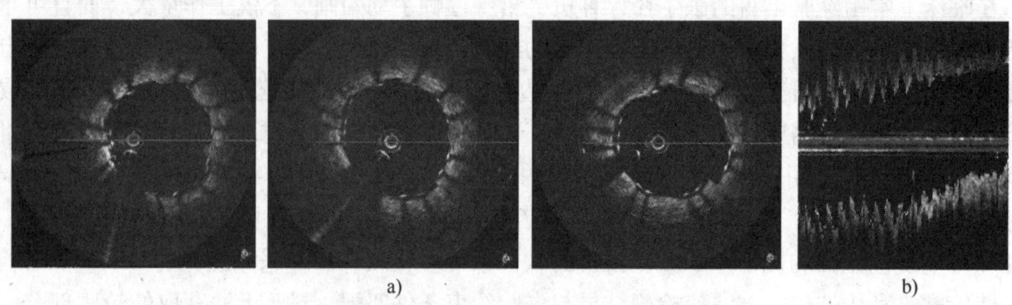

a) b)

图 4-17 冠状动脉内 OCT 图像序列

a）横向视图 b）纵向视图

4.4.1 抑制 IC - OCT 图像运动伪影的主要方法

对运动伪影进行有效地抑制对冠状动脉内 OCT 图像的研究与分析以及冠状动脉疾病的计算机辅助诊治等都具有重要的意义。目前，对 IC - OCT 图像序列中运动伪影进行抑制的方法主要包括心电（electrocardiogram，ECG）门控法和基于图像的脱机门控法。其中 ECG 门控法的原理与第三章中所述的 IVUS 图像序列的 ECG 门控法类似，即在心脏运动到近似相同位置处采集图像，保证各帧图像之间具有更多的一致性。而且在心脏运动相对较慢时采集图像，可以减小运动伪影的产生。主要有联机和脱机两种 ECG 门控方式，联机 ECG 门控是指采用 ECG 门控的电动机来自动回撤导管，只在每个心动周期的 R 波到来时采集图像。该方法原理简单，但需要在成像设备上加装一个专门的门控图像采集装置。同时由于每个心动周期只采集一帧图像，与连续回撤导管采集图像相比，这种方式会延长导管介入检查的时间；脱机 ECG 门控是指不采用 ECG 门控图像采集设备，而是连续回撤导管采集 IV - OCT 图像，同时记录心电信号，待介入检查过程结束后，由医生根据 ECG 信号从 IC - OCT 图像序列中选取在相同心脏相位处（一般是 R 波）采集的图像，组成门控子序列。由于很难选择最佳采样点，因而此方法结果的主观性很强，且当病人发生心律不齐等情况时，很难保证门控结果的精确性。

基于图像的脱机门控法的原理是不需要利用 ECG 信号，而是连续回撤导管采集图像序列，然后运用图像处理技术，分析图像特征的变化规律，从中提取隐含的心脏时相信息，仿照 ECG 门控的方法，选择在每个心动周期的相同相位采集的一帧图像，组成一个门控子序列，从而减小运动伪影的影响。例如，文献［19－21］提出了一种方法，其主要思想是：心脏有节律地收缩与舒张会导致血管内血液流量发生变化，从而引起腔径发生周期性变化（在心脏收缩末期达到最大值，心脏舒张末期达到最小值），因此连续回撤导管采集的 IC－OCT 图像序列中的管腔直径和截面积也会发生周期性变化。计算出每一帧 IC－OCT 图像中管腔的横截面积，并根据该值的变化情况，取出每个心动周期中对应相同心脏时相的一帧，组成新的图像序列。该方法对未置入支架的血管 IC－OCT 图像序列可取得满意的结果，但是由于置入支架后的血管腔截面积变化不明显，因此上述方法不能够有效抑制带有支架的 IC－OCT 图像序列的运动伪影。

由于血管内 OCT 与血管内超声的成像原理类似，因此在对 IC－OCT 图像序列进行运动伪影的抑制时可以借鉴第三章中所述的血管内超声的相关方法。例如：首先分析各帧图像灰度特征的周期性变化，从图像序列中估算出平均心率的近似值；其次，提取出反映心动周期的信号；再次，对该信号进行带通滤波，去除由非心脏运动因素所致的成分；最后，通过检测滤波后信号的局部极值，取出其对应的帧，完成对图像序列的门控。下面介绍两种常用的方法。

4.4.2 基于平均帧间差异度的门控方法

由于心脏的周期性运动，连续回撤导管采集的各帧 IC－OCT 图像的灰度特征也会发生周期性变化。由此，应首先构建图像序列的差异矩阵，并据此估算出平均心率的近似值；其次，提取出反映心动周期的一维信号，并对其进行带通滤波，去除由非心脏运动因素所致的成分；最后，通过检测滤波后信号的局部极值，提取出门控帧，完成对图像序列的回顾性脱机门控。下面介绍具体步骤。

（1）图像预处理

为了减小后续处理的数据量，提高算法效率，首先对 IC－OCT 图像进行灰度化处理，后续章节中的处理都是针对转换后的灰度图像进行的。

将彩色图像转化为灰度图像的方法主要有：单一分量法、最大值法、平均值法、加权平均值法、HLS 模型算法、基于彩色空间距离的算法、基于梯度域的算法等。考虑到图像转换的保真度，可采用如下算法将 RGB 格式的彩色 IC－OCT 图像转换为灰阶为 256 的灰度图像，公式如下：

$$g = R/2^2 + R/2^4 - R/2^6 + G/2 + G/2^4 + G/2^5 + B/2^3 - B/2^6 \tag{4-1}$$

式中，g 为灰度图像中某个像素的灰度值；R、G、B 分别为彩色图像中对应像素的红、绿、蓝分量。

图 4-18 是由 300 帧组成的图像序列灰度化后的结果，原始图像由美国 LightLab 公司生产的光学干涉断层成像系统采集，成像导管的回撤速率为 1mm/s，帧速率是 30 f/s，图像的

大小为 256×256 像素，灰度化以后的灰阶范围为［0，255］。其中图 4-18a 为纵向视图，可见血管壁呈现明显的锯齿状边缘；图 4-18b 为连续的 8 帧横向视图，显然不同帧之间的血管腔横截面存在平移和旋转。

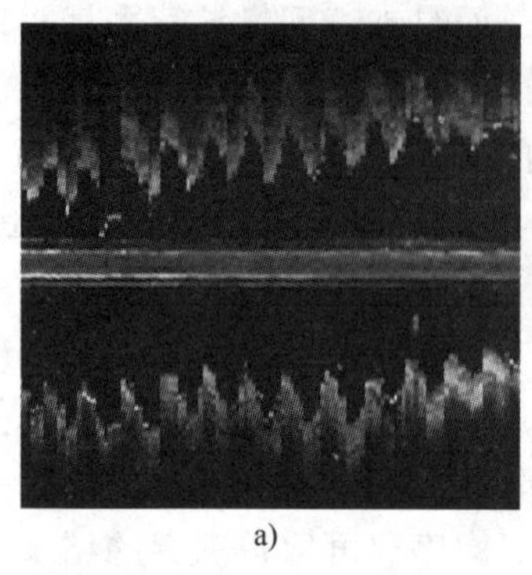
a)

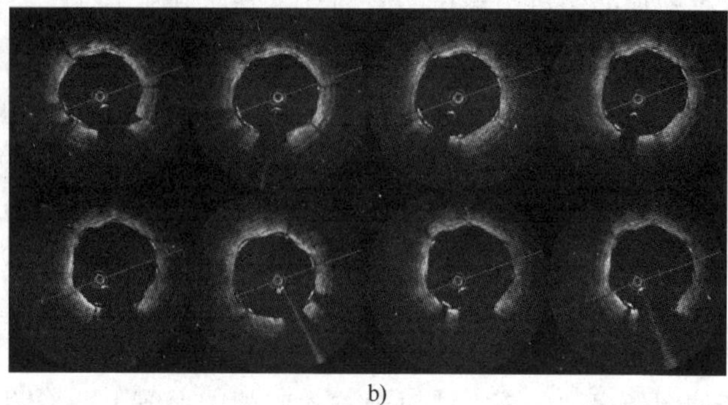
b)

图 4-18 由 300 帧组成的图像序列灰度化后结果
a）纵向视图 b）横向视图

（2）估算平均心率

首先，对 IC－OCT 图像序列进行逐帧比较，利用两帧图像灰度值的归一化互相关计算差异值，建立差异矩阵，计算各帧图像之间的差异值。具体步骤如下为对于匀速连续回撤导管采集的由 n 帧图像组成的 IC－OCT 图像序列，计算两帧图像之间灰度值的归一化互相关（NCC），进而得到各帧图像之间的差异值 $d_{i,j}$ 如下：

$$d_{i,j} = 1 - \frac{\sum_{k=1}^{p}\sum_{l=1}^{q}|F_i(k,l)-\mu_i\|F_j(k,l)-\mu_j|}{\sqrt{\sum_{k=1}^{p}\sum_{l=1}^{q}[F_i(k,l)-\mu_i]^2\sum_{k=1}^{p}\sum_{l=1}^{q}[F_j(k,l)-\mu_j]^2}} \tag{4-2}$$

式中，i，$j=1$，2，…，n；F_i 和 F_j 分别表示图像序列中的第 i 帧和第 j 帧，其大小均为 $p\times q$ 像素，平均灰度值分别为 μ_i 和 μ_j。由式（4-2）可知，$d_{i,j}\in[0,1]$，且 $d_{i,j}$ 越大，F_i 和 F_j 的差异越大。由此构成的差异矩阵的特点为主对角线上所有元素的值都是 0，即 $d_{i,i}=0$；所有元素的值均为非负值；矩阵关于主对角线对称，即 $d_{i,j}=d_{j,i}$。

然后，计算间隔为 k 帧的两帧图像 F_m 和 $F_{m+k}(m=1，2，\cdots，n-k)$ 的平均差异值 $\overline{D}(k)$，公式如下：

$$\overline{D}(k) = \frac{1}{n-k}\sum_{m=1}^{n-k} d_{m,m+k} \tag{4-3}$$

得到曲线 $\overline{D}(k)\sim k$，其中 $k=0$，1，…，$n-1$，$d_{m,m+k}$ 是第 m 帧和第 $m+k$ 帧图像的差异值，$\overline{D}(k)\in[0,1]$ 且 $\overline{D}(0)=0$。由于心脏的周期性运动，该曲线具有近似周期的形状，其重复频率，即其幅度谱峰值所对应的频率值即为病人平均心率的近似值 R（单位：次/min）。由于人的心率范围一般为 45～200 次/min，所以对 $\overline{D}(k)$ 的幅度谱曲线峰值的查找范围限定为［45，200］。

图 4-18 所示图像序列的差异矩阵如图 4-19 所示，矩阵中的每个元素用灰度值为 $255\cdot d_{i,j}$ 的像素表示，得到一幅大小为 300×300 像素的灰度图像，其中像素越亮，表示对应的两帧图像差异越大，反之像素越暗，则两帧图像的差异越小。以帧间隔 k 为横轴，平均差异值为纵轴，得到平均差异变化曲线，如图 4-20 所示，该曲线的近似周期性形状能够明显反映

出差异矩阵的周期性变化。平均差异曲线的幅度谱曲线如图 4-21 所示，在［45，200］范围内有一明显峰值，此峰值所对应的频率即近似为平均心动速率。

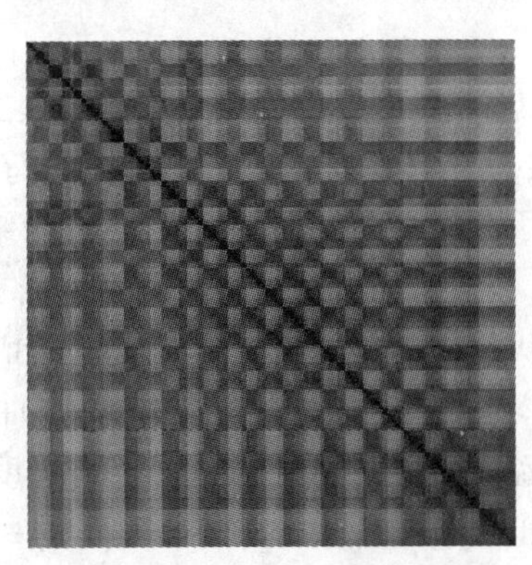

图 4-19　300 帧 IV-OCT 图像的差异矩阵

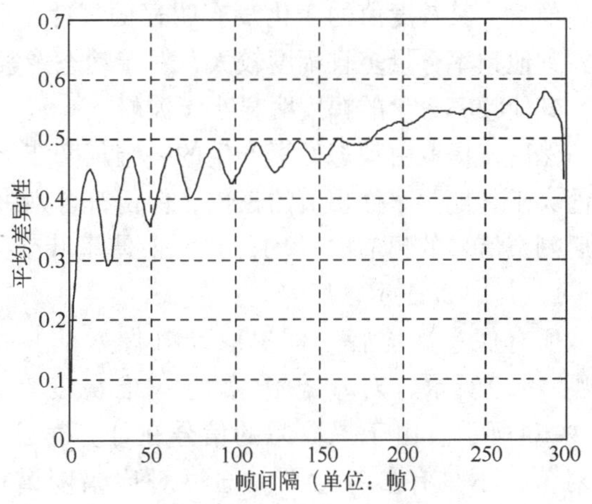

图 4-20　300 帧 IV-OCT 图像的平均差异曲线

（3）提取隐含心动周期的信号

一帧 IC-OCT 图像中背景区域内像素的灰度值在整个图像序列中基本不发生变化，所以这些像素不包含心脏运动信息，为方便起见，将其称为静止像素。为减小后续步骤的计算量，需先将它们去除。

除静止像素外，血管区域内的像素分为两类：一类为包含心脏运动信息的像素，大部分分布于血管壁上，例如图 4-22 中的黄色十字所示的像素，称为动态像素；另一类同时包含了心脏运动信息和非心脏运动信息（如呼吸和身体的移动等），称为干扰像素，在提取心动周期信号时，这类像素也需要被滤除。具体步骤如下为首先，对于一幅 IC-OCT 图像中的每个像素，统计序列中各帧图像上相应位置处的灰度值，产生一个一维灰度变化信号 $g_{i,j}(m)$，其中 m 表示帧序号，i，$j=0$，1，…，$N-1$ 分别表示像素的横、纵坐标。如果一帧 IC-OCT 图像的大小为 $N \times N$ 像素，那么共产生 N^2 个一维灰度变化信号。分析每个一维

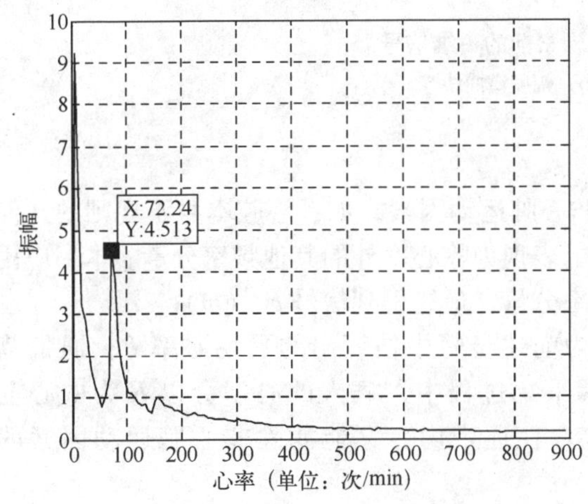

图 4-21　平均差异值曲线的幅度谱曲线

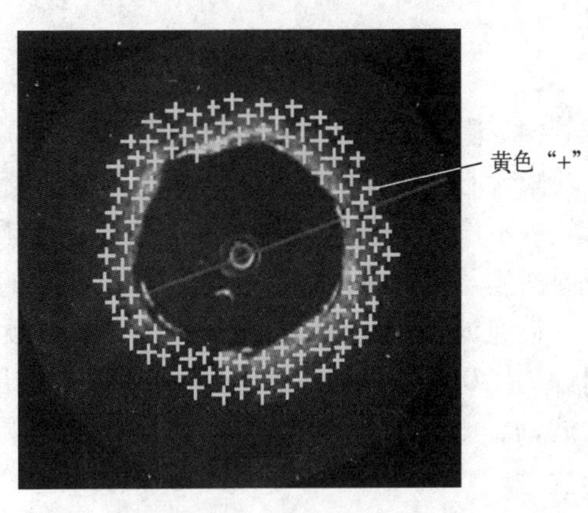

图 4-22　一帧 IC-OCT 图像

灰度变化信号的频谱，对于静止像素，由于其灰度值自始至终基本没有变化，所以其一维灰度变化信号近似为直流信号，其幅度谱在平均心率点处没有明显的波峰；对于被干扰的血管区域像素，其灰度值的变化没有明显的规律，所以其幅度谱曲线在心率点处的波峰也不明显，其他频率分量多且幅度较大；对于动态像素，其幅度谱曲线在平均心率点处有明显的峰值，其他频率分量的幅度明显小于波峰。

然后，提取由动态像素产生的一维灰度变化信号。设定判决条件为在平均心率处的频谱幅值大于其他频率处幅值的三倍，保留符合判决条件的一维灰度变化信号，舍去不符合的。最后剩余信号的频谱取平均，并作逆傅里叶变换，即可得到一个隐含心动周期的一维信号 $g(m)$，其中 m 表示帧序号。

所有像素平均后（即提取动态像素前）的一维灰度变化信号的时域及幅度谱曲线如图 4-23所示，对动态像素的一维灰度变化信号求平均后的时域及幅度谱曲线如图 4-24所示。由于提取后的信号在计算时已滤除直流分量，所以图 4-24a 的灰度值为相对值，不具有参考意义。通过对比幅度谱可以看出，提取后动态像素得到的一维信号频谱在平均心率点处有明显的峰值，其他频率处的幅值均远小于该峰值，去除了干扰像素的影响。

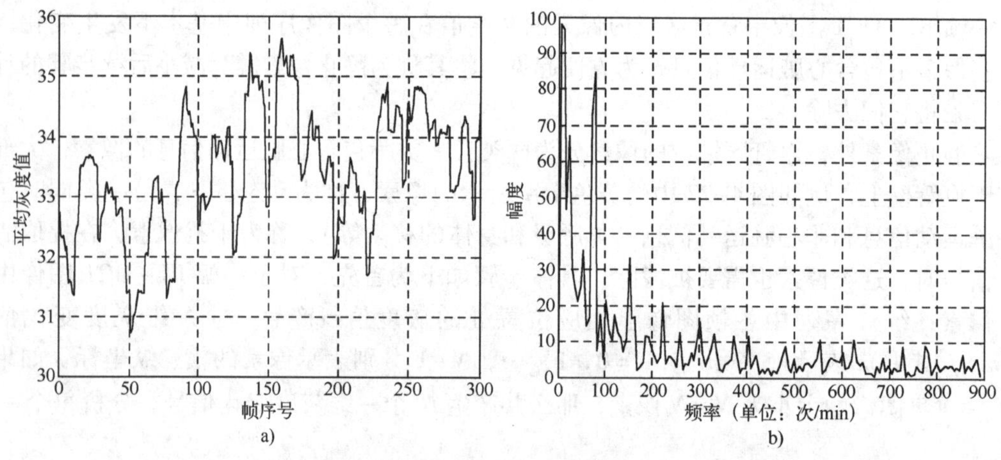

图 4-23　提取动态像素前的一维信号

a）时域波形　b）幅度谱曲线

（4）隐含心动周期信号的滤波

隐含心动周期的信号 $g(m)$ 中仍包含很多非心脏运动因素，如：管腔本身不规则的几何形状、不稳定的心率以及呼吸运动等，在频谱上表现为除心率外的其他频率分量。本书应用带通滤波器来滤除由非心脏运动因素所致的频率分量，最终得到信号 $g^{(f)}(m)$。

带通滤波器的参数设计如下：中心频率为前述步骤中估算出的平均心率 R；通带范围为$[R-0.3R, R+0.3R]$，这是由于在图像采集过程中，病人的心率会以 R 为中心上下波动，上述范围既能使心率变化的范围包含在通带内，又能滤除非心脏运动因素的干扰。

图 4-24 所示的一维信号进行滤波后的时域波形与幅度谱曲线，如图 4-25 所示。由图像序列估算出的平均心率为 72.24 Hz，因此设置带通滤波器的通带上限截止频率为

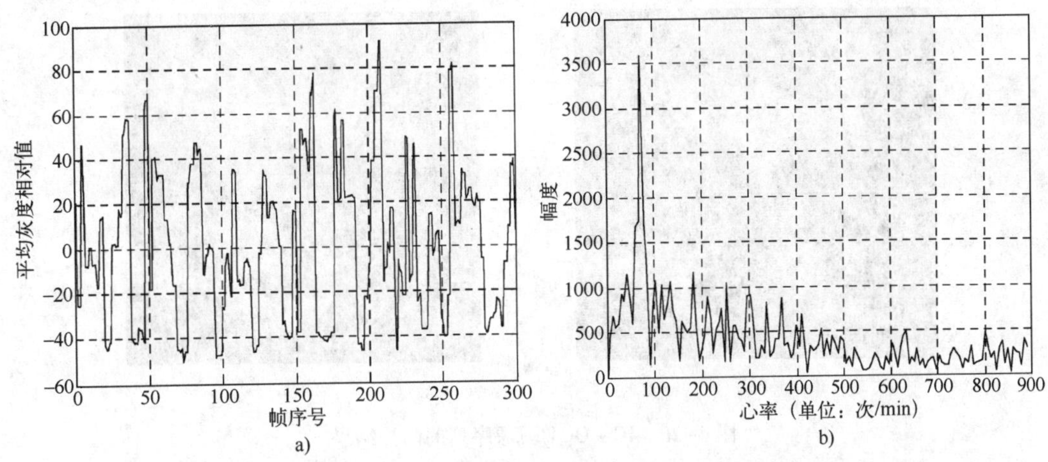

图 4-24　提取动态像素后所得的一维信号

a）时域波形　b）幅度谱曲线

50.59 Hz，下限截止频率为 93.91 Hz。可以看出，250 Hz 以上的高频分量基本全部滤除，心率的二次谐波幅度降低为心率幅度的近十分之一，表明非心脏运动分量基本全部滤除。在时域波形中，不同局部极值的平均灰度值不同，说明在滤除噪声的情况下，保留了不同时刻心动周期的差异性。

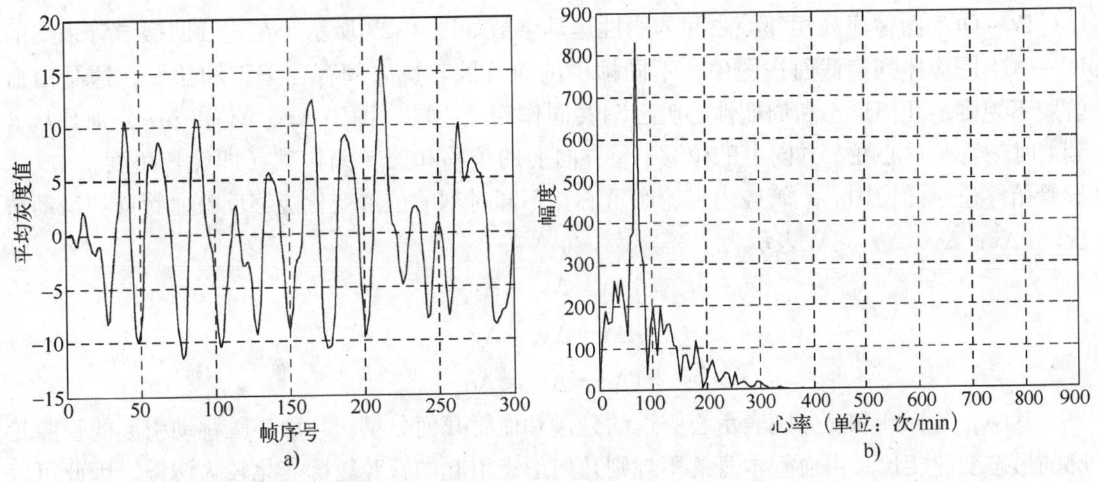

图 4-25　滤波后的一维信号

a）时域曲线　b）幅度谱曲线

（5）选择门控帧

在不同心动周期的同一相位处采集图像，可以得到最小的帧间差异值。由于信号 $g^{(f)}(m)$ 的波峰或波谷相对于其他位置更容易识别，因此对信号 $g^{(f)}(m)$ 进行极值检测，提取出门控帧序列。

图 4-18 所示图像序列的门控结果如图 4-26 所示。为了便于比较，将门控后纵向视图人为拉伸至原序列长度。通过门控前后的对比可以看出，门控后纵向视图的视觉效果得到了很大的改善，抑制了血管壁的锯齿效应，管壁变得平滑连续。

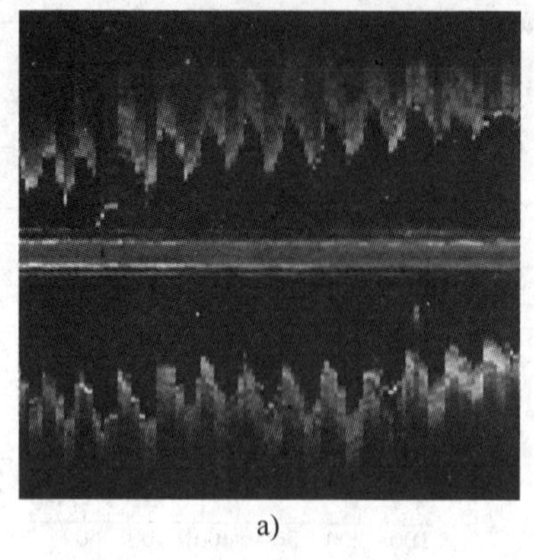
a)

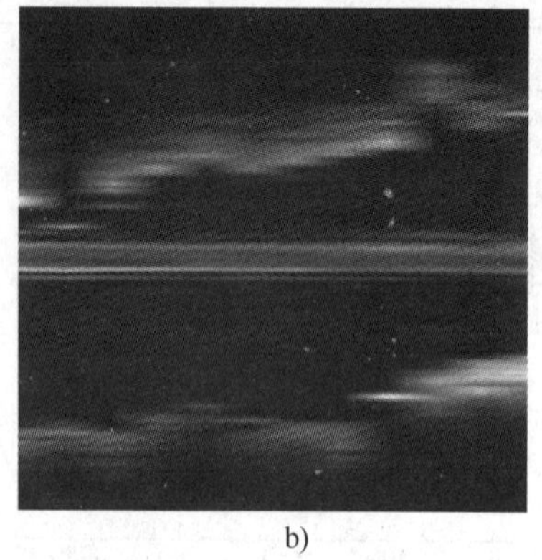
b)

图 4-26　IC - OCT 图像序列的门控结果

a）门控前　b）门控后

4.4.3　基于运动分量补偿的直接抑制方法

回顾性脱机门控法可以有效地抑制 IC - OCT 图像序列中由心脏运动所致的运动伪影，但是由于在每个心动周期只保留一帧，因而可能丢失很多具有诊断价值的血管信息。本节介绍一种对覆盖多个心动周期的非门控 IC - OCT 图像序列直接进行刚性运动伪影的定量估计和补偿的方法。

Ⅳ - OCT 图像序列相邻帧之间的刚性运动参数如图 4-27 所示，在连续回撤导管采集的 IC - OCT 图像序列横截面视图中，不同帧中的血管腔轮廓之间存在偏移和扭转，这是由血管腔不规则的几何形态和周期性心脏运动共同作用产生的。图中 Δx、Δy 和 $\Delta\alpha$ 分别是从 t_1 到 t_2时刻管腔重心在 x 方向上的位移、y 方向上的位移和旋转偏移量（即旋转角度）。成像导管始终位于图像中心，管腔内膜轮廓重心在不同时刻的位置变化能够反映血管壁的运动情况。$(\Delta x, \Delta y, \Delta\alpha)$可以表示为

$$\begin{cases}\Delta x = \Delta x_{\mathrm{d}} + \Delta x_{\mathrm{g}} \\ \Delta y = \Delta y_{\mathrm{d}} + \Delta y_{\mathrm{g}} \\ \Delta\alpha = \Delta\alpha_{\mathrm{d}} + \Delta\alpha_{\mathrm{g}}\end{cases} \tag{4-4}$$

其中，脚标 d 和 g 分别表示心脏运动分量和血管几何分量。与由心脏跳动引起的管腔轮廓的形态变化相比，由血管本身的不规则几何形态引起的管腔轮廓变化较为缓慢，因此可以通过滤波将其分离开，并对运动分量$(\Delta x_{\mathrm{d}}, \Delta y_{\mathrm{d}}, \Delta\alpha_{\mathrm{d}})$加以补偿，实现抑制刚性运动伪影的目的。

基于以上原理，本节介绍的运动分量补偿法抑制运动伪影的具体步骤如下：

（1）提取各帧图像中的血管腔内膜轮廓并计算其重心

如 4.3 节所述，对于血管内 OCT 图像中血管腔轮廓的提取，目前的研究热点是全自动的方法。图 4-28 是采用文献［17］中提出的方法对一帧 Ⅳ - OCT 图像提取血管内膜轮廓的结果。

将管腔内膜轮廓的几何中心作为其重心的近似，假设第 i 帧图像中内膜轮廓点的总数为 N_i($i=1, 2, \cdots, n$, n 为 Ⅳ - OCT 图像序列的总帧数)，各轮廓点在图像平面二维坐标系中

的坐标为$(x_j, y_j)(i=1, 2, \cdots, N_i)$，则内膜轮廓的重心 C_i的坐标为

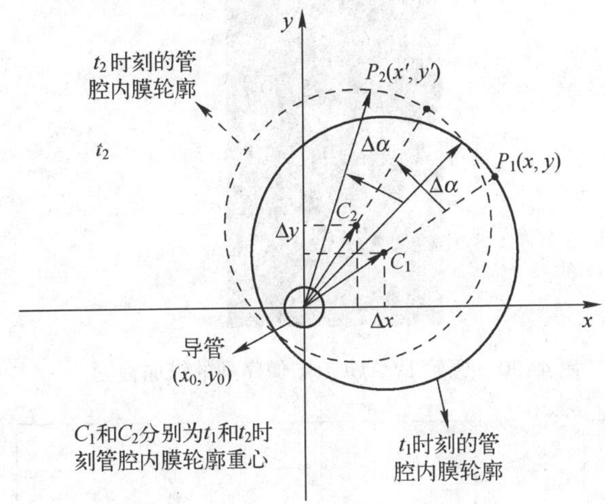

图 4-27　IV-OCT 图像序列相邻帧之间的刚性运动参数示意图

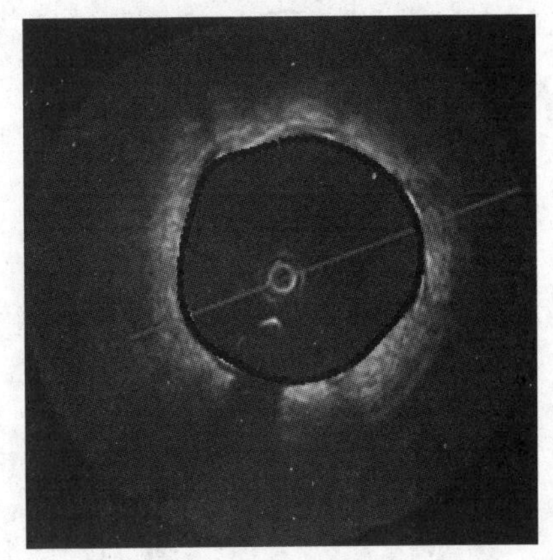

图 4-28　一帧 IV-OCT 图像的血管壁内膜轮廓提取结果

$$\begin{cases} \bar{x}_i = \dfrac{1}{N_i}\sum_{j=1}^{N_i} x_j \\ \bar{y}_i = \dfrac{1}{N_i}\sum_{j=1}^{N_i} y_j \end{cases} \tag{4-5}$$

（2）计算相邻帧之间管腔内膜轮廓的旋转偏移量

重心角示意图如图 4-29 所示，管腔轮廓重心 C 的坐标为（$\bar{x}$，$\bar{y}$），则重心角为

$$\alpha = \arctan(\bar{y}/\bar{x}) \tag{4-6}$$

图像序列的重心角变化曲线 $\alpha(i)(i=1, 2, \cdots, n)$应呈近似周期性的变化。通过相邻帧之间的管腔轮廓重心角之差如下：

$$\Delta\alpha(i) = \alpha(i+1) - \alpha(i) = \arctan(\bar{y}_{i+1}/\bar{x}_{i+1}) - \arctan(\bar{y}_i/\bar{x}_i) \tag{4-7}$$

得到旋转偏移量 $\Delta\alpha(i)$。与各帧与首帧重心角之差相比，相邻帧重心角之差可准确反映出图像序列中的管腔轮廓随导管回撤的变化情况。旋转偏移量的频谱中处于 45～200 Hz 范围内的峰值即为平均心率 R。

一个原始 IC-OCT 图像序列的纵向视图如图 4-30 所示，其采集速率为 10 f/s，长度为 100 帧，从该图像序列计算得到的重心角变化曲线 $\alpha(i)(i=1, 2, \cdots, 100)$ 的时域波形和幅度谱曲线如图 4-31 所示，显然该曲线呈近似周期性的变化。相邻帧管腔轮廓旋转偏移量 $\Delta\alpha(i)$的时域波形和幅度谱曲线如图 4-32 所示。在图 4-31b 重心角的幅度谱曲线中，低频成分为由血管自身形态变化所致的频率成分，高频成分则为由心脏运动所致的频率成分，其峰值对应的频率即为平均心率 R。由图 4-32b 可以看到，旋转偏移量的幅度谱曲线有一个明显峰值，其频率与图 4-31b 的峰值频率相等，即为平均心率 R，此外还存在大量非心动频率成分。

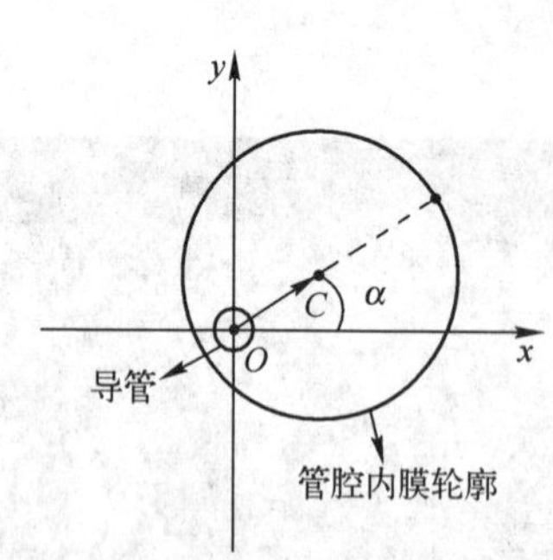

图 4-29 重心角示意图

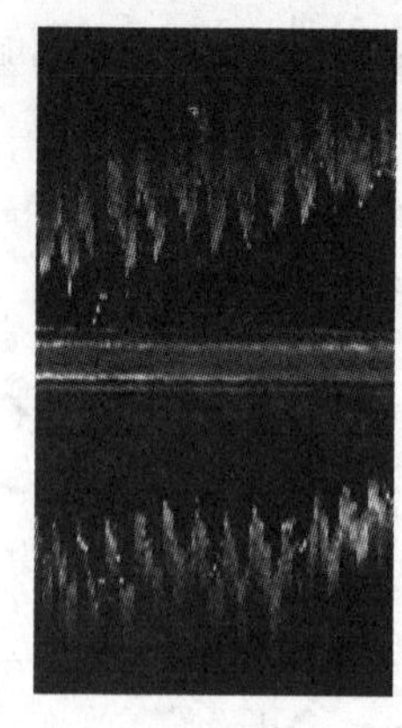

图 4-30 原始 IV - OCT 图像序列的纵向视图

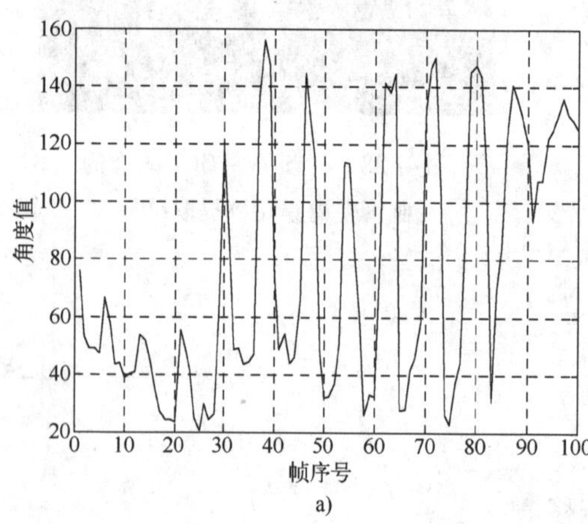

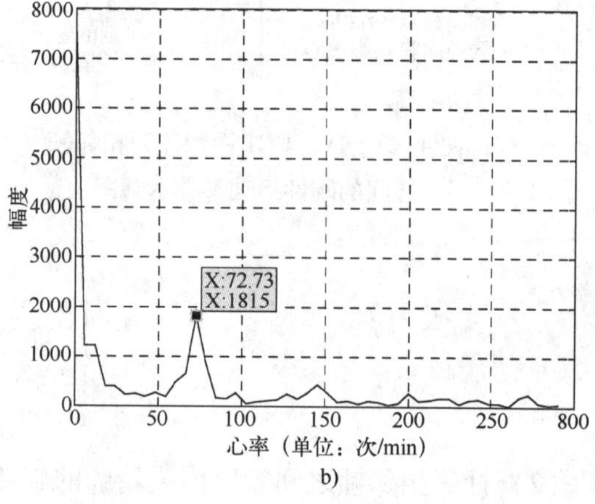

图 4-31 重心角变化曲线

a）时域波形 b）幅度谱曲线

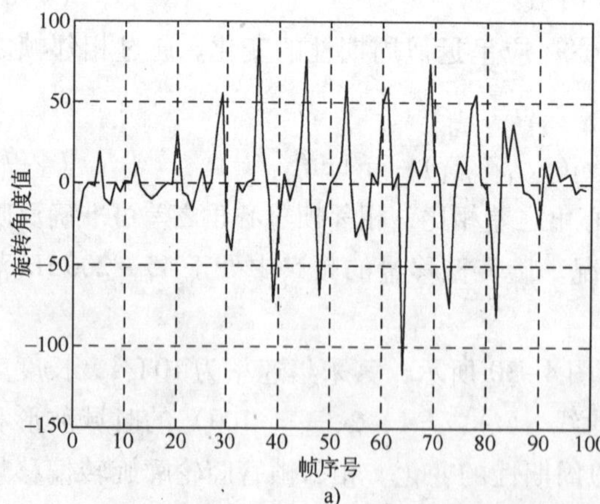

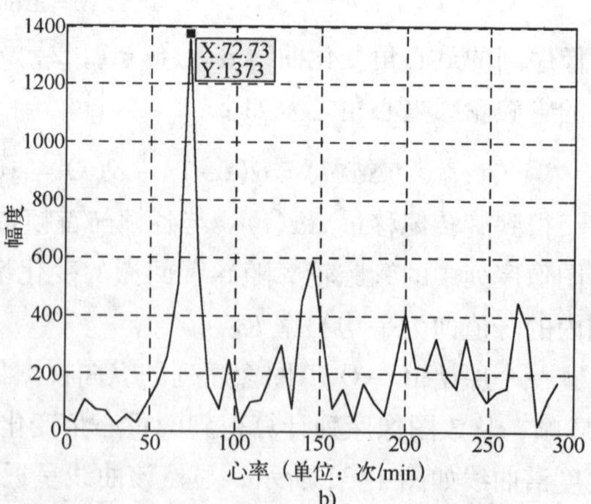

图 4-32 相邻帧管腔轮廓的旋转偏移量

a）时域波形 b）幅度谱曲线

（3）提取并补偿旋转偏移量中的心脏运动分量

旋转偏移量 $\Delta\alpha(i)$ 为近似周期的信号，其频谱中的高频成分为心脏运动所致的分量，低频分量则对应血管的几何形态分量，此外还有大量其他非心动频率成分，可采用带通滤波器将心脏运动分量滤出，其通带中心频率设定为第4.4.2节的步骤2得到的平均心率 R，通带宽度可设为 $0.6R$。图4-32的旋转偏移量滤波后的时域波形和幅度谱曲线如图4-33所示，可以看出经过滤波后100 Hz以上的频率成分被滤除，只保留了心动速率范围（即51～94 Hz）内的频率分量。

补偿旋转偏移量中的心脏运动分量，实质上就是对每帧图像进行反向旋转，变换矩阵为

$$\begin{bmatrix} x'_{ij} \\ y'_{ij} \end{bmatrix} = \begin{bmatrix} \cos\left(-\sum_{i=2}^{n}\Delta\alpha_{i,d}\right) & \sin\left(-\sum_{i=2}^{n}\Delta\alpha_{i,d}\right) \\ -\sin\left(-\sum_{i=2}^{n}\Delta\alpha_{i,d}\right) & \cos\left(-\sum_{i=2}^{n}\Delta\alpha_{i,d}\right) \end{bmatrix} \begin{bmatrix} x_{ij} \\ y_{ij} \end{bmatrix} \tag{4-8}$$

式中，$(x_{ij},\ y_{ij})$为第 i 帧 IV－OCT 图像序列中内膜轮廓的第 j 个点的坐标；$(x'_{ij},\ y'_{ij})$ 为点 $(x_{ij},\ y_{ij})$ 补偿后的坐标；$j=1，2，\cdots，N_i$，N_i为第 i 帧图像中管腔内膜轮廓的总点数；$i=2，3，\cdots，n$，n 为图像序列的总帧数。后一帧图像相对于前一帧图像进行偏转，因此应该从第二帧开始遍历，即 i 的取值从2开始。

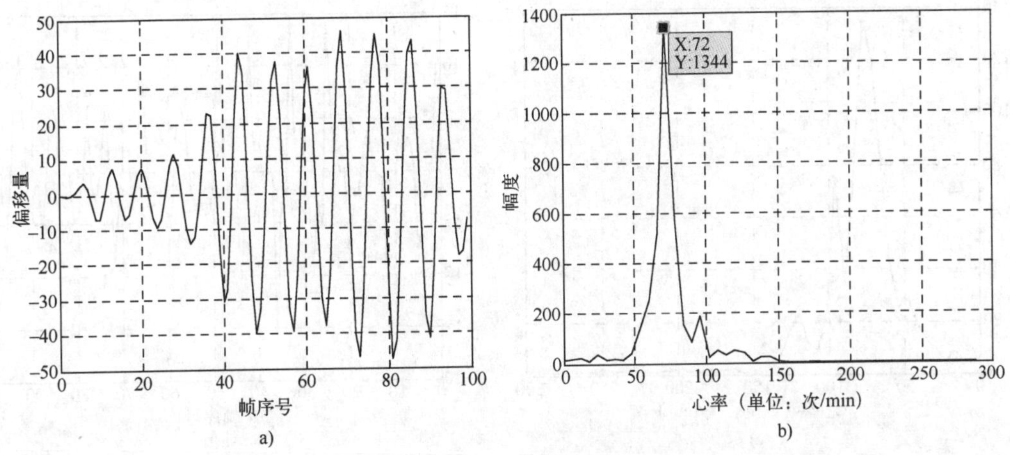

图4-33　旋转偏移量滤波后的波形

a）时域波形　b）幅度谱曲线

图4-29所示的原始纵向视图与对旋转偏移量进行补偿后得到的纵向视图的对比如图4-34所示，可以看出补偿旋转偏移量后的血管壁较补偿前变得平滑。

（4）计算补偿旋转角后相邻帧之间管腔轮廓重心的平移量

对于第 i 帧$(i=2，3，\cdots，n)$图像，补偿旋转角之后，首先根据式（4-5）重新计算各帧图像管腔内膜轮廓重心坐标，并得到相邻帧之间管腔重心的平移量 $\Delta x(i)$ 和 $\Delta y(i)$。然后，取 $\Delta x(i)$ 和 $\Delta y(i)$ 的频谱中位于［45，200］范围内的峰值，分别记为 R'_x 和 R'_y。最后，对 $\Delta x(i)$ 和 $\Delta y(i)$ 进行带通滤波，滤波器的中心频率分别为 R'_x 和

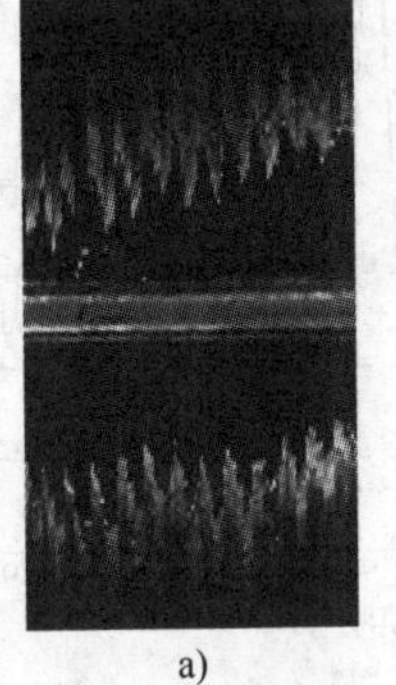

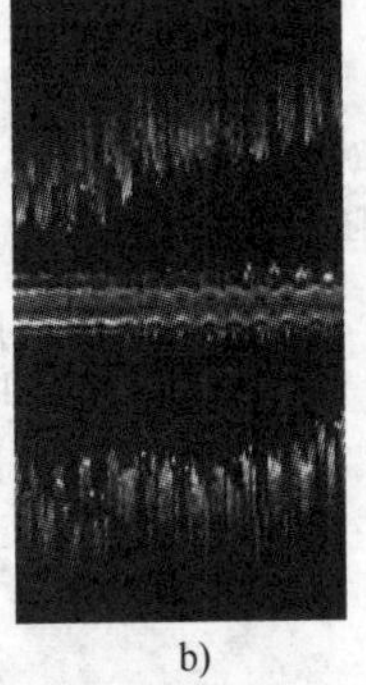

图4-34　纵向视图对比

a）补偿旋转偏移量前　b）补偿旋转偏移量后

R'_y，带宽分别为0.6 R'_x和0.6 R'_y。补偿旋转角后相邻帧之间管腔重心的平移量变化曲线及其幅度频谱如图4-35所示，显然$\Delta x(i)$和$\Delta y(i)$的频谱在78.79Hz处均有一个明显的波峰。

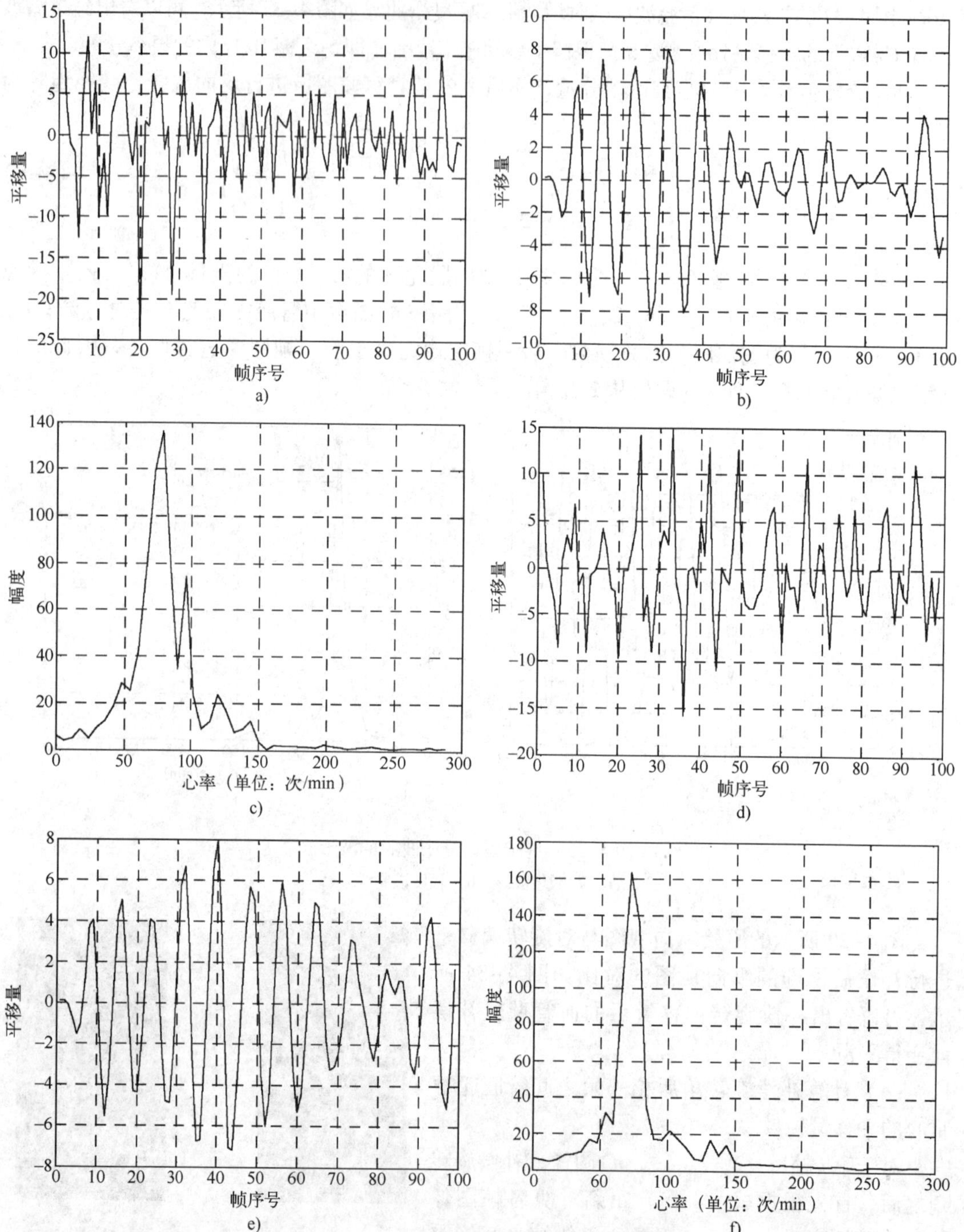

图4-35　补偿旋转角后相邻帧管腔轮廓重心的平移量变化曲线和幅度谱曲线

a）滤波前的横坐标变化曲线　b）滤波后的横坐标变化曲线　c）滤波后横坐标变化曲线的幅度谱
d）滤波前的纵坐标变化曲线　e）滤波后的纵坐标变化曲线　f）滤波后纵坐标变化曲线的幅度谱

(5) 分离并补偿由心脏运动引起的平移分量

对平移量中的心脏运动分量进行补偿，公式如下：

$$\begin{cases} x'_c = \Delta x_1 - \sum_{i=2}^{n} \Delta x_{1i,d} \\ y'_c = \Delta y_1 - \sum_{i=2}^{n} \Delta y_{1i,d} \end{cases} \tag{4-9}$$

式中，(x'_c，y'_c）为补偿后管腔轮廓重心的坐标；$i=2$，3，…，n，n为图像序列的总帧数。

由于在空间域中图像平移的最小单位为1个像素（即平移量为整数），而计算得出的平移量大部分为非整数值（亚像素值），因此不能在空间域中直接对图像进行平移，可以在频率域中实现，即首先对图像进行傅里叶变换，然后进行相位平移，最后对平移后的频域图像进行傅里叶逆变换。

补偿运动伪影前后的IC－OCT图像序列纵向视图如图4－36所示，其中图4－36b为对图4－30所示的IC－OCT图像序列的运动伪影补偿结果，可以看出补偿运动伪影后纵向视图的视觉效果得到了很大改善，抑制了血管壁的锯齿效应，血管壁边缘变得平滑。

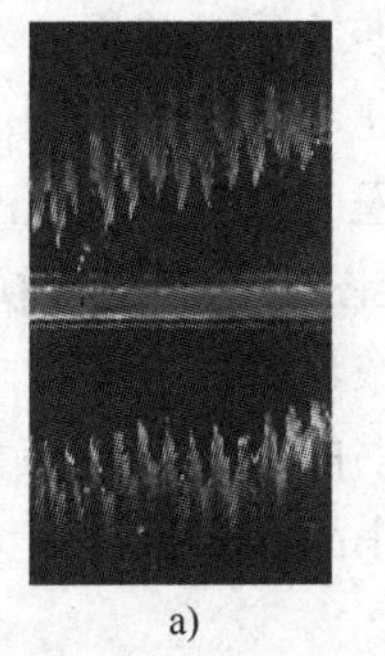

a)

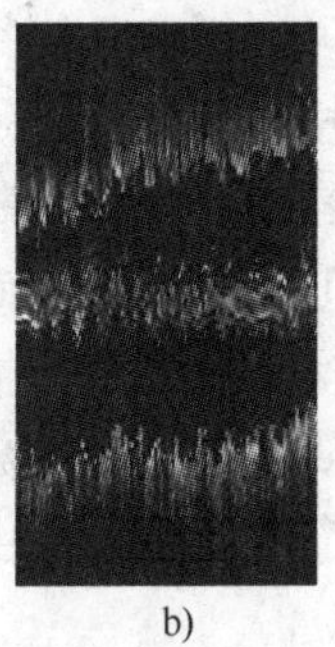

b)

图4－36　补偿运动伪影前后的IC－OCT图像序列纵向视图
a）原始纵向视图　b）补偿运动伪影后的纵向视图

完成对运动伪影的抑制后，IC－OCT纵向视图中血管壁的边缘变得相对平滑，结合X射线血管造影提供的导管空间位置信息，即可重现血管的空间三维结构。

4.5　超声与OCT图像的配准与融合

血管内OCT与血管内超声的成像原理类似，都是用能量束在血管腔内进行360°周向扫描，根据从组织反射或散射回来的不同超声或者光学特征进行组织分析成像，获得管腔横断面图像。二者具有互补的特点，血管内超声由于采用高频超声探头，因此可获得较好的探测深度，但是空间分辨率较低，对血管微小结构变化提供价值有限；血管内OCT的轴向和侧向分辨率都很高，接近组织学分辨率，易识别粥样硬化斑块及引起血栓症的小斑块，但由于采用红外光源，导致其组织穿透力较弱。将同一段血管的血管内OCT与血管内超声图像数据融合起来，可充分发挥血管内超声的强组织穿透力和血管内OCT高分辨率的优势，获得对血管壁以及粥样硬化斑块的更为全面的描述，为冠心病的计算机辅助诊治和对介入治疗效果的评价等提供依据。

4.5.1 图像配准基础理论

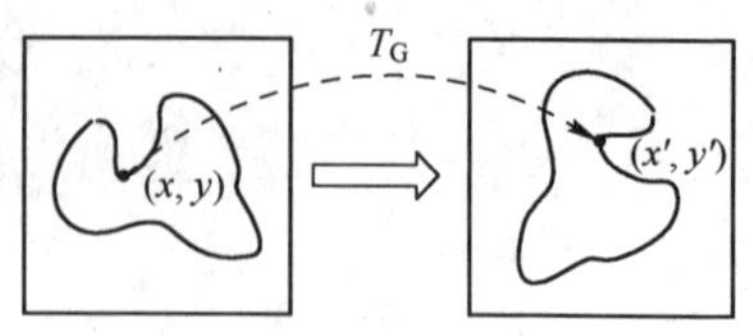

图4-37 图像配准示意图

图像配准是指对于一幅图像寻求一种（或一系列）空间变换，使它与另一幅图像上的对应点达到空间上的一致，这种一致是指参考图像与待配准图像之间相同感兴趣点（或区域）有相同空间位置，如图4-37所示。图中假设待配准图像I，经过空间变换模型T_G变换后表示为I'，I中的点(x, y)映射到I'中表示为(x', y')，同时对应参考图像R中的点(x', y')。定义一个相似性测度函数S，优化S使相似性测度值达到最佳，从而建立像素之间的一一对应关系，即有如下公式：

$$R(x',y') = S(T_G(I(x,y))) \tag{4-10}$$

在图像配准的过程中有四个需要解决的关键问题，分别如下：

1）确定特征空间，即定义特征元素集合作为实现图像匹配的依据。特征元素集合可以是从参考图像及待配准图像中提取出的几何特征，例如特征点（包括角点、高曲率点）、边缘、曲线、曲面、闭区域等。提取几何特征是配准的重要前提，对于特征点在视觉效果上比较明显的图像，特征提取相对简便。但是对于特征不明显或纹理信息比较少的图像的特征提取要涉及图像分割等复杂操作，图像分割的准确程度直接影响配准精确度。

2）确定搜索空间，即确定参考图像与待配准图像之间的变换方式及变换范围，这种变换包括全局变换和局部变换。全局变换指参考图像与待配准图像之间的变换关系可以通过一个函数来表示，主要求解变换模型的参数值，本书的基于特征点的配准方法属于全局变换。局部变换将参考图像与待配准图像看成由不同的小面元组成，面元之间不同空间对应的几何变换模型不同。

3）确定搜索策略，即确定最优变换参数，使相似性度量达到最大。搜索策略分为局部搜索策略及全局搜索策略。局部搜索策略需要以图像局部信息为依据确定搜索方向、改进初始模型，但极易陷入局部极值而无法跳出；全局搜索策略具有更强的搜索能力，但计算量大、收敛速度慢；目前已出现了一些将局部搜索和全局搜索相结合的算法。

4）相似性度量，用于评估参考图像及待配准图像匹配的精确度，一般和特征空间密切相关，高性能相似性测度函数不受外界因素干扰，局部极值少，曲线尽量平滑。在多模态配准中，相似性度量能够反映图像之间的灰度关系。

图像配准的目的是寻找不同模态图像之间的空间对应关系，在配准过程中得出的某些数据和参量，例如病灶定位、病变区域的空间形状和体积等，可为相应疾病的诊断、治疗、手术导航和术后评估等提供必要信息。图像的配准和融合有着密切的关系，特别是对于多模态图像而言，配准和融合是密不可分的。配准是融合的先决条件和关键，其精度的高低直接决定融合结果质量的好坏。

根据不同的分类标准可将图像配准方法分为以下几类[22]：

1）按照空间维数和时间序列可分为空间维数的配准方法，例如二维－二维图像配准、二维－三维图像配准和三维－三维图像配准；时间序列配准方法，需考虑空间维数的时间序列，而不仅考虑空间维数。

2）按照变换自然属性的不同可分为有关变换作用域的配准方法，如全局变换和局部变换；有关变换性质的配准方法，如刚性配准和非刚性配准。

3）按照配准主体的不同可分为待配准的图像来源于同一病人，属于患者自身的图像配准；待配准的图像来源于不同病人，属于患者之间的图像配准；病人图像与标准的图谱图像配准，以便更直观和方便地应用图谱中的信息。

4）按照成像模态的不同可分为单模态图像配准，待配准的两幅图像是用同一种成像设备采集的；多模态图像配准，待配准的两幅图像来源于不同的成像设备。

5）按照配准方法的性质不同可分为如下两种方法：

① 基于特征的配准方法，即选择待配准图像中易提取并能在一定程度上代表待配准图像相似性的空间特征作为配准依据。根据提取图像特征方式的不同，该类方法可以分为基于外部特征的方法和基于内在特征的方法。前者是使用外在标记点，主要是在进行图像采集前把一些异质目标通过某种方式推送到图像空间中，例如立体定位参考框架和螺钉标记[23]，当图像发生变化时，其对应的标记点也随之发生相应的变化。后者是采用从图像中提取出的内在特征，而不是直接采用图像灰度进行相关运算。一般来说，在选择图像特征时要考虑不同采集设备获取的图像共同特征，常用的特征包括几何特征点、曲线、曲面、区域和模板等。其中，基于曲线和曲面的匹配算法主要依据待配准图像的曲线、曲面和脊线等特征[24]；基于区域特征的图像配准方法通常会结合一些常用的图像分割方法先提取一些区域信息[25,26]；基于轮廓的图像配准则首先提取图像中的目标轮廓，其次进行轮廓匹配，最后估算配准参数[27]。

② 基于灰度信息的配准方法，即对图像的灰度值直接操作，不需要复杂的图像分割或特征提取。例如，基于主轴的配准方法[28]，其计算速度快，但对图像的互异性比较敏感，如果图像不完整，算法会失效；基于相关性系数的配准方法[29]，可克服配准图像之间的不同梯度等级灰度，它需要有一个前提假设就是匹配的图像灰度值之间存在一些线性校正；基于互信息的配准方法[30,31]，利用信息论中的互信息来定义相似性度量函数，当两幅图像的空间几何位置完全一致时，其中一幅图像表达的关于另外一幅图像的信息，也就是对应像素灰度的互信息应为最大。

4.5.2 图像融合基础理论

图像融合是信息融合的重要分支，它将不同传感器采集的同一目标的不同图像或同种传感器以不同成像方式、不同成像时间采集的不同图像，融合成一幅图像，从而使得融合图像能够更全面、清晰、准确地反映多重原始图像的信息，提高图像信息的利用率，更适合视觉感知和计算机处理。多模图像融合具有以下优势：充分利用多模图像的冗余信息，提高融合图像的可靠性；充分利用多模图像的互补信息，改善单一模态图像的不足，增强其某些不明显的特征，使融合图像具备精确、全面、丰富的信息；提高融合系统的鲁棒性，从而减少图像的噪声影响，提高图像质量；扩大融合系统工作范围，例如时间范围、空间范围。

(1) 图像融合的三个层次

图像融合主要分为四个步骤实现：图像预处理、图像配准、图像融合及融合评价。按照由低到高的次序可将图像融合归纳为三个层次：像素级融合、特征级融合、决策级融合，如图4-38所示。在实际应用中，要根据具体应用选择合适的融合方式从而获得最佳的融合效果。

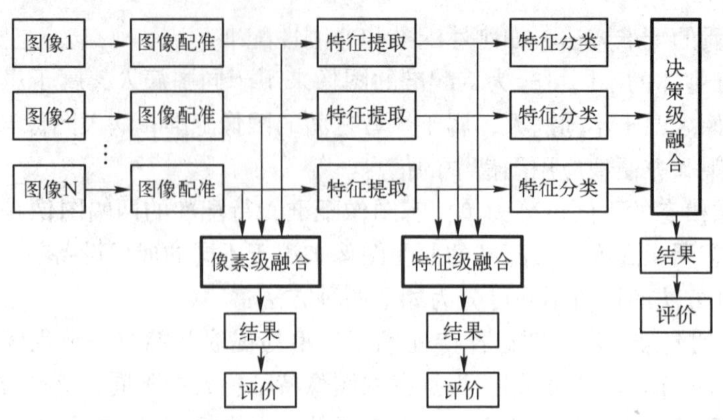

图 4-38　图像融合的三个层次

像素级融合属于最低层次的图像融合，是指在几何配准条件下，直接对原始多模图像进行信息综合分析。该层次的图像融合准确性最高，能够提供后两个层次的融合所不具备的细节信息，因此也是应用最广泛的融合方式。但需处理的信息量较大，不适合实时应用。

特征级融合属于中间层次的图像融合，是指对预处理后的图像进行特征提取，综合处理和分析得到的特征信息如边缘、形状、纹理和区域等。通过对信息进行筛选，达到了减少冗余信息同时保留足够数量的重要信息的目的，大大减小了计算量，利于实时处理。其缺点是对原始图像数据应用稀疏表示，易丢失信息，影响融合效果。特征级融合的主要方法有聚类分析方法、Dempster－Shafer 推理方法、信息熵方法、表决方法级神经网络方法等。

决策级融合是最高层次的融合，是指对预处理后的每幅图像分别进行特征提取、识别或判决，建立对同一特征的初步决策，然后融合这些决策生成整个融合系统的联合决策。它需要大型数据库和专家决策系统进行分析、推理、识别和判决。优点是实时性最好，具有一定的开放性和容错能力，缺点是信息损失量较大。目前，常用的决策级图像融合方法主要有贝叶斯估计法、模糊聚类法及专家系统等。

（2）像素级融合算法

像素级融合算法主要包括简单融合、金字塔分解融合、基于小波变换的融合和基于多尺度几何变换的融合算法等。其中后三种算法均属于多尺度分析融合算法，流程图如图 4-39 所示，对图像的融合过程类似于人类视觉系统对图像不同尺度、不同空间分辨率和不同分解层的细节信息处理，可获得更好的融合效果。

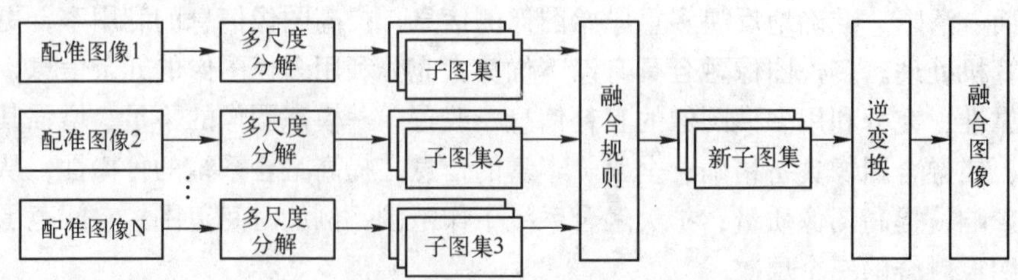

图 4-39　多尺度分析融合算法的流程图

简单融合算法主要包括加权平均法、颜色空间变换法、人工智能法等。加权平均法是最简单、最基本的图像融合方法，基本思想是将多模原始图像的对应像素灰度值进行加权处理。颜色空间变换法是将多模图像映射到某个固定的颜色通道上再合并分量成为一幅彩色的融合图像，其中最典型的是基于 IHS（Intensity－Hue－Saturation）模型变换的融合。人工智能法不需要确定精确的融合模型，适用于融合难以寻找到合适模型的多模图像，例如人工神经网络、脉冲耦合神经网络、模糊理论、粗糙集理论。

金字塔分解融合算法的基本思想是对待融合的多模图像进行金字塔分解，建立待融合图像的金字塔结构，提取各自的特征信息，对各层次分解图像在多尺度、多分辨率、多分解层的条件下按照一定的融合规则融合成结果图像的金字塔图像，再对金字塔图像进行逆变换得到融合图像。金字塔分解融合算法主要包括拉普拉斯金字塔法、对比度金字塔法、梯度金字塔法等。相较于简单融合算法，金字塔分解算法虽然可得到更好的融合效果，但是分解过程中仍然会损失高频信息，同时分解图像之间的相关性会导致重构图像的不稳定。为了解决这一问题，小波变换以其良好的时频域特性、多分辨率特性、方向性等优势成为图像融合领域较理想的工具。

（3）小波变换融合算法

傅里叶变换是信号处理领域应用最广泛的一种分析手段，它将信号分解成一系列不同频率的正弦波叠加，为了解信号的频率成分提供了很好的分析工具。但是傅里叶的一个严重不足是在变换的时候会丢掉时间信息，因此无法根据傅里叶变换的结果判断一个特定信号是在什么时候发生的。之后，Gabor 提出了著名的 Gabor 变换，进一步发展成为短时傅里叶变换（Short Time Fourier Transform，STFT），其基本思想是给信号加一个小窗，然后对小窗内的信号进行傅里叶变换，因此该变换反映了信号的局部特征。STFT 的窗函数的大小和形状都与时间和频率无关，这对于分析时变信号来说是不利的。小波变换不但继承和发展了局部化思想，而且克服了窗口大小不随频率变化的特点，它利用小波基取代传统的三角函数，进而对函数进行分解与综合，能通过伸缩和平移等运算功能对函数或信号进行多尺度细化分析，是对非平稳函数进行分析的更方便的工具。

由一维离散小波变换的 Mallat 算法可以得到对二维图像的小波分解算法，公式如下：

$$
\begin{cases}
c_{j+1,m,n} = \sum\limits_{k\in Z}\sum\limits_{l\in Z} h(k-2m)h(l-2n)c_{j,k,l} \\
d^{\mathrm{v}}_{j+1,m,n} = \sum\limits_{k\in Z}\sum\limits_{l\in Z} h(k-2m)g(l-2n)c_{j,k,l} \\
d^{\mathrm{h}}_{j+1,m,n} = \sum\limits_{k\in Z}\sum\limits_{l\in Z} g(k-2m)h(l-2n)c_{j,k,l} \\
d^{\mathrm{d}}_{j+1,m,n} = \sum\limits_{k\in Z}\sum\limits_{l\in Z} g(k-2m)g(l-2n)c_{j,k,l}
\end{cases}
\tag{4-11}
$$

以及重构算法，公式如下：

$$
\begin{aligned}
c_{j,m,n} = {} & \sum_{k\in Z}\sum_{l\in Z} h(m-2k)h(n-2l)c_{j,k,l} + \sum_{k\in Z}\sum_{l\in Z} h(m-2k)g(n-2l)d^{\mathrm{v}}_{j+1,k,l} + \\
& \sum_{k\in Z}\sum_{l\in Z} g(m-2k)h(n-2l)d^{\mathrm{h}}_{j+1,k,l} + \sum_{k\in Z}\sum_{l\in Z} g(m-2k)g(n-2l)d^{\mathrm{d}}_{j+1,k,l}
\end{aligned}
\tag{4-12}
$$

式中，C_{j+1}和 C_j分别表示第 $j+1$ 和第 j 层分解图像的低频小波系数；d^{v}_{j+1}、d^{h}_{j+1}和 d^{d}_{j+1}分别表示第 $j+1$ 层分解图像垂直、水平及对角方向的高频小波系数；$h(k-2m)$ 和 $h(l-2n)$ 分别表示沿 y 和 x 方向对图像进行低通滤波并采样；$g(k-2m)$ 和 $g(l-2n)$ 分别表示沿 y 和 x 方向对图像进行高通滤波并采样；$h(m-2k)$ 和 $h(n-2l)$ 分别表示沿 y 和 x 方向对图像插值并低通滤波；$g(m-2k)$和$g(n-2l)$分别表示沿y和x方向对图像插值并高通滤波。

用$\boldsymbol{H}_r$和$\boldsymbol{H}_c$分别表示对阵列$\{C_{k,l}\}_{k,l\in Z^2}$的行和列作用的镜像共轭滤波器的系数矩阵，$\boldsymbol{G}_r$和$\boldsymbol{G}_c$分别是对阵列$\{C_{k,l}\}_{k,l\in Z^2}$的行和列作用的镜像共轭滤波器的系数矩阵，则式（4-11）可写成如下的矩阵形式：

$$\begin{cases} C_{j+1}=\boldsymbol{H}_r\boldsymbol{H}_c C_j \\ D_{j+1}^v=\boldsymbol{H}_r\boldsymbol{G}_c C_j \\ D_{j+1}^h=\boldsymbol{G}_r\boldsymbol{H}_c C_j \\ D_{j+1}^d=G_rG_cC_j \end{cases} \tag{4-13}$$

式中，$j=0$，1，...，J。二维 Mallat 重构算法为

$$C_j=\boldsymbol{H}_r^*\boldsymbol{H}_c^*C_{j+1}+\boldsymbol{H}_r^*\boldsymbol{G}_c^*D_{j+1}^v+\boldsymbol{G}_r^*\boldsymbol{H}_c^*D_{j+1}^h+\boldsymbol{G}_r^*\boldsymbol{G}_c^*D_{j+1}^d \tag{4-14}$$

式中，$j=J$，...，1，0；C_j和C_{j+1}是第j和第$j+1$层分解图像的低频小波系数；D_{j+1}^{v}、D_{j+1}^{h}和D^{dj+1}分别是第$j+1$层分解图像的垂直、水平及对角方向的高频小波系数。低频分量反映图像的近似以及平均特性，集中了图像的大部分能量，表现物体的整体轮廓信息；高频分量反映图像的突变信息，如边缘、区域边界等。

图像经过一次二维小波变换之后得到四个子图像，其中包括一个低频分量LL_1和3个高频分量HL_1、LH_1、HH_1，其中HL_1对应水平方向高频分量，LH_1对应垂直方向高频分量，HH_1对应对角方向高频分量。如果对图像进行J次二维小波分解，$J=0$时是原始图像，最终得到$3J+1$个不同子图像。图4-40是图像进行两次小波分解的过程。小波分解的层次越高，其对应的子图像尺寸越小，从而形成塔式图像。

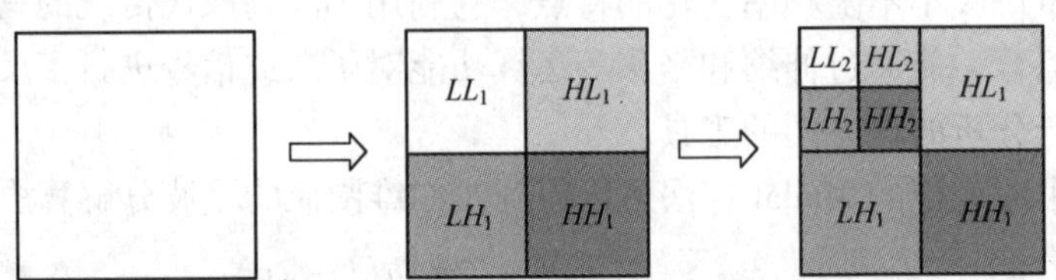

图4-40　图像进行两次小波分解过程

小波变换属于多尺度分析，而根据视觉心理和生理实验，多尺度分析存在于人眼视觉的底层信号处理过程中，因此小波变换具有和人眼类似的性能，适用于图像融合。小波的分解过程即将原图像分解成各个频域上的子图像，再根据不同分量的不同融合进行融合，从而实现更好的融合效果。

基于小波变换的图像融合算法如图4-41所示，具体步骤如下：

1）对待融合的源图像进行小波分解，得到各分解层的高频子图像和低频子图像。

2）分别对各分解层的高频小波系数和低频小波系数采用不同的融合规则进行融合，得到融合后的各层高频小波系数和低频小波系数。

3）对融合的系数进行逆小波变换，得到重构图像。

基于小波变换的图像融合算法的优势体现在三方面：第一，多分辨率分解提供了不同分辨率下图像的信息，并且变换后的能量大部分集中在低频部分，便于在对应分辨率下进行信息融合，并且可以根据需要有选择地增强某分辨率的图像特征；第二，小波分解和重构算法是循环使用的，易于硬件实现；第三，便于并行处理和实现。

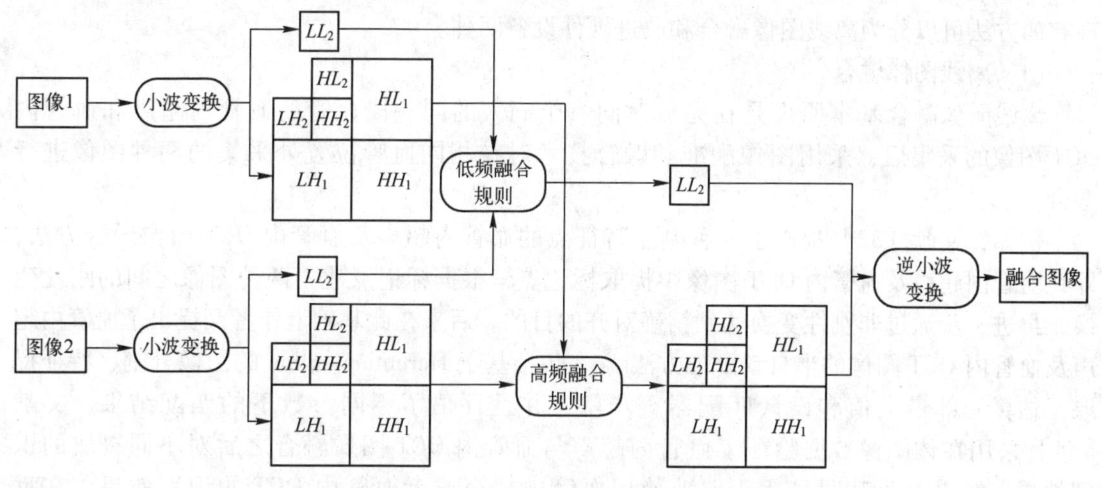

图 4-41　基于小波变换的融合算法

4.5.3　图像融合的主要方法

目前，图像融合的方法主要包括以下几类：

1）按照被融合图像的成像方式不同，分为单模融合（mono - modality）和多模融合（multi - modality）。单模融合是指待融合的图像由同一设备获取，如计算机断层成像（CT→CT）或者磁共振成像（MRI→MRI）的融合。多模融合是指待融合的两幅或多幅图像来源于不同的成像设备，例如 CT 与 MRI 图像融合或者 CT 与核医学图像的融合等。

2）按照融合对象的不同，分为单样本时间序列图像融合、单样本空间图像融合和模板融合。单样本时间序列融合是指将同一对象、同一模态、不同时间采集的图像进行融合，以用于跟踪病理发展和研究该检查对该疾病诊断的特异性。单样本空间融合是指将同一对象、同一时间段、不同模态下采集的图像进行融合，可用于病情的确切诊断，如 MRI 或 CT 可以提供脏器的结构信息，单光子发射断层成像（SPECT）可以提供脏器的功能信息，对病情作出更准确的诊断。模板融合是从许多健康人的研究中建立一系列模板，将病人的检查图像与电子图谱或模板图像进行融合，有助于研究某种疾病和诊断标准。

3）按照图像处理方法的不同分为数值融合法和智能融合法。数值融合法将不同来源的图像作空间归一化处理后直接融合。智能融合法将不同来源的图像作归一化处理后，根据需要选择不同图像中的所需信息再进行融合。

4）按照图像类型不同分为断层图像之间的相互融合、断层图像与投影图像的融合以及结构图像与功能图像的融合。断层图像之间的相互融合主要指 CT 与 MRI 图像融合；断层图像与投影图像融合主要指 CT 或者 MRI 图像与血管造影图像通过三维重建后进行融合；而结构图像融合与功能图像融合主要指 CT 或者 MRI 图像与正电子发射断层成像（PET）或者 SPECT 图像进行融合。

4.5.4　超声和 OCT 图像融合的研究现状

血管内超声和血管内 OCT 作为冠状动脉临床诊断和治疗的新兴技术，在医学研究领域引起了很大的关注，但关于血管内超声和血管内 OCT 图像融合方法的研究还不成熟。目前现有的方法可以分为离线图像融合和改进硬件设备两种。

(1) 离线图像融合

离线图像融合基本原理是在完成对同一个病人的同一段血管的血管内超声和血管内OCT图像的采集后，采用图像配准和融合技术对在相同血管位置处采集的两种图像进行融合。

例如，文献［32］提出了一种基于特征点的血管内超声及血管内OCT图像融合方法，即在血管内超声及血管内OCT图像中提取标记点，根据标记点建立两种图像之间的刚性变换，再进一步通过非刚性变换达到精确对齐的目的。后来在此基础上作者又提出了血管内超声及血管内OCT图像的半自动配准方法[33]，包括基于Hermitian spline的图像分割、特征提取、估算局部最大值和设计匹配器等步骤，并且评估了不同参数下的匹配结果。文献［34］采用在体图像数据验证了血管内超声与血管内OCT图像融合之后对不同斑块的识别效果，结果表明其明显优于单独使用血管内超声或者血管内OCT的识别效果。文献［35］采用在体图像数据，将血管内超声和血管内OCT图像融合应用于识别血管分叉处的易损斑块，结果证明两种图像的融合提高了识别易损斑块的准确性。文献［36］从24例病人中选取56段分叉血管，并进行为期6个月的跟踪实验，通过融合血管内超声和血管内OCT图像，结合虚拟组织学IVUS（VH-IVUS），分析了不同斑块成分的性质、各种斑块组织的频谱特征及纤维帽厚度等。文献［37］采用脱机图像数据，即血管内OCT和血管内超声导管分别以20 mm/s及0.5 mm/s的回撤速度从相同起始点拉回，均得到具有相同血管侧支的典型帧；然后，根据典型帧中的侧支实现图像配准；最后，将配准后的血管内OCT及血管内超声图像导入Adobe Photoshop软件中，以血管内OCT图像为底层，旋转血管内超声图像实现融合。

(2) 改进硬件设备

文献［38］对血管内超声和血管内OCT成像仪的硬件设备进行改进，其开发的新型IVUS-OCT成像仪由三部分组成：一是通过在心导管顶端依次安置血管内超声传感器及OCT探头组成IVUS-OCT微型导管；二是电动机传动系统，连接微型导管与成像系统；三是成像系统，包括激光源、OCT电路、超声波发生器/接收器、数字转换器、终端计算机等。IVUS-OCT成像仪的临床应用表明在心导管拉回过程中可以实时显示血管内超声及血管内OCT图像，更有利于研究两种成像技术的对比与结合。

4.5.5 基于特征点的IVUS与IV-OCT图像配准

本节介绍一种对同一段血管的、在相同管腔位置采集的、包含钙化斑块或者血管分叉的IVUS和IV-OCT横断面图像进行配准的方法。流程图如图4-42所示，方法的基本思路是以IV-OCT图像作为参考图像，IVUS作为待配准图像，选择钙化特征点或者血管分叉点作为配准依据，根据空间变换模型确定两幅图像之间的变换参数，进而对IVUS图像进行相应的变换。主要包括如下步骤：图像预处理、特征提取、确定空间变换模型、图像插值及变换等。

(1) 图像预处理

因成像设备不同，IVUS和IV-OCT图像的尺寸不同，可能导致提取图像特征时存在差异，因此在进行后续处理之前，需将两种图像的尺寸统一。IV-OCT图像为RGB格式的彩

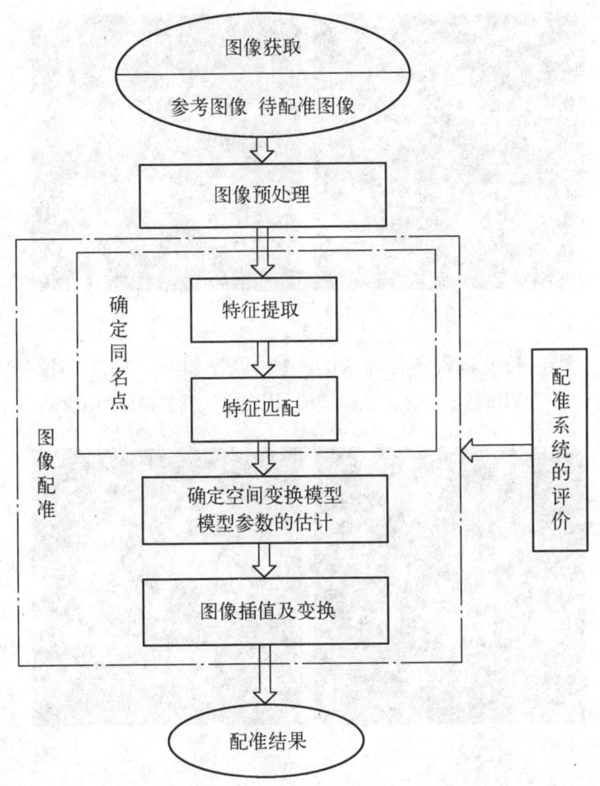

图 4-42 基于特征点的 IVUS 和 IV－OCT 图像配准流程图

色图像，但是其中并不包含可用于区分不同血管壁组织和斑块组织的颜色信息。因此为了减小后续处理的数据量，提高算法效率，需首先对 IV－OCT 图像进行灰度化处理。

(2) 提取特征点

根据粥样硬化斑块的组织成分及其在 IVUS 和 IV－OCT 图像中的不同特征表现，可将其分为四类：脂质性斑块、纤维性斑块、钙化性斑块及混合性斑块。其中钙化斑块在两种成像模式中均具有区别于其他三类斑块的明显的特征：IVUS 图像中的钙化斑块表现为强回声区，且其后伴有负性声影；IV－OCT 图像中的钙化斑块表现为边界清晰且均匀的低信号区，并伴有较弱的信号衰减，如图 4-43 所示。

与其他血管结构相比，血管分叉具有特殊的形态特征：IVUS 图像中的血管分叉表现为血管腔有一定的偏心率，分叉处具有明显的强回声区；IV－OCT 图像中的血管分叉表现为具有偏心率的低回声区，如图 4-44 所示。

按照方法的自动化程度，可将从灰度图像中提取特征点的方法分为手动标记和自动检测两种方式。后者包括 Harris 算子[39] 和尺度不变特征变换（Scale Invariant Feature Transform，SIFT）算子[40] 等。

(3) 图像空间的几何变换

图像空间的几何变换就是将原图像的某点映射到目标图像的新坐标中，但不改变像素值，分为线性变换和非线性变换两种，常用的图像空间变换模型如图 4-45 所示。线性变换主要包括刚体变换、相似变换、仿射变换和投影变换，如图 4-46 所示。刚体变换是最简单

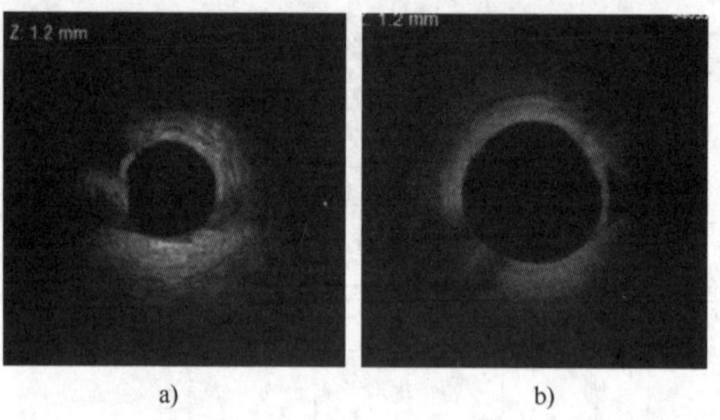

a) b)

图 4-43 包含钙化斑块的一帧 IVUS 和 IV-OCT 图像
a）IVUS 管腔横截面图像 b）IV-OCT 管腔横截面图像

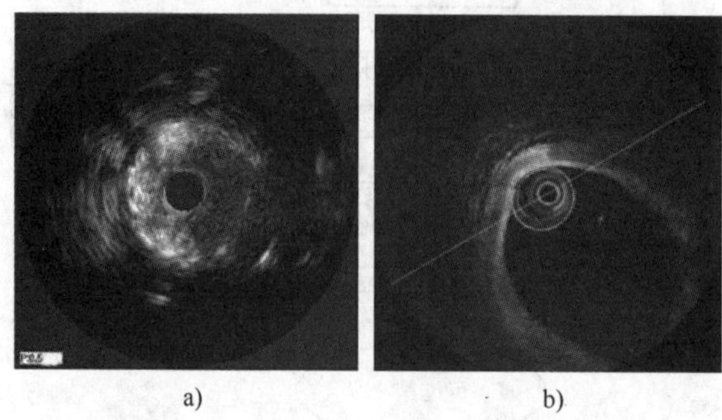

a) b)

图 4-44 包含血管分叉的一帧 IVUS 和 IV-OCT 图像
a）IVUS 管腔横截面图像 b）IV-OCT 管腔横截面图像

的空间变换模型，数学表达式为

$$\begin{bmatrix} x' \\ y' \end{bmatrix} = \begin{bmatrix} \cos\theta & -\sin\theta \\ \sin\theta & \cos\theta \end{bmatrix} \begin{bmatrix} x \\ y \end{bmatrix} + \begin{bmatrix} t_x \\ t_y \end{bmatrix} \tag{4-15}$$

式中，$(x,\ y)$为原始图像中某点的坐标；$(x',\ y')$为其变换后的坐标；θ 为旋转角度；t_x和t_y分别为 x 和 y 方向平移参数。刚体变换保证变换前后待配准图像中任意两点之间的几何关系保持不变，同时图像的尺寸和目标物体的形状等均不改变。

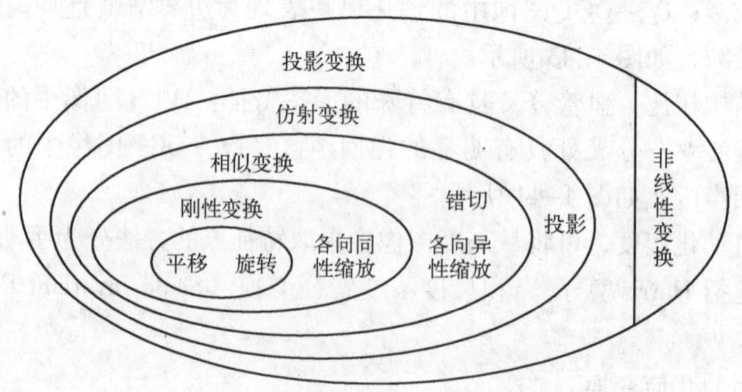

图 4-45 常用的图像空间变换模型

相似变换是在刚体变换的基础上引入尺度参数 S，改变图像的尺寸，公式如下：

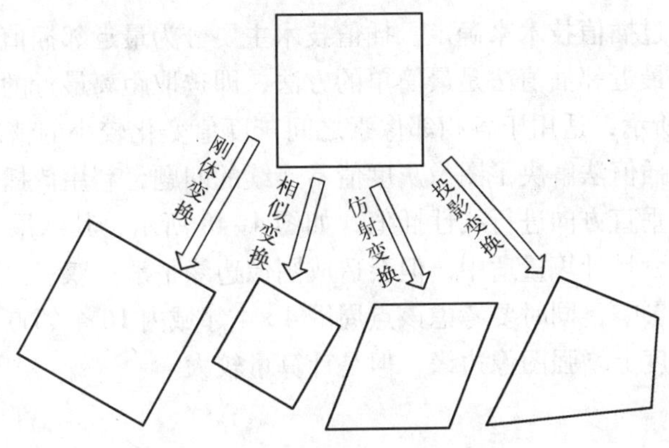

图 4-46　图像空间线性变换示例

$$\begin{bmatrix} x' \\ y' \end{bmatrix} = S\begin{bmatrix} \cos\theta & -\sin\theta \\ \sin\theta & \cos\theta \end{bmatrix}\begin{bmatrix} x \\ y \end{bmatrix} + \begin{bmatrix} t_x \\ t_y \end{bmatrix} \tag{4-16}$$

相似变换包括平移、旋转和缩放。对于由于拍摄时间或角度不同造成图像的平移、旋转或缩放等问题，应用相似变换可以有效解决图像之间的配准问题。

仿射变换是更具一般形式的相似变换，其数学表达式如下：

$$\begin{bmatrix} x' \\ y' \end{bmatrix} = \begin{bmatrix} s_x & 0 \\ 0 & s_y \end{bmatrix}\begin{bmatrix} \cos\theta & -\sin\theta \\ \sin\theta & \cos\theta \end{bmatrix}\begin{bmatrix} x \\ y \end{bmatrix} + \begin{bmatrix} t_x \\ t_y \end{bmatrix} \tag{4-17}$$

式中，s_x和s_y分别表示不同方向上的尺度参数。仿射变换后，图像的形状及尺寸会发生改变。当$s_x = s_y$时，即为相似变换，所以仿射变换是更具一般形式的相似变换。

投影变换较复杂，主要应用于三维图像配准中，它改变了直线间的平行关系。非线性变换又称为弹性变换，一般用代数多项式来表示，它将一条直线映射成曲线，适用于全局性形变或局部形变的图像配准问题。

在不考虑血管腔弹性形变的情况下，假定 IVUS 和 IV－OCT 两种成像模式的拍摄条件一致，那么只需考虑 IV－OCT 和 IVUS 之间的成像差异，包括由于成像视野和各自探头伸入血管腔的角度不同造成的成像角度不同。也就是说 IVUS 图像对应的变换类型需要实现相应的平移、缩放及旋转变换，即对应的空间变换模型是相似变换模型。

（4）匹配特征点

利用相似变换模型的最小二乘法闭合公式如下：

$$e^2(\boldsymbol{R},\boldsymbol{T},S) = \frac{1}{n}\|\boldsymbol{I}' - (S\boldsymbol{RI} + \boldsymbol{Th})\|^2 \tag{4-18}$$

确定待配准的两幅图像特征点对之间的对应关系，即计算参考图像与标准图像的特征点坐标之间的变换参数。式（4-18）中，$i = 1, 2, \ldots, n$；n 是控制点的对数；$\boldsymbol{R}$ 是 2×2 的旋转矩阵；$\boldsymbol{T}$ 是 2×1 的平移矩阵；S 是尺度参数；e^2是均方差；$\boldsymbol{I} = (\boldsymbol{I}_1, \boldsymbol{I}_2, \ldots, \boldsymbol{I}_n)$指待配准图像；$\boldsymbol{I}_i = (x_i, y_i)^{\mathrm{T}}$为待配准图像中特征点的坐标；$\boldsymbol{I}' = (\boldsymbol{I}'_1, \boldsymbol{I}'_2, \ldots, \boldsymbol{I}'_n)$指变换后图像；$\boldsymbol{I}'_i = (x_i', y_i')^{\mathrm{T}}$为$\boldsymbol{I}_i$变换后相应的坐标；$\boldsymbol{h} = (1, 1, \ldots, 1)$。当均方差 $e^2(\boldsymbol{R}, \boldsymbol{T}, S)$值最小时得到的 $\boldsymbol{R}$、$\boldsymbol{T}$、S 的取值，即为特征点对之间的变换关系。

（5）图像插值

在对待配准的 IVUS 进行相似变换时，可能会映射到 IVUS 图像的非整数坐标位置上，此处的灰度值需要通过插值技术来确定。插值技术主要分为最近邻插值法、双线性插值法及双三次插值法。其中最近邻插值法是最简单的方法，即选取距离最近的像素灰度值赋值给待插值点，如图4-47所示，适用于各相邻像素之间灰度值变化较小的情况，但是结果图像的连续性不好；双线性插值法解决了图像灰度值不连续的问题，利用待插值点四个相邻像素的灰度值分别在水平及垂直方向进行线性插值，如图4-48所示，其结果不受水平及垂直方向插值先后顺序的影响，且计算量适中，但会造成图像边缘平滑；双三次插值法不仅受四个直接相邻像素的灰度值影响，同时要考虑该点周围4×4邻域内16个邻点灰度值对待插值点的影响，可以在一定程度上增强图像边缘，但是计算量较大。

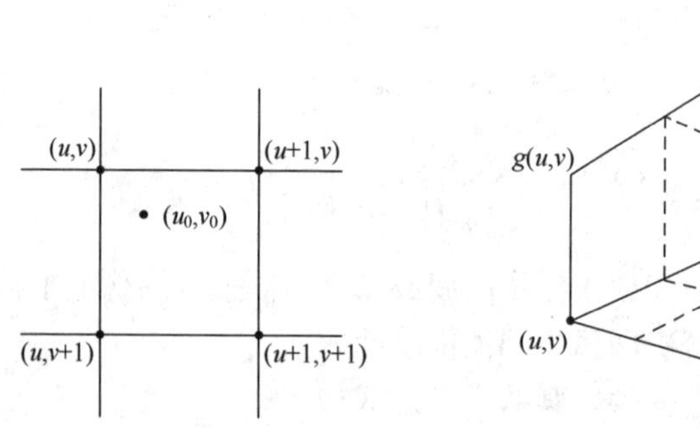

图4-47　最近邻插值示意图

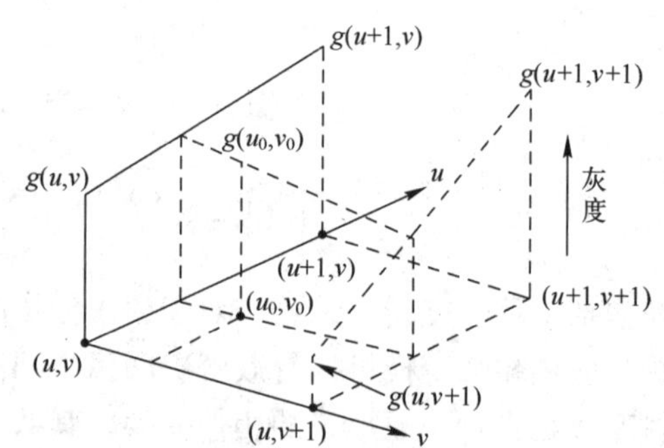

图4-48　双线性插值示意图

4.5.6　基于Bandelet变换的IVUS与IV-OCT图像融合

（1）Bandelet变换简介

小波变换是一种“稀疏”的表示方式，即将信号的大部分能量集中在少量表示系数中。但是由一维小波生成的二维离散小波变换仅具有有限的方向，不考虑图像的几何结构，仅适用于处理一维空间中的点奇异性。二维空间甚至高维空间不仅存在点奇异性，还存在线或面奇异性，而小波变换不能取得类似分析一维信号时的最优逼近。为了处理高维信号的奇异性，人们提出了多尺度几何分析，它是一种带有方向性的表示方式，是以小波变换为基础的方法，具有局部性、方向性和多尺度性，对于高维空间的信号分析可以达到最优逼近。目前，多尺度几何分析方法主要包括Ridgelet变换、Curvelet变换、Contourlet变换和Bandelet变换等。

其中Bandelet变换是一种基于边缘的图像表示方法，可充分利用图像的边缘信息，能自适应地跟踪图像的几何正则方向。第一代Bandelet对图像进行空域分割，Bandelet基函数在单个Bandelet带内正交，但不是全局正交的，而且第一代Bandelet基函数不能提供对几何流的多尺度分解，且运算量大，占用内存。之后，文献［41］提出了第二代Bandelet变换，其主要思想是结合小波变换与Bandelet化得到几何流和Bandelet系数，经过融合规则进行逆变换重构图像。Bandelet化的实施对象是小波变换的各高频子带，可以分为两步进行：第一，沿几何流对小波系数进行重采样，得到一维信号；第二，对一维信号进行一维小波变换，得到Bandelet系数[42]。

选定高频子带内的一个正方形区域，区域内的系数具有很强的关联性，为了使系数离散化进而消除关联性，可以将区域内的小波系数重排为一维形式。因此，确定重排的方式至关重要。小波的重排必须是可逆的，以此保证可以从重排的一维信号中恢复二维信号。设几何流方向为 d 且相对于水平的倾角为 θ，几何流垂直方向记为 $d^{\perp}$，小波系数的位置坐标为(k_1, k_2)，将其垂直投影到 $d^{\perp}$ 上，在 $d^{\perp}$ 上的位置表示为$\tilde{x}$，则从二维坐标(k_1,k_2)到一维坐标$\tilde{x}$的投影公式如下[42]：

$$\tilde{x} = -k_1\sin(\theta) + k_2\cos(\theta) \tag{4-19}$$

这样，区域内的每个坐标对应一个一维坐标$\tilde{x}$，不同的二维坐标可能对应相同的一维坐标。对区域内的每个点，按坐标$\tilde{x}$的大小排序，设序号为 i，令

$$f_d[i] = f(k_1,k_2) \tag{4-20}$$

得到一维信号 f_d。

上述过程是将小波系数的排布式从二维转换到一维，目的就是为了得到一维平滑信号 f_d，对一维信号 f_d 作一维小波变换，大幅值系数个数相对减少，能量进一步向少数系数集中，从而得到更好的融合效果。

Bandelet 化的过程是可逆的，根据几何流方向对小波系数进行反排序，之后一维小波变换的逆变换即可恢复原来的二维小波系数。一般情况下，图像的几何流是未知的，只有在局部区域才可以用直线逼近几何流，而且不同区域内几何流方向不同。Bandelet 化依赖于几何流，因此在实施 Bandelet 化之前，必须对各高频子带进行分割，并且确定各分割区域内的几何流。

(2) 基于第二代 Bandelet 变换的 IVUS 和 IV - OCT 图像融合算法

基于 Bandelet 变换的融合算法流程如图 4-49 所示，对于完成了配准的 IVUS 和 IV - OCT 图像进行基于 Bandelet 变换的图像融合算法的具体步骤如下：

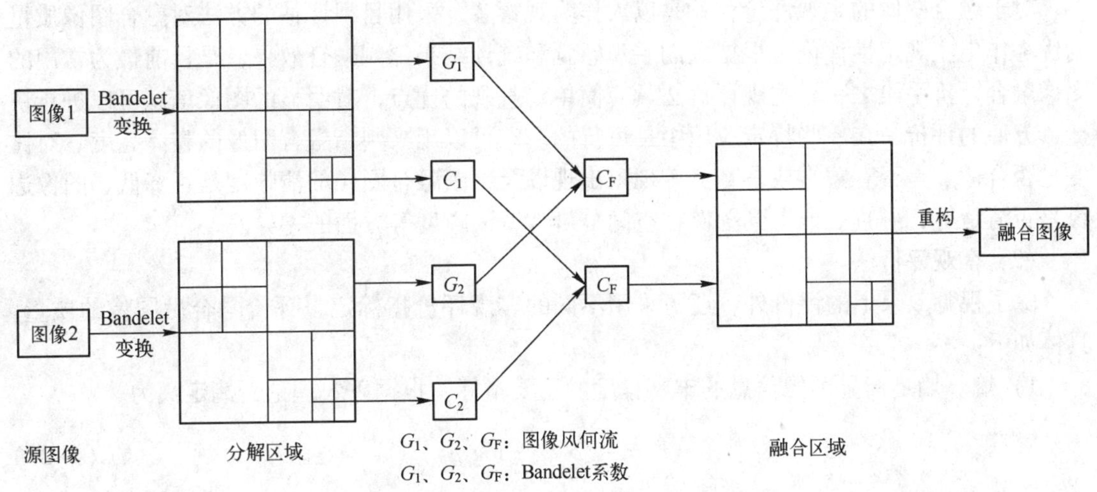

图 4-49　基于 Bandelet 变换的融合算法流程

1) 对两幅源图像作二维离散小波变换，得到高频子带和低频子带图像。

2) 对各高频子带图像分别进行四叉树分割，得到尺寸为 $N\times N$ 的 Bandelet 块，同时得到各分割区域内的几何流 $G_F(i)$（i 表示第 i 个分割区域），将圆周角$[0,\pi)$离散为 N^2-1 个值，则几何流的倾角 θ 为

$$\theta = \frac{k\pi}{N^2 - 1} \tag{4-21}$$

式中，$k=0, 1, ..., N^2-2$；j 是待融合图像的总数，此处 $j=2$。

3）对各 Bandelet 块实施 Bandelet 化，得到 Bandelet 系数。对于二维小波变换后的低频小波系数虽然未 Bandelet 化，也称其为 Bandelet 系数。

4）采用融合规则得到几何流 $G_F(i)$ 和 Bandelet 系数 $C_F(x, y, i)$，并进行逆 Bandelet 变换重构融合图像。采用融合规则对几何流和 Bandelet 系数进行融合。对于几何流，采用的最大值融合规则如下：

$$G_F(i) = \begin{cases} G_1(i), & G_1(i) \geqslant G_2(i) \\ G_2(i), & G_1(i) < G_2(i) \end{cases} \tag{4-22}$$

其中 $G_F(i)$ 是融合图像第 i 个区域的的几何流。对于 Bandelet 系数，采用的最大绝对值融合规则如下：

$$C_F(x,y,i) = \begin{cases} C_1(x,y,i), & |C_1(x,y,i)| \geqslant |C_2(x,y,i)| \\ C_2(x,y,i), & |C_1(x,y,i)| < |C_2(x,y,i)| \end{cases} \tag{4-23}$$

其中 $C_F(x, y, i)$ 是融合图像在点 (x, y) 的 Bandelet 系数。几何流反映图像的梯度信息，Bandelet 系数反映图像整体轮廓和细节信息，二者的融合规则是根据 IVUS 及 IV - OCT 图像的灰度信息确定的。

4.5.7 图像融合质量的评价

（1）主观评价法

对于融合图像的主观评价，就是以人作为观察者，采用目视评估的方法对融合图像质量的优劣作出主观定性评价，根据人的主观感觉和统计结果评判融合效果，是目前最为常用的图像融合评价手段之一。主观评价法具有简单、直观的优点，对明显的图像信息可以进行快捷、方便的评价，在一些特定应用中是可行的。它可以用来判断融合图像的整体亮度、对比度是否合适、是否有蒙雾或马赛克等现象出现以及判断融合图像的清晰度是否降低、图像边缘是否清楚等，可直观地得到图像在空间分辨力、清晰度等方面的差异。

（2）客观评价法

除了视觉效果上的评价外，还可采用不同的客观评价指标定量评价融合后图像的质量，具体如下：

1）熵。熵是衡量图像信息的丰富程度的重要指标。根据香农理论，熵定义为

$$E = -\sum_{i=0}^{L-1} p_i \cdot \log_2 p_i \tag{4-24}$$

式中，$p=\{p_1, p_2, \cdots, p_{L-1}\}$ 表示图像的灰度分布，反映图像中具有不同灰度值像素的概率分布，即灰度值为 i 的像素数 N_i 与图像总像素数 N 之比，即 $p_i=N_i/N$；L 为图像总的灰度级别。熵值越大，说明融合效果越好。因此可用熵来评价融合图像信息增加程度。

2）互信息量。互信息量可以作为两个变量之间相关性的量度，或一个变量包含另一个变量的信息量的量度。融合图像 F 与源图像 A 之间的交互信息量 $MI_{\mathrm{F,A}}$ 定义如下：

$$MI_{\mathrm{F,A}} = \sum_{k=1}^{L-1}\sum_{i=1}^{L-1} p_{\mathrm{F,A}}(k,i)\log_2 \frac{p_{\mathrm{F,A}}(k,i)}{p_{\mathrm{F}}(k)p_{\mathrm{A}}(i)} \tag{4-25}$$

式中，p_A和p_F分别为源图像 A 和融合图像 F 的概率密度函数；$p_{F,A}$为两幅图像的联合密度函数，可以分别由图像的灰度直方图和归一化的联合直方图估算得到。融合图像 F 与两幅源图像 A 和 B 之间的互信息量 $MI_{F,A,B}$定义如下：

$$MI_{F,A,B} = MI_{F,A} + MI_{F,B} \tag{4-26}$$

互信息量是反映融合效果的一种客观指标，它的值越大，表示融合图像从源图像中获取的信息越丰富，融合效果越好。它可以更准确地评价各种融合效果的优劣。信息熵和互信息都表明了融合图像包含信息量的多少。

3）平均梯度。平均梯度可以用来评价融合图像在微小细节表达能力上的差异，反映图像的清晰程度，其定义如下：

$$\bar{g} = \frac{1}{(M-1)(N-1)} \times \sum_{i=1}^{M-1} \sum_{j=1}^{N-1} \sqrt{(\Delta F_x^2 + \Delta F_y^2)/2} \tag{4-27}$$

式中，ΔF_x和 ΔF_y分别是$f(x,y)$沿 x 和 y 方向的一阶差分；M 和 N 分别是图像的行和列数。

平均梯度可以敏感地反映图像对微小细节反差表达的能力，平均梯度越大，表示图像层次越丰富，图像越清晰，说明融合效果和质量越好。

4）边缘信息评价算子。边缘信息评价算子反映融合算法保留边缘信息的能力，即源图像到融合图像边缘信息的传递量，其定义如下：

$$Q_F^{AB/F}(m,n) = \frac{\sum_{m=1}^{M} \sum_{n=1}^{N} (Q^{AF}(m,n)w^A(m,n) + Q^{BF}(m,n)w^B(m,n))}{\sum_{m=1}^{M} \sum_{n=1}^{N} (w^A(m,n) + w^B(m,n))} \tag{4-28}$$

式中，M 和 N 分别为图像的行数和列数；$Q^{AF}(m,n)$、$Q^{BF}(m,n)$分别为源图像 A 到融合图像 F 的边缘信息保留值和源图像 B 到融合图像 F 的边缘信息保留值权值。$w^A(m,n)$和 $w^B(m,n)$通常为一个关于边缘强度的函数，通常 $w^A(m,n) = |g_A(m,n)|^L$，$w^B(m,n) = |g_B(m,n)|^L$（L 为常数）。$Q_F^{AB/F}(m,n)$的范围为［0，1］，值越大表示融合图像保留了越多的源图像边缘信息，融合的效果越好。

以上评价参数可以客观地衡量融合图像在某一方面的质量和视觉效果。由于没有考虑人眼的视觉特性，以及人在进行图像分析时的经验和知识，客观的评价结果可能与人的视觉感受有差异。因此在实际应用中，主观评价与客观的定量评价标准需要相结合进行综合评价。

对同一组 IVUS 和 IV－OCT 图像分别采用小波变换和 Bandelet 算法进行融合的结果如图 4-50所示，融合图像结合了单一 IVUS 和 IV－OCT 图像的优势，不仅可以表现良好的探测深度，便于医生观察，同时在近血管腔部分的空间分辨率高，利于观察斑块从而提高医疗诊断效果，预防冠心病的发生。

从主观评价的角度来看，图 4-50a 可以明显看出近血管腔的区域出现振铃效应，即融合结果中灰度剧烈变化的邻域产生明显的抖动现象，这是由于重构过程中对高频分量的粗糙量化使得部分高频成分被滤除后在重构图像的边缘产生振铃效应。相对于小波变换的融合图像，基于 Bandelet 变换的融合图像具有较好的视觉效果。

表 4-1 列出了对上述融合结果的四种客观评价指标，包括信息熵、互信息、平均梯度和边缘信息。显然 Bandelet 融合算法在提高融合图像信息量方面优于小波变换。由于 IVUS 和 IV－OCT 图像着重表现血管及斑块的形态和形变情况，细节信息的表达能力至关重要，

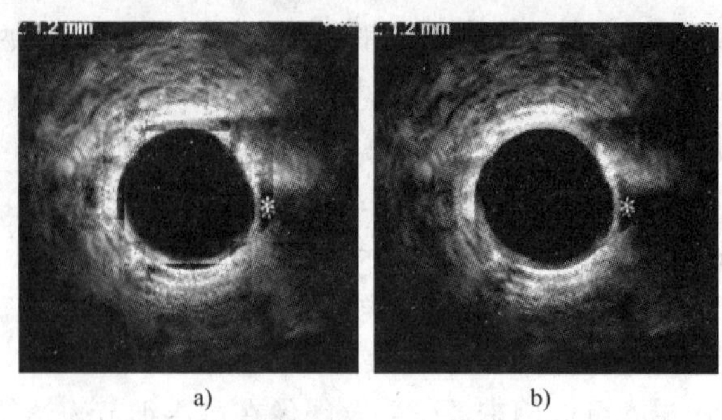

图 4-50　对同一组 IVUS 和 IV - OCT 图像分别采用小波变换和 Bandelet 算法融合的结果

a）小波变换融合结果　b）Bandelet 变换融合结果

因此平均梯度是评价融合效果的重要指标。从表 4-1 中可以看出，Bandelet 融合算法对微小细节反映能力高于小波变换。Bandelet 融合结果从 IVUS 和 IV - OCT 图像中获取了较多的边缘信息，从视觉效果上来看，近血管腔内膜位置具有较好的融合效果，图像较清晰，而小波变换的融合结果则有振铃效应。

表 4-1　同一组包含钙化点和无钙化点图像的两种融合算法的客观评价指标对比

融合算法	信息熵	互信息	平均梯度	边缘算子
小波	5.6724	0.0911	4.9268	0.0207
Bandelet	5.8452	3.8295	6.5773	0.5867

参考文献

[1] Jang I K, Bouma B E, Kang D H, *et al.* Visualization of coronary atherosclerotic plaques in patients using optical coherence tomography: comparison with intravascular ultrasound [J]. Journal of the American College of Cardiology. 2002, 39 (4): 604 -609.

[2] 陈步星，张益京，赤阪隆史，等．冠状动脉内光学相干断层成像 [M]. 北京：北京大学医学出版社，2009.

[3] 王天杰，赵杰，杨跃进．冠状动脉内光学相干断层成像技术的临床应用 [J]. 中国循环杂志．2011, 26 (1): 72 -73.

[4] 田峰，陈韵岱．光学相干断层成像在冠心病研究中的应用 [J]. 临床内科杂志．2010, 27 (1): 100 -104.

[5] 韩志刚，于波，侯静波，等．光学相干断层成像评价冠状动脉内支架术后即刻效果 [J]. 中华心血管病杂志．2006, 34 (7): 625 -626.

[6] 陈步星，马凤云，罗维，等．光学相干断层成像在冠心病介入治疗中的应用价值 [J]. 中华心血管病杂志．2006, 34 (2): 130 -133.

[7] 陈韵岱．光学相干断层成像在冠心病介入治疗中的应用价值 [C]. 第二届东方心脏病学会议 (OCC2008). 上海，5.30 -6.1，2008，WO21668.

[8] Chau A H, Chan R C, Shishkov M, *et al.* Mechanical analysis of atherosclerotic plaques

based on optical coherence tomography [J]. Annals of Biomedical Engineering. 2004, 32 (11): 1494 –1503.

[9] Kume T, Akasaka T, Kawamoto T, *et al.* Assessment of coronary arterial thrombus by optical coherence tomography [J]. The American Journal of Cardiology. 2006, 97 (12): 1713 –1717.

[10] 卢成志. 光学相干断层扫描（OCT）图像中的假象［C］. 第四届东方心脏病学会议（OCC2010）. 上海, 5. 27 – 5. 30, 2010, WO42105.

[11] Tanimoto S, Rodriguez - Granillo G, Barlis P, *et al.* A novel approach for quantitative analysis of intracoronary optical coherence tomography: High inter - observer agreement with computer - assisted contour detection [J]. Catheterization and Cardiovascular Interventions. 2008, 72 (2): 228 –235.

[12] Sihan K, Botha C, Post F, *et al.* Fully automatic three – dimensional quantitative analysis of intracoronary optical coherence tomography: method and validation [J]. Catheterization and Cardiovascular Interventions. 2009, 74: 1058 –1065.

[13] Tung K P, Shi W Z, De Silva R, *et al.* Automatical vessel wall detection in intravascular coronary OCT [C] // Proceedings of IEEE International Symposium on Biomedical Imaging: From Nano to Macro, Chicago, USA: IEEE Press, 2011: 610 –613.

[14] Tsantis S, Kagadis G C, Katsanos K, *et al.* Automatic vessel lumen segmentation and stent strut detection in intravascular optical coherence tomography [J]. Medical Physics. 2012, 39 (1): 503 –513.

[15] Moraes M C, Cardenas D A C, Furuie S S. Automatic IOCT lumen segmentation using wavelet andmathematical morphology [C]. Proceedings of the IEEE International Conference on Computers in Cardiology, 2012, 39: 545 –548.

[16] 舒鹏, 孙延奎, 宋现涛. 由冠脉光学相干层析图像自动提取血管壁内轮廓 [J]. 光学精密工程. 2013, 21 (9): 2381 –2387.

[17] Chatzizisis Y S, Koutkias V G, Toutouzas K, *et al.* Clinical validation of an algorithm for rapid and accurate automated segmentation of intracoronary optical coherence tomography images [J]. International Journal of Cardiology. 2014, 172 (3): 568 –580.

[18] Regar E, Schaar J A, Mont E, *et al.* Optical coherence tomography [J]. Cardiovascular Radiation Medicine. 2003, 4 (4): 198 –204.

[19] Sihan K, Botha C, Post F, *et al.* A novel approach to quantitative analysis of intravascular optical coherence tomography imaging [C] // Proceedings of IEEE International Conference on Computers in Cardiology, Bologna, Italy: IEEE Press, 2008: 1089 –1092.

[20] Sihan K, Botha C, Post F, *et al.* Fully automated gating of optical coherence tomography data [C] //Proceedings of IEEE International Conference on Computers in Cardiology, Belfast, Northern Ireland: IEEE Press, 2010, 37: 9 –12.

[21] Sihan K, Botha C, Post F, *et al.* Retrospective image – based gating of intracoronary optical coherence tomography: implications for quantitative analysis [J]. Eurointervention. 2011, 6: 1098 –1103.

［22］张洁．医学图像配准及融合［D］．成都：电子科技大学，2004.
［23］Collins D L. 3D Model - based segmentation of individual brain structures from magnetic resonance imaging data ［D］. McGill University, 1994.
［24］Maintz J B, Viergever M A. A survey of medical image registration ［J］. MedicalImage Analysis, 1998, 2 (1): 1 -36.
［25］Hsu L Y, Loew M H. Fully automatic 3D feature - based registration of multi - modality medical images ［J］. Image and Vision Computing. 2001, 19 (1): 75 -85.
［26］Meyer C R, Leichtman G S, Brunberg J A, *et al.* Simultaneous usage of homologous points, lines, and planes for optimal, 3-D, linear registration of multimodality imaging data ［J］. IEEE Transactions on Medical Imaging. 1995, 14 (1): 1 -11.
［27］Li H, Manjunath B S, Mitra S K. A contour - based approach to multisensor image registration ［J］. IEEE Transactions on Image Processing. 1995, 4 (3): 320 -334.
［28］胡涛，郭宝平，郭轩，等．基于轮廓特征的图像配准［J］．光电工程，2009，36 (11): 118 -122.
［29］Van den Elsen P A, Pol E J D, Viergever M A. Medical image matching - a review with classification ［J］. IEEE Engineering in Medicine and Biology Magazine. 1993, 12 (1): 26 -39.
［30］Duncan J S, Ayache N. Medical image analysis: Progress over two decades and the challenges ahead ［J］. IEEE Transactions on Pattern Analysis and Machine Intelligence. 2000, 22 (1): 85 -106.
［31］Wells W M, Viola P, Atsumi H, *et al.* Multi - modal volume registration by maximization of mutual information ［J］. Medical Image Analysis, 1996, 1 (1): 35 -51.
［32］Unal G, Lankton S, Carlier S, *et al.* Fusion of IVUS and OCT through semi - automatic registration ［J］. Proceedings of International Conference on CVII - MICCAI, 2006: 163 -170.
［33］Pauly O, Unal G, Slabaugh G, *et al.* Semi - automatic matching of OCT and IVUS images for image fusion ［C］//Medical Imaging. International Society for Optics and Photonics, 2008: 69142N - 69142N - 11.
［34］Goderie T P M, van Soest G, Garcia - Garcia H M, *et al.* Combined optical coherence tomography and intravascular ultrasound radio frequency data analysis for plaque characterization. Classification accuracy of human coronary plaques in vitro ［J］. The international journal of cardiovascular imaging. 2010, 26 (8): 843 -850.
［35］Gonzalo N, Garcia - Garcia H M, Regar E, *et al.* In vivo assessment of high - risk coronary plaques at bifurcations with combined intravascular ultrasound and optical coherence tomography ［J］. JACC: Cardiovascular Imaging. 2009, 2 (4): 473 -482.
［36］Diletti R, Garcia - Garcia H M, Gomez - Lara J, *et al.* Assessment of coronary atherosclerosis progression and regression at bifurcations using combined IVUS and OCT ［J］. JACC: Cardiovascular Imaging. 2011, 4 (7): 774 -780.
［37］Goderie T P M, van Soest G, Garcia - Garcia H M, *et al.* Combined optical coherence

tomography and intravascular ultrasound radio frequency data analysis for plaque characterization. Classification accuracy of human coronary plaques in vitro [J]. The international journal of cardiovascular imaging. 2010, 26 (8): 843 –850.

[38] Li J, Ma T, Jing J, *et al.* Back – to – back optical coherence tomography – ultrasound probe for co – registered three – dimensional intravascular imaging with real – time display [C] //SPIE BiOS. International Society for Optics and Photonics, 2014: 893428 – 893428 – 7.

[39] Harris C, Stephens M. A combined corner and edge detector [C] //Alvey vision conference. 1988, 15: 50.

[40] Lowe D G. Object recognition from local scale – invariant features [C] //Computer vision, 1999. The proceedings of the seventh IEEE international conference on. Ieee, 1999, 2: 1150 –1157.

[41] Le Pennec E, Mallat S. Sparse geometric image representations with Bandelets [J]. Image Processing, IEEE Transactions on, 2005, 14 (4): 423 –438.

[42] 闫敬文，屈小波．超小波分析及应用［M］．北京：国防工业出版社，2008.

第5章　基于多成像方法融合的虚拟内窥镜技术

当前，虚拟现实技术（Virtual Reality，VR）已被普遍应用于诸多领域。其中，虚拟内窥镜技术（Virtual Endoscope，VE）便是VR在医学领域的一个重要应用，近年来得到了空前发展，几乎涉及到了人体的所有腔道器官，它在计算机辅助医生教学（Computer - Aided Medical Teaching，CAMT）、手术规划及导航、疾病诊断等许多领域有着非常重要的临床应用价值。本章主要介绍采用虚拟现实造型语言，对从X射线血管造影图像、血管内超声和血管内光学相干断层图像序列中重建出的三维血管模型以及相关血管形态和血流动力学参数进行交互式可视化，进而建立交互式冠状动脉虚拟内窥镜系统的方法。

5.1　虚拟现实技术简介

虚拟现实是一项综合集成技术，涉及计算机图形学、人机交互技术、传感技术、人工智能技术等领域，它用计算机生成逼真的三维视、听等感觉，使人作为参与者通过适当装置，自然地对虚拟世界进行体验和交互作用。在建设好的虚拟环境中，体验者可以完全置身于由计算机创造的神奇的虚拟世界中，可以和虚拟世界中的物体进行交互，也可以静止的观察这个虚幻的世界。本节主要介绍虚拟现实技术的原理、特点和实现虚拟世界的虚拟现实造型语言。

5.1.1　虚拟现实技术的原理

“现实”是泛指在物理意义上和功能意义上并在世界上存在的任何事物或环境，它既可以是可实现的，也可以是难以实现的或者根本无法实现的。“虚拟”的意思是不“真实”的，一般是用电子计算机生成的。因此，虚拟现实指的是电子计算机构造出的一种特殊环境，人们可以通过应用各种特殊装置将自己植入到这个环境中，并且可以操作、控制这个特殊环境，人可以在这个环境中作各种操作，人主宰着这个环境。

虚拟现实技术起源于美国，开始于20世纪50~60年代，是一种模拟人类视觉、听觉、触觉等感知行为的高度逼真的人机交互技术，是在数字图像处理、计算机图形学、多媒体技术、人机接口技术、仿真技术及传感技术等很多信息技术基础上发展起来的一门多学科的交叉技术。从本质上来说，虚拟现实也就是基于电子计算机的一种先进的用户接口，它提供给用户视觉，听觉等直观的交互手段，方便用户的操作。虚拟现实技术生成的虚拟世界和三维动画技术形成的虚拟世界有根本性的区别，VR技术构造的虚拟世界是依据真实数据建立的模型，属于科学仿真系统，操纵者可以身临其境的体验三维空间，实时感受到运动带来的场景变化，具有双向互动的功能。

一个典型的虚拟现实系统主要由计算机系统、输入模块、输出模块、虚拟环境数据库及虚拟现实软件五部分组成，如图 5-1 所示。其中，输入模块用来接收来自操作者的信息，包括数据手套、三维球、自由度鼠标、生物传感器、头部跟踪器及语音输入设备等部件；输出模块负责接收人对 VR 系统虚拟环境下得到的身临其境的感觉，包括三维图像的生成与显示、三维声音处理和触觉等；虚拟环境数据库存储全部虚拟环境中所需物体的所有信息，比如物体的物理性质、行为、几何和材质等；VR 软件的功能是设计并处理操作者在该虚拟环境当中遇到的场景和实体。

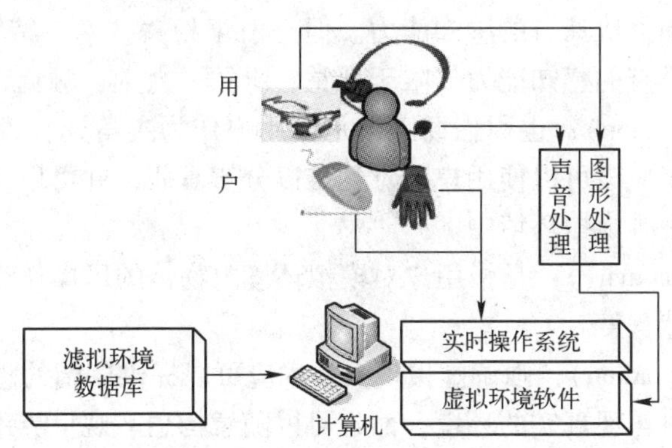

图 5-1　典型的虚拟现实系统

VR 系统的工作过程是：操作者通过输入设备如数据手套、话筒等将视、听、感等输入信号传递给计算机，VR 软件接收这些信号并对其进行分析处理，紧接着虚拟环境数据库作出适当调整来适应操作者所在的新环境，同时把新的场景如视物的改变信息传递给输出设备，操作者便能及时体验到新的效果。

虚拟现实技术在不同领域中具有不同的用处，它的表现形式也是不固定的。在实际应用中，根据操作者参与 VR 的形式不同（即沉浸程度的高低和交互程度的不同），将虚拟现实系统划分为以下四种类型[1]：

1）桌面虚拟现实系统（Desktop VR）。桌面虚拟现实系统是基于普通个人计算机平台或初级图形工作站的小型虚拟现实系统，亦称窗口虚拟现实系统。它利用中低端图形工作站及立体显示器，采用立体图形、自然交互等技术，建立交互虚拟场景，参与者使用位置跟踪器、数据手套、力反馈器、三维鼠标或其他手控输入设备操控虚拟世界，实现与虚拟世界的交互。

2）沉浸式虚拟现实系统（Immersive VR）。沉浸式虚拟现实系统是利用头盔显示器把用户的视觉、听觉和其他感觉器官封闭起来，提供一个新的虚拟的空间，使人产生一种沉浸在虚拟环境中的错觉，给用户一种置身于真实世界的体验，具有高度的沉溺感。

3）分布式虚拟现实系统（Distributed VR）。分布式虚拟现实系统是一个基于网络的可供异地多用户同时参与的分布式虚拟环境。在这个环境中，位于不同物理环境位置的多个用户或多个虚拟环境通过网络相连接，或者多个用户同时参加一个虚拟现实环境，通过计算机与其他用户进行交互，并共享信息。

4）增强式虚拟现实系统（Augmented Reality）。增强式虚拟现实系统也被称之为混合现实，它是通过电脑技术，将虚拟的信息应用到真实世界，两种信息相互补充、叠加，并同时存在于同一个画面或者空间中，真实世界和虚拟世界融合在一起，真正达到亦真亦幻的境界。

5.1.2 虚拟现实技术的特点和应用

与传统的模拟仿真技术相比，虚拟现实技术具有如下主要特征[2]：

1）多感知性（Multi－Sensory）：是指除了一般电子计算机技术所具有的视觉感知之外，还有听觉、力觉、触觉、运动类型的感知，甚至包括味觉、嗅觉类型的感知。理想的虚拟现实技术应该具有现实中人所具有的感知能力。但是由于相关技术，特别是传感技术的限制，目前虚拟现实技术所具有的感知能力仅限于视觉、听觉、力觉、触觉、运动。

2）浸没感（Immersion）：也称临场感，是指用户作为主角处在模拟环境中的真实感觉程度。理想的模拟环境应该可以使用户感觉到难以分辨真假，并可以使用户全身心地投入到电子计算机所创建的三维虚拟环境中。

3）交互性（Interactivity）：是指用户对模拟环境内物体的可操作程度，以及从模拟环境中得到反馈信号的自然程度。

4）构想性（Imagination）：强调虚拟现实技术应可以提供广阔的想象空间，它可开拓人类的认知范围，不但可再现真实的环境，而且可以随意构想客观世界中不存在的或者是客观世界中不可能存在的环境。

VR 技术最早应用于军事领域，目前已在遥感、商业、医疗、通信、娱乐、教育和新闻解析等诸多领域得到了广泛应用。国内外已有许多成功案例，例如美国宇航局（NASA）对哈勃望远镜的仿真和“虚拟行星探索”的试验计划，分别建立了航空、卫星维护 VR 教育系统；天津大学建立了“交互式虚拟校园漫游系统”；北京航空航天大学开发出的“北京 2008 年奥运会开幕式创意仿真与指挥监控”、“建国 60 周年首都国庆阅兵方案三维推演和决策”等。

5.2 虚拟现实造型语言简介

5.2.1 VRML 基本概念

虚拟现实造型语言（Virtual Reality Modeling Language，VRML）是描述虚拟环境中场景的一种标准，它不仅定义了三维应用系统中常用的语言描述，如层次变换、光源、视点、几何造型、动画、材质、雾化和纹理映射等，还定义了简单的行为特征描述功能，用于描述三维环境的场景[5]。利用 VRML 可以随意创建任何虚拟的场景，如虚拟城市、校园、实验室、山脉、星球等。目前，VRML 已被广泛应用于医学研究领域，如建立虚拟医学教学环境、进行虚拟手术、建立虚拟仿真系统、对各类器官进行三维重建并在此基础上进行各种研究与应用等。

VRML 把虚拟世界看做是“场景”，而场景中的一切被看做是“对象”，对场景中对象的描述就构成了 VRML 文件。VRML 用树状的场景图来描述三维世界。应用面向对象技术，不仅使场景图对三维世界的描述变得清晰，还通过封装属性和建立场景图内部消息方便地实现虚拟实体的交互和动画等动能[6]。场景图的基本元素为节点（Node）。各节点间通过父子关系连接，形成有向无环图，即场景图。场景图的另一个优点是良好的重用性，对于相同的几何形状或属性描述，使用 VRML 的 DEF 语法定义一次就可以了，其他需要的地方可以通过 USE 语法来重用。

5.2.2 VRML 的功能和执行模式

VRML 是一个开放的、可扩展的、面向对象的三维造型语言，不仅支持数据和过程的三维显示，而且能使用户走进视、听效果逼真的虚拟世界。VRML 除了具有三维应用中常见的大多数功能外，还提供给用户丰富的创造空间，归纳如下[5]：

1）建模能力：VRML 提供了类型丰富的几何、复杂群、场景效果、编组、变换、动画及传感等节点，体现出了较强的建模功能 VRML。

2）真实感及渲染能力：通过提供丰富多样的渲染节点，能够比较准确地实现亮度、光照、着色、雾效果、纹理映射、360°立体声源等。

3）观察和交互能力：VRML 提供了类型丰富的传感器节点，如时间、感知及碰撞检测传感器，可以感知用户交互，实现场景内造型的交互；视点可以控制并调整用户对三维场景的观察方式。

4）动画控制功能：VRML 提供了方便的动画控制方式，关键帧时间传感器和线性插值器节点的结合可以产生动画效果。

5）细节层次管理和碰撞检测功能：通过层次节点 LOD 可以对细节显示进行控制，允许浏览器在物体表示的不同细节层次间自动切换，快速实现场景交互。

6）超链接及嵌入功能：通过内连节点 Inline 和锚节点 Anchor 使 VRML 可以由一个虚拟场景直接连接入另一个虚拟场景，或者将某一虚拟场景中的实体嵌入当前场景中。

此外，VRML 语言还具有平台独立性、实时三维渲染、占用网络带宽少和易扩展性等技术优势，使得它可以与其他开发工具结合并广泛应用于各个领域。

在 VRML 中，虚拟世界就被看做是“场景”，“对象”就是场景中的物体，VRML 文件就是在场景中对于对象的描述。面向对象的场景图结构使得 VRML 世界的内部通信机制变得简单明了，VRML 定义了事件传递机制，节点定义了它可以产生和接收的事件类型，节点间通过传递事件进行通信。事件的传递通路由 ROUTE 语句定义。

VRML 的执行模式如图 5-2 所示，VRML 提供接收来自路由（Route）语句传入的事件驱动和由外部程序接口写入的直接事件驱动两种事件驱动模式。VRML 的执行过程可以归纳

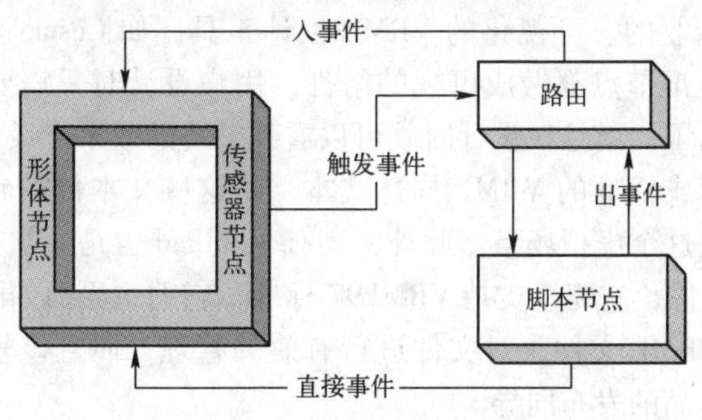

图 5-2 VRML 执行模式图

如下事件驱动 VRML 的交互与动画的执行；场景图中传感器节点定义的触发事件通过路由节点传送到场景图中其他节点如形体节点（Shape）的入事件域；被这些节点处理后的结果数据作为出事件的传递数据继续传送到其他所需要的节点。如此循环，完成 VRML 的执行过程。

5.2.3 VRML 编辑器和浏览器

浏览 VRML 虚拟空间需要浏览器插件，常用的有：Cosmo Player VRML 浏览器、Microsoft VRML2.0 浏览器、Parallel Graphics Cortona 3D VRML 浏览器。其他浏览器还有 SVR、Community Place、Liquid Reality 等。Cortona 3D VRML 浏览器界面如图 5-3 所示。

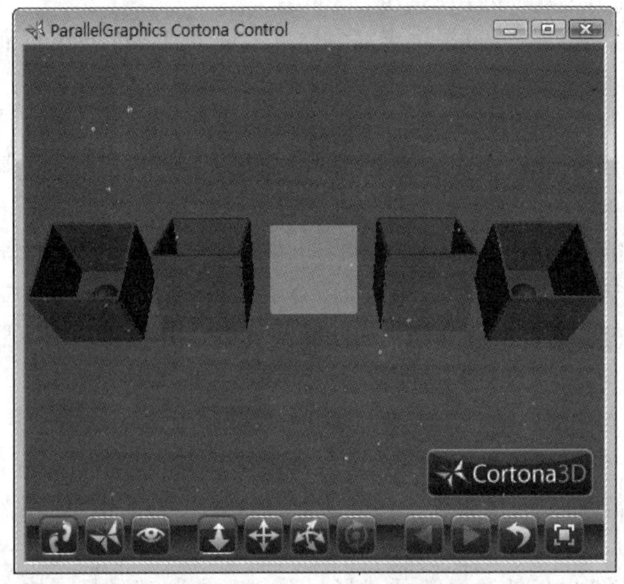

图 5-3 Cortona 3D VRML 浏览器界面

用户设计和创作 VRML 虚拟场景时可以使用任意喜欢的文本编辑器，常用的有 Windows 系统下的 NotePad、DOS 下的 Edit、文本文件等，只要将文件保存为以 .wrl 为后缀的文件即可。最简单的方法是直接使用文本编辑器来编辑描述文本，它类似于程序设计，虽然简单方便，但不是很直观，对设计者的空间想象能力要求也较高，设计的效率不高。完成大型复杂的造型空间就需要更专业的、可视化的 VRML 设计工具，如 CosmoWorld 和 HomeSpace 等，这些工具将 VRML 的标准节点都做成可视的组件，用户设计时只需要将这些组件组成自己需要的虚拟场景就可以了，而且在设计时就可以看到最终的效果。设计完毕后，系统自动将这些可视的虚拟场景生成标准的 VRML 描述文本，将这些文本传送到用户的浏览器后，便会在用户的屏幕上重现这个虚拟场景。此外，还有 VrmlPad 也是一款功能齐全且方便实用的 VRML 开发设计专业软件，它完全支持 VRML97 标准，它的主界面如图 5-4 所示，通过这款软件可以浏览和编辑 VRML 文件，对文件进行有效的管理，而且该软件还提供了帮助开发人员编写和发布自己作品的发布向导。

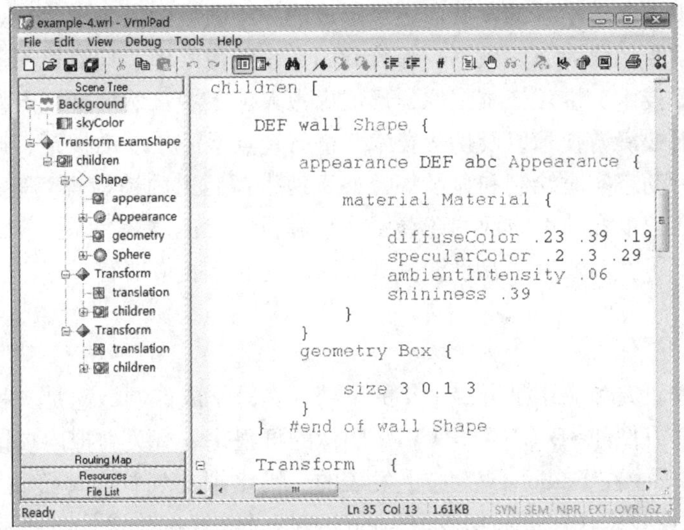

图 5-4 VrmlPad 主界面

5.3 虚拟内窥镜技术简介

5.3.1 基本原理

内窥镜技术在医学领域已经有了几十年的应用历史，在疾病的诊断中发挥着巨大的作用，传统的内窥镜如图 5-5 所示。但它也存在一些不足，例如内窥镜是一种侵入性诊断工具，对于病人来说，做内窥镜检查会有恶心、不适等症状，并且患有某些疾病的病人是不能进行内窥镜检查的；人体有很多部位是内窥镜所不能到达，或者最好避免到达的重要部位，比如心脏、脊髓、内耳、胆、胰、血管等。

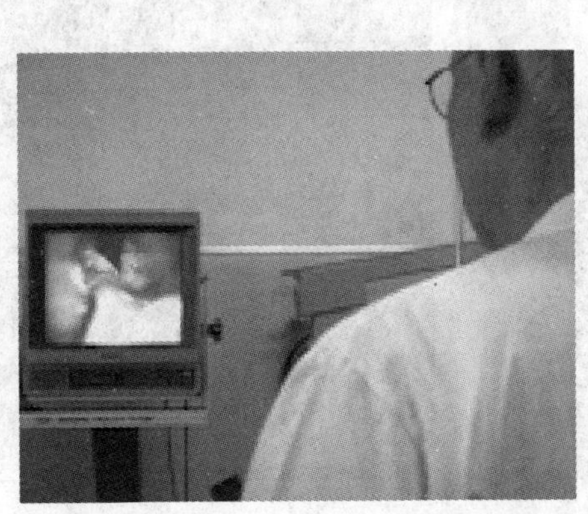

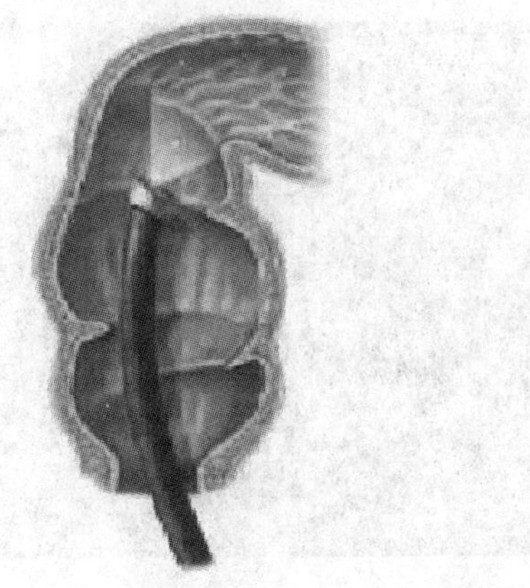

图 5-5 传统的内窥镜

随着医学图像向着更为复杂和量化的不断发展，基于计算机的可视化方法得到越来越多的重视。其中虚拟内窥镜技术（Virtual Endoscope，VE）已经成为近来提出的许多医学影像系统的基础。VE 是近年兴起的一门新技术，是随着计算机技术、计算机图形学、计算机图像处理尤其是虚拟现实等学科的发展而逐步形成的一种独特的医学图像后处理技术。它的基本思想是利用医学影像作为原始数据，综合利用数字图像处理、计算机图形学、科学计算可视化、虚拟现实等技术，重建三维图像，形成虚拟人体组织；然后把视点植入重建出的器官空腔内，借助导航或漫游技术以及伪彩技术，进行视点漫游、变动视距、调整视角、对视点前方组织结构进行动态实时绘制和显示等，逼真地模拟腔道内镜检查。近年来，随着 CT 和磁共振成像技术在速度和精度方面的改善以及计算机技术的飞速发展，VE 作为一种无创检查和诊断方法得到了空前发展，几乎涉及到了人体的所有腔道器官。

5.3.2 研究现状

虚拟内窥镜的研究和应用是近二十年的事情，在医学成像领域它是一种新兴的技术，主要起源于数字医学成像如 3D CT 和 3D MRI 图像的可视化。有关虚拟内窥镜的最早详细报道是 1996 年 Vining 等[7]在 Radiology 杂志上发表的一篇虚拟支气管内窥镜技术的论文。此后，随着 CT 和 MR 成像技术在速度和精度方面的改善以及计算机技术的飞速发展，虚拟内窥镜作为一种无创检查和诊断方法得到空前发展，几乎涉及到了人体所有腔道器官的检查和诊断中。典型应用包括虚拟结肠镜（Virtual Colonoscopy）[8-10]，如图 5-6 所示、虚拟支气管镜(virtual bronchoscopy)[11,12]，如图 5-7 所示、虚拟食道 - 支气管镜[13]、虚拟耳窥镜（Virtual Otoscopy）[14]，如图 5-8 所示、虚拟鼻腔内镜[15]、虚拟咽喉镜[16]，以及大动脉[17]、肝血管[18]、脑血管[19]及冠状动脉[20]虚拟血管镜等。法国 Laennec Hospital 研发小组开发的虚拟食管—支气管内窥镜采用喉部 CT 图像重建三维视图并提供解剖结构[13]。美国 Boston Surgical Planning Lab 建立的虚拟耳窥镜系统能够清晰地显示耳道结构，深入耳道的深部观察，并可以 360 度旋转检查[14]。此外还有美国 GE Research & Development Center 开发的虚拟内窥镜医学应用系统（Virtual Endoscopy Medical Application，VEMA）[21]，可应用于人体许多区域，如虚拟结肠镜、支气管、血管镜检查等，主要用于医疗人员的培训和教学。此系统能准确显示食管 - 支气管以及外围组织的解剖结构图，有广泛的临床应用价值。

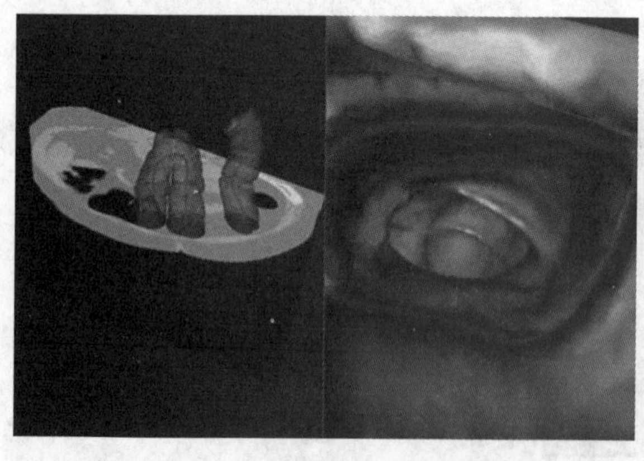

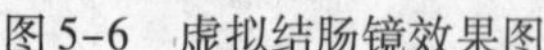

图 5-6 虚拟结肠镜效果图

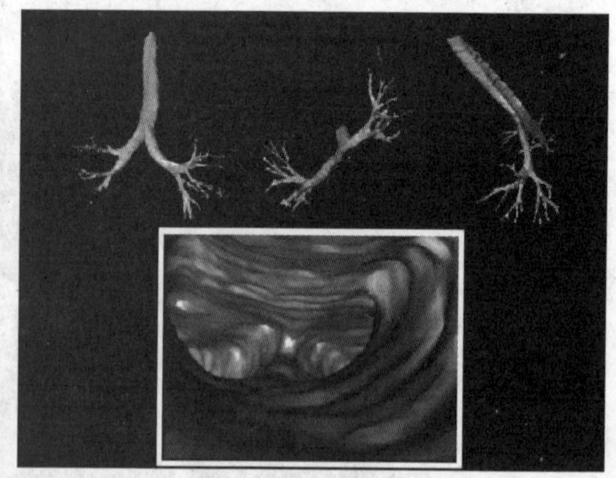

图 5-7 虚拟支气管镜效果图

目前，国内对虚拟内窥镜技术的研究主要集中在建立虚拟内窥镜仿真系统及其关键技术的研究方面[22-27]，如器官中心线的自动提取、交互式任意角度的观察及实时快速成像等。国内研发虚拟内窥镜系统的机构主要有：中国科学院自动化研究所、浙江大学 CAD&CG 国

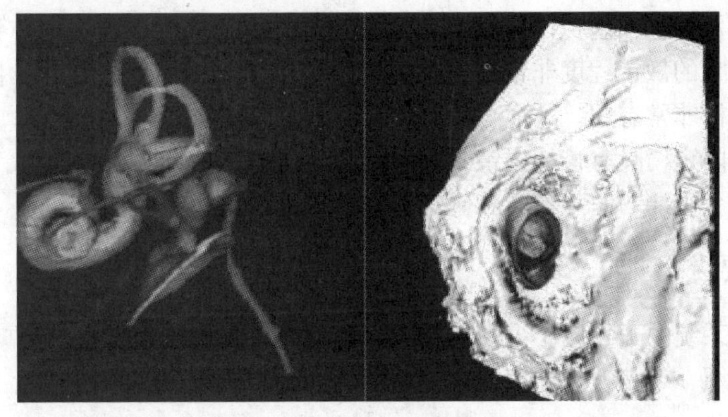

图 5-8　虚拟耳窥镜效果图

家级重点实验室、东南大学生物医学工程系影像科学与技术实验室、上海交通大学计算机辅助导航和治疗实验室以及西北大学等。另外，国内还有一些公司如北京 SIOC - DATA 公司和西安盈谷公司分别开发出了 INTAG 3D 和 AccuRadpro 具有虚拟内窥镜功能的商业软件。

5.3.3　主要特点

由于虚拟内窥镜技术可以实现对病变器官实现无创伤诊断，因此它具有很高的临床应用价值，在计算机辅助医学教学、外科手术导航、手术规划、临床诊断等领域有着广阔的应用前景。

虚拟内窥镜作为一种新兴的医学诊断方法，与传统内窥镜相比，存在诸多优点[28]，具体如下：

1）为非侵入性检查，病人的痛苦和副作用可降到最低，尤其适用于不能承受纤维内窥镜检查的病人。

2）能从狭窄或阻塞远端观察病灶，如虚拟喉内窥镜能够检查纤维内窥镜不能观察到的声门结构下表面。

3）可以观察到光学纤维内窥镜无法到达或不能检查的人体许多重要器官，如对脑、内耳、血管、椎管等。

4）能准确定位病灶的位置，帮助引导纤维内窥镜活检及治疗，为手术前规划和手术后处理提供依据。

5）可以任意设置视点，从任意的角度和方位对病灶进行观察，并能改变透明度，透过管腔观察管外情况。

6）可以针对不同的计划，任意地重复检查过程，同一套体数据可重复操作任意多次。

7）可降低医疗检查的复杂性、危险性和医疗成本。

8）能够指导病人了解自己的病情，也可用于教学。

同时，虚拟内窥镜也存在着一些不足，例如：

1）由于 CT 或 MR 图像精度不够，导致虚拟内窥镜图像分辨率不够理想。

2）对于扁平性病变，虚拟内窥镜的效果不够理想；对于贲门、幽门的皱褶，以及很多形状不规则地方的病变，虚拟内窥镜不能检测。

3）组织特异性较差，不能进行活检。

4）不能显示颜色信息。内窥镜下很多管道内部的颜色在病理诊断中起着重要的作用，例如炎症的红以及肿，在虚拟内窥镜下都不能反应出来；同时，虚拟内窥镜的色深也不够，有经验的医生眼睛的敏锐程度非常高，在传统内窥镜下细微的颜色变化，医生都能看出来，这对于作组织活检非常有用。

但由于虚拟内窥镜具有传统内镜不具备的独特优点，因此自它一问世，就获得较为广泛的应用，成为一个重要的医疗诊断和医疗普查的辅助手段。

5.3.4 技术要点

虚拟内窥镜系统的开发属于多学科交叉研究领域，是虚拟现实技术和现代医学影像技术的结合。下面介绍一个完整的虚拟内窥镜系统的主要组成部分[29]。

（1）数据获取

数据获取，即临床采集的图像数据的读入、显示和存储。图像的采集方式和分辨率是后续三维重建精度的重要决定因素之一。对不同解剖结构的检查需要采用不同的方式。如气管、支气管、胃、肠系统的检查首选螺旋 CT，如图 5-9a 所示，可以缩短采集时间，减少由于病人呼吸和移动造成的伪影，还可以在不增加曝光时间的情况下提供重叠的图像资料。对于神经系统一般选择 MRI，因为头部较固定，可以较长时间的采集数据，得到高分辨率的图像。为了得到更好的图像质量，有时还需要对图像进行滤波和降噪等预处理。

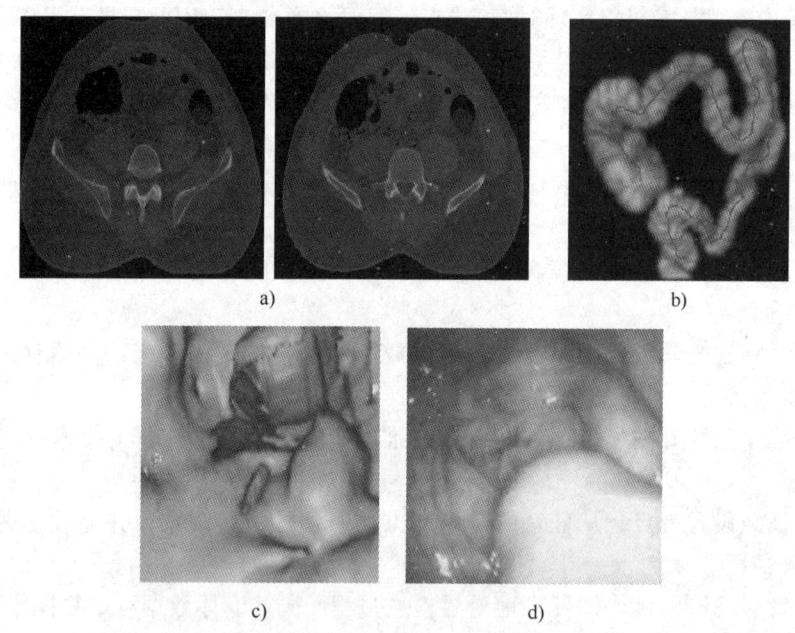

a)　b)

c)　d)

图 5-9　虚拟结肠镜效果图

a）结肠的 CT 图像　b）结肠的中心路径图　c）虚拟结肠内窥镜图像　d）光学内窥镜图像

（2）图像分割

在进行后续的处理前，需要从原始图像数据中提取出感兴趣的特征或子区域，从而减少待处理的数据量。图像分割是虚拟内窥镜系统的基础，分割效果直接影响后续操作。

目前主要采用全手动、半自动、自动三种分割方法。由于医学图像的复杂性，完全自动并精确地实现组织的分割是非常困难的，而手工分割的工作量太大，可重复性差，主观性强。因此使用结合相关医学专业知识的半自动技术实现组织分割是比较现实的，也是目前常用的方法。

（3）器官管腔的三维重建

三维重建是对图像分割的结果进行计算和提取，将二维切片数据集重构成三维实体，并采用面绘制或体绘制技术实现三维数据场的可视化的过程。虚拟内窥镜系统的三维重建有表面重建和体重建两种方法。表面重建是从切片数据集中抽取出等值面，由点、线、构造出对象的几何表面，然后再由传统的图形学技术实现表面绘制。体重建不通过构造中间对象，直接由三维数据（体素）本身重现实体。

根据不同的绘制次序，体绘制方法目前主要分为两类分别为以图像空间为序的体绘制算法（光线投射法）和以对象空间为序的体绘制算法（单元投影法）。

（4）漫游

漫游是虚拟内窥镜系统中比较关键的一部分，其研究重点是提取漫游路径并生成漫游计划。在采用体重建绘制结果图像过程中，需要处理的数据量非常大，考虑到实时性要求，一般首先进行路径规划，抽取出对应空腔结构组织器官的中心路径，如图 5-9b 所示，然后按照这条关键路径进行漫游。

（5）实时绘制

实时绘制是按照三维重建的结果，模拟摄像机在人体组织器官内部移动产生的效果，根据相应的视点位置、视线方向实时显示出对应的场景，如图 5-9c 所示。

5.4 冠状动脉虚拟内窥镜技术

人体的心脏和冠状动脉是三维空间结构，仅依靠一幅或几幅二维图像来理解三维结构有一定的局限性，不能完全满足临床上在疾病诊断、治疗决策及外科手术研究中的需要。随着计算机技术的发展及计算机图形学的成熟应用，心脏及冠状动脉的三维成像在近十年中有了长足的发展，而三维重建的结果可以虚拟内窥镜的形式显示出来。

目前，虚拟内窥镜技术在心脏及冠状动脉上的应用主要采用由 CTA（Computer Tomography Angiography）或 MRCA（Magnetic Resonance Coronary Angiography）采集到的容积数据作为数据源[29,30]，实现冠状动脉内虚拟飞行观察，可以采用基于 CT 和 MR 数据的通用虚拟内窥镜系统，只需输入分割后的心血管切片图像数据即可。由于心脏的剧烈运动以及心脏及周围血管的复杂结构，对图像采集的分辨率要求很高。德国 Tubingen 大学的 Dirk Bartz 等[29]采用多层螺旋 CT（Multi - slice Spiral CT，MSCT），首先对大量的原始数据进行分割和生成距离场等预处理，全部过程需要约 10 ~ 20 min（取决于采用的数据量），然后应用其自行开发的 VIVENDI 虚拟内窥镜系统，实现了冠脉内的虚拟内窥镜观察，如图 5-10 所示。

如第 1 章所述，诸如 CT 和 MR 等对心血管的无创性检查方法还存在技术上的不足，目前还不能成为常规的诊断冠状动脉和桥血管病变的临床手段。介入性的心导管检查（主要指 CAG、IVUS 和 IV - OCT）仍然是目前临床诊断和治疗冠心病的主要影像手段。山东大学齐鲁医院张运院士领导的课题组构建了可显示血管壁、内膜和外膜弹性特征的二维血管内超声弹性图（2D - IVUSE），并开发了具有虚拟内窥镜视角的三维血管内超声弹性图（3D - IVUSE）软件系统，可显示斑块的空间形态和定位信息，直观显示不同血管病变部位应变的

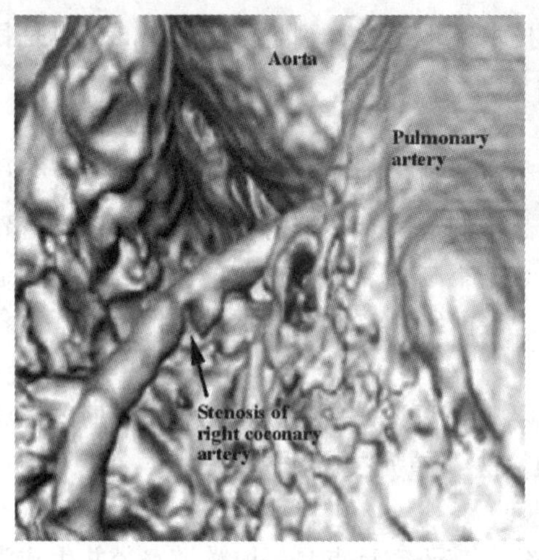

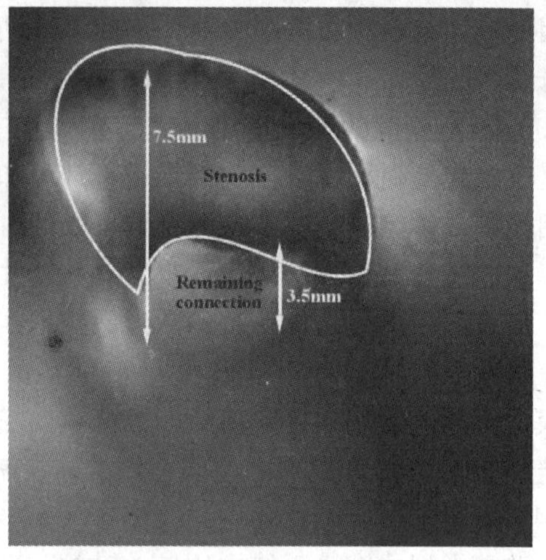

图 5-10　虚拟冠状动脉内窥镜效果图[29]

空间分布[31]。但是在重建血管时，他们采用的是直接叠加 IVUS 自动匀速回撤装置获取的系列二维图像数据堆，形成一个三维直血管段的方法，如图 5-11a 所示，完全没有考虑血管的弯曲和扭曲、导管在回撤过程中的扭转以及由于心脏运所导致的运动伪影等，因此无法保证其重建结果和在此基础上形成的管内虚拟内窥的精度，如图 5-11b 所示。

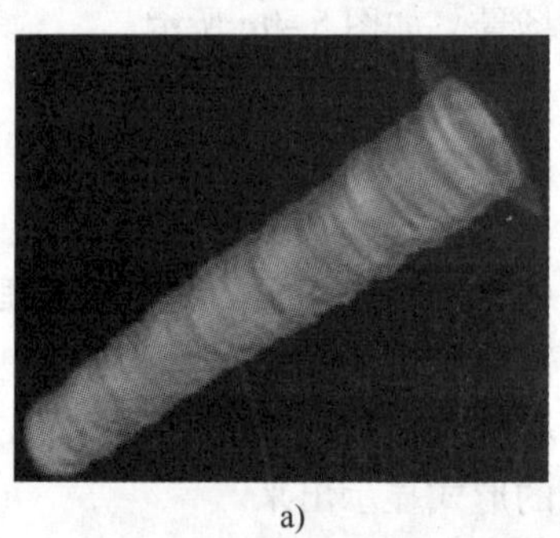
a)

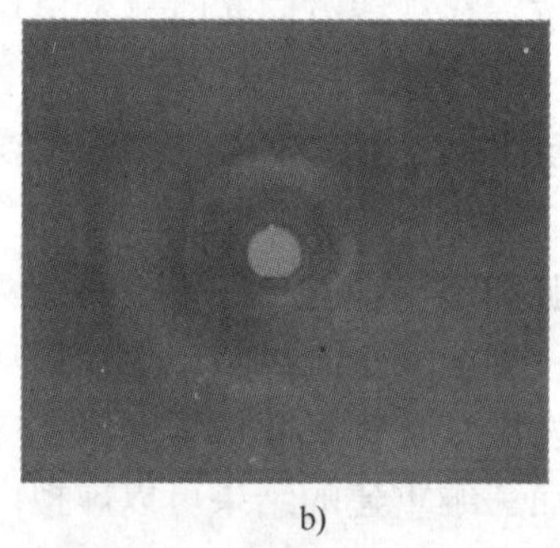
b)

图 5-11　文献［31］中构建的虚拟血管内窥镜截图
a）真实轨迹管内超声图像的三维重建　b）管内虚拟内窥[66]

如第 3 章所述，CAG 与 IVUS 在对冠状动脉的显像和冠心病的诊治方面各有优缺点，而且具有互补性。IVUS 图像显示血管的横断面和管壁结构，但无法实现截面的空间定位；CAG 显示管腔被造影剂充填后的长轴方向的投影轮廓，但无法了解管腔横截面的形态和斑块的具体位置及形态结构。通过将 CAG 和 IVUS 图像数据进行融合，不仅可充分发挥二者的优势，而且可克服彼此的不足，获得对冠状动脉及其病灶的较为全面的了解，方便医生对三维血管进行静态和动态的直接观察。利用三维血管模型，还可以对管腔形态进行准确的定量测量，提取出有关斑块的分布和成分以及血流动力学等具有重要临床参考价值的信息，进而进行关于冠脉粥样硬化的发病机理和斑块发展情况的预测等相关研究。采用冠状动脉虚拟内窥镜技术，可实现对这些信息的交互式访问和显示。此技术应用于辅助诊断、手术规划、实现手术的精确定位和医务人员的培训等。

由于 CAG 和 IVUS 都不能提供切片式的断层容积数据，因此开发基于这些图像数据的冠状动脉虚拟内窥镜系统需要采用与基于 CT 或 MR 数据的虚拟内窥镜系统不同的方法，不能直接应用通用的虚拟内窥镜系统。基于这两种图像数据融合的虚拟血管镜技术与其他基于断层扫描成像方式（获得的是平行的切片）的虚拟内窥镜技术相比难度更大。美国 Iowa 大学的 Andreas Wahle 等[31] 在 2004 年首次提出了基于 CAG 和 IVUS 图像融合的冠状动脉虚拟内窥镜系统的概念，首先将在 IVUS 导管回撤路径起点采集的一对近似正交的 CAG 图像提供的超声导管的空间信息与 IVUS 图像序列提供的血管横截面信息结合起来，完成血管的三维重建，如图 5-12a 和 5-12b 所示；然后，利用虚拟现实造型语言在虚拟场景下显示重建的三维血管段；其次，采用伪彩编码技术定量标注血管段的形态参数（如血管段长度、横截面积、容积、曲率和挠率、斑块体积等），如图 5-12c 所示，并实现血流动力学参数的可视化

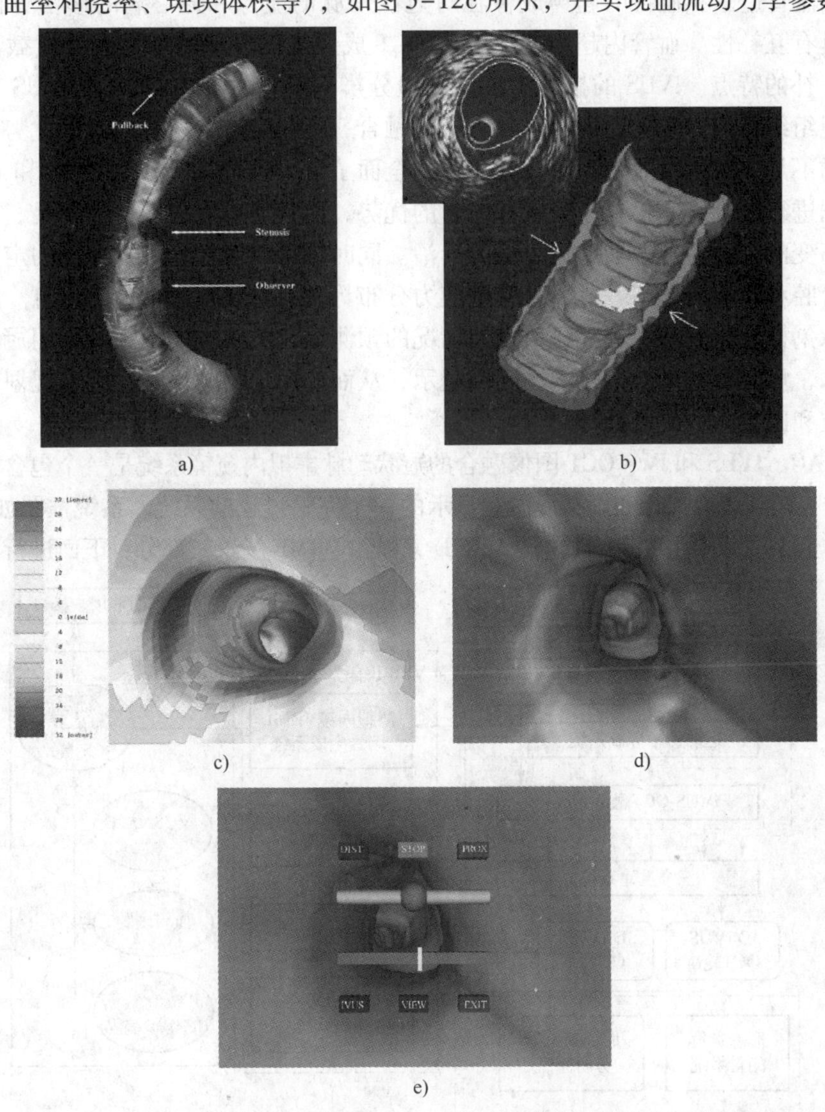

图 5-12　文献［31］提出的基于 CAG 和 IVUS 图像融合的冠状动脉虚拟内窥镜系统

a）基于 CAG 和 IVUS 融合的右冠三维重建结果　b）血管内腔的剖开显示结果，其中白色区域表示钙化斑块　c）虚拟内镜视角下的右冠内腔，其中采用伪彩编码表示血管曲率的幅值　d）虚拟内镜视角下的右冠内腔，其中采用伪彩编码表示血流动力学数据　e）虚拟内窥镜系统的控制面板截图

表达，如图 5-12d 所示；最后，设计了一个操作简单，界面简洁的用户控制面板，实现对冠状动脉的虚拟内窥模式的、交互式的、独立于操作平台的可视化，如图 5-12e 所示。

冠状动脉虚拟内窥镜系统可作为诊断和治疗冠心病以及医学教育与培训的辅助手段，还可应用在远程手术操作上，同时可改进传统的手术方法，使利用虚拟手术器材进行手术操作训练变为可能。

5.5 基于 CAG、IVUS 和 IV－OCT 图像融合的冠状动脉虚拟内窥镜

X 射线血管造影和血管内超声成像在对冠状动脉的显像和冠心病的诊治方面各有优缺点，而且具有互补性。血管内超声与血管内 OCT 成像虽然显示的都是血管横截面，但是它们也具有互补的特点。IVUS 的探测深度大，但分辨率低；血管内 OCT 与 IVUS 相比较，分辨率高，但组织穿透力较弱。通过对二者进行融合，不仅可充分发挥二者的优势，而且还可克服彼此的不足，获得对冠状动脉及其病变的全面了解。通过将 CAG、IVUS 和 IV－OCT 三种图像数据进行融合，不仅可充分发挥三者的优势，而且还可克服彼此的不足，获得对冠状动脉及其病变的全面了解，辅助冠心病的诊治。同时还可以对血管进行准确的定量测量，提取出有关管腔和斑块的形态、成分、管壁应力分布等具有重要临床价值的信息。进而还可进行关于冠脉粥样硬化发病机理和斑块发展情况的预测等相关领域的研究。采用冠状动脉虚拟内窥镜技术，可实现对以上信息的访问和显示，从而应用于辅助诊断、手术规划、实现手术的精确定位和医务人员的培训等。

基于 CAG、IVUS 和 IV－OCT 图像融合的冠状动脉虚拟内窥镜系统是一个包含从图像采集到图像融合，再到表面拟合和虚拟漫游和显示的一个完整过程的系统，系统框图如图 5-13 所示，从整体上来说分为生成三维数据、VRML 编程和 VRML 场景三部分，下面进行详细介绍。

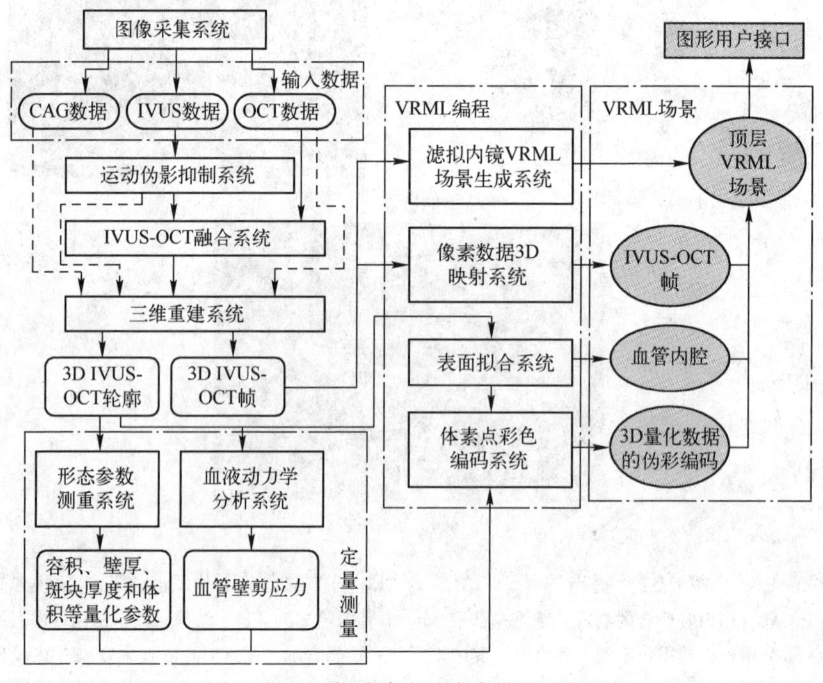

图 5-13　冠状动脉虚拟内窥镜系统框图

5.5.1 虚拟场景下血管腔的表面拟合和显示

血管的三维重建是冠状动脉虚拟内窥镜系统的核心和基础，其精度直接决定后续定量测量和可视化的精度。为了保证系统的灵活性和适用性，三维重建时采用的血管横截面图像可以是 IVUS 图像，或者 IV - OCT 图像，或者二者融合后的图像，这取决于临床图像采集情况。如 3.9 节所述，基于 IVUS/IV - OCT 和 CAG 图像融合的血管三维重建包括五个主要步骤：图像采集、图像预处理、血管腔轴线和导管回撤路径的三维重建、确定各帧 IVUS/ IV - OCT 图像的轴向位置和空间方位以及管腔内外表面的拟合。

对管腔的内外表面进行拟合与绘制，即将相邻的血管壁横截面轮廓连接起来，构成一个封闭的曲面。由于血管分支处或血管弯曲程度较大处的曲率较大，采用将 IVUS/ IV - OCT 图像垂直映射到导管路径上的方法会出现表面相交的情况，所以可采用 2.5.6 节中所述的相邻横截面顶点融合的方法解决三维血管重建中相邻横截面相交的问题。

表面绘制一般可分为两大类：直接体绘制算法和基于面的绘制算法。直接体绘制算法是应用视觉原理直接将体数据投射到显示平面，通过对体数据的三维重建，把体数据作为整体直接投射到图像平面上，以得到全局图像，不需要构造中间几何图元。这类算法适合气体、流体等无固定形状的图像生成。由于在生成每幅图像时都要遍历所有数据集，所以此类算法耗费的时间较长，不利于实时交互需要。面绘制算法是基于二维图像边缘提取，由三维数据场构造出中间几何图元，通过几何单元拼接拟合物体三维结构，借助计算机图形学技术实现画面绘制。通常基于面的绘制算法比直接体绘制算法快，因为它只遍历体数据中需要提取的部分，处理时间短，所以它能快速地绘制表面，便于交互控制[33]。

由于直接体绘制数据量特别巨大，不利于漫游过程中的实时显示，而面绘制可快速灵活地进行视点转换且成像清晰，同时考虑到在构建冠状动脉虚拟内窥镜系统时，所利用的主要特征是血管壁轮廓，只需表面数据，这样忽略大量表面下的体数据可节省运算时间，所以采用表面绘制方法进行血管腔表面的拟合更为适合。同时，前期图像分割后的血管腔轮廓已经简化成一系列离散的轮廓点，且每组轮廓点具有确定的点数，因而三角形拼接法可以有效地结合 VRML 中的 IndexedfaceSet（索引面集）节点直接对血管表面进行三角划分。

IndexedFaceSet 节点的 Coord 域列出构成三角面片的点列坐标，Coordinate 节点的域值 point 中列出了各帧 IVUS 图像序列的血管腔轮廓点。CoordIndex 域的值提供了一张构成多边形的列表，每个值规定了指向 Coordinate 节点的索引值。ccw 域指示当从前面看时，每一个面上的顶点是逆时针还是顺时针排列。Solid 域指示用户是否可以看到任何一面的背面。由于在图 5-14a 中构成血管腔表面的三角形是分别由向上和向下的两组三角形面片构成的，所以当 ccw 域的值（TRUE 或 FALSE）设置好后，向上的三角形和向下的三角形在构成三角面片时其顶点的排列顺序就是相反的。假设 P_i 和 Q_i 分别代表相邻两帧血管轮廓线上的点列，$P_iQ_iQ_{i+1}$ 构成向上的三角形，其顶点按顺时针方向排列；$Q_kP_{k-1}P_k$ 构成向下的三角形，其顶点按逆时针方向排列。这样就使得向上和向下的两组三角面片都可见，从而可以观察到整个血管腔表面，否则只能显示一组（向上或者向下的）三角面片。图 5-14b 为两帧图像数据构成的只显示一侧三角面片的重构表面图。基于上述原因，要求 CoordIndex 域值列表中的索引值对向上和向下的两组三角形顶点进行不同的排列，以使两组三角形面片都能够显示出来。

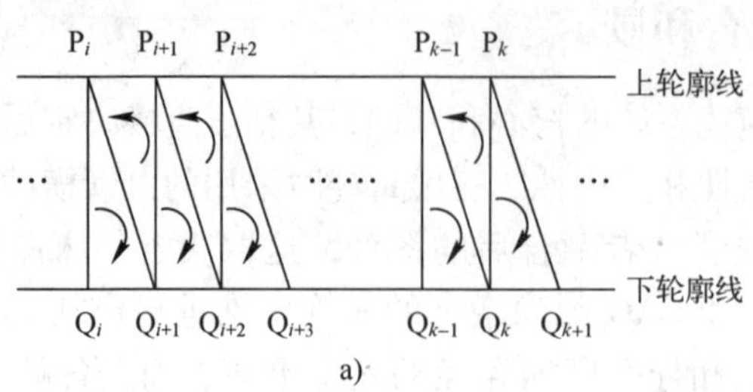

图 5-14　三角面片重构示意图

a）向上和向下的两组三角形　b）一组三角形构成的锯齿形表面

对于相邻的两条轮廓线及其上的点列而言，当不同点对应时，就会形成不同的形体表面，这样的组合有很多种。在如此众多的表面组合中确定一种合适的组合，穷举法显然不可取。可采用基于局部计算和决策的启发式算法——最短对角线法[34]，计算得到两轮廓线之间用一系列三角面片连接的近似最优解，其优点是计算量小且速度快，并可得到很好的表面拟合效果。

5.5.2　三维血管模型的交互式可视化

VRML 提供了强大的交互功能，它允许用户以不同的方式和场景进行交互，提供交互的这类节点称为传感器节点。它们是专门用来处理交互工作的，比如，接触传感器（TouchSensor）可用来响应用户的碰触动作（鼠标单击），接近传感器（ProximitySensor）可用来检测用户在规定区域内的运动，碰撞检测节点（Collision Node）可用来检测物体间的碰撞冲突等。本章使用 VRML 中的传感器节点通过用户图形接口实现了用户和虚拟内窥镜场景的交互式可视化。

在生成三维数据并实现了基于 VRML 的血管腔的表面拟合和显示之后，需要生成漫游路径，实现血管腔内内镜漫游式的观察，以及 VRML 场景中 IVUS/IV - OCT 像素数据的显示和血管形态参数及血流动力学参数的可视化显示。

（1）获取漫游路径

漫游是虚拟内窥镜系统中一切功能和交互实现的前提。虚拟内窥镜漫游就像一个虚拟相机，沿着一定的路径行进，将漫游过程中经过的管腔内部结构图像拍摄并记录下来。因此，在虚拟内窥镜系统中漫游的关键就是找到一条合适的漫游路径。漫游路径是在虚拟内窥镜模式下，观察者的替身在重建好的三维血管腔内移动观察时走过的轨迹，漫游路径的正确获取是全视角、无抖动漫游的保证。

可采用第 2.5.5 节中重建出的血管腔轴线作为漫游路径，即采用血管腔中轴心线上的点构成视点序列。设想漫游中观察者处于一段较为弯曲的血管段处，观察者从当前视点位置向下一个视点处移动，如果采用直线位移且不发生视角的旋转，观察者就会发现不再有全视角的观察，产生了视野的遮挡，这时就需要在此视点处发生一个转动。所以为了在漫游过程中不发生视角的遮挡，对于每个视点，都需要确定其方向，计算其旋转轴和旋转角。

VRML 中，视点（Viewpoint）节点由位置域 position 和方向域 orientation 确定，如图 5-15 所示。方向域可用一个遵循右手定则的三维矢量数组（$\vec{P},\vec{r},\varphi$）表示，其中$\vec{P}$为位置矢量，$\vec{r}$为旋转轴，φ 为旋转角。初始视点方向为 z 轴负方向。

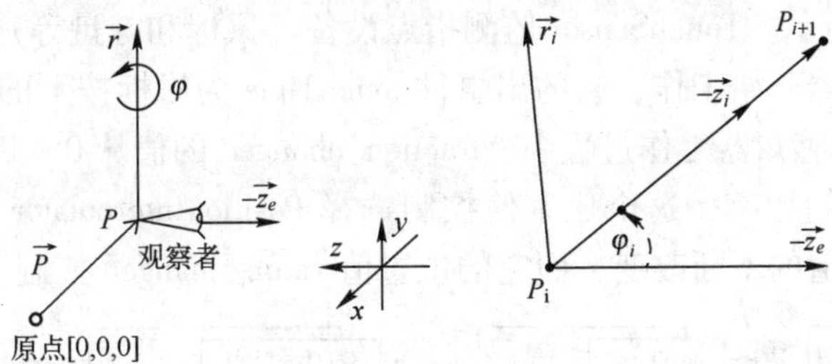

图 5-15　视点方向示意图[32]

设漫游路径由 n 个视点组成$\{P_0,P_1,...P_{n-1}\}$，$\vec{d_i}$是漫游路径上的视点 P_i 到 $P_{i+1}(i=0,1,\cdots,n-2)$的方向矢量，则有如下公式：

$$\vec{d_i}=\vec{P}_{i+1}-\vec{P_i}=[(x_{i+1}-x_i),(y_{i+1}-y_i),(z_{i+1}-z_i)] \tag{5-1}$$

$-z_i$ 是第 i 个视点 P_i 处的方向，公式如下：

$$-\vec{z_i}=\vec{d_i}/\|\vec{d_i}\| \tag{5-2}$$

$\vec{r_i}$是 P_i 处的旋转轴，公式如下：

$$\vec{r_i}=\frac{-\vec{z_e}\times-\vec{z_i}}{C-\vec{z_e}\times-\vec{z_i}\vec{P}}=\left[\left(\frac{\mathrm{d}y_i}{\sqrt{\mathrm{d}x_i^2+\mathrm{d}y_i^2}}\right),\left(\frac{-\mathrm{d}x_i}{\sqrt{\mathrm{d}x_i^2+\mathrm{d}y_i^2}}\right),0\right] \tag{5-3}$$

其中 $-\vec{z_e}=[0,0,-1]$代表初始方向，即 z 轴负方向。φ_i 是 P_i 处的旋转角，则有如下公式：

$$\cos\varphi_i=-\vec{z_e}-\vec{z_i}=-(\mathrm{d}z_i/\|\vec{d_i}\|) \tag{5-4}$$

对于具有 n 个点的视点序列$\{P_0,P_1,...P_{n-1}\}$，漫游路径端点处的旋转轴和旋转角的确定方法如下：[32]

$$\vec{r}_{n-1}=\vec{r}_{n-2} \tag{5-5}$$

$$\varphi_{n-1}=\varphi_{n-2} \tag{5-6}$$

对应视点节点定义可知，P_i 的坐标(x,y,z)即为位置域的域值，由式（5-1）~（5-4）计算所得旋转轴$\vec{r_i}$的三维坐标值和旋转角 φ 的值构成方向域的域值，控制视点在漫游过程中的旋转方向和角度。

（2）实现漫游

根据漫游方式的不同，分为自动漫游和手动漫游两种方式。

自动漫游的实现思想是场景不变，移动视点的位置来改变所见的场景内容。原理是将替身和视点绑定，当场景视点改变时，替身的位置和方向一并改变。漫游路径由一系列的视点构成，但是从一个视点直接跳至下一个视点会导致动画的不连续，因而需要进行插值，产生顺畅的动画。自动漫游的实现就是对视点进行线性插值的过程。VRML 提供了一系列的线性插值器，包括 PositionInterpolator（位置插值器）、CoordinateInterpolator（坐标插值器）和 ColorInterpolator（颜色插值器）等。这些插值器在对应的域中设置一系列的关键帧时刻和对应这些关键帧的值，通过时间感知器的控制就可以进行线性插值，从而实现各种动画效果。

视点动画主要依靠接触感知器（TouchSensor）、时间感知器（TimeSensor）、位置插值器（PositionInterpolator）共同完成。在一定的时间段内，利用位置插值器设定多个关键帧，控制改变的输出值，最后再用 ROUTE 语句将感知器、插值器和要控制的视点连成一条通路即可，流程如图 5-16 所示。TouchSensor 监测指点设备（鼠标和键盘等）的输入，当用户单击鼠标，触发接触感知器开始工作，它的出事件 touchTime 为鼠标按下的时间，它控制 TimeSensor 开始工作。时间感知器工作过程中，fraction_changed 的值从 0 ~ 1 一直在发生改变，表示完成当前周期的时间比率，这个比率值控制选择 PositionInterpolator 的关键帧，使其进行插值运算，完成位置值的不断改变，而它的位置值 value_changed 控制 Viewpoint。

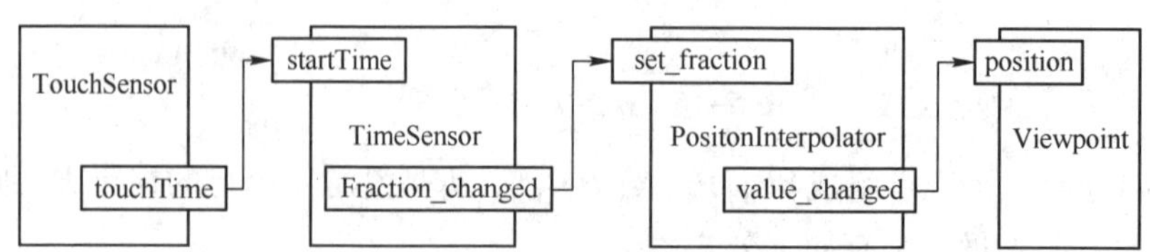

图 5-16　自动漫游视点的动画流程

自动漫游是在已经设置好的漫游路径上进行自动观察，为了方便操作者自主观察的需要，还可设计手动漫游方式。手动漫游的实现要比自动漫游简单，不需要时间感知器的控制，而是由操作者对视点直接进行控制。操作者每操作浏览器界面上向右箭头一次，观察视野就移动到漫游路径上的下一个视点处。如此操作者就可以自由地控制观察速度，还可以依次返回到已观察过的上一个视点处。

（3）在 VRML 场景中显示 IVUS/IV - OCT 像素数据

操作者在进入虚拟内窥镜漫游模式后，可以采用手动或者自动漫游模式观察血管腔（包括可能存在的斑块）的内部结构。为了方便用户在指定观察点处可随时打开或关闭在该点处采集的 IVUS/IV - OCT 图像，可对 VRML 场景中插入的 IVUS/IV - OCT 像素数据采用半透明的显示方式，即一帧 IVUS/IV - OCT 图像中各像素的透明度值不是同一个常数，而是取决于像素在图像中的位置和它的灰度值。

IVUS/IV - OCT 图像中除了血管壁和斑块以外，其他结构在虚拟内镜场景中都应该是不可见的。可利用对 IVUS/IV - OCT 图像的二维分割结果，将表示管腔内和血管壁外膜以外回声信号的像素设置为全透明，允许漫游路径无阻挡地穿越这些区域。而对于诸如管壁和斑块这些感兴趣区域，其透明度值取决于像素的灰度值，例如，亮回声信号表示可能存在的斑块，因此其不透明度值设置为较高的数值；图像中的暗区表示其他血管的管腔或者没有产生回声的其他结构，其不透明度值设为较低的数值。

确定各帧 IVUS/IV - OCT 图像中的血管壁外膜轮廓的空间方位之后，获取外膜轮廓点的三维坐标，利用 PointSet 节点对外膜管腔进行显示，point 域值设为外膜轮廓的三维坐标，然后使用 PixelTexture 节点对外膜轮廓点设置灰度值和透明度值。透明度和灰度值的设置使用 SFImage 类型的域。在 VRML 中，SFImage 类型的域包含一个未经压缩的二维灰度图像。一个 SFImage 值包含三类数值，首先是两个整数，分别表示图像的宽度和高度；然后是一个表示图像分量的数值（范围是 1 ~ 4），它表示图像是灰度还是彩色，以及是否包含透明或半透明的像素；最后是一组由空格分隔开的十六进制数，每个数代表图像的一个像素值。

单分量图像表示对每一个像素点用一个字节的十六进制数表示像素点的亮度；双分量图像使用两个字节，分别表示亮度和透明度；三分量图像的每一个像素由三个字节组成，分别表示 R、G、B 三分量值；四分量图像在三分量的基础上又增加了一个透明度值。可使用二分量图像，即使用 SFImage 域类型的 PixelTexture 节点中的二维颜色值来表示，对于每个像素使用两个字节来表示，第一个字节表示像素的亮度，第二个字节给出其透明度。例如，亮度字节的值为 0xFF 表示最亮（白色），0x00 是最暗（黑色），透明度字节的值为 0xFF 表示全透明，而 0x00 是完全不透明。

（4）VRML 场景中血管量化参数的可视化表达

具有临床参考价值的血管形态参数包括血管段长度、管腔容积、横截面积、曲率和挠率、斑块体积等；血流动力学参数主要是指血管壁受到的、由于血流引入的剪应力分布。为了方便使用者直观清晰地了解血管形态参数，可在 VRML 中通过建立静态曲线图和颜色查找表等方法实现这些参数的可视化。

此外，对于三维血管模型上的每个体元，可将血管壁剪应力数据作为该体元的注释值。在可视化系统中，采用伪彩色编码的方法，建立颜色查找表，通过对三维血管壁的节点进行顶点着色，直观表示每个体元受到的剪应力大小。

（5）用户图形接口

简明清晰、方便灵活并且操控性强的操作界面是虚拟内窥镜系统的重要组成部分。可在 VRML 环境中设计开发一个用户控制面板，使其完成以下功能：可随时开启和关闭控制面板，并且开启时以尽量不遮挡目标场景为原则；虚拟观察者沿漫游路径前进时，用户可在某个视点处在不同的显示模式之间进行切换，例如按照正确的方向和位置显示在该点获取的 IVUS/IV－OCT 图像，或者仅显示该点处的管腔表面（可同时开启或关闭半透明的 IVUS/IV－OCT 图像），或者显示完成了彩色编码（表示量化测量结果）的管腔表面等；用户可以随时进入或退出虚拟内镜的观察模式，显示重建后血管段的整体外观，或者切换为长轴纵切视图；可调整漫游的速度和方向，虚拟观察者可在管腔内的任意位置停留。

用户控制面板分为两种模式：内窥镜观察模式和虚拟漫游模式。在内窥镜观察模式下，用户可以选择观察血管三维模型、血管形态参数和血流动力学参数，还可以进入自动漫游和手动漫游状态。在虚拟漫游模式下，观察者可以随时开启和关闭控制面板、调取所在位置处的 IVUS/IV－OCT 图像、调整漫游速度以及退出观察血管模型外观等。控制面板层次示意图如图 5－17 所示，将 VRML 场景分为三层：可见组件（如血管模型）、代理模型 1（鼠标单击激活控制面板）、代理模型 2（鼠标移出关闭控制面板），每层实现不同的功能。可见组件是 VRML 场景显示的三维血管模型，代理模型 1 实现控制面板的激活，代理模型 2 实现控制面板的关闭。将控制面板代理器的中心定位在漫游轨迹上，并使其位于视点前景方向的前方固定距离，使得代理模型在漫游过程中随着用户视点的移动而向前推移。代理模型一直处于观察者的正前方，用户单击图像中心操作代理模型，激活或者关闭控制面板。控制面板的默认值是关闭的，只有当在漫游中需要退出漫游模式并调出所在位置处采集的 IVUS/IV－OCT 图像或者调整漫游速度时，操作鼠标单击为控制面板设置的专用代理模型 1，才激活控制面板。

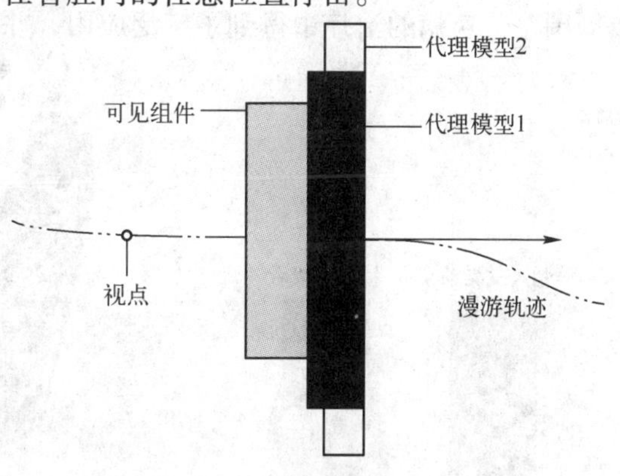

图 5-17　控制面板层次示意图

每个场景之间是通过 Anchor 节点将两个 VRML 文件连接起来的，实现相互之间的跳转。例如，由主控制面板进入自动漫游模式下，在主控制面板场景中建立进入自动漫游场景的 Anchor 节点，将定义 AUTOFLY 的 VRML 程序作为定义为 AUTO 的 Anchor 节点的子节点即可。Anchor 节点包含了该节点指向的 URL，即说明要装入文件的路径。在主控制面板场景中，利用同样的方法可以定义 MANUAL（手动漫游）等 Anchor 节点模块。

5.6 虚拟支架植入

如 1.3 节所述，PTCA 术是目前治疗冠心病的主要手术方法，其中被用来植入血管内、并撑开血管的管网状金属或其他材质的支持物就是血管支架。1964 年 Dotter 等[35]第一次阐述了血管内支架（Endovascular Stent，EVS）的概念，1969 年他们首次应用金属环在猪的血管内做了血管支架手术，并取得了成功[36]。1983 年镍钛合金也被用于制作血管支架的材料[37]。首例冠状动脉支架手术是在 1987 年由美国人 Sigwart 等[38]实施并取得了完美效果。

如图 5-18 所示，通常将血管支架安装在球囊导管装置上，在 X 射线造影录像的监视下，通过股动脉或桡动脉穿刺将球囊导管装置输送到冠状动脉狭窄病变处；然后，在体外将球囊导管末端的球囊充气胀开，继而撑开支架迫使狭窄处的血管腔开放，以增大血管内径，使血液能正常通过血管；接着，将支架撑在已被扩张的狭窄处，防止其回缩；最后，撤出球囊装置，血管支架则被永久地固定在已经被扩张的动脉狭窄处，达到支撑狭窄血管、保持血流通畅的目的。应用血管内支架植入术可使狭窄或闭塞的血管再通，PTCA 具有创伤小、恢复快、并发症少、死亡率低等优势，尤其是在治疗大动脉血管瘤方面，其治疗效果可与传统的外科手术相媲美。目前经皮腔内血管成形术在冠心病、颅内动脉瘤、缺血性脑血管疾病以及周围血管疾病的治疗中得到了广泛应用，并已扩展到胆道、气管、消化道等领域[39]。

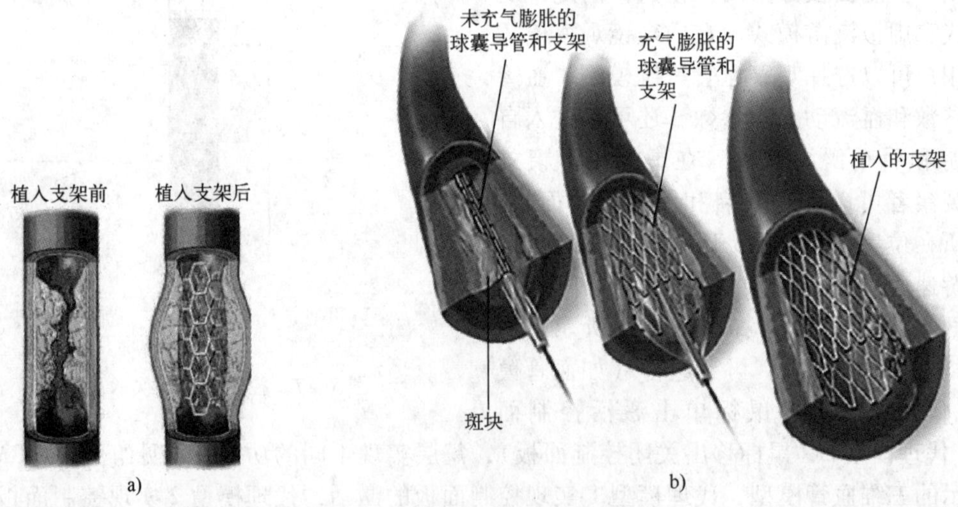

图 5-18　血管内支架植入示意图

a）支架植入血管的对比示意图　b）支架植入术示意图

临床实验证明，血管支架术可以大大降低介入治疗产生的急性并发症等，但是在植入支架的过程中，可能会对血管壁造成损伤，并且血管在支架的长期牵拉作用下可能会导致内膜增生，引发更严重的血管再狭窄等问题。如何选择合适材料和尺寸、植入方式、支架的准确定位以及解决支架再狭窄等问题是当今该领域的研究热点和难点。目前临床常用的方法是根据X射线血管造影或者CT血管造影（CTA）图像，利用一些二维分析技术来估算血管的病变程度以及选择所需支架的型号。但是造影或CTA图像所提供的空间信息非常有限，不能真实反映血管及其病变的实际情况，而且测量结果都受到医师主观因素的影响，势必为准确估计所用支架的型号带来困难，而依据二维图像生成的三维血管模型可为支架植入和支架术后分析提供有利的依据。

根据以上不足和临床应用的实际需求，人们开始探索开发虚拟支架植入系统。在虚拟内镜的视角下，模拟支架植入手术的过程。其工作过程是：首先，建立一个虚拟支架库，列出各种型号的支架，操作者可根据管腔和斑块的形态参数测量结果，从支架库中选择合适的支架；然后，在虚拟内镜的观察模式下，将带有球囊和支架的虚拟导管放入重建出的三维血管模型中，使导管在血管腔内前行，到达阻塞位置中部后停下，给导管末端的球囊充气，使得球囊膨胀，同时撑开附于球囊上的支架，支架贴壁后，再给球囊排气，撤出导管和球囊，完成整个支架植入手术的模拟过程。该虚拟手术可在待行支架植入术的血管腔狭窄部位直观地展示支架放置的效果，比如放置的部位、支架的长度和直径是否得当、支架与血管壁是否贴合等，可以反复更换支架直至型号合适。对于动脉瘤，在进行虚拟支架手术后，不仅可以展示支架在瘤内的上述各种情况，而且还可以清楚地显示瘤腔的大小，使初次植入微弹簧圈的选择变得更为简单易行。该虚拟手术可作为支架植入的术前参考，保证手术取得良好的治疗效果，同时也可应用于对医务人员和介入治疗医师的培训和教学中。

虚拟支架植入技术作为虚拟内窥镜系统的一种，是随着PTCA手术的成功进行而发展起来的。模拟支架植入的概念是在文献［40］中提出的，当时主要集中于对手术针和导管插入血管腔内的模拟。此后提出的MedIS－V[41]系统用可视化的虚拟内窥镜来进行主动脉支架手术前的规划。首先，自动提取血管腔中心线；然后，沿着管腔中心线植入虚拟支架；最后，以交互方式调整支架的长度和直径。Geodesic系统[42]汇集了自动和半自动的图像分割工具，并结合网格生成工具来建立特定病人的血管模型，用于进行手术计划，例如模拟支架植入、模拟血流过程等。接下来的几年，对虚拟支架植入手术的研究大范围展开了，其中德国马尔堡大学和西门子医疗系统集团在模拟支架植入手术的研究中处于领先地位，已经共同研发出针对主动脉瘤和主动脉狭窄的术前CT图像分析、术中不同厂家支架的模拟及术后支架位移内漏情况跟踪的一整套系统[43]。法国国家科学研究中心与哥伦比亚洛斯安第斯大学采用对比增强的磁共振技术，应用自主开发的Maracas软件对图像进行分割，开发了一套模拟非分叉支架植入的系统[44]。日本京都大学在模拟支架植入手术的术前和术中的图像处理方面进行了深入研究[45]。此外，研究者们还利用有限元分析法对植入血管内的支架进行了力学分析和研究，以改进支架的材料和结构特性[46,47]。国外也有公司开发出集成虚拟支架选择程序的商用软件，如飞利浦INTEGRIS 3D－RA工作站。国内的中国科学院深圳先进技术研究院、北京思创贯宇科技开发有限公司[48]、四川大学华西医院神经外科和南充市中心医院[49,50]等都在虚拟器械的应用方面进行了研究。

目前，虚拟支架植入系统在治疗主动脉瘤和主动脉狭窄疾病上的应用比较广泛，主要是采用由CT血管造影（CTA）或磁共振冠脉造影（MRCA）采集到的容积数据作为数据源。因此可以采用基于CT或MR图像数据的通用虚拟内窥镜系统，此种系统只需要导入分割后的冠脉血管切片容积图像数据即可。但是由于心脏的剧烈周期跳动和心脏及周边血管的复杂结构，所以对图像的分辨率要求很高。

虚拟支架植入系统的开发包括建立虚拟支架库、查看及选择支架和模拟支架植入过程三个部分。建立虚拟支架库是对目前在售的各类支架在 VRML 环境中进行建模。查看及选择支架部分属于图形用户接口，供用户了解各类支架并进行合适支架的选择。模拟支架植入过程包括将支架移入血管中的合适位置、球囊撑开支架、球囊放气及撤出球囊装置四个部分。下面分别对其进行详细介绍。

5.6.1 建立虚拟支架库

（1）血管支架的技术性能及分类

血管支架是一种医疗高值耗材，从 1997 年出现至今已经发展到第三代。第一代支架是金属裸架，第二代是镀膜支架，第三代是可溶性支架。到目前为止，第三代支架技术发展尚未成熟，占据市场主导地位的仍是第二代镀膜支架。近年来，有多种材料的血管内支架应用于临床，且取得了显著疗效。截止到 2012 年，冠脉支架的全球巨头生产厂家有强生公司、波士顿科技和美敦力，国内具有竞争力的企业为北京乐普、上海微创、北京安泰生物、北京华医圣科技等。

血管支架的技术性能主要包括生物相容性、机械力学性、抗腐蚀性和血液相容性。其中，组织相容性和血液相容性是任何需要植入人体内的医疗器件的首要技术指标。既不能对人体产生明显副作用，又不能因为与人体组织直接接触影响性能或缩短寿命；机械力学特性主要包括径向支撑力、表面覆盖率、支架伸展性和支架纵向缩短率；腐蚀性会影响机体的新陈代谢。

通常依据展开方式、材质和形状等对血管支架进行如下分类：

1）按照在血管内的扩展方式可分为自展式（也称自膨胀性支架）和球囊扩张式两种，如图 5-19 所示。球囊扩张式支架在球囊充气加压后产生塑性形变，球囊放气后，支架会保持扩张后的状态，如图 5-19a 所示，其自身无弹性，依靠球囊扩张到一定径值而贴附于血管内。自展式支架由具有记忆性的材料制成，在展开的情况下制造，然后被缩小固定在输送装置上，从输送装置中释放出来后回到原来状态，如图 5-19b 所示，自展式支架有 Z 型支架及网眼状的支架等，其可在血管内自行扩张。

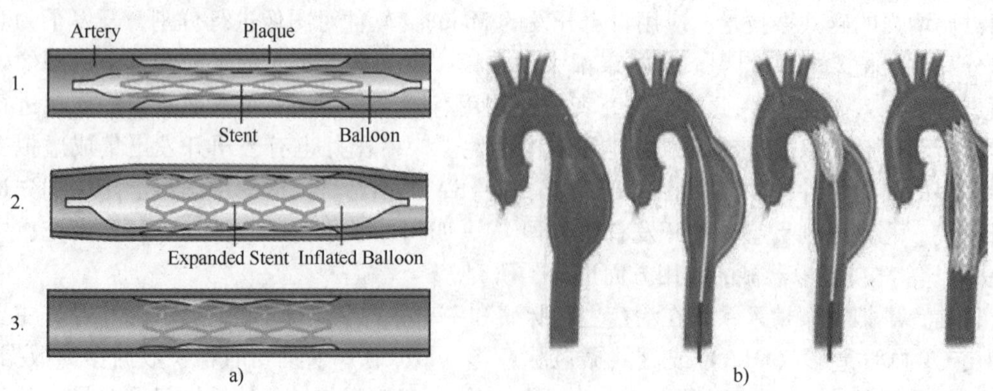

图 5-19　按扩张方式的支架分类

a）球囊扩张式　b）自展式

2）依照材质可分为金属支架、聚合物支架、涂层支架、药物支架和放射性支架等。金属支架（包括316L不锈钢支架、镍支架、钽支架等）应用于临床治疗后取得了令人瞩目的疗效，但易导致血栓形成，再狭窄率高，造成血管壁损伤等。理想的金属血管支架应与血管功能的修复时间一致，镁基合金和铁基合金可降解，且具有较好的血管支撑力，有效地减少支架再狭窄。针对金属支架的不足，目前已经研制开发出覆膜支架和生物材料支架。

3）按照表面处理情况可分为裸露型、涂层型和覆膜型。裸露型表面仅作抛光处理；涂层型在金属表面涂以肝素、氧化钛等物质；覆膜型即在金属支架外表覆以可降解或不可降解的聚合物薄膜。

4）按照功能可分为单纯支撑型支架和治疗型支架，治疗型支架包括在支架外表涂带药物或利用支架外的覆膜携带治疗物质的支架或放射性支架。

5）按支架的形状，可分为线圈状、回形环状、丝线编织状、封闭单元式连续环形和开放单元式连续环形五类，如图5-20所示。

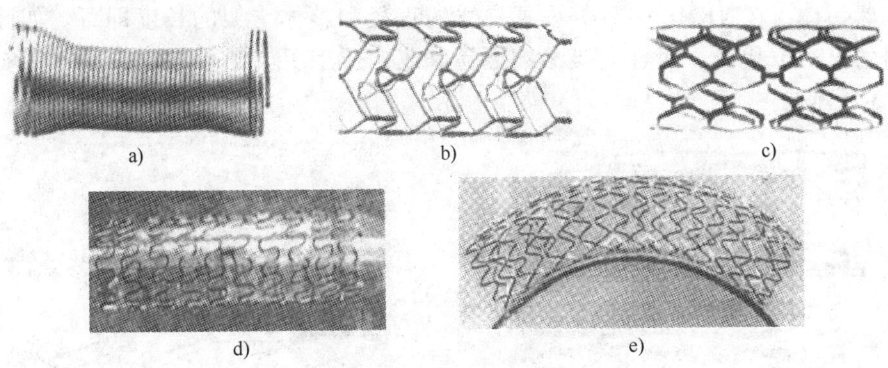

图5-20　按支架形状分类的支架

a）线圈状　b）回形环状　c）丝线编织状　d）封闭单元式连续环形　e）开放单元式连续环形

（2）在VRML环境中建立虚拟支架库

由于VRML本身对材质不敏感，所以主要模拟按照结构形状分类的支架。理论上来讲，每种支架都可抽象为用线连接三维空间中对应的点，构成的封闭图形称为支架的基本组成单元，然后再由这些基本组成单元通过平移、旋转得到整个支架，一个完整支架的形成过程，如图5-21所示。

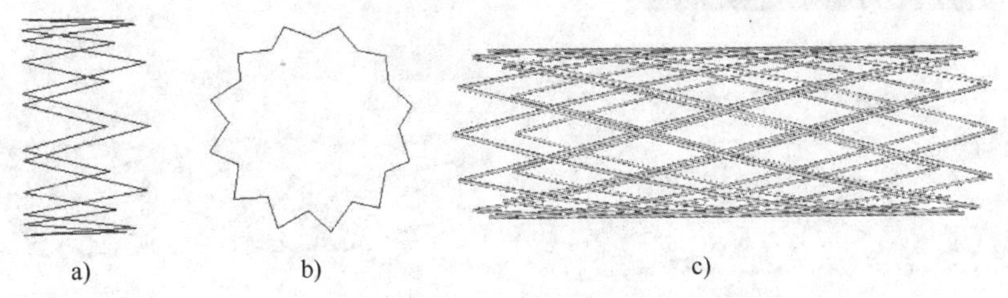

图5-21　支架形成过程示意图

a）基本组成单元的前视图　b）左视图　c）完整支架

VRML提供了点（PointSet）、线（IndexedLineSet）及面节点（IndexedFaceSet），通过将三维空间坐标点连成线、再将线组合成面，可以得到各种想要的造型。但是IndexedLineSet

节点没有提供设置线粗细的接口域，若使用它编制有一定直径的支架会显得很僵硬，如图 5-21 所示。VRML 还提供了一些用于创建特殊造型的节点，如挤出面节点（Extrusion）适于高效建造管状和弯曲的对象，通过 Extrusion 节点可以构造出支架的基本组成单元。Transform 节点用于造型的平移、旋转、缩放变换等，它的 translation 域指定了基本组成单元在三维空间坐标中平移的距离；rotation 域说明了平移后的旋转角度。通过 Transform 节点将支架基本组成单元平移、旋转后得到整个支架。但是采用这种方法形成的支架，其各个基本组成单元是相互分立、无联系的，在移动支架的过程中，各个基本组成单元会相互分离，如图 5-22 所示。可将脚本语言与 VRML 语言结合，利用脚本语言中的数学函数完成挤出剖面、脊线的设置和三维坐标点的采集，使支架浑然一体；在 VRML 中只需设置脊线的直径和整体支架的长度即可。如此，不仅省去大量的 VRML 代码，而且支架参数更易修改，造型更灵活易控制，最终的实验结果如图 5-23 所示。

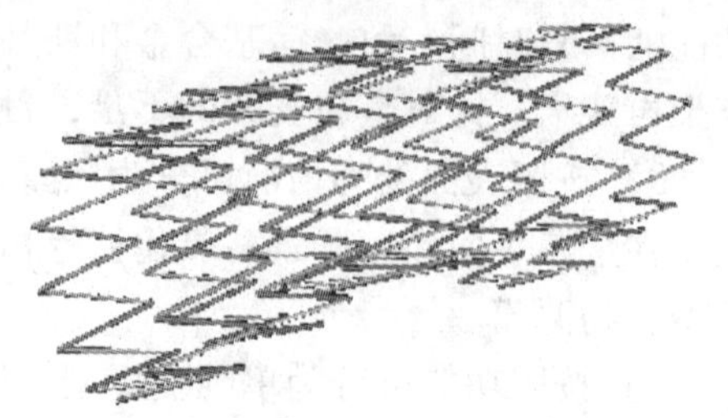

图 5-22　支架在移动过程中相互分离

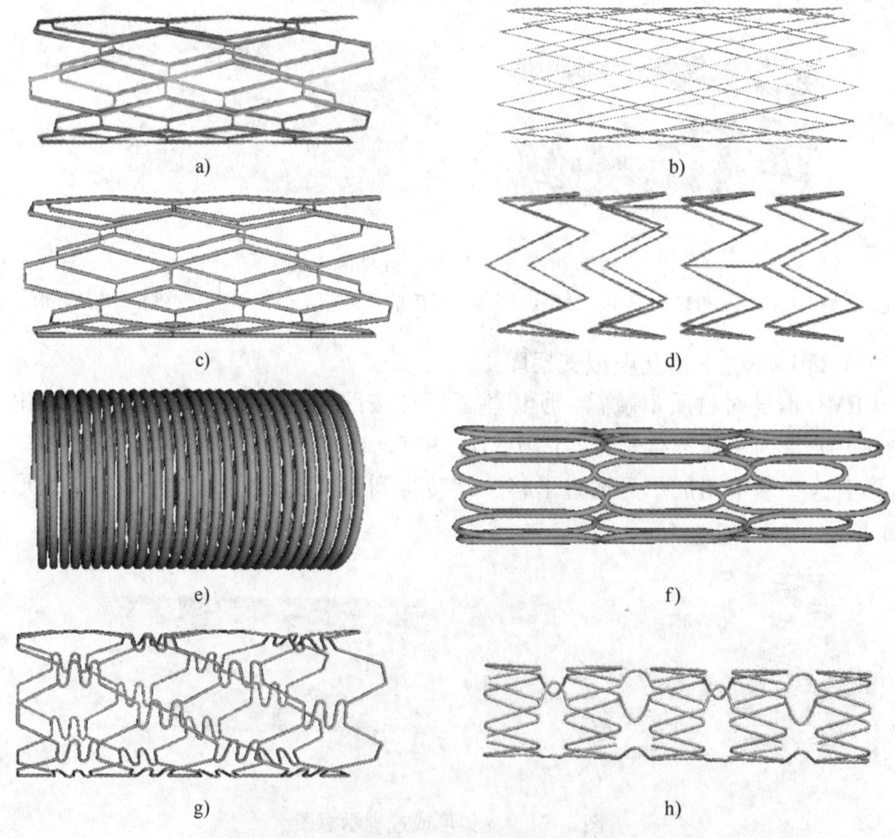

图 5-23　在 VRML 环境中建立的几种虚拟支架

a）丝线编织状 1　b）丝线编织状 2　c）连续环形 1　d）独立环形

e）线圈状　f）回形环状　g）连续环形 2　h）连续环形 3

5.6.2 查看及选择支架

查看及选择支架属于图形用户接口的一部分。在进行模拟手术前，操作人员可选择并查看相关支架，了解支架的规格参数，如图 5-24 所示。HTML 语言用于整个图形用户接口框架的显示；JSP（Java Server Pages）页面用于查看支架信息及选择支架信息的提交和响应；最后 HTML 与 VRML 语言结合实现支架信息的图文显示，并且可以查看支架的三维立体图形。

VRML 对数据库的访问方法有三种：一是将 VRML 的锚节点（Anchor）与 HTML 页面结合访问数据库，HTML 语言做主体框架，JSP 接收信息并响应，查看结果以 HTML 和 VRML 图文并茂的形式展示出来，HTML 展示支架信息的文字介绍，VRML 用于显示支架的三维立体图像；二是利用 VRML 的 Anchor 节点传送固定参数直接访问数据库；三是通过 VRML 脚本节点（Script）访问数据库。图 5-24 使用的是第一种方法。

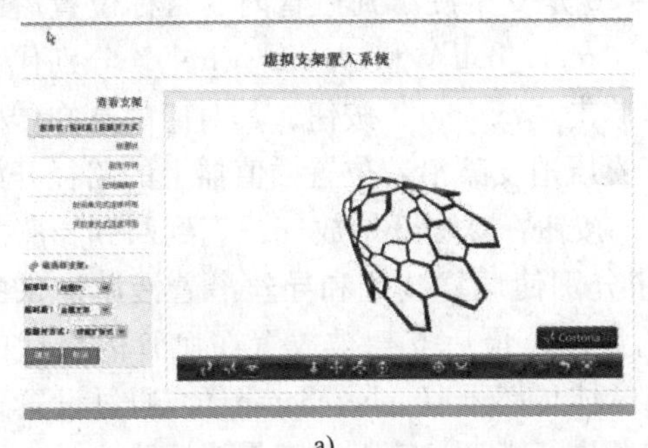

a)

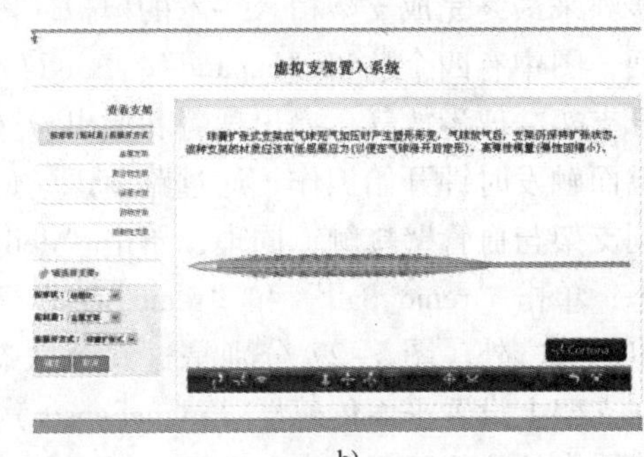

b)

图 5-24　支架查看结果

a）支架 1　b）支架 2

5.6.3 模拟支架植入

如 5.5.2 节所述，漫游成功的关键是找到一条合适的漫游路径，可采用血管腔轴线作为漫游路径。模拟支架植入模块主要包括支架漫游到血管内的病变位置、球囊撑开支架、球囊放气和球囊装置撤出血管四个部分。

（1）支架的漫游

根据虚拟内窥镜漫游方式的不同，模拟支架植入系统分为自动漫游植入和手动漫游植入两种方式。自动漫游的实现思想是场景固定，通过改变替身视点的位置来实现所见场景内容的变化。相对而言，手动漫游的实现要比自动漫游简单，不需要时间感知器的控制，而是由操作者对视点直接进行控制。操作者每单击浏览器界面上向右箭头一次，观察视野就移动到漫游路径上的下一个视点处。如此操作者就可以自由地控制观察速度，还可以依次返回到已观察过的上一个视点处。图 5-25 为按照漫游视点序列的顺序，截取的血管内支架及其输送设备在血管腔内自动漫游过程中的几帧图像。漫游中可以进行漫游速度的设置，调整漫游画面显示的快慢。

（2）支架的后续处理

支架漫游到血管腔内合适的位置后，还需球囊撑开支架、球囊放气、撤出球囊和撤出导

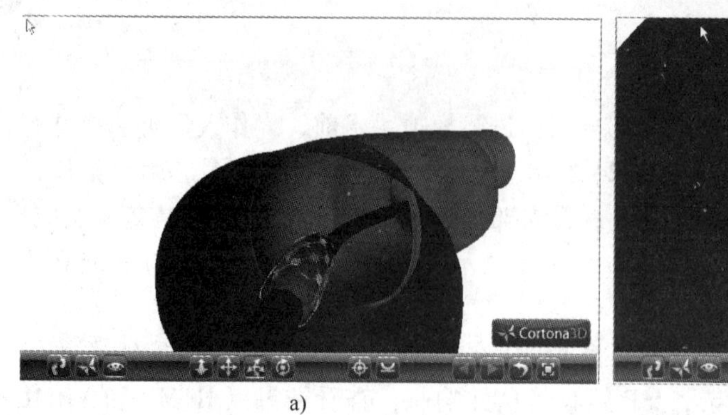

a)

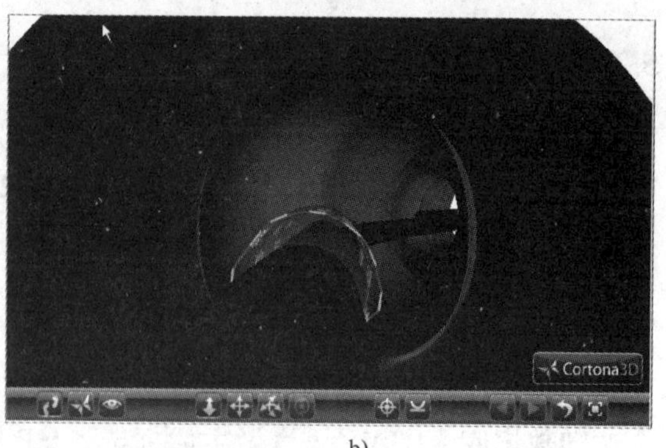

b)

图 5-25　虚拟支架植入过程观察结果

a）视角 1　b）视角 2

丝等步骤来最终完成支架植入手术的模拟。图 5-26 是支架漫游到血管内的目标位置后的截图画面，图中有四个按钮“expand”、“deflate”、“remo_ball” 和 “remo_wire”，分别代表球囊撑开支架、球囊放气、撤出球囊和撤出导丝。单击“expand”按钮，其对应的感知传感器打开继而触发时钟开始工作，通过路由语句使气囊压迫支架沿着位置插值器上的路径开始膨胀直到支架与血管壁接触；同理，单击“deflate”按钮，球囊开始放气，直到回到膨胀之前的状态；单击“remo_ball”和“remo_wire”按钮分别使球囊装置和导丝沿着漫游进来的路径撤出血管之外。图 5-27 分别是这几个状态的截图，最后支架被放置在血管内合适的位置。在支架上设置平面传感器（planeSensor）和球体传感器（sphereSensor），通过设置这两个传感器内的位置区间节点，还可以对支架的位置进行微调，直到状态最合适为止。

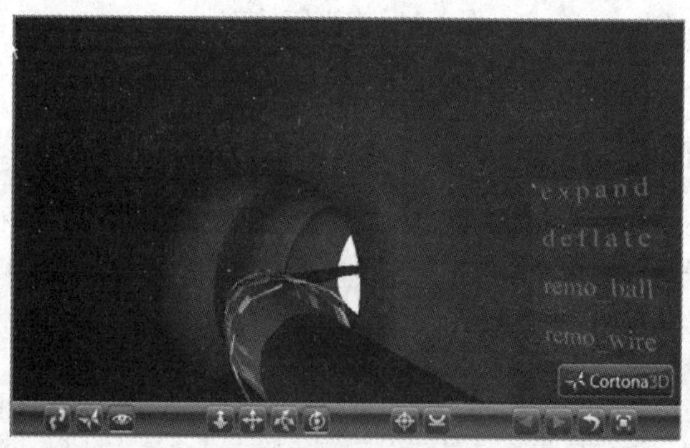

图 5-26　支架在血管内的最终位置截图[51]

5.6.4　血管支架与血管壁交互的有限元分析

支架植入后血管的再狭窄问题与血管内局部生物力学环境息息相关。在支架植入病人体内之前，支架的膨胀、膨胀过程中的弹性回缩、支架长度的缩短率及由支架与血管壁的交互引起的血管壁剪应力的变化等问题，都不能预先准确确定。临床实验表明，不同的支架植入使血管具有不同的狭窄率[52]，大量的实验也在致力于研究球囊扩张支架和自膨胀支架在膨胀过程中球囊和支架的机械行为[53~56]。实际上无论是支架植入过程中支架结构刺穿血管或

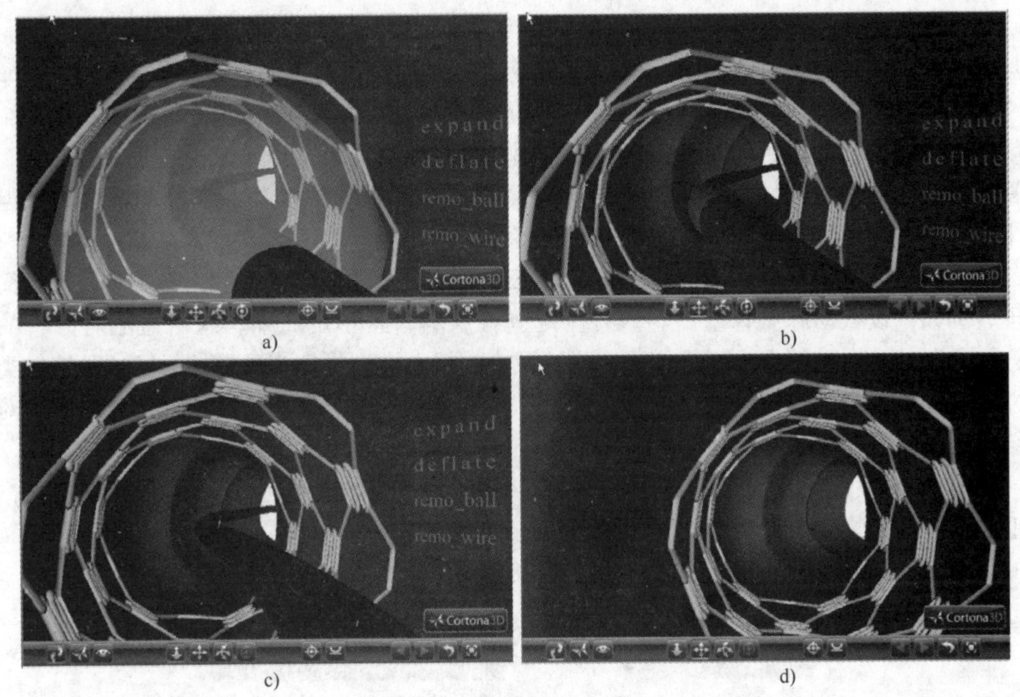

图 5-27 模拟支架植入结果图[51]

a）球囊撑开支架 b）球囊放气 c）撤出球囊 d）撤出导丝

是支架过度膨胀，都会影响血管的狭窄度，因此血管再狭窄问题与支架的植入和设计密切相关。

从生物力学和材料学的角度来讲，对支架与血管壁的交互分析存在以下难点：从支架的设计方面来看，支架能否灵活地沿着导丝到达血管病变部位，能否撑开由斑块堵塞了的血管，刚度能否支撑住血管壁对它的压力，展开后要有最小的纵向收缩，扩张过程中支架与血管组织之间要有最小的剪切应力；从血管方面来看，血管的材料属性比较复杂，具有超弹性和粘弹性的性质；从血流方面来看，血流对支架存在影响。

随着计算机硬件技术的发展，有限元分析成为了模拟血管和支架力学性质的有效工具，可在完成 VRML 环境中模拟支架植入过程的基础上，利用 ANSYS 有限元分析软件，导入重建出的三维血管及支架模型，采用静力学模块对血管及支架的交互力学特性进行数值模拟，测量支架植入血管后的相关力学参数，直观观测支架及血管壁的受力及支架的形变情况。

由于人体组织和支架的复杂性，模拟从支架植入血管到球囊撑开支架，再到分析支架与血管壁的交互作用是一项非常复杂的任务，其难点主要包括[57]：支架具有复杂的网状结构，会给边界条件的确定带来困难；支架所受的实际载荷是连续变化的，且这种变化是非线性的；支架在变形过程中存在弹性和塑性共存的阶段；由于支架体积微小，实验验证较为困难；难以确定球囊与支架、支架与血管壁之间的接触摩擦；支架扩张变形同时具有几何非线性和接触高度非线性，对支架扩张过程变形机理的研究比较困难；在支架扩张过程中，血液的流动会直接作用于支架和血管壁，势必对支架的应力和血管壁的应变产生影响。

到目前为止，越来越多的研究者致力于研究支架植入手术后血管的受力情况。例如，Holzapfel 等[57]建立了一个完整的三维支架结构模型，但是没有说明血管的组织结构。Rogers 等[58]研究了支架植入过程中球囊和血管之间的交互作用，结果表明球囊的扩张和支架结构及球囊的柔顺性都会影响球囊和血管组织之间的接触压力，但是该研究仅限于二维情况，且血管组织使用的是线弹性材料。Prendergast 等[59]估算了组织脱垂和血管壁的剪应力，但只应用了支架的一个基本三维单元，不能反映整体支架对血管的影响。

综上所述，由于球囊 - 支架 - 血管壁的三维耦合计算过程非常复杂，需要对其进行简化处理，例如：设置动脉血管壁材料属性为超弹性材料，且不可压缩；忽略血流对分析的影响；加载于球囊内壁的力为线性增大，线性减小；接触类型设定为摩擦接触，这种接触类型可以处理接触面之间的相对微小位移；球囊、支架及血管壁的重力忽略不计；忽略温度对分析结果的影响。

使用 ANSYS Workbench 工作平台分析支架置入血管后支架与血管壁的相互作用力，实际上是求解两个物体之间的接触非线性问题。在进行实际分析时，可通过 Analysis Systems 下的 Static Structural 模块进行添加，如图 5-28 所示。

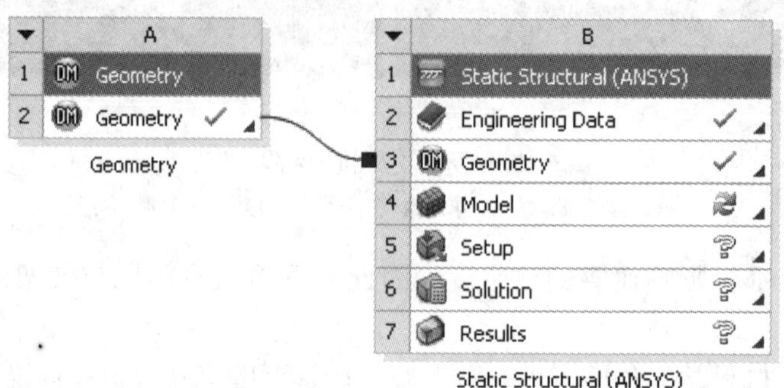

图 5-28　Static Structural 模块

在用 ANSYS 分析血管支架与血管壁之间的受力之前，首先要将支架和血管模型离散化，形成可计算的网格单元，并确定单元网格的节点位置和该节点代表的控制体积。生成网格的好坏直接影响到分析求解的结果，如果网格划分过于稀疏，求解精度将会下降；如果网格划分过密，又会使求解速度降低。同时，网格划分算法也会对求解结果造成影响。由于血管的复杂形状和非对称性，很难得到规则的几何结构，因而可采用四面体网格（Tetrahedrons）划分方法对其进行网格离散化。此种网格划分方法的 TGRID 算法主要适用于形状不规则的三维实体，它依次从边、面、体的顺序划分网格，都考虑了几何体上的面及边界，包括边界层上的网格设置。血管支架的形状比较规则，可采用自动划分法对其进行网格划分，在遇到实体形状骤变时可以自动对网格进行合理加密，使获得的网格更为理想。

在对三维模型进行离散化处理后，还需要对其设定初始条件和边界载荷，才能进行有限元分析，具体如下：

1）初始条件：是对血管及血管支架物理属性的定义，具体包括材料密度、杨氏模量、泊松比等，支架还要设定屈服模量和正切模量等。由于支架与血管的交互力分析没有考虑人体内温度的影响，所以设置参考温度为 37℃。

2）接触设置：接触是指两个不同物体的两个面相互接触并形成互切效应。Workbench

的 Mechanical 提供了绑定、不分离、光滑无摩擦、粗糙和摩擦五种接触类型。其中摩擦接触类型允许两个接触体之间有间隙和滑移，符合支架和血管壁交互过程中的特点，并且此种接触类型的计算过程中进行多次迭代，会使计算结果更加精确。支架和血管壁的接触又属于非对称接触，采用拉格朗日算法进行计算处理。

3）载荷设置：合理的假设对求解结果的准确性至关重要，由于人体血液环境的复杂性和个体的差异性，目前尚没有可靠的数据证明哪种假设一定精确。支架置入血管病变位置后，可通过加载垂直于支架内表面的均匀线性压力载荷来进行模拟分析。

4）分析设定：包括设定时间步长、设置求解器（设定求解器为迭代求解器，经过迭代运算，会使计算结果更加收敛和精确）、非线性控制（设定收敛准则和误差要求）和输出控制（控制累积位移、应力应变等的输出与否）等。

通过以上几个步骤，可建立起三维血管支架与血管壁的数值模拟模型。在 Static Structural 模块中给支架施加垂直于内表面的线性压力，通过支架的膨胀，将力传递给血管壁，得到支架与血管壁交互后的位移情况、应力应变等参数的可视化显示。

在进行支架与血管壁交互分析等非线性静力数值有限元分析时，必须要判断模型计算结果是否收敛，非线性收敛与网格的大小、边界条件以及求解步长等一系列因素相关。网格单元的大小直接影响收敛结果的精度，同时划分网格单元的质量不好也会使收敛变得困难。合理的步长可以使求解在真解周围平缓变化。求解步长过小，会使计算量太大；而步长过大，又有可能导致结果不收敛。合适的网格密度有利于结果的收敛，但往往不易控制。网格过密使计算量增大；过于稀疏又有可能使计算结果产生更大的误差。可以通过在求解前设置收敛准则、收敛容限、非线性控制中的收敛选项和求解步进行设置来提高收敛速度，在求解完成后可以通过查看残差图、力或位移收敛图来查看计算结果是否收敛。

对于计算结果的后处理，可以应用 Mechanical 自带的后处理模块得到各个方向的应力应变、接触输出和支反力等，并对支架及血管段的总位移、加载给支架的压力以及支架传递给血管的应力等数据进行彩色显示，直观地展示支架与血管壁之间的局部应力分布。支架和血管受力分布结果图如图 5-29 所示，三幅子图分别表示血管、支架单元和支架节点的应力分布情况，箭头的颜色由蓝色到红色表示应力逐渐增大，箭头越密且颜色越趋于红色，表示该部分所受的应力越大，由图可看出支架和血管的受力情况一致。对于线弹性材料，应力与应变之间是线性关系，弹性体内的任意一点在任何方向上的弹性性质都相同，故各个方向上应力和应变关系相同。同时任一点的应力主轴的方向与该点的应变主轴方向相重合。因此，采用伪彩色编码的支架与血管的应力和应变结果图相同。

不过上述血管支架与血管壁交互有限元分析方法也存在局限性这包括：一是数值模拟结果的精确性受到血管和支架三维建模精度的直接影响，通用性有待考证；二是血管壁上受到的剪切应力的大小与斑块的组成成分有关，应把斑块的材料特性也纳入考虑范围之内，但是 IVUS 灰阶图像在区分不同斑块组织的成分方面不具有优势，可考虑 IVUS 虚拟组织成像。三是血管组织的材料特性比较复杂，而且人体又具有较大的差异性，目前还是缺乏统一的、可验证的人体冠脉血管参数。除此之外，粥样硬化斑块成分的不均匀性、斑块的破裂机制都应该引起关注。实际上，斑块的刚性较弱，它的微损伤以及支架对它的挤压会改变这种特性。

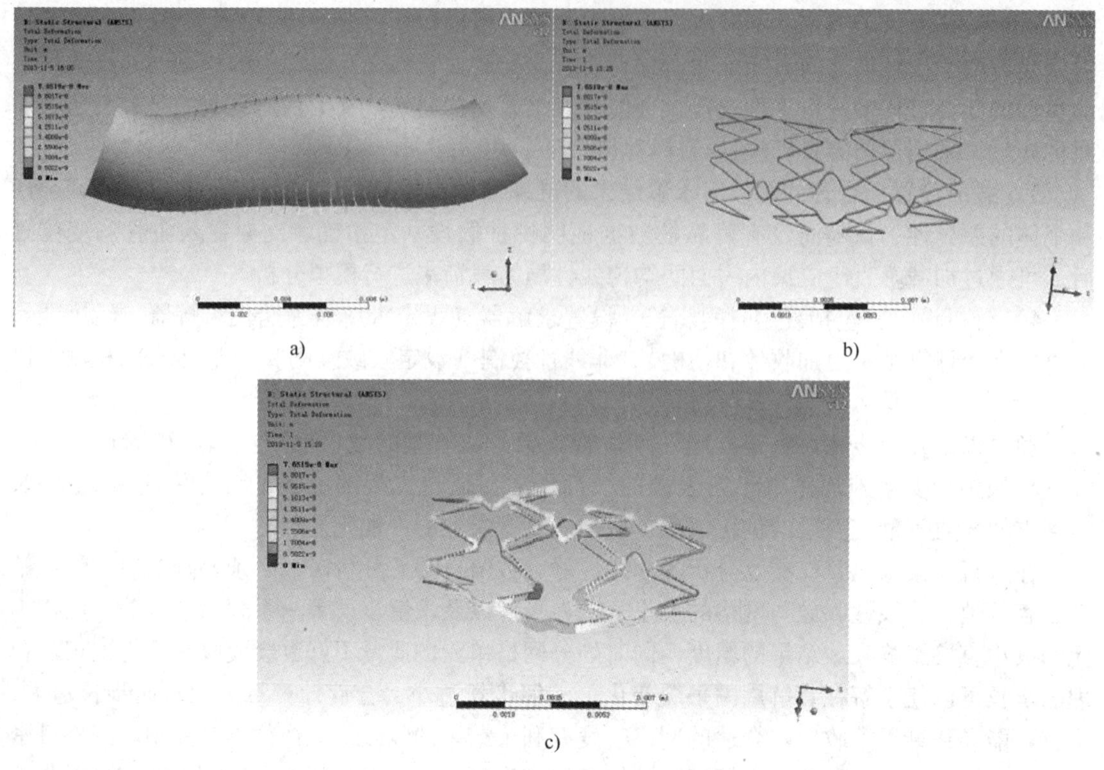

图 5-29 支架和血管受力分布结果图

a）血管 b）支架单元受力 c）支架节点受力

参考文献

[1] 张菁，张天驰，陈怀友．虚拟现实技术及应用［M］．北京：清华大学出版社，2011.

[2] 汪兴谦，等．VRML 虚拟造型实战演练［M］．中国水利水电出版社，2002.

[3] Wright J，Hartman F，Cooper B. Immersive environment technologies for planetary exploration［J］．Virtual Reality. 2001：183－190.

[4] 李沁蓉．基于 VRML 的虚拟校园交互式漫游系统［D］．天津：天津大学，2006.

[5] 黄文丽，卢碧红，杨志刚，等．VRML 语言入门与应用［M］．中国铁道出版社，2003.

[6] Dongpyo Hong，Looser J，Seichter H，et al. A sensor－based interaction for ubiquitous virtual reality systems［C］．Proceedings of International Symposium on Ubiquitous Virtual Reality，2008，9：75－78.

[7] Vining DJ. Virtual endoscopy：is it reality?［J］．Radiology. 1996，200：1－30.

[8] Wang G，McFarland EG，Brown BP，et al. Gastrointestinal tract unraveling with curved cross sections［J］．IEEE Transactions on Medical Imaging. 1998，17（2）：318－322.

[9] Summers RM，Hara AK，Luboldt W，et al. Computed tomographic and magnetic resonance colonography：Summary of progress from 1995 to 2000. Current Problems in Diagnostic Radiology. 2001，30（5）：147－167.

[10] Wan M，Liang Z，Ke Q，et al. Automatic centerline extraction for virtual colonoscopy［J］.

IEEE Transactions on Medical Imaging. 2002, 21 (12): 1450 - 1460.

[11] Mori K, Hasegawa JI, Suenaga Y, et al. Automated anatomical labeling of the bronchial branch and its application to the virtual bronchoscopy system [J]. IEEE Transactions on Medical Imaging. 2000, 19 (2): 103 - 114.

[12] Swift RD, Kiraly AP, Sherbondy AJ, et al. Automatic axis generation for virtual bronchoscopic assessment of major airway obstructions [J]. Computerized Medical Imaging and Graphics. 2002, 26 (2): 103 - 118.

[13] Kagadis GC, Patrinou V, Kaloger CP, et al. Virtual endoscopy in the diagnosis of an adult double tracheal bronchi case [J]. European Journal of Radiology. 2001, 40 (9): 50 - 53.

[14] Nakasato T, Sasak M, Ehara S, et al. Virtual CT endoscopy of ossicles in the middle ear [J]. Journal of Clinical Imaging. 2001, 25 (7): 171 - 177.

[15] 谭珂，郭光友，潘新华，等．一种鼻内窥镜虚拟手术仿真系统 [J]. 计算机工程，2006, 32 (16): 243 - 245.

[16] Dongqing Chen, Bin Li, Roche P., et al. Feasibility studies of virtual laryngoscopy by CT and MRI from data acquisition, image segmentation, to interactive visualization [J]. IEEE Transactions on Nuclear Science. 2001, 48: 51 - 57.

[17] Beier J, Diebold T, Vehse H, et al. Virtual endoscopy in the assessment of implanted aortic stents [C]. Proceedings of Excerpta Medica International Congress Series on Computer Assisted Radiology and Surgery (CAR ' 97), Amsterdam, 1997, 1134: 183 - 188.

[18] Beier J, Vogl T, Rohlfing T, et al. Virtual endoscopy in the CT - based assessment and control of TIPS (transjugular intrahepatic portosystemic shunt) [C]. Proceedings of Excerpta Medica International Congress Series on Computer Assisted Radiology and Surgery (CARS ' 99), Amsterdam, 1999, 1191: 181 - 185.

[19] Bartz D, Skalej M, Welte D. 3D interactive virtual angioscopy [C]. Proceedings of the 13th International Congress and Exhibition on Computer Aided Radiology and Surgery, Paris, France, 23 - 26 June 1999 (CARS' 99). 1999.

[20] Zhonghua S, Chaichana T, Dimpudus FJ, et al. 3D virtual intravascular endoscopy visualization of coronary artery plaques [C]. Proceedings of 3rd International Conference on Bioinformatics and Biomedical Engineering, 2009, 6: 1 - 4.

[21] http: //www. gehealthcare. com/euen/ct/products/clinical _ applications/products/virtual-endoscopy. html.

[22] 彭延军．虚拟内窥镜关键技术研究 [D]. 杭州：浙江大学，2003.

[23] 薛海虹，方慧敏，钟一民，等．心脏三维超声虚拟内窥镜系统导航与介入方法研究 [J]. 中国医学影像技术．2007, 23 (10): 1569 - 1571.

[24] 马丽丹．基于双源 CT 的心脏虚拟内窥镜显示 [D]. 上海：上海交通大学，2010.

[25] 胡南，郑小林，张绍祥，等．基于虚拟现实的女性盆腔可视化及手术仿真 [J]. 中国医学影像技术．2010, 26 (2): 340 - 342.

[26] 王世文，杨兴强，吕伟．交互式虚拟内窥镜系统 [J]. 山东大学学报（工学版）．2005, 35 (1): 94 - 97.

[27] 姚德民. 计算机辅助识别下虚拟内窥镜系统的研究 [D]. 上海: 复旦大学, 2007.

[28] 杨坤. 医学虚拟内窥镜系统的研究 [D]. 西安: 西安理工大学, 2007.

[29] Bartza D, Grvitb O, Lanzendo M, et al. Virtual endoscopy for cardio vascular exploration [C]. Proceedings of International Conference on Computer Aided Radiology and Surgery (CARS 2001), Berlin, 2001: 1005 - 1009.

[30] Radetzky A, Nu A. Visualization and simulation techniques for surgical simulators using actual patient' s data [J]. Artificial Intelligence in Medicine. 2002, 26 (4): 255 - 279.

[31] 张鹏飞. 血管内超声弹性显像技术和弹性力学的基础和临床研究 [D]. 济南: 山东大学, 2005.

[32] Wahle A, Olszewski ME, Sonka M, et al. Interactive virtual endoscopy in coronary arteries based on multi - modality fusion [J]. IEEE Transactions on Medical Imaging. 2004, 23 (11): 1391 - 1403.

[33] 王敏科. 基于面绘制的虚拟内窥镜系统 [D]. 浙江: 浙江大学, 2006.

[34] 唐泽圣. 三维数据场可视化 [M]. 北京: 清华大学出版社, 2000.

[35] Dotter CT. Transluminally - placed coil spring end arterial tube grafts: long term patency in canine popliteal artery [J]. Invest Radiol. 1969, 4: 329 - 332.

[36] Baurschmidt P, Schaldach M. Electrochemical aspects of the thrombogenicity of a material [J]. J. Bioengng. 1977, 1 (11): 261 - 278.

[37] Sigwart U, Puel J, Mirkovitch V, et al. Intravascular stents to prevent occlusion and restenosis after transluminal grafting [J]. N Engl J Med. 1987, 16 (12): 701 - 706.

[38] Kathuria YP. An overview on laser microfabrication of biocompatible metallic stent for medical therapy [C]. Proceedings of SPIE Conference. Bellingham, WA, 2004, 5399: 234 - 244.

[39] 李凤香, 翁铭庆. 金属支架的临床应用 [J]. 国外医学生物医学工程分册. 1998, 21 (6): 356 - 360.

[40] Frank JH Gijsen, Francesco Migliavacca, Silvia Schievano, Laura Socci. Simulation of stent deployment in a realistic human coronary [J]. BioMedical Engineering OnLine. 2008, 7: 23.

[41] Stern C, Wildermuth S, Weissmann J, et al. Predictive medicine: Computational techniques in therapeutic decision - making [C]. Proceedings of International Conference on Computer Assisted Radiology and Surgery (CARS 1999), 1999, 4 (5): 176 - 180.

[42] Wilson N, Wang K, Dutton RW, et al. A software framework for creating patient specific geometric models from medical imaging data for simulation based medical planning of vascular surgery [C]. Proceedings of International Conference on Medical Image Computer and Computer Assisted Intervention (MICCAI 2001), 2001, 22 (08): 449 - 456.

[43] Jan Egger, Stefan Grokopf, Thomas Donnell, et al. A Software System for Stent Planning and Follow - Up Examinations in the Vascular Domain [C]. Proceedings of IEEE International Symposium on Computer - based Message System (CBMS 2009), 2009, 22: 1 - 7.

[44] Leonardo Flórez - Valencia, Maciej Orkisz, Johan Montagnat, et al. 3D Graphical Models for Vascular - stent Pose Simulation [J]. Machine Graphics and Vision. 2004, 13 (3): 235 -

248.
[45] Shigeru Eiho, Hiroshi Imamura, Naozo Sugimoto. Preoperative and intraoperative image processing for assisting endovascular stent grafting [C]. Proceedings of 12th International Conference on Informatics Research for Development of Knowledge Society Infrastructure, 2004: 81 - 88.
[46] David Chua SN, Mac Donald BJ, Hashmi MSJ. Finite element simulation of stent and balloon interaction [J]. Journal of Materials Processing Technology. 2003, 143 (144): 591 - 597.
[47] David Chua SN, Mac Donald BJ, Hashmi MSJ. Finite - element simulation of stent expansion [J]. Journal of Materials Processing Technology, 2002, 120 (23): 335 - 340.
[48] 北京思创贯宇科技开发有限公司．一种血管三维重建及虚拟支架置入的方法和系统 [P]. 中国发明专利．200610011758.0. 2006 - 04 - 20.
[49] 魏欣，谢晓东，王朝华．虚拟器械及脑动脉瘤模型在介入术前模拟中的价值 [J]. 中华放射学杂志．2007, 41 (6): 641 - 644.
[50] 魏欣，谢晓东，钟立明，等．虚拟血管内介入器械三维模型的建立及其临床价值 [J]. 中华放射学杂志．2012, 46 (4): 359 - 362.
[51] 孙正，纪四稳．虚拟血管支架置入系统．中国软件著作权．2013SR125258. 2013 - 05 - 30.
[52] McClean R, Eigler NL. Stent design: implications for restenosis [J]. Reviews in Cardiovascular Medicine [J]. 2002, 3: 16 - 22.
[53] Dumoulin C, Cochelin B. Mechanical behavior modeling of balloon - expandable stents [J]. Journal of Biomechanics. 2000, 33: 1461 - 1470.
[54] Tan LB, Webb DC, Kormi, et al. A method for investigating the mechanical properties of intracoronary stents using finite element numerical simulation [J]. International Journal of Cardiology. 2002, 78: 51 - 67.
[55] Chua SND, MacDonald BJ, Hashmi MSJ. Finite element simulation of stents and balloon interaction [J]. Journal of Materials Processing Technology. 2003, 143: 591 - 597.
[56] Petrini L, Migliavacca F, Auricchio F, et al. Numerical Investigation of the intravascular coronary stent flexibility [J]. Journal of Biomechanics. 2004, 37: 495 - 501.
[57] Auricchio F, DiLoreto M, Sacco E. Finite - element analysis of a stenotic artery revascularization through a stent insertion [J]. Computer Methods in Biomechanics and Biomedical Engineering. 2001, 4: 249 - 263.
[58] Rogers C, Tseng DY, Squire JC, et al. Balloon - artery interactions during stent placement: a finite element analysis approach to pressure, compliance, and stent design as contributors to vascular injury [J]. Circulation Research. 1999, 84: 378 - 383.
[59] Prendergast PJ, Lally C, Daly S, et al. Analysis of prolapse in cardiovascular stents: a constitutive equation for vascular tissue and finite element modelling [J]. ASME Journal of Biomechanical Engineering. 2003, 125: 692 - 699.

第6章 光声成像技术

光声（IntraVascular PhotoAcoustic，IVPA）成像技术是近年来发展起来的一种新型的介入血管成像技术。IVPA成像结合了纯光学成像的高分辨率和纯声学成像的高渗透深度的优点，可得到展示斑块成分的高对比度和高分辨率的图像，且可与IVUS成像结合得到动脉粥样硬化斑块的实时三维图像，具有很好的临床意义和应用前景。本章主要介绍光声成像技术的原理、发展和研究现状，以及血管内光声图像的重建方法和仿真方法。

6.1 光声成像及其在生物医学中的应用

6.1.1 光声效应

1880年，Bell[1]首先在固体中观察到光声转换现象，称其为光声效应（Photoacoustic Effect）。其机理是当物质受到光照射时，物质因吸收光能而受激发，然后通过非辐射消除激发的过程使吸收的光能（全部或部分）转变为热。如果照射的光束经过周期性的强度调制，即用时变的光束照射物体，则在物质内产生周期性的温度变化，使这部分物质及其邻近媒质热胀冷缩而产生应力（或压力）的周期性变化，因而激发出超声波，该超声波称光声信号。光声信号的频率与光调制频率相同，其强度和相位则决定于物质的光学、热学、弹性和几何的特性。光声信号可以用传声器或压电换能器进行接收，前者适用于检测密闭容器内的气体或固体样品产生的声频光声信号；后者还可适用于检测液体或固体样品的光声信号，检测频率可以从声频扩展到微波频段。在各个方向探测从吸收体中传播出来的超声波，可以重建出吸收体的光吸收分布。

随着激光器和检测技术的不断发展，加上光声光谱理论的逐步完善，光声效应已广泛应用于物理、化学、生物、医学以及环境、海洋监测等多个领域。下面介绍光声效应三个主要的应用方面。

(1) 光声光谱技术

由于光声效应中产生的声能直接正比于物质吸收的光能，而不同成分的物质在不同光波波长处出现吸收峰值，因此当具有多谱线（或连续光谱）的光源以不同波长的光束相继照射样品时，样品内不同成分的物质将在与各自的吸收峰值相对应的光波波长处产生光声信号极大值，由此得到光声信号随光波波长改变的曲线称为光声光谱。光声光谱是光谱技术与量热技术的组合，它直接测量光束与材料相互作用后所吸收的热量。同传统的光谱技术相比较，光声光谱技术具有下列特点：直接测量光束与材料相互作用后所吸收的热量；对散射光不敏感；样品本身就是电磁辐射的检测器。

光声光谱技术本身的特点使得它能胜任传统光谱技术难于完成或不能完成的某些工作，例如：直接探测无辐射过程，更准确地得到量子效率的数据，同时光声光谱也是直接探测无辐射跃迁过程的唯一手段；因为对散射光不敏感，可以获得强散射物质（如粉末、非晶固体、冻胶和胶体等）的吸收光谱，甚至完全不透明材料的吸收光谱；因为不依赖于光子检测技术，可以得到弱吸收材料的光谱信息；可以进行各种非波谱学的研究，如测定材料的热学和弹性性质，研究其化学反应；测定多层结构和薄膜的厚度等；因为对样品无特殊要求，可以方便地应用于各个领域，如凝聚态物理、化学、生物学、医学研究等；不需光电器件，因而不必改变检测系统就可以在很宽的波长范围内工作。仅仅要求光源足够强，窗口透过率高。20 世纪 70 年代以来光声光谱技术已发展成一个专门的研究领域，研究对象涉及物理、化学、生物、材料等学科，并且能给半导体工业和微电子工业的研究提供一种新的研究和检测手段。

光声光谱技术检测的是样品吸收的光能与物质相互作用后产生的声能，光声光谱实际上代表了物质的光吸收谱，在照射的光强比较弱的情况下，光声效应满足线性关系，即声信号强度与光强成正比。当照射于物质的光波波长改变时，声信号的变化反映了物质的不同组分或结构，因此光声光谱技术对物质的结构和组分是非常敏感的。且对样品的形状无特殊要求，可以用于气体、固体和液体的微量分析。由于光声光谱对散射光和反射光不敏感，特别适用于颗粒、粉末、污迹和混浊液体等物质的检测与分析。由此研制成功的光谱分析工具称为光声谱仪，它广泛用于气体及各种凝聚态物质的微量甚至痕量分析中。由于它的检测灵敏度高，特别是由于它对样品材料没有限制，不论透明或不透明、固体或半固体（包括粉末、污迹、乳胶或生物样品等）都可以进行分析，从而成为传统光谱技术的补充和强有力的竞争者。

（2）光声显微镜技术

近年来，利用聚焦的激光束在固体样品表面扫描，测量不同位置处产生的光声信号的振幅和相位，从而确定样品的光学、热学、弹性或几何结构，由此发展成一种光声显微镜或光声成像技术，可对各种金属、陶瓷、塑料或生物样品等的表面或亚表面的微细结构进行声成像显示，特别是对集成电路等固体器件的亚表面结构进行成像研究，成为各种固体材料或器件非破坏性检测的有效工具。

此外，由于高功率激光源的出现，可利用光声效应作为声信号的激励源，在气体、液体和固体中激发声波，用以研究媒质的声学特性以及声与声及声与其他物质的相互作用。因为光声信号的激励源不必与媒质直接接触，所以特别适用于极端条件（如高温、低温、高压或侵蚀性的环境）下的研究工作。同时由激励源产生的光声信号源可在媒质中高速运动而不致引起绕流，避免了因绕流产生的附加噪声干扰。

（3）光声多普勒技术

光声多普勒技术是在光声转换的基础上发展起来的。光声效应是物质吸收了调制光能，将吸收的光能转化成热能，在物质内部产生周期性的温度变化，使这部分物质及其邻近媒质热胀冷缩而产生压力的周期性变化，因而产生声信号，其频率与光调制频率相同。如果光吸收物质是运动的，由于多普勒效应，观察者接收到的声波会发生频移。由于传统的超声成像和激光成像依赖于超声或光的散射，对于毛细血管低速血流的成像有一定困难。光声多普勒技术依赖于物质的光吸收系数，如肿瘤的黑色素以及血液中血红蛋白有很高的光吸收系数，因此光声多普勒技术在医学上可以用来测量血流流速以及血流成像。

6.1.2 光声成像的原理

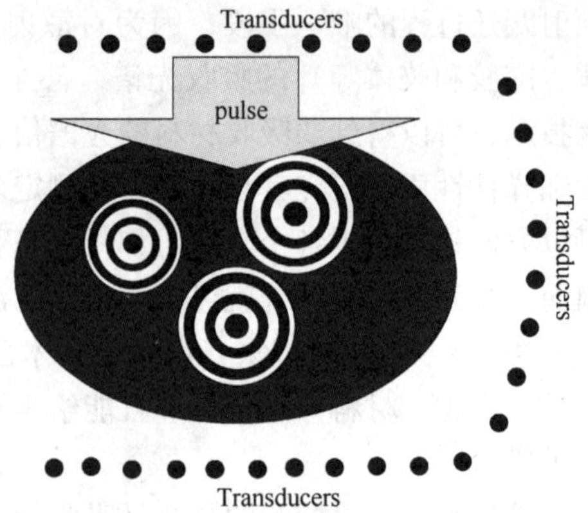

图 6-1 光声成像原理示意图

目前，在光声成像领域中所应用的是热弹性膨胀[5]。其原理如图 6-1 所示。基于热弹性机制的光声过程是指：一束短脉冲（ns 量级）激光辐照生物组织，由于组织中具有强光学吸收特性的吸收体（如血红蛋白）吸收光能量之后，会引起其升温和膨胀；吸收体体积的膨胀会挤压周围的组织从而产生局部压力波。光声成像技术（Photoacoustic Imaging，PI）就是利用光声效应，通过激光光源激发生物组织产生宽带（MHz 级）的超声波信号，利用特定组织对特定波长光源的选择性吸收，譬如血红蛋白浓度的大小和组织血氧饱和度的高低均会影响组织的光吸收能力，从而改变超声信号的强度，从而辨别待测物内部结构的差异，并观察其位置以及大小等物理性质[2]，达到区分测试物的不同组织结构的目的[2,6]，再通过计算机处理，直观地呈现出组织的光学特性。换言之，超声检测器探测到的（二维或三维）超声强度空间分布，实际上反映了成像对象内（与光吸收相关的）的病理学信息。

生物组织的光学吸收既可能产生于内源性分子如黑色素等，也可能产生于外源性引入的各种造影剂。一种典型的内源性光吸收分子就是血红蛋白的两种形态（氧合血红蛋白与脱氧血红蛋白），由于血红蛋白的吸光度一般比周围其他物质高得多，因此它也就成为了血管光声成像的一类有效的造影剂。

6.1.3 光声成像的优势

传统的超声波成像技术在生物医学领域使用已有相当久的历史，具有非侵入式、穿透性深、且不具有放射性、基本不对人体产生损伤等优点，仪器造价也较低。它使用超声波探头激发机械波穿透待测物体，由于声波在密度不同的介质中传递时有声速的差异，因此，对于两种不同阻抗的介质，超声波会在其接口处产生背向散射。但是由于属于组织界面反射成像，当声波在软组织中传播时，若遇到声阻较为相近的介质，便无法分辨其差异。而且声波波长较长，导致超声图像的分辨率较低、对比度也较差。光学相干断层成像（OCT）技术是基于低相干光的干涉特性的成像技术，具有对人体无损伤、分辨率高、灵敏度高（即可实时成像）等优点。然而由于生物组织对光的吸收和散射，导致其穿透深度较浅，同时易受热及其他噪声干扰。

比较光学成像和超声成像这两种技术可发现两者具有很强的互补性，如果能将两者有机的结合在一起，将对医学诊断具有积极意义。从光声效应的过程可以看出，光声成像技术是通过探测外传的超声信号来反映组织光学吸收的差异，因此它能很好地结合光学成像和超声成像各自的优势。

光声成像是以脉冲光为光源激发，生物组织对光吸收的差异反映了组织代谢的差异和病变特征，光声图像反映的是光学吸收的差异，故继承了光学成像在功能性和灵敏性方面的优势。同时，光声成像探测的是外传的超声信号，故兼得了超声在成像深度和分辨率可兼顾的长处。所以光声成像技术结合了纯光学成像的高对比度特性和纯超声成像的高穿透深度特性的优点，以超声探测器探测光声波替代光学成像中的光子检测，从原理上避开光学散射的影响，可以提供高对比度和高分辨率的组织影像，能实现对病灶组织的功能状况的高分辨率和高对比度的深度分辨。另外，光声成像技术还有以下优点：采用非电离波段，而且成像过程中不改变生物组织的属性，故是无创的检测手段；产生的光声信号和组织的生理状态的关系比较容易界定；能够与纯超声或光学成像技术相结合，可获得更多的诊断信息；可根据实际应用的需要对成像深度和成像分辨率进行调整。

近年来，光声成像作为一种新型无损伤成像技术已经引起了人们的极大兴趣，但目前仍然处于实验室研究阶段，还没有达到临床应用的标准。国际上有数个研究组正在从事该领域的研究工作，具有代表性的研究单位有：英国 Heriot - Watt 大学的 Mackerzie 小组[7]、美国 Texas 大学声光光谱和成像实验室[8]、美国 Texas A&M 大学的 Wang 小组[9]、瑞士 Bern 大学[10]、俄罗斯莫斯科国立大学[11]等。国内华南师范大学邢达教授领导的课题组[12]和天津大学姚建铨院士领导的课题组[3][13]以及中科院深圳先进技术研究院[14]等也在从事此方面的研究工作。

6.1.4 典型的光声成像系统

根据成像方式的不同，光声成像系统可以分为三种不同类型：光声/热声计算层析扫描（PAT（Photoacoustic Tomography）/TAT（Thermoacoustic Tomography））、光声显微成像（Photoacoustic Microscopy，PAM）和光声内窥成像技术（Photoacoustic Endoscopic，PAE）。PAT/TAT 利用的是非聚焦的超声波探测器获得超声波信号，通过反向求解光声方程，重构出信号源的三维空间分布；PAM 则使用聚焦型的球形超声波探测器，每次采集一个点的信息，通过二维扫描来获得光声图像，不涉及重构问题。PAT/TAT 的优势在于高穿透深度和三维成像；PAM 的优势则在于低深度下的高空间分辨率。PAM 和 PAE 技术的主要目标是在毫米级的成像深度上实现微米级的分辨率。而 PAT/TAT 技术的探测深度和分辨率可在较大范围内变化，既可实现显微成像，也可实现大深度成像。

(1) 光声/热声计算机断层扫描（PAT/TAT）

PAT/TAT 是利用非聚焦的超声换能器接收来自全空间的所有光声信号，实际上是一个求解逆问题的过程，通过在组织表面多个位置探测到的光声信号反演组织中的光吸收分布情况。

给定一个热函数 $H(\vec{r},t)$，可认为是由于某一时刻 t 的光照刺激而在三维空间中 $\vec{r}$ 位置产生的热效应，则随后产生的光声波压力在声学均匀非粘性介质中的传播可以描述为[15]

$$\nabla^2 p(\vec{r},t) - \frac{1}{v_s^2}\frac{\partial^2}{\partial t^2}p(\vec{r},t) = -\frac{\beta}{C_p}\frac{\partial}{\partial t}H(\vec{r},t) \tag{6-1}$$

式中，v_s 是介质中的声速，β 是介质的热膨胀系数，C_p 是介质的恒压热容。方程（6-1）中引入了热隔离的假设，即热传导在脉冲激光照射期间可以忽略不计；当脉冲脉宽比介质的热弛豫时间要短得多的时候，这一假设是成立的。

方程（6-1）的解为

$$p(\vec{r},t) = \frac{\beta}{4\pi C_p}\int \frac{d\vec{r'}}{|\vec{r}-\vec{r'}|}\frac{\partial H(\vec{r'},t')}{\partial t'}\bigg|_{t'=t-|\vec{r}-\vec{r'}|/v_s} \tag{6-2}$$

这里，可以把$\vec{r'}$看做是光声信号源（如体内血管）的所在位置，而$\vec{r}$则是检测器的所在位置。方程（6-2）描述了$\vec{r'}$位置产生热效应后在$\vec{r}$位置产生压力信号的过程。如果再考虑到压力隔离（当脉宽比压力弛豫时间短得多时），式（6-2）就可进一步改写为

$$p(\vec{r},t) = \frac{\beta}{4\pi v_s^2}\frac{\partial}{\partial t}\left[\frac{1}{v_s t}\int d\vec{r'}p_0(\vec{r'})\delta\left(t - \frac{|\vec{r} - \vec{r'}|}{v_s}\right)\right] \tag{6-3}$$

其中p_0指初始（未经弛豫）的光声压力。从式（5-3）可以看出，根据在$\vec{r}$位置的超声换能器接收到的压力信号，可以反推出在距离探测器$\vec{r} - \vec{r'}$处存在一个初始压强为p_0的光声信号源。为了得到$\vec{r'}$和p_0的值，就需要让超声换能器沿包围信号源的特定表面进行扫描，再对得到的信号进行三维重建。

PAT 技术的一个核心内容是图像重建。目前，该领域最为常用的两种算法是滤波反投影算法[16]和延迟－求和算法。其中滤波反投影算法适用于球形、圆柱型或平面扫描模式。反投影方程如下：

$$p_0(\vec{r}) = \int_{\Omega_0}\frac{d\Omega_0}{\Omega_0}\left[2p(\vec{r}_0,v_s t) - 2v_s t\frac{\partial p(\vec{r}_0,v_s t)}{\partial(v_s t)}\right]\Bigg|_{t=|\vec{r}-\vec{r}_0|/v_s} \tag{6-4}$$

其中Ω_0指的是信号源对向整个扫描面积S_0的立体角，而$d\Omega_0$则可表达为

$$d\Omega_0 = \frac{dS_0}{|\vec{r} - \vec{r}_0|^2}\frac{\hat{n}_0^s\cdot(\vec{r} - \vec{r}_0)}{|\vec{r} - \vec{r}_0|} \tag{6-5}$$

高的空间分辨率和对光吸收敏感的特征，尤其是许多内源性物质本身可以作为造影剂这一点，赋予了光声/热声成像极大的应用前景。近年来，光声成像已被证明在众多生物医学领域具有重要的应用价值，具体如下：

1）脑损伤探测[17]：可以用光声成像技术对大脑中具有不同光吸收性质的软组织加以鉴别。例如，受损脑组织与正常软组织背景的吸光性质有着显著区别，导致两类区域在图像对比度上存在显著差异。

2）血流动力学监测[17,18]：在可见光区，氧合血红蛋白和脱氧血红蛋白是生物组织中占主导地位的光吸收物质。二者的吸收光谱虽趋势相近，但并不完全相同。利用这一特点，通过测定一份血样在两个不同波长下的吸收系数，就可以计算出血样中氧合血红蛋白和脱氧血红蛋白的浓度以及血氧饱和度，利用这些信息，就可以实现脑部血流动力学的有效监测。

3）乳腺癌诊断[19]：热声成像（TAT）由于利用散射较低的微波作为激发源，因此可以穿透深达数厘米的组织进行成像，而其空间分辨率仍能达到亚毫米量级。由于肿瘤组织与一般组织对于无线电频率的响应相差甚大，因此热声成像在早期乳腺癌诊断方面具有很大的优势。

（2）光声显微成像（PAM）

扫描层析术是指利用聚焦换能器探测外传的光声信号。由于聚焦换能器只能接收到处于超声聚焦区轴向上的信号，所以从换能器上得到的一维时间分辨信号可以反推出组织体在该方向上的一维光学吸收分布。组合横向扫描得到的多个纵向一维信号，便可成为一张断面的二维图像。在扫描层析术的技术基础上，研究人员提出了光声显微成像[20,21]的概念：短脉冲激光和高频率的聚焦超声探测的应用使得扫描层析术的分辨能力（30 μm 甚至更小）可达

到显微成像的水平。这意味着该技术可对人体表层器官中处于一定深度的病灶组织的大小、位置以及血氧状态进行精确的成像。

光声显微镜的成像深度受限于超声波在传播中的衰减，而其空间分辨率则受限于所用超声换能器的频率和聚焦能力。中心频率较高的超声换能器有助于实现较高的轴向分辨率，而高的侧向分辨率则需要换能器的焦点直径较小。例如在 50 MHz 频率下工作的超声换能器可以达到 15 μm 的轴向分辨率和 45 μm 的侧向分辨率，同时穿透深度可以达到约 3 mm。

6.1.5 光声图像的重建

假设介质的声学特性均匀，在理想激光脉冲的均匀作用下，被照射组织产生的三维光声信号的幅值与发射脉冲激光的幅值成正比，光声信号的特性由光能量的吸收分布决定。因此，可以根据探测器采集到的各个位置的光声信号重建组织内部的空间光学吸收分布函数。虽然这时只是得到了光能量沉积分布，并非是直观的组织内部结构，但该分布与组织的结构特征以及组织内部吸收系数的分布等具有密切的联系。在保证入射光均匀照射的前提下，重建出的光声图像与组织内部吸收系数的分布具有一一对应的关系。由此可知，光声图像重建是一个典型的逆问题，其实质就是选择合适的算法，由光声信号重建出原始的光吸收分布图像，反映组织内部结构。目前常用的光声图像重建算法都是根据探测器探测到的光声信号重建组织内部的空间光学吸收分布函数。

6.1.6 光声效应和光声成像在生物医学中的应用

虽然早在 1880 年 Bell 实验室就发现了光声现象，但是直到 20 世纪 60 年代，光声效应才与现代激光技术、微弱信号检测技术相结合而开始迅速发展。20 世纪 70 年代，光声效应被用于光谱研究，形成了光声光谱技术；20 世纪 80 年代，光声效应被引入生物组织成像领域，形成了生物组织的光声层析成像技术（PAT）。目前光声效应在生物医学领域的应用主要包括如下几方面：

1）基于时域光声谱技术的生物组织无损检测[3]，包括组织成分检测，如血糖和血氧的检测；组织光学参数的检测，如光吸收系数、衰减的光散射系数及各向异性因子等。

2）光声层析成像[4]，在组织外部采用超短脉冲激光光源激发组织产生超声波，然后通过检测超声信号来进行层析成像。由于组织的光声效应产生的超声信号频率通常远大于常规超声成像的信号频率，因而其分辨率会大大提高。

近年来，光声成像技术凭借其灵活的成像方式、优质的成像能力、高度的生物安全性，正越来越受到生物医学成像领域的关注。主要包括如下几方面：

1）心血管研究：利用光声成像技术对小动物活体进行血管生成/生长、心肌炎、血栓和心梗等的观察和研究，可得到血红蛋白浓度和血氧饱和度的定量数据。

2）药物代谢研究：利用分子影像学技术实时监测标记药物在动物体内的运动情况，可判断该药物是否能够准确到达靶区和代谢途径，以及治疗效果评测。

3）肿瘤研究：利用光声成像技术可直接快速地测量和跟踪各种癌症模型中肿瘤的生长和转移，及伴随的血管生成过程；并可对肿瘤的生长和转移中血红蛋白浓度和血氧饱和度的变化以及血管生成抑制效果等信息进行实时成像与分析。

4）基因表达：在活体动物体内观察和研究基因的表达、细胞或组织特异性及其治疗反应。

5）干细胞及免疫研究：标记细胞，实时观测动物体内干细胞治疗效果，并用于抗肿瘤免疫治疗。

6）细菌与病毒研究：通过对细菌与病毒进行特异性荧光探针标记，研究侵染过程等。

7）疾病的早期诊断：用分子影像学可对分子水平的病变进行检测，早于根据病理改变评判基础疾病的诊断，实现疾病早期诊断。

8）其他应用领域：如分子光学和脑科学研究等。

近几年，光声显微镜、光声计算机断层扫描和光声内窥镜等光声成像技术在肿瘤检测、动脉粥样硬化斑块的检测、创伤性脑损伤、糖尿病性视网膜疾病和关节炎诊断等血管并发症方面的研究仍处于实验阶段。此外，多模成像（即多种成像技术的融合）有望提高对相关疾病的诊断效率，光声成像获取的功能信息一般与血液浓度有关，与超声成像、X 射线成像或 OCT 等成像技术相结合，具有在疾病早期提供更有效、更快诊断的潜力。

6.2 光声成像

目前临床上使用的血管内超声（IVUS）和血管内光学相干层析技术（IV－OCT）相较体外成像，可大幅提高对斑块成像的精确性和敏锐度。但是 IVUS 的分辨率不足以分辨薄纤维帽，而 IV－OCT 穿透深度太浅，且 IVUS 和 IV－OCT 都只能获得形态学信息，无法获得斑块成分和炎性反应等重要的生理信息，因此还存在明显的不足。光声成像既可利用组织自身的光吸收对比和光声光谱的方法检测斑块的化学成分（如易损斑块的脂质核心和纤维帽），亦可借助生物分子探针对活动性炎症（如巨噬细胞浸润）等细胞和分子层面的生物活动进行探测。因此光声成像可为研究斑块破损的机理和炎症等重要生物过程提供新的方法和手段。而把光声成像发展为血管内窥成像技术将更加有利于对易损斑块的早期发现。

6.2.1 IVPA 的成像原理

血管内光声（IVPA）成像技术是对 IVUS 成像技术的补充。不同成分的斑块光吸收系数不同，被光照射热膨胀后产生的声学信号强度也不同，IVPA 据此对动脉粥样硬化斑块成像。它结合了光声信号激发阶段光吸收较高的对比度和光声信号发射阶段超声检测较高的分辨率，根据光吸收差异对斑块进行成像，可得到展示动脉粥样硬化斑块类型和尺寸等信息的实时三维图像[23]。斑块各成分的光吸收谱结合得到的 sIVPA 图像可辨别斑块内脂质和纤维等主要成分和供给斑块营养的新生血管，并可区分斑块脂质和动脉外膜脂质。通过引入金纳米粒子等造影剂可实现分子光声成像，并了解与斑块发展密切相关的巨噬细胞的活动。IVPA 成像还可在冠脉支架置入手术中用于引导支架置入，在术后监测支架的置入情况。

在血管内光声成像中，成像导管被置于需要成像的血管内，导管通常集成了多模光纤、光学反射元件和微型超声换能器。成像导管发射短脉冲激光，部分激光被血管壁吸收转化为热，由于热弹性膨胀，产生的热进一步转化为升压，升压作为光声信号传播。血管壁上不同成分的光吸收系数不同，产生的光声信号强度也不同，利用成像导管上的超声换能器接收组织产生的光声信号[24]。通过合适的算法对一组来自血管壁同一截面各个角度的光声信号进行图像重建，即可得到成像目标的光吸收分布图像。血管壁不同成分对光吸收的差异，反映了血管壁的组织成分、代谢状态和病变特征，因此根据 IVPA 图像可得到斑块的成分特征，并据此判断动脉粥样硬化斑块的发展阶段。IVPA 成像系统的实验室原型的系统框图，如图 6-2 所示。

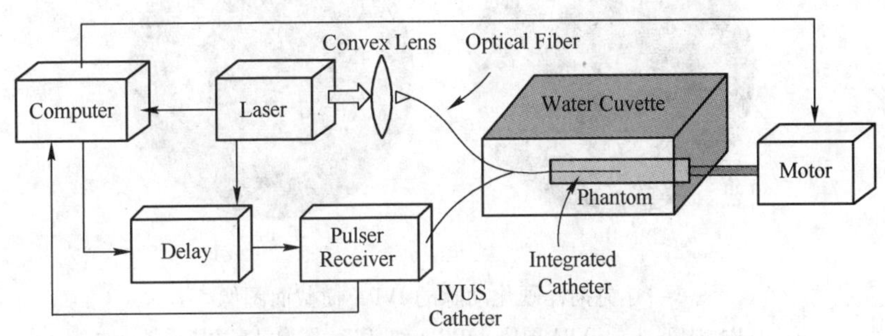

图 6-2　IVPA 成像系统实验室原型系统框图[8,24]

目前，IVPA 已经成为血管内成像领域新的研究热点。例如，Sethuraman 等[25]使用商售的血管内超声探测器开发了 IVPA 成像系统，并用它对离体的兔子动脉血管进行成像实验。荷兰伊拉兹马斯医疗中心的 Krista Jansen 等[26]开发的 IVPA 成像系统组装了外径为 1.25 mm 的光声－超声成像导管，利用该系统获得了冠状动脉的离体光声－超声图像。Stanislav 小组[27]则研制了基于血管内超声探测器的光声－超声双模成像，完成了对动物的在体成像实验。国内华南师范大学邢达研究小组[28]研制成了基于中空圆环阵列超声探测器的声光同轴预临床光声内窥系统，不需旋转就能得到能应用于血管或微小腔体内的光声－超声双模成像，可实现光声和超声双模同时成像或单模切换成像。中国科学院深圳先进技术研究院宋亮课题组[29]在国际上率先研制出成像分辨率高达 19.6 μm 的血管内超高分辨光声显微成像系统，有望为急性心脑血管事件的介入诊断和治疗提供革新的技术手段。

6.2.2　热 IVPA 成像（tIVPA）

对于 IVPA 成像，激光对生物组织的热作用是需要考虑的问题，激光的波长和功率密度等参数与被照射组织的光学特性和热学特性是影响生物组织受激光热损伤程度的主要因素[30]。样本温度的上升会导致声速的变化，在 IVUS/IVPA 组合成像中，可通过超声波确认生物组织中的温度变化[31]，Sethuraman 等分别在 85 mJ/cm^2、60 mJ/cm^{2}和 30 mJ/cm^{2}的激光能量密度下对组织模型进行 IVPA 成像[32]，用超声导管测得的温度最大增值分别为 5℃、2.9℃和 0.7℃，随后温度呈指数衰减；对离体动脉在 60 mJ/cm^{2}的能量密度下成像，温度最大增值为 1℃，随后呈指数衰减。连续的激光脉冲会导致组织内热量累积，但实际 IVPA 成像中，激光能量密度都维持在 20 mJ/cm^{2}以下，且临床应用中动脉内的血液流动会加快热量扩散的速度从而加快温度降低，说明光照刺激在 IVPA 成像期间对组织的热作用很小，肯定了 IVPA 成像的热安全性[33]。

IVPA 信号的振幅与组织成分的 Grüneisen 系数也有关，不同组织成分在温度变化时产生的光声信号强度的变化不同。Wang 等[34]在不同温度下对离体兔粥样硬化动脉进行 IVPA 成像，并使用有限差分方法计算在 25℃和 38℃下获得的光声信号，最终得到动脉剖面的 tIVPA

图像。由于斑块内的脂质与动脉外膜脂质的 Grüneisen 系数不同，因此图像可清晰地描绘富含脂质斑块的位置而不受其他脂肪组织的干扰，说明 tIVPA 成像可区分 Grüneisen 系数不同的斑块脂质和外膜脂质，如图 6-3 所示。

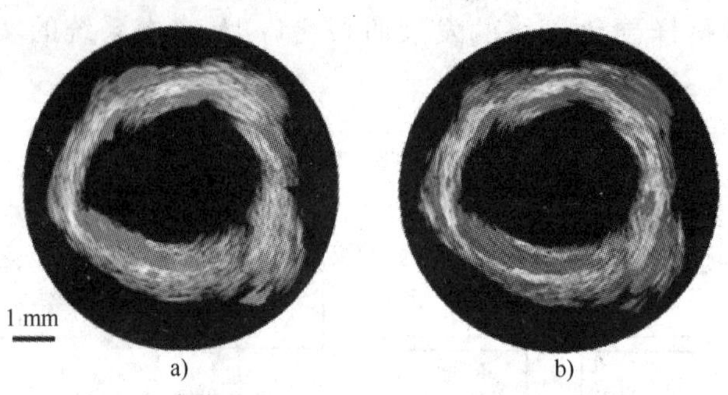

图 6-3　兔粥样硬化动脉的 IVPA 横截面图像[34]

a）tIVPA 图像　b）sIVPA 图像（tIVPA 和 sIVPA 图像对富含脂质斑块的成像相似，但 tIVPA 图像没有显示外膜脂质）

6.2.3　光谱 IVPA 成像（sIVPA）

Sethuraman 等[35]通过动物对比实验说明光谱 IVPA 成像（sIVPA）可以辨别斑块中的脂质成分。他们在实验中对正常兔子喂食 10 个月含 0.15% 胆固醇的饲料，取其富含粥样硬化斑块的动脉作离体实验；对另一只兔子喂食 10 个月正常饲料，取其动脉作为对照组。在 680 nm ~ 900 nm 之间以 20 nm 为步长取 9 种波长，分别对粥样硬化动脉和正常动脉进行 IVPA 成像，并与着色后的组织学切片图像对比。结果表明随着波长增加，粥样硬化动脉 IVPA 图像中的一个固定位置与组织学切片图像逐渐吻合，说明随着波长增加，此处化学成分的光吸收系数增大，光声信号强度增大，而正常动脉的 IVPA 图像在不同波长下变化不大[36]。脂质和纤维成分在实验波段的光吸收系数变化较大，在 900 nm 处计算得出的粥样硬化动脉的一阶导数 sIVPA 图像可以清晰地辨别出斑块的脂质成分，且与其组织学切片图像一致，说明 sIVPA 图像可辨别斑块中的脂质成分。其后，该研究小组又在 1200 nm 波段附近取 9 种波长对粥样硬化的兔子动脉和正常兔子动脉进行成像，用有限差分算法分别得到 740 nm 和 760 nm 波长处的一阶导数 sIVPA 图像[37]。其结果显示，富含斑块的图像中正斜率处是脂质和脂质与新生血管的混合物，负斜率处是影响斑块稳定性的 I 型胶原，其余成分和正常动脉在 sIVPA 图像中的斜率接近于零。在 740 nm 和 850 nm 处得到的粥样硬化动脉一阶导数 sIVPA 图像中，负斜率的部分变小是由于脂质在这两种波长处光吸收系数变化不大。这些结果说明 sIVPA 成像具有可选择合适的波长对斑块的特殊成分进行成像的优势。

Krista 等[38]在 1185 nm ~ 1135 nm 波段选取 6 种波长进行 sIVPA 成像，获取的数据与脂质的参考光谱进行相关运算，并显示相关系数大于 0.55 的像素。由于参考脂质未对斑块脂质和外膜脂质加以区分，所以二者在 sIVPA 图像上均可见。Wang 等[39]在 1200 nm ~ 1230 nm 波段以 10 nm 为步长对兔子的粥样硬化动脉进行 sIVPA 成像，对每个像素在各个波长的光声信号幅度进行归一化以后，与脂质在相应波段归一化的光谱进行相关运算，并显示相关系数大于 0.75 的像素。由于选择了相对较大的阈值，sIVPA 图像成功区分了斑块脂质和外膜脂质，如图 6-4 所示。Krista 等[40]通过对动脉模型的实验，研究 1185 nm ~ 1235 nm 和 1680 nm ~ 1751 nm 两个波段的 sIVPA 成像检测斑块脂质的能力。模型的 4 个腔分别填充胆固醇、胆固醇油酸酯、胆固醇亚油酸等动脉外膜组织和斑块脂质成分。在上述两个波段分别选择 6 个波长对模型成像，以胆固醇和外膜组织在两个波段的光谱作为参考，利用相关算法并取合适的阈值绘制 sIVPA 图。其结果表明 1200 nm 波段的 sIVPA 图能清晰地区分斑块脂质和外膜脂质，质量优于 1700 nm 波段的 sIVPA 图；从分离的脂质化合物的光谱数据得到合适的阈值，根据该阈值使用有限差分算法在 1205 nm 和 1235 nm 处绘制 1200 nm 波段的 sIVPA 图，在 1680 nm 和 1710 nm 处绘制 1700 nm 波段的 sIVPA 图，结果显示在两个波段均可以检测到 4 种内容物，且 1 700 nm 波段的图像质量更好。上述结果表明使用相关算法可以在 1200 nm 波段区分斑块脂质成分和外膜脂质成分，而使用有限差分方法在两个波段只能检测脂质而不能区分其成分。

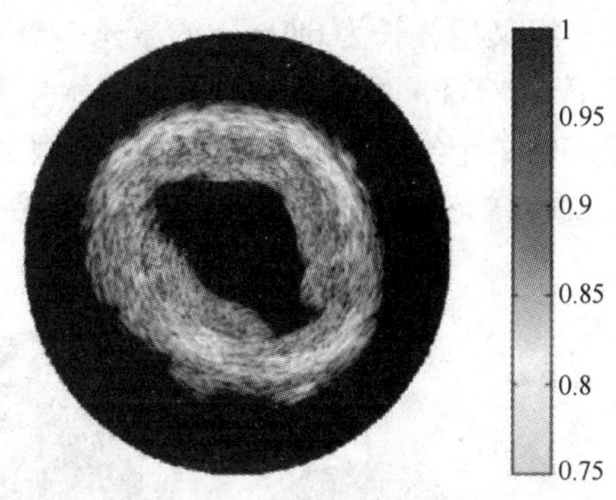

图 6-4　sIVPA 图像（与脂质光谱进行相关运算，相关系数大于 0.75 的区域覆盖在 IVUS 图像上）[39]

动脉内膜新生血管的快速生长通常与斑块的新陈代谢和进展有关，因为新生血管提供了斑块新陈代谢所需的养分，所以对斑块的稳定性有不利影响[41]。Jimmy 等[42]在 700 nm ~ 900 nm 之间以 10 nm 为步长对包含一根血管模型和两根石墨棒的动脉模型成像，得到图像每个像素的光谱，并与血红蛋白在此波段的吸收光谱进行相关运算，显示相关系数大于 0.2 的像素。从组合图像可清楚地确定小血管的位置，说明 sIVPA 可用于检测新生血管。

6.2.4　分子 IVPA 成像

巨噬细胞是粥样硬化斑块的主要成分，由血液单核细胞形成。在粥样硬化病变的早期，巨噬细胞出现在病变区域，在斑块发展的进程中，巨噬细胞渗入斑块纤维帽导致基质金属蛋白酶（Matrix Metalloproteinases，MMPS）释放，使得纤维帽脆弱进而导致斑块破裂[43]。很明显，巨噬细胞的分布和活动提供了斑块进展的重要信息，因此需要开发对斑块的细胞成像方法。

在 IVPA 成像中，可以通过引入造影剂进一步增强动脉组织不同成分之间的光吸收差异。相对于传统的染料，金属纳米粒子的光吸收效率更高，且可以通过改变纳米粒子的形状和大小对其吸收光谱进行调整，它们趋向于聚集在斑块活跃的巨噬细胞体内，对于分子 IVPA 成像而言是一种有效的造影剂[44]。Wang 等[45]分别在 532 nm 和 680 nm 处对含 4 个内室的动脉模型成像，其中 4 个内室分别含有一定浓度的金纳米粒子、明胶、含有金纳米粒子的小鼠巨噬细胞和不含金纳米粒子的小鼠巨噬细胞。IVUS/IVPA 组合图像说明在 532 nm 处在含有金纳米粒子的巨噬细胞和金纳米粒子内室处均有 IVPA 信号，在 680 nm 时只有含金纳米粒子的巨噬细胞处有 IVPA 信号，这是因为金纳米粒子在装载进巨噬细胞后其光谱发生了变化。他们分别在 700 nm、750 nm、800 nm 下，对在内膜和外膜均注射了含金纳米粒子巨噬细胞的兔粥样硬化动脉进行 IVUS/IVPA 组合成像。结果表明在 700 nm 处，注射了巨噬细胞的位置有强 IVPA 信号；而在 800 nm 处，注射位置的 IVPA 信号几乎不可见，如图 6-5 所示。上述结果说明可以通过使用造影剂对巨噬细胞进行分子成像，了解斑块进展程度。此后，该研究小组又用波长为680 nm 的激光，对4 个内室均为含金纳米粒子的巨噬细胞的动脉模型进行 IVUS/IVPA 组合成像，4 个内室中每个细胞内的金纳米粒子数不同且细胞浓度不同。结果表明单个细胞内金纳米粒子多的内室 IVPA 信号强，而且他们的实验还证明在有金纳米粒子这种高光吸收物时 IVPA 成像仍是安全的[46]。

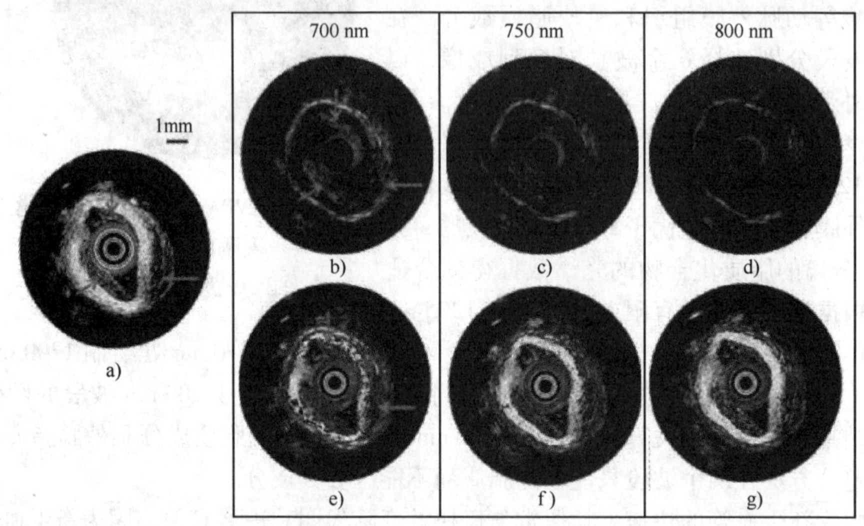

图6-5　内膜和外膜均注射了含金纳米粒子巨噬细胞的兔粥样硬化动脉图像（箭头标记的为注射位置）[45]

a）IVUS 图像　b）~ d）不同波长的 IVPA 图像　e）~ g）不同波长的 IVUS/IVPA 组合图像

Doug 等[47]在实验中发现二氧化硅包裹的金纳米棒被红外激光照射导致的温度变化与 IVPA 信号强度有线性关系，且斜率比样本组织的斜率大。证明在 IVUS/IVPA 组合成像中，金纳米粒子可在激光照射期间用于局部温度监测，将连续激光器与集成导管结合可有选择地加热金纳米粒子造影剂，并同时对斑块进行温度监测。

虽然使用造影剂可以提高光声图像的对比度，但由于背景组织的内源性生色团体积较大，其光学吸收仍会显著降低光声成像的对比度和分辨率。脂质体纳米粒子（Liposomal NanoParticle，LNP）同时具有光吸收性和磁性，Qu 等[48]介绍了使用 LNP 的磁光声（MagnetoPhoto - Acoustic，MPA）组合成像，即磁超声和 PA 成像的组合。他们将 LNP 注入小鼠体内的肿瘤中，由于肿瘤附近组织和 LNP 之间显著的磁特性差异，LNP 的磁动超声（Magneto - Motive UltraSound，MMUS）信号抑制了背景组织产生的 PA 信号，从而提高了成像的对比度。该实验说明使用双对比纳米粒子可得到高对比度的 MPA 图像，将其应用于血管内的粥样硬化斑块成像，可提高图像对比度。

6.2.5　冠状动脉支架的 IVPA 成像

冠状动脉支架置入术是治疗冠脉粥样硬化性病变的常见介入疗法，置入支架有可能导致管腔再狭窄、增生和支架移位等问题，对支架进行成像对于指导手术过程、引导支架置入和术后评价治疗效果等具有重要意义[49]。对于支架成像 IVPA 具有 IVUS 和 IV - OCT 所不可比拟的优势。例如，Wang 等[50]将一个临床常用的血管支架置入聚乙烯醇血管模型中，并对其进行 IVUS/IVPA 组合成像。由于血管模型不同位置的腔径不同，支架的不同部位与血管壁有嵌入、贴合和脱离3种关系。采用80个截面的IVUS/IVPA图像进行了三维重建，可清晰地展示支架与血管模型的位置关系。同时还对内置支架的兔动脉进行了离体成像，IVUS/IVPA组合图像可清晰显示支架与动脉管腔壁的贴合关系，如图6-6所示。

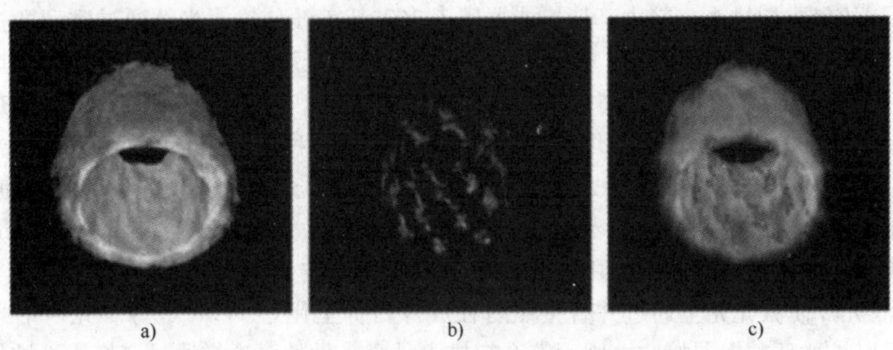

a)　　b)　　c)

图6-6　内置支架的离体兔粥样硬化动脉图像[27]

a）IVUS图像　b）IVPA图像　c）IVUS/IVPA组合图像，其中支架贴合在管壁上

6.2.6　IVPA成像导管

根据在血管腔内的工作模式可将IVPA成像导管分为旋转型和非旋转型两类。前者一般用单元式换能器接收光声信号，需要通过导管近端的电动机驱动导管做360°旋转来获取一帧血管横截面图像；后者一般用电子阵列式换能器接收光声信号，换能器呈环形置于导管顶端，激光可对组织进行全方位的照射，不需对导管进行旋转，电子阵列式换能器就可同时接收360°方向的光声信号[51]。下面分别介绍两种类型的IVPA成像导管的研究现状。

（1）旋转型导管

Wang等[52]将侧射光纤（side - fire optical fiber）和一个40 MHz的IVUS成像导管紧固在一个热缩管内制成IVUS/IVPA集成导管。其中，侧射光纤由直径600 μm的光纤制成，将光纤头打磨并密封在一个石英管内，石英管两端用环氧树脂密封以使光纤头周围形成一个封闭的空间，使从光纤头射出的激光以所需的角度（当导管浸入水中时，射出的激光方向与光纤轴呈60°~70°）照射在血管壁内表面上，IVUS导管中的超声换能器检测超声/光声信号。在实验中对内含石墨颗粒内容物的聚乙烯醇血管模型成像，将模型旋转360°以获得一帧横截面图像；对内含模拟新生血管螺旋形内容物的血管模型进行三维成像，结果显示集成导管可对粥样硬化动脉进行IVUS/IVPA组合成像和三维成像，其成像深度约为10 mm。

Krista等[53]将侧射光纤与一个30 MHz的单元式超声换能器组合制成外径1.25 mm的IVUS/IVPA集成导管，使用4 μm厚的银箔对超声换能器进行光绝缘，目的是消除IVPA成像中由换能器产生的环晕伪影。但是在将集成导管做360°旋转时，由于换能器不完全的光隔离，在IVPA图像中仍然会有环晕伪影。

文献［29］中开发了外径1.1 mm的IVUS/IVPA集成导管，该导管由多个光学和声学元件组装在一个不锈钢管壳内制成，单模光纤、用于聚焦激光的梯度折射率透镜与用于将聚焦的激光束反射到血管壁内表面的微棱镜被固定并密封在一个聚酰亚胺管内，在管的末端开孔用以透光，中心频率40 MHz的超声换能器与上述光学元件依次排列用以发射超声波和检测超声/光声信号。他们对血管模型和支架的成像结果显示采用该集成导管可进行高分辨率

（横向分辨率约为 19.6 μm）的 IVUS/IVPA 成像。

（2）非旋转型导管

Hsieh 等[54]开发了一种由单晶环形换能器、多模光纤和一个光学聚合微环共振器构成的外径 3 mm 的集成扫描头。其中环形换能器用于 360°超声波传输，光纤通过锥型微控制镜提供 360°光照，微环共振器可同时从 360°方向检测超声/光声信号[55]。微环共振器具有体积小（一般为 10 μm ~ 100 μm）、高带宽和高信噪比的特点，且易于制作，不需要复杂的后端电路。为了使扫描头进一步小型化，该研究组又开发了一种使用二向色滤光片的全光学换能器[56,57]，它由一个在两种成像模式之间切换的二向色滤光片、一个用于产生超声波的薄膜和一个用于声学检测的微环共振器构成。光源为双波长激光系统，当波长为 532 nm 时，滤光片吸收激光并照射在薄膜上，由于光声效应产生超声波，用于 IVUS 成像；当波长为 750 nm 时，滤光片使激光完全通过并直接照射在成像目标上用于 IVPA 成像。光声信号和超声信号都可以被微环共振器接收，因而整个扫描头是全光学的，这样通过变换激光波长，就可以在 IVUS/IVPA 成像模式之间进行切换，使成像扫描头的结构简化和小型化。他们还对用合成孔径聚焦技术（Synthetic Aperture Focusing Technique，SAFT）处理前后图像的成像效果进行了对比，SAFT 使图像对比度提高了 5 dB，说明 SAFT 可提高图像的分辨率和对比度。

上述两种类型的成像导管都有其自身局限，旋转型导管使用单元式换能器，可使系统频率达到 60 MHz，但由于光源的脉冲重复频率低（一般为几十赫兹），很难实现实时成像，而且由于需要机械旋转，其故障率较高，且易产生运动伪影；基于阵列换能器的成像导管通过使用 SAFT 可以提供几乎实时的成像，由于不需对导管进行旋转，可使图像的帧率与激光脉冲重复频率一致，使成像帧频提高，缩减获取数据的时间，降低临床应用中血液结块的风险，且可避免由于导管转动产生的运动伪影，然而，该类导管目前局限于 64 阵元且系统最大频率仅为 20 ~ 25 MHz。此外，血管内光声成像导管的直径一般要求小于 1 mm，由于制作工艺的限制，此类导管的尺寸很难满足要求，这严重影响了非旋转型导管在实验研究和临床中的应用[58]。

临床应用中要求 IVPA 导管具有高带宽、高频、微型和高灵敏度等特性，然而传统压电换能器的设计和制作工艺均已无法满足导管微型化、集成精密化的发展趋势。对于旋转型导管，可通过利用小脉冲能量激发光声信号从而使用更高重复频率的激光器以提高成像速度[29]；对于非旋转型导管，除了光学聚合微环共振器[54]之外，将可在单个硅晶片上制作多个阵列的高带宽、高灵敏度电容式微加工换能器（capacitive Micromachined Ultrasonic Transducers，cMUT）应用于 IVPA 导管作为今后发展的方向[58,59]。

6.2.7 IVPA 成像存在的问题与技术难点

目前，IVPA 成像技术的研究主要集中在成像系统的研制与改进上。成像系统主要包括电子和光学硬件部分，以及软件控制平台，其中硬件部分（成像导管的尺寸，激光源脉冲重复频率）是研究的重点。由于 IVUS/IVPA 组合成像需要将集成导管置于目标血管腔内，且光纤需要与导管结合从管腔内部照射，这对集成导管的尺寸和工艺都有及其严格的要求。如上节所述，虽然研究者对集成导管做了一系列的改进，但仅限于实验阶段，与临床应用仍有很大差距，且受激光源脉冲重复频率（几十赫兹）的限制，成像时间较长，一次 B－型扫描需要 160 s[29]，再加上图像后续处理的时间，这在临床介入成像中是不允许的，成像时间的延长也会使图像的信噪比降低，图像质量下降。

血管内集成的光声成像系统目前仍处于实验研究阶段，其集成性、可移动性、可操作性、成像速度、成像可靠性等都无法达到临床应用标准。因此，要想实现 IVPA 成像技术的临床应用，成像导管的小型化、成像系统的集成化和一体化、成像速度、稳定性和可靠性的提高是今后需要努力的方向[60]，相信通过对成像导管和图像重建算法的进一步改进，在不久的将来会发掘出更多 IVPA 成像的潜能，并逐步应用于冠心病的临床诊断和介入治疗。

6.3 光声图像的建模与仿真

IVPA 图像内容的差异由目标血管结构、斑块类型和重构图像的参数等造成，此外成像仪器的校准和微小的参数差异都会影响成像效果[61]。医师根据图像判断病情的准确程度、改善成像导管的参数设置以及优化图像的计算机后处理算法等都建立在分析大量的病历图像数据的基础上。然而，IVPA 成像技术目前尚未广泛应用于临床，可用的病历数据不足。此外，临床病理性实践是一种比较有效的手术训练途径，但需要较多训练时间和有经验医师的专门指导，训练条件较为烦琐和严苛[62]。

对 IVPA 图像进行建模与计算机仿真，在建立血管横截面模型和相应参数模型的基础上，对激光脉冲照射血管壁组织的过程进行模拟，仿真来自血管壁组织的光声信号并重建血管横截面的二维 IVPA 图像，可在有限的硬件设备、较短的时间内得到大量的 IVPA 图像，为 IVPA 成像算法和图像后处理算法的研究和性能测试等提供数据源，为训练医师提供图像库。同时，有助于分析不同的成像参数对成像效果的影响，为临床获取更高质量的 IVPA 图像提供有益的参考。

IVPA 图像建模与仿真的一般步骤是：首先建立含有粥样硬化斑块的血管横截面模型，成像导管位于模型中心，将血管横截面等角度分为若干份，每一份近似为多层血管壁组织；其次，对成像导管在每个角度从模型中心沿径向发射激光脉冲的过程进行仿真，对每个角度对应的多层血管壁组织进行光的蒙特卡罗（Monte Carlo，MC）模拟，得到空间电磁吸收分布函数；再次，仿真生物组织吸收激光产生光声信号的过程，根据空间电磁吸收分布函数利用时域有限差分（Finite Difference Time Domain，FDTD）算法仿真出多层血管壁组织的光声信号；最后，利用直线扫描模式下基于精确解的图像重建算法得到极坐标系中的血管横截面图像，并转换为笛卡尔坐标系中的横截面图像。

6.3.1 建立横截面模型

血管横截面模型包括成像导管（接收光声信号的超声换能器位于成像导管顶端）、内腔（血液）、内膜/中膜（肌肉组织）、外膜（结缔组织）和斑块（纤维、钙质、脂质等）四部分，如图 6-7 所示。其中成像导管位于模型的中央，周围依次为内腔（血液）、斑块、内膜/中膜和外膜。建立模型时忽略超声换能器的孔径效应，将其看作理想的点换能器，其扫描轨迹为平行于成像平面、半径趋近于零的圆形轨迹。根据斑块的类型（钙化、纤维化、脂质、或者混合型斑块）和大小，以及血管内腔、血管壁内膜/中膜或者外膜的厚度建立不同的血管横截面模型。

IVPA 成像导管在角度 θ_i 处发射激光脉冲并接收光声信号的示意图如图 6-8 所示，以血管横截面模型的中心为起始点将模型等角度分为 m 份，在对每一份进行激光照射和接收光声信号的仿真过程中，成像导管所处的成像角度为

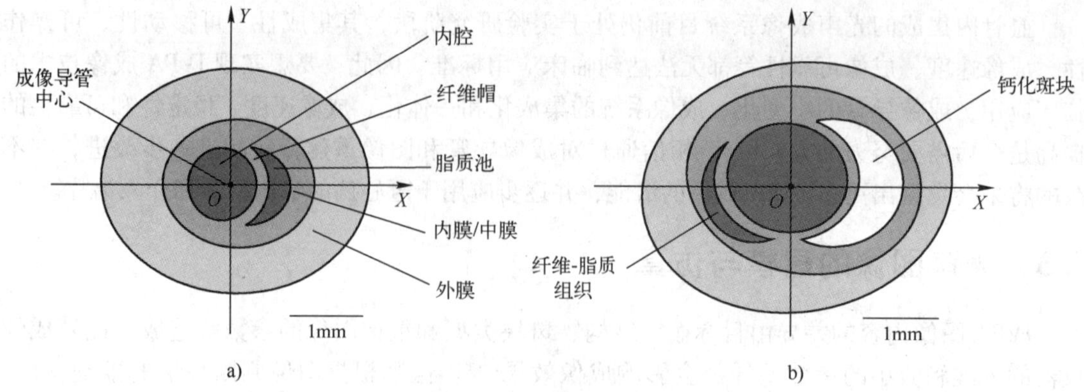

图 6-7 血管横截面模型[63]

a）含有薄纤维帽和脂质斑块的血管横截面模型

b）含有薄纤维帽、钙化斑块和纤维－脂质斑块的血管横截面模型

$$\theta_i = 360(i-1)/m \tag{6-6}$$

式中，$i=1$，2，…，m。成像导管在 θ_i 处进行成像时对应的成像区域角度（即以 X 轴正半轴为基准逆时针旋转得到的角度）范围为

$$\theta_i - 180/m \leqslant \theta \leqslant \theta_i + 180/m \tag{6-7}$$

图 6-9 是用极坐标系 $\theta-\rho$ 表示的一份多层血管壁组织模型，其中 θ 轴正方向为水平向右的方向，ρ 轴表示多层血管壁组织的厚度，其正方向为垂直于 θ 轴向上的方向。多层血管壁组织的表面平行于 θ 轴且垂直于 ρ 轴。确定每个角度对应的多层血管壁组织中每层的参数（包括吸收系数、散射系数、平均折射率、散射各向异性因子、厚度）[64]，形成多层血管壁组织的光学参数模型。

例如，当 $m=256$ 时，将图 6-7a 中的含有薄纤维帽和脂质斑块的血管横截面模型示例以所在坐标系原点为中心等分为 256 份，成像导管在对每一份进行激光照射和接收光声信号的过程中所处的角度分别为 $\theta_1=0$，$\theta_2=360/256$，...，$\theta_i=360(i-1)/256$，...，$\theta_{256}=360\times255/256$。以成像导管角度位置为 $\theta_1=0$ 时为例，如图 6-9 所示，将对应的成像区域近似为多层血管壁组织，该多层血管壁组织的光学参数见表 6-1。$i=2,3,...,256$ 时，成像角度为 θ_i 时对应的多层血管壁组织的光学参数与成像角度为 θ_1 时相比，仅厚度参数不同，当成像角度为 θ_i 时对应的多层血管壁组织不包含斑块时，c、d 层的厚度参数为 0。

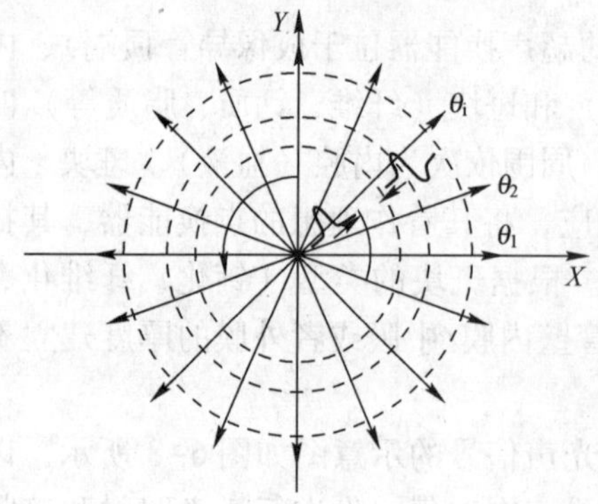

图 6-8 IVPA 成像导管在角度 θ_i 处发射激光脉冲并接收光声信号的示意图

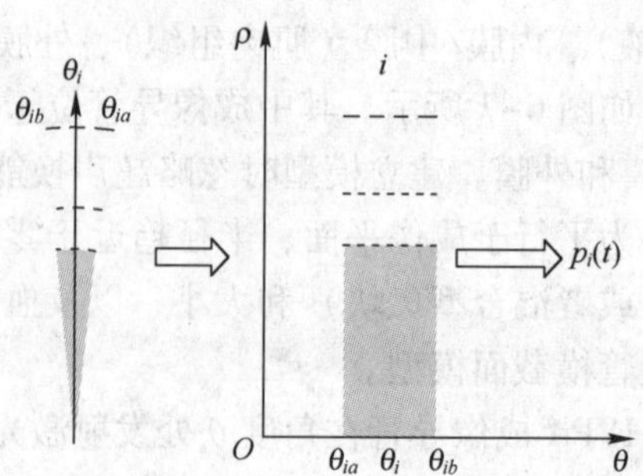

图 6-9 用极坐标系 $\theta-\rho$ 表示的一份多层血管组织模型

表 6-1　多层血管壁组织的光学参数[64]

序号	多层血管壁组织	组织成分	平均折射率	吸收系数 /cm^{-1}	散射系数 /cm^{-1}	各向异性因子	厚度 /cm
a	外膜层	结缔组织	1.41	0.2	5	0.8	0.13
b	内膜/中膜层	肌肉组织	1.41	0.2	5	0.8	0.0738
c	脂质池层	脂质	1.46	0.5	500	0.8	0.0632
d	纤维帽层	纤维组织	1.46	0.01	20	0.75	0.03
e	内腔层	血液	1.34	1	400	0.99	0.1

6.3.2　仿真激光脉冲照射血管壁的过程

IVPA 成像导管从血管横截面模型的中心沿径向发射激光脉冲，激光穿过管腔中的血液照射血管壁。忽略光的波动特性，将激光照射多层血管壁组织看成大量光子与生物组织相互作用的过程，由于折射率不同，光子在两层生物组织的交界处会发生散射或透射。参照文献［15，65］中提出的方法，对每个角度的多层血管壁组织中激光的传播过程进行蒙特卡罗模拟，可得到空间电磁吸收分布函数 $A(r)$，流程如图 6-10 所示。

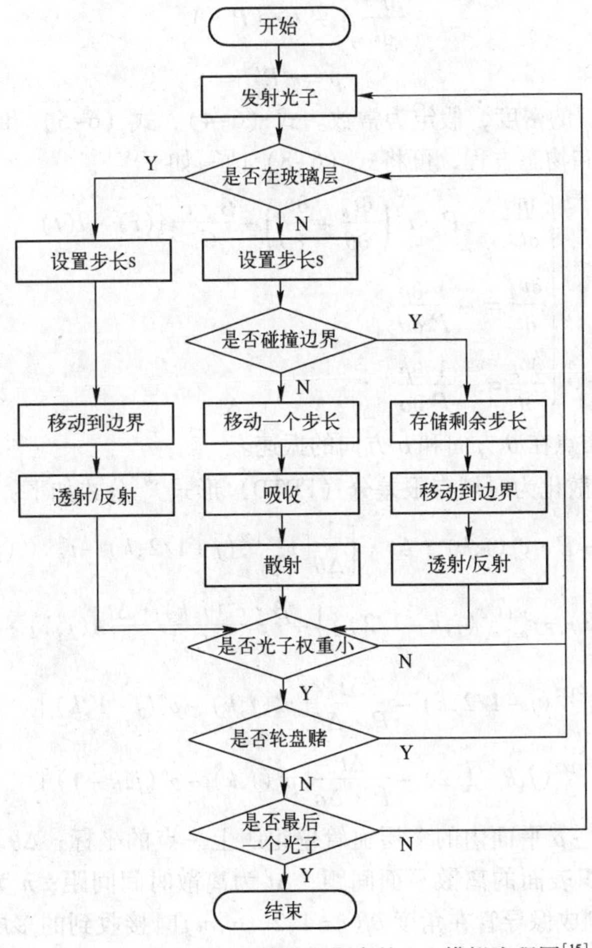

图 6-10　光子在多层血管壁组织中的 MC 模拟流程图[15]

6.3.3 仿真多层血管壁组织产生的光声信号

描述光声信号在声学均匀介质中传播的物理模型如下[66]：

$$\begin{cases}\nabla^2 p_i(r,t) - \dfrac{1}{c^2}\dfrac{\partial^2}{\partial t^2}p_i(r,t) = -\dfrac{\beta}{C_P}A_i(r)\dfrac{\partial}{\partial t}I(t)\\ \nabla = \dfrac{\partial}{\partial\theta}\vec{j} + \dfrac{\partial}{\partial\rho}\vec{k}\end{cases} \tag{6-8}$$

式中，∇为哈密顿算子；$\vec{j}$和$\vec{k}$分别为$\theta-\rho$坐标系的θ方向和ρ方向的单位矢量；$p_i(r, t)$为t时刻在位置r处的光声信号；$A_i(r)$为位置r的电磁吸收分布函数；c为光声信号波速；β为等压膨胀系数；C_P为比热；$I(t)$为激光脉冲函数，这里近似为冲激函数。

光声信号的本质是超声波，分析声波的传输需引入声压p、质点振动速度v和密度变化量P'这三个物理量[67]。声振动满足牛顿第二定律、质量守恒定律和描述压强、温度与体积等状态参数关系的物态方程，根据这些基本定律导出p、v和P'的关系式[67]如下：

$$P\frac{\partial v}{\partial t} = -\nabla p \tag{6-9}$$

$$\frac{\partial P'}{\partial t} = -\nabla\cdot(P\vec{v}) \tag{6-10}$$

$$p = v^2 P' \tag{6-11}$$

式中，P为血管壁组织的密度，假定为常数。式（6-4）、式（6-5）和式（6-6）分别是运动方程、连续性方程和物态方程，可将式（6-8）改写如下[68]：

$$\begin{cases}\dfrac{\partial p}{\partial t} = -P\cdot c^2\left(\dfrac{\partial v_\theta}{\partial\theta} + \dfrac{\partial v_\rho}{\partial\rho}\right) + \dfrac{\beta\cdot c^2}{C_P}A(r)\cdot I(t)\\ \dfrac{\partial v_\theta}{\partial t} = -\dfrac{1}{P}\dfrac{\partial p}{\partial\theta}\\ \dfrac{\partial v_\rho}{\partial t} = -\dfrac{1}{P}\dfrac{\partial p}{\partial\rho}\end{cases} \tag{6-12}$$

式中，v_θ和v_ρ分别为质点在θ方向和ρ方向的振速。

将式（6-12）离散化为时域有限差分（FDTD）形式[69]公式如下：

$$\begin{cases}p^{n+1}(j,k) = p^n(j,k) - P\cdot c^2(j,k)\cdot\Delta t\cdot\left\{\dfrac{1}{\Delta\theta}[v_\theta^{n+1/2}(j+1/2,k) - v_\theta^{n+1/2}(j-1/2,k)]\right.\\ \quad\left.+\dfrac{1}{\Delta\rho}[v_\rho^{n+1/2}(j,k+1/2) - v_\rho^{n+1/2}(j,k-1/2)]\right\} + \dfrac{\beta\cdot c^2(j,k)\cdot\Delta t}{C_P}A(j,k)\cdot I^n\\ v_\theta^{n+1/2}(j-1/2,k) = v_\theta^{n-1/2}(j-1/2,k) - \dfrac{\Delta t}{P\cdot\Delta\theta}[p^n(j,k) - p^n(j-1,k)]\\ v_\rho^{n+1/2}(j,k-1/2) = v_\rho^{n-1/2}(j,k-1/2) - \dfrac{\Delta t}{P\cdot\Delta\rho}[p^n(j,k) - p^n(j,k-1)]\end{cases} \tag{6-13}$$

式中，(j, k)为位于$\theta-\rho$平面内的多层血管壁组织上一点的坐标；$\Delta\theta$和$\Delta\rho$分别为平行和垂直于多层血管壁组织表面的离散平面间距；Δt为离散时间间距；n为离散时刻。根据式（6-13）即可仿真得到成像导管在角度$\theta_i(i=1,2,\cdots,m)$时接收到的多层血管壁组织产生的光声信号$p_i(t)$。

6.3.4 重建横截面的 IVPA 图像

光声成像的图像重建即由光声信号 $p(t)$ 计算出生物组织电磁吸收分布函数 $A(r)$，是一个典型的逆问题。例如，可采用直线扫描模式下基于精确解的重建算法[70]，其具体步骤为首先，根据 m 个光声信号 $\{p_1(t), p_2(t), \cdots, p_m(t)\}$ 求出 $(1/t)[\partial p_i(t)/\partial t](i=1,2,\cdots,m)$。然后，进行多个测量位置带权重 $z_0/|r_i-r|$ 的反投影累加，得到近似电磁吸收分布 $A(r)$，其公式如下：

$$A(r) = -\frac{1}{\pi c^4}\frac{4\pi C_P c}{\beta}\sum_{i=1}^{m}\frac{z_0}{|r_i - r|}\frac{1}{t}\frac{\partial p_i(t)}{\partial t}\bigg|_{t=\frac{|r_i-r|}{c}} \tag{6-14}$$

式中，z_0 为位置 r 处距多层血管壁组织表面（即图 6-11 中的 θ 轴）的距离；$p_i(t)$ 为成像导管在角度 θ_i 处接收到的光声信号；r_i 为 $\theta-\rho$ 平面中与成像导管在图 6-8 中的成像角度 θ_i 相对应的位置，如图 6-11 所示。根据式（6-14）即可求出位置 r 处血管横截面极坐标视图的灰度值。

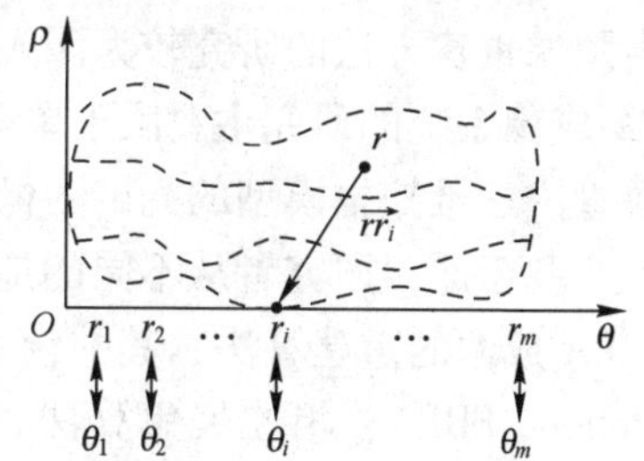

图 6-11　重建光声图像的直线扫描模式示意图

设 $\theta-\rho$ 坐标系中一点的坐标为 (j, k)，其灰度值为 $f(j,k)$，该点在 $X-Y$ 坐标系中对应点的坐标为 (j', k')，灰度值为 $g(j', k')$，其中 $j\in[0,360]$，$k\in[0,d]$，$j'\in[-d, d]$，$k'\in[-d, d]$，d 为极坐标图像的极径的最大值。那么有下式：

$$g(j',k') = f(\theta, \sqrt{j_2'+k_2'}) \tag{6-15}$$

其中

$$\theta = \begin{cases} \arctan(|k'|/|j'|), & \text{if} \quad j'>0, k'>0 \\ 180° - \arctan(|k'|/|j'|), & \text{if} \quad j'<0, k'>0 \\ 180° + \arctan(|k'|/|j'|), & \text{if} \quad j'<0, k'<0 \\ 360° - \arctan(|k'|/|j'|), & \text{if} \quad j'>0, k'<0 \end{cases} \tag{6-16}$$

6.4 光声图像的重建

对采集到的光声信号使用合适的算法实现图像重建，是 IVPA 成像必不可少的组成部分，算法的选择对改善图像的质量至关重要。目前对于 IVPA 图像重建的研究还处于起步阶段，主要是借鉴其他比较成熟的成像技术的重建方法并加以改进。本节对现有的 IVPA 图像重建算法进行总结和归纳，指出目前存在的实际问题，并对未来的发展方向进行展望。

其他的光声计算层析扫描成像系统，扫描设备是围绕物体旋转的，而 IVPA 是在封闭的血管腔内成像，也就是说其扫描孔径在成像物体内是封闭的，使数据的采集方式受到高度限制，对于这样的几何成像并不存在可靠的重建算法，只能探索和分析应用传统重建方法实现 IVPA 图像重建的可行性和有效性[66]。尽管这些近似方法对于 IVPA 成像并不精确，但是为我们提供了物体的大致图像和分界面信息。

光声图像重建方法的选取与采集信号的方式有直接的关系，不同类型的探测器和信号扫描方式对应不同的图像重建算法。目前常用的光声信号采集方式有三种：采用聚焦超声传感器的线性扫描采集；采用非聚焦超声传感器的旋转扫描采集；采用阵列超声传感器的扫描采集[71]。

聚焦超声传感器扫描方式类似于B超的线性扫描采集，可以直接进行成像，不需要图像重建算法，且这类系统有很好的分辨力，但是成像深度有限[72]。为了接近临床研究的标准，需要增加成像深度，而使用非聚焦探测器和超声阵列扫描能实现这点。另外，利用非聚焦超声传感器可获得更大的成像范围，在一定条件下可视为点探测器，能有效地提高成像空间分辨力[73]；阵列传感器采用多通道并行采集信息，大大缩短了信号采集和图像重建时间，能够实现实时成像。因此大多数研究者选择使用非聚焦探测器和超声阵列扫描采集光声信号。在采用这两种信号采集方式的前提下，对平面、柱面和球面三种典型几何扫描方式的光声图像重建方法的研究较为深入[70,74,75]。但由于血管内封闭结构成像的特殊性，目前对IVPA成像系统的研究主要限于单阵元的二维圆周扫描和超声阵列平面扫描，还没有可以用于血管内三维扫描模型的光声图像重建算法。

基于此，研究者从不同的应用角度出发，借鉴其他成像技术，提出了多种可以应用于IVPA成像的重建算法，其中较为成熟的有时间反演算法、滤波反投影法（Filtered Back Projection，FBP）、相控聚焦算法、基于傅里叶变换的重建算法、反卷积重建（Deconvolution Reconstruction，DR）算法和迭代重建算法（Iterative Reconstruction Method，IRM）。

6.4.1 时间反演算法

时间反演算法[76-78]是一种应用广泛、鲁棒性很强的光声成像算法，其主要步骤是：计算重建图像每一点的像素值时，取出超声换能器所有位置接收到的声压信号对应该点的数值，进行微分累加。相对其他重建算法，它的假定初始条件更少，不需要设定声介质的初始速度。它可以对任意形状的封闭表面进行测量，不受测量表面外的声源影响，甚至在一些假定条件不成立（如非均匀的声速分布）时，该算法仍可以得到较为理想的结果，图像重建效果优于滤波反投影算法，因此该算法被认为是具备“最少约束条件”的光声图像重建算法[4]。但是时间反演算法是一种近似算法，而且重构时需要探测器360°圆周旋转全方位采集完备信息，否则由于测量位置稀疏，产生的散射波导致重建出的图像存在伪影。

6.4.2 滤波反投影算法

滤波反投影法的主要步骤和时间反演算法类似，但对声压信号要多做一次希尔伯特变换[79]。这是由于探测器接收到的信号不是实际的光声信号，而是光声压和探测器的脉冲响应的卷积。把光声压和脉冲响应信号都变换到频域处理，然后再逆变换到时域，就能滤去探测器的脉冲响应。

文献［80］用单阵元超声探测器沿着圆周线扫描待测组织以接收信号，并直接借用CT成像的滤波反投影算法进行光声图像重建。这种方法只有在探测组织比扫描半径小很多的情况下效果较好。在此之后，不少研究者研究了光声图像重建的数学模型，陆续提出了更精确的滤波反投影算法[81]。目前，滤波反投影算法在单阵元光声成像中已经发展得相当成熟，其算法简单而且计算速度快。但该算法也存在一定的局限性，在CT成像模式中，反投影重建是沿着X射线的传输方向进行的，即直线反投影；而在光声成像中，反投影是沿着采集信号的圆弧（圆弧的中心即测量点的位置）方向进行的，这样可能会使原图像上像素值为零的点在重建图像上的像素值不为零，产生伪影现象。另外由于滤波反投影算法是利用探测器采集信号作反投影重建，通过各个方向的多次叠加的结果呈现物体的位置和结构，这就决定了其投影数据必须是完备的，也就是说探测器必须要绕待测目标旋转 360°均匀采集各个方向的投影数据，因而降低了重建速度，难以实现实时成像。

6.4.3 相控聚焦算法

使用阵列探测器的光声成像系统，探测器不需要围绕待测组织进行旋转，只需要在一个方向上接收光声信号就能够重建出图像，采集和重建速度都比采用单阵元的系统快得多，可以实现实时成像，但是对信号采集电路的处理速度和缓存空间都有较高的要求。另外，采用这种方式成像，重建图像的空间分辨力完全取决于探测器的阵元密度和聚焦能力等参数，导致图像中的细节缺失、横向分辨力低、伪影现象严重等问题。针对采用阵列探测器观测时的这些不足，研究者提出了相控聚焦重建算法。

相控聚焦重建算法[71,82]是目前基于阵列探测器的光声成像模式中应用最广泛的重建算法之一，它的基本原理是：光声源产生的光声信号被各个阵元接收，由于光声源到各个阵元的距离不同，因此有不同的相位延时。为了求得组织样品中任意点的光声信号，依据该探头到点的距离对探测器各个阵元接收到的信号做一个时间延时，然后再相加求和，最终得到目标点的聚焦信号。相控聚焦重建算法有效减少了声学伪影，增强了对生物组织细节及边界的分辨能力。

6.4.4 基于傅里叶变换的重建算法

基于傅里叶变换的重建算法[83]的基本思想是：激光照射到组织后，采集空间某平面内一定时间间隔内的光声声强，对其进行傅里叶变换，在频域进行反投影运算，最后再通过逆傅里叶变换求出组织产生光声信号时的初始声压分布；然后根据均匀激光激励下，初始声强分布和组织的空间吸收分布成正比的原理，求出空间吸收分布，达到图像重建的目的。该算法是在频域内进行反投影运算，因而可以有效地避免时域空间反投影产生的伪影现象，同时可以大大减少计算量，重建速度快。文献［84］通过使用这种算法配合超声换能器阵列，实现了实时、可用于活体的光声成像系统。

但是在实际应用中，基于傅里叶变换的重建算法也有不可避免的缺陷，一方面傅里叶变换会出现 Gibbs 现象，影响重建效果；另一方面采集到的光声信号通常都存在很强的背景白噪声，而白噪声在进行反投影重建之后变为非白噪声，出现严重的伪影现象，会降低重建图像的信噪比和对比度[71]。

6.4.5 其他重建算法

目前的 IVPA 图像重建算法研究还处于起步阶段，以上的几种算法都是建立在理想的条件下，不能很好地解决实际应用中的诸多问题。针对实际应用中可能存在的问题，研究者提出了以下的方法。

(1) 有限角度下的图像重建

目前的 IVPA 成像系统多采用单探测器旋转扫描的方式采集数据，全方位的数据采集需要较长的时间。而且在实际应用中，由于各种条件所限，只能在某些有限角度采集光声信号。因此有必要研究只需要有限角度的光声信号数据就可以重建出较高质量图像的新算法。目前，已提出的适用于有限角度数据的重建算法主要有以下几种：

1）插值法[85]：针对测量位置稀疏导致图像出现伪影的问题，最简单的方法是采用插值法，根据采集到的光声信号，通过特定的插值函数求出没有测量到的位置上对应的信号值，然后再进行图像的重建。

2）迭代重建算法：文献［86］提出将代数重建算法（ART）应用于有限角度的光声图像重建中，其实验结果证明对于有限角度的数据，ART 的重建效果优于传统的滤波反投影算法。但是 ART 每次迭代只校正一条射线和所有经过该射线的像素，使得重建的速度和质量都受到影响。此后，文献［87］提出一种改进的同步迭代重建算法（Modified Simultaneous Iterative Reconstruction Technique，MSIRT），它是与 ART 算法并行的一种迭代重建算法。与 ART 算法不同的是，MSIRT 每次对每个像素的校正值进行迭代，即对通过该像素的所有投影数据的误差值累加，不是只与一条投影数据有关，这样就使得测量数据中的噪声得到了有效抑制，同时通过线性搜索调整确定速度更新的步长，提高了迭代收敛的速度。

3）基于压缩感知的重建算法：文献［88］根据光声图像的稀疏性提出一种基于压缩感知的光声图像重建算法。针对采集到的光声信号的不完备性，压缩感知算法可以通过求解一个非线性优化问题，从采集到的少量观测值中以高概率重构出原信号。最终的重建图像质量主要取决于基于压缩感知的观测矩阵和重建算法。其实验证明通过线性阵列超声探头机械旋转少量的观测位置来采集数据，采用压缩感知算法最终获得的图像重构效果要优于反投影重建算法和反演算法。文献［89］中讨论了光声图像重建过程中伪影的产生原因，并且采用阵列式超声探头实现了基于压缩感知算法的有限角度下的光声成像，有效抑制了伪影现象，提高了重建效果，同时降低了系统的硬件成本。

4）基于频域反卷积的重建方法：文献［90］中提出在全角度和有限角度扫描下基于频域反卷积的重建方法，将光声成像看作离散问题，并将其转换成一个求线性时不变系统最优解的问题，目的是通过反卷积计算出重建图像的有限个像素的值。其他重建算法多是将光声成像看做解析问题，目的是得到光声信号与组织图像之间的解析关系，这相对于离散问题要难得多。反卷积重建法[91]非常适用于有限角度扫描的光声成像。事实上，用有限角度测得的光声信号来精确计算未知信号的过程是不稳定的[92]，原因就是难以计算出其高频成分。反卷积重建法寻求的是图像重建的近似最优解，它从高频成分已被消除的采样后的光声信号出发，避免了精确重建高频成分这一难题，仅有低频成分被重建出来。反卷积重建法的优点是可以应用快速傅里叶变换和快速反傅里叶变换算法，计算速度快、适用于有限角度扫描的光声成像，而缺点是其本质上是近似算法。

（2）声速不均匀性

目前，针对声速不均匀的情况[93]，还没有能够推导出声压函数的准确解析表达式的相关方法。主要原因在于：一方面现有的算法只能在一定程度上对声速不均匀性进行补偿，还不能完全消除声速不均匀性带来的影响；另一方面，这些算法大都需要一些理想条件。有的需要预先知道组织内的声速分布[94]，而这在实际中较难得到；有的假设组织内声速仅有几个固定值，且声速分布的边缘结构已知[95]或与光吸收分布的边缘结构一致[96]，而这些假设有时也不成立。尤其在有限角度扫描的情况下，声速差异对图像重建的影响尤为明显[97]。

对声速不均匀性进行补偿的常用方法有以下几种：

1）忽略介质分界面对声波的折射因素，估计光声信号从组织内到超声换能器的实际传播时间。这种方法在计算任意两点之间声波传播时间时，都认为声波沿直线传播。将传播时间代入采集到的光声信号中加以修正，即可得到声压函数的近似解析表达式。文献［98］提出利用不同位置探测到的光声信号之间的相关性来估计空间两点之间的声波传播时间，以补偿声速的不均匀性，然后基于反卷积方法直接解出待测组织内的电磁波吸收分布，该方法无需预先知道待测组织的声速分布，无需迭代，速度快，但不适用于声速分布结构过于复杂的情况。用该方法修正其他的光声图像重建算法（包括滤波反投影和傅里叶变换重建法等），可以得到多种各具优点的图像重建算法[91]。

2）有限元法[99]。采用目前非常成熟的有限元模型来解决图像重建问题，是现在仅有的、可以只利用光声信号同时重建出组织的光吸收分布和声速分布的低频成分的算法。但是和前面所述的其他补偿声速不均匀性的算法一样，有限元法采用前向模型结合反复迭代的方法来逼近待测图像，计算速度很慢，且只能重建出待测组织图像的低频成分。

6.4.6 IVPA 图像重建存在的问题

当前 IVPA 图像重建研究中存在的主要问题包括：第一，绝大多数算法需要对光声信号作全角度扫描探测（如二维圆周扫描），而实际应用中受硬件条件及空间位置的限制，超声换能器的探测角度有限，无法采集到完备的光声数据，导致重建图像的细节损失，伪影现象严重；第二，大多数算法都是建立在待测生物组织内声速恒定的理想条件下，而实际情况下，人体组织的声速差异最大可达 10%，这会导致重建图像的模糊及目标错位[100]。除此以外，还要考虑对信号的前处理、系统噪声和光散射性等因素，重建问题就会变得非常复杂，所以对于 IVPA 图像的精确、快速重建算法的研究还有漫长的路要走。

参考文献

［1］Bell AG. On the production and reproduction of sound by light［J］. American Journal of Science. 1880，50：305－306.

［2］何军锋，谭毅．光声成像技术在生物医学中的研究进展［J］．激光技术．2007，31（5）：530－533.

［3］李粉兰，徐可欣，王瑞康．时域光声谱法在生物医学领域中的应用及进展［J］．生物医学工程学杂志．2006，23（6）：1371－1374.

［4］Kostli KP，Beard PC. Two－dimensional photoacoustic imaging by use of Fourier transform image reconstruction and a detector with an anisotropic response［J］. Applied Optics. 2003，42（10）：1899－1908.

［5］徐晓辉，李晖．生物医学光声成像［J］．物理．2008，37（2）：111－119.

［6］何军锋，谭毅．光声成像技术在生物医学中的研究进展［J］．激光技术，2007，（5）：530－533＋536.

［7］Ashton HS，Mackenzie HA，Rae P，et al. Blood glucose measurements by photoacoustics［C］. Proceedings of 10th AIP International Conference on Photoacoustic and Phothermal Phenomenon. 1999，463：570－572.

[8] Sethuraman S, Aglyamov SR, Amirian JH, et al. Intravascular photoacoustic imaging using an IVUS imaging catheter [J]. IEEE Transactions on Ultrasonics, Ferroelectrics, and Frequency Control, 2007, 54 (5): 978 -985.
[9] Xueding Wang, Geng Ku, Malgorzata A. Wegiel, et al. Noninvasive photoacoustic angiography of animal brains in vivo with near - infrared light and an optical contrast agent [J]. Optics Letters, 2004, 29 (7): 730 -732.
[10] Martin F, Michael J. Optimization of tissue irradiation in optoacoustic imaging using a linear transducer: theory and experiments [C]. Proceedings of the SPIE The Ninth Conference on Biomedical Thermoacoustics, Optoacoustics, and Acousto - optics. Edited by Oraevsky, Alexander A. ; Wang, Lihong V. , 2008, 6856: 68561Y -68561Y -13.
[11] Karabutov A, Kozhushko V, Mityurich G, et al. Direct problem of photoacoustic diagnostics in one - dimensional spatially inhomogeneous media [J]. Molecular and Quantum Acoustic. 2002, 23: 213 -223.
[12] Yang D, Xing D, Yang S, et al. Fast full - view photoacoustic imaging by combined scanning with a linear transducer array [J]. Optics Express. 2007, 15 (23): 15566 -15575.
[13] Yixiong Su, Fan Zhang, Kexin Xu, et al. A photoacoustic tomography system for imaging of biological tissues [J]. Journal of Physics D: Applied Physics. 2005, 38 (15): 2640 -2644.
[14] Bai X, Gong X, Hau W, et al. Intravascular optical - resolution photoacoustic tomography with a 1. 1 mm diameter catheter [J]. Plos One. 2014, 9 (3): e92463.
[15] Wang L. Biomedical optics: principles and imaging [M]. Wang Lihong. Monte Carlo modeling of photon transport in biological tissue. New Jersey: John Wiley and Sons, 2007.
[16] Xu M andWang L. Universal back - projection algorithm for photoacoustic - computed tomography [J]. Physical Review E. 2005, 71 (1): 1 -7.
[17] Wang X, Pang Y, Ku G, et al. Non - invasive laser - induced photoacoustic tomography for structural and functional imaging of the brain in vivo [J]. Nature Biotechnology. 2003, 21 (7): 803 -806.
[18] Wang X, Xie X, Ku G, et al. Non - invasive imaging of hemoglobin concentration and oxygenation in the rat brain using high - resolution photoacoustic tomography [J]. Journal of Biomedical Optics. 2006, 11 (2): 024015.
[19] KuG, Fornage BD, Jin X, et al. Thermoacoustic and photoacoustic tomography of thick biological tissues toward breast imaging [J]. Technology in Cancer Research and Treatment. 2005, 4 (5): 559 -566.
[20] 程姝娜．光声显微成像系统应用的初步研究［D］. 武汉：华中科技大学，2009.
[21] Karabutov AA, Savateeva EV, Oraevsky AA. Optoacoustic tomography: new modality of laser diagnostic systems. Laser Physicis. 2003, 13: 711 -723.
[22] Zhang HF, Maslov K, Stoica G, et al. Functional photoacoustic microscopy for high - resolution and noninvasive in vivo imaging [J]. Nature Biotechnology. 2006, 24 (7): 848 -851.
[23] Bourantas CV, Garcia - Garcia HM, Naka KK, et al. Hybrid intravascular imaging: current

applications and prospective potential in the study of coronary atherosclerosis [J]. Journal of the American College of Cardiology, 2013, 61 (13): 1369 - 1378.

[24] Wang Bo, Su JL, Karpiouk AB, et al. Intravascular photoacoustic imaging [J]. IEEE Journal of Selected Topics in Quantum Electronics, 2010, 16 (3): 588 - 599.

[25] Sethuraman S, Amirian JH, Litovsky SH, et al. Ex Vivo characterization of atherosclerosis using intravascular photoacoustic imaging [J]. Optics Express. 2008, 16 (5): 3362 - 3367.

[26] Jansen K, Antonius FW, Van Der Steen, et al. Intravascular photoacoustic imaging of human coronary atherosclerosis [J]. Optics Letters. 2011, 36 (5): 597 - 599.

[27] Wang B, Karpiouk A, Yeager D, et al. In vivo intravascular ultrasound - guided photoacoustic imaging of lipid in plaques using an animal model of atherosclerosis [J]. Ultrasound in Medicine and Biology. 2012, 38 (12): 2098 - 2103.

[28] 杨思华，袁毅，刑达．一种血管内光声超声双模成像内窥镜装置及其成像方法：中国，101912250 [P]. 2012 - 1 - 4.

[29] Bai X, Gong X, Hau W, et al. Intravascular optical - resolution photoacoustic tomography with a 1.1 mm diameter catheter [J]. Plos One. 2014, 9 (3): e92463.

[30] 王振华，单健，陈铀，等．激光对生物组织的热损伤机理研究及临床应用探讨 [J]. 激光杂志, 2003, 24 (1): 60 - 62.

[31] 于坤，尹立强．超声测温技术及应用 [J]. 机械与电子．2010, 13: 87.

[32] Sethuraman S, Rakalin A, Aglyamov S, et al. Temperature monitoring in intravascular photoacoustic imaging [C] //Yuhas MP, eds. 2006 IEEE Ultrasonics Symposium Proceedings. Piscataway: IEEE Press, 2006: 714 - 717.

[33] Welch AJ. The thermal response of laser irradiated, tissue [J]. IEEE Journal of Quantum Electronics. 1984, QE - 20 (12): 1471 - 1481.

[34] Wang Bo, Emelianov S. Thermal intravascular photoacoustic imaging [J]. Optical Society of America. 2011, 2 (11): 3072 - 3078.

[35] Sethuraman S. Combined intravascular ultrasound and photoacoustic imaging [D]. Austin: The University of Texas at Austin, 2007.

[36] Allen TJ, Beard PC. Photoacoustic characterisation of vascular tissue at NIR wavelengths [C]. Oraevsky AA, Wang LV, eds. Proceedings of SPIE Photons Plus Ultrasound: Imaging and Sensing. Bellingham, Wash: SPIE, 2009: 0A - 1 - 0A - 9.

[37] Sethuraman S, Wang Bo, Litovsky S, et al. Spectroscopic intravascular photoacoustic imaging [C]. Yuhas MP, eds. 2007 IEEE Ultrasonics Symposium Proceedings. Piscataway: IEEE Press, 2007: 1188 - 1191.

[38] Jansen K, Van Der Steen AFW, Van Beusekom HMM, et al. Automatic lipid detection in human coronary atherosclerosis using spectroscopic intravascular photoacoustic imaging [C]. 2012 IEEE International Ultrasonics Symposium Proceedings. Piscataway: IEEE Press, 2012: 32 - 35.

[39] Wang Bo, Su J, Amirian J, et al. On the possibility to detect lipid in atherosclerotic plaques

using intravascular photoacoustic imaging [C]. Proceedings of International Conference of IEEE Engineering in Medicine and Biology Society. Chon K, Hudson D, eds. Piscataway: IEEE Press, 2009: 4767 – 4770.

[40] Jansen K, Wu M, Van Der Steen AFW, et al. Photoacoustic imaging of human coronary atherosclerosis in two spectral bands [J]. Photoacoustics. 2014, 2 (1): 12 – 20.

[41] 张飞, 石开虎, 尹邦良. 血管滋养血管及血管内皮生长因子与动脉粥样硬化斑块研究进展 [J]. 心血管病学进展. 2010, 31 (6): 889 – 893.

[42] Su JL, Wang Bo, Emelianov SY. Spectroscopic intravascular photoacoustic imaging of neovasculature: phantom studies [C]. Proceedings of SPIE International Conference on Photons Plus Ultrasound: Imaging and Sensing. Oraevsky AA, Wang LV, eds. Bellingham, SPIE, 2009: 27 – 1 – 27 – 7.

[43] Libby P. Inflammation in atherosclerosis [J]. Nature. 2002, 420: 868 – 874.

[44] West JL, Halas NJ. Engineered nanomaterials for biophotonics applications: improving sensing, imaging, and therapeutics [J]. Annual Review of Biomedical Engineering. 2003, 5: 285 – 292.

[45] Wang Bo, Yantsen E, Larson T, et al. Plasmonic intravascular photoacoustic imaging for detection of macrophages in atherosclerotic plaques [J]. American Chemical Society. 2008, 9 (6): 2212 – 2217.

[46] Wang Bo, Yantsen E, Sokolov K, et al. High sensitivity intravascular photoacoustic imaging of macrophages [C]. Proceedings of SPIE International Conference on Photons Plus Ultrasound: Imaging and Sensing. Oraevsky AA, Wang LV, eds. Bellingham, SPIE, 2009: 0V – 1 – 0V – 6.

[47] Yeager D, Chen Yunsheng, Litovsky S, et al. Intravascular photoacoustics for image – guidance and temperature monitoring during plasmonic photothermal therapy of atherosclerotic plaques: a feasibility study [J]. Theranostics. 2014, 4 (1): 36 – 46.

[48] Qu Min, Mehrmohammadi M, Truby R, et al. Contrast – enhanced magneto – photo – acoustic imaging in vivo using dual – contrast nanoparticles [J]. Photoacoustics, 2014, 2 (2): 55 – 62.

[49] Barlis P, Dimopoulos K, Tanigawa J, et al. Quantitative analysis of intracoronary optical coherence tomography measurements of stent strut apposition and tissue coverage [J]. International Journal of Cardiology. 2010, 141 (2): 151 – 156.

[50] Wang Bo, Su JL, Karpiouk AB, et al. Intravascular photoacoustic imaging [J]. IEEE Journal of Selected Topics in Quantum Electronics. 2010, 16 (3): 588 – 599.

[51] 彭珏, 覃正笛, 刁现芬, 等. 医学超声关键技术研究和进展 (一) 超声换能器与超声编码技术 [J]. 生物医学工程学进展. 2013, 34 (1): 21 – 27.

[52] Wang B, Karpiouk A, Emelianov S. Design of catheter for combined intravascular photoacoustic and ultrasound imaging [C]. Proceedings of 2008 IEEE International Ultrasonics Symposium. Waters KR, eds. Piscataway: IEEE Press, 2008: 1150 – 1153.

[53] Jansen K, Springeling G, Lancée C, et al. An intravascular photoacoustic imaging catheter

[C]. Proceedings of 2010 IEEE International Ultrasonics Symposium. Piscataway: IEEE Press, 2010: 378 - 381.

[54] Hsieh BY, Chen Sungliang, Ling Tao, et al. Integrated intravascular ultrasound and photoacoustic imaging scan head [J]. Optics Letters. 2010, 35 (17): 2892 - 2894.

[55] Jansen K, Van Soest G, Van Dersteen AFW. Intravascular photoacoustic imaging: a new tool for vulnerable plaque identification [J]. Ultrasound in Medicine and Biology. 2014, 40 (6): 1037 - 1048.

[56] Hsieh BY, Chen S, Ling T, et al. All - optical transducer for ultrasound and photoacoustic imaging by dichroic filtering [C]. Proceedings of 2012 IEEE International Ultrasonics Symposium, Piscataway: IEEE Press, 2012: 1410 - 1413.

[57] Hsieh BY, Chen S, Ling T, et al. All - optical scanhead for ultrasound and photoacoustic imaging - Imaging - mode switching by dichroic filtering [J]. Photoacoustics, 2014, 2 (1): 39 - 46.

[58] Sethuraman S, Aglyamov SR, Amirian JH, et al. Development of a combined intravascular ultrasound and photoacoustic imaging system [C]. Proceedings of SPIE Conference on Photons Plus Ultrasound: Imaging and Sensing. Oraevsky AA, Wang LV, eds. Bellingham: SPIE, 2006: 0F - 1 - 0F - 10.

[59] 王君琳，孟晓辉，肖灵．超声内镜换能器的应用进展 [J]．应用声学．2013, 32 (4): 271 - 276.

[60] 谷怀民，杨思华，向良忠．光声成像及其在生物医学中的应用 [J]．生物化学及生物物理进展．2006, 33 (5): 431 - 437.

[61] Suri JS. Handbook of biomedical image analysis [M]. Rosales M, Radeva P. A Basic model for IVUS image simulation. New York: Springer, 2005.

[62] 张麒，汪源源，王威琪，等．血管内超声图像的仿真 [J]．声学学报．2008, 33 (6): 512 - 519.

[63] Cardoso FM, Moraes MC, Furuie SS. Realistic IVUS image generation in different intraluminal pressures [J]. Ultrasound in Medicine and Biology. 2012, 38 (12): 2104 - 2119.

[64] Jacques SL. Optical properties of biological tissues: a review [J]. Physics in Medicine and Biology. 2013, 58 (11): R37 - R61.

[65] Wang LV, Jacques SL, Zheng L. MCML - - Monte Carlo modeling of light transport in multi - layered tissues [J]. Computer Methods and Programs in Biomedicine. 1995, 47 (2): 131 - 146.

[66] Sheu YL, Chou CY, Hsieh BY, et al. Image reconstruction in intravascular photoacoustic imaging [J]. IEEE Transactions on Ultrasonics, Ferroelectrics, and Frequency Control. 2011, 58 (10): 2067 - 2077.

[67] Morse PM, Ingard KU. Theoretical acoustics [M]. NewYork: McGraw - Hill, 1968.

[68] Xu M, Wang LV. Time - domain reconstruction for thermoacoustic tomography in a spherical geometry [J]. IEEE Transactions on Medical Imaging. 2002, 21 (7): 814 - 822.

[69] 张弛，汪源源．声速不均匀介质热声成像的声场仿真 [J]．声学学报，2008, 33 (5):

430 - 436.

[70] Xu Y, Feng DZ, Wang LV. Exact frequency - domain reconstruction for thermoacoustic tomography - I: Planar geometry [J]. IEEE Transactions on Medical Imaging, 2002, 21 (7): 823 - 828.

[71] 孙明健．光声成像系统信号采集与图像重建研究 [D]. 哈尔滨：哈尔滨工业大学，2011.

[72] Wang LV. Tutorial on photoacoustic microscopy and computed tomography [J]. IEEE Journal of Selected Topics in Quantum Electronics. 2008, 14 (1): 171 - 179.

[73] 宋智源．光声成像技术的重建算法与实验研究 [D]. 天津：天津大学，2008.

[74] Xu MH, Wang LV. Time - domain reconstruction for thermoacoustic tomography in a spherical geometry [J]. IEEE Transactions on Medical Imaging. 2002, 21 (7): 814 - 822.

[75] Xu Y, Xu MH, Wang LV. Exact frequency - domain reconstruction for thermoacoustic tomography - II: cylindrical geometry [J]. IEEE Transactions on Medical Imaging. 2002, 21 (7): 829 - 833.

[76] Hristova Y, Kuchment P, Nguyen LV. Reconstruction and time reversal in thermoacoustic tomography in acoustically homogeneous and in homogeneous media [J]. Inverse Problems. 2008, 24 (5): 05500601 - 05500625.

[77] Hristova Y. Time reversal in thermoacoustic tomography - an error estimate [J]. Inverse Problems. 2009, 25 (5): 55008 - 55021.

[78] Xu Y, Wang LV. Time reversal and its application to tomography with diffracting sources [J]. Physical Review Letters. 2004, 92 (3): 03390201 - 03390204.

[79] 张弛，汪源源．对小尺度生物体热声成像的反卷积重建法 [J]. 航天医学与医学工程. 2008, 21 (5): 420 - 424.

[80] Kruger RA, Liu P, Fang YR, et al. Photoacoustic ultrasound (PAUS) reconstruction tomography [J]. Medical Physics. 1995, 22 (10): 1605 - 1609.

[81] Xu MH, Wang LV. Pulsed - microwave - induced thermoacoustic tomography: filtered back projection in a circular measurement configuration [J]. Medical Physics. 2002, 29 (8): 1661 - 1669.

[82] Zeng YG, Xing D, Tan Y. Photoacoustic and ultrasonic co - image with the electronically phase - controlled focusing [C]. Proceedings of SPIE International Conference on Polarization: Measurement, Analysis and Remote Sensing VI. Orlando, Florida, April 15 - 18, 2004: 152 - 158.

[83] Kostli KP, Beard PC. Two - dimensional photoacoustic imaging by use of fourier - transform image reconstruction and a detector with an anisotropic response [J]. Applied Optics. 2003, 42 (10): 1899 - 1908.

[84] Niederhauser JJ, Jaeger M, Lemor R, et a1. Combined ultrasound and optoacoustic system for real - time high - contrast vascular imaging in vivo [J]. IEEE Transactions on Medical Imaging. 2005, 24 (4): 436 - 440.

[85] 陈玲玲，周宁，殷永刁，等．插值方法在光声图像重建中的应用 [J]. 计算机与数字

工程．2013，41（10）：1676－1694.

[86] 杨迪武，刑达，王毅，等．基于代数重建算法的有限角度扫描的光声成像［J］．光学学报．2005，25（6）：772－776.

[87] 向良忠，邢达，谷怀民，等．改进的同步迭代算法在光声血管成像中的应用［J］．物理学报．2007，56（7）：3911－3916.

[88] Provost J，Lesage F. The application of compressed sensing for photoacoustic tomography［J］. IEEE Transactions on Medical Imaging. 2009，28（4）：585－594.

[89] Guo ZJ，Li CH，Song L，et al. Compressed sensing in photoacoustic tomography in vivo［J］. Journal of Biomedical Optical. 2010，15（2）：1－6.

[90] Zhang C，Wang Y. Deconvolution reconstruction of full－view and limited－view photoacoustic tomography：a simulation study［J］. Journal of the Optical Society of America A. 2008，25（10）：2436－2443.

[91] 张弛．光声成像的图像重建算法研究［D］．上海：复旦大学，2009.

[92] Patch SK. Thermoacoustic tomography－consistency conditions and the partial scan problem［J］. Physics in Medicine and Biology. 2004，49（11）：2305－2315.

[93] Jiang HB，Yuan Z，Gu XJ. Spatially varying optical and acoustic property reconstruction using finite－element－based photoacoustic tomography［J］. Journal of the Optical Society of America A. 2006，23（4）：878－888.

[94] Jin X，Wang LV. Thermoacoustic tomography with correction for acoustic speed variations［J］. Physics in Medicine and Biology. 2006，51（24）：6437－6448.

[95] Zhang J，Wang K，Yang YY，et a1. Simultaneous reconstruction of speed－of－sound and optical absorption properties in photoacoustic tomography via a time－domain iterative algorithm［C］. Proceedings of SPIE International Conference on Imaging and Sensing 2008：Biomedical Thermoacoustics，Optoacoustics，and Acousto－optics. San Jose，California，January 19－22，2008：68561F－1－8.

[96] Zhang J，Anastasio MA. Reconstruction of speed－of－sound and electromagnetic absorption distributions in photoacoustic tomography［C］. Proceedings of SPIE International Conference Imaging and Sensing 2006：Biomedical Thermoacoustics，Optoacoustics，and Acousto－optics. San Jose，California，January 21－23，2006：339－345.

[97] Xu Y，Wang LV，Ambartsoumian G，et a1. Reconstructions in limited－view thermoacoustic tomography［J］. Medical Physics. 2004，31（4）：724－733.

[98] 张弛，汪源源．声速不均匀介质的光声成像重建算法［J］．光学学报．2008，28（12）：2296－2301.

[99] Jiang H，Yuan Z，Gu X. Spatially varying optical and acoustic property reconstruction using finite element－based photoacoustic tomography［J］. Journal of the Optical Society of America A－optics Image Science and Vision. 2006，23（4）：878－888.

[100] Xu Y，Wang L V. Effects of acoustic heterogeneity in breast thermoacoustic tomography［J］. IEEE Transactions on Ultrasonics Ferroelectrics and Frequency Control. 2003，50（9）：1134－1146.